T0234301

CAMBRIDGE LIBRARY COLLECTION

Books of enduring scholarly value

Mathematics

From its pre-historic roots in simple counting to the algorithms powering modern desktop computers, from the genius of Archimedes to the genius of Einstein, advances in mathematical understanding and numerical techniques have been directly responsible for creating the modern world as we know it. This series will provide a library of the most influential publications and writers on mathematics in its broadest sense. As such, it will show not only the deep roots from which modern science and technology have grown, but also the astonishing breadth of application of mathematical techniques in the humanities and social sciences, and in everyday life.

Werke

The genius of Carl Friedrich Gauss (1777–1855) and the novelty of his work (published in Latin, German, and occasionally French) in areas as diverse as number theory, probability and astronomy were already widely acknowledged during his lifetime. But it took another three generations of mathematicians to reveal the true extent of his output as they studied Gauss' extensive unpublished papers and his voluminous correspondence. This posthumous twelve-volume collection of Gauss' complete works, published between 1863 and 1933, marks the culmination of their efforts and provides a fascinating account of one of the great scientific minds of the nineteenth century. Volume 5, published in 1867, covers Gauss' work on mechanics and geomagnetism. It includes expositions of his principle of least constraint and the theory of capillarity. It also contains book reviews, and a description of the aurora borealis observed in January 1831.

Cambridge University Press has long been a pioneer in the reissuing of out-of-print titles from its own backlist, producing digital reprints of books that are still sought after by scholars and students but could not be reprinted economically using traditional technology. The Cambridge Library Collection extends this activity to a wider range of books which are still of importance to researchers and professionals, either for the source material they contain, or as landmarks in the history of their academic discipline.

Drawing from the world-renowned collections in the Cambridge University Library, and guided by the advice of experts in each subject area, Cambridge University Press is using state-of-the-art scanning machines in its own Printing House to capture the content of each book selected for inclusion. The files are processed to give a consistently clear, crisp image, and the books finished to the high quality standard for which the Press is recognised around the world. The latest print-on-demand technology ensures that the books will remain available indefinitely, and that orders for single or multiple copies can quickly be supplied.

The Cambridge Library Collection will bring back to life books of enduring scholarly value (including out-of-copyright works originally issued by other publishers) across a wide range of disciplines in the humanities and social sciences and in science and technology.

Werke

VOLUME 5

CARL FRIEDRICH GAUSS

CAMBRIDGE
UNIVERSITY PRESS

CAMBRIDGE UNIVERSITY PRESS

Cambridge, New York, Melbourne, Madrid, Cape Town,
Singapore, São Paolo, Delhi, Tokyo, Mexico City

Published in the United States of America by Cambridge University Press, New York

www.cambridge.org
Information on this title: www.cambridge.org/9781108032278

© in this compilation Cambridge University Press 2011

This edition first published 1867
This digitally printed version 2011

ISBN 978-1-108-03227-8 Paperback

This book reproduces the text of the original edition. The content and language reflect
the beliefs, practices and terminology of their time, and have not been updated.

Cambridge University Press wishes to make clear that the book, unless originally published
by Cambridge, is not being republished by, in association or collaboration with, or
with the endorsement or approval of, the original publisher or its successors in title.

CARL FRIEDRICH GAUSS WERKE

BAND V.

CARL FRIEDRICH GAUSS

WERKE

FÜNFTER BAND

HERAUSGEGEBEN

VON DER

KÖNIGLICHEN GESELLSCHAFT DER WISSENSCHAFTEN

ZU

GÖTTINGEN

1867.

THEORIA ATTRACTIONIS
CORPORUM SPHAEROIDICORUM
ELLIPTICORUM HOMOGENEORUM

METHODO NOVA TRACTATA

AUCTORE

CAROLO FRIDERICO GAUSS

SOCIETATI REGIAE SCIENTIARUM TRADITA XVIII. MART. MDCCCXIII.

Commentationes societatis regiae scientiarum Gottingensis recentiores. Vol. II
Gottingae MDCCCXIII.

THEORIA ATTRACTIONIS CORPORUM

SPHAEROIDICORUM ELLIPTICORUM HOMOGENEORUM

METHODO NOVA TRACTATA.

————

1.

Satis quidem constat, problema de attractione corporis sphaeroidici elliptici homogenei in punctum quodvis exacte determinanda ad quaestiones difficillimas astronomiae physicae referri, pluresque geometras, inde a Newtoni temporibus, acriter iteratisque vicibus illi incubuisse. Primo quidem, investigatione ad sphaeroidem per revolutionem semiellipsis circa alterutrum axem ortam restricta, ipse summus Newton attractionem quam patitur punctum in axi situm invenire docuit, simulque nexum inter attractiones, quas patiuntur puncta intra sphaeroidem in eadem diametro sita, assignavit (*Princip. Lib.* I. *Prop.* XCI). Dein sagax Mac Laurin, synthesi perelegante usus, attractionem punctorum in sphaeroidis superficie vel in prolongatione plani aequatoris positorum determinavit, quo pacto simul theoria attractionis punctorum intra sphaeroidem sitorum, quae per Newtoni theorema ad attractionem punctorum in superficie facile referebatur, complete absoluta erat (De caussa physica fluxus et refluxus maris, in *Recueil des pièces qui ont remporté les prix de l'acad. roi. des sc.* T. IV; *Treatise of fluxions B.* I. *Ch.* 14). Quae Mac Laurin per synthesin enucleaverat, postea per analysin (cui antea huiusmodi quaestiones inaccessibiles visae erant) haud minus eleganter eruere docuit ill. Lagrange, atque sic viam ad ulteriores progressus patefecit (*Nouv. Mém. de l'Acad. de Berlin* 1773). Scilicet adhuc desiderabatur attractio punctorum extra sphaeroidem neque vero in axis nec in aequatoris prolongatione sitorum enodanda, quam difficillimam problematis partem absolvere contigit ill. LEGENDRE (*Recherches sur l'attraction des sphéroides homogènes, Mémoires présentés à l'acad. roi. des sc. T. X.*)

Disquisitionem generalissimam de attractione sphaeroidum non per revolutionem ortarum, sed quarum sectiones cum quolibet plano sunt ellipses, iamiam inchoaverat MAC LAURIN, sed substiterat in attractione punctorum in aliquo trium axium positorum. Theorema principale, cui solutio problematis generalissima praesertim innititur, per inductionem quidem iam coniectaverat ill. LEGENDRE in commentatione modo laudata, sed ill. LAPLACE primo successit, omnia rigorose demonstrare atque sic solutionem ab omni parte perfectam reddere (*Hist. de l'acad. roi. des sc. de Paris* 1782; eadem solutio repetita in operibus *Théorie du mouvement et de la figure elliptique des planètes*, atque *Mécanique céleste* Vol. 2).

Elegantiam ingeniique subtilitatem in hac ill. LAPLACE solutione eminentem nemo quidem non mirabitur: nihilominus tamen ipsa subtilitas arsque admiranda, per quam arduas difficultates superavit, geometris desiderium liquit solutionis simplicioris, minus intricatae magisque directae. Nec plane satisfecit huic desiderio ill. LEGENDRE per novam theorematis principalis demonstrationem (*Hist. de l'acad. roi. des sc.* 1788, *Sur les intégrales doubles*), etiamsi exquisita ars analytica omnium geometrarum suffragia merito tulerit *). Postea clar. BIOT solutionem alteram, alteram clar. PLANA simpliciorem reddere conati sunt (*Mém. de l'institut T. VI, Memorie di matematica e di fisica della società italiana T. XV*): sed sic quoque utramque solutionem ad intricatissimas analyseos applicationes referendam esse, quisque facile concedet.

Gratam itaque analystis atque astronomis fore speramus solutionem novam problematis celebratissimi per viam plane diversam procedentem, et ni fallimur ea simplicitate gaudentem, ut nihil amplius desiderandum linquat.

Ipsa quidem solutio nostra paucissimis pagellis continebitur. Operae tamen pretium esse censemus, antequam ad ipsum problema, cui haec commentatio dicata est, descendamus, quasdam disquisitiones praeliminares, quae in aliis quoque occasionibus opportune applicari poterunt, aliquanto generalius exsequi, fusiusque explicare, quam instituti nostri ratio per se spectata postularet.

---

*) De his duabus solutionibus e. g. ita iudicat ill. LAGRANGE: *On ne peut regarder leurs solutions que comme des chefs-d'oeuvres d'analyse, mais on peut désirer encore une solution plus directe et plus simple: et les progres continuels de l'analyse donnent lieu de l'espérer.* Nouv. Mém. de l'acad. de Berlin 1793. p. 263.

2.

Considerabimus generalissime corpus finitum figurae cuiuscunque, a reliquo spatio infinito per superficiem unam continuam vel plures continuas interque se discretas separatum (si forte corpus cavitatem unam pluresve includat), quarum complexum simpliciter superficiem corporis dicemus. Concipiatur haec superficies in infinita elementa ds divisa; sit P punctum elementi ds, cuius coordinatae ad tria plana inter se perpendicularia relatae denotentur per x, y, z. Sint PX, PY, PZ rectae axibus coordinatarum resp. parallelae, atque in plagas eas directae, versus quas coordinatae incrementa positiva capere supponuntur, porro sit PQ superficiei normalis extrorsumque directa. Sit M punctum attractum ubicunque libet situm, ipsius coordinatae a, b, c, atque distantia PM (semper positive accipienda) $= r$. Angulos quos facit recta PM cum PX, PY, PZ denotabimus per MX, MY, MZ, angulosque inter PQ atque PX, PY, PZ, PM per QX, QY, QZ, QM. Haec omnia ad puncta superficiei indefinite referuntur: quoties de pluribus punctis superficiei determinatis agendum erit, iisdem characteribus accentibus distinctis utemur.

3.

Concipiatur planum axi coordinatarum x normale, ita tamen, ut si ipsius aequatio exhibeatur per $x = \alpha$, α sit minor quam valor minimus coordinatae x in superficie corporis. Corpus in hoc planum proiectum figuram finitam ibi designabit, quam in elementa infinita $d\Sigma$ dispertitam supponemus. In elementi $d\Sigma$ puncto Π erigatur perpendiculum (sive axi coordinatarum x parallelum), quod secet corpus in punctis P', P'', P''' etc.: horum punctorum multitudo manifesto erit par. Erigantur etiam perpendicula ad planum in singulis punctis circumferentiae elementi $d\Sigma$, quae formabunt superficiem cylindricam sensu latiori, atque e superficie corporis elementa ds', ds'', ds''' etc. rescindent. Elementum $d\Sigma$ erit proiectio singulorum elementorum ds', ds'', ds''' etc., unde patet esse $d\Sigma = \pm ds' . \cos QX' = \pm ds'' . \cos QX'' = \pm ds''' . \cos QX'''$ etc., signo superiori vel inferiori valente, prout cosinus anguli acuti vel obtusi adest. Quoniam vero manifesto perpendiculum in P' corpus ingreditur, in P'' e corpore exit, in P''' rursus intrat etc., facile perspicitur, QX' obtusum esse, QX'' acutum, QX''' obtusum etc., ita ut habeatur

$$\mathrm{d}\Sigma = -\,\mathrm{d}s'.\cos QX' = +\,\mathrm{d}s''.\cos QX'' = -\,\mathrm{d}s'''.\cos QX''' \text{ etc.}$$

adeoque propter partium multitudinem parem

$$\mathrm{d}s'.\cos QX' + \mathrm{d}s''.\cos QX'' + \mathrm{d}s'''.\cos QX''' + \text{ etc.} = 0$$

Tractando eodem modo omnia reliqua elementa $\mathrm{d}\Sigma$, atque summando, nanciscimur

THEOREMA PRIMUM.

Integrale $\int \mathrm{d}s \cos QX$ *per totam corporis superficiem extensum fit* $= 0$.
Generalius eodem modo invenitur, integrale

$$\int (T\cos QX + U\cos QY + V\cos QZ)\,\mathrm{d}s$$

evanescere, si T, U, V resp. designent functiones rationales solarum y, z solarum x, z solarumque x, y.

4.

Quum volumina partium cylindri a plano nostro usque ad puncta P', P'', P''' etc resp. sint $= \mathrm{d}\Sigma.(x'-\alpha)$, $\mathrm{d}\Sigma.(x''-\alpha)$, $\mathrm{d}\Sigma.(x'''-\alpha)$ etc., pars voluminis corporis ea, quae intra cylindrum sita est, erit

$$= -x'\mathrm{d}\Sigma + x''\mathrm{d}\Sigma - x'''\mathrm{d}\Sigma + \text{ etc.}$$
$$= \mathrm{d}s'.x'\cos QX' + \mathrm{d}s''.x''\cos QX'' + \mathrm{d}s'''.x'''\cos QX''' + \text{ etc.}$$

unde summando pro omnibus $\mathrm{d}\Sigma$ obtinemus

THEOREMA SECUNDUM.

Volumen integrum corporis exprimitur per integrale $\int \mathrm{d}s.x\cos QX$ *per totam superficiem extensum.*

Manifesto idem volumen etiam per $\int \mathrm{d}s.y\cos QY$ vel per $\int \mathrm{d}s.z\cos QZ$ exprimere licebit.

5.

Concipiatur iam primo cylinder totus materia uniformiter densa repletus, videamusque quantam singula eius elementa attractionem in punctum M exerceant. Dividatur cylinder per plana infinite sibi proxima basique parallela in cylindros elementares, qualium unus, ad punctum cuius coordinatae sunt ξ, η, ζ, per $d\Sigma.d\xi$ exprimi poterit. Huius distantia a puncto M erit

$$= \sqrt{((a-\xi)^2+(b-\eta)^2+(c-\zeta)^2)} = \rho$$

unde ipsius attractio in punctum M exhiberi poterit per $d\Sigma.d\xi.f\rho$, denotante functione $f\rho$ legem attractionis. Quare quum per totum cylindrum sola ξ tamquam variabilis spectanda sit, erit $\rho d\rho = -(a-\xi)d\xi$, et proin attractio elementi $= -\frac{\rho f\rho.d\rho.d\Sigma}{(a-\xi)}$. Qua resoluta in tres attractiones partiales axibus coordinatarum x, y, z parallelas atque oppositas, prima erit $= -f\rho.d\rho.d\Sigma$. Hinc designando integrale $\int f\rho.d\rho$ per $F\rho$, attractio cylindri a basi $d\Sigma$ usque ad punctum cuius coordinata prima $= \xi$ in punctum M secundum axem coordinatarum x erit $= -(F\rho - \text{Const.})d\Sigma = -(F\rho - FR)d\Sigma$, si R supponitur designare distantiam basis $d\Sigma$ a puncto M. Hinc sequitur, eandem attractionem partialem omnium partium corporis, quae intra cylindrum iacent, fieri

$$= (Fr' - Fr'' + Fr''' - \text{etc.})d\Sigma$$
$$= -Fr'.ds'.\cos QX' - Fr''.ds''.\cos QX'' - Fr'''.ds'''.\cos QX''' - \text{etc.}$$

Extendendo haec ratiocinia ad omnia elementa $d\Sigma$, colligimus

THEOREMA TERTIUM.

Attractio corporis in punctum M, axi coordinatarum x parallela atque opposita, exhibetur per integrale $-\int Fr.ds.\cos QX$ per totam superficiem extensum.

Prorsus simili modo manifesto attractio secundum duas reliquas directiones principales exprimetur per integralia $-\int Fr.ds.\cos QY$, $-\int Fr.ds.\cos QZ$.

6.

Iam rem alia via aggrediemur. Concipiatur superficies sphaerica radio $= 1$ circa centrum M descripta, atque in elementa infinite parva dispertita. Sit Π punctum huius superficiei ad spatiolum $d\Sigma$ in eadem pertinens; ducatur radius $M\Pi$, atque si opus est ultra sphaerae superficiem indefinite producatur. Sint P', P'', P'' etc. puncta, in quibus hic radius superficiem corporis nostri deinceps secat, excluso tamen ipso puncto M, si forte in ipsa superficie iacet. Horum itaque punctorum multitudo par erit vel impar, prout M situm est extra soliditatem corporis vel intra, patetque casum ubi M in ipsa corporis superficie iacet, annumerari debere vel casui priori vel posteriori, prout radius $M\Pi$ ab initio vel a corporis soliditate recedit, vel eam intrat. Concipiantur porro rectae a M ad peripheriam spatioli $d\Sigma$ ductae, quae formabunt superficiem conicam (sensu latiori), atque in superficie corporis nostri ad puncta P', P'', P''' etc. resp. spatiola ds', ds'', ds''' etc. definient. Denique describantur per puncta P', P'', P''' etc. portiunculae superficierum sphaericarum e centro M radiis

$$MP' = r', \quad MP'' = r'', \quad MP''' = r''' \text{ etc.}$$

sintque spatiola, quae conus ex illis exsecat, $d\sigma'$, $d\sigma''$, $d\sigma'''$ etc. Omnia haec spatiola $d\Sigma$, ds', $d\sigma'$ etc. tamquam positiva spectabimus. His praemissis habemus

$$d\Sigma = \frac{d\sigma'}{r'r'} = \frac{d\sigma''}{r''r''} = \frac{d\sigma'''}{r'''r'''} \text{ etc.}$$

Spatiolum $d\sigma'$ considerari potest tamquam proiectio spatioli ds' in planum, cui recta $P'M$ est normalis. Hinc erit $d\sigma' = \pm ds'.\cos MQ'$, signo superiori vel inferiori accepto, prout MQ' acutus est vel obtusus: casus prior locum habet, quoties recta a P' ad M ducta a corpore recedit, i. e. quoties M iacet extra corpus, casus posterior vero, quoties recta $P'M$ in P' corpus intrat, i. e. quoties M iacet intra corpus. Perinde erit $d\sigma'' = \mp ds''\cos MQ''$, $d\sigma''' = \pm ds''' \cos MQ'''$ etc. unde patet,

I. Si M iaceat extra corpus, haberi

$$ds'.\cos MQ' = +r'r'd\Sigma$$
$$ds''.\cos MQ'' = -r''r''d\Sigma$$
$$ds'''.\cos MQ''' = +r'''r'''d\Sigma$$
$$\text{etc.}$$

II. Si vero M iaceat intra corpus, fieri

$$ds'.\cos MQ' = -r'r'd\Sigma$$
$$ds''.\cos MQ'' = +r''r''d\Sigma$$
$$ds'''.\cos MQ''' = -r'''r'''d\Sigma$$
$$\text{etc.}$$

In casu I itaque erit (propter aequationum multitudinem parem)

$$\frac{\mathrm{d}s'.\cos MQ'}{r'r'}+\frac{\mathrm{d}s''.\cos MQ''}{r''r''}+\frac{\mathrm{d}s'''.\cos MQ'''}{r'''r'''}+ \text{ etc.} = 0$$

in casu II vero (propter aequationum multitudinem imparem)

$$\frac{\mathrm{d}s'.\cos MQ'}{r'r'}+\frac{\mathrm{d}s''.\cos MQ''}{r''r''}+\frac{\mathrm{d}s'''.\cos MQ'''}{r'''r'''}+ \text{ etc.} = -\mathrm{d}\Sigma$$

Tractando eodem modo omnia elementa $\mathrm{d}\Sigma$, et summando, ad laevam manifesto habebimus integrale $\int\frac{\mathrm{d}s.\cos MQ}{rr}$ per totam corporis superficiem extensum, ad dextram vero in casu priori 0, in posteriori aream integram superficiei sphaericae radio $= 1$ descriptae negative sumtam, i. e. -4π, denotante π semicircumferentiam circuli, cuius radius $= 1$.

De casu, ubi M in ipsa corporis superficie collocatur, seorsim dicendum est. Concipiatur planum tangens superficiem corporis in puncto M, quod superficiem sphaericam in duo hemisphaeria aequalia dirimet, alterum ab eadem parte plani, a qua est soliditas corporis in M, alterum a parte opposita. Respectu omnium elementorum $\mathrm{d}\Sigma$, quae sunt in hemisphaerio priori, punctum M considerandum erit tamquam punctum internum, pro reliquis tamquam externum. Hinc patet, e summatione omnium

$$\frac{\mathrm{d}s'.\cos MQ'}{r'r'}+\frac{\mathrm{d}s''.\cos MQ''}{r''r''}+\frac{\mathrm{d}s'''.\cos MQ'''}{r'''r'''}+ \text{ etc.}$$

prodire tantummodo aream dimidiam sphaerae negative sumendam. Ita stabilimus

THEOREMA QUARTUM.

Integrale $\int\frac{\mathrm{d}s.\cos MQ}{rr}$ *per totam corporis superficiem extensum fit vel* $= 0$, *vel* $= -2\pi$, *vel* $= -4\pi$, *prout* M *iacet extra corpus, vel in eius superficie, vel intra corpus.*

Ceterum per eadem ratiocinia demonstratur, generaliter integrale $\int\frac{P\mathrm{d}s.\cos MQ}{rr}$ in casu primo evanescere, si P denotet functionem quamcunque rationalem quantitatum $\cos MX$, $\cos MY$, $\cos MZ$.

7.

Volumen spatii conici a vertice usque ad punctum P', P'', P''' etc. resp. est

$$= \tfrac{1}{3}r'\mathrm{d}\sigma', \quad \tfrac{1}{3}r''\mathrm{d}\sigma'', \quad \tfrac{1}{3}r'''\mathrm{d}\sigma''' \text{ etc.}$$

sive

$$= \pm\tfrac{1}{3}r'\mathrm{d}s'.\cos MQ', \quad \mp\tfrac{1}{3}r''\mathrm{d}s''.\cos MQ'', \quad \pm\tfrac{1}{3}r'''\mathrm{d}s'''.\cos MQ''' \text{ etc.}$$

2

signis superioribus vel inferioribus valentibus, prout M iacet extra vel intra corpus. In casu priori autem partem soliditatis corporis constituunt partes coni a P' usque ad P'', a P''' usque ad P'''' etc., in posteriori vero partes coni a M usque ad P', a P'' usque ad P''' etc. In utroque igitur casu pars corporis ea, quae iacet intra conum basi $d\Sigma$ insistentem, fit

$$= -\tfrac{1}{3}(r'\,ds'.\cos M\,Q' + r''\,ds''.\cos M\,Q'' + r'''\,ds'''.\cos M\,Q''' + \text{ etc.})$$

Tractando eodem modo cuncta elementa $d\Sigma$, et summando, obtinemus

THEOREMA QUINTUM.

Volumen corporis integri aequale est integrali $-\tfrac{1}{3}\int r\,ds.\cos M\,Q$ *per totam corporis superficiem extenso.*

8.

Iam supponamus, corpus esse uniformiter densum, singulaque eius elementa exercere attractionem in punctum M alicui functioni distantiae proportionalem, ita ut denotante ρ distantiam elementi a puncto attracto, attractio exprimatur per elementi volumen multiplicatum in $f\rho$. Concipiatur primo conus noster basi $d\Sigma$ insistens totus materia plenus, atque per superficies sphaericas infinite sibi proximas e centro M descriptas in elementa infinita dispertitus. Tale elementum, ad sphaeram cuius radius $= \rho$, exprimetur per $\rho\rho\,d\rho.d\Sigma$, adeoque vis, qua agit in M, per $d\Sigma.\rho\rho f\rho.d\rho$. Denotando itaque integrale $\int \rho\rho f\rho.d\rho$ per $\Phi\rho$, patet $d\Sigma.(\Phi\rho - \Phi 0)$ exprimere attractionem partis coni a vertice usque ad distantiam ρ in punctum M, sive generaliter $d\Sigma.(\Phi\rho' - \Phi\rho)$ attractionem coni inter distantias a vertice ρ et ρ'. Ab omnibus itaque partibus corporis nostri intra conum iacentibus attrahetur punctum M in directione $M\Pi$ vi, quae exprimitur per

$$d\Sigma.(-\Phi r' + \Phi r'' - \Phi r''' + \text{ etc.})$$

quoties M iacet extra corpus, vel per

$$d\Sigma.(-\Phi 0 + \Phi r' - \Phi r'' + \Phi r''' - \text{ etc.})$$

quoties M iacet intra corpus, sive
in casu priori per

$$-\;\frac{\mathrm{d}s'.\Phi r'.\cos MQ'}{r'\,r'}-\frac{\mathrm{d}s''.\Phi r''.\cos MQ''}{r''\,r''}-\frac{\mathrm{d}s'''.\Phi r'''.\cos MQ'''}{r'''\,r'''}-\;\text{etc.}$$

in casu posteriori vero per eandem formulam adiecta parte

$$-\,\mathrm{d}\Sigma.\Phi 0$$

Multiplicando hanc expressionem per $\cos MX$, habebimus vim, qua partes corporis intra conum sitae attrahunt punctum in directione axi coordinatarum x parallela atque opposita. Hinc vis, qua corpus integrum agit in eadem directione, exprimetur per integrale $-\int\frac{\mathrm{d}s.\Phi r.\cos MQ.\cos MX}{rr}$, per totam corporis superficiem extensum, siquidem punctum attractum iacet extra corpus, sed adiicere adhuc oportet integrale $-\Phi 0.\int\mathrm{d}\Sigma.\cos MX$ per totam superficiem sphaericam extensum, quoties M iacet intra corpus. Nullo porro negotio perspicitur, in casu eo, ubi M iaceat in corporis superficie, adiiciendum quidem esse idem integrale $-\Phi 0.\int\mathrm{d}\Sigma.\cos MX$, sed per dimidiam tantummodo sphaerae superficiem extensum, et quidem per hemisphaerium id, quod definitur plano corporis superficiem in M tangente atque ab eadem plani parte iacet, a qua est soliditas corporis in puncto M. Ut valorem huius integralis determinemus, concipiamus solidum intra hemisphaerium istud atque planum inclusum. Denotet θ indefinite angulum inter rectam superficiei huius solidi normalem extrorsumque directam atque rectam axi coordinatarum x parallelam. Hinc per Theorema Primum integrale $\int\mathrm{d}s.\cos\theta$ per *totam* solidi superficiem extensum evanescit, unde si integrale per solam partem planam superficiei extensum supponitur $=J$, integrale per superficiei partem curvam debebit esse $=-J$. Sed in parte curva $\mathrm{d}s$ convenit cum nostro $\mathrm{d}\Sigma$, θ vero fit $=180^{0}-MX$. Hinc patet, integrale $-\int\mathrm{d}\Sigma.\cos MX$, per hemisphaerium extensum fieri $=-J$. In parte plana autem superficiei manifesto θ est constans, atque aequalis valori ipsius QX in puncto M, unde J aequalis erit producto cosinus huiusce anguli in aream plani, quae fit $=\pi$. Hinc colligitur, integrale $-\Phi 0.\int\mathrm{d}\Sigma.\cos MX$, per hemisphaerium quod supra definivimus extensum, fieri $=-\pi\Phi 0.\cos QX$, sumto pro QX valore in puncto M. Prorsus eodem modo valor integralis $-\Phi 0\int\mathrm{d}\Sigma.\cos MX$ per hemisphaerium alterum extensum invenitur $=+\pi\Phi 0.\cos QX$, unde integrale per totam sphaeram fit $=0$. Ex his omnibus colligimus

THEOREMA SEXTUM.

Attractio corporis in punctum M, *axi coordinatarum* x *parallela et opposita, exhibetur per integrale*

$$-\int \frac{\mathrm{d}s \cdot \Phi r \cdot \cos MQ \cdot \cos MX}{rr}$$

per totam superficiem extensum, *sive* M *iaceat extra corpus*, *sive intra*, *sed adiecta parte* $-\pi \Phi 0 \cdot \cos QX$, *quoties* M *iacet in ipsa superficie, ubi pro* QX *accipiendus est valor definitus, quem habet in* M.

Manifesto vires secundum directiones axibus coordinatarum y, z parallelas atque oppositas perinde exprimentur per integralia

$$-\int \frac{\mathrm{d}s \cdot \Phi r \cdot \cos MQ \cdot \cos MY}{rr}, \quad -\int \frac{\mathrm{d}s \cdot \Phi r \cdot \cos MQ \cdot \cos MZ}{rr}$$

quibus adiicere oportet $-\pi \Phi 0 \cdot \cos QY$, $-\pi \Phi 0 \cdot \cos QZ$ (sumtis pro angulis valoribus definitis in M), quoties M iacet in corporis superficie.

Ceterum facile perspicitur, tres vires

$$-\pi \Phi 0 \cdot \cos QX, \quad -\pi \Phi 0 \cdot \cos QY, \quad -\pi \Phi 0 \cdot \cos QZ$$

aequivalere unicae $= -\pi \Phi 0$ ipsi superficiei normali introrsumque directae.

Manifesto evolutione integralis $-\Phi 0 \cdot \int \mathrm{d}\Sigma \cdot \cos MX$ supersedere potuissemus, si functio f ita comparata est ut liceat statuere $\Phi 0 = 0$; sed maluimus disquisitionem omni generalitate persequi. Quoties autem attractio cubo altiorive potestati distantiae inverse proportionalis supponitur, patet, illud non licere, sed necessario fieri $\Phi 0 = -\infty$, unde sequitur, in tali suppositione punctum in corporis superficie positum vi infinita versus solidum premi.

9.

Per methodos hactenus explicatas integralia, quae per totum corporis volumen extendi debuissent (integralia tripla). ad talia reduximus, quae tantummodo per corporis superficiem sunt extendenda, et quidem duplici modo. Indoles superficiei exprimitur per aequationem inter coordinatas x, y, z, i. e. per aequationem $W = 0$, denotante W functionem variabilium x, y, z, quam ab omni irrationalitate liberam supponere licet. Prodeat e differentiatione functionis W

$$\mathrm{d}W = T\mathrm{d}x + U\mathrm{d}y + V\mathrm{d}z$$

constatque, T, U, V resp. proportionales esse cosinibus angulorum rectae, quae superficiei normalis est, cum rectis axibus coordinatarum x, y, z parallelis, i. e. angulorum QX, QY, QZ. Hinc quidem colligitur, esse

$$\cos QX = \frac{\pm T}{\sqrt{(TT+UU+VV)}}$$
$$\cos QY = \frac{\pm U}{\sqrt{(TT+UU+VV)}}$$
$$\cos QZ = \frac{\pm V}{\sqrt{(TT+UU+VV)}}$$

sed ambiguum manet, utrum signa superiora, an inferiora adoptare oporteat. Quod ut decidamus, capiamus in recta PQ superficiei in P normali *extrorsumque* directa punctum P' ipsi P infinite proximum, sitque distantia $PP' = \mathrm{d}w$. Erunt itaque coordinatae puncti P' resp.

$$x+\mathrm{d}w.\cos QX = x+\mathrm{d}x$$
$$y+\mathrm{d}w.\cos QY = y+\mathrm{d}y$$
$$z+\mathrm{d}w.\cos QZ = z+\mathrm{d}z$$

adeoque incrementum valoris functionis W inde a puncto P (ubi est $= 0$) usque ad punctum P'

$$= \mathrm{d}w.(T\cos QX + U\cos QY + V\cos QZ)$$
$$= \pm \mathrm{d}w.\sqrt{(TT+UU+VV)}$$

Hinc patet, signa superiora valere, si recedendo a corporis soliditate functio W nanciscitur valorem positivum, et proin negativum ingrediendo corporis soliditatem, contra signa inferiora valere in casu opposito. Revera quum superficies nostra tum corporis soliditatem a reliquo spatio vacuo separet, tum spatii partes eas, ubi W positivum valorem obtinet, ab iis, ubi valor functionis W fit negativus, generaliter loquendo *vel* extra corpus valor functionis W positivus erit, intra negativus, in quo casu signa superiora accipienda erunt, *vel* functio W negativa erit extra, positiva intra corpus, in quo casu signa inferiora valebunt.

Cosinus angulorum reliquorum, quibus in formulis nostris opus est, adhuc facilius evolvuntur. Habemus scilicet

$$a = x+r\cos MX$$
$$b = y+r\sin MY$$
$$c = z+r\sin MZ$$

unde $r = \sqrt{((a-x)^2 + (b-y)^2 + (c-z)^2)}$

$$\cos MX = \frac{a-x}{r}$$

$$\cos MY = \frac{b-y}{r}$$

$$\cos MZ = \frac{c-z}{r}$$

denique per theorema satis notum fit

$$\cos MQ = \cos MX . \cos QX + \cos MY . \cos QY + \cos MZ . \cos QZ$$

sive

$$\cos MQ = \pm \frac{T(a-x) + U(b-y) + V(c-z)}{r\sqrt{(TT + UU + VV)}}$$

10.

Iam ut integratio expressionum differentialium per totam superficiem absolvi possit, has expressiones ita transmutare oportet, ut duas tantummodo variabiles contineant. Hoc fieri quidem potest eliminando unam e variabilibus x, y, z adiumento aequationis $W = 0$: sed plerumque hoc modo formulae minus tractabiles prodeunt. Praestat itaque, duas novas indeterminatas p, q introducere, ita ut tum x, tum y, tum z tamquam functiones harum indeterminatarum considerare oporteat.

Simulac igitur ipsis p, q valores determinati tribuuntur, etiam x, y, z determinatae erunt, i. e. illis punctum determinatum in corporis superficie respondebit. Haec mutua correlatio clarius ob oculos ponetur, si planum indefinitum concipiamus, cuius singula puncta per coordinatas rectangulares p, q exhibeantur. Cuivis itaque puncto plani respondebit punctum in superficie corporis et quidem unicum tantum, si res ita instructa est, ut x, y, z sint functiones uniformes indeterminatarum p, q. Quodsi vice versa etiam per x, y, z plene et absque ambiguitate determinantur p et q, manifesto cuivis puncto superficiei corporis unicum tantum plani punctum respondebit, planumque in hoc casu undique in infinitum porrigi debet, quo integram corporis superficiem exhauriat. Alioquin autem plani partem tantummodo considerare oportebit, limitibus finitis vel infinitis descriptam, quae corporis superficiem quasi repraesentabit. Concipiatur planum per infinitas rectas tum lineae abscissarum parallelas tum ipsi normales in elementa rectangula divisum: huiusmodi elementum, inter puncta quorum co-ordinatae sunt

$$
\begin{aligned}
&p, && q \\
&p+\mathrm{d}p, && q \\
&p, && q+\mathrm{d}q \\
&p+\mathrm{d}p, && q+\mathrm{d}q
\end{aligned}
$$

contentum, erit $= \mathrm{d}p.\mathrm{d}q$, respondebitque elemento parallelogrammatico in superficie corporis contento inter quatuor puncta, quorum coordinatae resp. erunt

$$
\begin{aligned}
&\text{I.} && x, && y, && z \\
&\text{II.} && x+\lambda\,\mathrm{d}p, && y+\mu\,\mathrm{d}p, && z+\nu\,\mathrm{d}p \\
&\text{III.} && x+\lambda'\,\mathrm{d}q, && y+\mu'\,\mathrm{d}q, && z+\nu'\,\mathrm{d}q \\
&\text{IV.} && x+\lambda\,\mathrm{d}p+\lambda'\,\mathrm{d}q, && y+\mu\,\mathrm{d}p+\mu'\,\mathrm{d}q, && z+\nu\,\mathrm{d}p+\nu'\,\mathrm{d}q
\end{aligned}
$$

si supponimus, esse

$$
\begin{aligned}
\mathrm{d}x &= \lambda\,\mathrm{d}p+\lambda'\,\mathrm{d}q \\
\mathrm{d}y &= \mu\,\mathrm{d}p+\mu'\,\mathrm{d}q \\
\mathrm{d}z &= \nu\,\mathrm{d}p+\nu'\,\mathrm{d}q
\end{aligned}
$$

Proiectiones huius areae, quam statuimus $= \mathrm{d}s$, in tria plana axibus coordinatarum x, y, z normalia, facile inveniuntur resp. $=$

$$
\begin{aligned}
&\pm(\mu\nu'-\nu\mu')\mathrm{d}p.\mathrm{d}q \\
&\pm(\nu\lambda'-\lambda\nu')\mathrm{d}p.\mathrm{d}q \\
&\pm(\lambda\mu'-\mu\lambda')\mathrm{d}p.\mathrm{d}q
\end{aligned}
$$

unde per theorema satis notum ipsa elementi area erit

$$
= \mathrm{d}p.\mathrm{d}q.\sqrt{((\mu\nu'-\nu\mu')^2+(\nu\lambda'-\lambda\nu')^2+(\lambda\mu'-\mu\lambda')^2)}
$$

Hinc patet, singula integralia in sex nostris theorematibus prolata, ad formam talem reduci $\int S\mathrm{d}p.\mathrm{d}q$, ubi S vel explicite vel implicite sit functio duarum indeterminatarum p, q, integrationemque vel per totum planum infinitum extendendam esse, vel per eam plani partem, quae superficiem integram corporis nostri quasi repraesentat. Integratio ipsa autem modo his modo illis artificiis absolvetur, de quibus regulae generales dari nequeunt.

Ceterum adhuc observamus, quum substitutis pro x, y, z valoribus per p, q expressis, functio W necessario fieri debeat identice $= 0$, etiam identice i. e. independenter a valoribus ipsarum dp, dq fieri debere

$$0 = (\lambda T + \mu U + \nu V)\,dp + (\lambda' T + \mu' U + \nu' V)\,dq$$

sive haberi

$$\lambda T + \mu U + \nu V = 0$$
$$\lambda' T + \mu' U + \nu' V = 0$$

Hinc sequitur, quantitates $\mu\nu' - \nu\mu'$, $\nu\lambda' - \lambda\nu'$, $\lambda\mu' - \mu\lambda'$ resp. ipsis T, U, V, sive cosinibus angulorum QX, QY, QZ proportionales evadere, quod iam e supra dictis, sed remanente signorum ambiguitate, colligere licuerat.

11.

Ab his disquisitionibus generalibus ad corpora sphaeroidica elliptica descendimus, quorum caussa illae fuerant susceptae. Initio abscissarum in corporis centro sumto, semiaxibusque per A, B, C designatis, aequatio superficiei erit

$$\frac{xx}{AA} + \frac{yy}{BB} + \frac{zz}{CC} = 1$$

Statuemus itaque $W = \frac{xx}{AA} + \frac{yy}{BB} + \frac{zz}{CC} - 1$, unde patet, pro omnibus punctis intra corpus W obtinere valores negativos, positivos autem pro omnibus punctis extra corpus. Porro erit $T = \frac{2x}{AA}$, $U = \frac{2y}{BB}$, $V = \frac{2z}{CC}$; statuendo itaque

$$\sqrt{\left(\frac{xx}{A^4} + \frac{yy}{B^4} + \frac{zz}{C^4}\right)} = \psi$$

erit

$$\cos QX = \frac{x}{\psi AA}, \quad \cos QY = \frac{y}{\psi BB}, \quad \cos QZ = \frac{z}{\psi CC}$$
$$\cos QM = \frac{1}{\psi r}\left(\frac{(a-x)x}{AA} + \frac{(b-y)y}{BB} + \frac{(c-z)z}{CC}\right)$$

12.

Iam introducamus duas indeterminatas p, q tales ut fiat

$$x = A \cos p$$
$$y = B \sin p . \cos q$$
$$z = C \sin p . \sin q$$

Facile perspicietur, totam sphaeroidis superficiem sic exhauriri, si p extendatur a 0 usque ad 180^0, q vero a 0 usque ad 360^0. Porro habebimus

$$\lambda = -A\sin p, \qquad \lambda' = 0$$
$$\mu = B\cos p.\cos q, \quad \mu' = -B\sin p.\sin q$$
$$\nu = C\cos p.\sin q, \quad \nu' = C\sin p.\cos q$$
$$\mu\nu' - \nu\mu' = BC\cos p.\sin p = ABC\sin p.\frac{x}{AA}$$
$$\nu\lambda' - \lambda\nu' = AC\sin p^2.\cos q = ABC\sin p.\frac{y}{BB}$$
$$\lambda\mu' - \mu\lambda' = AB\sin p^2.\sin q = ABC\sin p.\frac{z}{CC}$$

Hinc quoniam $\sin p$ intra limites, quos hic consideramus, ubique fit quantitas positiva, statuere oportet

$$ds = dp.dq.ABC.\psi.\sin p$$

Applicando has formulas ad theorema secundum, fit corporis volumen seu (statuendo densitatem $= 1$) massa

$$= \iint dp.dq.ABC.\cos p^2.\sin p$$

sive integrando primo secundum q

$$= 2\pi\int dp.ABC.\cos p^2.\sin p = \tfrac{1}{2}\pi ABC\int dp.(\sin p + \sin 3p)$$

quod integrale a $p = 0$ usque ad $p = 180^0$ est extendendum. Hinc provenit $\tfrac{4}{3}\pi ABC$, uti aliunde constat.

13.

Ad determinandam attractionem, quam sphaerois exercet in punctum quodcunque, si attractio cuiusvis elementi quadrato distantiae a puncto attracto reciproce proportionalis supponitur, habemus $fr = \frac{1}{rr}$, $Fr = -\frac{1}{r}$, $\Phi r = r$. Sit attractio sphaeroidis integri secundum directionem axi coordinatarum x parallelam atque oppositam $= X$, statuaturque $X = ABC\xi$. Erit itaque, per theorema tertium,

$$X = \iint dp.dq\frac{BCx\sin p}{rA} = \iint dp.dq\frac{BC\cos p.\sin p}{r}$$

adeoque

[1] $$\xi = \iint \frac{\mathrm{d}p.\mathrm{d}q.\cos p.\sin p}{Ar}$$

Perinde obtinemus, per theorema sextum

[2] $$\xi = -\iint \frac{\mathrm{d}p.\mathrm{d}q.\sin p}{r^3}.(a-x)\left(\frac{(a-x)x}{AA}+\frac{(b-y)y}{BB}+\frac{(c-z)z}{CC}\right)$$

Denique theorema quartum nobis suppeditat

[3] $$\iint \frac{\mathrm{d}p.\mathrm{d}q.\sin p}{r^3}\left(\frac{(a-x)x}{AA}+\frac{(b-y)y}{BB}+\frac{(c-z)z}{CC}\right) = 0$$
$$\text{vel} = -\frac{4\pi}{ABC}$$

prout punctum M iacet vel extra corpus, vel intra corpus.

Iam quantitates A, B, C tamquam valores particulares trium variabilium α, $\mathfrak{b}$, γ consideramus, ita comparatarum. ut $\alpha\alpha - \mathfrak{b}\mathfrak{b}$, $\alpha\alpha - \gamma\gamma$ sint constantes. Ita ξ spectari poterit tamquam functio variabilium α, $\mathfrak{b}$, γ seu potius unius ex ipsis: variationes simultaneas quantitatum ξ, α, $\mathfrak{b}$, γ per characteristicam δ distinguemus. Facile concluditur ex aequatione [1], crescentibus α, $\mathfrak{b}$, γ in infinitum, ξ ultra omnes limites decrescere, quum manifesto vel valor minimus ipsius r ultra omnes limites crescat. Statuere itaque oportet $\xi = 0$ pro $\alpha = \infty$. Differentiando aequationem [1] ita exhibitam

$$\alpha\xi = \iint \frac{\mathrm{d}p.\mathrm{d}q.\cos p.\sin p}{r}$$

secundum characteristicam δ, prodit

$$\alpha\delta\xi + \xi\delta\alpha = -\iint \frac{\mathrm{d}p.\mathrm{d}q.\cos p.\sin p.\delta r}{rr}$$

Sed habemus

$$r\delta r = -(a-x)\delta x - (b-y)\delta y - (c-z)\delta z$$
$$= -(a-x)\cos p.\delta\alpha - (b-y)\sin p.\cos q.\delta\mathfrak{b} - (c-z)\sin p\sin q.\delta\gamma$$
$$= -(a-x)x.\frac{\delta\alpha}{\alpha} - (b-y)y.\frac{\delta\mathfrak{b}}{\mathfrak{b}} - (c-z)z.\frac{\delta\gamma}{\gamma}$$
$$= -\alpha\delta\alpha.\left(\frac{(a-x)x}{\alpha\alpha}+\frac{(b-y)y}{\mathfrak{b}\mathfrak{b}}+\frac{(c-z)z}{\gamma\gamma}\right)$$

(propter $\alpha\delta\alpha - \mathfrak{b}\delta\mathfrak{b} = 0$, $\alpha\delta\alpha - \gamma\delta\gamma = 0$): hinc fit

$$\alpha\delta\xi + \xi\delta\alpha = \delta\alpha.\iint \frac{\mathrm{d}p.\mathrm{d}q.x\sin p}{r^3}\left(\frac{(a-x)x}{\alpha\alpha}+\frac{(b-y)y}{\mathfrak{b}\mathfrak{b}}+\frac{(c-z)z}{\gamma\gamma}\right)$$

Hinc subtrahendo aequationem [2], in $\delta\alpha$ multiplicatam, postquam A, B, C in α, $\mathfrak{b}$, γ mutatae sunt, fit

$$\alpha\delta\xi = \delta\alpha . \iint \frac{\mathrm{d}p.\mathrm{d}q.a\sin p}{r^3}\left(\frac{(a-x)x}{\alpha\alpha}+\frac{(b-y)y}{\mathfrak{bb}}+\frac{(c-z)z}{\gamma\gamma}\right)$$

Huius aequationis pars ad dextram per aequ. [3] fit vel $= 0$ vel $= -\frac{4\pi a\delta a}{\alpha\mathfrak{b}\gamma}$, prout M iacet extra vel intra corpus, ita ut fiat in casu priori

[4]
$$\delta\xi = 0$$

in posteriori autem

[5]
$$\delta\xi = -\frac{4\pi a\delta a}{\alpha\alpha\mathfrak{b}\gamma}$$

Aequatio [4] protinus ostendit, ξ esse constantem, sive attractionem X massae proportionalem pro omnibus ellipsoidibus, in quibus $\alpha\alpha-\mathfrak{bb}$, $\alpha\alpha-\gamma\gamma$ sint quantitates constantes, i. e., quarum tres sectiones principales sint ellipses ex iisdem focis descriptae, quamdiu punctum attractum extra sphaeroidem iaceat. Quam conclusionem, quum omni rigore vera sit, quantumvis proxime sphaeroidis superficies ad punctum attractum accedat, necessario etiam ad sphaeroidem ipsam extendere licebit, cuius superficies per ipsum punctum attractum transit.

Problema itaque de attractione sphaeroidis in punctum quodcunque externum determinanda, reducitur ad duo alia problemata, scilicet primo ad determinationem dimensionum alius sphaeroidis ex iisdem quibus sphaerois proposita focis descriptae punctumque attractum transeuntis, secundo ad problema de attractione sphaeroidis in punctum in ipsius superficie positum. Problema prius pendet a solutione aequationis cubicae, quam semper radicem realem unicam involvere facile demonstratur, cuique hic immorari superfluum videtur. Ut vero problema alterum solvamus, consideremus casum alterum, ubi punctum attractum iacet intra corpus. Quum sit $\mathfrak{bb} = \alpha\alpha+BB-AA$, $\gamma\gamma = \alpha\alpha+CC-AA$, substituemus hos valores in aequatione 5, simulque faciemus $\frac{A}{\alpha} = t$. Hinc emergit

$$\delta\xi = \frac{4a\pi tt\delta t}{A^3\sqrt{\left(\left(1-\left(1-\frac{BB}{AA}\right)tt\right)\left(1-\left(1-\frac{CC}{AA}\right)tt\right)\right)}}$$

sive restituendo characteristicam d, et integrando

$$\xi = \frac{4a\pi}{A^3}\int \frac{tt\,\mathrm{d}t}{\sqrt{\left(\left(1-\left(1-\frac{BB}{AA}\right)tt\right)\left(1-\left(1-\frac{CC}{AA}\right)tt\right)\right)}}$$

quod integrale ita sumendum est, ut evanescat pro $t = 0$, ac dein, pro sphaeroide determinata, cuius semiaxes sunt A, B, C, extendendum usque ad $t = 1$. Habemus itaque

[6]
$$X = \tfrac{4a\pi BC}{AA}\int \frac{tt\,dt}{\sqrt{((1-(1-\frac{BB}{AA})tt)(1-(1-\frac{CC}{AA})tt)}}$$

integratione a $t = 0$ usque ad $t = 1$ extensa. Manifesto attractiones axibus coordinatarum y, z parallelae hinc sponte derivantur, si a, A cum b, B vel cum c, C permutantur.

Haec itaque formula suppeditat attractionem omnium punctorum intra sphaeroidem, et quum rigorose sit vera, quantumvis proximum sit punctum attractum ipsi sphaeroidis superficiei, etiam usque ad puncta in superficie posita valebit. Ad quam quum attractio punctorum externorum iam reducta sit, problema iam complete est solutum.

Aequatio [6] praeterea docet, pro puncto interno attractionem omnium sphaeroidum similium similiterque positarum prorsus identicam esse. Quodsi itaque huiusmodi sphaerois in plura strata divisa concipiatur, quorum superficies internae et externae superficiei sphaeroidis sint similes similiterque positae, manifesto singula strata punctum attractum circumvolventia ad attractionem in hoc punctum nihil conferent, ita ut tantummodo restet attractio nuclei interioris. cuius superficies per ipsum punctum transit.

14.

De ipsa integratione formulae [6] non opus est prolixe disserere. Constat scilicet, eam a transscendentibus pendere, circulo logarithmisque altioribus, si omnes A, B, C sint inaequales: in hoc itaque casu ad series confugiemus, quae tanto citius convergent, quo minus sphaerois a sphaera discrepat. Si vero duae quantitatum A, B, C sunt aequales, e. g. $A = B$, in quo casu sphaerois orta erit per revolutionem circa axem $= 2\,C$, erit

$$X = \tfrac{4\pi aC}{A}\int \frac{tt\,dt}{\sqrt{(1-(1-\frac{CC}{AA})tt)}}$$
$$= \tfrac{2\pi a\cos\varphi}{\sin\varphi^3}(\varphi - \tfrac{1}{2}\sin 2\,\varphi)$$

statuendo $\frac{C}{A} = \cos\varphi$, vel $\sqrt{(1-\frac{CC}{AA})} = \sin\varphi$, si $C < A$, aut

$$X = \tfrac{2\pi aCC}{CC-AA} - \tfrac{2\pi aAAC}{(CC-AA)^{\frac{3}{2}}}\log\frac{C+\sqrt{(CC-AA)}}{A}$$

si $C > A$.

Attractio in directione coordinatis y parallela et opposita, prodit mutando in his formulis a in b, unde patet, has duas vires aequivalere unicae, cuius directio axi $2C$ normalis est, cuiusque intensitas invenitur, si in formula modo tradita a in distantiam puncti attracti ab hoc axe mutatur.

Attractio denique in directione coordinatis z parallela et opposita i. e. ad aequatorem normali, fit in casu, ubi $B = A$,

$$= \frac{4\pi c A A}{CC} \int \frac{tt\,dt}{1-(1-\frac{AA}{CC})tt}$$

unde eruitur, si $C < A$, ponendo ut supra $\frac{C}{A} = \cos\varphi$,

$$= \frac{4\pi c \cos\varphi}{\sin\varphi^3}(\tan\varphi - \varphi)$$

si vero $C > A$, prodit

$$\frac{4\pi c A A C}{(CC-AA)^{\frac{3}{2}}} \log\frac{C+\sqrt{(CC-AA)}}{A} - \frac{4\pi c A A}{CC-AA}$$

Tandem, si omnes tres A, B, C sunt aequales, i. e. si corpus est sphaera, attractiones secundum tres directiones principales fiunt

$$\tfrac{4}{3}\pi a, \qquad \tfrac{4}{3}\pi b, \qquad \tfrac{4}{3}\pi c$$

i. e. identicae cum iis, quas nucleus sphaericus, in cuius superficie punctum attractum iacet, exerceret, si ipsius massa in centro esset concentrata. Hinc etiam sponte sequitur, puncta *externa* a sphaera perinde attrahi, ac si eius massa tota esset in centro. uti NEWTON primus docuerat.

ADDITAMENTUM.

Postquam haecce iam perscripta essent, innotuit, indicante ill. LAPLACE, commentatio egregia cl. IVORY in *Philosophical Transactions* ad A. 1809; ubi idem argumentum per methodum ab iis, quibus usi erant ill. LAPLACE et LEGENDRE, prorsus diversam tractatur. Summa elegantia ille geometra attractionem puncti externi ad attractionem puncti interni reducere docuit, i. e. problematis partem, quae semper pro difficiliori habita est, ad faciliorem. Methodus autem, per quam hanc alteram partem tractavit, longe magis complicata est, partimque perinde ut methodus, qua ill. LAPLACE pro punctis externis usus erat, considerationi serierum infinitarum non semper convergentium innititur, quam utique evitare licuisset. Ceterum haec solutio clar. IVORY, quae obiter spectata quandam similitudinis speciem cum nostra prae se ferre videri posset, propius examinata principiis *omnino diversis* inniti invenietur, nec fere quidquam utrique solutioni commune est, nisi usus indeterminatarum a nobis per p, q denotatarum.

ÜBER EIN NEUES

ALLGEMEINES GRUNDGESETZ

DER MECHANIK.

Journal für die reine und angew. Mathematik herausg. v. CRELLE. Band IV.

1829.

ÜBER EIN NEUES
ALLGEMEINES GRUNDGESETZ DER MECHANIK.

Bekanntlich verwandelt das Princip der virtuellen Geschwindigkeiten die ganze Statik in eine mathematische Aufgabe, und durch DALEMBERT's Princip für die Dynamik ist diese wiederum auf die Statik zurückgeführt. Es liegt daher in der Natur der Sache, dass es kein neues Grundprincip für die Bewegungs- und Gleichgewichts-Lehre geben *kann*, welches der Materie nach nicht in jenen beiden schon enthalten und aus ihnen abzuleiten wäre. Inzwischen scheint doch wegen dieses Umstandes noch nicht jedes neue Princip werthlos zu werden. Es wird allezeit interessant und lehrreich bleiben, den Naturgesetzen einen neuen vortheilhaften Gesichtspunkt abzugewinnen, sei es, dass man aus demselben diese oder jene einzelne Aufgabe leichter auflösen könne, oder dass sich aus ihm eine besondere Angemessenheit offenbare. Der grosse Geometer, der das Gebäude der Mechanik auf dem Grunde des Princips der virtuellen Geschwindigkeiten auf eine so glänzende Art aufgeführt hat, hat es nicht verschmäht, MAUPERTUIS Princip der kleinsten Wirkung zu grösserer Bestimmtheit und Allgemeinheit zu erheben, ein Princip, dessen man sich zuweilen mit vielem Vortheil bedienen kann*).

---

*) Es sei mir jedoch hier die Bemerkung erlaubt, dass ich die Art, wie ein anderer grosser Geometer versucht hat, HUYGHENS Gesetz für die ausserordentliche Brechung des Lichts in Krystallen von doppelter Brechung, vermittelst des Grundsatzes der kleinsten Wirkung zu beweisen, nicht befriedigend finde.

4

Der eigenthümliche Charakter des Princips der virtuellen Geschwindigkeiten besteht darin, dass es eine allgemeine Formel zur Auflösung aller statischen Aufgaben, und so der Stellvertreter aller andern Principe ist, ohne jedoch das Creditiv dazu so unmittelbar aufzuweisen, dass es sich, so wie es nur ausgesprochen wird, schon von selbst als plausibel empföhle.

In *dieser* Beziehung scheint das Princip, welches ich hier aufstellen werde, den Vorzug zu haben: es hat aber auch noch den zweiten, dass es das Gesetz der Bewegung und der Ruhe auf ganz gleiche Art in grösster Allgemeinheit umfasst. So sehr es in der Ordnung ist, dass bei der allmäligen Ausbildung der Wissenschaft und bei der Belehrung des Individuum das Leichtere dem Schwereren, das Einfachere dem Verwickeltern, das Besondere dem Allgemeinen vorangeht, so fordert doch der Geist, einmal auf dem höhern Standpunkte angelangt, den umgekehrten Gang, wobei die ganze Statik nur als ein ganz specieller Fall der Mechanik erscheine. Selbst der oben erwähnte Geometer scheint darauf Werth zu legen, indem er als einen Vorzug des Princips der kleinsten Wirkung ansieht, dass es das Gleichgewicht und die Bewegung zugleich umfasse, wenn man jenes so ausdrücke, dass die lebendigen Kräfte bei beiden Kleinste seien, eine Bemerkung, die doch mehr witzig als wahr zu sein scheint, da das Minimum in beiden Fällen in ganz verschiedener Beziehung Statt findet.

Das neue Princip ist nun folgendes:

Die Bewegung eines Systems materieller, auf was immer für eine Art unter sich verknüpfter Punkte, deren Bewegungen zugleich an was immer für äussere Beschränkungen gebunden sind, geschieht in jedem Augenblick in möglich grösster Übereinstimmung mit der freien Bewegung, oder unter möglich kleinstem Zwange, indem man als Maass des Zwanges, den das ganze System in jedem Zeittheilchen erleidet, die Summe der Producte aus dem Quadrate der Ablenkung jedes Punkts von seiner freien Bewegung in seine Masse betrachtet.

Es seien m, m', m'' u. s. w. die Massen der Punkte; a, a', a'' u. s. w. ihre Plätze zur Zeit t; b, b', b'' u. s. w. die Plätze, welche sie, nach dem unendlich

---

In der That ist die Zulässigkeit dieses Grundsatzes wesentlich von dem der Erhaltung der lebendigen Kräfte abhängig, nach welchem die Geschwindigkeiten der bewegten materiellen Punkte bloss durch ihre Plätze bedingt werden, ohne dass die Richtung der Bewegung Einfluss darauf haben kann, was doch in dem erwähnten Versuch vorausgesetzt wird. Es scheint mir, dass im Emanationssystem alle Bemühungen, die Erscheinungen der doppelten Brechung an die allgemeinen dynamischen Gesetze anzuknüpfen, so lange erfolglos bleiben müssen, als man die Lichttheilchen bloss wie Punkte betrachtet.

kleinen Zeittheilchen dt, in Folge der während dieser Zeit auf sie wirkenden Kräfte und der zur Zeit t erlangten Geschwindigkeiten und Richtungen, einnehmen würden, falls sie alle vollkommen frei wären. Die wirklichen Plätze c, c', c'' u. s. w. werden dann diejenigen sein, für welche, unter allen mit den Bedingungen des Systems vereinbaren, $m(bc)^2 + m'(b'c')^2 + m''(b''c'')^2$ u. s. w. ein Minimum wird.

Das Gleichgewicht ist offenbar nur ein einzelner Fall des allgemeinen Gesetzes, und die Bedingung dafür, dass

$$m(ab)^2 + m'(a'b')^2 + m''(a''b'')^2 \text{ u. s. w.}$$

selbst ein Minimum sei, oder dass das Beharren des Systems im Zustande der Ruhe, der freien Bewegung der einzelnen Punkte näher liege, als jedes mögliche Heraustreten aus demselben.

Die Ableitung unsers Princips aus dem oben angeführten geschieht leicht auf folgende Art.

Die auf den materiellen Punkt m wirkende Kraft ist offenbar zusammengesetzt, erstens aus einer, die, in Verbindung mit der zur Zeit t Statt habenden Geschwindigkeit und Richtung, ihn in der Zeit dt von a nach c führt, und in einer zweiten, die ihn in derselben Zeit aus der Ruhe in c, durch cb führen würde, wenn man den Punkt als frei betrachtet. Dasselbe gilt von den andern Punkten. Nach DALEMBERT's Princip müssen demnach die Punkte m, m', m'' u. s. w., unter alleiniger Wirkung der zweiten Kräfte, nach cb, $c'b'$, $c''b''$ u. s. w., in den Plätzen c, c', c'' u. s. w. vermöge der Bedingungen des Systems, im Gleichgewicht sein.

Nach dem Princip der virtuellen Geschwindigkeiten erfordert dies Gleichgewicht, dass die Summe der Producte aus je drei Factoren, nemlich jeder der Massen m, m', m'' u. s. w., den Linien cb, $c'b'$ $c''b''$ u. s. w., und irgend welchen auf letztere resp. projicirten, vermöge der Bedingungen des Systems möglichen Bewegungen jener Punkte, immer $= 0$ sei, wie man es gewöhnlich ausspricht*)

---

*) Der gewöhnliche Ausdruck setzt stillschweigend solche Bedingungen voraus, dass die jeder möglichen Bewegung entgegengesetzte gleichfalls möglich sei, wie z. B. dass ein Punkt auf einer bestimmten Fläche zu bleiben genöthigt, dass die Entfernung zweier Punkte von einander unveränderlich sei u. dgl. Allein dies ist eine unnöthige und der Natur nicht immer angemessene Beschränkung. Die Oberfläche eines undurchdringlichen Körpers zwingt einen auf ihr befindlichen materiellen Punkt nicht, auf ihr zu bleiben, sondern verwehrt ihr bloss das Austreten auf die Eine Seite; ein gespannter, nicht ausdehnbarer

4*

oder richtiger, dass jene Summe niemals positiv werden könne.   Sind daher γ, γ', γ'' u. s. w. von c, c', c'' u. s. w. verschiedene, aber mit den Bedingungen des Systems verträgliche Plätze; und θ, θ', θ'' u. s. w. die Winkel, welche $c\gamma$, $c'\gamma'$, $c''\gamma''$ u. s. w. mit cb, $c'b$, $c''b''$ u. s. w. machen, so ist allemal $\Sigma m . cb . c\gamma . \cos\theta$ entweder 0 oder negativ.   Da nun

$$\gamma b^2 = cb^2 + c\gamma^2 - 2cb . c\gamma . \cos\theta$$

so ist klar, dass

$$\Sigma m . \gamma b^2 - \Sigma m . cb^2 = \Sigma m . c\gamma^2 - 2\Sigma m . cb . c\gamma . \cos\theta$$

folglich immer positiv sein wird, also $\Sigma m . \gamma b^2$ immer grösser als $\Sigma m . cb^2$, d. i. dass $\Sigma m . cb^2$ ein Minimum sein wird.   W. Z. B. W.

Es ist sehr merkwürdig, dass die freien Bewegungen, wenn sie mit den nothwendigen Bedingungen nicht bestehen können, von der Natur gerade auf dieselbe Art modificirt werden, wie der rechnende Mathematiker, nach der Methode der kleinsten Quadrate, Erfahrungen ausgleicht, die sich auf unter einander durch nothwendige Abhängigkeit verknüpfte Grössen beziehen.   Diese Analogie liesse sich noch weiter verfolgen, was jedoch gegenwärtig nicht zu meiner Absicht gehört.

---

aber biegsamer Faden zwischen zwei Punkten macht nur die Zunahme, nicht die Abnahme der Entfernung unmöglich u. s. w.   Warum wollten wir also das Gesetz der virtuellen Geschwindigkeiten nicht lieber gleich anfangs so ausdrücken, dass es *alle* Fälle umfasst?

PRINCIPIA GENERALIA
THEORIAE FIGURAE FLUIDORUM
IN STATU AEQUILIBRII

CAROLO FRIDERICO GAUSS

SOCIETATI REGIAE SCIENTIARUM TRADITA XXVIII. SEPT. MDCCCXXIX.

Commentationes societatis regiae scientiarum Gottingensis recentiores. Vol. VII.
Gottingae MDCCCXXX.

PRINCIPIA GENERALIA

THEORIAE FIGURAE FLUIDORUM

IN STATU AEQUILIBRII.

Vires ascensionem vel depressionem fluidorum in tubis capillaribus gubernantes primus acute et accurate enumeravit sagax CLAIRAUT, sed quum legem virium omnino intactam liquerit, nihil fructus ad explicationem mathematicam phaenomenorum ex illa enumeratione nasci potuit. Attractio vulgaris quadrato distantiae reciproce proportionalis, quae omnes motus coelestes tam felici successu explicat, nullius usus est nec in phaenomenis capillaribus, nec in phaenomenis adhaesionis et cohaesionis explicandis; calculus enim recte institutus facile docet, ad normam illius legis attractionem cuiusvis corporis, quocum experimenta instituere licet, i. e. cuius moles respectu totius terrae pro nihilo haberi potest, in punctum ubicunque vel adeo in contactu positum, evanescere respectu gravitatis *). Recte hinc concluditur, illam attractionis legem in distantiis minimis naturae haud amplius consentaneam esse, sed modificationem quandam postulare, sive quod eodem redit, corporum particulas praeter illam vim attractivam exercere aliam in distantiis minimis tantum conspicuam. Phaenomena omnia conspirant ad arguendum, hancce alteram vis attractivae partem (*attractionem mole-*

----

*) Constat, maximam attractionem, quam massa homogenea data in punctum datum secundum illam legem exercere potest, esse ad attractionem, quam eadem massa in figuram sphaericam redacta exercet in punctum in superficie positum, ut 3 ad $\sqrt[3]{25}$: posterior vero attractio cum gravitate facile comparatur.

cularem), in distantiis vel minimis quas mensurare licet insensibilem esse, dum in distantiis insensibilibus partem priorem (quadrato distantiae reciproce proportionalem) longe superare possit.

Ill. Laplace ab hac unica suppositione circa indolem virium molecularium proficiscens, ceteroqui autem legem diminutionis pro distantiis crescentibus prorsus indeterminatam linquens, primus effectum earum in figuram superficiei fluidorum calculo accurato subiecit, et, stabilita aequatione generali pro figura aequilibrii, non modo phaenomena capillaria proprie sic dicta, sed multa alia his affinia inde explicare conatus est. Hae investigationes, per mirum cum experimentis accuratis consensum ubique confirmatae, inter pulcherrima philosophiae naturalis incrementa, quae illi magno geometrae debemus, referendae, obiectiones autem a quibusdam auctoribus contra illas directae ad maximam partem vel levis vel nullius momenti sunt *).

In calculis ill. Laplace utique occurrunt quaedam stricto argumentandi modo haud prorsus consentanea. In commentatione priori, *théorie de l'action capillaire*, denotata per φf intensitate attractionis in distantia f, integrale $\int \varphi f . \mathrm{d}f$ ab $f = x$ usque ad $f = \infty$ extensum statuitur $= \Pi x$; dein integrale $\int \Pi f \, f \mathrm{d}f$ ab $f = x$ usque ad $f = \infty$ extensum, $= \Psi x$; denique valores integralium $2\pi \int \Psi f . \mathrm{d}f$, $2\pi \int \Psi f . f \mathrm{d}f$ ab $f = 0$ usque ad $f = \infty$ extensorum statuuntur resp. $= K$, et $= H$, denotante π semicircumferentiam circuli pro radio $= 1$. Indoles functionis φf prorsus intacta linquitur, dummodo insensibilis sit pro omnibus valoribus sensibilibus ipsius f. At ex hac *sola* suppositione neutiquam sequeretur, etiam Πf, Ψf pro valoribus sensibilibus ipsius f necessario insensibiles fieri, neque maiori iure, valores integralium $2\pi \int \Psi f . \mathrm{d}f$, $2\pi \int \Psi f . f \mathrm{d}f$ ab $f = 0$ usque ad valorem sensibilem *finitum* ipsius f extensorum insensibiliter differre a K, H, uti in commentatione illa legitur; infinite multas enim formas functionis φf imaginari liceret, suppositioni fundamentali satisfacientes, pro quibus hae conclusiones erroneae forent. Quinadeo, si φf attractionem completam exprimere supponitur, revera etiam continebit partem formae $\frac{a}{ff}$, a qua attractio vulgaris pendet; sed etiamsi hic terminus pro insensibili habendus sit, dum di-

---

*) Ita iudicandum de plerisque obloquutionibus in ephemeridibus Ticinensibus (Giornale di fisica etc. T. 9) prolatis, quibus scite respondit clar. Petit in Annales de chimie et de physique T. 4.

mensiones corporum attrahentium, quales in experimentis occurrere possunt, insensibiles sunt prae tota terra, tamen iam secunda integratio, si in infinitum extenderetur, inferret functioni Ψf terminum infinitum.

At si his hisque similibus quaedam levis incuriae species subesse videtur, certe ad formam disserendi potius quam ad rem ipsam attinet. Apparet enim ex dissertatione secunda, *Supplément à la théorie de l'action capillaire*, ill. LAPLACE per φf non attractionem completam, sed partem eam tantum, quae attractioni vulgari accedit, tacite subintellexisse; posteriorem autem nullam experimentis nostris modificationem sensibilem afferre posse, facile elucet. Quinadeo addigitat, se functionem φf ad instar exponentialis e^{-if} considerare, denotante i quantitatem permagnam, aut potius $\frac{1}{i}$ lineam perparvam. Sed ne opus quidem est, generalitatem tantopere limitare, quum is, qui rem potius quam verba intuetur, facillime videat, sufficere, si integrationes illae non in infinitum, sed tantummodo usque ad distantiam sensibilem arbitrariam, aut si mavis ad distantiam finitam dimensionibus in experimentis occurrentibus maiorem extendantur.

Alio vero defectu laborat ista theoria longe graviori, et quem quantum scimus eius cavillatores ne animadverterunt quidem. Duabus illa partibus constat. Altera stabilit aequationem generalem pro fluidi superficie libera inter differentialia partialia coordinatarum: pendet haec aequatio a vi attractiva moleculari, quam fluidi particulae in se mutuo exercent, atque haec quidem theoriae pars ita absoluta est, ut nihil essentiale desiderandum restet. Sed talis aequatio inter differentialia partialia (cuius integratio, si in analysis potestate esset, functiones arbitrarias adduceret) non sufficit ad figuram superficiei *ex asse* determinandam, quod fieri nequit, nisi conditio *nova* accedat indolem figurae in limitibus definiens. Talem conditionem sistit pars altera theoriae, eam scilicet, ut angulus plani superficiem fluidi liberam in confiniis vasis tangentis (sive exactius, in limite vis sensibilis attractivae parietis vasis) cum plano parietem vasis ibidem tangente *constans* sit, puta per relationem inter intensitates virium molecularium vasis et fluidi determinatus, siquidem continuitas figurae vasis apud confinia superficiei liberae fluidi non interrumpitur. At hancce propositionem cardinalem totius theoriae per calculum demonstrare ne suscepit quidem ill. LAPLACE; quae enim in dissertatione priori p. 5 huc spectantia afferuntur, argumentationem vagam tantummodo exhi-

5

bent et quod demonstrandum erat iam supponunt: calculi autem p. 44 sq. suscepti effectu carent. In altera quidem dissertatione ascensus fluidi in tubis capillaribus per methodum aliam tractatur, cuius summa cum methodo priori collata formulam (veram utique) suppeditat pro angulo illo inter plana tangentia. Sed notare oportet, proprie hic iam *supponi* quod angulus sit constans, praetereaque methodum, per se parum satisfacientem, restringi ad casum maxime specialem, ubi vas prismaticum est, parietesque verticales. His perpensis fateri oportet, theoriam ab ill. LAPLACE propositam etiamnum essentialiter mancam et incompletam esse.

Resumemus itaque ab integro theoriam figurae aequilibrii fluidorum sub actione gravitatis et virium molecularium propriarum et vasis, in quo negotio methodum prorsus diversam e primis dynamicae principiis petitam sequemur, maximamque generalitatem statim ab initio amplectemur. Haec disquisitio perducet ad insigne theorema novum, theoriam completam in unicam formulam simplicissimam contrahens, e quo utraque pars theoriae ill. LAPLACE sponte demanabit.

1.

Ad stabiliendam aequationem aequilibrii systematis punctorum physicorum quotcunque, quorum motus conditionibus qualibuscunque adstringuntur, maxime idoneum est principium motuum virtualium, quod sic enunciamus.

Constet systema e punctis physicis m, m', m'' etc., in quibus massae per easdem literas denotandae concentratae concipiantur. Sit P una e viribus acceleratricibus in punctum m agentibus, et dum systemati motus qualiscunque infinite parvus cum conditionibus systematis sociabilis (motus virtualis) tribui fingitur, sit $\mathrm{d}p$ motus puncti m in directionem vis P proiectus, i. e. per cosinum anguli, quem facit cum directione vis P, multiplicatus; denique sit $\Sigma P \mathrm{d}p$ aggregatum omnium similium productorum respectu omnium virium punctum m sollicitantium. Perinde repraesentet P' indefinite vires punctum m' sollicitantes, atque $\mathrm{d}p'$ motus puncti m' ad singularum directiones proiectos, similiterque de reliquis punctis. Quibus ita intellectis, conditio aequilibrii systematis consistit in eo, ut aggregatum

$$m \Sigma P \mathrm{d}p + m' \Sigma P' \mathrm{d}p' + m'' \Sigma P'' \mathrm{d}p'' + \text{ etc.}$$

pro quocunque motu virtuali fiat $= 0$, uti principium motuum virtualium vulgo exprimitur, vel accuratius, in eo, ut illud aggregatum pro nullo motu virtuali adipisci possit valorem positivum.

2.

Vires hic considerandae ad tria capita reducuntur.

I. Gravitas, cuius intensitatem pro singulis punctis eandem, directiones parallelas supponere licet: illam denotabimus per g.

5 *

II. Vires attractivae, quas puncta m, m', m'' etc. a se mutuo experiuntur. Intensitas attractionis functioni distantiae proportionalis sive producto huius functionis per characteristicam f denotandae in massam in puncto attrahente concentratam aequalis supponitur.

III. Vires, quibus puncta m, m', m'' etc. ad puncta quotcunque fixa attrahuntur. Pro his viribus simili modo characteristica F distantiae praefigenda utemur et per M, M', M'' etc. tum puncta fixa, tum massas, quae in ipsis concentratae supponuntur, designabimus.

Quodsi iam distantiam inter bina puncta m, m' per hoc signum denotamus (m, m'), et perinde per (m, M) distantiam inter puncta m, M etc., nec non per z, z', z'' etc. altitudines punctorum m, m', m'' etc. supra planum horizontale arbitrarium H, has partes complexus $\Sigma P\mathrm{d}p$ habebimus:

$$-g\,\mathrm{d}z$$
$$-m'f(m, m')\,\mathrm{d}(m, m') - m''f(m, m'')\,\mathrm{d}(m, m'') - m'''f(m, m''')\,\mathrm{d}(m, m''') - \text{etc.}$$
$$-MF(m, M)\,\mathrm{d}(m, M) - M'F(m, M')\,\mathrm{d}(m, M') - M''F(m, M'')\,\mathrm{d}(m, M'') - \text{etc.}$$

ubi differentialia $\mathrm{d}(m, m')$, $\mathrm{d}(m, m'')$ etc. sunt partialia, utpote ad solum motum virtualem puncti m relatae.

Iam introducamus loco functionis f eam, per cuius differentiationem oritur, puta statuatur $-fx.\,\mathrm{d}x = \mathrm{d}\varphi x$, sive $\int fx.\,\mathrm{d}x = -\varphi x$. Constans integrationis ad lubitum eligi potest; si placet (et si res fert), ita determinetur, ut fiat $\varphi\infty = 0$, in quo casu φt exhibebit integrale $\int fx.\,\mathrm{d}x$ ab $x = t$ usque ad $x = \infty$ extensum. Prorsus simili modo loco functionis F introducatur alia Φ talis, ut habeatur $-Fx.\,\mathrm{d}x = \mathrm{d}\Phi x$. Ita complexus $\Sigma P\mathrm{d}p$ fit $=$

$$-g\,\mathrm{d}z$$
$$+m'\mathrm{d}\varphi(m, m') + m''\mathrm{d}\varphi(m, m'') + m'''\mathrm{d}\varphi(m, m''') + \text{etc.}$$
$$+M\mathrm{d}\Phi(m, M) + M'\mathrm{d}\Phi(m, M') + M''\mathrm{d}\Phi(m, M'') + \text{etc.}$$

ubi notandum, differentialia in linea secunda esse partialia ad solum motum puncti m relata.

At manifesto quodvis harum differentialium partialium habet supplementum suum in alio complexu. Ita tum complexus $m\Sigma P\mathrm{d}p$ tum complexus $m'\Sigma P'\mathrm{d}p'$ continet differentiale partiale $mm'\mathrm{d}\varphi(m, m')$, sed quod in priori refertur ad solum motum ipsius m, in posteriori ad solum motum ipsius m'. Hinc patet, aggregatum in art. 1 prolatum revera esse differentiale completum, et quidem $= d\Omega$, si statuatur $\Omega =$

$$- gmz - gm'z' - gm''z'' - \text{etc.}$$
$$+ mm'\varphi(m, m') + mm''\varphi(m, m'') + mm'''\varphi(m, m''') + \text{etc.}$$
$$+ m'm''\varphi(m', m'') + m'm'''\varphi(m', m''') + \text{etc.}$$
$$+ m''m'''\varphi(m'', m''') + \text{etc.}$$
$$+ \text{etc.}$$
$$+ mM\Phi(m, M) + mM'\Phi(m, M') + mM''\Phi(m, M'') + \text{etc.}$$
$$+ m'M\Phi(m', M) + m'M'\Phi(m', M') + m'M''\Phi(m', M'') + \text{etc.}$$
$$+ m''M\Phi(m'', M) + m''M'\Phi(m'', M') + m''M''\Phi(m'', M'') + \text{etc.}$$
$$+ \text{etc.}$$

Conditio aequilibrii itaque in eo consistit, ut valor functionis Ω per nullum motum virtualem accipere possit incrementum positivum, sive quod idem est, *ut Ω sit maximum.*

Functionem Ω etiam sequenti modo exhibere licet:

$$\Omega = \Sigma m \{ -gz + \tfrac{1}{2}m'\varphi(m, m') + \tfrac{1}{2}m''\varphi(m, m'') + \tfrac{1}{2}m'''\varphi(m, m''') + \text{etc.}$$
$$+ M\varphi(m, M) + M'\Phi(m, M') + M''\Phi(m, M'') + \text{etc.} \}$$

ubi characteristica Σ repraesentat aggregatum expressionis adscriptae cum omnibus, in quas transit, dum deinceps m cum m', m'', m''' etc. permutatur.

3.

Si loco punctorum discretorum M, M', M'' etc. assumimus corpus continuum explens spatium S densitate uniformi $= C$, aggregatum

$$M\Phi(m, M) + M'\Phi(m, M') + M''\Phi(m, M'') + \text{etc.}$$

transibit in integrale $C \int dS \cdot \Phi(m, dS)$ per totum spatium S extendendum, denotando secundum analogiam per (m, dS) distantiam puncti m a quovis spatii S elemento dS.

At si insuper loco punctorum discretorum m, m', m'' etc. corpus continuum, spatium s densitate uniformi $= c$ explens, considerandum est, computus ipsius Ω integrationem duplicem requiret, atque ita perficiendus erit, ut primo pro puncto indefinito μ eruatur valor expressionis

$$-gz + \tfrac{1}{2}c\smallint \mathrm{d}s . \varphi(\mu, \mathrm{d}s) + C\smallint \mathrm{d}S \quad \Phi(\mu, \mathrm{d}S)$$

ubi z est altitudo puncti μ supra planum H, atque integrale primum per totum spatium s, secundum per totum spatium S extendendum est. Qui valor, a solo loco puncti μ pendens, si per $[\mu]$ denotatur   erit

$$\Omega = c\smallint \mathrm{d}s . [\mathrm{d}s]$$

integratione per totum spatium s extensa.

Brevius hoc ita exprimitur:

$$\Omega = -gc\smallint z \mathrm{d}s + \tfrac{1}{2}cc\smallint\smallint \mathrm{d}s . \mathrm{d}s' . \varphi(\mathrm{d}s, \mathrm{d}s') + c\,C\smallint\smallint \mathrm{d}s . \mathrm{d}S . \Phi(\mathrm{d}s, \mathrm{d}S)$$

ubi s, s' proprie denotant unum idemque spatium (a corpore mobili expletum), sed bis in elementa sua pro duplici integratione resolvendum.

4.

Corporum fluidorum indoles characteristica consistit in perfecta mobilitate vel minimarum partium, ita ut figuram quamlibet induere possint, et vel minimae potentiae, figuram mutare nitenti, cedant. In fluidis inexpansibilibus (liquidis), quibus nostra disquisitio dicata est, volumen cuiusvis particulae constans manere debet pro omnibus figurae mutationibus. Considerando itaque corpus fluidum, cuius motus per corpus immobile solidum (vas) limitatur, et in cuius particulas praeter gravitatem agere supponimus tum attractionem partium mutuam, tum attractionem partium vasis, status aequilibrii poscet, ut valor ipsius Ω sit maximum, i. e. ut nulla transpositio infinite parva partium fluidi ipsi Ω incrementum positivum inducere possit. Quapropter quum manifesto valor ipsius Ω eatenus tantum mutari possit, quatenus figura spatii, quod totum fluidum implet, mutatur (neque vero per solum motum fluidi internum), aequilibrium aderit, quoties Ω pro nulla illius figurae mutatione infinite parva cum figura vasis conciliabili, manente volumine constante, augmentum capere potest. Sponte hinc sequitur, si figura omnino nullam mutationem assumere possit (vase fluidum undique cingente et tangente), vires illas in fluidum agentes motum internum fluidi producere non posse, sed sibi aequilibrium facere.

5.

Progredimur ad accuratiorem investigationem expressionis Ω, quae tamquam fundamentum theoriae aequilibrii fluidorum considerari debet. Incipiendo a termino primo, sponte patet, $\int z \, \mathrm{d}s$ exhibere productum e volumine spatii s in altitudinem centri gravitatis eius supra planum H, adeoque $c \int z \, \mathrm{d}s$ productum massae, $gc \int z \, \mathrm{d}s$ productum ponderis fluidi in eandem altitudinem. Quodsi itaque partes fluidi praeter gravitatem alii vi non essent obnoxiae, altitudo centri gravitatis in statu aequilibrii esse deberet quam minima, unde facile colligitur, superficiei partem liberam, seu partes liberas, in uno eodemque plano horizontali esse debere, fluidum superne limitante.

6.

Evolutio termini secundi et tertii refertur ad duos casus particulares problematis generalis, ubi, propositis duobus spatiis quibuscunque, singula elementa primi spatii cum singulis elementis secundi combinari, et producta e ternis factoribus, puta e volumine elementi spatii primi, volumine elementi spatii secundi, et functione data distantiae mutuae, in summam colligi debent. Terminus secundus refertur ad casum eum, ubi ambo spatia identica sunt, tertius ad eum, ubi alterum spatium totum est extra alterum: problema completum duos alios casus complectitur, scilicet ubi vel alterum spatium est pars alterius, vel alterum cum altero partem communem habet. Quamquam vero tum duo priores casus ad institutum nostrum sufficere, tum duo reliqui ad illos facile reduci possent, tamen operae pretium erit, problema per se satis insigne generalitate completa amplecti. Spatia in hac disquisitione generali per s, S, functionem distantiae per characteristicam φ denotabimus, ita ut in applicatione ad terminum secundum loco ipsius S ipsum spatium s, in applicatione ad terminum tertium loco functionis φ ipsam Φ substituere oporteat. Agitur itaque de integrali

$$\iint \mathrm{d}s . \mathrm{d}S . \varphi(\mathrm{d}s, \mathrm{d}S)$$

quod speciem quidem prae se fert integrationis duplicis, sed revera, quum utriusque spatii elementa a ternis variabilibus pendeant, integrationem sextuplicem implicat, quam iam ad integrationem quadruplicem reducere docebimus.

7.

Initium facimus ab evolutione integralis $\int \mathrm{d}s . \varphi(\mu, \mathrm{d}s)$ per omnes partes spatii s extendendi, denotante μ punctum determinatum vel extra vel intra spatium s situm. Concipiatur superficies sphaerica radio $= 1$ circa centrum μ descripta, atque in elementa infinite parva divisa; sit dΠ tale elementum, secetque recta a μ versus punctum huius elementi ducta superficiem spatii s deinceps in punctis p', p'', p''' etc., quorum multitudo par erit vel impar, prout μ extra vel intra spatium s iacet; distantias $\mu p'$, $\mu p''$, $\mu p'''$ etc. denotabimus per r', r'', r''' etc. Ducantur porro rectae a μ versus singula puncta peripheriae elementi dΠ, quo pacto formabitur spatium pyramidale, atque exsecabuntur e superficie spatii s, apud puncta p', p'', p''' etc., elementa resp. per dt', dt'', dt''' etc. denotanda. Denique sit q' angulus inter rectam $p'\mu$ atque normalem in elementum dt' extrorsum ductam; et perinde sint q'', q''' etc. inclinationes similium normalium apud puncta p'', p''' etc. ad rectam versus μ ductam. Ita manifesto erit

$$d\Pi = \pm \frac{dt'.\cos q'}{r'r'} = \mp \frac{dt''.\cos q''}{r''r''} = \pm \frac{dt'''.\cos q'''}{r'''r'''} \text{ etc.}$$

valentibus signis superioribus vel inferioribus, prout μ est extra vel intra spatium s.

Porro patet, integrale $\int ds.\varphi(\mu, ds)$ pro spatii s partibus intra spatium illud pyramidale contentis haberi per integrale $d\Pi.\int rr\varphi r.dr$ extensum ab $r = r'$ usque ad $r = r''$, dein ab $r = r'''$ usque ad $r = r''''$ etc., si μ iaceat extra spatium s, vel extensum ab $r = 0$ usque ad $r = r'$, dein ab $r = r''$ usque ad $r = r'''$ etc., si μ iaceat intra spatium s. Quodsi itaque statuimus indefinite

$$\int rr\varphi r.dr = -\psi r$$

constante integrationis ad lubitum accepta, integrale $\int ds.\varphi(\mu, ds)$, quatenus extenditur ad partes spatii s intra spatium illud pyramidale sitas, erit

$$= d\Pi.(\psi r' - \psi r'' + \psi r''' - \text{ etc.})$$
$$= \frac{dt'.\cos q'.\psi r'}{r'r'} + \frac{dt''.\cos q''.\psi r''}{r''r''} + \frac{dt'''.\cos q'''.\psi r'''}{r'''r'''} + \text{ etc.}$$

quoties μ iacet extra spatium s; sed

$$= d\Pi.(\psi 0 - \psi r' + \psi r'' - \psi r''' + \text{ etc.})$$
$$= d\Pi.\psi 0 + \frac{dt'.\cos q'.\psi r'}{r'r'} + \frac{dt''.\cos q''.\psi r''}{r''r''} + \frac{dt''''.\cos q'''.\psi r'''}{r'''r'''} + \text{ etc.}$$

quoties μ iacet intra spatium s.

Iam si haec summatio per omnes superficiei sphaericae partes colligitur, integrale $\int ds.\varphi(\mu, ds)$ completum fit in casu priori $\quad = \int \frac{\mathrm{d}t \cdot \cos q \cdot \psi r}{rr}$

in casu posteriori $\quad = 4\pi\psi 0 + \int \frac{\mathrm{d}t \cdot \cos q \cdot \psi r}{rr}$

denotando per $\mathrm{d}t$ indefinite omnia elementa superficiei spatii s, atque per q, r eorum respectu eadem, quae antea per literas accentuatas respectu elementorum determinatorum expressa sunt, denique per π semicircumferentiam circuli pro radio $= 1$.

Ceterum facile perspicitur, si punctum μ esset neque extra spatium s neque intra, sed in ipsa eius superficie, valere formulam secundam, mutato factore 4π in 2π, siquidem superficies in puncto μ neque cuspidem neque aciem offerat; sed ad propositum nostrum haud necessarium est, ad hunc casum attendere.

8.

Per disquisitionem art. praec. evolutio integralis $\iint \mathrm{d}s \cdot \mathrm{d}S \cdot \varphi(\mathrm{d}s, \mathrm{d}S)$ reducitur ad

$$4\pi\sigma\psi 0 + \iint \mathrm{d}t \cdot \mathrm{d}S \cdot \frac{\cos q \cdot \psi(\mathrm{d}t, \mathrm{d}S)}{(\mathrm{d}t, \mathrm{d}S)^2}$$

si per σ denotamus volumen eius spatii, quod utrique spatio s, S commune est, ita ut prior pars $4\pi\sigma\psi 0$ excidat, si spatia s, S se invicem excludunt. Restat integrale novum, specie etiamnum duplex, revera quintuplex. Quod ut ad quadruplex reducamus, considerabimus integrale

$$\int \mathrm{d}S \cdot \frac{\cos q \cdot \psi(\mu, \mathrm{d}S)}{(\mu, \mathrm{d}S)^2}$$

per omnia elementa spatii S extendendum, denotante iterum μ punctum determinatum, atque q angulum inter duas rectas ab hoc puncto proficiscentes, alteram versus elementum $\mathrm{d}S$, alteram fixam. Hoc integrale, specie simplex, revera triplex, iam ad aliud integrale revera duplex reducere docebimus, et quidem duobus modis prorsus diversis.

Planum per punctum μ illi rectae fixae normale, per Π denotandum, quatenus per proiectionem spatii S attingitur, in elementa infinite parva $\mathrm{d}\Pi$ divisum esse concipiatur. Per punctum talis elementi $\mathrm{d}\Pi$ ducatur recta plano Π normalis, quae deinceps, i. e. progrediendo in directione rectae fixae parallela, secet superficiem spatii S in punctis P', P'', P'''etc., quorum distantiae a puncto μ sint resp. R', R'', R''' etc. Similes rectae per omnia puncta peripheriae ele-

6

menti dΠ, plano ad angulos rectos, ductae, spatium prismaticum formabunt, et apud puncta P', P'', P''' etc. e superficie spatii S elementa exsecabunt, quae per dT', dT'', dT''' etc. denotamus. Denique sit χ' angulus inter duas rectas a puncto P' proficiscentes, alteram extrorsum elemento dT' normalem, alteram rectae fixae parellelam, similesque angulos apud puncta P'', P''' etc. exprimant characteres χ'', χ''' etc. Ita manifesto erit

$$d\Pi = -dT'.\cos\chi' = +dT''.\cos\chi'' = -dT'''.\cos\chi''' \text{ etc.}$$

Spatium prismaticum in elementa infinite parva $d\Pi.dz$ dividatur, denotante z distantiam puncti indefiniti a plano Π (positive acceptam ab ea parte, a qua est recta fixa); si itaque eiusdem puncti distantiam a puncto μ per r designamus, erit $z = r\cos q$, nec non (quoniam $rr-zz$ constans est) $z\,dz = r\,dr$, sive $d\Pi.dz.\cos q = d\Pi.dr$. Hinc colligitur, integrale nostrum $\int dS.\frac{\cos q.\psi(\mu,dS)}{(\mu,dS)^2}$, extensum per eas spatii S partes. quae in spatio isto prismatico continentur, obtineri per integrale $d\Pi.\int\frac{dr.\psi r}{rr}$, si extendatur ab $r = R'$ usque ad $r = R''$, dein ab $r = R'''$ usque ad $r = R''''$ etc. Quodsi itaque indefinite statuimus

$$\int\frac{dr.\psi r}{rr} = -\vartheta r$$

constante integrationis ad lubitum accepta, integrale nostrum pro partibus spatii S intra spatium prismaticum sitis erit

$$= d\Pi.(\vartheta R' - \vartheta R'' + \vartheta R''' - \text{ etc.})$$
$$= -dT'.\cos\chi'.\vartheta R' - dT'''.\cos\chi''.\vartheta R'' - dT''''.\cos\chi'''.\vartheta R''' - \text{ etc.}$$

Collectis his summationibus per prismata omnibus elementis $d\Pi$ respondentia, manifesto omnia elementa superficiei spatii S exhausta erunt, habebimusque completum integrale

$$\int dS.\frac{\cos q.\psi(\mu,dS)}{(\mu,dS)^2} = -\int dT.\cos\chi.\vartheta R$$

dcnotante dT indefinite quodvis elementum superficiei spatii S, R eius distantiam a puncto μ, atque χ angulum inter normalem ad elementum dT extrorsum directam atque rectam rectae fixae parallelam.

Hoc itaque modo integrale $\iint ds.dS.\varphi(ds,dS)$ reductum est ad formam

$$4\pi\sigma\psi 0 - \iint dt.dT.\cos\chi.\vartheta(dt,dT)$$

ubi manifesto χ indicat inclinationem mutuam elementorum dt, dT, mensuratam per inclinationem normalium utrinque extrorsum respectu spatiorum s, S ductarum, integrationesque. per superficies completas utriusque spatii extendi debent.

9.

Sicuti methodus praecedens divisioni spatii S in elementa prismatica innixa est, ita methodus secunda a divisione eiusdem spatii in elementa pyramidalia petetur. Concipiatur superficies sphaerica radio $= 1$ circa centrum μ descripta atque in elementa infinite parva divisa. Versus punctum talis elementi $d\Pi$ ducatur a puncto μ recta, quae superficiem spatii S secet deinceps in punctis P', P'', P''' etc.; distantiae horum punctorum a μ denotentur per R', R'', R''' etc. Rectae a μ versus omnia puncta peripheriae elementi $d\Pi$ ductae formabunt spatium pyramidale, et apud puncta P', P'', P''' etc. e superficie spatii S elementa exsecabunt, quae per dT', dT'', dT''' etc. designamus. Denique sit Q' angulus inter rectam $P'\mu$ atque normalem in elementum dT' extrorsum ductam, et perinde sint Q'', Q''' etc. inclinationes similium normalium apud puncta P'', P''' etc. ad rectam versus μ ductam. Ita erit

$$d\Pi = \pm \frac{dT'.\cos Q'}{R'R'} = \mp \frac{dT''.\cos Q''}{R''R''} = \pm \frac{dT'''.\cos Q'''}{R'''R''} \text{ etc.}$$

valentibus signis superioribus vel inferioribus, prout μ est extra vel intra spatium S: casus, ubi μ est in ipsa superficie spatii S, adnumerandus est casui priori vel posteriori, prout linea $\mu P'$ extra vel intra spatium S cadit.

Porro patet, pro omnibus partibus spatii S intra illud spatium pyramidale sitis angulum q constantem esse, similique proin modo ut in art. 7 deducimus, si statuatur indefinite

$$\int \psi r . dr = -\theta r$$

constante integrationis ad lubitum accepta, integrale

$$\int \frac{dS.\cos q . \psi(\mu, dS)}{(\mu, dS)^2}$$

extensum per omnes partes spatii S intra illud spatium pyramidale sitas, fore in casu priori

$$= \cos q \cdot \left(\frac{\mathrm{d}T' \cdot \cos Q' \cdot \theta R'}{R'R'} + \frac{\mathrm{d}T''' \cdot \cos Q'' \cdot \theta R''}{R''R''} + \frac{\mathrm{d}T'''' \cdot \cos Q''' \cdot \theta R'''}{R'''R'''} + \text{etc.} \right)$$

in posteriori vero eidem formulae adiiciendum esse terminum $\mathrm{d}\Pi . \cos q . \theta 0$.

Iam si haec summatio per omnia superficiei sphaericae elementa colligitur, integrale completum

$$\int \frac{\mathrm{d}S \cdot \cos q \cdot \psi (\mu, \mathrm{d}S)}{(\mu, \mathrm{d}S)^2}$$

fiet

I. in casu eo, ubi punctum μ est extra spatium S,

$$= \int \frac{\mathrm{d}T \cdot \cos q \cdot \cos Q \cdot \theta R}{RR}$$

denotante $\mathrm{d}T$ indefinite omnia elementa superficiei spatii S, atque Q, R illorum respectu eadem, quae antea per literas accentuatas respectu elementorum determinatorum expressa sunt, denique q inclinationem rectae a puncto μ versus elementum $\mathrm{d}T$ ductae ad rectam nostram fixam.

II. In casu eo, ubi punctum μ est intra spatium S, adiici debet terminus

$$\theta 0 . \int \mathrm{d}\Pi . \cos q$$

ubi q est inclinatio rectae a μ versus $\mathrm{d}\Pi$ ductae ad rectam fixam, integratioque per totam superficiem sphaericam extendi debet.   Sed facile perspicietur, integrale istud, extensum per hemisphaerium id, pro quo q acutus est, fieri $= +\pi$, per hemisphaerium alterum autem $= -\pi$; quapropter integrale completum evanescit, valetque pro hoc casu secundo pure eadem formula, quam pro primo tradidimus.   Sed aliter se habet res in casu tertio

III. quoties punctum μ est in superficie ipsa spatii S.   Scilicet hic quoque adiiciendus est terminus

$$\theta 0 . \int \mathrm{d}\Pi . \cos q$$

sed integratione per eas tantummodo superficiei sphaericae partes extensa, pro quibus pars initialis rectae a μ versus $\mathrm{d}\Pi$ ductae cadit intra spatium S, sive (siquidem superficies spatii S in puncto μ neque cuspidem neque aciem offert) pro quibus haec recta facit angulum obtusum cum recta superficiei spatii S in puncto μ normali extrorsumque ducta.   Superest itaque, ut integrale hoc sensu acceptum eruamus.

Secent haec normalis atque recta fixa superficiem sphaericam resp. in punctis G, H, statuatur arcus $GH = k$, arcus autem inter G et punctum indefinitum superficiei sphaericae $= v$; denique sit w angulus sphaericus inter arcus k, v. Ita erit $\cos q = \cos k . \cos v + \sin k . \sin v . \cos w$, et pro $d\Pi$ accipiendum erit elementum $\sin v . dv . dw$. Integrale autem $\int d\Pi . \cos q$

$$= \iint (\cos k . \cos v + \sin k . \sin v . \cos w) \sin v . dv . dw$$

extendi debet a $w = 0$ usque ad $w = 360^0$, atque a $v = 90^0$ usque ad $v = 180^0$ Hoc pacto integratio prior suppeditat

$$\int 2\pi \cos k . \cos v . \sin v . dv$$

ac dein posterior $-\pi \cos k$.

Ad propositum nostrum hic casus tertius eatenus tantum in considerationem venit, quatenus superficies spatiorum s, S partem quandam finitam communem habent, in qua si punctum μ reperitur, erit vel $k = 0$ vel $= 180^0$, adeoque integrale $\int d\Pi . \cos q$ vel $= -\pi$ vel $= +\pi$, prout scilicet apud punctum μ spatia s, S sunt vel in eadem plaga vel in plagis oppositis respectu plani utramque superficiem tangentis.

Applicando haec ad integrale nostrum primarium $\iint ds . dS . \varphi(ds, dS)$, huius valor fit

I. quoties superficies spatiorum s, S nullam partem finitam communem habent,

$$= 4\pi \sigma \psi 0 + \iint \frac{dt . dT . \cos q . \cos Q . \theta(dt, dT)}{(dt, dT')^2}$$

II. quoties superficies spatiorum s, S partem finitam $= 7$ communem habent,

$$= 4\pi \sigma \psi 0 \mp \pi 7 \theta 0 + \iint \frac{dt . dT . \cos q . \cos Q . \theta(dt, dT')}{(dt, dT')^2}$$

ubi signum superius vel inferius valet, prout spatia s, S sunt ab eadem plaga vel a plagis oppositis respectu superficiei communis 7.

III. Quoties superficies spatiorum s, S plures partes finitas discretas communes habent, sit 7 summa earum, quibus spatia s, S ab eadem plaga adiacent, 7' summa earum, quibus haec spatia a plagis oppositis contigua sunt, eritque integrale nostrum

$$= 4\pi\sigma\psi 0 + \pi(7'-7)\theta 0 + \iint \frac{\mathrm{d}t.\mathrm{d}T.\cos q.\cos Q.\theta(\mathrm{d}t,\mathrm{d}T)}{(\mathrm{d}t,\mathrm{d}T')^2}$$

Haec tertia formula omnes casus complecti censeri potest. Integrale duplex per omnia elementa utriusque superficiei extendi debet, denotantque q, Q angulos, quos facit recta bina elementa $\mathrm{d}t$, $\mathrm{d}T$ iungens cum normalibus in haec elementa extrorsum ductis, directione illius rectae illinc a·$\mathrm{d}t$ versus $\mathrm{d}T$, hinc a $\mathrm{d}T$ versus $\mathrm{d}t$ accepta.

10.

Duae transformationes integralis $\int \mathrm{d}s.\mathrm{d}S.\varphi(\mathrm{d}s,\mathrm{d}S)$ in artt. 8 et 9 evolutae aequali fere concinnitate se commendant, proposito autem nostro posterior magis accommodata est. Problema generale ulterius reduci nequit, nisi ad suppositiones determinatas vel circa spatia s, S, vel circa functionem φ descendamus. Et quum functio φ originem trahat a functione f, disquisitionem ulteriorem iam superstruemus eidem hypothesi, a qua ill. LAPLACE profectus est, puta vires attractivas moleculares in distantiis insensibilibus tantum sensibiles esse. Cui phrasi quum aliquid vagi inhaereat, quamdiu non assignatur unitas, ante omnia observamus, vim attractivam fr, per functionem distantiae r expressam, ut cum gvavitate g homogenea evadat, antea per massam aliquam multiplicari debere; iam mens illius suppositionis ea est, ut denotante M massam aliquam, qualis in experimentis occurrere potest, puta quam respectu totius terrae pro nihilo habere licet, Mfr semper maneat insensibilis respectu gravitatis, quamdiu r valorem mensuris nostris sensibilem quantumvis parvum habet, dum nihil impediat, quominus valor ipsius Mfr in distantiis insensibilibus non solum sensibilis fieri, sed adeo, decrescente ipsa r, omnes limites superare possit. Haud sane sine admiratione deprehendimus, quam gravia ex hac sola hypothesi, dum ceteroquin lex functionis fr tamquam omnino incognita spectatur, eruere liceat, characterem mathematicum prorsus peculiarem prae se ferentia: dum scilicet rebus sic stantibus praecisionem mathematicam absolutam sibi vindicare nequeunt, tamen tantam certissime praecisionem tuentur, ut per nullum experimentum ulla aberratio a veritate absoluta reperiri possit; quamprimum enim successisset, talem aberrationem ulli mensurationi subiicere, suppositio ipsa cessaret.

11.

Supponere licebit, functionem fr (et perinde functionem Fr) attractionem denotare, omissa ea parte, quae ipsi rr reciproce proportionalis phaenomenis astronomicis explicandis inservit; haec enim pars, quaecunque sit figura fluidi et vasis, in quovis puncto insensibilem tantummodo modificationem gravitati afferre valet. Crescente itaque r a valore sensibili in infinitum, fr non modo per se insensibilis erit, sed etiam citius decrescet quam $\frac{1}{rr}$. Hinc facile colligitur, etiam integrale $\int fr . dr$ a valore quocunque sensibili in infinitum extensum insensibile esse, quapropter constantem integrationis $\int fr . dr = -\varphi r$ ita acceptam supponemus, ut habeatur $\varphi \infty = 0$, sive ut sit φr ipse valor integralis $\int fx . dx$ ab $x = r$ usque ad $x = \infty$ extensus. Hoc pacto φr pro qualibet distantia r denotat quantitatem positivam, sed insensibilem, quamdiu r sensibilis est; contra pro valore insensibili ipsius r non solum sensibilis esse, sed adeo, continuo decrescente distantia r, omnes limites superare poterit, sive secundum vulgarem loquendi modum nihil obstat, quominus sit $\varphi 0 = \infty$.

12.

Inde quod functio φr pro quovis valore sensibili ipsius r insensibilis est et crescente r continuo decrescit, statim quidem sequitur, integrale $\int rr\varphi r . dr$ a valore aliquo sensibili usque ad alium maiorem extensum etiamnum insensibile manere, dummodo posterior sit intra ambitum eorum, circa quos experimenta instituere licet: sed neutiquam ex illa proprietate sola concludere fas esset, integrale insensibile manere, ad quantumvis magnum intervallum integratio extendatur. Calculi ill. Laplace ita quidem pronunciati sunt, ut talem suppositionem involvant; at dum natura functionis φr incognita est, consultius videtur, ab omnibus suppositionibus hypotheticis, quibus supersedere possumus, abstinere. Quum itaque constans integrationis $\int rr\varphi r . dr = -\psi r$ arbitrio relicta sit, sufficiat nobis, eam ita electam supponere, ut fiat $\psi r = 0$ pro valore aliquo sensibili ipsius r arbitrario, sed intra ambitum dimensionum corporum, circa quae experimenta instituere licet. Hoc pacto ψr pro quovis alio eiusmodi valore semper insensibilis erit (positiva pro minori, negativa pro maiori), sed nihil hinc obstat, quominus pro valore insensibili ipsius r sensibilis evadere possit: addere tamen oportet, phaenomenorum explicationem postulare ut decrescente distantia r in infinitum, valor ipsius ψr semper maneat finitus, sive ut $\psi 0$ sit quantitas finita. Ceterum manifesto $\frac{c\psi r}{r}$ est quantitas cum gravitate g homogenea, sive $\frac{c\psi r}{g}$ linea, adeoque $\frac{c\psi 0}{g}$ linea determinata (pro natura corporum, ad quorum vires attractivas functio fr refertur), cuius magnitudinem ingentem suspicari quidem licet, sed quam in casibus determinatis vix approximative assignare valemus, saltem non absque suppositionibus hypotheticis *).

13.

Prorsus simili modo in integratione $\int \psi r . dr = -\theta r$ constantem ita electam supponimus, ut fiat $\theta r = 0$ pro valore arbitrario ipsius r intra ambitum eorum, pro quibus experimenta instituere licet, quo pacto θr insensibilis erit pro quovis eiusmodi valore sensibili ipsius r, etiamsi sensibilis evadere possit pro valore insensibili. Manifesto $\frac{c\theta r}{g}$ exprimit aream figurae duarum dimensionum, adeoque $\frac{\theta r}{\psi r}$ lineam. Necessario autem $\frac{0 0}{\psi 0}$ est linea magnitudinis insensibilis, quod ita demonstramus. Quum ψr inde a $r = 0$ continuo decrescat, et quidem tam cito, ut iam insensibilis evaserit, quamprimum r valorem sensibilem acquisivit, valor ipsius r, pro quo fit $\psi r = \frac{1}{2}\psi 0$, insensibilis esse debet: denotetur ille per ρ. Consideremus integrale $\int (\psi 0 - \psi r) dr$, quod ab $r = 0$ usque ad $r = R$ extensum fit $= R\psi 0 - \theta 0 + \theta R$. Manifesto hoc integrale maius erit, quam idem integrale ab $r = \rho$ usque ad $r = R$ extensum, atque hoc iterum maius, quam integrale $\int (\psi 0 - \psi \rho) dr$ inter eosdem limites. Quare quum integrale postremum fiat $= (\psi 0 - \psi \rho)(R - \rho) = \frac{1}{2}\psi 0 . (R - \rho)$, erit generaliter pro quovis valore ipsius R (maiori quam ρ)

$$R\psi 0 - \theta 0 + \theta R > \tfrac{1}{2}\psi 0 . (R - \rho)$$

Iam si R denotare supponitur valorem fractionis $\frac{\theta 0}{\psi 0}$, haec relatio suppeditat

$$\theta R > \tfrac{1}{2}\psi 0 . (R - \rho)$$

quod foret absurdum, si R esset quantitas sensibilis.

---

*) Concessa explicatione phaenomenorum lucis in systemate emanationis, refractio pendet ab attractione particularum corporis pellucidi in particulas lucis moleculari, ratioque refractionis a valore ipsius $\psi 0$, ita quidem ut habeatur

$$\frac{c\psi 0}{g} = \frac{(nn-1)kk}{8\pi^3 l}$$

denotante l longitudinem penduli per minutum secundum vibrantis, k motum luminis in vacuo intra minutum secundum, n rationem sinus anguli incidentiae ad sinum anguli refracti: hoc pacto pro aqua fit $\frac{c\psi 0}{g}$ bis millies maior quam distantia media solis a terra.

Non obstante itaque ingente magnitudine ipsius $\psi 0$, nihil impedit, quominus $\theta 0$ esse possit quantitas satis modica et cum dimensionibus corporum experimentis subiectorum comparabilis.

14.

Superest, ut quae ex hac indole functionis θ respectu integralis (I)

$$\iint \frac{dt \cdot dT' \cdot \cos q \cdot \cos Q \cdot \theta(dt, dT')}{(dt, dT')^2}$$

sequuntur, perscrutemur. Haec investigatio inchoare debet a simpliciori, dum in alterutra superficie punctum determinatum μ consideramus atque integrale (II)

$$\int \frac{dt \cdot \cos q \cdot \cos Q \cdot \theta(\mu, dt)}{(\mu, dt)^2}$$

per totam superficiem t extendendum evolvimus. Denotant hic Q angulum inter duas rectas a puncto μ proficiscentes, alteram versus elementum dt, alteram fixam; q vero angulum inter duas rectas a puncto elementi dt proficiscentes, alteram versus punctum μ, alteram elemento normalem extrorsumque directam.

Primo loco observamus, si punctum μ sit in distantia sensibili a superficie t, valores omnium $\theta(\mu, dt)$ insensibiles fore: in hoc itaque casu totum integrale (II) insensibile erit. Hoc itaque integrale eatenus tantum valorem sensibilem acquirere potest, quatenus superficies t offert partes in distantia insensibili a puncto μ positas, manifestoque sufficit, integrale (II) per tales partes extendere, neglectis omnibus, quae sunt in distantiis sensibilibus.

Porro pro $\frac{dt \cdot \cos q}{(\mu, dt)^2}$ restituemus $\pm d\Pi$, denotante $d\Pi$ in superficie sphaerica radio $= 1$ circa centrum μ descripta elementum id, in quod elementum dt inde a puncto μ visum proiicitur, et valente signo superiori vel inferiori, prout elementum dt plagam exteriorem vel interiorem puncto μ advertit. Hoc pacto integrale (II) ita exhibetur

$$\int \pm d\Pi \cdot \cos Q \cdot \theta(\mu, dt)$$

patetque. huius integralis valorem eatenus tantum sensibilem fieri posse, quatenus elementa $d\Pi$ talia, quae ad distantias insensibiles (μ, dt) referuntur, spatium magnitudinis sensibilis in superficie sphaerica explent.

Hinc facile colligitur, integrale nostrum, generaliter loquendo, etiam insensibile manere, quoties punctum μ iaceat in ipsa superficie t: patet enim, pro-

7

iectiones omnium elementorum dt a puncto μ insensibiliter remotorum esse in distantia insensibili a circulo maximo, quem format in superficie sphaerica planum superficiem t in puncto μ tangens. Excipere oportet tres casus, puta

1) eum, ubi radii curvaturae superficiei t in puncto μ sunt magnitudinis insensibilis.

2) eum, ubi continuitas curvaturae in puncto μ, vel intra distantiam insensibilem ab eo interrumpitur (Conf. *Disquiss. gen. circa superficies curvas* art. 3).

3) eum, ubi superficies t offert partem aliam a puncto μ insensibiliter distantem, puta si apud hoc punctum crassities spatii s est insensibilis. Ceterum huncce casum ei, quem in art. seq. tractabimus, adnumerare licet.

15.

Superest scilicet casus, ubi punctum μ non est in superficie ipsa t, attamen in distantia insensibili ab ea: in hoc casu integrale nostrum utique valorem sensibilem habere potest, quem iam accuratius examinabimus.

Secent superficiem sphaericam recta a puncto μ normaliter in superficiem t ducta, atque recta fixa ibinde proficiscens resp. in punctis G, H; statuatur arcus $GH = k$, arcus autem inter G atque punctum indefinitum superficiei sphaericae $= v$; denique sit w angulus sphaericus inter arcus k, v. Hoc pacto pro elemento $d\Pi$ accipere licet productum $\sin v . dv . dw$, unde scribendo brevitatis caussa r pro (μ, dt), integrale (II) fit

$$= \iint \pm (\cos k . \cos v + \sin k . \sin v . \cos w) \theta r . \sin v . dv . dw$$

quam integrationem extendere tantummodo oportet per eas partes superficiei sphaericae, in quas distantiae insensibiles r proiiciuntur. Referuntur hae ad partem insensibilem superficiei t, quam si pro *plana* habemus, distantiamque minimam (puncto G seu valori $v = 0$ respondentem) per ρ denotamus, fit $r = \frac{\rho}{\cos v}$, sive a w independens; perfecta itaque integratione respectu variabilis w, puta a $w = 0$ usque ad $w = 360^0$, integrale fit

$$= \pm \int 2\pi\theta r . \cos k . \cos v . \sin v . dv = \pm \int \frac{2\pi \cos k . \rho \rho \theta r . dr}{r^3}$$

quae integratio extendenda est ab $r = \rho$ usque ad valorem sensibilem arbitrarium quantumvis parvum. Statuendo itaque generaliter

$$2rr \int \frac{\theta r . dr}{r^3} = -\theta' r$$

accepta constante integrationis, ita ut fiat $\int \frac{\theta r \cdot \mathrm{d}r}{r^3} = 0$, pro valore arbitrario sensibili intra ambitum eorum, circa quos experimenta instituere licet, erit integrale (II), neglectis insensibilibus,

$$= \pm \pi \cos k \cdot \theta' \rho$$

Si dubium videretur, utrum fas sit, partem superficiei t intra distantiam insensibilem a puncto μ positam pro plana habere, consideremus eius loco sphaericam, et quidem sit R distantia centri sphaerae a puncto μ positive vel negative sumenda, prout centrum est in directione versus G vel in opposita. Ita erit

$$\cos v = \frac{\rho}{r}\left(1 - \frac{\rho}{2R}\right) + \frac{r}{2R}$$
$$\sin v \cdot \mathrm{d}v = \left[\frac{\rho}{rr}\left(1 - \frac{\rho}{2R}\right) - \frac{1}{2R}\right]\mathrm{d}r$$

unde facile colligitur, integrale pro hoc casu non differre quantitate sensibili a valore prius invento $\pm \pi \cos k \cdot \theta' \rho$, si modo R sit quantitas sensibilis. Quaecunque autem sit curvatura superficiei t in ea parte, de qua agitur, dummodo radii curvaturae non sint insensibiles, semper duae superficies sphaericae assignari poterunt, superficiem t in puncto ipsi μ proximo tangentes, intra quas t sita sit, et quarum radii sint magnitudinis sensibilis, manifestoque tunc integrale nostrum intra integralia ad illas superficies relata cadet, et proin absque errore sensibili per eandem formulam exprimetur, quae tunc tantummodo exceptionem patitur, ubi superficies t in distantia insensibili a puncto μ vel curvaturam radii insensibilis, vel aciem vel cuspidem offert.

16.

Quodsi iam ab integratione (II) ad integrale (I) progredimur, manifestum est, hoc insensibile fieri, non solum in eo casu, ubi illa pro *nullo* puncto superficiei T valorem sensibilem produxit, sed in eo quoque, ubi complexus elementorum superficiei T, pro quorum punctis integrale (II) sensibile evaserat, aream tantummodo insensibilis magnitudinis sistit. Quae si rite perpenduntur, apparebit, integrale (I) eatenus tantum valorem sensibilem acquirere posse, quatenus superficies T partem vel partes sensibilis magnitudinis contineat in distantia insensibili a superficie t positas. Quales partes quum a parallelismo cum superficie t sensibiliter deviare nequeant, pro quovis earum puncto $\cos k$ non sensibi-

7*

liter differet vel a $+1$ vel a -1, prout plaga superficiei T exterior vel interior superficiei t advertitur.   Quodsi itaque per τ, τ' eas partes superficiei T denotamus, quae sunt in distantia insensibili a superficie t, et quidem per τ eas, ubi plaga exterior alterius superficiei plagae interiori alterius advertitur, per τ' autem eas, ubi plagae homonymae sibi mutuo obvertuntur, denique per ρ distantiam minimam cuiusvis elementi $d\tau$ vel $d\tau'$ a superficie t, integrale nostrum (I) neglectis insensibilibus fit

$$= -\int \pi \theta'\rho.d\tau + \int \pi \theta'\rho.d\tau'$$

Manifesto hic nihil interest, utrum partes τ, τ' ad superficiem T an ad t referantur.

　　Hoc itaque modo iam nacti sumus solutionem completam problematis, quod in art. 6 nobis proposueramus, pro ea functionis φ indole, cui tamquam basi disquisitio principalis de figura aequilibrii fluidorum innititur, scilicet habemus

$$\iint ds.dS.\varphi(ds, dS) = 4\pi\sigma\psi0 - \pi 7\theta 0 + \pi 7'\theta 0 - \pi\int d\tau.\theta'\rho + \pi\int d\tau'.\theta'\rho$$

17.

Origo functionis θ' ita enunciari potest, ut sit

$$\frac{\theta'r}{rr} = \int \frac{2\theta x.dx}{x^3}$$

sumto integrali ab $x = r$ usque ad valorem constantem sensibilem arbitrarium, quem hic per R denotamus.   Manifesto hoc integrale minus erit quam hoc $\int \frac{2\theta r.dx}{x^3}$ inter eosdem limites, quod est $= \frac{\theta r}{rr} - \frac{\theta r}{RR}$, adeoque a potiori minus quam $\frac{\theta r}{rr}$.   Quum autem indefinite habeatur

$$\int \frac{2\theta x.dx}{x^3} = -\frac{\theta x}{xx} + \int \frac{d\theta x}{xx} = -\frac{\theta x}{xx} - \int \frac{\psi x.dx}{xx}$$

erit

$$\frac{\theta'r}{rr} = \frac{\theta r}{rr} - \frac{\theta R}{RR} - \int \frac{\psi x.dx}{xx}$$

sumto integrali inter eosdem limites, quod minus erit quam integrale $\int \frac{\psi r dx}{xx}$, adeoque etiam minus quam $\frac{\psi r}{r}$; quocirca valor ipsius $\frac{\theta'r}{rr}$ maior erit quam

$$\frac{\theta r}{rr} - \frac{\theta R}{RR} - \frac{\psi r}{r}$$

Cadit itaque $\theta'r$ inter limites

$$\theta r \quad \text{atque} \quad \theta r - rr.\frac{\theta R}{RR} - r\psi r$$

quorum differentia, decrescente r in infinitum, manifesto quavis quantitate assignabili minor evadere potest, quum supponamus esse vel $\psi 0$ quantitatem finitam. Colligimus hinc, statui debere $\theta'0 = \theta 0$. Patet itaque, in formula, ad quam in art. praec. pervenimus, terminum $-\pi 7\theta 0$ tamquam sub termino $-\pi\int d\tau.\theta'\rho$, atque terminum $\pi 7'\theta 0$ tamquam sub termino $\pi\int d\tau'.\theta'\rho$ comprehensum considerari posse, si distinctionem, quam inter distantiam insensibilem et distantiam nullam fecimus, tolleremus, atque partes $7, 7'$ resp. partibus τ, τ' adnumeraremus. Sed quamquam hoc modo solutionis elegantia sensu mathematico augeretur, tamen ad propositum nostrum praestat, distinctionem illam conservare.

18.

In applicatione disquisitionis praecedentis ad evolutionem termini secundi expressionis Ω art. 3, spatium secundum inde ab art. 6 per S denotatum cum primo identicum est; quae itaque in art. 16 erant $\sigma, 7, 7'$, hic erunt $s, t, 0$, si t denotat totam superficiem spatii s a fluido impleti. Quapropter quoties hoc spatium neque partes sensibilis extensionis sed insensibilis crassitiei continet, neque eiusmodi interstitia (fissuras), pars secunda expressionis Ω fit

$$= \tfrac{1}{2}\pi cc(s\psi 0 - t\theta 0)$$

Exceptiones itaque adsunt duae:

1) Si spatium s continet partem insensibilis crassitiei, huius superficies duas partes sensibiliter aequales offeret, quarum alterutra per t' denotata, crassitieque spatii apud quodvis elementum dt' indefinite per ρ, accedet expressioni praecedenti terminus

$$\pi cc\int \theta'\rho.dt'$$

2) Si spatium s continet cavitatem insensibilis crassitiei, accedet similis terminus, puta $\pi cc\int \theta'\rho.dt''$, denotante t'' alterutram partem superficiei t fissurae contiguam, atque ρ indefinite crassitiem fissurae in quovis puncto.

In evolutione termini tertii expressionis Ω signum S retinendum erit, ut denotet spatium a vase repletum, sed loco characteristicae f characteristicam F

ad vim attractivam molecularum vasis relatam substituere oportebit, et perinde loco functionum per characteristicas φ, ψ, θ, θ' denotatarum alias per characteristicas Φ, Ψ, Θ, Θ' denotandas adhibere, quas perinde ab F pendere supponimus ut illas ab f. Quae in disquisitione generali erant σ, $7'$, hic manifesto erunt 0: pro 7 vero hic simpliciter literam T adoptabimus, ut indicet non superficiem totam spatii S, sed eam partem, quae fluido contigua est. Hoc pacto pars tertia expressionis Ω fit, generaliter loquendo,

$$= \pi c\, C\, T\, \theta 0$$

exceptis etiam hic duobus casibus, puta

3) Si apud partem sensibilem T' superficiei T fluidum crassitiem insensibilem habet, indefinite per ρ exprimendam, accedet terminus

$$- \pi c\, C\!\int \theta' \rho \,.\, \mathrm{d}\, T'$$

4) Si superficies vasis praeter partem T fluido contiguam, offert aliam T''' in distantia quidem sed insensibili a fluido positam, accedet. denotante ρ indefinite hanc distantiam pro quolibet puncto, terminus

$$+ \pi c\, C\!\int \theta' \rho \,.\, \mathrm{d}\, T''$$

Superfluum foret, exceptioni primae, quatenus sub tertia non continetur, nec non secundae vel quartae immorari: etiamsi enim aequilibrium fluidi in casibus quibusdam huc referendis, attamen maxime specialibus, locum habere queat, tale aequilibrium nec stabile neque experimentis accessibile esse posset. Contra casus exceptus primus, quatenus sub tertio continetur, utique theoriae essentialis est, verumtamen aliquantisper hic seponetur, ut conditiones aequilibrii, quatenus absque cute fluidi insensibili, vasi adhaerente, consistere potest, explorentur.

Dum itaque omnes has exceptiones seponimus, expressio, cuius valor in statu aequilibrii maximum esse debet, haec erit

$$- g\, c\!\int z \,\mathrm{d}s + \tfrac{1}{2} c\, c\, s\, \psi 0 - \tfrac{1}{2}\pi c\, c\, t\, \theta 0 + \pi c\, C\, T \theta 0$$

et quum in omnibus mutationibus, quas figura fluidi subire potest, spatium s invariatum maneat, expressio sequens

$$\int z \,\mathrm{d}s + \tfrac{\pi c\, \theta 0}{2g} \,.\, t - \tfrac{\pi\, C\, \theta 0}{g} \,.\, T$$

in statu aequilibrii *minimum* esse debebit.

Iam supra monuimus, $\frac{c\theta_0}{g}$ exhibere spatium duarum dimensionum, idemque de $\frac{C\theta_0}{g}$ valet.   Statuendo itaque

$$\frac{\pi c\theta_0}{2g} = \alpha\alpha, \qquad \frac{\pi C\theta_0}{2g} = \mathfrak{bb}$$

erunt α, $\mathfrak{b}$ lineae constantes a relatione gravitatis ad intensitatem virium, quas partes fluidi a se mutuo et a moleculis vasis patiuntur, pendentes; et si porro partem liberam superficiei fluidi, i. e. eam, quae vasi non est contigua, per U denotamus, ut habeatur $t = T + U$, minimum esse debet in statu aequilibrii expressio sequens, abhinc per W denotanda:

$$\int z\,\mathrm{d}s + (\alpha\alpha - 2\mathfrak{bb})\,T + \alpha\alpha\,U$$

19.

Antequam quae ex hoc theoremate gravissimo sequuntur generaliter et complete evolvamus, operae pretium erit ostendere, quanta facilitate phaenomenon principale tuborum capillarium inde demanet.

Consideremus fluidum in aequilibrio in vase bicrurali, ita ut pars superficiei liberae fluidi sit in primo crure, pars alia in secundo: parietes vasis in confiniis harum partium verticales supponimus.   Sit a area sectionis horizontalis internae primi cruris (vel exactius proiectionis horizontalis superficiei liberae fluidi in primo crure), b eiusdem peripheria, denique ah volumen fluidi in hoc crure, pariete verticali deorsum usque ad planum, a quo numerantur distantiae z, continuato, sive, quod eodem redit, h altitudo media fluidi supra hoc planum: similia denotentur pro secundo crure per literas a', b', h'.   Si statum fluidi mutationem infinite parvam subire concipimus, et quidem talem, ut utraque superficiei liberae pars figuram suam servet, variatio partis primae expressionis W, puta integralis $\int z\,\mathrm{d}s$, manifesto erit

$$= ah\,\mathrm{d}h + a'h'\,\mathrm{d}h$$

variatio ipsius T autem

$$= b\,\mathrm{d}h + b'\,\mathrm{d}h'$$

denique per hyp $\mathrm{d}U = 0$.   Hinc colligitur

$$\mathrm{d}W = ah\,\mathrm{d}h + a'h'\,\mathrm{d}h' - (2\mathfrak{bb} - \alpha\alpha)(b\,\mathrm{d}h + b'\,\mathrm{d}h')$$

Porro quum volumen integrum fluidi invariatum maneat, erit

$$a\,\mathrm{d}h + a'\mathrm{d}h' = 0$$

et proin

$$\mathrm{d}W = \mathrm{d}h\left[a(h-h') - (2\mathfrak{b}\mathfrak{b} - \alpha\alpha)\left(b - \tfrac{a b'}{a'}\right)\right]$$

Conditio itaque, ut W in statu aequilibrii sit minimum, perducit ad aequationem, phaenomenon principale tuborum capillarium implicantem

$$h - h' = (2\mathfrak{b}\mathfrak{b} - \alpha\alpha)\left(\tfrac{b}{a} - \tfrac{b'}{a'}\right)$$

sponteque patet, huic aequationi revera respondere valorem *minimum* ipsius W, quum valor ipsius $\frac{\mathrm{d}\mathrm{d}W}{\mathrm{d}h^2}$ fiat $= a + \frac{aa}{a'}$, i. e. natura sua positivus.

Crus secundum priori largius pronunciatur, si quotiens $\frac{a'}{b'}$ est maior quam $\frac{a}{b}$; fluidum itaque in crure arctiori magis depressum vel magis elevatum erit quam in largiori, prout quadratum $\mathfrak{b}\mathfrak{b}$ minus vel maius est quam $\tfrac{1}{2}\alpha\alpha$; et si forte haberetur $\mathfrak{b}\mathfrak{b} = \tfrac{1}{2}\alpha\alpha$, altitudo in utroque crure eadem foret. Si crus secundum tam largum est, ut $\frac{b'}{a'}$ negligi possit prae $\frac{b}{a}$, erit proxime

$$h - h' = (2\mathfrak{b}\mathfrak{b} - \alpha\alpha)\tfrac{b}{a}$$

In tubis itaque capillaribus cylindricis fluidi depressio vel elevatio diametro tubo reciproce proportionalis est. Haec omnia tum cum experientia tum cum iis, quae ill. LAPLACE per theoriam stabilire conatus est, conveniunt.

Si vas pluribus cruribus verticalibus inter se communicantibus instructum est, designent a'', b'', h'' pro tertio, a''', b''', h''' pro quarto etc. eadem, quae a, b, h pro primo, eritque etiam

$$h - h'' = (2\mathfrak{b}\mathfrak{b} - \alpha\alpha)\left(\tfrac{b}{a} - \tfrac{b''}{a''}\right)$$

$$h - h''' = (2\mathfrak{b}\mathfrak{b} - \alpha\alpha)\left(\tfrac{b}{a} - \tfrac{b'''}{a'''}\right)$$

Concinnius hae aequationes ita exhibentur:

$$h - (2\mathfrak{b}\mathfrak{b} - \alpha\alpha)\tfrac{b}{a} = h' - (2\mathfrak{b}\mathfrak{b} - \alpha\alpha)\tfrac{b'}{a'} = h'' - (2\mathfrak{b}\mathfrak{b} - \alpha\alpha)\tfrac{b''}{a''} = h''' - (2\mathfrak{b}\mathfrak{b} - \alpha\alpha)\tfrac{b'''}{a'''} \text{ etc.}$$

Quum planum horizontale, a quo altitudines numerantur, arbitrarium sit, patet, si illud ita assumatur, ut sit

$$h = (2\mathfrak{b}\mathfrak{b} - \alpha\alpha)\tfrac{b}{a}$$

etiam in reliquis cruribus fore

$$h' = (2\,\mathfrak{bb} - \alpha\alpha)\tfrac{b'}{a'}, \quad h'' = (2\,\mathfrak{bb} - \alpha\alpha)\tfrac{b''}{a''}, \quad h''' = (2\,\mathfrak{bb} - \alpha\alpha)\tfrac{b'''}{a'''} \text{ etc.}$$

Hocce planum, cuius conceptum infra generalius stabiliemus, vocari potest planum horizontale normale (plan de niveau). Supponendo (si opus est) parietes verticales singulorum crurium usque ad hoc planum productos, ah, $a'h'$, $a''h''$ etc. expriment, pro $2\,\mathfrak{bb} > \alpha\alpha$, quantitates fluidi in singulis cruribus supra hoc planum elevati, vel pro $2\,\mathfrak{bb} < \alpha\alpha$, quantitates fluidi infra hoc planum in singulis cruribus deficientis: hae itaque quantitates aequales sunt productis ex area constante $2\,\mathfrak{bb} - \alpha\alpha$ in circumferentias b, b', b'', b''' etc.

20.

Superest iam, ut e theoremate art. 18 indolem figurae aequilibrii determinemus, cuius negotii cardo vertitur in evolutione generali variationis, quam expressio W patitur, dum figura spatii a fluido impleti mutationem quamcunque infinite parvam subit. Sed quum calculus variationum integralium duplicium pro casu, ubi etiam limites tamquam variabiles spectari debent, hactenus parum excultus sit, hanc disquisitionem subtilem paullo profundius petere oportet.

Considerabimus superficiei, quae spatium s a reliquo spatio separat, partem U, atque quodvis illius punctum per tres coordinatas x, y, z determinari supponemus, quarum tertia sit distantia a plano horizontali arbitrario. Spectari itaque poterit z tamquam functio indeterminatarum x, y, cuius differentialia partialia secundum morem suetum, sed omissis vinculis, per

$$\frac{dz}{dx}\cdot dx, \quad \frac{dz}{dy}\cdot dy$$

denotabimus. In quovis superficiei puncto rectam superficiei normalem et respectu spatii s extrorsum directam concipimus, cosinusque angulorum inter hanc normalem atque rectas axibus coordinatarum x, y, z parallelas per ξ, η, ζ denotamus. Hoc pacto erit

$$\xi\xi + \eta\eta + \zeta\zeta = 1$$
$$\frac{dz}{dx} = -\frac{\xi}{\zeta}, \quad \frac{dz}{dy} = -\frac{\eta}{\zeta}$$

Limes superficiei U erit linea in se rediens, quam per P denotamus, et dum motu continuo descripta supponitur, eius elementa dP (perinde ut elementa superficiei dU) semper positive accipiemus.   Cosinus angulorum, quos directio elementi dP facit cum axibus coordinatarum x, y, z, per X, Y, Z denotamus: ne vero sensus directionis ambiguus maneat, hanc ita decernimus, ut ipsa primo loco, directio normalis in elementum dP superficiem U tangentis et huius respectu introrsum ductae secundo loco, denique normalis in superficiem respectuque spatii s extrorsum ducta tertio loco, constituant systema trium rectarum similiter deinceps sitarum, ut axes coordinatarum x, y, z.   Ita facile perspicietur (cf. *Disquiss. gen. circa superficies curvas* art. 2), cosinus angulorum inter directionem illam secundam atque axes coordinatarum x, y, z esse resp.

$$\eta^0 Z - \zeta^0 Y, \quad \zeta^0 X - \xi^0 Z, \quad \xi^0 Y - \eta^0 X$$

si ξ^0, η^0, ζ^0 sint valores ipsarum ξ, η, ζ pro puncto elementi dP.

21.

His ita praeparatis supponamus, superficiem U pati mutationem qualemcunque infinite parvam.   Si sufficeret, tales tantummodo mutationes considerare, pro quibus limes P semper invariatus, vel saltem in eadem superficie verticali maneret, manifesto soli coordinatae tertiae z variationem inducere oporteret, quo pacto problema longe facilius evaderet; sed quum problema maxima generalitate nobis ventilandum sit, in tali investigationis modo consideratio variabilitatis limitum in ambages incommodas concinnitatemque turbantes perduceret; quamobrem praestabit, statim ab initio omnes tres coordinatas variationi subiicere.   Rem itaque sic imaginabimur, ut cuivis puncto superficiei, cuius coordinatae sunt x, y, z, substituamus aliud, cuius coordinatae sint $x + \delta x, y + \delta y, z + \delta z$, ubi $\delta x, \delta y, \delta z$ spectari possunt tamquam functiones indeterminatae ipsarum x, y, sed quarum valores manent infinite parvae.   Inquiramus nunc in variationes singulorum elementorum expressionis W, et quidem initium faciamus a variatione ipsius elementi dU.

Concipiamus elementum superficiei U triangulare dU inter puncta, quorum coordinatae sint

$$
\begin{array}{lll}
x, & y, & z \\
x + dx, & y + dy, & z + \dfrac{dz}{dx} \cdot dx + \dfrac{dz}{dy} \cdot dy \\
x + d'x, & y + d'y, & z + \dfrac{dz}{dx} \cdot d'x + \dfrac{dz}{dy} \cdot d'y
\end{array}
$$

Area duplex huius trianguli per principia nota invenitur

$$= (\mathrm{d}x.\mathrm{d}'y - \mathrm{d}y.\mathrm{d}'x)\sqrt{\left[1 + \left(\tfrac{\mathrm{d}z}{\mathrm{d}x}\right)^2 + \left(\tfrac{\mathrm{d}z}{\mathrm{d}y}\right)^2\right]}$$

si, quod licet, supponimus, $\mathrm{d}x.\mathrm{d}'y - \mathrm{d}y.\mathrm{d}'x$ esse quantitatem positivam.

In superficie variata loco illorum punctorum tria alia habebimus, quorum coordinatae erunt

puncti primi $\qquad x + \delta x, \quad y + \delta y, \quad z + \delta z$

puncti secundi

$$x + \mathrm{d}x + \delta x + \tfrac{\mathrm{d}\delta x}{\mathrm{d}x}.\mathrm{d}x + \tfrac{\mathrm{d}\delta x}{\mathrm{d}y}.\mathrm{d}y$$
$$y + \mathrm{d}y + \delta y + \tfrac{\mathrm{d}\delta y}{\mathrm{d}x}.\mathrm{d}x + \tfrac{\mathrm{d}\delta y}{\mathrm{d}y}.\mathrm{d}y$$
$$z + \tfrac{\mathrm{d}z}{\mathrm{d}x}.\mathrm{d}x + \tfrac{\mathrm{d}z}{\mathrm{d}y}.\mathrm{d}y + \delta z + \tfrac{\mathrm{d}\delta z}{\mathrm{d}x}.\mathrm{d}x + \tfrac{\mathrm{d}\delta z}{\mathrm{d}y}.\mathrm{d}y$$

puncti tertii

$$x + \mathrm{d}'x + \delta x + \tfrac{\mathrm{d}\delta x}{\mathrm{d}x}.\mathrm{d}'x + \tfrac{\mathrm{d}\delta x}{\mathrm{d}y}.\mathrm{d}'y$$
$$y + \mathrm{d}'y + \delta y + \tfrac{\mathrm{d}\delta y}{\mathrm{d}x}.\mathrm{d}'x + \tfrac{\mathrm{d}\delta y}{\mathrm{d}y}.\mathrm{d}'y$$
$$z + \tfrac{\mathrm{d}z}{\mathrm{d}x}.\mathrm{d}'x + \tfrac{\mathrm{d}z}{\mathrm{d}y}.\mathrm{d}'y + \delta z + \tfrac{\mathrm{d}\delta z}{\mathrm{d}x}.\mathrm{d}'x + \tfrac{\mathrm{d}\delta z}{\mathrm{d}y}.\mathrm{d}'y$$

Area duplex trianguli inter haec puncta invenitur per eandem methodu

$$= (\mathrm{d}x.\mathrm{d}'y - \mathrm{d}y.\mathrm{d}'x)\sqrt{N}$$

si brevitatis caussa per N denotatur aggregatum

$$\left[\left(1 + \tfrac{\mathrm{d}\delta x}{\mathrm{d}x}\right)\left(1 + \tfrac{\mathrm{d}\delta y}{\mathrm{d}y}\right) - \tfrac{\mathrm{d}\delta x}{\mathrm{d}y}.\tfrac{\mathrm{d}\delta y}{\mathrm{d}x}\right]^2$$
$$+ \left[\left(1 + \tfrac{\mathrm{d}\delta x}{\mathrm{d}x}\right)\left(\tfrac{\mathrm{d}z}{\mathrm{d}y} + \tfrac{\mathrm{d}\delta z}{\mathrm{d}y}\right) - \tfrac{\mathrm{d}\delta x}{\mathrm{d}y}\left(\tfrac{\mathrm{d}z}{\mathrm{d}x} + \tfrac{\mathrm{d}\delta z}{\mathrm{d}x}\right)\right]^2$$
$$+ \left[\left(1 + \tfrac{\mathrm{d}\delta y}{\mathrm{d}y}\right)\left(\tfrac{\mathrm{d}z}{\mathrm{d}x} + \tfrac{\mathrm{d}\delta z}{\mathrm{d}x}\right) - \tfrac{\mathrm{d}\delta y}{\mathrm{d}x}\left(\tfrac{\mathrm{d}x}{\mathrm{d}y} + \tfrac{\mathrm{d}\delta z}{\mathrm{d}y}\right)\right]^2$$

Facta evolutione et reiectis quantitatibus secundi ordinis, invenitur

$$\sqrt{N} = \sqrt{\left[1 + \left(\tfrac{\mathrm{d}z}{\mathrm{d}x}\right)^2 + \left(\tfrac{\mathrm{d}z}{\mathrm{d}y}\right)^2\right]}.\left[1 + \frac{L}{1 + \left(\tfrac{\mathrm{d}z}{\mathrm{d}x}\right)^2 + \left(\tfrac{\mathrm{d}z}{\mathrm{d}y}\right)^2}\right]$$

si brevitatis gratia per L denotatur aggregatum

8*

$$\frac{d\delta x}{dx}\left[1+\left(\frac{dz}{dy}\right)^2\right]-\frac{d\delta x}{dy}\cdot\frac{dz}{dx}\cdot\frac{dz}{dy}-\frac{d\delta y}{dx}\cdot\frac{dz}{dx}\cdot\frac{dz}{dy}+\frac{d\delta y}{dy}\left[1+\left(\frac{dz}{dx}\right)^2\right]+\frac{d\delta z}{dx}\cdot\frac{dz}{dx}+\frac{d\delta z}{dy}\cdot\frac{dz}{dy}$$

Est itaque ratio trianguli primi ad secundum ut 1 ad

$$1+\frac{L}{1+\left(\frac{dz}{dx}\right)^2+\left(\frac{dz}{dy}\right)^2}$$

adeoque independens a figura trianguli dU, resultatque

$$\delta\,dU=\frac{L\,dU}{1+\left(\frac{dz}{dx}\right)^2+\left(\frac{dz}{dy}\right)^2}$$

sive in terminis explicitis

$$\delta\,dU=dU\left(\frac{d\delta x}{dx}(\eta\eta+\zeta\zeta)-\frac{d\delta x}{dy}\cdot\xi\eta-\frac{d\delta y}{dx}\cdot\xi\eta+\frac{d\delta y}{dy}(\xi\xi+\zeta\zeta)-\frac{d\delta z}{dx}\cdot\xi\zeta-\frac{d\delta z}{dy}\cdot\eta\zeta\right)$$

22.

Variationem totius superficiei U obtinebimus per integrationem huius expressionis per omnia elementa dU extendendam. Ad hunc finem duas huius integralis partes, puta

$$\int dU.\left((\eta\eta+\zeta\zeta)\frac{d\delta x}{dx}-\xi\eta\frac{d\delta y}{dx}-\xi\zeta\frac{d\delta z}{dx}\right)=A$$

atque

$$\int dU\left(-\xi\eta\frac{d\delta x}{dy}+(\xi\xi+\zeta\zeta)\frac{d\delta y}{dy}-\eta\zeta\frac{d\delta z}{dy}\right)=B$$

seorsim tractabimus.

Concipiatur planum axi coordinatarum y normale, et quidem tale, ut valor determinatus ipsius y, ei competens, sit intra ambitum valorum extremorum, quos habet y in superficie U. Hoc planum peripheriam P secabit vel in duobus, vel in quatuor, vel in sex etc. punctis, quorum coordinatae primae sint deinceps x^0, x', x'' etc.; perinde reliquae quantitates ad haec puncta pertinentes per indices distinguantur. Eodem modo secetur superficies per aliud planum illi infinite propinquum et parallelum, cui competat coordinata secunda $y+dy$; inter haec plana reperientur elementa peripheriae dP^0, dP', dP'' etc., perspicieturque facile, haberi

$$dy=-Y^0\,dP^0=+Y'\,dP'=-Y''\,dP''=+Y'''\,dP'''\ \text{etc.}$$

Si insuper concipimus infinite multa plana axi coordinatarum x normalia, cuivis elemento dx inter x^0 et x', vel inter x'' et x''' etc. sito respondebit elementum $dU = \frac{dx \cdot dy}{\zeta}$, unde patet, eam partem integralis A, quae respondet parti superficiei inter plana y, $y + dy$ sitae, haberi ex integratione

$$dy \int dx \cdot \left(\frac{\eta\eta + \zeta\zeta}{\zeta} \cdot \frac{d\delta x}{dx} - \frac{\xi\eta}{\zeta} \cdot \frac{d\delta y}{dx} - \xi \frac{d\delta z}{dx} \right)$$

extensa ab $x = x^0$ usque ad $x = x'$, dein ab $x = x''$ usque ad $x = x'''$ etc. Indefinite vero hoc integrale exhibetur per

$$\left(\frac{\eta\eta + \zeta\zeta}{\zeta} \cdot \delta x - \frac{\xi\eta}{\zeta} \cdot \delta y - \xi \delta z \right) dy - dy \int \left(\delta x \cdot \frac{d\frac{\eta\eta + \zeta\zeta}{\zeta}}{dx} - \delta y \cdot \frac{d\frac{\xi\eta}{\zeta}}{dx} - \delta z \cdot \frac{d\xi}{dx} \right) dx$$

unde colligitur, prodire pro casu nostro

$$\left(\frac{\eta^0\eta^0 + \zeta^0\zeta^0}{\zeta^0} \cdot \delta x^0 - \frac{\xi^0\eta^0}{\zeta^0} \cdot \delta y^0 - \xi^0 \delta z^0 \right) Y^0 dP^0$$
$$+ \left(\frac{\eta'\eta' + \zeta'\zeta'}{\zeta'} \cdot \delta x' - \frac{\xi'\eta'}{\zeta'} \cdot \delta y' - \xi' \delta z' \right) Y' dP'$$
$$+ \left(\frac{\eta''\eta'' + \zeta''\zeta''}{\zeta''} \cdot \delta x'' - \frac{\xi''\eta''}{\zeta''} \cdot \delta y'' - \xi'' \delta z'' \right) Y'' dP''$$
$$+ \text{ etc.}$$
$$- \int \zeta \, dU \cdot \left(\delta x \cdot \frac{d\frac{\eta\eta + \zeta\zeta}{\zeta}}{dx} - \delta y \cdot \frac{d\frac{\xi\eta}{\zeta}}{dx} - \delta z \cdot \frac{d\xi}{dx} \right)$$

sive, quod idem est,

$$\Sigma \left(\frac{\eta\eta + \zeta\zeta}{\zeta} \cdot \delta x - \frac{\xi\eta}{\zeta} \cdot \delta y - \xi \delta z \right) Y dP - \int \zeta \, dU \cdot \left(\delta x \cdot \frac{d\frac{\eta\eta + \zeta\zeta}{\zeta}}{dx} - \delta y \cdot \frac{d\frac{\xi\eta}{\zeta}}{dx} - \delta z \cdot \frac{d\xi}{dx} \right)$$

ubi tum summatio per omnia elementa dP, tum integratio per omnia elementa dU, intra plana y et $y + dy$ sita, extendenda est.

Tota itaque quantitas A exprimetur per

$$\int \left(\frac{\eta\eta + \zeta\zeta}{\zeta} \cdot \delta x - \frac{\xi\eta}{\zeta} \cdot \delta y - \xi \delta z \right) Y dP - \int \zeta \, dU \cdot \left(\delta x \cdot \frac{d\frac{\eta\eta + \zeta\zeta}{\zeta}}{dx} - \delta y \cdot \frac{d\frac{\xi\eta}{\zeta}}{dx} - \delta z \cdot \frac{d\xi}{dx} \right)$$

ubi integrationem priorem per totam peripheriam P, posteriorem per totam superficiem U extendere oportet.

23.

Per ratiocinia prorsus similia invenimus

$$B = \int \left(\frac{\xi\eta}{\zeta} . \delta x - \frac{\xi\xi + \zeta\zeta}{\zeta} . \delta y + \eta \delta z \right) X \, dP + \int \zeta \, dU \left(\delta x . \frac{d\frac{\xi\eta}{\zeta}}{dy} - \delta y . \frac{d\frac{\xi\xi + \zeta\zeta}{\zeta}}{dy} + \delta z . \frac{d\eta}{dy} \right)$$

Statuendo itaque, pro quovis puncto peripheriae P,

$$[X\xi\eta + Y(\eta\eta + \zeta\zeta)]\delta x - [X(\xi\xi + \zeta\zeta) + Y\xi\eta]\delta y + (X\eta\zeta - Y\xi\zeta)\delta z = \zeta Q$$

nec non, pro quovis puncto superficiei U,

$$\left(\frac{d\frac{\xi\eta}{\zeta}}{dy} - \frac{d\frac{\eta\eta + \zeta\zeta}{\zeta}}{dx} \right)\zeta\delta x + \left(\frac{d\frac{\xi\eta}{\zeta}}{dx} - \frac{d\frac{\xi\xi + \zeta\zeta}{\zeta}}{dy} \right)\zeta\,dy + \left(\frac{d\xi}{dx} + \frac{d\eta}{dy} \right)\zeta\delta z = V$$

erit tandem

$$\delta U = \int Q \, dP + \int V \, dU$$

ubi integratio prima per totam peripheriam P, secunda per totam superficiem U extendi debet.

24.

Formulas pro Q et V modo allatas notabiliter contrahere licet. Et quidem, adiumento aequationis $X\xi + Y\eta + Z\zeta = 0$, Q statim induit formam symmetricam sequentem:

$$Q = (Y\zeta - Z\eta)\delta x + (Z\xi - X\zeta)\delta y + (X\eta - Y\xi)\delta z$$

Quo etiam expressio pro V eruta in formam concinniorem reducatur, observamus, e formulis

$$\frac{dz}{dx} = -\frac{\xi}{\zeta}, \quad \frac{dz}{dy} = -\frac{\eta}{\zeta}$$

sequi

$$\frac{d\frac{\xi}{\zeta}}{dy} = \frac{d\frac{\eta}{\zeta}}{dx}$$

Hinc fit

$$\frac{d\frac{\xi\eta}{\zeta}}{dy} = \frac{\xi}{\zeta} . \frac{d\eta}{dy} + \eta\frac{d\frac{\xi}{\zeta}}{dy} = \frac{\xi}{\zeta} . \frac{d\eta}{dy} + \eta\frac{d\frac{\eta}{\zeta}}{dx}$$

Porro ex $\xi\xi + \eta\eta + \zeta\zeta = 1$ deducimus

$$\xi\frac{\mathrm{d}\xi}{\mathrm{d}x} + \eta\frac{\mathrm{d}\eta}{\mathrm{d}x} + \zeta\frac{\mathrm{d}\zeta}{\mathrm{d}x} = 0$$

atque hinc

$$\frac{\mathrm{d}\frac{\eta\eta+\zeta\zeta}{\zeta}}{\mathrm{d}x} = \eta\frac{\mathrm{d}\frac{\eta}{\zeta}}{\mathrm{d}x} + \frac{\eta}{\zeta}\cdot\frac{\mathrm{d}\eta}{\mathrm{d}x} + \frac{\mathrm{d}\zeta}{\mathrm{d}x} = \eta\frac{\mathrm{d}\frac{\eta}{\zeta}}{\mathrm{d}x} - \frac{\xi}{\zeta}\cdot\frac{\mathrm{d}\xi}{\mathrm{d}x}$$

Substitutis his valoribus in coëfficiente ipsius δx in expressione pro V, ille fit

$$= \xi\left(\frac{\mathrm{d}\xi}{\mathrm{d}x} + \frac{\mathrm{d}\eta}{\mathrm{d}y}\right)$$

Prorsus simili modo coëfficiens ipsius δy in eadem expressione transit in

$$\eta\left(\frac{\mathrm{d}\xi}{\mathrm{d}x} + \frac{\mathrm{d}\eta}{\mathrm{d}y}\right)$$

Hoc itaque pacto nanciscimur

$$V = (\xi\delta x + \eta\,\delta y + \zeta\delta z)\left(\frac{\mathrm{d}\xi}{\mathrm{d}x} + \frac{\mathrm{d}\eta}{\mathrm{d}y}\right)$$

25.

Antequam ulterius progrediamur, significationem geometricam expressionum erutarum illustrare conveniet. Ad hunc finem directiones varias hic occurrentes intuitioni faciliori subiiciemus sequendo eum modum, quem in Disquiss. gen. circa superficies curvas introduximus, puta referendo illas ad puncta superficiei sphaericae radio $= 1$ circa centrum arbitrarium descriptae. Primo itaque directiones axium coordinatarum x, y, z denotabimus per puncta (1), (2), (3); dein directionem normalis in superficiem et respectu spatii s extrorsum ductae per punctum (4); denique directionem rectae a quolibet superficiei puncto versus ipsius locum variatum ductae, per punctum (5). Variationem loci ipsam, seu quantitatem $\sqrt{(\delta x^2 + \delta y^2 + \delta z^2)}$, semper positive sumendam, brevitatis caussa per δe denotabimus, arcumque inter duo sphaerae puncta, ut e. g. (1) et (5), sive angulum, qui illum arcum mensurat, ita (1, 5) scribemus. Erit itaque

$$\delta x = \delta e \cdot \cos(1,5), \quad \delta y = \delta e \cdot \cos(2,5), \quad \delta z = \delta e \cdot \cos(3,5)$$

Haec pro quovis superficiei puncto valent. In eius limite, seu peripheria P, duae aliae directiones accedunt. Primo directio elementi dP, cui respondeat punctum (6); dein directio rectae huic normalis superficiem tangentis eiusque respectu introrsum ductae, cui respondeat punctum (7). Per hypothesin nostram puncta (6), (7), (4) eodem ordine iacent, ut (1), (2), (3), observetur praeterea, (4, 6), (4, 7), (6, 7) exhibere quadrantes seu angulos rectos. Ita prodeunt aequationes iam supra (art. 20) traditae

$$\eta Z - \zeta Y = \cos(1,7), \quad \zeta X - \xi Z = \cos(2,7), \quad \xi Y - \eta X = \cos(3,7)$$

formulaeque art. praec. has formas induunt:

$$Q = -\delta e . \cos(5,7)$$
$$V = \quad \delta e . \cos(4,5) . \left(\frac{d\xi}{dx} + \frac{d\eta}{dy}\right)$$

Exprimit itaque Q translationem cuiusvis puncti peripheriae P a plano hanc tangente superficiei U normali, in plaga ab hac aversa positive sumendam; factor ipsius V autem $\delta e . \cos(4,5)$ manifesto indicat translationem cuiusvis puncti superficiei U a plano hanc tangente, positive sumendam in plaga a spatio s aversa.

Sed etiam factorem alterum ipsius V per significationem geometricam explicare licet. Habemus enim

$$\xi = -\zeta . \frac{dz}{dx}, \quad \eta = -\zeta . \frac{dz}{dy}$$
$$\frac{1}{\zeta\zeta} = 1 + \left(\frac{dz}{dx}\right)^2 + \left(\frac{dz}{dy}\right)^2$$

Hinc prodit

$$d\zeta = \xi\zeta\zeta d\frac{dz}{dx} + \eta\zeta\zeta d\frac{dz}{dy}$$
$$\frac{d\xi}{dx} = -\zeta\frac{ddz}{dx^2} - \frac{dz}{dx} . \frac{d\zeta}{dx}$$
$$= -\zeta\frac{ddz}{dx^2} + \xi\xi\zeta\frac{ddz}{dx^2} + \xi\eta\zeta\frac{ddz}{dx.dy}$$
$$= -\zeta(\eta\eta + \zeta\zeta)\frac{ddz}{dx^2} + \xi\eta\zeta\frac{ddz}{dx.dy}$$
$$\frac{d\eta}{dy} = -\zeta\frac{ddz}{dy^2} + \eta\eta\zeta\frac{ddz}{dy^2} + \xi\eta\zeta\frac{ddz}{dx.dy}$$
$$= -\zeta(\xi\xi + \zeta\zeta)\frac{ddz}{dy^2} + \xi\eta\zeta\frac{ddz}{dx.dy}$$

et proin

$$\frac{d\xi}{dx} + \frac{d\eta}{dy} = -\zeta^3\left\{\frac{ddz}{dx^2}\left[1 + \left(\frac{dz}{dy}\right)^2\right] - \frac{2ddz}{dx.dy} . \frac{dz}{dx} . \frac{dz}{dy} + \frac{ddz}{dy^2}\left[1 + \left(\frac{dz}{dx}\right)^2\right]\right\}$$

cuius expressionis valorem constat esse

$$= \tfrac{1}{R} + \tfrac{1}{R'}$$

denotantibus R, R' radios curvaturae extremos in puncto de quo agitur, et quidem positive accipiendos, quoties convexitas superficiei extrorsum vertitur.

26.

Examen attentum analysis nostrae inde ab art. 22 patefaciet suppositionem tacitam illi adhaerentem, scilicet quibusvis valoribus coordinatarum x, y unicum tantummodo valorem ipsius z respondere, atque valorem ipsius ζ ubique per totam superficiem U esse positivum. Nihilominus veritas theorematis finalis, ad quod analysis ista perduxit, puta (I)

$$\delta U = -\int \delta e . \cos(5,7) . \, dP + \int \delta e . \cos(4,5) . (\tfrac{1}{R} + \tfrac{1}{R'}) \, dU$$

ad hanc suppositionem non restringitur, sed generaliter valet. Quam generalitatem si statim ab initio amplecti voluissemus, vel quasdam ambages incurrere, vel methodum aliquantum diversam sequi oportuisset: sed ad eundem finem etiam per considerationes sequentes facile pervenire licet.

Analysis nostra manifesto independens est a suppositione, quod axis coordinatarum z est verticalis, quin potius in illa situs axium prorsus arbitrarius manet, veritasque theorematis stabilita est pro omnibus superficiebus, pro quibus complexus omnium punctorum (4) unico hemisphaerio includi potest; sufficit enim, talis hemisphaerii centrum (polum) pro (3) adoptare.

Si vero proponitur superficies huic conditioni non satisfaciens, certe in duas pluresve partes dispesci poterit, quae singulae tali conditioni satisfaciant. Iam facile perspicietur, si superficies quaedam in duas partes divisa fuerit, veritatem theorematis pro figura tota statim sequi e veritate pro singulis partibus. Constet enim figura U e partibus U', U'', sitque P' peripheria figurae U', atque P'' peripheria figurae U''; porro habeant P', P'' partem communem P''', ita ut P' constet ex P''' et P'''', P'' vero ex P''' et P''''', unde manifesto peripheria figurae U integra P constabit ex P'''' et P''''' Ita erit quidem

$$\int \delta e . \cos(5,7) \, dP' = \int \delta e . \cos(5,7) \, dP''' + \int \delta e . \cos(5,7) \, dP''''$$
$$\int \delta e . \cos(5,7) \, dP'' = \int \delta e . \cos(5,7) \, dP''' + \int \delta e . \cos(5,7) \, dP'''''$$

sed probe notandum, valorem integralis $\int \delta e . \cos(5,7) \mathrm{d}P'''$, quatenus est pars prioris integralis, exacte oppositum esse valori eiusdem integralis, quatenus est pars posterioris integralis, quum cuivis puncto lineae P''', in his duobus casibus directionibus oppositis describendae, loca puncti (7) opposita adeoque valores oppositi factoris $\cos(5,7)$ respondeant. In additione itaque hae partes sese destruunt, fitque

$$\int \delta e . \cos(5,7) \mathrm{d}P' + \int \delta e . \cos(5,7) \mathrm{d}P'' = \int \delta e . \cos(5,7) \mathrm{d}P$$

unde, quum habeatur $\delta U = \delta U' + \delta U''$, valor ipsius δU cum formula allata (I) conspirans sponte demanat, dum haec formula cum valoribus variationum $\delta U'$, $\delta U''$ quadrare supponitur.

Denique observamus, veritatem theorematis (I) etiam e considerationibus geometricis hauriri potuisse, et quidem facilius quam per methodum analyticam, quam tamen hic ideo praetulimus, ut occasionem, calculo variationum, pro integralibus duplicibus limitibus variabilibus inclusis parum hactenus exculto, aliquid lucis effundendi arriperemus, methodum alteram geometricam satis obviam lectori perito relinquentes.

27.

Superest, ut variationes evolvamus, quas elementa reliqua expressionis W per variationem figurae spatii s patiuntur, et primo de variatione voluminis spatii s agemus.

Resumamus duo triangula in art. 21 considerata, iungamusque laterum puncta respondentia per rectas, ut oriatur solidum, cuius loco accipere licet prisma basis $\mathrm{d}U$, altitudinis $\xi \delta x + \eta \delta y + \zeta \delta z = \delta e . \cos(4,5)$, et quidem haec forma dabit altitudinem in forma positiva seu negativa, prout triangulum transpositum et proin totum solidum iacet extra vel intra spatium s. Hinc habemus (II)

$$\delta s = \int \mathrm{d}U . \delta e . \cos(4,5)$$

Porro hinc sequitur, variationem integralis $\int z \mathrm{d}s$ esse (III)

$$\delta \int z \mathrm{d}s = \int z \mathrm{d}U . \delta e . \cos(4,5)$$

Quod vero attinet ad variationem quantitatis T, ante omnia observamus, quum P denotet limitem communem superficierum T, U, transpositiones punctorum peripheriae P satisfacere debere huic conditioni, ut loca nova in superficie spatii S maneant. Manifesto itaque per transpositionem elementi dP, superficies T patitur mutationem $\pm$ d$P . \delta e . \sin(5,6)$, perspicieturque facile, generaliter loquendo signum positivum vel negativum a signo quantitatis $\cos(4,5)$ pendere. Sed concinnius haec variatio exprimitur introducendo directionem novam, quae sit in plano superficiem spatii S tangente, lineae P normalis, et respectu spatii s extrorsum ducta. Denotando per (8) punctum huic directioni respondens, variatio superficiei T a transpositione elementi dP oriunda erit d$P . \delta e . \cos(5,8)$, sive (IV)

$$\delta T = \int dP . \delta e . \cos(5,8)$$

ubi signum factoris $\cos(5,8)$ sponte decidet, utrum mutatio sit incrementum an decrementum.

Quum punctum (6) sit polus circuli maximi per puncta (7), (8) ducti, punctumque (5) iaceat in circulo maximo per puncta (6), (8) ducto, puncta (5), (7), (8) formabunt triangulum in (8) rectangulum, eritque adeo $\cos(5,7) = \cos(5,8) . \cos(7,8)$: arcus (7,8) autem est mensura anguli inter duo plana superficies spatiorum s, S in eorum intersectione P tangentia, et quidem inter eas horum planorum plagas, quae spatium vacuum includunt. Hunc angulum per i denotabimus, unde $180^0 - i$ erit angulus inter planorum plagas eas, quae spatium s continent, formulaque nostra (V)

$$\cos(5,7) = \cos(5,8) . \cos i.$$

28.

E combinatione formularum I....IV prodit variatio expressionis W

$$\delta W = \int dU . \delta e . \cos(4,5) . \left[z + \alpha\alpha\left(\tfrac{1}{R} + \tfrac{1}{R'}\right)\right]$$
$$- \int dP . \delta e . \cos(5,8) . (\alpha\alpha \cos i - \alpha\alpha + 2\mathfrak{b}\mathfrak{b})$$

ubi integrale prius extendi debet per omnia elementa dU partis liberae superficiei spatii s, vel partium liberarum (si forte plures separatae adsint), integrale posterius autem per omnia elementa dP lineae vel linearum, quae illam partem liberam, vel illas partes liberas a reliquis spatio S contiguis separant.

Iam quum in statu aequilibrii valor ipsius W debeat esse minimum, adeoque admittere nequeat mutationem negativam pro ulla mutatione infinite parva figurae fluidi, pro qua volumen s invariatum manet, i. e. pro qua $\delta s = \int \mathrm{d}U . \delta e . \cos(4,5)$ evanescit, facile perspicietur, figuram superficiei U in statu aequilibrii talem esse debere, ut in omnibus eius punctis elementum variationis δW hoc

$$\mathrm{d}U . \delta e . \cos(4,5) . \left[z + \alpha\alpha(\tfrac{1}{R} + \tfrac{1}{R'})\right]$$

proportionale sit elemento variationis δs, puta quantitati $\mathrm{d}U . \delta e . \cos(4,5)$, sive quod idem est, ut fiat

$$z + \alpha\alpha(\tfrac{1}{R} + \tfrac{1}{R'}) = \text{Const.}$$

Manifesto enim, si haec proportionalitas locum non haberet, valor ipsius W decrementi capax foret per idoneam mutationem figurae superficiei U, limite P adeo invariato manente.   Ceterum aequatio illa pro *tota* superficie U valet, etiamsi haec e pluribus partibus separatis constet, dummodo fluidum ipsum cohaereat.

Aequatio ista constituit theorema fundamentale primum in theoria aequilibrii fluidorum, quod iam ab ill. Laplace erutum est, sed per methodum a nostra plane diversam.

Si planum, pro quo z quantitati aequationis constanti aequalis est, et quod planum horizontale normale (plan de niveau) vocare possumus, loco eius, a quo coordinatae z numeratae erant, adoptamus, erit

$$z = -\alpha\alpha(\tfrac{1}{R} + \tfrac{1}{R'})$$

unde protinus demanant corollaria sequentia.

I.   Si planum normale superficiem liberam U ullibi secat, in quovis sectionis puncto superficies necessario concavo-convexa erit, atque radius maximus convexitatis radio maximo concavitatis aequalis.

II.   Supra planum normale superficies vel concavo-concava erit, vel, sicubi fuerit concavo-convexa, curvatura concava convexam superabit.

III.   Infra planum normale superficies vel erit convexo-convexa, vel sicubi fuerit concavo-convexa, curvatura convexa concavam superabit.

IV.   Superficies libera U nequit habere partem finitam planam nisi horizontalem et cum plano normali coincidentem.

29.

Aequatione, quam modo stabilivimus, subsistente, variatio valoris ipsius W reducitur ad

$$\delta W = -\int \mathrm{d}P.\delta e.\cos(5,8)(\alpha\alpha\cos i - \alpha\alpha + 2\mathfrak{b}\mathfrak{b})$$

unde introducendo angulum A talem ut sit

$$\cos A = \frac{\alpha\alpha - 2\mathfrak{b}\mathfrak{b}}{\alpha\alpha} \quad \text{sive} \quad \sin\tfrac{1}{2}A = \frac{\mathfrak{b}}{\alpha}$$

habemus

$$\delta W = \alpha\alpha\int \mathrm{d}P.\delta e.\cos(5,8).(\cos A - \cos i)$$

integratione per totam lineam P extensa. Memores esse debemus, factorem $\cos(5,8)$ aequalem esse ipsi $\sin(5,6)$, signo positivo vel negativo affecto, prout fluidum in motu suo virtuali apud elementum $\mathrm{d}P$ vel ultra limitem P redundare, vel citra recedere concipitur. Hinc facile concludimus, in statu aequilibrii, generaliter loquendo, ubique esse debere $i = A$. Si enim in aliqua parte lineae P esset $i < A$, motus virtualis primi generis in hac parte, manente parte reliqua limitis P invariata, manifesto ipsi W variationem negativam induceret, et perinde negativa variatio ipsius W prodiret per motum virtualem fluidi secundi generis, si in ulla parte lineae P esset $i > A$: utraque igitur suppositio conditioni minimi in aequilibrio adversatur.

Hoc est theorema fundamentale secundum, quod etiam investigationibus ill. LAPLACE intertextum, sed e principio virium molecularium haud demonstratum videmus.

30.

Theorema art. praec. modificatione quadam eget in casu singulari, quem silentio praeterire non licet. Tacite scilicet supposuimus, superficiem vasis iuxta totum limitem P curvatura continua gaudere, ita ut in quovis huius limitis puncto *unicum* planum superficiem vasis tangens exstet. Si continuitas curvaturae in aliquo puncto singulari lineae P interrumpitur, sive cuspis ibi adsit, sive acies lineam P traiiciens, facile perspicietur, conclusionem nostram hinc non immutari; sed aliter res se habet. si continuitas curvaturae interrupta est in parte finita lineae P, i. e. si superficies vasis per partem finitam lineae P (vel adeo per totam hanc lineam) aciem offert. Tunc scilicet in quovis talis partis puncto bina plana superficiem vasis tangentia aderunt, quorum alterum refertur ad partem liberam superficiei vasis, alterum ad partem T. Retinendo itaque characterem i pro angulo inter planum prius atque planum tangens superficiem U, denotandoque per k angulum inter hoc planum et planum posterius, haud amplius erit $i + k = 180^0$, sed maior minorve, prout acies est convexa vel concava. Et dum elementum variationis δW, pro motu virtuali fluidi ultra limitem P redundantis, etiamnum exprimitur per

$$\alpha\alpha\, \mathrm{d}P . \delta e . \sin(5,6) . (\cos A - \cos i)$$

elementum illius variationis pro motu virtuali fluidi citra limitem P recedentis iam erit

$$-\alpha\alpha\, \mathrm{d}P . \delta e . \sin(5,6) . (\cos A + \cos k)$$

Ne igitur valor ipsius W capax sit variationis negativae, requiritur, ut neque valor ipsius $\cos A - \cos i$ sit negativus, neque valor ipsius $\cos A + \cos k$ positivus, i. e. esse debet

$$\text{vel} \quad i = A, \qquad \text{vel} \quad i > A$$
$$\text{atque vel} \quad k = 180^0 - A, \quad \text{vel} \quad k > 180^0 - A$$

In statu aequilibrii itaque esse nequit $i + k < 180^0$, sive, quod idem est, *in statu aequilibrii limes superficiei fluidi liberae U esse nequit, per extensionem finitam, in acie concava superficiei vasis.* Contra, quoties pars illius limitis coincidit cum acie convexa, ad aequilibrium requiritur et sufficit, ut angulus inter plana fluidum et vas tangentia sit inter limites A et $A + a$ (incl.), extra fluidum, sive inter $180^0 - A$ et $180^0 - A + a$, intra fluidum mensuratus, si angulum inter duo plana superficiem vasis utrimque ab acie tangentia in quovis puncto indefinite per $180^0 - a$ denotamus, quatenus hic angulus a plaga vasis mensuratur.

31.

Constantes $\alpha\alpha$, $\mathfrak{bb}$, quarum ratio angulum A determinat, a functionibus f, F pendent, et quodammodo tamquam mensurae intensitatis virium molecularium, quas particulae fluidi et vasis exercent, considerari possunt. Si functiones istae ita comparatae sunt. ut fx, Fx sint in ratione determinata a distantia x independente, puta ut n ad N, manifesto statuere possumus

$\alpha\alpha : \mathfrak{bb} = cn : CN$, i. e. constantes $\alpha\alpha$, $\mathfrak{bb}$ erunt proportionales attractionibus, quas in eadem distantia exercent duae moleculae quoad volumen aequales, altera fluidi altera vasis. Iam quum angulus A fiat acutus, recto aequalis, obtusus, duobus rectis aequalis, prout $\mathfrak{bb} < \frac{1}{2}\alpha\alpha$, $\mathfrak{bb} = \frac{1}{2}\alpha\alpha$, $\mathfrak{bb} > \frac{1}{2}\alpha\alpha$ sed $<\alpha\alpha$, $\mathfrak{bb} = \alpha\alpha$: in sensu istius suppositionis (quae si gratuita est, tamen verisimilitudini non repugnat) dicere oportet, casum primum locum habere, quoties attractio partium fluidi mutua maior sit quam duplum attractionis partium vasis in fluidum; secundum, quoties prior attractio sit duplum posterioris; tertium, quoties prior maior quidem sit posteriori, sed minor eius duplo; denique quartum, quoties ambae attractiones sint aequales. Exemplum casus primi exhibet argentum vivum in vasibus vitreis.

32.

At quantus est valor anguli A in casu eo, ubi attractio vasis maior est quam attractio partium fluidi mutua? Valor imaginarius, quem pro $\mathfrak{bb} > \alpha\alpha$ formula $\sin\frac{1}{2}A = \frac{\mathfrak{b}}{\alpha}$ angulo A assignat, iam testatur, suppositionem aliquam in tali casu non admissibilem subesse. Revera quoties $\mathfrak{bb} > \alpha\alpha$, suppositio *limitationis* superficiei T cum conditione minimi respectu functionis W consistere nequit. Ubicunque enim limitem posueris, patet, si ultra hunc limitem cutem fluidi tenuissimam expansam concipias, ita ut T capiat augmentum T', et proin U augmentum huic proxime aequale, valorem functionis W assumere mutationem sensibiliter aequalem quantitati negativae $-(2\mathfrak{bb} - 2\alpha\alpha)T'$; quinadeo valorem ipsius W tamdiu ulterioris diminutionis capacem manere, donec T' totam superficiem vasis reliquam occupaverit. Valor mutationis $-(2\mathfrak{bb} - 2\alpha\alpha)T'$ eo magis exactus erit, quo minor crassities accipiatur, et quatenus tantummodo de valore expressionis W agitur, nihil impedit, quominus crassities usque ad evanescendum diminui concipiatur. Attamen cutis crassitiei evanescentis (probe distinguendae ab insensibili) nihil esset nisi fictio mathematica, figuraque spatii s tali fictioni accommodata revera non differret ab ea, pro qua W in casu $\mathfrak{bb} = \alpha\alpha$ valorem minimum acquirit.

Sed paullo aliter res se habet in problemate nostro physico, ubi talis cutis accessoria necessario gaudere debet certa crassitie, utut insensibili, quo aequilibrium consistere possit. Quoties talis pars adest, expressio W, uti in art. 18 docuimus, incompleta est, et denotata ea parte vasis, quam cutis tegit, per T', huiusque crassitie in quovis puncto indefinite per ρ, expressioni Ω adhuc adiiciendi erunt termini

$$\pi cc \int \theta'\rho \,. \, \mathrm{d}T' - \pi c \, C \int \theta'\rho \,. \, \mathrm{d}T'$$

adeoque valori ipsius W hi

$$\frac{\pi C}{g_-} \int \theta'\rho \,. \, \mathrm{d}T' - \frac{\pi c}{g} \int \theta'\rho \,. \, \mathrm{d}T'$$
$$= \int \mathrm{d}T' .\, \left(\tfrac{2\mathfrak{b}\mathfrak{b}}{\theta_0} .\, \theta'\rho - \tfrac{2\alpha\alpha}{\theta_0} .\, \theta'\rho \right)$$

Quocirca quum valor ipsius W, per accessionem istius cutis, iam acceperit mutationem $(2\mathfrak{b}\mathfrak{b} - 2\alpha\alpha) T'$, mutatio tota, ei valori ipsius W, qui omittendo cutem locum habet, adiicienda, erit

$$- 2 \int \mathrm{d}T' .\, \left[\mathfrak{b}\mathfrak{b}\left(1 - \tfrac{\theta'\rho}{\theta_0}\right) - \alpha\alpha\left(1 - \tfrac{\theta'\rho}{\theta_0}\right) \right]$$

Haec mutatio propter $\theta'0 = \theta0$, $\theta'0 = \theta0$, nulla esset pro crassitie evanescente; at quum $\theta'\rho$, $\theta'\rho$, crescente crassitie ρ, citissime decrescant, et iam pro valore insensibili ipsius ρ insensibiles evadant, mutatio ista citissime versus valorem $-(2\mathfrak{b}\mathfrak{b} - 2\alpha\alpha) T'$ converget, atque pro statu aequilibrii fluidi, ne valor expressionis W correctae capax sit ulterioris diminutionis sensibilis, sensibiliter eidem aequalis esse debebit. Ceterum investigatio completa legis, quam crassities ρ sequi debet, profundiores evolutiones requireret, quibus tamen hic non immoramur, quum absque cognitione functionum f, F, a quibus functiones θ', θ' pendent, nec non propter rationes in art. 34 indicandas, nimis otiosae videri possent. Ad investigationem partis substantialis fluidi, i. e. eius, cuius dimensiones omnes sensibiles sunt, sufficit, pro casu nostro, ubi $\mathfrak{b}\mathfrak{b} > \alpha\alpha$, vas in vicinia limitis partis substantialis *madefactum* concipere, i. e. cute fluida obductam, cuius crassities insensibilis quidem sit, attamen tanta, ut $\theta'\rho$, $\theta'\rho$ negligi possint. Hoc pacto functio, quae in statu aequilibrii minimum esse debet, erit

$$\int z \, \mathrm{d}s - 2(\mathfrak{b}\mathfrak{b} - \alpha\alpha)(T + T') - \alpha\alpha \, T + \alpha\alpha \, U$$

ubi T, U ad solam partem substantialem fluidi referri supponuntur. Patet itaque, variationem huius functionis e mutatione virtuali figurae partis substantialis fluidi oriundam (qualis mutatio aggregatum $T + T'$ non afficit) convenire cum variatione expressionis

$$\int z \, \mathrm{d}s - \alpha\alpha\, T + \alpha\alpha\, U$$

i. e. eiusdem expressionis, quae minimum esse debet pro casu $\mathfrak{bb} = \alpha\alpha$. Hinc colligimus, figuram aequilibrii fluidi in vase, pro quo $\mathfrak{bb} > \alpha\alpha$, convenire cum figura aequilibrii eiusdem fluidi in vase, pro quo $\mathfrak{bb} = \alpha\alpha$, ea tamen differentia, ut illa in aequilibrio stricto desinere debeat in cutem crassitiei insensibilis. Ceterum ill. LAPLACE iam monuit, pro illo casu vas cute fluidi insensibilis crassitie obductum aequipollere vasi tali, cuius particulae vim attractivam in fluidum exerceant vi attractivae partium fluidi mutuae aequalem.

Sponte hinc sequitur modificatio, propositionibus art. 18 circa ascensum fluidorum in tubis capillaribus verticalibus adiicienda: quoties scilicet $\mathfrak{bb} > \alpha\alpha$, in formulis illic allatis $\alpha\alpha$ loco ipsius $\mathfrak{bb}$ substituere oportet.

33.

In casu eo, ubi $\mathfrak{bb} < \alpha\alpha$, madefactio vasis per cutem fluidi insensibilis crassitiei locum habere nequit, siquidem lex functionum θ', Θ' ea est, ut valor functionis

$$\alpha\alpha\left(1 - \frac{\theta'\rho}{\theta'0}\right) - \mathfrak{bb}\left(1 - \frac{\theta'\rho}{\theta'0}\right)$$

pro qua brevitatis caussa scribemus $Q\rho$, continuo crescat, dum ρ a valore 0 versus valorem sensibilem progreditur: manifesto enim pro tali functionis $Q\rho$ indole existentia talis cutis conditioni minimi repugnaret. Sponte illam indolem affert hypothesis, de qua in art. 31 loquuti sumus, puta ubi fx, Fx sunt in ratione determinata ab x independente, quoniam hinc etiam sequitur $\frac{\theta'\rho}{\theta'0} = \frac{\theta'\rho}{\theta'0}$, et proin $Q\rho = (\alpha\alpha - \mathfrak{bb})\left(1 - \frac{\theta'\rho}{\theta'0}\right)$. At si functiones f, F legem diversam sequerentur, haud impossibile esset, ut valore ipsius $\frac{\theta'\rho}{\theta'0}$ rapidius decrescente, quam valore ipsius $\frac{\theta'\rho}{\theta'0}$, functio $Q\rho$, intra ambitum valorum insensibilium ipsius ρ, primo fieret negativa, et postquam attigisset valorem suum minimum (i. e. extremum negativum) rursus ascenderet per valorem 0 versus limitem suum positivum $\alpha\alpha - \mathfrak{bb}$. In tali casu aequilibrium utique postularet cutem insensibilem, cuius crassities generaliter loquendo tanta esse deberet, ut $Q\rho$ haud sensibiliter discrepet a valore suo minimo. Qui si per $-\mathfrak{b'b'}$ denotatur, erit $\mathfrak{b'b'} < \mathfrak{bb}$; figura autem partis substantialis fluidi perinde determinabitur, ac si esset in vase, cuius respectu loco quantitatis $\mathfrak{bb}$ substituere oportet $\mathfrak{b'b'}$, i. e. angulus inter planum

10

superficiem fluidi liberam in confiniis partis substantialis tangens atque parietem vasis erit $= 2\,\mathrm{arc.\,sin}\frac{6'}{\alpha}$. Sed quum valde dubium sit, an talis casus in rerum natura exstet, superfluum videtur, diutius ei immorari.

34.

Alienum foret ab instituto nostro praesente, a principiis generalibus hic stabilitis ad phaenomena specialia descendere, praesertim quod illorum principiorum essentia quadrat cum theoria ea, per quam ill. LAPLACE aequali arte et successu permulta phaenomena in aequilibrio fluidorum conspicua iam explicavit. Vastus utique superest campus, largam messem novam pollicens: sed haec curis futuris reservata maneat. Contra e re erit, quasdam annotationes adiicere, quae vel novam lucem huic argumento affundere, vel interpretationem erroneam arcere. poterunt.

I. Theoria nostra non arrogat sibi determinationem figurae aequilibrii mathematice exactam, sed acquiescit in determinatione figurae talis, a qua figura aequilibrii vera differre nequit quantitate sensibili. Errares, si hoc alicui imperfectioni theoriae tribueres, quae ex asse praestitit, quantum praestare possibile est, quamdiu lex attractionis molecularis ignoratur. In statu aequilibrii functio Ω exacte maximum esse debet, adeoque functio

$$\frac{2\pi c s \psi 0}{g} - \frac{\Omega}{gc}$$

minimum; haec autem, pro indole attractionis molecularis, non quidem exacte aequalis est functioni W, attamen insensibiliter tantum ab ea differt. Figura igitur, pro qua W fit minimum, non est exacta figura aequilibrii, sed differentia esse debet insensibilis, quatenus quidem quaelibet mutatio sensibilis istius figurae valorem sensibiliter maiorem functionis W produceret. Manifesto hinc non excluditur differentia sensibilis in curvatura superficiei, dummodo limitetur ad partem superficiei insensibilem: quapropter in figura aequilibrii exacta angulum constantem supra per A denotatum haud amplius considerare licet tamquam inclinationem superficiei fluidi ad parietem vasis in ipso contactu, sed tantummodo in distantia immensurabili a vase, sive, ut ill. LAPLACE recte iam monuit, inclinatio in limite sphaerae sensibilis attractionis vasis cum valore ipsius A sensibiliter coincidet.

II. Probe distinguere oportet figuram aequilibrii a figura quietis. Quoties fluidum est in statu aequilibrii, certo in eo perseverare debebit. At quoties figura fluidi aliquantum a figura aequilibrii differt, nihilominus accidere potest, ut fluidum vel in quiete permaneat, vel, si moveatur, motum iam amittat, antequam statum aequilibrii attigerit, perinde ut e. g. cubus plano horizontali tantum impositus in aequilibrio versatur, sed etiam supra planum inclinatum quiescere potest, frictione motum impediente. Ita fluidum talem statum occupans, pro quo W habet valorem minimum, certo quiescet: sed quoties est in statu ab illo diverso, puta ubi W diminutionis capax est, ex hoc statu in statum aequilibrii eatenus tantum transibit, quatenus frictio non impediverit. Hocce autem respectu duae conditiones aequilibrii essentialiter diversae sunt. Scilicet aequatio fundamentalis prior (art. 28) independens est a mutabilitate limitis P, i. e. ad conditionem minimi tunc quoque necessaria, ubi hic limes invariabilis supponitur: quapropter, quatenus quidem fluidum perfecta fluiditate gaudet, ut pars una supra alteram libere gliscere possit, dum vel minima vis motum postulat, fluidum necessario illi conditioni se accommodabit. Longe vero alia est ratio principii secundi (art. 29), quod essentialiter pendet a perfecta limitis P mobilitate in superficie vasis. Conditio minimi in valore ipsius W utique postulat aequationem $i = A$: si vero, postquam superficies fluidi priori quidem principio se accommodavit, angulus i nondum assequutus est valorem normalem, neque adeo W valorem absolute minimum, transitus in statum aequilibrii perfecti fieri nequit absque translocatione limitis P, sive absque motu fluidi in contactu cum vase, quali motui utique obstare potest frictio. Hinc manifestum est, cur in experimentis circa eadem corpora institutis tantas differentias in valore anguli i offendamus. Perinde in casu eo, ubi $\mathfrak{bb} > \alpha\alpha$, fluidum in vase, cuius parietes iam sunt madefacti, utique se componet ad legem aequilibrii, secundum quam pro parte substantiali fluidi esse debet $i = 180^0$: sed in vase, cuius parietes extra fluidum etiamnum sunt sicci, fluidum a statu non aequilibrato proficiscens parietesque vasis siccas invadens iam ad quietem pervenire poterit, antequam angulus i valorem 180^0 attigit. Hinc simul elucet ratio, cur phaenomena capillaria fluidorum talium, quae madefactioni non adversantur, in tubis siccis tantas irregularitates offerant, ascensumque saepissime longe minorem, quam in tubis iam humectatis, ubi consensum pulcherrimum cum theoria semper aspicimus.

III. Ratio constantium α, $\mathfrak{b}$ e phaenomenis derivari nequit, quoties $\mathfrak{b}$ est maior quam α: figura enim eiusdem fluidi in vasibus forma aequalibus materia diversis pro isto casu non differt nisi respectu cutis immensurabilis vas madefacientis. Quoties autem $\mathfrak{b}$ minor est quam α, determinatio rationis inter has constantes possibilis quidem est adiumento anguli i, sed propter rationes modo allatas magnam praecisionem vix feret. Pro mercurio in vasibus vitreis ill. LA-PLACE statuit angulum $i = 43^0 \, 12'$.

Longe maioris praecisionis capax est determinatio constantis α, praesertim si vasibus madefactionem admittentibus uti licet. Pro aqua sub temperatura 8,5 graduum thermometri centesimalis statuere oportet secundum experimenta ab ill. LAPLACE citata *)

$$\alpha\alpha = 7,5675 \text{ millim. quadr., sive}$$
$$\alpha = 2,7509 \text{ millim.}$$

Pro spiritu vini, cuius pondus specificum $= 0,81961$, sub eadem temperatura

$$\alpha\alpha = 3,0441 \text{ millim. quadr., sive}$$
$$\alpha = 1,7447 \text{ millim.}$$

Pro oleo terebinthino sub temperatura 8 graduum

$$\alpha\alpha = 3,305 \text{ millim. quadr., sive}$$
$$\alpha = 1,818 \text{ millim.}$$

Pro mercurio, sub temperatura 10 graduum, statuere licet, donec experimenta nova maiorem praecisionem suppeditaverint,

$$\alpha\alpha = 3,25 \text{ millim. quadr., sive}$$
$$\alpha = 1,803 \text{ millim.}$$

Ceterum verisimile est, temperaturam eatenus tantum valorem constantis $\alpha\alpha$ afficere, quatenus densitas inde pendet, cui itaque in hac hypothesi valor ipsius $\alpha\alpha$ proportionalis erit.

---

*) Observare convenit, quantitatem ab ill. LAPLACE per H denotatam convenire cum nostro $\pi c \theta_0$, adeoque α apud illum auctorem idem denotare, quod in signis nostris est $\frac{g}{\pi c \theta_0}$ sive $\frac{1}{2\alpha\alpha}$.

Valores isti conclusi sunt ex ascensione vel depressione fluidorum in tubis capillaribus: attamen valde difficile est, horum diametros exacte mensurare, difficilius, de forma circulari sectionis transversalis certitudinem acquirere. Longe maiorem praecisionem pollicentur experimenta circa diametros et volumina magnarum guttarum mercurii tabulae horizontali vel curvaturae perparvae notae insidentium, qualia iam instituerunt physici SEGNER et GAY-LUSSAC: nec non, pro liquidis vasa vitrea madefacientibus, experimenta circa dimensiones bullarum magnarum aeris in vasibus superne operculo madefacto plano horizontali vel parum et secundum radium notum curvato clausis, ad quae instituenda physicos invitamus.

IV.   Ne limites huic commentationi praescriptos excederemus, applicationem principiorum nostrorum generalium hocce quidem loco ad casum simplicissimum restringere oportuit, ubi liquidum unicum in vase firmo consideratur. Nihil vero obstat, quominus theoriae summa generalitas concilietur, ita ut etiam problema plurium liquidorum in eodem vase, nec non casum eum amplectatur, ubi insuper corpora rigida, vel omnino vel ex parte libera, fluido immersa sunt. Sed harum quaestionum uberiorem expositionem ad aliam occasionem nobis reservare debemus.

———————

INTENSITAS

VIS MAGNETICAE TERRESTRIS

AD MENSURAM ACSOLUTAM REVOCATA.

COMMENTATIO

AUCTORE

CAROLO FRIDERICO GAUSS

IN CONSESSU SOCIETATIS MDCCCXXXII. DEC. XV. RECITATA.

Commentationes societatis regiae scientiarum Gottingensis recentiores. Vol. VIII.
Gottingae MDCCCXLI.

INTENSITAS

VIS MAGNETICAE TERRESTRIS

AD MENSURAM ABSOLUTAM REVOCATA.

Ad determinationem completam vis magneticae telluris in loco dato tria elementa requiruntur: declinatio seu angulus inter planum in quo agit atque planum meridianum; inclinatio directionis ad planum horizontale; denique tertio loco intensitas. Declinatio, quae respectu omnium applicationum ad usus nauticos atque geodaeticos tamquam elementum primarium consideranda est, statim ab initio observatores atque physicos exercuit, qui etiam inclinationi curas assiduas iam per saeculum dicaverunt. Contra elementum tertium, intensitas, licet aeque dignum scientiae obiectum, usque ad tempora recentiora penitus neglectum mansit. Illustri HUMBOLDT inter tot alias ea quoque laus debetur, quod primus fere huic argumento animum advertit, inque itineribus suis magnam copiam observationum circa intensitatem relativam magnetismi terrestris congessit, e quibus continuum incrementum huius intensitatis, dum ab aequatore magnetico versus polum progredimur, innotuit. Permulti physici, vestigiis huius naturae scrutatoris insistentes, iam tantam determinationum copiam contulerunt, ut clarissimus et de magnetismo terrestri meritissimus vir, HANSTEEN, specimen mappae universalis lineas isodynamicas exhibentis nuper iam edere potuerit.

Methodus, qua in hoc negotio utuntur, consistit in observatione temporis, per quod eadem acus magnetica in locis diversis numerum oscillationum eundem perficit, seu numeri oscillationum in temporis intervallo eodem, intensitasque quadrato numeri oscillationum in tempore dato proportionalis ponitur: hoc modo inter se comparantur intensitates totales, dum acus inclinatoria in centro gravitatis suspensa circa axem horizontalem ad meridianum magneticum normalem oscillat, seu intensitates vis horizontalis, dum acus horizontalis circa axem ver-

11

ticalem vibratur: posterior observandi modus maiorem praecisionem fert, et quae inde resultant, cognitis inclinationibus, facile ad intensitates totales reducuntur.

Manifesto nervus huius methodi pendet a suppositione, distributionem magnetismi liberi in particulis acus ad talem comparationem adhibitae in singulis experimentis invariatam mansisse: si enim vis magnetica acus lapsu temporis aliquantulam debilitationem passa esset, ob id ipsum postea tardius oscillaret, observatorque talis mutationis inscius intensitati magnetismi terrestris pro loco posteriori valorem nimis parvum tribueret. Quodsi experimenta temporis intervallum mediocre complectuntur, acusque ex chalybe bene durato confecta et magnetismo caute imbuta in usum vocatur, considerabilis vigoris debilitatio parum utique metuenda erit; praeterea incertitudo minuetur, si plures acus ad comparationes adhibentur; denique isti suppositioni maior fides accrescet, si peracto itinere acus in loco primo tempus vibrationis non mutasse invenitur. Sed quaecunque cautelae adhibeantur, lenta aliqua debilitatio vis acus vix evitari, adeoque talis consensus post longiorem absentiam raro exspectari poterit; quapropter in comparatione intensitatum pro locis terrae valde dissitis plerumque tantam praecisionem et certitudinem, quantam desiderare debemus, attingere haud licebit.

Ceterum hoc methodi incommodum minus grave est, quamdiu tantum de comparatione intensitatum simultanearum vel temporibus non longe inter se distantibus respondentium agitur. At quum experientia docuerit, tum declinationem tum inclinationem in loco dato mutationes continuas pati, quae post multos annos pergrandes evadant, dubium esse nequit, quin intensitas quoque magnetismi terrestris similibus mutationibus quasi saecularibus obnoxia sit; manifesto autem, quatenus de *hac* quaestione agitur, methodus ista prorsus inefficax evadit. Et tamen, ad scientiae naturalis incrementum summopere desiderandum foret, ut haec ipsa quaestio gravissima in plenissimam lucem promoveatur, quod certo fieri nequit, nisi methodo pure comparativa abrogata alia substituitur, quae a fortuitis acuum inaequalitatibus prorsus independens intensitatem magnetismi terrestris ad unitates stabiles mensurasque absolutas revocat.

Haud difficile est, principia theoretica stabilire, quibus talis methodus, diu iam in votis habita, inniti debet. Multitudo oscillationum, quas acus in tempore dato perficit, pendet tum ab intensitate magnetismi terrestris, tum a constitutione acus, puta a momento statico elementorum magnetismi liberi in illa contentorum, atque ab eius momento inertiae. Quum hoc momentum inertiae absque difficultate assignari possit, patet, observationem oscillationum nobis suppeditare productum ex intensitate magnetismi terrestris in momentum staticum magnetismi acus: sed hae duae quantitates separari nequeunt, nisi observationibus alius generis accitis, quae diversam earum combinationem implicant. Ad hunc finem accedat acus secunda, quae exponatur actioni et magnetismi terrestris et magnetismi acus primae, ut, quam rationem inter se teneant hae duae actiones, explorari possit. Utraque quidem actio pendebit a distributione magnetismi liberi in secunda acu: sed posterior insuper a constitutione acus primae, distantia centrorum, positione rectae centra iungentis respectu axium magneticorum utriusque acus, denique a lege, quam attractiones et repulsiones magneticae sequuntur. Immortalis Tobias Mayer primus iam coniectaverat, hanc legem cum lege gravitationis eatenus convenire, quod illae quoque actiones decrescant in ratione duplicata distantiarum: experimenta clarissimorum virorum Coulomb et Hansteen magnam huic coniecturae plausibilitatem conciliaverunt, experimentaque novissima eam ultra omne dubium evehunt. Sed probe attendendum est, hanc legem referri ad singula elementa magnetismi liberi: effectus totalis corporis magnetismo imbuti longe aliter se habebit, atque in distantiis permagnis, uti ex illa ipsa lege deducere licet, proxime ad rationem inversam triplicatam distantiarum accedet, ita, ut actio acus per cubum distantiae multiplicata, distantia ceteris paribus continuo crescente, ad valorem constantem asymptotice convergat, qui, dum distantiae, linea arbitraria pro unitate accepta, per numeros exprimuntur, cum actione vis terrestris homogeneus atque comparabilis erit. Per idoneam experimentorum adornationem et tractationem limes huius rationis eruendus est; qui quum tantummodo momentum staticum magnetismi primae acus involvat, iam habebitur quotiens e divisione huius momenti per intensitatem vis terrestris ortus, qui comparatus cum producto harum quantitatum antea eruto eliminationi istius momenti statici inserviet, atque valorem intensitatis magnetismi terrestris suppeditabit.

Quod attinet ad modum, actiones magnetismi terrestris et acus primae in acum secundam ad experimenta revocandi, duplex via patet, quum acum secundam vel in statu motus vel in statu aequilibrii observare possimus. Prior modus eo redit, ut oscillationes huius acus observentur, dum actio magnetismi terrestris coniungitur cum actione acus primae in distantia idonea ita collocatae, ut ipsius axis sit in meridiano magnetico per centrum acus oscillantis ducto: hoc pacto oscillationes vel accelerabuntur vel retardabuntur, prout poli amici vel inimici sibi

11*

mutuo obversi sunt, comparatioque vel temporum vibrationum pro utraque acus primae positione inter se, vel temporis alterutrius cum tempore vibrationum sub sola magnetismi terrestris actione (remota acu prima) locum habentium, rationem huius vis ad actionem primae acus docebit. Alter modus acum primam ita collocat, ut directio vis quam in regione acus secundae libere suspensae exercet, faciat angulum (e. g. rectum) cum meridiano magnetico, quo pacto haec ipsa a meridiano magnetico deflectetur, et e magnitudine deflexus ratio inter vim magneticam terrestrem atque actionem acus primae concludetur.

Ceterum modus prior essentialiter convenit cum eo, quem ill. Poisson iam ante aliquot annos proposuit. Sed experimenta ad ipsius normam a nonnullis physicis tentata, quae quidem mihi innotuerunt, vel successu omnino caruerunt, vel rudem tantummodo approximationem praebuerunt.

Difficultas rei inde potissimum pendet, quod ex actionibus acus in distantiis mediocribus observatis computari debet limes aliquis, qui ad distantiam quasi infinite magnam refertur, et quod eliminationes ad hunc finem necessariae tanto magis a levissimis observationum erroribus turbantur, imo pervertuntur, quo plures incognitae a statu acuum individuali pendentes eliminandae sunt: ad multitudinem perparvam incognitarum autem res tunc tantummodo deduci potest, ubi actiones in distantiis satis magnis (respectu longitudinis acuum) observatae sunt, adeoque ipsae iam perparvae evaserunt. Sed ad actiones tam parvas accurate mensurandas subsidia practica hactenus usitata non sufficiunt.

Ante omnia itaque in id mihi incumbendum esse vidi, ut subsidia nova pararem, per quae tum tempora oscillationum, tum directiones acuum longe maiori praecisione, quam hactenus licuit, observare ac metiri possem. Labores ad hunc finem suscepti et per plures menses continuati, in quibus a praestantissimo WEBER multifariam adiutus sum, ad scopum exoptatum ita perduxerunt, ut exspectationem non modo non fefellerint, sed longe superaverint, nec iam quidquam desiderandum restet, ad praecisionem experimentorum subtilitati observationum astronomicarum aequiparandam, nisi locus ab influxu ferri propinqui atque agitationum aëris plene securus. Adsunt duo apparatus simplicitate non minus quam praecisione quam praebent insignes, quorum descriptionem quidem ad aliam occasionem mihi reservare debeo, dum experimenta ad determinandam intensitatem magnetismi terrestris hactenus in observatorio nostro instituta physicis in hac commentatione trado.

1.

Ad explicationem phaenomenorum magneticorum duo fluida magnetica postulamus; alterum cum physicis vocamus boreale, alterum australe. Elementa fluidi alterius attrahere alterius elementa, contra bina elementa eiusdem fluidi mutuo se repellere supponimus, et quidem utramque actionem variari in ratione inversa quadrati distantiae. Veritatem huius legis per ipsas nostras observationes plcnissime confirmari infra apparebit.

Fluida ista non per se apparent, sed tantummodo iuncta cum particulis ponderabilibus corporum talium, quae magnetismi capaces sunt, illorumque actiones in eo se manifestant, quod has vel ad motum sollicitant, vel motum, quem aliae vires in ipsas agentes, e. g. gravitas, producerent, impediunt vel mutant.

Actio itaque quantitatis datae fluidi magnetici in quantitatem datam vel eiusdem fluidi vel alterius in distantia data comparabilis erit cum vi motrice data, i. e. cum actione vis acceleratricis datae in massam datam, et quum fluida magnetica ipsa non nisi per effectus quos producunt cognoscere liceat, hi ipsi illorum mensurae inservire debent.

Quo igitur hanc mensuram ad notiones distinctas revocare possimus, ante omnia circa tria quantitatum genera unitates stabilire oportet, puta unitatem distantiarum, unitatem massarum ponderabilium, unitatem virium acceleratricium. Pro tertia accipi potest gravitas in loco observationis: quod si minus arridet, insuper accedere debet unitas temporis, eritque nobis vis acceleratrix ea $= 1$, quae in unitate temporis mutationem velocitatis corporis in ipsius directione moti unitati aequalem gignit.

His ita intellectis, unitas quantitatis fluidi borealis ea erit, cuius vis repulsiva in aliam ipsi aequalem in distantia $= 1$ positam aequivalet vi motrici $= 1$, i. e. actioni vis acceleratricis $= 1$ in massam $= 1$, idemque de unitate quantitatis fluidi australis valebit: in hac determinatione manifesto tum fluidum agens, tum fluidum in quod agitur, in punctis physicis concentrata concipi debent.   Insuper autem supponere oportet, attractionem inter quantitates datas fluidorum heteronymorum in distantia data aequalem esse repulsioni inter quantitates resp. aequales fluidorum homonymorum.   Actio itaque quantitatis m fluidi magnetici borealis in quantitatem m' eiusdem fluidi in distantia r (dum utrumque in puncto physico concentratum supponitur), exprimitur per $\frac{mm'}{rr}$, sive vi motrici $= \frac{mm'}{rr}$ in directione a priori versus posterius agenti aequivalet, manifestoque haec formula generaliter valet, si, quod semper abhinc subintelligemus, quantitas fluidi australis tamquam negativa spectatur, ubi valor negativus vis $\frac{mm'}{rr}$ pro repulsione attractionem indicabit.

Si itaque in puncto physico aequales quantitates fluidi borealis et australis simul adsunt, nulla omnino actio hinc orietur, si vero inaequales, excessus alterius tantum, quem magnetismum *liberum* (positivum seu negativum) vocabimus, in considerationem veniet.

2.

Hisce suppositionibus fundamentalibus adhuc aliam, quam experientia undique confirmat, adiicere oportet, scilicet, quodvis corpus, in quo fluida magnetica adsint, semper aequalem utriusque quantitatem continere.   Quinadeo experientia docet, hancce suppositionem etiam ad singulas talis corporis partes quantumvis parvas, dummodo sensibus nostris discerni possint, extendendam esse. Sed quum per ea, quae in fine art. praec. monuimus, actio eatenus tantum existere possit, quatenus aliqua separatio fluidorum locum habet, necessario hanc per intervalla tam parva fieri supponere debemus, ut mensuris nostris non sint accessibilia.

Corpus itaque magnetismi capax concipi debet tamquam compages innumerarum particularum, quarum quaevis certam quantitatem fluidi magnetici borealis et aequalem australis contineat, ita quidem, ut vel uniformiter inter se mixtae sint (magnetismus lateat), vel separationem minorem maioremve iniverint (magnetismus evolutus sit), quae tamen separatio numquam in transfusionem fluidi ab una particula in aliam abire potest. Nihil refert, utrum separatio maior a maiori quantitate fluidorum quae libera evaserunt, an a maiori intervallo interposito orta supponatur: manifesto autem propter magnitudinem separationis simul eius directio in considerationem venire debet, quae prout in diversis corporis particulis vel conspirat vel refragatur, maior minorve energia totalis respectu punctorum extra corpus oriri poterit.

Quomodocunque autem distributio magnetismi liberi intra corpus se habeat, semper eius loco, per theorema generalius, substituere licet secundum certam legem aliam distributionem in sola corporis superficie, quae respectu virium extrorsum agentium illi exacte aequivaleat, ita ut elementum fluidi magnetici extra corpus ubicunque positum prorsus eandem attractionem vel repulsionem experiatur a distributione magnetismi vera intra corpus atque a fictitia in eius superficie. Eandem fictionem ad *bina* corpora, quae ratione magnetismi liberi in ipsis evoluti in se invicem agunt, extendere licet, ita ut pro utroque distributio fictitia in superficie distributionis verae internae vice fungi possit. Hocce demum modo vulgari loquendi mori, qui e. g. alteri acus magneticae extremitati solum magnetismum borealem, alteri australem tribuit, sensum verum conciliare possumus, quum manifesto haec phrasis cum principio fundamentali supra enunciato, quod alia phaenomena imperiose postulant, non quadret. Sed haec obiter hic annotavisse sufficiat; de theoremate ipso, quum ad institutum praesens non sit necessarium, alia occasione copiosius agemus.

3.

Status magneticus corporis consistit in ratione distributionis magnetismi liberi in singulis eius particulis. Respectu mutabilitatis huius status discrimen essentiale inter corpora diversa magnetismi capacia animadvertimus. In aliis, e. g. in ferro molli, ille status per levissimam vim protinus mutatur, hacque cessante status anterior redit: contra in aliis, praesertim in chalybe durato, vis certam intensitatem attigisse debet, antequam sensibilem status magnetici mutationem producere possit, vique cessante corpus vel in statu quem acquisivit permanet, vel saltem ad priorem non ex asse revenit. In corporibus itaque prioribus moleculae fluidi magnetici semper ad aequilibrium perfectum virium, quae tum inter ipsa mutuo, tum a caussis externis emanant, se componunt, vel saltem a tali aequilibrio sensibiliter vix differunt: contra in corporibus posterioris generis status magneticus etiam absque perfecto aequilibrio inter illas vires durabilis esse potest, si modo vires fortiores extraneae inde arceantur. Etiamsi caussa huius phaenomeni ignota sit, tamen eam ita imaginari licet, ac si partes ponderabiles corporis secundi generis motui fluidorum magneticorum cum ipsis iunctorum aliquod obstaculum frictioni simile opponant, quae resistentia in ferro molli vel nulla est, vel saltem perparva.

In disquisitione theoretica hi duo casus tractationem prorsus diversam requirunt, sed in commentatione praesente de solis corporibus secundi generis sermo erit: in experimentis, de quibus agemus, stabilitas status magnetici in singulis corporibus ad illa adhibitis erit suppositio fundamentalis, probeque proin cavendum est, ne inter experimenta alia corpora, quae hunc statum mutare possent, nimis prope accedant.

Attamen exstat quaedam caussa mutationis, cui etiam corpora secundi generis obnoxia sunt, puta calor. Nimirum experientia docet, statum magneticum corporis variari cum eius temperatura, caloremque auctum intensitatem magnetismi debilitare, ita tamen, ut nisi corpus ultra modum calefactum fuerit, cum priori temperatura prior quoque status magneticus redeat. Haec dependentia per experimenta idonea determinanda est, et si operationes ad idem experimentum pertinentes sub temperaturis inaequalibus institutae sunt, ante omnia ad eandem temperaturam revocandae erunt.

4.

Independenter a viribus magneticis, quas corpora singularia satis sibi vicina in se mutuo exercere videmus, alia vis in fluida magnetica agit, quam quum ubique terrarum se manifestet, ipsi globo terrestri tribuimus, atque magnetismum terrestrem vocamus. Duplici modo haec vis se exserit: corpora secundi generis, in quibus magnetismus evolutus est, si in centro gravitatis sustinentur, ad directionem determinatam sollicitantur: contra in corporibus primi generis fluida magnetica per istam vim sponte separantur, quae separatio, si corpora figurae idoneae eliguntur atque in positione idonea collocantur, persensibilis reddi potest. Utrumque phaenomenon explicatur, vim illam ita concipiendo, ut fluidum magneticum boreale in quovis loco versus certam directionem propellat, australe vero aequali intensitate versus oppositam. Directio prior semper intelligitur, dum de directione magnetismi terrestris loquimur, quae proin per inclinationem ad planum horizontale atque declinationem plani verticalis, in quo agit, a plano meridiano determinatur: illud *planum meridianum magneticum* vocatur. Intensitas autem magnetismi terrestris per vim motricem, quam in unitatem fluidi magnetici liberi exserit, aestimanda est.

Haec vis non modo in diversis terrae locis diversa est, sed etiam in eodem loco variabilis, tum per saecula et annos, tum per anni aestates dieique horas. Respectu directionis haec variabilitas dudum quidem nota fuit: sed respectu intensitatis hactenus tantummodo per horas diei animadverti potuit, quum subsidiis ad longiora temporis intervalla aptis caruissemus. Huic defectui in posterum reductio intensitatis ad mensuram absolutam remedium afferet.

5.

Ut actio magnetismi terrestris in corpora magnetica secundi generis (qualia semper abhinc subintelligenda sunt) calculo subiiciatur, concipiatur tale corpus in partes infinite parvas divisum, sitque dm elementum magnetismi liberi in particula, cuius coordinatae respectu trium planorum inter se normalium et respectu corporis fixorum denotentur per x, y, z: elementa fluidi australis negative accipi supponimus. Ita primo patet, integrale $\int \mathrm{d}m$ per totum corpus collectum (imo per quamlibet corporis partem mensurabilem) esse $= 0$. Statuamus $\int x\,\mathrm{d}m = X$, $\int y\,\mathrm{d}m = Y$, $\int z\,\mathrm{d}m = Z$, quae quantitates vocari poterunt momenta magnetismi liberi respectu trium planorum fundamentalium, sive respectu axium in ipsa normalium. Quum denotante a quantitatem constantem arbitrariam, fiat $\int (x-a)\,\mathrm{d}m = X$, patet, momentum respectu axis dati pendere tantummodo ab eius directione, non autem ab eius initio. Si per initium coordinatarum axem quartum ducimus, qui cum primariis faciat angulos A, B, C, momentum elementi dm respectu huius axis erit $= (x\cos A + y\cos B + z\cos C)\,\mathrm{d}m$, adeoque momentum magnetismi liberi in toto corpore

$$= X\cos A + Y\cos B + Z\cos C = V$$

Statuatur

$$\sqrt{(XX + YY + ZZ)} = M, \quad \text{atque} \quad X = M\cos\alpha, \quad Y = M\cos\mathfrak{b}, \quad Z = M\cos\gamma$$

ducaturque axis quintus, qui cum tribus primariis faciat angulos $\alpha, \mathfrak{b}, \gamma$, et cum axi quarto angulum ω; unde quum constet esse

12

$$\cos \omega = \cos A \cos \alpha + \cos B \cos \mathfrak{b} + \cos C \cos \gamma, \quad \text{fiet} \quad V = M \cos \omega$$

Hunc axem quintum simpliciter vocamus corporis *axem magneticum*, eiusque *directionem* ad·valorem positivum radicalis $\sqrt{(XX + YY + ZZ)}$ referri supponimus. Si axis quartus cum hoc axe magnetico coincidit, momentum V fit $= M$, quod manifesto inter omnia est maximum: momentum respectu cuiuslibet alius axis invenitur, multiplicando hoc momentum maximum (quod quoties ambiguitas non metuenda est, simpliciter momentum magnetismi vocari potest) per cosinum anguli inter hunc axem atque axem magneticum. Momentum respectu cuiusvis axis in axem magneticum normalis fit $= 0$, negativum vero respectu cuiusvis axis, qui cum axe magnetico angulum obtusum facit.

Axis itaque magneticus non est recta determinata, quum per punctum quodlibet duci possit, sed tantummodo directio determinata, sive adsunt infinite multi axes magnetici inter se paralleli. E quibus si aliquem ad lubitum eligimus, longitudinemque determinatam ipsi tribuimus, eius termini vocantur poli, alter australis, a quo, alter borealis, versus quem directio axis procedit.

6.

Si in singulas fluidorum magneticorum particulas vis agit intensitate et directione constans, vis totalis in corpus inde resultans facile e principiis staticis derivatur, quum in corporibus, quae hic consideramus, particulae illae fluiditatem quasi amiserint, et cum corpore ponderabili massam unam rigidam sistant. Agat in quamvis moleculam magneticam dm vis motrix $= P\,dm$ secundum directionem D (ubi pro moleculis fluidi australis signum negativum iam per se directionem oppositam implicat); sint A, B duo corporis puncta in directione axis magnetici iacentia, eorumque distantia $= r$, positive accepta, dum axis magneticus tendit ab A versus B: ita facile intelligitur, si viribus istis duae novae adiungantur, utraque $= \dfrac{PM}{r}$, et quarum altera agat in A secundum directionem D, altera in B secundum directionem oppositam, inter omnes has vires aequilibrium fore. Quapropter vires priores aequivalebunt duabus viribus $= \dfrac{PM}{r}$, quarum altera in B secundum directionem D, altera in A secundum directionem oppositam agit, manifestoque hae duae vires in unam conflari nequeunt.

Si praeter vim P alia similis P' secundum directionem D' in corporis fluida magnetica agit, eius loco iterum duae aliae vel in eadem puncta A, B, vel generalius in puncta alia A', B' agentia substitui possunt, dummodo $A'B'$ quoque sit axis magneticus, et quidem faciendo distantiam $A'B' = r'$, hae vires debent esse $= \frac{P'M}{r'}$, atque in B' agetur secundum directionem D', in A' secundum oppositam, et perinde de pluribus.

Vi magneticae terrestri intra tam parvum spatium, quantum corpus experimentis subiiciendum explet, tuto intensitatem atque directionem ubique constantem (etiamsi respectu temporis variabilem) tribuere, adeoque ea, quae modo diximus, ad eam applicare licet. Sed commodum esse potest, statim ab initio in duas vires eam resolvere, alteram horizontalem $= T$, alteram verticalem, nostris regionibus deorsum tendentem, $= T'$. Quum, si pro posteriori duas alias in puncta A', B' agentia substituere placet, tum punctum A' tum distantiam $A'B' = r'$ pro lubitu assumere liceat, pro A' adoptabimus centrum gravitatis, et denotato pondere corporis, i. e. vi motrice, quam gravitas massae corporis inducit, per p, statuemus $\frac{T'M}{p} = r'$. Hoc pacto effectus vis T' resolvitur in vim $= p$ in A' sursum, atque in aliam aequalem in B' deorsum tendentem, adeoque quum prior manifesto per ipsam gravitatem destruatur, effectus vis magneticae terrestris verticalis simpliciter reducitur ad transpositionem centri gravitatis ex A' in B'. Ceterum manifestum est, pro iis regionibus, ubi vis magnetica terrestris facit angulum acutum cum linea verticali, sive ubi eius pars verticalis fluidum magneticum boreale sursum propellit, similem transpositionem centri gravitatis in axi magnetico versus polum australem locum habere.

Ex hoc rem concipiendi modo sponte elucet, quaecunque experimenta instituantur cum acu magnetica in *unico* statu magnetico, ex his solis inclinationem derivari non posse, sed opus esse ut situs centri gravitatis *veri* aliunde iam innotuerit. Hic situs stabiliri solet, antequam acus magnetismo imbuatur: sed hic modus parum tutus est, quum plerumque acus chalybea iam inter ipsam fabricationem magnetismum utut debilem assumat. Necessarium itaque est pro determinatione inclinationis, ut per mutationem idoneam status magnetici acus, *alia* transpositio centri gravitatis eliciatur, quae quo a priori quam maxime diversa evadat, polos invertere oportebit, quo pacto transpositio duplex obtineri potest. Ceterum transpositio centri gravitatis vel in acubus dimensionum aptissimarum magnetismoque usque ad saturationem imbutis certum limitem transscendere nequit, qui (pro transpositione simplice) in nostris regionibus est circiter 0,4 millimetri, et in regionibus, ubi vis verticalis maxima est, infra 0,6 millimetri ma-

12*

net: unde simul intelligitur, quanta subtilitas mechanica in acubus ad inclinationem determinandam destinatis requiratur.

7.

Si corporis magnetici punctum aliquod C fixum supponitur, ad aequilibrium requiritur et sufficit, ut planum per C, centrum gravitatis atque axem magneticum ductum cum plano meridiano magnetico coincidat, praetereaque momenta, quibus vis magnetica terrestris atque gravitas illud planum circa punctum C vertere nituntur, se destruant: posterior conditio eo redit, ut denotante T partem horizontalem vis magneticae terrestris, i inclinationem axis magnetici ad planum horizontale, esse debeat $TM \sin i$ aequalis producto e pondere corporis in distantiam centri gravitatis transpositi B' a recta verticali per C ducta: manifesto haec distantia esse debet a parte australi vel boreali, prout i est elevatio vel depressio, et pro $i = 0$, B' in ipsa ista recta verticali. Quodsi iam corpus circa hanc verticalem ita motum fuerit, ut axis magneticus pervenerit in planum verticale, cuius azimuthum magneticum, i. e. angulus cum parte boreali meridiani magnetici, (ad lubitum vel versus orientem vel occasum pro positivo acceptum) sit $= u$, magnetismus terrestris exseret vim ad corpus circa axem verticalem vertendum, i. e. ad angulum u minuendum, cuius momentum erit $= TM \cos i \sin u$, corpusque circa hunc axem oscillationes faciet, quarum duratio per methodos notas calculari potest. Scilicet denotando per K momentum inertiae corporis respectu axis oscillationis (i. e. aggregatum molecularum ponderabilium multiplicatarum per quadrata distantiarum ab axe), et pro more per π semicircumferentiam circuli pro radio $= 1$, erit tempus unius oscillationis infinite parvae $= \pi \sqrt{\frac{K}{TM \cos i}}$, siquidem quantitatibus T, M subest unitas virium acceleratricium ea, quae in unitate temporis gignit velocitatem $= 1$: reductio oscillationum finitarum ad infinite parvas simili modo ut pro oscillationibus penduli calculari poterit. Quodsi igitur tempus unius oscillationis infinite parvae ex observationibus erutum est $= t$, habebimus $TM = \frac{\pi \pi K}{tt \cos i}$, adeoque, si quod semper abhinc subintelligimus, corpus ita suspensum est, ut axis magneticus sit horizontalis

$$TM = \frac{\pi \pi K}{tt}$$

Si magis placeret, gravitatem pro unitate virium acceleratricium adoptare, illum valorem per $\pi\pi l$ dividere oporteret, denotante l longitudinem penduli simplicis per unitatem temporis vibrantis, ita ut generaliter haberetur $TM = \frac{K}{ttl\cos i}$, vel pro casu nostro $TM = \frac{K}{ttl}$.

8.

Si experimenta huius generis in acubus magneticis instituuntur ad filum verticale suspensis, reactio, quam torsio exserit, in experimentis subtilioribus haud negligenda erit. Distinguamus in tali filo duos diametros horizontales, alterum D in termino inferiori, ubi acus adnexa est, axi magnetico acus parallelum, alterum E in termino superiori, ubi filum fixum est, ipsi D parallelum in statu detorsionis. Supponamus, E facere cum meridiano magnetico angulum v, contra axem magneticum vel D angulum u, eritque experientia duce vis torsionis, proxime saltem, angulo $v - u$ proportionalis: statuemus itaque momentum, quo haec vis angulum u ipsi v aequalem reddere nititur, $= (v - u)\theta$. Iam quum momentum vis magneticae terrestris ad angulum u minuendum sit $= TM\sin u$, conditio aequilibrii continetur in aequatione $(v - u)\theta = TM\sin u$, quae eo plures solutiones reales admittet, quo minor est θ respectu ipsius TM: quatenus autem hic tantummodo de valoribus parvis ipsius u agitur, tuto eius loco hanc adoptare licet $(v - u)\theta = TMu$ sive $\frac{v}{u} = \frac{TM}{\theta} + 1$. In apparatibus nostris terminus fili superior brachio horizontali mobili adnexus est, quod portat indicem in peripheria circuli in gradus divisi incedentem. Etiamsi itaque error collimationis (i. e. divisio cui respondet valor $v = 0$) nondum satis exacte cognitus sit, tamen iste index differentiam binorum valorum ipsius v monstrat: perinde alia apparatus pars differentiam inter valores ipsius u statui aequilibrii respondentes summa praecisione subministrat, patetque, valorem ipsius $\frac{TM}{\theta} + 1$ e divisione differentiae inter duos valores ipsius v per differentiam inter valores respondentes ipsius u obtineri Quatenus inter experimenta ad hunc finem instituenda temporis intervallum aliquanto longius praeterlabitur, necesse erit, si summa praecisio desideratur, ut variationis diurnae declinationis magneticae ratio habeatur, quod facile fit adiumento observationum simultanearum in secundo apparatu, in quo fili terminus superior intactus conservatur: vix opus est monere, distantiam inter ambos apparatus tantam esse debere, ut sensibiliter se mutuo turbare nequeant.

Ut quantam subtilitatem huiusmodi observationes admittant eluceat, exemplum e diario adscribimus.   Observatae sunt 1832 Sept. 22, salvis erroribus collimationis, declinationes u atque anguli v sequentes*) :

| Exp. | tempus | Acus prima | | Acus secunda |
		u	v	u
I	9^{h} 33′ matut.	$+0^0$ 4′ 19″ 5	300^0	$+0^0$ 2′ 12″ 1
II	9 57	-0 0 19, 6	240	$+0$ 1 37, 7
III	10 16	-0 4 40, 5	180	$+0$ 1 18, 8

Sunt itaque declinationes acus primae ad statum primae observationis reductae hae

$$\text{I.} \quad u = +0^0\ 4'\ 19''\ 5 \quad v = 300^0$$
$$\text{II} \qquad +0\ 0\ 14,\ 8 \qquad 240$$
$$\text{III} \qquad -0\ 3\ 47,\ 2 \qquad 180$$

Hinc prodit valor fractionis $\frac{TM}{\theta}$ e combinatione observationum

$$\text{I et II} \ . \ . \ . \ . \ . \ 881,7$$
$$\text{II et III} \ . \ . \ . \ . \ 891,5$$
$$\text{I et III} \ . \ . \ . \ . \ 886,6$$

Variationes declinationis magneticae diurnae per torsionem in ratione unitatis ad $\frac{n}{n+1}$ minuuntur, statuendo $\frac{TM}{\theta} = n$, quae mutatio, si filis tam parvae torsionis, qualem exemplum praecedens exhibet, utimur, pro insensibili haberi potest.   Quod vero attinet ad tempus oscillationum (infinite parvarum), e principiis dynamicis facile concluditur, hoc in ratione unitatis ad $\sqrt{\frac{n}{n+1}}$ per torsionem minui.   Proprie haec referuntur ad casum eum, ubi $v = 0$: formulae vero generaliter valerent, si statueremus $\frac{TM\cos u^0}{\theta} = n$, denotando per u^0 valorem ipsius u aequilibrio respondentem: sed differentia prorsus insensibilis erit.

9.

Coëfficiens θ principaliter pendet a longitudine, crassitie et materia fili; insuper in filis metallicis aliquantulum a temperatura, in bombycinis a statu hygrometrico: contra in illis (forsanque etiam in his, *dum sunt simplicia*) haud qua-

---

*) Utraeque divisiones a laeva versus dextram crescunt.

quam a pondere, quo onerantur, pendere videtur. Aliter vero se habet res in filis bombycis compositis, quales ad acus graviores ferendas adhibere oportet: in his θ cum pondere appenso augetur, multo tamen minor manet valore ipsius θ pro filo metallico eiusdem longitudinis eidemque ponderi ferendo apto. Ita e. g. per methodum prorsus similem ei, quam in art. praec. tradidimus (sed in alio filo aliaque acu), inventus est valor ipsius $n = 597,4$, dum filum portabat acum cum sola supellectile ordinaria, ubi pondus integrum erat $496,2$ grammatum; contra $= 424,8$, quum pondus usque ad $710,8$ grammata auctum esset, sive erat in casu primo $\theta = 0,0016740\,TM$, in casu secundo $\theta = 0,0023542\,TM$. Filum, cuius longitudo est 800 millimetrorum, compositum est e 32 filis simplicibus*), quae singula 30 fere grammata tuto portant, atque ita ordinata sunt, ut aequalem tensionem patiantur. Ceterum verisimile est, valorem ipsius θ constare e parte constante et parte ponderi proportionali, atque partem constantem aequalem fieri aggregato valorum ipsius θ pro singulis filis simplicibus. In hac hypothesi (per experimenta hactenus nondum satis confirmata) pars constans pro exemplo allato invenitur $= 0,0001012\,TM$, adeoque valor ipsius θ filo simplici respondens $= 0,00000316\,TM$. Adiumento valoris ipsius TM mox eruendi ex hac hypothesi colligitur, reactionem fili simplicis per arcum radio aequalem ($57^{\circ}\,18'$) torsi aequivalere gravitati milligrammatis in vectem longitudinis circiter $\frac{1}{17}$ millimetri prementis.

10.

Si corpus oscillans est acus simplex figurae regularis massaeque homogeneae, momentum inertiae K per methodos notas calculari potest. E. g. si corpus est parallelepipedum rectangulum, cuius latera sunt a, b, c, densitas $= d$, et proin massa $q = abcd$, momentum inertiae respectu axis per centrum transeuntis laterique c paralleli erit $= \frac{1}{12}(aa + bb)q$: et quum in acubus magneticis talis formae latus, cui axis magneticus parallelus est, a, longe maior esse soleat latitudine b, pro experimentis crassioribus adeo sufficiet, statuere $K = \frac{1}{12}aaq$. At in experimentis subtilioribus, etiam ubi acus simplex adhibetur, suppositionem gratuitam massae perfecte homogeneae formaeque perfecte regularis aegre admit-

---

*) Proprie haec fila partialia non sunt vere simplicia, sed tantummodo talia, qualia a mercatoribus non neta venduntur.

teremus, et pro experimentis nostris, ubi non acus simplex, sed acus cum supellectile complicatiore iuncta oscillat, rem per talem calculum expedire omnino impossibile est, adeoque de alio modo, momentum K maxima praecisione determinandi, cogitare oportuit.

Cum acu coniungebatur virga lignea transversalis, a qua pendebant duo pondera aequalia, per cuspides acutissimas in puncta virgae A, B prementia: haec puncta erant in recta horizontali, in eodem plano verticali cum axe suspensionis, et utrimque inde aeque distantia. Denotando massam utriusque ponderis per p, distantiam AB per $2r$, per accessionem huius apparatus momentum K augebitur quantitate $C + 2prr$, ubi C est aggregatum momenti inertiae virgae respectu lineae suspensionis atque momentorum ponderum respectu axium verticalium per cuspides et centra gravitatis transeuntium. Si itaque oscillationes tum acus non oneratae, tum acus in duabus distantiis diversis oneratae, puta pro $r = r'$ atque $r = r''$ observatae, temporaque oscillationum (ad infinite parvas reductarum et ab effectu torsionis purgatarum) resp. $= t$, t', t'' inventa sunt, e combinatione aequationum

$$TMtt = \pi\pi K$$
$$TMt't' = \pi\pi(K + C + 2pr'r')$$
$$TMt''t'' = \pi\pi(K + C + 2pr''r'')$$

tres incognitae TM, K et C erui poterunt. Praecisionem adhuc maiorem assequemur, si observatis oscillationibus pro pluribus valoribus ipsius r, puta pro $r = r'$, r'', r''' etc. respondentibus temporibus t', t'', t''' etc., per methodum quadratorum minimorum duas incognitas x, y ita determinamus, ut satisfiat quam proxime aequationibus

$$t' = \sqrt{\frac{r'r' + y}{x}}$$
$$t'' = \sqrt{\frac{r''r'' + y}{x}}$$
$$t''' = \sqrt{\frac{r'''r''' + y}{x}} \text{ etc.}$$

quo facto habebimus

$$TM = 2\pi\pi px$$
$$K + C = 2py$$

Circa hanc methodum sequentia adhuc monere convenit.

I. Quoties acus non nimis laevigata adhibetur, sufficit, virgam ligneam simpliciter illi imponere. Quoties autem superficies acus perlaevis est, ut frictio impedire nequeat, quominus virga super illa gliscere possit, necesse est, quo totus apparatus ad instar unius corporis rigidi moveatur, virgam apparatui reliquo firmius adstringere. In utroque vero casu prospiciendum est, ut puncta A, B sint satis exacte in recta horizontali.

II. Quum complexus talium experimentorum aliquot horas postulet, variabilitas intensitatis magnetismi terrestris intra hoc temporis spatium, siquidem summa praecisio desideratur, haud negligenda est. Quocirca antequam eliminatio suscipiatur, tempora observata ad valorem constantem ipsius T, e. g. ad valorem medium experimento primo respondentem, reducere oportet. Ad hunc finem observationibus simultaneis in alia acu (perinde ut in art. 8.) opus est, quae si tempus unius oscillationis pro temporibus mediis singulorum experimentorum resp. prodiderunt $= u, u', u'', u'''$ etc., ad calculum loco valorum observatorum t', t'', t''' etc. resp. adhibendi sunt hi

$$\frac{u\,t'}{u'}, \quad \frac{u\,t''}{u''}, \quad \frac{u\,t'''}{u'''} \quad \text{etc.}$$

III. Simile monitum valet circa variabilitatem ipsius M, a variatione temperaturae, si quae inter experimenta locum habuit, oriundam. Sed patet, reductionem modo adscriptam iam per se hanc correctionem implicare, si utraque acus aequali temperaturae mutationi subiecta fuerit, et perinde a tali mutatione afficiatur.

IV. Quoties tantummodo de valore ipsius TM eruendo agitur, manifesto experimentum primum superfluum est. Attamen utile erit, experimentis acu onerata factis statim adiungere aliud acu non onerata, ut simul valor ipsius K prodeat, qui experimentis alio tempore eadem acu instituendis substrui possit, quum manifesto hic valor invariatus maneat, etiamsi T et M lapsu temporis mutationem subire possint.

11.

Ad maiorem illustrationem huius methodi e magna copia applicationum exemplum unum hic adscribimus. Ecce conspectum numerorum, quos experimenta 1832 Sept. 11 instituta prodiderunt.

Oscillationes simultaneae

Exp.	acus primae		acus secundae
	Oneratio	una oscillatio	una oscillatio
I	$r = 180^{mm}$	$24''\,63956$	$17''\,32191$
II	$r = 130$	$20,77576$	$17,32051$
III	$r = 80$	$17,66798$	$17,31653$
IV	$r = 30$	$15,80310$	$17,30529$
V	sine oneratione	$15,22990$	$17,31107$

Tempora observata sunt ad chronometrum, cuius retardatio intra diem temporis medii erat $14''24$; utrumque pondus p erat $103{,}2572$ grammatum; distantiae r in millimetris microscopica praecisione determinatae; duratio unius oscillationis ad minimum ex 100 oscillationibus (in experimento quinto adeo ex 677 pro acu prima) conclusa reductionem ad infinite parvam iam accepit: ceterum hae reductiones propter perparvam oscillationum amplitudinem *), quam in apparatibus nostris salva summa praecisione adhibere licet, insensibiles sunt.   Haec tempora oscillationum reducemus, primo ad valorem medium ipsius TM, qui inter experimentum quintum locum habuit, adiumento praeceptorum art. praec. II.; dein ad valores, qui absque torsione proventuri fuissent, multiplicatione per $\sqrt{\frac{n+1}{n}}$, ubi n in quatuor primis experimentis $= 424{,}8$, in quinto $= 597{,}4$ (conf. art. 9); denique ad tempus solare medium multiplicatione per $\frac{86400}{86385,76}$: hoc pacto nanciscimur

$$\begin{array}{lllll}
\text{I.} & 24''\,65717 = t' & \text{pro} & r' = 180^{mm} \\
\text{II.} & 20,79228 = t'' & \text{pro} & r'' = 130^{mm} \\
\text{III.} & 17,68610 = t''' & \text{pro} & r''' = 80^{mm} \\
\text{IV.} & 15.82958 = t'''' & \text{pro} & r'''' = 30^{mm} \\
\text{V.} & 15,24515 = t & \text{pro acu non onerata.}
\end{array}$$

Accipiendo pro unitatibus temporis, distantiae et massae minutum secundum, millimetrum et milligramma, ut sit $p = 103257{,}2$, e combinatione experimenti primi cum quarto deducimus:

---

*) E. g. amplitudo oscillationum acus primae in experimento primo fuit initio $0°37'26''$, in fine $0°28'34''$; in experimento quinto initio $1°10'21''$, post 177 oscillationes $0°45'35''$, post 677 oscillationes $0°6'44''$.

$$TM = 179\,641\,070, \qquad K + C = 4374\,976\,000$$

ac dein ex experimento quinto

$$K = 4230\,282\,000, \quad \text{nec non} \quad C = 144\,694\,000$$

Si vero cuncta experimenta ad calculum revocare placet, methodus quadratorum minimorum commodissime sequenti modo applicatur. Proficiscimur a valoribus approximatis incognitarum x, y e combinatione experimenti primi et quarti prodeuntibus, denotatisque correctionibus adhuc adiiciendis per ξ, η, statuimus

$$x = \qquad 88{,}13646 + \xi$$
$$y = 21184{,}85 \qquad + \eta$$

Hoc pacto valores calculati temporum $t'. t'', t''', t''''$ prodeunt per methodos obvias

$$t' = 24{,}65717 - 0{,}13988\,\xi + 0{,}00023008\,\eta$$
$$t'' = 20{,}78731 - 0{,}11793\,\xi + 0{,}00027291\,\eta$$
$$t''' = 17{,}69121 - 0{,}10036\,\xi + 0{,}00032067\,\eta$$
$$t'''' = 15{,}82958 - 0{,}08980\,\xi + 0{,}00035838\,\eta$$

quorum comparatio cum valoribus observatis secundum methodum quadratorum minimorum tractata suppeditat

$$\xi = -\ 0{,}03230, \quad \eta = -\qquad 12{,}38$$
$$x = \qquad 88{,}10416, \quad y = \qquad 21172{,}47$$

Hinc denique prodit

$$TM = 179\,575\,250, \quad K + C = 4372\,419\,000$$

ac dein per experimentum primum

$$K = 4228\,732\,400, \qquad C = 143\,686\,600$$

Ecce comparationem temporum e valoribus correctis quantitatum x, y calculatorum cum observatis:

Exper.	Tempus calculatum	Tempus observatum	Differentia
I	24″ 65884	24″ 65717	+0″ 00167
II	20, 78774	20, 79228	— 0, 00454
III	17, 69046	17, 68610	+0, 00436
IV	15, 82805	15, 82958	— 0, 00153

13*

Longitudinem penduli simplicis Gottingae statuimus $= 994^{\text{mm}}\,126$, unde fit gravitas, per eam unitatem virium acceleratricium, quae calculis praecedentibus subest, mensurata, $= 9811,63$: quodsi itaque gravitatem ipsam pro unitate accipere malumus, fit $TM = 18302,29$: hic numerus exprimit multitudinem milligrammatum, quorum pressio, sub actione gravitatis, in vectem, cuius longitudo est millimetrum, aequivalet vi, qua magnetismus terrestris acum illam circa axem verticalem vertere nititur.

12.

Postquam determinationem producti vis magneticae terrestris horizontalis T in momentum magnetismi acus datae M absolvimus, iam ad alteram disquisitionis partem progredimur, puta ad determinationem quotientis $\frac{M}{T}$. Quam assequemur per comparationem actionis istius acus in aliam acum cum actione magnetismi terrestris in eandem, et quidem, uti iam in introductione expositum est, haec vel in statu motus vel in statu aequilibrii observari poterit: utramque methodum frequenter experti sumus; sed quum posterior pluribus rationibus priori longe praeferenda sit, hocce quidem loco disquisitionem ad illam restringemus praesertim quum prior prorsus simili modo absque difficultate tractari possit.

13.

Conditiones aequilibrii corporis mobilis, in quod vires quaecunque agunt, per principium motuum virtualium perfacile in formulam unicam contrahuntur, scilicet aggregatum productorum singularum virium per motum infinite parvum puncti, in quod quaelibet agit, in huius directionem proiectum, esse debet tale, ut pro nullo motu virtuali, i. e. cum conditionibus generalibus, quibus motus corporis subiectus est, conciliabili, valorem positivum obtinere possit, adeoque, quatenus motus virtuales in partes oppositas ubique possibiles sunt, ut illud aggregatum, quod per $d\Omega$ denotabimus, fiat $= 0$ pro quolibet motu virtuali.

Corpus mobile, quod hic consideramus, est acus magnetica, cuius punctum G filo torsili superne fixo annexum est. Hoc filum tantummodo impedit, quominus distantia puncti G a termino fili fixo fieri possit maior longitudine fili, ita ut hic quoque, ut in casu corporis perfecte liberi, positio corporis in spatio a sex variabilibus, adeoque eius aequilibrium a sex conditionibus pendeat: sed quum hoc loco problematis solutio tantummodo determinationi quotientis $\frac{M}{T}$ inservire debeat, sufficit consideratio motus virtualis eius, qui in rotatione circa axem verticalem per G transeuntem consistit, manifestoque talem axem tamquam fixum et solum angulum inter planum verticale, in quo est acus axis magneticus, atque planum meridianum magneticum tamquam variabilem considerare licebit. Hunc angulum a parte meridiani boreali versus orientem numerabimus et per u denotabimus.

14.

Concipiamus volumen acus mobilis in elementa infinite parva divisum, sintque x, y, z coordinatae elementi indefiniti, atque e elementum magnetismi liberi in ipso contentum. Initium coordinatarum collocamus in rectae verticalis per G transeuntis puncto arbitrario h intra acum; axes coordinatarum x, y sunto horizontales, ille in meridiano magnetico boream versus, hic versus orientem; coordinatam z sursum numeramus. Ita actio magnetismi terrestris in elementum e producit partem ipsius $\mathrm{d}\Omega$ hancce $Te\,\mathrm{d}x$.

Simili modo dividatur volumen acus secundae fixae in elementa infinite parva, respondeantque elemento indefinito coordinatae X, Y, Z, atque quantitas magnetismi liberi E; denique sit $r = \sqrt{((X-x)^2 + (Y-y)^2 + (Z-z)^2)}$. Hoc pacto actio elementi E in elementum e sistit partem aggregati $\mathrm{d}\Omega$ hanc $\frac{eE\,\mathrm{d}r}{r^n}$, si potestati r^n distantiae r reciproce proportionalis supponitur.

Denotando per N eum valorem ipsius u, qui detorsioni fili respondet, momentum vis torsionis fili per $\theta(N-u)$ exprimi poterit: haec vis ita concipi potest, ac si in diametri horizontalis fili ad punctum G terminum utrumque ageret vis tangentialis $= \frac{\theta(N-u)}{D}$, denotante D hunc diametrum, unde facile perspicitur, hinc prodire partem aggregati $\mathrm{d}\Omega$ hanc $\theta(N-u)\,\mathrm{d}u$.

Gravitas particularum acus manifesto nihil confert ad aggregatum $\mathrm{d}\Omega$. qum u sit unica variabilis, quapropter habemus

$$\mathrm{d}\Omega = \Sigma\, Te\,\mathrm{d}x + \Sigma\, \frac{eE\,\mathrm{d}r}{r^n} + \theta(N-u)\,\mathrm{d}u$$

ubi summatio in termino primo refertur ad cuncta elementa e, in secundo ad cunctas combinationes singulorum e cum singulis E. Patet itaque, conditionem aequilibrii stabilis consistere in eo, ut

$$\Omega = \Sigma\, Tex - \Sigma\, \frac{eE}{(n-1)r^{n-1}} - \tfrac{1}{2}\theta(N-u)^2$$

fiat maximum.

15.

Ad propositum nostrum convenit, experimenta ita semper adornare, ut axis magneticus utriusque acus sit horizontalis, atque utraque acus in eadem fere altitudine: his itaque suppositionibus calculos ulteriores adstringemus.

Referamus coordinatas punctorum primae acus ad axes in hac fixos in puncto *h* etiamnum se secantes, et quidem sit axis primus in directione axis magnetici, secundus horizontalis primoque ad dextram, tertius verticalis sursum directus: coordinatae elementi *e* respectu horum axium sint *a, b, c*. Perinde sint *A, B, C* coordinatae elementi *E* respectu similium axium in acu secunda fixorum et in puncto *H* huius acus se secantium: hoc punctum prope medium acus atque in eadem altitudine cum puncto *h* electum supponimus.

Situs puncti *H* commodissime quidem per distantiam a puncto *h* atque directionem rectae iungentis determinaretur, si de uno tantum experimento ageretur: sed quum ad institutum nostrum semper plura experimenta requirantur ad diversas puncti *H* positiones spectantia, quae quidem omnes sunt in eadem recta, attamen haud necessario in recta per punctum *h* exacte transeunte, praestat, signa statim ab initio ita adornare, ut systema talium experimentorum ab unica variabili pendeat. Referemus itaque punctum *H* ad punctum arbitrarium *h'* in eodem plano horizontali ipsi *h* propinquum, cuius coordinatae sint $\alpha, \mathfrak{b}, 0$, statuemusque distantiam $h'H = R$, angulumque rectae $h'H$ cum meridiano magnetico $= \psi$. Quodsi iam angulum axis magnetici secundae acus cum meridiano magnetico per *U* denotamus, habebimus

$$x = a \cos u - b \sin u$$
$$y = a \sin u + b \cos u$$
$$z = c$$
$$X = \alpha + R \cos \psi + A \cos U - B \sin U$$
$$Y = \mathfrak{b} + R \sin \psi + A \sin U + B \cos U$$
$$Z = C$$

Ita omnia ad evolutionem aggregati Ω, atque quotientis $\frac{\mathrm{d}\Omega}{\mathrm{d}u}$, qui pro statu aequilibrii evanescere debet, praeparata sunt.

16.

Primo fit $\Sigma Tex = T\cos u . \Sigma ae - T\sin u . \Sigma be = mT\cos u$, si momentum magnetismi liberi primae acus $\Sigma\,a\,e$ per m denotamus, quum constet esse $\Sigma\,b\,e = 0$: pars ipsius $\frac{d\Omega}{d\,u}$ e termino primo ipsius Ω redundans erit $= -\,mT\sin u$.

Statuendo brevitatis caussa:

$$k = \alpha\cos\psi + \mathfrak{b}\sin\psi + A\cos(\psi - U) + B\sin(\psi - U) - a\cos(\psi - u) - b\sin(\psi - u)$$

$$l = (\alpha\sin\psi - \mathfrak{b}\cos\psi + A\sin(\psi - U) - B\cos(\psi - U) - a\sin(\psi - u) + b\cos(\psi - u))^2 + (C - c)^2$$

erit $rr = (R + k)^2 + l$.

Quum in experimentis utilibus R dimensionibus utriusque acus multo maior esse debeat, quantitas $\frac{1}{r^{n-1}}$ in seriem valde convergentem

$$R^{-(n-1)} - (n-1)\,k\,R^{-n} + \left(\tfrac{nn-n}{2}\,kk - \tfrac{n-1}{2}\,l\right)R^{-(n+1)}$$
$$- \left(\tfrac{1}{6}(n^3 - n)\,k^3 - \tfrac{1}{2}(nn - 1)\,k\,l\right)R^{-(n+2)} +\ \text{etc.}$$

evolvitur, cuius lex, si operae pretium esset, facile assignaretur. Singuli termini aggregati $\Sigma\,\frac{eE}{r^{n-1}}$, post substitutionem valorum quantitatum k, l prodeuntes implicabunt factorem talem

$$\Sigma\,e\,E\,a^\lambda\,b^\mu\,c^\nu\,A^{\lambda'}B^{\mu'}\,C^{\nu'}$$

qui aequivalet producto e factoribus $\Sigma\,e\,a^\lambda b^\mu c^\nu$, $\Sigma\,E\,A^{\lambda'}B^{\mu'}C^{\nu'}$ a statu magnetico primae et secundae acus resp. pendentibus. Quae hoc respectu generaliter stabilire licet, restringuntur ad aequationes

$$\Sigma e = 0,\ \Sigma ea = m,\ \Sigma eb = 0,\ \Sigma ec = 0,\ \Sigma E = 0,\ \Sigma EA = M,\ \Sigma EB = 0.\ \Sigma EC = 0$$

ubi per M denotamus momentum magnetismi liberi secundae acus. In casu speciali, ubi acus prioris figura magnetismique distributio est symmetrica iuxta longitudinem, puta ut bina semper elementa sibi respondeant, pro quibus a et e habeant valores oppositos, b et c aequales, centro cum puncto h coincidente, semper erit $\Sigma\,e\,a^\lambda b^\mu c^\nu = 0$ pro valore pari numeri $\lambda + \mu + \nu$, et similia valent de secunda acu, si figura magnetismique distributio respectu puncti H symmetrica est. Generaliter itaque evanescent in aggregato $\Sigma\,\frac{eE}{r^{(n-1)}}$ coëfficientes potestatum $R^{-(n-1)}$ et R^{-n}; in casu speciali, ubi utraque acus symmetrica magnetismoque symmetrice imbuta est, simulque centrum prioris, h et h', nec non centrum posterioris et $\dot{H}$ coincidunt, evanescent etiam coëfficientes potestatum $R^{-(n+2)}$, $R^{-(n+4)}$, $R^{-(n+6)}$ etc., qui, quoties conditiones illae proxime locum habent, saltem perparvi evadere debent. Terminus principalis, qui ex evolutione partis secundae ipsius Ω, puta huius $-\Sigma\frac{eE}{(n-1)r^{(n-1)}}$, prodit, erit

$$= -\tfrac{1}{2}R^{-(n+1)}(n\,\Sigma\,eEkk - \Sigma\,eEl)$$
$$= mMR^{-(n+1)}\left(n\cos(\psi-U)\cos(\psi-u) - \sin(\psi-U)\sin(\psi-u)\right)$$

Hinc colligitur, partem ipsius $\frac{d\Omega}{du}$ actioni acus secundae respondentem exprimi per seriem talem

$$fR^{-(n+1)} + f'R^{-(n+2)} + f''R^{-(n+3)} + \text{ etc.}$$

ubi coëfficientes sunt functiones rationales cosinuum et sinuum angulorum ψ, u, U atque quantitatum $\alpha, \mathfrak{b}$, insuperque implicant quantitates constantes a statu magnetico acuum pendentes; et quidem erit

$$f = mM\left(n\cos(\psi-U)\sin(\psi-u) + \sin(\psi-U)\cos(\psi-u)\right)$$

Evolutio completa coëfficientium sequentium f', f'' etc. ad institutum nostrum non est necessaria: sufficit observare

1) in casu symmetriae perfectae modo addigitatae coëfficientes f', f''' etc. evanescere.

2) si manentibus quantitatibus reliquis invariatis ψ augeatur duobus rectis (sive quod idem est, si distantia R capiatur in eadem recta retrorsum producta ab altera parte puncti h'), coëfficientes $f. f'', f''''$ etc. valores suos retinere, contra f', f''', f^v etc. valores oppositos nancisci, sive seriem in

$$fR^{-(n+1)} - f'R^{-(n+2)} + f''R^{-(n+3)} - \text{ etc.}$$

mutari: facile hoc inde concluditur, quod per illam mutationem ipsius ψ, k transit in $-k$, l vero non mutatur.

17.

Conditio itaque, ut acus mobilis per complexum virium non vertatur circa axem verticalem, comprehenditur in aequatione sequente

$$0 = -mT\sin u + fR^{-(n+1)} + f'R^{-(n+2)} + f''R^{-(n+3)} + \text{ etc. } - \theta(u-N)$$

Quum facile effici possit, ut valor ipsius N, si non exacte $=0$, saltem perparvus sit, atque etiam u pro experimentis, de quibus hic agitur, intra arctos limites maneat, pro termino $\theta(u-N)$ absque erroris sensibilis metu substituere licebit $\theta\sin(u-N)$, eo magis, quod $\frac{\theta}{mT}$ est fractio perparva. Sit u^0 valor ipsius u, aequilibrio acus primae absente secunda respondens, sive

$$m\,T\sin u^0 + \theta\sin(u^0-N) = 0$$

unde facile colligitur

$$m\,T\sin u + \theta\sin(u-N) = (m\,T\cos u^0 + \theta\cos(u^0-N))\sin(u-u^0)$$

ubi loco factoris primi tuto adoptare licet $m\,T+\theta$. Ita aequatio nostra fit

$$(m\,T+\theta)\sin(u-u^0) = fR^{-(n+1)} + f'R^{-(n+2)} + f''R^{-(n+3)} + \text{ etc.}$$

Quodsi hic terminum primum $fR^{-(n+1)}$ solum retinemus, solutio in promtu est, scilicet habemus

$$\operatorname{tang}(u-u^0) = \frac{m\,M(n\cos(\psi-U)\sin(\psi-u^0)+\sin(\psi-U)\cos(\psi-u^0))R^{-(n+1)}}{m\,T+\theta+m\,M(n\cos(\psi-U)\cos(\psi-u^0)-\sin(\psi-U)\sin(\psi-u^0))R^{-(n+1)}}$$

ubi in denominatore partem, quae implicat factorem $R^{-(n+1)}$, eodem iure supprimere poterimus, sive statuere

$$\operatorname{tang}(u-u^0) = \frac{m\,M}{m\,T+\theta}(n\cos(\psi-U)\sin(\psi-u^0)+\sin(\psi-U)\cos(\psi-u^0))R^{-(n+1)}$$
$$= F\,R^{-(n+1)}$$

Si vero terminos ulteriores respicere volumus, patet, $\operatorname{tang}(u-u^0)$ in seriem talem evolvi

$$\operatorname{tang}(u-u^0) = FR^{-(n+1)} + F'R^{-(n+2)} + F''R^{-(n+3)} + \text{ etc.}$$

ubi levis attentio docet, coëfficientes F, F', F'' etc. usque ad coëfficientem potestatis $R^{-(2n+1)}$ incl. oriri resp. ex

$$\frac{f}{m\,T+\theta}, \qquad \frac{f'}{m\,T+\theta}, \qquad \frac{f''}{m\,T+\theta} \text{ etc.}$$

mutato u in u^0, inde a termino sequente autem partes novae accedent, quibus tamen accuratius persequendis ad institutum nostrum non opus est. Ceterum manifesto $u-u^0$ in seriem similis formae explicabitur, quae adeo usque ad potestatem $R^{-(3n+2}$ cum serie pro $\operatorname{tang}(u-u^0)$ coincidet.

14

18.

Patet iam, si acu secunda in diversis punctis eiusdem rectae collocata, ut manentibus ψ et U sola distantia R mutetur, deflexiones acus mobilis a statu aequilibrii, acu secunda absente, puta anguli $u - u^0$ observentur, hinc valores coëfficientium F, F', F'' etc., quotquot adhuc sensibiles sunt, per eliminationem erui posse, quo facto habebimus

$$\frac{M}{T} = \left(1 + \frac{\theta}{Tm}\right) \frac{F}{n \cos(\psi - U) \sin(\psi - u^0) + \sin(\psi - U) \cos(\psi - u^0)}$$

ubi valor quantitatis $\frac{\theta}{Tm}$ per methodum, quam in art. 8 docuimus, inveniri poterit. Sed ad praxin magis commodam sequentia observare e re erit.

I. Loco comparationis ipsius u cum u^0 praestat, binas deflexiones oppositas inter se comparare, situ acus secundae inverso, puta, ut manentibus R et ψ angulus U duobus rectis augeatur. Designatis valoribus ipsius u his positionibus respondentibus per u', u'', *exacte* foret $u'' = -u'$ pro casu symmetriae perfectae, si simul $u^0 = 0$; sed superfluum est, has conditiones anxie servare, quum pateat, u' et u'' per series similes determinari, in quibus termini primi *exacte* oppositos valores habeant, adeoque etiam $\frac{1}{2}(u' - u'')$ nec non $\tan\frac{1}{2}(u' - u'')$ per seriem similem, in qua termini primi coëfficiens sit *exacte* $= F$.

II. Adhuc melius erit, quaterna semper experimenta copulare, etiam angulo ψ duobus rectis mutato, sive distantia R ab altera parte sumta. Si duobus posterioribus experimentis respondent valores ipsius u hi u''', u'''', etiam differentia $\frac{1}{2}(u''' - u'''')$ per similem seriem exprimetur, cuius terminus primus quoque habebit coëfficientem $= F$. Observare convenit (quod e praecedentibus facile colligitur), si n esset numerus impar, coëfficientes F, F'', F'''' etc. in infinitum in utraque serie pro $u' - u^0$, atque $u''' - u^0$ exacte aequales, coëfficientesque F', F''', F^V etc. in infinitum exacte oppositos fore, et perinde pro $u'' - u^0$ et $u'''' - u^0$, ita ut in serie pro $u' - u'' + u''' - u''''$ termini alternantes exciderent. Sed in casu naturae, ubi $n = 2$, generaliter loquendo ista relatio inter series pro $u' - u^0$ atque $u''' - u^0$ stricte non valet, quum iam pro potestate R^{-6} coëfficientes non exacte oppositi prodeant: attamen ostendi potest, pro hoc quoque termino compensationem completam in combinatione $u' - u'' + u''' - u''''$ intercedere, ita ut $\tan\frac{1}{4}(u' - u'' + u''' - u'''')$ habeat formam

$$L R^{-3} + L' R^{-5} + L'' R^{-7} + \text{ etc.}$$

sive generalius, dum valorem ipsius n tantisper indeterminatum linquimus, hancce

$$L R^{-(n+1)} + L'R^{-(n+3)} + L''R^{-(n+5)} + \text{ etc.}$$

existente $L = F$.

III.　Angulos　ψ, U　ita eligere expediet, ut leves errores in ipsorum mensura commissi valorem ipsius F sensibiliter non mutent.　Ad hunc finem valor ipsius U, pro valore *dato* ipsius ψ, ita accipi debet, ut F fiat maximum, puta esse debet

$$\operatorname{cotang}(\psi - U) = n \operatorname{tang}(\psi - u^0)$$

unde fit

$$F = \pm \frac{mM}{mT+\theta} \sqrt{\left(nn \sin(\psi - u^0)^2 + \cos(\psi - u^0)^2 \right)}$$

Angulus vero ψ ita eligendus est, ut hic valor ipsius F fiat vel maximum vel minimum: illud evenit pro　$\psi - u^0 = 90^0$ vel 270^0,　ubi

$$F = \pm \frac{nmT}{mT+\theta}$$

hoc pro　$\psi - u^0 = 0$ vel 180^0,　ubi

$$F = \pm \frac{mM}{mT+\theta}$$

19.

Duae itaque methodi praesto sunt ad praxin maxime idoneae, quarum elementa sequens schema exhibet.

Modus primus.

Acus secundae tum centrum tum axis in recta ad meridianum
magneticum*) normali.

Deflexio	Situs acus		centrum versus	polus borealis versus
$u = u'$	$\psi = \ 90^0$	$U = \ 90^0$	orientem	orientem
$u = u''$	$\psi = \ 90^0$	$U = 270^0$	orientem	occidentem
$u = u'''$	$\psi = 270^0$	$U = \ 90^0$	occidentem	orientem
$u = u''''$	$\psi = 270^0$	$U = 270^0$	occidentem	occidentem

*) Accuratius, ad planum verticale, cui respondet valor $u = u^0$, i. e. in quo axis magneticus in aequilibrio est, acu secunda absente. Ceterum in praxi, differentia tum propter parvitatem, tum propter ipsam rationem, a qua in art. praec. III. profecti sumus, tuto semper negligi potest.

Modus secundus.

Acus secundae centrum in meridiano magnetico, axis huic normalis.

Deflexio	Situs acus		centrum versus	polus borealis versus
$u = u'$	$\psi = 0$	$U = 270^0$	boream	occidentem
$u = u''$	$\psi = 0$	$U = 270^0$	boream	orientem
$u = u'''$	$\psi = 180^0$	$U = 90^0$	austrum	occidentem
$u = u''''$	$\psi = 180^0$	$U = 90^0$	austrum	orientem

Statuendo dein $\frac{1}{4}(u' - u'' + u''' - u'''') = v$, atque

$$\tang v = L R^{-(n+1)} + L' R^{-(n+3)} + L'' R^{-(n+5)} + \text{ etc.}$$

erit

pro modo priori $$L = \frac{n m M}{m T + \theta}$$

pro modo posteriori $$L = \frac{m M}{m T + \theta}$$

20.

E theoria eliminationis facile colligitur, calculum, propter inevitabiles observationum errores, eo magis incertum fieri, quo plures coëfficientes per eliminationem determinare oporteat. Hanc ob caussam modus in art. 18, II. praescriptus magni aestimandus est, quod coëfficientes potestatum $R^{-(n+2)}$, $R^{-(n+4)}$ supprimit. In casu perfectae symmetriae quidem hi termini iam per se exciderent, sed parum tutum esset, illi fidem habere. Ceterum parvula a symmetria aberratio longe minoris momenti esset in modo primo quam in secundo; et si in illo saltem cavetur, ut punctum h', a quo distantiae numerantur, sit satis exacte in meridiano magnetico per h transeunte, vix differentia sensibilis inter $u' - u''$ atque $u''' - u''''$ se manifestabit. Sed hoc secus se habet in modo secundo, praesertim si apparatus suspensionem excentricam postulat. Per hunc modum, quoties spatium non permittit observationes ab utraque parte, semper praecisionem multo minorem assequeris. Praeterea modus primus eo quoque nomine praeferendus est, quod, quum in casu naturae sit $n = 2$, duplo maiorem valorem ipsius L producit, quam secundus. Ceterum si in modo secundo terminum a $R^{-(n+2)}$ pendentem, in casu suspensionis excentricae, quantum licet exterminare studemus, punctum h' ita eligendum est, ut centrum acus (pro $u = u^0$) sit medium inter h et h': calculum tamen, qui hoc docuit, brevitatis caussa hic supprimere oportet.

21.

In calculis praecedentibus exponentem n indeterminatum liquimus: diebus Iunii 24—28, 1832 duas series experimentorum exsequuti sumus, ad tantas distantias, quantas spatium permisit, extensas, per quas, quemnam valorem natura postulet, evidentissime apparebit. In prima serie acus secunda (ad modum primum art. 19) in recta ad meridianum magneticum normali, in secunda centrum acus in ipso meridiano collocabatur. Ecce conspectum summae horum experimentorum, ubi distantiae R in partibus metri expressae, valoresque anguli $\frac{1}{4}(u - u' + u'' - u''')$ pro prima serie per v, pro secunda per v' denotati sunt.

R	v			v'		
$1^m\ 1$				1^0	$57'$	$24''\ 8$
1, 2				1	29	40, 5
1, 3	2^0	$13'$	$51''\ 2$	1	10	19, 3
1, 4	1	47	28, 6	0	55	58, 9
1, 5	1	27	19, 1	0	45	14, 3
1, 6	1	12	7, 6	0	37	12, 2
1, 7	1	0	9, 9	0	30	57, 9
1, 8	0	50	52, 5	0	25	59, 5
1, 9	0	43	21, 8	0	22	9, 2
2, 0	0	37	16, 2	0	19	1, 6
2, 1	0	32	4, 6	0	16	24, 7
2, 5	0	18	51, 9	0	9	36, 1
3, 0	0	11	0, 7	0	5	33, 7
3, 5	0	6	56, 9	0	3	28, 9
4, 0	0	4	35, 9	0	2	22, 2

Hi numeri vel obiter inspecti monstrant, pro valoribus maioribus tum numeros secundae columnae proxime duplo maiores esse numeris tertiae, tum numeros utriusque columnae proxime in ratione inversa cubi distantiarum; ita ut de veritate valoris $n = 2$ nullum dubium remanere possit. Quo magis adhuc haec

lex in singulis experimentis confirmaretur, omnes numeros per methodum quadratorum minimorum tractavimus, unde valores coëfficientium sequentes prodierunt:

$$\mathrm{tang}\,v \;=\; 0{,}086870\,R^{-3} - 0{,}002185\,R^{-5}$$
$$\mathrm{tang}\,v' \;=\; 0{,}043435\,R^{-3} + 0{,}002449\,R^{-5}$$

Ecce conspectum comparationis valorum per has formulas computatorum
cum observatis:

Valores computati.

R	v			differentia	v'			differentia
$1^m\,1$					1^0	$57'$	$22''\,0$	$+2''\,8$
1, 2					1	29	46, 5	— 6, 0
1, 3	2^0	$13'$	$50''\,4$	$+\;0''\,8$	1	10	13, 3	$+6, 0$
1, 4	1	47	24, 1	$+\;4, 5$	0	55	58, 7	$+0, 2$
1, 5	1	27	28, 7	$-\;9, 6$	0	45	20, 9	— 6, 6
1, 6	1	12	10, 9	$-\;3, 3$	0	37	15, 4	— 3, 2
1, 7	1	0	14, 9	$-\;5, 0$	0	30	59, 1	— 1, 2
1, 8	0	50	48, 3	$+\;4, 2$	0	26	2, 9	— 3, 4
1, 9	0	43	14, 0	$+\;7, 8$	0	22	6, 6	$+2, 6$
2, 0	0	37	5, 6	$+10, 6$	0	18	55, 7	$+5, 9$
2, 1	0	32	3, 7	$+\;0, 9$	0	16	19, 8	$+4, 9$
2, 5	0	19	2, 1	$-10, 2$	0	9	38, 6	— 2, 5
3, 0	0	11	1, 8	$-\;1, 1$	0	5	33, 9	— 0, 2
3, 5	0	6	57, 1	$-\;0, 2$	0	3	29, 8	— 1, 0
4, 0	0	4	39, 6	$-\;3, 7$	0	2	20, 5	$+1, 7$

22.

Experimenta praecedentia eum potissimum in finem suscepta fuerunt, ut lex
actionis magneticae ultra omne dubium eveheretur, porro, ut quot terminos seriei respicere conveniat, quantamque praecisionem ferant experimenta, appareret. Docuerunt, si ad distantias minores quadruplo longitudinis acuum non de-

scendamus, duos seriei terminos sufficere *). Ceterum differentiae, quas calculus prodidit, neutiquam pure pro erroribus observationum haberi debent: plures enim cautelae, a quarum usu harmoniam adhuc maiorem sperare licet, tunc temporis nondum praeparatae erant. Huc referendae sunt correctiones propter variabilitatem horariam intensitatis magnetismi terrestris, cuius rationem habere oportet adiumento alius acus comparativae ad instar methodi, de qua in art. 10, II. loquuti sumus. Quo tamen valor magnetismi terrestris, quatenus ex *his* experimentis derivari potest, cognoscatur, summam reliquorum experimentorum huc spectantium adiicimus.

Valor fractionis $\frac{\theta}{Tm}$ pro acu prima et filo, a quo pendebat, erutus est per methodum in art. 8 traditam $= \frac{1}{251,96}$. Hinc itaque fit

$$\frac{M}{T} = 0,0436074$$

Huic numero subest metrum tamquam unitas distantiarum. Si pro unitate millimetrum adoptare malumus, iste numerus per cubum millenarii multiplicandus est, ita ut habeatur

$$\frac{M}{T} = 43\,607\,400$$

Pro acu secunda per experimenta d. 28. Junii instituta iisque prorsus similia, quae pro alia acu in art. 11 tractavimus, prodiit, dum millimetrum, milligramma et minutum secundum temporis solaris medii pro unitatibus accipiebantur,

$$TM = 135\,457\,900$$

atque hinc, eliminata quantitate M

$$T = 1,7625$$

23.

Quoties experimenta eum in finem instituuntur, ut valor absolutus magnetismi terrestris T determinetur, magni momenti est, curare, ut ipsorum complexus intra modicum tempus absolvatur, ne mutatio sensibilis status magnetici acuum ad illa adhibitarum metuenda sit. Conveniet itaque in observandis deflexionibus acus mobilis solum modum primum art. 20 sequi, adhibitis tantummodo

---

*) Longitudo acuum in his experimentis adhibitarum est circiter $0^m 3$; si terminum R^{-7} in calculis respicere periclitati essemus, certitudo minuta potius quam aucta fuisset.

duabus distantiis diversis apte electis, siquidem duo seriei termini sufficiunt. E pluribus applicationibus huius methodi hic unam tamquam exemplum eligimus, et quidem eam, cui cura maxime scrupulosa impensa est, distantiis microscopica praecisione mensuratis.

Experimenta instituta sunt 1832 Sept. 18, in duobus apparatibus, quos per literas A, B, tribus acubus, quas per numeros 1, 2, 3 distinguemus. Acus 1, 2 sunt eaedem, quae in art. 11 prima et secunda vocabantur. Experimenta ad duo capita discedunt.

Primo observatae sunt oscillationes simultaneae acus 1 in apparatu A, acusque 2 in apparatu B. Tempus unius oscillationis, ad amplitudinem infinite parvam reductum prodiit

$$\text{pro acu } 1 \ldots \ldots 15'' 22450$$
$$\text{pro acu } 2 \ldots \ldots 17, 29995$$

illud ex 305, hoc ex 264 oscillationibus conclusum.

Dein acus 3 in apparatu A suspensa, acus 1 autem in recta ad meridianum magneticum normali tum versus orientem tum versus occidentem, et utrimque duplici modo collocata, deflexioque acus 3 pro singulis positionibus acus 1 observata est. Haec experimenta, pro duabus distantiis diversis R repetita prodiderunt valores sequentes anguli v perinde intelligendi ut in artt. 19, 21

$$R = 1^m 2, \quad v = 3^0\, 42'\, 19'' 4$$
$$R' = 1, 6. \quad v' = 1\ \ 34\ \ 19, 3$$

Inter haec quoque experimenta oscillationes acus 2 in apparatu B observatae sunt: tempori medio respondet valor unius oscillationis infinite parvae ex 414 oscillationibus conclusus $= 17'' 29484$.

Tempora observabantur ad chronometrum, cuius retardatio diurna $= 14'' 24$.

Denotantibus M, m momenta magnetismi liberi pro acu 1 et 3, θ constantem torsionis fili in apparatu A, dum acum 1 vel 3 (quarum pondus fere idem est) ferebat, habemus

$$\frac{\theta}{TM} = \frac{1}{597,4}$$

uti in art. 11

$$\frac{\theta}{Tm} = \frac{1}{721,6}$$

quippe acus 3 fortiori magnetismo imbuta erat, quam acus 1.

Momentum inertiae acus 1 per experimenta anteriora iam cognitum erat (vid. art. 11), quae prodiderant $K = 4228\,732400$, millimetro et milligrammate pro unitatibus acceptis.

Variatio thermometri in utroque atrio, ubi apparatus stabiliti sunt, per totum experimentorum tempus tam parva erat, ut superfluum sit eius rationem habere.

Aggrediamur iam calculum horum experimentorum, ut intensitas magnetismi terrestris T inde eruatur. Inaequalitas oscillationum acus 2 levem istius intensitatis variationem manifestat: quo itaque de valore determinato sermo esse possit, reducemus tempus observatum oscillationis acus 1 ad statum medium magnetismi terrestris intra secundam observationum partem. Reductionem aliam requirit hoc tempus propter retardationem chronometri, tertiamque propter torsionem fili. Hoc modo prodit tempus unius oscillationis acus 1 reductum

$$= 15{,}22450 \times \frac{17{,}29484}{17{,}29995} \cdot \frac{86400}{86385{,}76} \cdot \sqrt{\frac{598{,}4}{597{,}4}}$$
$$= 15''23530 = t$$

Hinc deducitur valor producti $TM = \frac{\pi\pi K}{tt} = 179\,770600$. Parvula differentia inter hunc valorem atque eum, quem supra art. 11 pro die 11. Sept. invenimus, variationi tum magnetismi terrestris tum status magnetici acus tribuenda est.

E deflexionibus observatis obtinemus

$$F = \frac{R'^{s}\,\mathrm{tang}\,v' - R^{s}\,\mathrm{tang}\,v}{R'R' - RR} = 113\,056200$$

si millimetrum pro unitate accipimus, atque hinc

$$\frac{M}{T} = \tfrac{1}{2}F\left(1 + \frac{\theta}{Tm}\right) = 56\,606437$$

Comparatio huius numeri cum valore ipsius TM tandem producit

$$T = 1{,}782088$$

tamquam valorem intensitatis vis magneticae terrestris horizontalis die 18. Septembris hora 5.

15

24.

Experimenta praecedentia facta sunt in observatorio, loco apparatuum ita electo, ut ferrum a vicinia quantum licuit arceretur. Nihilominus dubitari nequit, quin ferri moles, in parietibus, fenestris et ianuis aedificii copiose sparsae, imo etiam partes ferreae instrumentorum astronomicorum maiorum, in quibus per ipsam vim magneticam terrestrem magnetismus elicitur, effectum neutiquam insensibilem in acus suspensas exerceant. Vires hinc oriundae magnetismi terrestris tum directionem tum intensitatem aliquantulum mutant, experimentaque nostra non valorem purum intensitatis magnetismi terrestris, sed valorem pro loco apparatus A modificatum exhibent. Haec modificatio, quamdiu moles ferreae locum non mutant, ipsaque elementa magnetismi terrestris (puta intensitas et directio) non magnopere mutantur, sensibiliter constans manere debet, quae vero ipsius sit quantitas, hactenus quidem ignotum est, attamen vix crediderim, eam ultra unam duasve partes centesimas valoris totalis ascendere. Ceterum haud difficile foret, quantitatem, proxime saltem, per experimenta determinare, observatis oscillationibus simultaneis duarum acuum, quarum altera in observatorio loco sueto, altera subdiu in distantia satis magna ab aedificio aliisve ferri molibus turbantibus suspendenda esset, et quae dein vices suas commutare deberent. Sed hactenus haec experimenta exsequi non vacavit: tutissimum vero remedium afferet aedificium peculiare, observationibus magneticis destinatum, munificentia regia mox exstruendum, a cuius fabrica ferrum omnino excludetur.

25.

Praeter experimenta allata permulta alia similia exsequuti sumus, etsi, tempore anteriori cura multo laxiori. Iuvabit tamen, quae e singulis prodierunt, hic in unum conspectum producere, omissis iis, quae ante apparatus subtiliores stabilitos, per alia rudiora subsidia in acubus diversissimarum dimensionum prodierunt, etiamsi *omnia* approximationem saltem ad veritatem praebuerint. Ecce valores ipsius T per repetita experimenta subinde erutos:

Numerus	Tempus, 1832	T
I	Maii 21	1,7820
II	Maii 24	1,7694
III	Iun. 4	1,7713
IV	Iun. 24—28	1,7625
V	Iul. 23, 24	1,7826
VI	Iul. 25, 26	1,7845
VII	Sept. 9	1,7764
VIII	Sept. 18	1,7821
IX	Sept. 27	1,7965
X	·Octobr. 15	1,7860

Experimenta V—IX omnia in eodem loco facta sunt, contra I—IV in locis aliis; experimentum X proprie est mixtum, quum deflexiones loco quidem sueto observatae sint, oscillationes vero alio. Experimentis VII et VIII aequalis fere cura impensa est; contra experimentis IV, V, VI, X paullo minor, experimentisque I—III cura multo laxior. In experimentis I—VIII adhibitae sunt acus diversae quidem, sed eiusdem fere ponderis et longitudinis (pondus erat inter 400 et 440 grammata); contra experimento X inserviit acus, cuius pondus 1062 grammatum, longitudo 485 millimetrorum. Experimentum IX eum tantummodo in finem susceptum est, ut appareret, quemnam praecisionis gradum per acum minusculam attingere liceat: pondus acus adhibitae erat tantummodo 58 grammatum, ceterum cura haud minor, quam in experimentis VII et VIII. Nullum est dubium, subtilitatem observationum notabiliter auctum iri, si acus adhuc graviores, e. g. quarum pondus ad 2000 vel 3000 grammata surgat, in usum vocentur.

26.

Dum intensitas magnetismi terrestris T per *numerum* k exprimitur, huic subest unitas certa V, puta vis cum illa homogenea, cuius nexus cum aliis unitatibus immediate datis in praecedentibus quidem continetur, attamen modo aliquantulum complicatiori: operae itaque pretium erit, hunc nexum hic denuo producere, ut, quam mutationem patiatar numerus k, si loco unitatum fundamentalium ab aliis proficiscamur, elementari claritate ob oculos ponatur.

15*

Ad stabiliendam unitatem V proficisci oportuit ab unitate magnetismi liberi M*) atque unitate distantiae R, statuimusque V aequalem vi ipsius M in distantia R.

Pro unitate M adoptavimus eam quantitatem fluidi magnetici, quae in quantitatem aequalem M in distantia R collocatam agens producit vim motricem (aut si mavis pressionem) aequalem ei W, quae pro unitate accipitur, i. e. aequalem vi, quam exercet vis acceleratrix A pro unitate accepta in massam P pro unitate acceptam.

Ad stabiliendam unitatem A duplex via patet: scilicet vel depromi potest a vi simili immediate data, e. g. a gravitate in loco observationis, vel ab ipsius effectu in corporibus movendis. In modo posteriori, quem in calculis nostris sequuti sumus, duae novae unitates requiruntur, puta unitas temporis S atque unitas celeritatis C, ut pro unitate A accipiatur vis acceleratrix ea, quae per tempus S agens producit velocitatem C: denique pro hac ipsa accipitur ea, quae motui uniformi per spatium R intra tempus S respondet.

Ita patet, unitatem V a tribus unitatibus vel R, P, A vel R, P, S pendere.

Supponamus iam, loco unitatum V, R, M, W, A, P, C, S alias accipi $V', R', M', W', A', P', C', S'$ simili quo priores modo inter se nexas, atque utendo mensura V' magnetismum terrestrem per numerum k' exprimi, qui quomodo se habeat ad k inquirendum est.

Statuendo

$$V = vV'$$
$$R = rR'$$
$$M = mM'$$
$$W = wW'$$
$$A = aA'$$
$$P = pP'$$
$$C = cC'$$
$$S = sS'$$

erunt v, r, m, w, a, p, c, s numeri abstracti, atque

---

*) Vix necesse erit monere, significationes literis antea tributas hic cessare.

$$kV = k'V' \text{ sive } kv = k'$$
$$v = \frac{m}{rr}$$
$$\frac{mm}{rr} = w = pa$$
$$a = \frac{c}{s}$$
$$c = \frac{r}{s}$$

e quarum aequationum combinatione obtinemus

I. $$k' = k\sqrt{\frac{p}{rss}}$$

II. $$k' = k\sqrt{\frac{pa}{rr}}.$$

Quamdiu modum, quem in calculis nostris sequuti sumus, retinemus, formula priori uti oportet; e. g. si loco millimetri et milligrammatis metrum. et gramma pro unitatibus accipimus, erit $r = \frac{1}{1000}$, $p = \frac{1}{1000}$, adeoque $k' = k$; si lineam Parisiensem et libram Berolinensem, habebimus $r = \frac{1}{2,255829}$, $p = \frac{1}{467711,4}$, adeoque $k' = 0,002196161\,k$, unde e. g. experimenta VIII producunt valorem $T = 0,0039131$.

Si modum alterum sequi, atque gravitatem pro unitate virium acceleratricium adoptare malumus, statuemus pro observatorio Gottingensi $a = \frac{1}{9811,63}$, unde, quamdiu millimetrum et milligramma retinemus, numeri k per $0,01009554$ multiplicandi, mutationesque illarum unitatum secundum formulam II tractandae erunt.

27.

Intensitas vis magneticae terrestris horizontalis T, ut ad absolutam reducatur, per secantem inclinationis multiplicanda est. Hanc Gottingae variabilem esse, nostrisque temporibus diminutionem pati, docuerunt observationes ill. HUMBOLDT, qui mense Decembri 1805 invenit $69^0\,29'$, mense Septembri 1826 autem $68^0\,29'\,26''$. Equidem d. 23. Iunii 1832 adiumento eiusdem inclinatorii, quo olim usus erat b. MAYER, inveni $68^0\,22'\,52''$, quod retardationem diminutionis indicare videtur, attamen huic observationi minorem fidem haberem, tum propter instrumentum minus perfectum, tum quod observatio in observatorio facta a turbatione molium ferrearum non satis tuta est. Ceterum huic quoque elemento plenior cura in posterum dicabitur.

28.

Sequuti sumus in hac commentatione modum vulgo receptum, phaenomena magnetica explicandi, tum quod his complete satisfacit, tum quod per calculos longe simpliciores procedit, quam modus is, ubi magnetismus gyris galvano-electricis circa particulas corporis magnetici adscribitur: talem modum, qui utique pluribus nominibus se commendat, nec affirmare nec reiicere in animo fuit, quod inopportunum fuisset, quum lex actionis mutuae inter elementa talium gyrorum nondum satis explorata videatur. Quicunque vero modus phaenomena tum pure magnetica tum electromagnetica concipiendi in posterum adoptetur, certe respectu illorum cum modo vulgari ubique ad eundem finem perducere debet, et quae hoc ducente in hac commentatione evoluta sunt, forma tantum, non essentia, mutari poterunt.

ALLGEMEINE THEORIE

DES

ERDMAGNETISMUS

VON

CARL FRIEDRICH GAUSS.

Resultate aus den Beobachtungen des magnetischen Vereins im Jahre 1838.
Herausg. v. GAUSS u. WEBER. Leipzig 1839.

ALLGEMEINE THEORIE

DES

ERDMAGNETISMUS.

———

Der rastlose Eifer, womit man in neuerer Zeit in allen Theilen der Erdoberfläche die Richtung und Stärke der magnetischen Kraft der Erde zu erforschen strebt, ist eine um so erfreulichere Erscheinung, je sichtbarer dabei das
rein wissenschaftliche Interesse hervortritt. Denn in der That, wie wichtig auch
für die Schifffahrt die möglichst vollständige Kenntniss der Abweichungslinie ist,
so erstreckt sich doch ihr Bedürfniss eben nicht weiter, und was darüber hinaus-
liegt, bleibt für jene beinahe gleichgültig. Aber die Wissenschaft, wenn gleich
gern auch dem materiellen Interesse förderlich, lässt sich nicht auf dieses beschränken, sondern fordert für Alle Elemente ihrer Forschung gleiche An-
strengung.

Die Ausbeute der magnetischen Beobachtungen pflegt man auf den Erdkar-
ten durch drei Systeme von Linien darzustellen, die man wohl die isogonischen,
isoklinischen und isodynamischen Linien genannt hat. Diese Linien ändern ihre
Gestalt und Lage im Laufe der Zeit sehr bedeutend, so dass Eine Zeichnung nur
den Zustand der Erscheinung für einen bestimmten Zeitpunkt angibt. HALLEY's
Declinationskarte ist sehr verschieden von BARLOW's Darstellung im Jahr 1833;
und HANSTEEN's Inclinationskarte für 1780 weicht schon sehr stark von der jetzigen Lage der isoklinischen Linien ab: die Versuche, die Intensität darzustellen,
sind noch zu neu, als dass sich bei derselben schon jetzt ähnliche Änderungen

16

nachweisen liessen, die ohne Zweifel im Laufe der Zeit nicht ausbleiben werden. Alle diese Karten sind jetzt noch mehr oder weniger lückenhaft, oder theilweise unzuverlässig: es steht aber zu hoffen, dass, wenn sie auch die Vollständigkeit, wegen der Unzugänglichkeit einiger Theile der Erdfläche, nicht ganz erreichen können, sie doch mit raschen Schritten sich ihr mehr nähern werden.

Vom höhern Standpunkt der Wissenschaft aus betrachtet ist aber diese möglichst vollständige Zusammenstellung der Erscheinungen auf dem Wege der Beobachtung noch nicht das eigentliche Ziel selbst: man hat damit nur ähnliches gethan, wie der Astronom, wenn er z. B. die scheinbare Bahn eines Kometen auf der Himmelskugel beobachtet hat. Man hat nur Bausteine, kein Gebäude, so lange man nicht die verwickelten Erscheinungen Einem Princip unterwürfig gemacht hat. Und wie der Astronom, nachdem das Gestirn sich seinen Augen entzogen hat, sein Hauptgeschäft erst anfängt, gestützt auf das Gravitationsgesetz aus den Beobachtungen die Elemente der wahren Bahn berechnet, und dadurch sogar sich in den Stand setzt, den weitern Lauf mit Sicherheit anzugeben: so soll auch der Physiker sich die Aufgabe stellen, wenigstens in so weit die ungleichartigen und zum Theil weniger günstigen Umstände es verstatten, die die Erscheinungen des Erdmagnetismus hervorbringenden Grundkräfte nach ihrer Wirkungsart und nach ihren Grössenwerthen zu erforschen, die Beobachtungen, so weit sie reichen, diesen Elementen zu unterwerfen, und dadurch selbst wenigstens mit einem gewissen Grade von sicherer Annäherung die Erscheinungen für die Gegenden, wohin die Beobachtung nicht hat dringen können, zu anticipiren. Es ist jedenfalls gut, dies höchste Ziel vor Augen zu haben, und die Gangbarmachung der dazu führenden Wege zu versuchen, wenn auch gegenwärtig, bei der grossen Unvollkommenheit des Gegebenen, mehr als eine entfernte Annäherung zu dem Ziele selbst noch nicht möglich ist.

Es ist nicht meine Absicht, hier diejenigen frühern erfolglosen Versuche zu erwähnen, wobei man ohne alle physikalische Grundlage das grosse Räthsel errathen zu können meinte. Eine physikalische Grundlage kann man nur solchen Versuchen zugestehen, welche die Erde wie einen wirklichen Magnet betrachten, und die erwiesene Wirkungsart eines Magneten in die Ferne allein der Rechnung unterstellen. Aber alle bisherigen Versuche dieser Art haben das gemein, dass man, anstatt zuerst zu untersuchen, *wie* dieser grosse Magnet beschaffen sein müsse, um den Erscheinungen Genüge zu leisten, gleich gefasst darauf, eine einfache oder eine sehr zusammengesetzte Beschaffenheit hervorgehen zu sehen, vielmehr von vorne her von einer bestimmten einfachen Beschaffenheit ausging, und probirte, ob die Erscheinungen sich mit solcher Hypothese vertrügen. Indessen wiederholt sich hierin nur, was die Geschichte der Astronomie und der Naturwissenschaften von den Anfängen so vieler unserer Kenntnisse berichtet.

Die einfachste Hypothese dieser Art ist die, nur einen einzigen sehr kleinen Magnet im Mittelpunkt der Erde anzunehmen, oder vielmehr (da schwerlich jemand im Ernste an das wirkliche Vorhandensein eines solchen Magnets geglaubt hat) vorauszusetzen, der Magnetismus sei in der Erde so vertheilt, dass die Gesammtwirkung nach aussen der Wirkung eines fingirten unendlich kleinen Magnets äquivalire, ungefähr eben so, wie die Gravitation gegen eine homogene Kugel der Anziehung einer gleich grossen, im Mittelpunkt concentrirten Masse gleichkommt. In dieser Voraussetzung sind die beiden Punkte, wo die Fortsetzung der magnetischen Axe jenes Centralmagnets die Erdfläche schneidet, die magnetischen Pole der Erde, in denen die Magnetnadel vertical steht, und zugleich die Intensität am grössten ist; in dem grössten Kreise mitten zwischen beiden Polen (dem magnetischen Aequator) wird die Inclination $= 0$ und die Intensität halb so gross als in den Polen; zwischen dem magnetischen Aequator und einem Pole hängt sowohl Inclination als Intensität nur von dem Abstande von jenem Aequator (der magnetischen Breite) ab, und zwar so, dass die Tangente der Inclination der doppelten Tangente dieser Breite gleich ist; endlich fällt die Richtung der horizontalen Nadel überall mit der Richtung eines nach dem nordlichen magnetischen Pole gezogenen grössten Kreises zusammen. Mit allen diesen nothwendigen Folgen jener Hypothese stimmt aber die Natur nur in roher Annäherung überein; in der Wirklichkeit ist die Linie verschwindender Inclination kein grösster Kreis, sondern eine Linie von doppelter Krümmung; bei gleichen Neigungen findet man nicht gleiche Intensitäten; die Richtungen der horizontalen Nadel sind weit davon entfernt, alle nach Einem Punkte zu convergiren u. s. f. Es reicht also schon die oberflächliche Betrachtung hin, die Verwerflichkeit dieser Hypothese zu zeigen: gleichwohl wendet man den Einen der obigen Sätze noch jetzt als eine Näherung an, um die Lage der Linie verschwindender Inclinationen aus solchen Beobachtungen abzuleiten, die in einiger Entfernung von ihr, bei mässigen Inclinationen, gemacht sind.

Von einer ähnlichen Hypothese war bereits vor 80 Jahren TOBIAS MAYER

16*

ausgegangen, nur mit der Modification, dass er den unendlich kleinen Magnet nicht in den Mittelpunkt der Erde, sondern etwa um den siebenten Theil des Erdhalbmessers davon entfernt setzte: doch behielt er, vermuthlich um grössere Verwicklung der Rechnung zu vermeiden, die an sich ganz willkürliche Beschränkung bei, dass die gegen die Axe des Magnets senkrechte Ebene durch den Mittelpunkt der Erde gehe.   Auf diese Art fand er, bei einer freilich nur sehr kleinen Anzahl von Oertern, die beobachteten Abweichungen und Neigungen mit seiner Rechnung ganz gut übereinstimmend.   Eine ausgedehntere Prüfung würde aber bald gezeigt haben, dass man mit jener Hypothese das Ganze der Erscheinungen dieser beiden Elemente nicht viel besser darstellen kann, als mit der zuerst erwähnten.   Intensitätsbestimmungen gab es bekanntlich damals noch gar nicht.

HANSTEEN ist einen Schritt weiter gegangen, indem er die Hypothese *zweier* unendlich kleiner Magnete von ungleicher Lage und Stärke den Erscheinungen anzupassen versucht hat.   Die entscheidende Prüfung der Zulässigkeit oder Unzulässigkeit einer Hypothese bleibt immer die Vergleichung der in ihr erhaltenen Resultate mit den Erfahrungen.   HANSTEEN hat die seinige mit den Beobachtungen an 48 verschiedenen Oertern verglichen, unter denen sich jedoch nur 12 befinden, wo die Intensität mit bestimmt ist, und überhaupt nur 6, wo alle drei Elemente vorkommen.   Wir treffen hier noch Differenzen zwischen der Rechnung und Beobachtung an, die bei der Inclination fast auf 13 Grad steigen *).

Wenn man nun so grosse Abweichungen den Forderungen nicht entsprechend findet, die an eine genügende Theorie gemacht werden müssen, so kann man nicht umhin, den Schluss zu ziehen, dass die magnetische Beschaffenheit des Erdkörpers keine solche ist, für welche eine Concentrirung in Einen oder ein Paar einzelne unendlich kleine Magnete als Stellvertreterin gelten könnte.   Es wird damit nicht geleugnet, dass mit einer *grössern* Anzahl solcher fingirten Magnete zuletzt eine genügende Uebereinstimmung erreichbar werden könnte: allein eine ganz andere Frage ist, ob eine solche Form der Auflösung der Aufgabe gerathen sein würde; es scheint in der That, dass die schon bei zwei Magneten so

---

*) Bei der Declination kommt sogar einmal ein Unterschied von mehr als 29 Grad vor: allein es ist billig, den Fehler der Rechnung nicht nach der Zahl der Declinationsgrade, sondern nach der wirklichen Ungleichheit zwischen der berechneten und beobachteten ganzen Richtung zu schätzen, wo er bei dem in Rede stehenden Orte 11½ Grad beträgt.

überaus beschwerlichen Rechnungen für eine bedeutend grössere Zahl der Ausführbarkeit unübersteigliche Schwierigkeiten entgegensetzen würden. Das Beste wird sein, diesen Weg ganz zu verlassen, der unwillkürlich an die Versuche erinnert, die Planetenbewegungen durch immer mehr gehäufte Epicykeln zu erklären.

In der gegenwärtigen Abhandlung werde ich die allgemeine Theorie des Erdmagnetismus, unabhängig von allen besondern Hypothesen über die Vertheilung der magnetischen Flüssigkeit im Erdkörper, entwickeln, und zugleich die Resultate mittheilen, welche ich aus der ersten Anwendung der Methode erhalten habe. So unvollkommen diese Resultate auch sein müssen, so werden sie doch einen Begriff davon geben können, was man hoffen darf in Zukunft zu erreichen, wenn einer feinern und wiederholten Ausfeilung derselben erst zuverlässige und vollständige Beobachtungen aus allen Gegenden der Erde werden untergelegt werden können.

1.

Die Kraft, welche einer in ihrem Schwerpunkte aufgehängten Magnetnadel an jedem Orte der Erde eine bestimmte Richtung ertheilt, indem jede fremde äussere Ursache, die auf die Nadel wirken könnte (wie die Nähe eines andern künstlichen Magnets, oder die Nähe des Leiters eines galvanischen Stroms) als beseitigt vorausgesetzt wird, nennt man die erdmagnetische Kraft, insofern man den Sitz ihrer Ursache nur in dem Erdkörper selbst suchen kann. Zweifelhaft ist allerdings, ob die regelmässigen und unregelmässigen stündlichen Aenderungen in jener Kraft nicht ihre nächsten Ursachen ausserhalb des Erdkörpers haben mögen, und es steht zu hoffen, dass die jetzt auf diese Erscheinungen allgemein gerichtete Aufmerksamkeit der Naturforscher uns darüber in Zukunft bedeutende Aufschlüsse geben werde. Allein man darf nicht vergessen, dass diese Änderungen vergleichungsweise nur sehr klein sind, und dass also eine viel stärkere beharrlich wirkende Hauptkraft da sein muss, deren Sitz wir in der Erde selbst annehmen. Es knüpft sich hieran sofort die Folgerung, dass die zur Untersuchung dieser Hauptkraft dienenden thatsächlichen Grundlagen eigentlich von den erwähnten anomalischen Aenderungen befreiet sein sollten, was nur durch Mittelwerthe aus zahlreichen fortgesetzten Beobachtungen möglich ist, und dass so lange solche reine Resultate nicht von einer grossen Anzahl von Punkten auf der ganzen Erdoberfläche vorhanden sind, das Höchste, was man wird erreichen können, eine Annäherung ist, wobei Differenzen von der Ordnung solcher Anomalien zurückbleiben können.

2.

Die Grundlage unserer Untersuchungen ist die Voraussetzung, dass die erdmagnetische Kraft die Gesammtwirkung der magnetisirten Theile des Erdkörpers ist. Das Magnetisirtsein stellen wir uns als eine Scheidung der magnetischen Flüssigkeit vor: diese Vorstellungsweise einmal angenommen, gehört die Wirkungsart dieser Flüssigkeiten (Abstossung oder Anziehung des Gleichnamigen oder Ungleichnamigen im verkehrten Verhältniss des Quadrats der Entfernung) zu den erwiesenen physikalischen Wahrheiten. Eine Vertauschung dieser Vorstellungsart mit der AMPÈRESchen, wonach, mit Beseitigung der magnetischen Flüssigkeiten, der Magnetismus nur in beharrlichen galvanischen Strömungen in den kleinsten Theilen der Körper besteht, würde in den Resultaten gar nichts abändern; dasselbe würde auch gelten, wenn man den Erdmagnetismus einer gemischten Ursache zuschreiben wollte, so dass derselbe theils aus Scheidung der magnetischen Flüssigkeiten in der Erde, theils aus galvanischen Strömungen in derselben herrührte, indem bekanntlich anstatt eines jeden galvanischen Stromes eine solche bestimmte Vertheilung von magnetischen Flüssigkeiten an einer von der Stromlinie begrenzten Fläche substituirt werden kann, dass dadurch in jedem Punkte des äussern Raumes genau dieselbe magnetische Wirkung ausgeübt wird, wie durch den galvanischen Strom.

3.

Zur Abmessung der magnetischen Flüssigkeiten legen wir, wie in der Schrift *Intensitas vis magneticae* etc., diejenige Quantität nordlichen Fluidums als positive Einheit zum Grunde, welche auf eine eben so grosse Quantität desselben Fluidums in der zur Einheit angenommenen Entfernung eine bewegende Kraft ausübt, die der zur Einheit angenommenen gleich ist. Wenn wir von der magnetischen Kraft, welche in irgend einem Punkte des Raumes, als Wirkung von anderswo befindlichem magnetischen Fluidum, schlechthin sprechen, so ist darunter immer die bewegende Kraft verstanden, welche daselbst auf die Einheit des positiven magnetischen Fluidums ausgeübt wird. In diesem Sinne übt folglich die in Einem Punkt concentrirt gedachte magnetische Flüssigkeit μ in der Entfernung ρ die magnetische Kraft $\frac{\mu}{\rho\rho}$ aus, und zwar abstossend oder anziehend in der Richtung der geraden Linie ρ, je nachdem μ positiv oder negativ ist. Bezeichnet man durch a, b, c die Coordinaten von μ in Beziehung auf drei unter rechten Winkeln einander schneidende Axen; durch x, y, z die Coordinaten des Punkts, wo die Kraft ausgeübt wird, so dass $\rho = \sqrt{((x-a)^2+(y-b)^2+(z-c)^2)}$, und zerlegt die Kraft den Coordinatenaxen parallel, so sind die Componenten

$$\frac{\mu(x-a)}{\rho^3}, \quad \frac{\mu(y-b)}{\rho^3}, \quad \frac{\mu(z-c)}{\rho^3}$$

welche, wie man leicht sieht, den partiellen Differentialquotienten von $-\frac{\mu}{\rho}$ nach x, y und z gleich sind.

Wirken ausser μ noch andere Theile magnetischen Fluidums, μ', μ'', μ''' u.s.w., concentrirt in Punkten, deren Entfernung von dem Wirkungsorte bezugweise ρ', ρ'', ρ''' u.s.w. ist, so sind die Componenten der ganzen daraus resultirenden magnetischen Kraft, parallel mit den Coordinatenaxen, gleich den partiellen Differentialquotienten von

$$-\left(\frac{\mu}{\rho}+\frac{\mu'}{\rho'}+\frac{\mu''}{\rho''}+\frac{\mu'''}{\rho'''}+ \text{ u.s.w.}\right)$$

nach x, y und z.

4.

Man übersieht hienach leicht, welche magnetische Kraft in jedem Punkte des Raumes von der Erde ausgeübt werde, wie auch die magnetischen Flüssigkeiten in derselben vertheilt sein mögen. Man denke sich das ganze Volumen der Erde, so weit es freien Magnetismus, d. i. geschiedene magnetische Flüssigkeiten enthält, in unendlich kleine Elemente zerlegt, bezeichne unbestimmt die in jedem Elemente enthaltene Menge freien magnetischen Fluidums mit $d\mu$, wobei südliches stets als negativ betrachtet wird; ferner mit ρ die Entfernung des $d\mu$ von einem unbestimmten Punkte des Raumes, dessen rechtwinklige Coordinaten x, y, z sein mögen, endlich mit V das Aggregat der $\frac{d\mu}{\rho}$ mit verkehrtem Zeichen durch die Gesammtheit aller magnetischen Theilchen der Erde erstreckt. oder es sei

$$V = - \int \frac{d\mu}{\rho}$$

Es hat also V in jedem Punkte des Raumes einen bestimmten Werth, oder es ist eine Function von x, y, z, oder auch von je drei andern veränderlichen Grössen, wodurch man die Punkte des Raumes unterscheidet. Die magnetische Kraft ψ in jedem Punkte des Raumes, und die Componenten ξ, η, ζ, die aus der Zerlegung von ψ parallel mit den Coordinatenaxen entstehen, finden sich dann durch die Formeln

$$\xi = \frac{dV}{dx}, \quad \eta = \frac{dV}{dy}, \quad \zeta = \frac{dV}{dz}, \quad \psi = \sqrt{(\xi\xi + \eta\eta + \zeta\zeta)}$$

5.

Es sollen nun zuvörderst einige allgemeine von der Form der Function V unabhängige Sätze entwickelt werden, die wegen ihrer Einfachheit und Eleganz merkwürdig sind.

Das vollständige Differential von V wird

$$dV = \frac{dV}{dx} . dx + \frac{dV}{dy} . dy + \frac{dV}{dz} . dz$$
$$= \xi dx + \eta dy + \zeta dz$$

Bezeichnet man mit ds die Entfernung zwischen den beiden Punkten, auf welche sich V und $V + dV$ beziehen, und mit θ den Winkel, welchen die Richtung der magnetischen Kraft ψ mit ds macht, so wird

$$dV = \psi \cos \theta . ds$$

weil $\frac{\xi}{\psi}, \frac{\eta}{\psi}, \frac{\zeta}{\psi}$ die Cosinus der Winkel sind, welche die Richtung von ψ mit den Coordinatenaxen macht, hingegen $\frac{dx}{ds}, \frac{dy}{ds}, \frac{dz}{ds}$ die Cosinus der Winkel zwischen ds und denselben Axen. Es ist also $\frac{dV}{ds}$ gleich der auf die Richtung von ds projicirten Kraft; dasselbe folgt auch schon aus der Gleichung $\frac{dV}{dx} = \xi$, wenn man sich erinnert, dass die Coordinatenaxen nach Willkür gewählt werden können.

6.

Werden zwei Punkte im Raume, P^0, P' durch eine beliebige Linie verbunden, wovon ds ein unbestimmtes Element vorstellt, und bedeutet wie vorhin θ den Winkel zwischen ds und der Richtung der daselbst Statt findenden magnetischen Kraft, und ψ deren Intensität, so ist

$$\int \psi \cos \theta . \mathrm{d}s = V' - V^0$$

wenn man die Integration durch die ganze Linie ausdehnt, und mit V^0, V' die Werthe von V an den Endpunkten bezeichnet.

Folgende Corollarien dieses fruchtbaren Satzes verdienen hier besonders angeführt zu werden:

I. Das Integral $\int \psi \cos \theta . \mathrm{d}s$ behält einerlei Werth: auf welchem Wege man auch von P^0 nach P' übergeht.

II. Das Integral $\int \psi \cos \theta . \mathrm{d}s$ durch die ganze Länge irgend einer in sich zurückkehrenden Linie ausgedehnt, ist immer $= 0$.

III. In einer geschlossenen Linie muss, wenn nicht durchgehends $\theta = 90^0$ ist, ein Theil der Werthe von θ kleiner und ein Theil grösser als 90^0 sein.

7.

Die Fläche, in deren sämmtlichen Punkten V einerlei bestimmten Werth $= V^0$ hat, scheidet die Punkte des Raumes, in welchen V einen Werth grösser als V^0 hat, von denen, wo der Werth kleiner als V^0 ist*). Aus dem Satz des Art. 5. folgt leicht, dass die magnetische Kraft in jedem Punkte dieser Fläche eine gegen die Fläche senkrechte Richtung hat, und zwar nach der Seite zu, auf welcher die grössern Werthe von V Statt finden. Ist $\mathrm{d}s$ eine unendlich kleine gegen die Fläche senkrechte Linie, und $V^0 + \mathrm{d}V^0$ der Werth von V an dem andern Endpunkte derselben, so wird die Intensität der magnetischen Kraft $= \frac{\mathrm{d}V^0}{\mathrm{d}s}$. Die Gesammtheit der Punkte, wofür $V = V^0 + \mathrm{d}V^0$ ist, bildet eine zweite der ersten unendlich nahe Fläche, und an den verschiedenen Stellen des ganzen Zwischenraumes ist die Intensität der magnetischen Kraft der Entfernung beider Flächen von einander verkehrt proportional. Lässt man V durch unendlich kleine aber gleiche Stufen sich ändern, so entsteht dadurch ein System

---

*) Könnte die Function V jede willkürlich aufgestellte Form haben, so könnte in besondern Fällen ein Maximum- oder Minimum-Werth von V einem isolirten Punkte oder einer isolirten Linie entsprechen, um welchen oder um welche ringsum bloss kleinere oder bloss grössere Werthe Statt finden würden, oder auch einer Fläche, auf deren *beiden* Seiten zugleich kleinere oder grössere Werthe gälten. Allein die Bedingungen, denen die Function V unterworfen ist, lassen diese Ausnahmsfälle nicht zu. Eine ausführliche Entwickelung dieses Gegenstandes muss aber, da sie für unsern gegenwärtigen Zweck unnöthig ist, einer andern Gelegenheit vorbehalten bleiben.

von Flächen, die den Raum in unendlich dünne Schichten abtheilen, und die verkehrte Proportionalität der Dicke der Schichten zu der Intensität der magnetischen Kraft gilt dann nicht bloss für verschiedene Stellen einer und derselben Schicht, sondern auch für verschiedene Schichten.

8.

Wir wollen nun das Verhalten der Werthe von V auf der Oberfläche der Erde betrachten.

Es sei in einem Punkte P der Erdoberfläche ψ die Intensität, PM die Richtung der ganzen magnetischen Kraft; ω die Intensität, PN die Richtung der auf die horizontale Ebene projicirten Kraft, oder PN die Richtung des magnetischen Meridians, in dem Sinn vom Südpol der Magnetnadel zum Nordpol; i der Winkel zwischen PM und PN oder die Inclination; θ, t die Winkel zwischen dem Elemente ds einer auf der Erdoberfläche liegenden Linie und den Richtungen PM, PN; endlich entsprechen V und $V + dV$ dem Anfangs- und Endpunkte von ds. Wir haben folglich

$$\cos\theta = \cos i \cos t, \qquad \omega = \psi \cos i$$

und die Gleichung des Art. 5. verwandelt sich in

$$dV = \omega \cos t . ds$$

Sind also zwei Punkte P^0, P' auf der Erdoberfläche, in welchen V die Werthe V^0. V' hat, durch eine ganz auf der Erdoberfläche liegende Linie verbunden, von welcher ds ein unbestimmtes Element bedeutet, so ist

$$\int \omega \cos t . ds = V' - V^0$$

wenn die Integration durch die ganze Linie ausgedehnt wird, und offenbar gelten nun auch hier drei den im Art. 6. angeführten ganz ähnliche Corollarien, nemlich:

I. Das Integral $\int \omega \cos t\, ds$ behält einerlei Werth, auf welchem Wege auf der Oberfläche der Erde man auch von P^0 nach P' übergeht.

II. Das Integral $\int \omega \cos t . ds$ durch die ganze Länge einer auf der·Oberfläche der Erde liegenden geschlossenen Linie ist immer $= 0$.

III. In einer solchen geschlossenen Linie muss nothwendig, falls nicht durchgehends $t = 90^0$ ist. ein Theil der Werthe von t spitz und ein Theil stumpf sein.

9.

Die Sätze I. und II. des vorhergehenden Artikels (welche eigentlich nur zwei verschiedene Einkleidungen derselben Sache sind) lassen sich wenigstens näherungsweise an wirklichen Beobachtungen prüfen. Es sei $P^0 P' P'' \dots P^0$ ein Polygon auf der Erdoberfläche, dessen Seiten die kürzesten Linien zwischen ihren Endpunkten, also, wenn man die Erde hier nur als kugelförmig betrachtet, grösste Kreisbögen sind. Es seien ω^0, ω', ω'' u. s. w. die Intensitäten der horizontalen magnetischen Kraft in den Punkten P^0, P', P'' u. s. w.; ferner δ^0, δ', δ'' u. s. w. die Declinationen, die man nach üblicher Weise westlich vom Nordpunkte als positiv, östlich als negativ betrachten mag: endlich sei (01) das Azimuth der Linie $P^0 P'$ in P^0, und zwar nach üblicher Weise von Süden aus nach Westen herumgezählt; eben so (10) das Azimuth derselben Linie rückwärts genommen in P' u. s. w.

Man bemerke, dass t zwar in jeder Polygonseite sich nach der Stetigkeit ändert, in den Eckpunkten hingegen sprungsweise, und also in diesen zwei verschiedene Werthe hat; z. B. in P' hat t

den Werth $(10) + \delta'$, insofern P' der Endpunkt von $P^0 P'$ ist,

den Werth $180^0 + (12) + \delta'$, insofern P' der Anfangspunkt von $P' P''$ ist.

Von dem Integral $\int \omega \cos t . ds$, durch $P^0 P'$ ausgedehnt, kann man als genäherten Werth betrachten

$$\tfrac{1}{2} (\omega^0 \cos t^0 + \omega' \cos t') . P^0 P'$$

wenn t^0, t' die Werthe von t in P^0 als Anfangspunkt und in P' als Endpunkt von $P^0 P'$ bedeuten; diese Annäherung ist alles, was man erlangen kann, insofern man die Werthe von ω und t eben nur in den Endpunkten P^0, P' hat, und sie ist um so zulässiger, je kleiner die Linie ist. Der angegebene Ausdruck ist in unsern Bezeichnungen

$$= \tfrac{1}{2} \{ \omega' \cos ((10) + \delta') - \omega^0 \cos ((01) + \delta^0) \} . P^0 P'$$

Auf ähnliche Art ist der genäherte Werth des Integrals, durch $P' P''$ ausgedehnt,

17 *

$$= \tfrac{1}{2}\{\omega''\cos((21)+\delta'')-\omega'\cos((12)+\delta')\}.P'P''$$

u. s. f. durch das ganze Polygon.

Für ein Dreieck gibt also unser Satz die näherungsweise richtige Gleichung

$$\omega^0\{P^0P'\cos((01)+\delta^0)-P^0P''\cos((02)+\delta^0)\}$$
$$+\omega'\{P'P''\cos((12)+\delta')-P^0P'\cos((10)+\delta')\}$$
$$+\omega''\{P^0P''\cos((20)+\delta'')-P'P''\cos((21)+\delta'')\}$$
$$= 0$$

Offenbar sind bei dieser Gleichung die Einheiten für die Intensitäten und Distanzen willkürlich.

10.

Als ein Beispiel wollen wir die Formel auf die magnetischen Elemente von

Göttingen	$\delta^0 = 18^0\,38'$	$i^0 = 67^0\,56'$	$\psi^0 = 1{,}357$
Mailand	$\delta' = 18\ \ 33$	$i' = 63\ \ 49$	$\psi' = 1{,}294$
Paris	$\delta'' = 22\ \ \ 4$	$i'' = 67\ \ 24$	$\psi'' = 1{,}348$

anwenden, woraus

$$\omega^0 = 0{,}50980$$
$$\omega' = 0{,}57094$$
$$\omega'' = 0{,}51804$$

folgt.　Legt man die geographische Lage

Göttingen	$51^0\,32'$ Breite	$9^0\,58'$ Länge von Greenwich
Mailand	$45\ \ 28$	$9\ \ 9$
Paris	$48\ \ 52$	$2\ \ 21$

zum Grunde, und führt die Rechnung nur wie auf der Kugelfläche, so findet sich

$$(01) = \ \ \ \ \ 5^0\,11'\,31''$$
$$(10) = 184\ \ 35\ \ 35$$
$$\left.\right\}\ P^0P' = 6^0\ \ 5'\,20''$$

$$(12) = 128\ \ 47\ \ 31$$
$$(21) = 303\ \ 48\ \ \ 1$$
$$\left.\right\}\ P'P'' = 5\ \ 44\ \ \ 6$$

$$(20) = 238\ \ 20\ \ 20$$
$$(02) = \ \ 64\ \ 10\ \ 12$$
$$\left.\right\}\ P^0P'' = 5\ \ 32\ \ \ 4$$

Substituirt man diese Werthe, und die obigen von δ^0, δ', δ'' in unsrer Gleichung, indem man die Distanzen in Secunden ausdrückt, so wird sie

$$0 = 17556\,\omega^0 + 2774\,\omega' - 20377\,\omega''$$

oder

$$\omega'' = 0{,}86158\,\omega^0 + 0{,}13613\,\omega'$$

Aus den beobachteten horizontalen Intensitäten in Göttingen und Mailand folgt hienach die für Paris $\omega'' = 0{,}51696$, fast genau mit dem beobachteten Werthe $0{,}51804$ übereinstimmend.

Uebrigens sieht man leicht, dass, wenn man sich erlauben will, anstatt der Distanzen $P^0 P'$ u. s. w. ihre Sinus zu setzen, die obige Formel unmittelbar durch die geographischen Längen und Breiten der Örter ausgedrückt werden kann.

11.

Die Linie auf der Erdoberfläche, in deren sämmtlichen Punkten V einerlei bestimmten Werth $= V^0$ hat, scheidet, allgemein zu reden, die Theile jener Fläche, in welchen V einen Werth grösser als V^0 hat, von denen, wo er kleiner ist. Die horizontale magnetische Kraft in jedem Punkte dieser Linie ist offenbar senkrecht gegen dieselbe, und zwar nach der Seite zu gerichtet, wo die grössern Werthe von V Statt finden. Ist ds eine unendlich kleine Linie in dieser Richtung, und $V^0 + dV^0$ der Werth von V an deren anderm Endpunkte, so ist $\frac{dV^0}{ds}$ die Intensität der horizontalen magnetischen Kraft an dieser Stelle. So wie nun auch hier die Gesammtheit der Punkte, welchen der Werth $V = V^0 + dV^0$ entspricht, eine zweite der ersten unendlich nahe liegende Linie bildet, also aus der ganzen Erdfläche eine *Zone* aussondert, innerhalb welcher die Werthe von V zwischen V^0 und $V^0 + dV^0$ liegen, und wo die horizontale Intensität der Breite der Zone verkehrt proportional ist, so wird, wenn man V durch unendlich kleine aber gleiche Stufen von dem kleinsten auf der Erdoberfläche Statt habenden Werthe bis zum grössten sich ändern lässt, die ganze Erdfläche in eine unendlich grosse Anzahl unendlich schmaler Zonen abgetheilt, gegen deren Scheidungslinien die horizontale magnetische Kraft überall normal, und in ihrer Intensität der Breite der Zonen an den betreffenden Stellen verkehrt proportional ist. Den beiden äussersten Werthen von V entsprechen hiebei zwei von den Zonen eingeschlossene Punkte, in welchen die horizontale Kraft $= 0$ wird, und wo also die ganze magnetische Kraft nur vertical sein kann: diese Punkte heissen die magnetischen Pole der Erde.

Die Scheidungslinien der Zonen sind nichts anderes, als die Schnitte der im 7. Art. betrachteten Flächen mit der Erdoberfläche, während in den Polen nur Berührung Statt findet.

12.

Die im vorhergehenden Artikel beschriebene Gestaltung des Liniensystems ist eigentlich nur der einfachste Typus, der mancherlei Ausnahmen erleiden könnte, wenn jede mögliche Vertheilung des Magnetismus in der Erde berücksichtigt werden sollte. Wir werden indess hier diesen Gegenstand nicht erschöpfen, sondern zur Erläuterung nur einige Bemerkungen über die Ausnahmsfälle beifügen, zumal da bei der *wirklichen* magnetischen Beschaffenheit der Erde das Liniensystem auf ihrer Oberfläche allerdings jene Gestaltung hat, wenigstens gewiss keine ins Grosse gehende Ausnahmsfälle darbietet, sondern höchstens vielleicht hie und da einen bloss localen.

Von einigen Physikern ist die Meinung aufgestellt, dass die Erde zwei magnetische Nordpole und zwei Südpole habe: es scheint aber nicht, dass vorher der wesentlichsten Bedingung genügt, und eine *präcise* Begriffsbestimmung gegeben sei, was man unter einem magnetischen Pole verstehen wolle. Wir werden mit dieser Benennung jeden Punkt der Erdoberfläche bezeichnen, wo die horizontale Intensität $= 0$ ist: allgemein zu reden ist also daselbst die Inclination $= 90^0$; es ist aber auch der singuläre Fall (wenn er vorkäme) mit eingeschlossen, wo die ganze Intensität $= 0$ ist. Wollte man diejenigen Stellen magnetische Pole nennen, wo die ganze Intensität einen Maximumwerth hat (d.i. einen grössern, als ringsherum in der nächsten Umgebung): so darf man nicht vergessen, dass dies etwas von jener Begriffsbestimmung ganz verschiedenes ist, dass letztere Punkte mit jenen weder dem Orte noch der Anzahl nach einen nothwendigen Zusammenhang haben, und dass es zur Verwirrung führt, wenn ungleichartige Dinge mit einerlei Namen benannt werden.

Sehen wir von der wirklichen Beschaffenheit der Erde ab, und fassen die Frage allgemein auf, so können allerdings mehr als zwei magnetische Pole existiren; es scheint aber noch nicht bemerkt zu sein, dass sobald z. B. zwei Nordpole vorhanden sind, es nothwendig zwischen ihnen noch einen dritten Punkt

geben muss, der gleichfalls ein magnetischer Pol, aber eigentlich weder ein Nordpol noch ein Südpol, oder, wenn man lieber will, beides zugleich ist.

Zur Aufklärung dieses Gegenstandes ist nichts dienlicher, als die Betrachtung unsers Liniensystems.

Wenn die Function V in einem Punkte der Erdoberfläche P^* einen Maximumwerth V^* hat, also ringsum kleinere Werthe, so wird einer Reihe von stufenweise abnehmenden Werthen ein System von Ringlinien entsprechen, deren
jede alle vorhergehenden und den Punkt P^* einschliesst, und die Richtung der
horizontalen magnetischen Kraft oder des Nordpols der Magnetnadel wird auf jeder dieser Ringlinien *nach Innen* gehen*): dies ist das charakteristische Merkmal
eines magnetischen Nordpols**). Man kann offenbar die Ringe so klein, oder
die entsprechenden Werthe der Function V so wenig von V^* verschieden annehmen, dass jeder andere gegebene Punkt noch ausserhalb bleibt.

Wir wollen mit S den Inbegriff aller Punkte auf der Erdoberfläche bezeichnen, in welchen der Werth von V grösser ist als eine gegebene Grösse W. Offenbar wird S entweder Einen zusammenhängenden Flächenraum bilden, oder
mehrere von einander getrennte, und *in* der Begrenzungslinie oder den Begrenzungslinien, welche dieselbe von den übrigen Theilen, wo V kleiner als W ist,
scheiden, wird $V = W$ sein. Lässt man W ab- oder zunehmen, so erweitert
oder verengt sich jener Flächenraum.

Nehmen wir nun an, P^{**} sei ein zweiter Punkt von ähnlicher Beschaffenheit wie P^*, so dass auch in jenem V einen Maximumwerth $= V^{**}$ habe. Da
man, nach dem was vorhin bemerkt ist, der Grösse W einen Werth kleiner als
V^* und so wenig davon verschieden beilegen kann, das P^{**} ausserhalb desjenigen Stücks von S fällt, in welchem P^* liegt, so wird, wenn man voraussetzt,
dass V^{**} nicht kleiner ist als V^* (was erlaubt ist), mithin auch grösser als W,

---

*) Diese Ringlinien sind, selbst als unendlich klein angenommen, nicht nothwendig kreisrund, son-
dern allgemein zu reden elliptisch, und daher die gegen sie normale Richtung der Magnetnadel nicht mit
der Richtung nach P^* zusammenfallend, ausser an vier Stellen jedes Ringes. Man kann daher bedeutende Fehler begehen, wenn man den Durchschnitt von zwei verlängerten Compassrichtungen, aus beträchtlichen Entfernungen, ohne Weiteres für P^* annimmt.

**) Wir conformiren uns hier dem gewöhnlichen Sprachgebrauche, wonach man den von Capitaine
Ross festgelegten Punkt mit jenem Namen belegt, obgleich er eigentlich ein Südpol ist, insofern man die
Erde selbst wie einen Magnet betrachtet.

nothwendig auch P^{**} einem Stück von S angehören: es liegen folglich P^* und P^{**} zwar beide in S, aber in getrennten Stücken von S.

Offenbar kann man dagegen auch W so klein annehmen, dass P^* und P^{**} in Einem zusammenhängenden Stücke von S liegen, da, wenn man nur W klein genug nimmt, S die ganze Erdfläche umfassen kann.

Lässt man nun W alle Werthe vom ersten zum zweiten stufenweise durchlaufen, so muss einer darunter V^{***} der letzte sein, für welchen P^*, P^{**} noch in getrennten Stücken von S liegen, welche, sobald W von da noch weiter abnimmt, in Ein Stück zusammenfliessen.

Geschieht dieses Zusammenfliessen in Einem Punkte P^{***}, so hat die Begrenzungslinie, in welcher $V = V^{***}$ ist, die Gestalt einer Acht, die in jenem Punkte sich selbst kreuzt, und man überzeugt sich leicht, dass daselbst die horizontale Intensität $= 0$ sein muss. In der That geschieht jene Kreuzung entweder unter einem messbaren Winkel, oder nicht. Im erstern Fall müsste die horizontale Kraft, wenn sie nicht $= 0$ wäre, gegen zwei verschiedene Tangenten normal sein, was absurd ist; im zweiten Falle, wo die beiden Hälften der Acht in P^{***} einander berühren, oder einerlei Tangente haben würden, könnte die gegen diese Tangente normale Kraft nur gegen das Innere der einen Flächenhälfte der Acht gerichtet sein, was einen Widerspruch enthält, da der Werth von V nach beiden Seiten zu wächst; es ist also P^{***} nach unserer Definition ein wahrer magnetischer Pol, aber ein Pol, welcher in Beziehung auf die zunächstliegenden Punkte innerhalb der beiden Öffnungen der Acht wie ein Südpol, in Beziehung auf die ausserhalb liegenden hingegen wie ein Nordpol betrachtet werden muss. Zur Erläuterung dieser Gestaltung des Liniensystems kann die Fig. 1. dienen.

Geschieht das Zusammenfliessen an zwei verschiedenen Stellen zugleich, so gilt von diesen dasselbe, was eben von Einem Punkte bewiesen ist, und man sieht leicht ein, dass sich dann innerhalb des P^* und P^{**} einschliessenden Raumes ein inselförmiger Raum bilden wird, der bei fortwährender Abnahme von W sich immer mehr verengen, und zuletzt nothwendig in einen wahren Südpol auflösen muss.

Ähnliches gilt, wenn das Zusammenfliessen zugleich in drei oder mehrern einzelnen Punkten Statt findet. Geschieht es aber auf einmal in einer ganzen Linie, so muss auch in allen Punkten derselben die horizontale Kaft verschwinden.

Übrigens ist von selbst klar, dass eben so die Annahme von zwei *Südpolen* zugleich das Dasein eines dritten Polpunkts bedingt, welcher weder Südpol noch Nordpol, oder vielmehr beides zugleich ist.

13.

Aus dem, was im vorhergehenden Artikel entwickelt ist, übersieht man nun leicht, welche Bewandtniss es mit mehrern denkbaren Ausnahmen von dem einfachsten Typus unsers Liniensystems habe. Der Inbegriff aller Punkte, denen ein bestimmter Werth von V entspricht, kann eine Linie sein, die aus mehrern Stücken besteht, wovon jedes in sich selbst zurückkehrt, die aber ganz von einander getrennt sind; es kann eine Linie sein, die sich selbst kreuzt; endlich kann es auch eine solche sein, der auf beiden Seiten Flächenräume anliegen, wo V grösser ist als in der Linie, oder auf beiden Seiten kleiner.

Wir können behaupten, dass etwas ins Grosse gehende Abweichungen solcher Art vom einfachsten Typus auf der Erde nicht Statt finden. Aber locale Abweichungen sind sehr wohl denkbar, wo nahe unter der Erdoberfläche magnetische Massen sich befinden, die zwar in etwas beträchtlicher Entfernung keine merkliche Wirkung mehr ausüben, aber in der unmittelbaren Umgebung doch eine so starke, dass die in regelmässiger Fortschreitung wirkende erdmagnetische Kraft davon ganz überboten und unkenntlich gemacht wird. In der einfachsten Form könnte dann das Liniensystem in einer solchen Gegend eine Gestaltung haben, wie die 2te Figur versinnlicht.

14.

Nach dieser geometrischen Darstellung der Verhältnisse der horizontalen magnetischen Kraft schreiten wir zur Entwicklung der Art, wie sie dem Calcül unterworfen werden, fort. Auf der Oberfläche der Erde geht V in eine blosse Function zweier veränderlichen Grössen über, wofür wir die geographische Länge von einem beliebigen ersten Meridian östlich gezählt und die Distanz vom Nordpol annehmen wollen: jene soll mit λ, diese, das Complement der geographischen Breite, mit u bezeichnet werden. Betrachten wir die Erde als aus der Umdrehung einer Ellipse, deren halbe grosse Axe $= R$, die halbe kleine $= (1-\varepsilon)R$, um letztere entstanden, so ist die Grösse eines Elements des Meridians

18

$$= \frac{(1-\varepsilon)^2 \, R \cdot \mathrm{d}u}{(1-(2\varepsilon-\varepsilon\varepsilon)\cos u^2)^{\frac{3}{2}}}$$

und die Grösse eines Elements des Parallelkreises

$$= \frac{R\sin u \cdot \mathrm{d}\lambda}{\sqrt{(1-(2\varepsilon-\varepsilon\varepsilon)\cos u^2)}}$$

Zerlegt man die horizontale magnetische Kraft in zwei Theile, wovon der eine X in der Richtung des Erdmeridians, der andere Y senkrecht dagegen wirkt, und betrachtet man als positiv X, insofern diese Componente nach Norden, und Y, insofern diese nach Westen gerichtet ist, so wird

$$X = -\frac{(1-(2\varepsilon-\varepsilon\varepsilon)\cos u^2)^{\frac{3}{2}}}{(1-\varepsilon)^2} \cdot \frac{\mathrm{d}V}{R\,\mathrm{d}u}$$

$$Y = -\sqrt{(1-(2\varepsilon-\varepsilon\varepsilon)\cos u^2)} \cdot \frac{\mathrm{d}V}{R\sin u \cdot \mathrm{d}\lambda}$$

Die ganze horizontale Kraft wird sodann

$$= \sqrt{(XX+YY)}$$

und die Tangente der Declination

$$= \frac{Y}{X}$$

Vernachlässigt man das Quadrat der Abplattung ε, so werden jene Ausdrücke

$$X = -\left(1+(2-3\cos u^2)\varepsilon\right) \cdot \frac{\mathrm{d}V}{R\,\mathrm{d}u}$$

$$Y = -\left(1-\varepsilon\cos u^2\right) \cdot \frac{\mathrm{d}V}{R\sin u \cdot \mathrm{d}\lambda}$$

oder wenn man die Abplattung ganz bei Seite setzt

$$X = -\frac{\mathrm{d}V}{R\,\mathrm{d}u}$$

$$Y = -\frac{\mathrm{d}V}{R\sin u \cdot \mathrm{d}\lambda}$$

Die bis jetzt zu Gebote stehenden Beobachtungsdata sind noch viel zu dürftig, und die meisten derselben viel zu roh, als dass es gegenwärtig schon rathsam sein könnte, die sphäroidische Gestalt der Erde zu berücksichtigen, was zwar an sich nicht schwer sein, aber die Einfachheit der Rechnungen ohne allen Nutzen sehr beeinträchtigen würde. Wir werden daher hier bei den zuletzt angeführten Formeln stehen bleiben, indem wir die Erde wie eine Kugel betrachten, deren Halbmesser $= R$ ist.

15.

Ist X durch eine gegebene Function von u und λ ausgedrückt, so lässt sich daraus Y a priori ableiten. Man setze das Integral $\int_0^u X\,du = T$, indem man bei der Integration λ wie constant betrachtet; offenbar wird dann, wenn man auf gleiche Weise nach u differentiirt, $\frac{d(V + RT)}{du} = 0$, mithin $V + RT$ eine von u unabhängige Grösse, oder was dasselbe ist, in allen Punkten Eines Meridians constant; sie muss daher auch absolut constant sein, weil alle Meridiane in den Polen zusammenlaufen. Setzt man den Werth von V im Nordpole $= V^*$, so wird also

$$T = \frac{V^* - V}{R}$$

und daher

$$Y = \frac{dT}{\sin u \cdot d\lambda}$$

Man kann dieses Resultat auch so ausdrücken:

$$Y = \frac{1}{\sin u} \int_0^u \frac{dX}{d\lambda} \cdot du$$

16.

Dieser merkwürdige Satz, dass *wenn die nach Norden gerichtete Componente der horizontalen magnetischen Kraft für die ganze Erdoberfläche gegeben ist, die nach Westen (oder Osten) gerichtete Componente von selbst daraus folgt*, gilt verkehrt nur mit einer Modification. Ist nemlich Y durch eine gegebene Function von u und λ ausgedrückt, und bezeichnet man mit U das unbestimmte Integral $\int \sin u \cdot Y d\lambda$, bei der Integration u als constant angenommen, so wird $\frac{d(V + RU)}{d\lambda} = 0$. oder $V + RU$ eine von λ unabhängige Grösse, mithin allgemein zu reden eine Function von u. Es ist also auch $\frac{d(V + RU)}{Rdu} = \frac{dU}{du} - X$ eine solche Function, d. i. die Formel $\frac{dU}{du}$ gibt einen unvollständigen Ausdruck von X, indem ein bloss u enthaltender Bestandtheil unbestimmt bleibt. Dieser Mangel wird sich aber ergänzen lassen, wenn man ausser dem Ausdrucke für Y auch den für X in irgend Einem bestimmten Meridian, oder noch allgemeiner in irgend einer vom

18*

Nordpol zum Südpol reichenden Linie besitzt.   Man sieht also, dass, *wenn man die Componente der horizontalen magnetischen Kraft in der Richtung nach Westen für die ganze Erdoberfläche, und die Componente in der Richtung nach Norden für alle Punkte in irgend einer vom Nordpol zum Südpol gehenden Linie kennt, die letztere Componente für die ganze Erdfläche von selbst daraus folgt.*

17.

Die vorhergehenden Untersuchungen beziehen sich allein auf den horizontalen Theil der erdmagnetischen Kraft: um auch den verticalen zu umfassen, müssen wir die Aufgabe in ihrer ganzen Allgemeinheit, also V wie eine Function von *dreien* veränderlichen Grössen betrachten, die den Platz eines unbestimmten Punktes im Raume O ausdrücken.   Wir wählen dazu die Entfernung r vom Mittelpunkte der Erde, den Winkel u, welchen r mit dem nordlichen Theile der Erdaxe macht, und den Winkel λ zwischen der durch r und die Erdaxe gelegten Ebene und einem festen Meridian, nach Osten zu als positiv gezählt.

Es sei die Function V in eine nach den Potenzen von r fallende Reihe entwickelt, der wir folgende Form geben

$$V = \frac{RRP^0}{r} + \frac{R^3 P'}{rr} + \frac{R^4 P''}{r^3} + \frac{R^5 P'''}{r^4} + \text{ u. s. w.}$$

Die Coëfficienten P^0, P', P'' u. s. w. sind hier Functionen von u und λ; um zu übersehen, wie sie mit der Vertheilung des magnetischen Fluidums im Innern der Erde zusammenhängen, sei $d\mu$ ein Element desselben, ρ seine Entfernung von O, und für $d\mu$ bedeuten r^0, u^0, λ^0 dasselbe, was r, u, λ für O sind.   Man hat also $V = -\int \frac{d\mu}{\rho}$ durch alle $d\mu$ ausgedehnt; ferner

$$\rho = \sqrt{\{rr - 2rr^0(\cos u \cos u^0 + \sin u \sin u^0 \cos(\lambda - \lambda^0)) + r^0 r^0\}}$$

und wenn man $\frac{1}{\rho}$ in die Reihe entwickelt

$$\frac{1}{\rho} = \frac{1}{r}\left(T^0 + T'.\frac{r^0}{r} + T''.\frac{r^0 r^0}{rr} + \text{ u. s. w.}\right)$$

so wird

$$RRP^0 = -\int T^0 d\mu, \quad R^3 P' = -\int T' r^0 d\mu, \quad R^4 P'' = -\int T'' r^0 r^0 d\mu \text{ u. s. w.}$$

Da $T^0 = 1$ ist, so wird vermöge der Fundamentalvoraussetzung, dass die Menge des positiven und negativen Fluidums in jedem messbaren Theilchen seines Trägers, mithin auch in der *ganzen* Erde, gleich gross, oder dass $\int d\mu = 0$ ist,

$$P^0 = 0$$

oder das erste Glied unsrer Reihe für V fällt aus.

Man sieht ferner, dass P' die Form hat

$$R^3 P' = \alpha \cos u + \beta \sin u \cos \lambda + \gamma \sin u \sin \lambda$$

wo $\alpha = -\int r^0 \cos u^0 . d\mu$, $\beta = -\int r^0 \sin u^0 \cos \lambda^0 d\mu$, $\gamma = -\int r^0 \sin u^0 \sin \lambda^0 . d\mu$. Es sind also $-\alpha$, $-\beta$, $-\gamma$ nach der in der *Intensitas vis magneticae* Art. 5 festgesetzten Erklärung die Momente des Erdmagnetismus in Beziehung auf drei rechtwinklige Axen, wovon die erste die Erdaxe, die zweite und dritte die Aequatorsradien für die Länge 0 und 90^0 sind.

Die allgemeinen Formeln für alle Coëfficienten der Reihe für $\frac{1}{\rho}$ können wir als bekannt voraussetzen; für unsern Zweck ist aber bloss nöthig zu bemerken, dass in Beziehung auf u und λ die Coëfficienten rationale ganze Functionen von $\cos u$, $\sin u \cos \lambda$ und $\sin u \sin \lambda$ sind, und zwar T'' von der zweiten Ordnung, T''' von der dritten u. s. w. Dasselbe gilt also auch für die Coëfficienten P'', P''' u. s. w.

Die Reihen für $\frac{1}{\rho}$ und für V convergiren, solange r nicht kleiner als R ist, oder vielmehr, nicht kleiner, als der Halbmesser einer Kugel, welche die sämmtlichen magnetischen Theile der Erde einschliesst.

18.

Die Function V thut, in Folge ihrer Zusammensetzung aus $-\int \frac{d\mu}{\rho}$, folgender partiellen Differentialgleichung Genüge:

$$0 = \frac{r \, dd \, rV}{dr^2} + \frac{dd V}{du^2} + \cot g \, u . \frac{dV}{du} + \frac{1}{\sin u^2} . \frac{dd V}{d\lambda^2}$$

welche nichts anderes ist, als eine Umformung der bekannten

$$0 = \frac{dd V}{dx^2} + \frac{dd V}{dy^2} + \frac{dd V}{dz^2}$$

wo x, y, z die rechtwinkligen Coordinaten von O bedeuten. Substituirt man in jener den Werth von V

$$V = \frac{R^3 P'}{rr} + \frac{R^4 P''}{r^3} + \frac{R^5 P'''}{r^4} + \text{u. s. w.}$$

so erhellt, dass für die einzelnen Coëfficienten P', P'', P''' u. s. w. gleichfalls partielle Differentialgleichungen Statt finden, deren allgemeiner Ausdruck ist

$$0 = n(n+1)P^n + \frac{\mathrm{d\,d}P^n}{\mathrm{d}u^2} + \mathrm{cotg}\,u\,\frac{\mathrm{d}P^n}{\mathrm{d}u} + \frac{1}{\sin u^2} \cdot \frac{\mathrm{d\,d}P^n}{\mathrm{d}\lambda^2}$$

Aus dieser Gleichung, verbunden mit der Bemerkung im vorhergehenden Artikel, ergibt sich die allgemeine Form von P^n. Bezeichnet man nemlich mit $P^{n,m}$ folgende Function von u

$$\Big\{ \cos u^{n-m} - \frac{(n-m)(n-m-1)}{2(2n-1)} \cos u^{n-m-2}$$
$$+ \frac{(n-m)(n-m-1)(n-m-2)(n-m-3)}{2\cdot4(2n-1)(2n-3)} \cos u^{n-m-4} - \text{u. s. w.} \Big\} \sin u^m$$

so hat P^n die Form eines Aggregats von $2n+1$ Theilen

$$P^n = g^{n,0}P^{n,0} + (g^{n,1}\cos\lambda + h^{n,1}\sin\lambda)P^{n,1}$$
$$+ (g^{n,2}\cos 2\lambda + h^{n,2}\sin 2\lambda)P^{n,2} + \text{etc.} + (g^{n,n}\cos n\lambda + h^{n,n}\sin n\lambda)P^{n,n}$$

wo $g^{n,0}$, $g^{n,1}$, $h^{n,1}$, $g^{n,2}$ u. s. w. bestimmte Zahlcoëfficienten sind.

19.

Zerlegt man die in dem Punkte O Statt findende magnetische Kraft in drei auf einander senkrechte X, Y, Z, wovon die dritte gegen den Mittelpunkt der Erde gerichtet ist, X und Y also die durch O gelegte mit der Erde concentrische Kugelfläche berühren, und zwar X in der durch O und die Erdaxe gelegten Ebene nach Norden, Y parallel mit dem Erdäquator nach Westen, so wird

$$X = -\frac{\mathrm{d}V}{r\,\mathrm{d}u}, \qquad Y = -\frac{\mathrm{d}V}{r\sin u\,\mathrm{d}\lambda}, \qquad Z = -\frac{\mathrm{d}V}{\mathrm{d}r}$$

folglich

$$X = -\frac{R^3}{r^3}\left(\frac{\mathrm{d}P'}{\mathrm{d}u} + \frac{R}{r}\cdot\frac{\mathrm{d}P''}{\mathrm{d}u} + \frac{RR}{rr}\cdot\frac{\mathrm{d}P'''}{\mathrm{d}u} + \text{u. s. w.}\right)$$

$$Y = -\frac{R^3}{r^3\sin u}\left(\frac{\mathrm{d}P'}{\mathrm{d}\lambda} + \frac{R}{r}\cdot\frac{\mathrm{d}P''}{\mathrm{d}\lambda} + \frac{RR}{rr}\cdot\frac{\mathrm{d}P'''}{\mathrm{d}\lambda} + \text{u. s. w.}\right)$$

$$Z = \frac{R^3}{r^3}\left(2P' + \frac{3RP''}{r} + \frac{4RRP'''}{rr} + \text{u. s. w.}\right)$$

Auf der Oberfläche der Erde sind X, Y dieselben horizontalen Componenten, welche oben mit diesen Buchstaben bezeichnet sind, und Z ist die verticale, positiv, wenn nach unten gerichtet. Die Ausdrücke für diese Kräfte auf der Oberfläche der Erde sind also

$$X = \quad -(\tfrac{\mathrm{d}P'}{\mathrm{d}u} + \tfrac{\mathrm{d}P''}{\mathrm{d}u} + \tfrac{\mathrm{d}P'''}{\mathrm{d}u} + \text{ u. s. w.})$$

$$Y = -\tfrac{1}{\sin u}(\tfrac{\mathrm{d}P'}{\mathrm{d}\lambda} + \tfrac{\mathrm{d}P''}{\mathrm{d}\lambda} + \tfrac{\mathrm{d}P'''}{\mathrm{d}\lambda} + \text{ u. s. w.})$$

$$Z = \quad 2P' + 3P'' + 4P''' + \text{ u. s. w.}$$

20.

Verbinden wir nun mit diesen Sätzen das bekannte Theorem, dass jede Function von λ und u, die für alle Werthe von λ von 0 bis 360^0, und von u von 0 bis 180^0 einen bestimmten endlichen Werth hat, in eine Reihe von der Gestalt

$$P^0 + P' + P'' + P''' + \text{ u. s. w.}$$

entwickelt werden kann, deren allgemeines Glied P^n der obigen partiellen Differentialgleichung Genüge leistet, dass eine solche Entwicklung nur auf Eine bestimmte Art möglich ist, und dass diese Reihe immer convergirt, so erhalten wir folgende merkwürdige Sätze:

I. Die Kenntniss des Werths von V in allen Punkten der Erdoberfläche reicht hin, um den allgemeinen Ausdruck von V für den ganzen unendlichen Raum ausserhalb der Erdfläche daraus abzuleiten, und somit auch die Bestimmung der Kräfte X, Y, Z nicht bloss auf der Erdoberfläche, sondern auch für den ganzen unendlichen Raum ausserhalb derselben. Offenbar ist dazu nur nöthig, $\frac{V}{R}$ nach dem erwähnten Theorem in eine Reihe zu entwickeln.

Es soll daher im Folgenden das Zeichen V immer in der auf die Oberfläche der Erde beschränkten Bedeutung verstanden werden, wenn das Gegentheil nicht ausdrücklich gesagt ist, oder als diejenige Function von λ und u, welche aus dem allgemeinen Ausdruck hervorgeht, wenn $r = R$ gesetzt wird, also

$$V = R(P' + P'' + P''' + \text{ u. s. w.})$$

II. Die Kenntniss des Werthes von X in allen Punkten der Erdoberfläche reicht hin, um alles in I. angeführte zu erlangen. In der That ist nach Art. 15 das Integral $\int_0^u X\,\mathrm{d}u = \frac{V^0 - V}{R}$, wenn V^0 den Werth von V im Nordpole bedeutet, und die Entwickelung von $\int_0^u X\,\mathrm{d}u$ in eine Reihe der erwähnten Form muss nothwendig mit

$$V^0 - P' - P'' - P''' - \text{ u. s. w.}$$

identisch sein.

III.　Auf gleiche Weise und unter Bezugnahme auf Art. 16 ist klar, dass die Kenntniss des Werthes von Y auf der ganzen Erde verbunden mit der Kenntniss von X in allen Punkten einer von einem Erdpole zum andern laufenden Linie zur Begründung der *vollständigen* Theorie des Erdmagnetismus zureicht.

IV.　Endlich ist klar, dass die vollständige Theorie auch aus der blossen Kenntniss des Werthes von Z auf der ganzen Erdfläche abzuleiten ist.　In der That, wenn Z in eine Reihe entwickelt wird

$$Z = Q^0 + Q' + Q'' + Q''' + \text{ u. s. w.}$$

so dass das allgemeine Glied der mehrerwähnten partiellen Differentialgleichung Genüge leistet, so wird nothwendig $Q^0 = 0$ und $P' = \tfrac{1}{2}Q'$, $P'' = \tfrac{1}{3}Q''$, $P''' = \tfrac{1}{4}Q'''$ u. s. w sein müssen.

21.

Wegen der einfachen Art der Abhängigkeit der einzelnen Kräfte X, Y, Z von einer einzigen Function V, und des einfachen Zusammenhanges, in welchem jene unter sich stehen, sind dieselben weit mehr geeignet, zur Grundlage der Theorie zu dienen, als der gewöhnliche Ausdruck der magnetischen Kraft durch die drei Elemente ganze Intensität, Inclination und Declination, oder vielmehr, die letztere Art, so natürlich sie an sich scheint, wo es nur darauf ankommt die Thatsachen aufzufassen, kann unmittelbar gar nicht zur Begründung der Theorie, wenigstens nicht zur ersten Begründung, dienen, ehe sie nicht in die andere Form übersetzt ist.　In dieser Beziehung wäre es daher sehr wünschenswerth, dass eine allgemeine graphische Darstellung der horizontalen Intensität veranstaltet würde, theils weil diese dem für die Theorie brauchbaren näher steht als die ganze Intensität, theils weil jene bei weiten in den meisten Fällen das ursprünglich wirklich beobachtete, die letztere hingegen nur durch Rechnung vermittelst der Inclination daraus abgeleitet ist.　Die Elemente des horizontalen Magnetismus für sich rein zu erhalten, bleibt um so mehr zu empfehlen, da sie durch die gegenwärtigen Hülfsmittel sich mit überwiegender Schärfe bestimmen lassen, und man sollte wenigstens niemals mit Unterdrückung der beobachteten horizontalen

Intensität die durch Rechnung daraus abgeleitete ganze Intensität bekannt machen, ohne die bei der Rechnung angewandte Inclination mit anzugeben, damit derjenige, welcher sie für die Theorie benutzen will, im Stande sei, die ursprünglichen Zahlen unverfälscht wieder herzustellen.

So interessant es übrigens auch sein würde, die ganze Theorie des Erdmagnetismus allein auf Beobachtungen der horizontalen Nadel zu gründen, und damit den verticalen Theil oder die Inclination zu anticipiren, so ist es doch dazu gegenwärtig noch viel zu früh: die Mangelhaftigkeit der jetzt zu Gebote stehenden Data verstattet nicht, auf den Mitgebrauch des verticalen Theils zu verzichten. Im Grunde empfängt auch die Theorie schon dadurch ihre Bestätigung, wenn die Vereinbarkeit sämmtlicher Elemente unter Ein Princip nachgewiesen werden kann.

22.

Wenn wir gleich *a priori* gewiss sind, dass die Reihen für V, X, Y, Z convergiren, so lässt sich doch im voraus nichts über den Grad der Convergenz bestimmen. Wären entweder die Sitze der magnetischen Kräfte auf einen mässigen Raum um den Mittelpunkt der Erde her beschränkt, oder fände eine solche Vertheilung der magnetischen Flüssigkeiten in der Erde Statt, die jenem Falle äquivalirte, so würden die Reihen sehr schnell convergiren müssen; je weiter hingegen jene Sitze bis gegen die Oberfläche hin sich erstrecken, und je unregelmässiger die Vertheilung ist, desto mehr wird man auf eine langsame Convergenz sich gefasst halten müssen.

Bei der praktischen Anwendung ist absolute Genauigkeit unerreichbar: man verlangt nur einen den Umständen angemessenen Grad von Annäherung. Je langsamer nun die Convergenz ist, eine desto grössere Anzahl von Gliedern wird berücksichtigt werden müssen, um einen bestimmten Grad von Genauigkeit zu erreichen.

Nun enthält P' drei Glieder, und erfordert also die Kenntniss von drei Coëfficienten $g^{1,0}$, $g^{1,1}$, $h^{1,1}$; P'' erfordert fünf Coëfficienten, P''' sieben, P'''' neun u. s. w. Indem wir also P', P'', P''' u. s. w. als Grössen erster, zweiter, dritter Ordnung u. s. w. betrachten, erhellt, dass wenn die Rechnung bis zu den Grössen der Ordnung n einschliesslich getrieben werden soll, die Werthe von $nn + 2n$

Coëfficienten ausgemittelt werden müssen, also z. B. 24, wenn man bis zur vierten Ordnung gehen will.

Jeder gegebene Werth von X, Y oder Z, für gegebene Werthe von u und λ verschafft uns eine Gleichung zwischen den Coëfficienten, mithin geben die vollständig bekannten Elemente des Erdmagnetismus von jedem Orte drei Gleichungen. Dürfte man also annehmen, dass nur die Glieder bis zur vierten Ordnung merklich bleiben, so würden zur Bestimmung aller nöthigen Coëfficienten die vollständigen Beobachtungen von acht verschiedenen Punkten, theoretisch betrachtet, zureichen: allein jene Voraussetzung ist schwerlich zulässig, und so würden die allen Beobachtungen anhängenden zufälligen Fehler verbunden mit der Vernachlässigung der Glieder der höhern Ordnung die Eliminationsresultate sehr entstellen können*). Den schädlichen Einfluss dieser Umstände zu vermindern, müsste man eine viel grössere Anzahl von Beobachtungsstücken, als unbekannte Grössen sind, von weit auseinander liegenden Punkten aus allen Theilen der Erde, zum Grunde legen, und die unbekannten Grössen nach der Methode der kleinsten Quadrate daraus ableiten. So einförmig indessen, da alle Gleichungen nur linearisch sind, die Ausführung eines solchen Geschäfts auch sein würde, so möchte doch die ausserordentliche aus der grossen Menge der unbekannten Grössen und Gleichungen entspringende Weitläuftigkeit auch den muthigsten Rechner abschrecken, die Arbeit in dieser Form jetzt schon zu unternehmen, zumal da das Einschleichen von unzuverlässigen Beobachtungsstücken oder von Rechnungsfehlern den Erfolg ganz verderben könnte.

23.

Es gibt aber ein anderes Verfahren, welches, von einem Theile dieser Schwierigkeiten frei, sich vorzugsweise für den ersten anzustellenden Versuch zu eignen scheint, und welches wir hier entwickeln wollen, ohne die Bedenklichkeiten zu verschweigen, denen die Anwendung desselben bei jetziger Lage der Sachen noch unterliegt. Dies Verfahren setzt die Kenntniss aller drei Elemente in Punkten voraus, die auf einer hinlänglichen Anzahl von Parallelkreisen so gruppirt sind,

---

*) Am wenigsten nachtheilig würden bei einer solchen Bestimmungsweise diese Umstände einwirken, wenn die acht Punkte ganz symmetrisch auf der Erdoberfläche vertheilt wären, d. i. wenn sie mit den Ecken eines in der Erdkugel eingeschriebenen Würfels zusammenfielen, oder doch einer solchen Lage sehr nahe kämen.

dass jeder Parallelkreis dadurch in eine hinlängliche Anzahl gleicher Stücke getheilt wird.

Aus den in gewöhnlicher Form gegebenen Elementen hat man zuvörderst die numerischen Werthe von X, Y und Z abzuleiten.

Man bringt sodann, nach bekannter Methode, die Werthe von X, Y und Z auf jedem Parallelkreise in die Form

$$X = k + k'\cos\lambda + K'\sin\lambda + k''\cos 2\lambda + K''\sin 2\lambda + k'''\cos 3\lambda + K'''\sin 3\lambda + \ \text{u. s. w.}$$
$$Y = l + l'\cos\lambda + L'\sin\lambda + l''\cos 2\lambda + L''\sin 2\lambda + l'''\cos 3\lambda + L'''\sin 3\lambda + \ \text{u. s. w.}$$
$$Z = m + m'\cos\lambda + M'\sin\lambda + m''\cos 2\lambda + M''\sin 2\lambda + m'''\cos 3\lambda + M'''\sin 3\lambda + \ \text{u. s. w.}$$

Man erhält also für jeden der Coëfficienten k, l, m, k' u. s. w. so viele Werthe, als Parallelkreise behandelt sind.

Der Theorie zufolge sollte auf jedem Parallelkreise $l = 0$ werden; die aus der Rechnung hervorgehenden Werthe von l geben also schon eine Art von Maassstab für den Grad von Unzuverlässigkeit, welcher die zum Grunde gelegten Zahlen noch unterliegen.

Aus den Gleichungen

$$k = -g^{1,0}\frac{d P^{1,0}}{d u} - g^{2,0}\frac{d P^{2,0}}{d u} - g^{3,0}\frac{d P^{3,0}}{d u} - \ \text{u. s. w.}$$
$$m = 2g^{1,0} P^{1,0} + 3 g^{2,0} P^{2,0} + 4 g^{3,0} P^{3,0} + \ \text{u. s. w.}$$

deren Gesammtanzahl doppelt so gross ist, als die Anzahl der Parallelkreise, wird man, nachdem in $\frac{d P^{1,0}}{d u}$ u. s. w. und in $P^{1,0}$ u. s. w. die entsprechenden Zahlwerthe von u substituirt sind, von den Coëfficienten $g^{1,0}$, $g^{2,0}$, $g^{3,0}$ u. s. w. so viele, als berücksichtigt werden sollen, nach der Methode der kleinsten Quadrate bestimmen.

Eben so dienen die Gleichungen

$$-k' = g^{1,1}\frac{d P^{1,1}}{d u} + g^{2,1}\frac{d P^{2,1}}{d u} + g^{3,1}\frac{d P^{3,1}}{d u} + \ \text{u. s. w.}$$
$$L' = g^{1,1}\frac{P^{1,1}}{\sin u} + g^{2,1}\frac{P^{2,1}}{\sin u} + g^{3,1}\frac{P^{3,1}}{\sin u} + \ \text{u. s. w.}$$
$$m' = 2g^{1,1} P^{1,1} + 3 g^{2,1} P^{2,1} + 4 g^{3,1} P^{3,1} + \ \text{u. s. w.}$$

deren Anzahl zusammen dreimal so gross ist, als die Anzahl der Parallelkreise, zur Bestimmung der Coëfficienten $g^{1,1}$, $g^{2,1}$, $g^{3,1}$ u. s. w.; so wie folgende

19*

$$-K' = h^{1,1}\frac{\mathrm{d}P^{1,1}}{\mathrm{d}u} + h^{2,1}\frac{\mathrm{d}P^{2,1}}{\mathrm{d}u} + h^{3,1}\frac{\mathrm{d}P^{3,1}}{\mathrm{d}u} + \text{u. s. w.}$$

$$-l' = h^{1,1}\frac{P^{1,1}}{\sin u} + h^{2,1}\frac{P^{2,1}}{\sin u} + h^{3,1}\frac{P^{3,1}}{\sin u} + \text{u. s. w.}$$

$$M' = 2h^{1,1}P^{1,1} + 3h^{2,1}P^{2,1} + 4h^{3,1}P^{3,1} + \text{u. s. w.}$$

zur Bestimmung der Coëfficienten $h^{1,1}$, $h^{2,1}$, $h^{3,1}$ u. s. w.

Ferner dienen zur Bestimmung der Coëfficienten $g^{2,2}$, $g^{3,2}$, $g^{4,2}$ u. s. w. die Gleichungen

$$-k'' = g^{2,2}\frac{\mathrm{d}P^{2,2}}{\mathrm{d}u} + g^{3,2}\frac{\mathrm{d}P^{3,2}}{\mathrm{d}u} + g^{4,2}\frac{\mathrm{d}P^{4,2}}{\mathrm{d}u} + \text{u. s. w.}$$

$$L'' = 2g^{2,2}\frac{P^{2,2}}{\sin u} + 2g^{3,2}\frac{P^{3,2}}{\sin u} + 2g^{4,2}\frac{P^{4,2}}{\sin u} + \text{u. s. w.}$$

$$m'' = 3g^{2,2}P^{2,2} + 4g^{3,2}P^{3,2} + 5g^{4,2}P^{4,2} + \text{u. s. w.}$$

und auf ähnliche Weise ergeben sich die Coëfficienten der folgenden höhern Ordnungen.

24.

Der Vorzug dieses Verfahrens vor dem im 22. Art. angegebenen besteht hauptsächlich darin, dass die unbekannten Grössen in Gruppen zerfallen, die jede für sich bestimmt werden, wodurch die Rechnung eine ausserordentliche Erleichterung erhält, während bei dem andern Verfahren die Vermengung sämmtlicher Unbekannten unter einander die Scheidung überaus beschwerlich macht. Dagegen hat jenes Verfahren den Nachtheil, dass es seine Grundlagen gar nicht in unmittelbaren Beobachtungen findet, sondern sie aus graphischen Darstellungen entlehnen muss, welche in den Gegenden, wo Beobachtungen vorhanden sind, diese doch nur roh darstellen können, in solchen Gegenden aber, wo es weit und breit ganz an Beobachtungen fehlt, nur vermuthungsweise, gewissermaassen willkürlich ergänzt sind, und sich daher sehr weit von der Wahrheit entfernen können. Indessen bleibt keine Wahl, als entweder alle Versuche so lange auszusetzen, bis viel vollständigere und zuverlässigere Data bereit sein werden, oder mit den jetzt noch so höchst precären Mitteln einen ersten Versuch zu wagen, von dem man wenig mehr als eine rohe Annäherung erwarten darf. Einen sichern Maassstab für den Werth des Erfolges gibt jedenfalls hinterdrein die scharfe Vergleichung der Resultate mit wirklichen Beobachtungen aus allen Theilen der Erde; und wenn solche Prüfung dahin ausfällt, dass der erste Versuch nicht ganz misslungen ist, so wird dieser eine kräftige Hülfe darbieten, um künftige neue Versuche, auf dem einen oder auf dem andern Wege, zweckmässig vorzubereiten.

25.

Schon vor vielen Jahren hatte ich zu wiederholten malen angefangen, mich solchen Versuchen zu unterziehen, von denen ich aber immer wieder abzustehen genöthigt war, weil die zu Gebote stehenden Data sich als gar zu dürftig auswiesen. Gleichwohl würde ich schon früher einen Versuch zu Ende zu führen geneigt gewesen sein, wenn der mehrmals von mir ausgesprochene Wunsch in Erfüllung gegangen wäre, dass die reinen horizontalen Intensitäten in einer allgemeinen Karte dargestellt werden möchten, für deren Mangel die Verbindung der vorhandenen unvollkommenen Generalkarten für die Inclination und ganze Intensität keinen Ersatz geben konnte.

Die Erscheinung der SABINEschen Karte für die ganze Intensität (im siebenten *Report of the British association for the advancement of science*) hat mich jetzt zur Unternehmung und Vollendung eines neuen Versuchs angeregt, der übrigens nur aus dem im vorhergehenden Artikel angegebenen Gesichtspunkte angesehen werden soll.

Die der Rechnung unterzulegenden Data wurden aus der erwähnten Karte für die Intensität, der BARLOWschen für die Declination (*Philosophical Transactions* 1833), und der von HORNER entworfenen für die Inclination (Physikalisches Wörterbuch Band 6.) entnommen, und zwar für je zwölf Punkte auf sieben Parallelkreisen. Die Lücken, welche jene Karten in weiten Strecken übrig lassen, konnten meistens nur auf höchst precäre Art ergänzt werden.

Im Laufe der Rechnung ergab sich bald, dass dieselbe wenigstens bis zu den Grössen der vierten Ordnung ausgedehnt werden müsse, wonach die Anzahl der zu bestimmenden Coëfficienten auf 24 steigt. Aller Wahrscheinlichkeit nach werden auch die Glieder der fünften Ordnung noch ansehnlich genug sein; allein bei einem ersten Versuche bleiben die Werthe von k, m, k' u.s.w. noch viel zu sehr mit dem Einfluss der vielen unzuverlässigen Daten behaftet, die jener seiner Natur nach einschliessen muss, als dass es verstattet sein könnte, in das Eliminationsgeschäft eine noch grössere Anzahl von unbekannten Grössen aufzunehmen.

Es muss noch bemerkt werden, dass die Intensitäten in SABINE's Karte die-selbe willkürliche Einheit haben, in welcher sie gewöhnlich bisher angegeben zu werden pflegen, und wonach in London die ganze Intensität $= 1,372$ gesetzt wird. Diese Einheit ist hier bei der Berechnung der Coëfficienten, eben so wie bei der weiter unten zu erklärenden Hülfstafel, dahin abgeändert, dass alle Zah-len tausendmal grösser werden, wobei also die Intensität für London $= 1372$ zum Grunde liegt. Übrigens kann offenbar für die Intensität eine jede beliebige Einheit gebraucht werden, insofern man auch die Einheit für μ als willkürlich betrachten, und diese immer jener gemäss annehmen kann. Will man weitere Folgerungen daran knüpfen, für welche μ auf ein absolutes Maass gebracht sein muss, so brauchen nur sämmtliche Coëfficienten mit demselben Factor multipli-cirt zu werden, welcher zur Reduction der nach jener Einheit ausgedrückten In-tensitätszahlen auf absolutes Maass erforderlich ist.

26.

Die aus der ersten Rechnung, wobei die Längen λ von Greenwich östlich gezählt sind, erhaltenen Zahlwerthe der 24 Coëfficienten sind folgende:

$$g^{1,0} = + 925,782 \qquad g^{2,2} = +\ \ 0,493$$
$$g^{2,0} = -\ \ 22,059 \qquad g^{3,2} = -73,193$$
$$g^{3,0} = -\ \ 18,868 \qquad g^{4,2} = -45,791$$
$$g^{4,0} = -108,855 \qquad h^{2,2} = -39,010$$
$$g^{1,1} = +\ \ 89,024 \qquad h^{3,2} = -22,766$$
$$g^{2,1} = -144,913 \qquad h^{4,2} = +42,573$$
$$g^{3,1} = +122,936 \qquad g^{3,3} = +\ \ 1,396$$
$$g^{4,1} = -152,589 \qquad g^{4,3} = +19,774$$
$$h^{1,1} = -178,744 \qquad h^{3,3} = -18,750$$
$$h^{2,1} = -\ \ 6,030 \qquad h^{4,3} = -\ \ 0,178$$
$$h^{3,1} = +\ \ 47,794 \qquad g^{4,4} = +\ \ 4,127$$
$$h^{4,1} = +\ \ 64,112 \qquad h^{4,4} = +\ \ 3,175$$

Diese Zahlen, welche man als die *Elemente der Theorie des Erdmagnetis-mus* betrachten kann, sind hier genau so angesetzt, und als Grundlage der nach-her zu beschreibenden Hülfstafel angewandt, wie die Rechnung sie gegeben hat, ohne die Decimalbrüche wegzulassen. Für jeden Rechnungskundigen ist die Bemerkung überflüssig, dass diese Bruchtheile an sich keinen Werth haben, da wir noch weit davon entfernt sind, nur die ganzen Einer mit Zuverlässigkeit ausmitteln zu können: allein es ist von Wichtigkeit, dass die Beobachtungen mit einem und demselben bestimmten System von Elementen scharf verglichen werden, und da war kein Grund vorhanden, an dem, was die Rechnung ergeben hatte, etwas zu verändern, weil durch Weglassung der Decimalbrüche für die Bequemlichkeit der Vergleichungsrechnungen gar nichts gewonnen worden sein würde.

27.

Der entwickelte Ausdruck für V nach obigen Zahlen ist folgender, wobei der Abkürzung wegen e für $\cos u$ und f für $\sin u$ geschrieben ist.

$$
\begin{aligned}
\frac{V}{R} = \quad & -1{,}977 + 937{,}103\,e + 71{,}245\,ee - 18{,}868\,e^3 - 108{,}855\,e^4 \\
+ \quad & (64{,}437 - 79{,}518\,e + 122{,}936\,ee + 152{,}589\,e^3)\,f\cos\lambda \\
+ \quad & (-188{,}303 - 33{,}507\,e + 47{,}794\,ee + 64{,}112\,e^3)\,f\sin\lambda \\
+ \quad & (7{,}035 - 73{,}193\,e - 45{,}791\,ee)\,ff\cos 2\lambda \\
+ \quad & (-45{,}092 - 22{,}766\,e - 42{,}573\,ee)\,ff\sin 2\lambda \\
+ \quad & (1{,}396 + 19{,}774\,e)\,f^3\cos 3\lambda \\
+ \quad & (-18{,}750 - 0{,}178\,e)\,f^3\sin 3\lambda \\
+ \quad & 4{,}127\,f^4\cos 4\lambda \\
+ \quad & 3{,}175\,f^4\sin 4\lambda
\end{aligned}
$$

Es mögen ferner die vollständig entwickelten Ausdrücke für die drei Componenten der magnetischen Kraft hier Platz finden.

$$
\begin{aligned}
X = \quad & (937{,}103 + 142{,}490\,e - 56{,}603\,ee - 435{,}420\,e^3)\,f \\
+ \quad & (-79{,}518 + 181{,}435\,e - 298{,}732\,ee - 368{,}808\,e^3 + 610{,}357\,e^4)\cos\lambda \\
+ \quad & (-33{,}507 + 283{,}892\,e + 259{,}349\,ee - 143{,}383\,e^3 - 256{,}448\,e^4)\sin\lambda \\
+ \quad & (-73{,}193 - 105{,}652\,e + 219{,}579\,ee + 183{,}164\,e^3)\,f\cos 2\lambda \\
+ \quad & (-22{,}766 + 175{,}330\,e + 68{,}098\,ee - 170{,}292\,e^3)\,f\sin 2\lambda \\
+ \quad & (19{,}774 - 4{,}188\,e - 79{,}096\,ee)\,ff\cos 3\lambda \\
+ \quad & (-0{,}178 + 56{,}250\,e + 0{,}716\,ee)\,ff\sin 3\lambda \\
- \quad & 16{,}508\,ef^3\cos 4\lambda \\
- \quad & 12{,}701\,ef^3\sin 4\lambda
\end{aligned}
$$

$$Y = (188{,}303 + 33{,}507\,e - 47{,}794\,ee - 64{,}112\,e^3)\cos\lambda$$
$$+ (64{,}437 - 79{,}518\,e + 122{,}936\,ee - 152{,}589\,e^3)\sin\lambda$$
$$+ (90{,}184 + 45{,}532\,e - 85{,}146\,ee)\,f\cos 2\lambda$$
$$+ (14{,}070 - 146{,}386\,e - 91{,}582\,ee)\,f\sin 2\lambda$$
$$+ (56{,}250 + 0{,}534\,e)\,ff\cos 3\lambda$$
$$+ (4{,}188 + 59{,}322\,e)\,ff\sin 3\lambda$$
$$- 12{,}701\,f^3\cos 4\lambda$$
$$+ 16{,}508\,f^3\sin 4\lambda$$

$$Z = -24{,}593 + 1896{,}847\,e + 400{,}343\,ee - 75{,}471\,e^3 - 544{,}275\,e^4$$
$$+ (79{,}700 - 107{,}763\,e + 491{,}744\,ee - 762{,}946\,e^3)\,f\cos\lambda$$
$$+ (-395{,}724 - 155{,}473\,e + 191{,}176\,ee + 320{,}560\,e^3)\,f\sin\lambda$$
$$+ (34{,}187 - 292{,}772\,e - 228{,}955\,ee)\,ff\cos 2\lambda$$
$$+ (-147{,}439 - 91{,}064\,e + 212{,}865\,ee)\,ff\sin 2\lambda$$
$$+ (5{,}584 + 98{,}870\,e)\,f^3\cos 3\lambda$$
$$+ (-75{,}000 - 0{,}890\,e)\,f^3\sin 3\lambda$$
$$+ 20{,}635\,f^4\cos 4\lambda$$
$$+ 15{,}876\,f^4\sin 4\lambda$$

Nachdem diese Componenten für einen gegebenen Ort berechnet sind, erhält man die Bestimmungsstücke der magnetischen Kraft in der gewöhnlichen Form auf folgende Art. Es sei δ die Declination, i die Inclination, ψ die ganze, ω die horizontale Intensität. Man bestimmt zuerst δ und ω vermittelst der Formeln

$$X = \omega\cos\delta, \qquad Y = \omega\sin\delta$$

und sodann i und ψ vermittelst der folgenden

$$\omega = \psi\cos i, \qquad Z = \psi\sin i$$

28.

Da die Formeln für X, Y, Z zusammen 71 Glieder enthalten, so ist die unmittelbare Rechnung nach denselben eine ziemlich beschwerliche Arbeit, und die Wiederholung derselben für eine grosse Anzahl von Örtern würde allerdings desto mehr abschreckendes haben, da man ohne dieselbe Rechnung zweimal zu machen nicht wohl hoffen dürfte, gegen mögliche Rechnungsfehler geschützt zu sein. Auch würde man wenig gewinnen, wenn man sämmtliche Glieder, deren Coëfficienten weniger als eine Einheit, oder selbst weniger als 10 Einheiten betragen, unterdrücken wollte, da die Anzahl der übrigen sich doch noch auf 65 belaufen würde. Da nun aber der ganze Werth der Arbeit ungewiss bleiben würde, wenn man sie nicht an einer beträchtlichen Anzahl wirklicher Beobachtungen prüfte, so habe ich die Mühe nicht gescheut, eine Hülfstafel zu berechnen*), bei deren Gebrauch die Arbeit in hohem Grade abgekürzt und erleichtert, und eben dadurch die Sicherstellung gegen Rechnungsfehler wesentlich befördert wird. Ihre Einrichtung beruhet darauf, dass die Werthe der Componenten in folgende Form gebracht sind

$$X = a^0 + a'\cos(\lambda + A') + a''\cos(2\lambda + A'') + a'''\cos(3\lambda + A''') + a''''\cos(4\lambda + A'''')$$
$$Y = \qquad b'\cos(\lambda + B') + b''\cos(2\lambda + B'') + b'''\cos(3\lambda + B''') + b''''\cos(4\lambda + B'''')$$
$$Z = c^0 + c'\cos(\lambda + C') + c''\cos(2\lambda + C'') + c'''\cos(3\lambda + C''') + c''''\cos(4\lambda + C'''')$$

Die erste Tafel enthält die von λ unabhängigen Theile von X und Z: in den vier folgenden findet man die Werthe der Hülfswinkel A', A'' u. s. w., und der Logarithmen von a', a'' u. s. w., alles für die einzelnen Grade der Breite $\varphi = 90^0 - u$. [Die Tafel ist bei dem vorliegenden Abdruck in einer wegen der Verschiedenheit des Formats etwas abgeänderten Anordnung dem Ende dieser Abhandlung angeschlossen.]

Als Beispiel mag die Rechnung für Göttingen hier Platz finden.

Mit der Breite $+51^0 32'$ findet man aus den Tafeln

$a^0 = +500,8$		$c^0 = +1465,2$
$\log a' = 2,28980$	$\log b' = 2,18900$	$\log c' = 2,20204$
$\log a'' = 1,79403$	$\log b'' = 2,03220$	$\log c'' = 2,12777$
$\log a''' = 1,32522$	$\log b''' = 1,46845$	$\log c''' = 1,43199$
$\log a'''' = 0,59391$	$\log b'''' = 0,70016$	$\log c'''' = 0,59091$
$A' = 249^0\ 30'$	$B' = 358^0\ 24'$	$C' = 105^0\ 44'$
$A'' = 311\ \ 45$	$B'' = \ \ 64\ \ 50$	$C'' = 165\ \ 15$
$A''' = 234\ \ 10$	$B''' = 318\ \ 13$	$C''' = \ \ 42\ \ 22$
$A'''' = 142\ \ 26$	$B'''' = 232\ \ 26$	$C'''' = 322\ \ 26$

---

*) Die Berechnung eines Theils dieser Hülfstafel hat Hr. Doctor GOLDSCHMIDT ausgeführt.

20

und hienach mit der Länge $\lambda = 9^0\,56\tfrac{1}{4}'$ die Theile von

X	Y	Z
$+500,8$		$+1465,2$
$-\ \ 35,71$	$+152,89$	$-\ \ 68,99$
$+\ \ 54,76$	$+\ \ 9,92$	$-\ 133,67$
$-\ \ \ 2,21$	$+\ 28,77$	$+\ \ \ 8,27$
$-\ \ \ 3,92$	$+\ \ 0,19$	$+\ \ \ 3,90$
$X = +513,72$	$Y = +191,77$	$Z = +1274,71$

Die weitere Rechnung ergibt dann

$$\delta = +20^0\,28' \quad \log\omega = 2,73907$$
$$i = +66\ \ 43$$
$$\psi = \ \ \ 1387,6 \quad \text{oder in der gewöhnlichen Einheit}$$
$$\psi = \ \ \ 1,3876$$

29.

Die folgende Tafel enthält nun die Vergleichung unsrer Formeln mit den Beobachtungen von 91 Punkten aus allen Theilen der Erde. Da die drei Karten, aus welchen die Data für unsre Rechnung entnommen waren, den Zustand für die neueste Zeit darzustellen bestimmt sind, so wurden auch nur Beobachtungen aus dieser in die Vergleichung aufgenommen, und vorzugsweise von solchen Orten, wo alle drei Elemente des Magnetismus beobachtet sind. Die Forderung einer genauen Gleichzeitigkeit kann jetzt noch nicht gemacht werden, ohne unsern Besitz auf eine äusserst kleine Anzahl herabzusetzen.

Über die hier [am Ende dieses Artikels] zur Vergleichung gebrachten Beobachtungen gebe ich noch folgende Nachweisungen:

Die Intensitätsbestimmungen sind grösstentheils entlehnt aus SABINE's *Report on the variation of magnetic intensity* (in dem schon oben erwähnten *Seventh Report of the British Association for the advancement of Science*).

Die grosse Anzahl magnetischer Beobachtungen aus dem Russischen Reiche und dem angrenzenden Theile von China verdanken wir

HANSTEEN (Poggendorffs Annalen).

ERMAN (*Reise um die Erde*, und handschriftliche Mittheilungen).

VON HUMBOLDT (*Voyage aux regions équinoxiales* T. 13).

Fuss (*Mémoires de l'Académie des Sciences de St. Pétersbourg, Sixième série*).

Fedor (Handschriftlich mitgetheilt durch v. Struve).

Reinke (*Observations météorologiques et magnétiques faites dans l'étendue de l'empire de Russie, rédigées par* A. T. Kupffer, Nr. II).

Bei folgenden Örtern wurde das Mittel aus den Bestimmungen mehrerer Beobachter genommen, die zum Theil unter einander grössere Verschiedenheit darbieten, als auf Rechnung der jährlichen Änderungen gesetzt werden kann:

(12) *Tobolsk*

Declination.	Hansteen 1828	— 9⁰ 58′
	Erman 1828	— 9 47
	Fuss 1830	—11. 52
	Fedor 1833	—10 20
Inclination.	Erman 1828	. 71 7
	Von Humboldt 1829	. 70 56
	Fuss 1830	. 71 1
	Fedor 1833	. 71 2

(16) *Catharinenburg*

Declination.	Hansteen 1828	— 6⁰ 27′
	Erman 1828	— 7 23
	Reinke 1836	— 5 5
Inclination.	Erman 1828	. 69 24
	Von Humboldt 1829	. 69 6
	Fuss 1830	. 69 19
	Fedor 1832	. 69 15

(17) *Tomsk*

Declination.	Hansteen 1828	— 8⁰ 32′
	Erman 1829	— 8 36
Inclination.	Erman 1829	. 70 59
	Fuss 1830	. 70 51

(18) *Nishny Nowgorod*

| Declination. | Erman 1828 | — 0⁰ 46′ |
| | Fuss 1830 | — 0 8 |

20*

(19) *Krasnojarsk*

Declination.	Hansteen 1829 . . .	— 6⁰ 43′
	Erman 1829	— 6 37
	Fedor 1835	— 7 26
Inclination.	Erman 1829	70 53
	Fedor 1835	71 8

(20) *Kasan*

Inclination.	Erman 1828	68⁰ 21′
	Von Humboldt 1829 . .	68 27
	Fuss 1830	68 26

(21) *Moskwa*

Declination.	Hansteen 1828 . . .	+ 3⁰ 3′
	Erman 1828	+ 3 1
Inclination.	Erman 1828	68 58
	Von Humboldt 1829 . .	68 57

(30) *Irkuzk*

Declination.	Hansteen 1829 . . .	— 1⁰ 37′
	Erman 1829	— 1 52
	Fuss 1830	— 1 25
Inclination.	Erman 1829	68 7
	Fuss 1830	68 15
	Fuss 1832	68 20

(36) *Orenburg*

Inclination.	Von Humboldt 1829 . .	64⁰ 41′
	Fedor 1832	64 47

(44) *Troizkosawsk*

Declination.	Hansteen 1829 . . .	+ 0⁰ 5′
	Erman 1829 . . .	+ 0 33
	Fuss 1830	— 0 1
Inclination.	Erman 1829	66 14
	Fuss 1830	66 24

Die meisten Bestimmungen in der südlichen Hemisphäre rühren von den Capitaines KING und FITZ ROY her, und sind aus einer kleinen Schrift von SABINE (*Magnetic Observations made during the voyages of the ships Adventure and Beagle 1826 — 1836*) entlehnt.

Die Bestimmungen für die übrigen einzelnen Punkte sind zum Theil auch aus den angeführten Quellen entlehnt; von den andern erwähne ich noch folgende:

(1) Spitzbergen. Beobachter SABINE 1823 (Aus dessen *Account of experiments to determine the figure of the earth*).

(2) Hammerfest. Declination und Inclination im Mittel nach den Bestimmungen von SABINE 1823 (aus angeführtem Werke) und von PARRY 1827 (aus dessen *Narrative of an attempt to reach the North Pole*).

(3) Magnetischer Pol, nach Ross 1831 (*Philosophical Transactions* 1834).

(4) Reikiavik nach Beobachtungen von LOTTIN 1836 (*Voyage en Islande*).

(28) Berlin nach ENCKE 1836 (*Astronomisches Jahrbuch* 1839).

(38) Göttingen. Die Declination gilt für 1835 Oct. 1 (*Resultate für* 1836 S. 59); die Inclination ist durch Interpolation zwischen VON HUMBOLDTS Beobachtung 1826 und FORBES 1837 auf dieselbe Epoche reducirt.

(39) London, nach handschriftlich mitgetheilten Beobachtungen für die Declination von Capitaine Ross; für die Inclination von PHILLIPS, FOX, ROSS, JOHNSON und SABINE; die mittlere Epoche für die Declination April 1838, für die Inclination Mai 1838.

(48) Paris für 1835 aus dem *Annuaire* für 1836.

(54) Mailand 1837, von KREIL, nach dessen handschriftlichen Mittheilungen.

(58) Neapel, 1835 nach Beobachtungen von SARTORIUS und LISTING. Die in absolutem Maasse bestimmte Intensität wurde mit dem unten (Art. 31) gegebenen Factor auf die gewöhnliche Einheit reducirt.

(64) Madras 1837 nach TAYLORS Beobachtungen, entlehnt aus dem *Journal of the Asiatic Society of Bengal*, Mai 1837.

		Breite	Länge	Declination Berechn.	Declination Beobacht.	Declination Untersch.
1	Spitzbergen	+79° 50′	11° 40′	+26° 31′	+25° 12′	+1° 19′
2	Hammerfest	70 40	23 46	+12 23	+10 50	+1 33
3	Magn. Pol. n. Ross	70 5	263 14	−22 23		
4	Reikiavik	64 8	338 5	+40 12	+43 14	−3 2
5	Jakutsk	62 1	129 45	+0 5	+5 50	−5 45
6	Porotowsk	62 1	131 50	+0 4	+4 46	−4 42
7	Nochinsk	61 57	134 57	−0 3	+2 11	−2 14
8	Tschernoljes	61 31	136 23	0 0	+3 30	−3 30
9	Petersburg	59 56	30 19	+6 47	+6 44	+0 3
10	Christiania	59 54	10 44	+19 55	+19 50	+0 5
11	Ochotsk	59 21	143 11	−0 18	+2 18	−2 36
12	Tobolsk	58 11	68 16	−7 19	−10 29	+3 10
13	Tigil Fluss	58 1	158 15	−4 20	−4 6	−0 14
14	Sitka	57 3	224 35	−28 45	−28 19	−0 26
15	Tara	56 54	74 4	−7 44	−9 36	+1 52
16	Catharinenburg	56 51	60 34	−5 20	−6 18	+0 58
17	Tomsk	56 30	85 9	−7 21	−8 34	+1 13
18	Nishny Nowgorod	56 19	43 57	+1 10	−0 27	+1 37
19	Krasnojarsk	56 1	92 57	−5 49	−6 40	+0 51
20	Kasan	55 48	49 7	−1 7	−2 22	+1 15
21	Moskwa	55 46	37 37	+4 26	+3 2	+1 24
22	Königsberg	54 43	20 30	+14 15	+13 22	+0 53
23	Barnaul	53 20	83 56	−7 0	−7 25	+0 25
24	Uststretensk	53 20	121 51	+1 29	+4 21	−2 52
25	Gorbizkoi	53 6	119 9	+1 5	+2 54	−1 49
26	Petropaulowsk	53 0	158 40	−3 34	−4 6	+0 32
27	Uriupina	52 47	120 4	+1 16	+4 4	−2 48
28	Berlin	52 30	13 24	+18 31	+17 5	+1 26
29	Pogromnoi	52 30	111 3	−0 38	+0 18	−0 56
30	Irkuzk	52 17	104 17	−2 27	−1 38	−0 49
31	Stretensk	52 15	117 40	+0 54	+2 52	−1 58
32	Stepnoi	52 10	106 21	−1 52	−1 8	−0 44
33	Tschitanskoi	52 1	113 27	0 0	+1 13	−1 13
34	Nertschinsk Stadt	51 56	116 31	+0 42	+2 53	−2 11
35	Werchneudinsk	51 50	107 46	−1 26	−0 24	−1 2
36	Orenburg	51 45	55 6	−2 48	−3 22	+0 34
37	Argunskoi	51 33	119 56	+1 22	+3 44	−2 22
38	Göttingen	51 32	9 56	+20 28	+18 38	+1 50
39	London	51 31	359 50	+25 37	+24 0	+1 37
40	Nertschinsk Bergw.	51 19	119 37	+1 20	+4 6	−2 46
41	Tschindant	50 34	115 32	+0 34	+2 14	−1 40
42	Charazaiska	50 29	104 44	−2 9	−2 27	+0 18
43	Zuruchaitu	50 23	119 3	+1 18	+3 11	−1 53
44	Troizkosawsk	50 21	106 45	−1 34	−0 12	−1 22
45	Abagaitujewskoi	49 35	117 50	+1 8	+2 54	−1 46
46	Altanskoi	49 28	111 30	−0 16	+0 48	−1 4
47	Mendschinskoi	49 26	108 55	−0 56	+0 12	−1 8
48	Paris	48 52	2 21	+24 6	+22 4	+2 2
49	Chunzal	48 13	106 27	−1 30	−1 6	−0 24
50	Urga	47 55	106 42	−1 26	−1 16	−0 10

	Inclination			Intensität		
	Berechn.	Beobacht.	Untersch.	Berechn.	Beobacht.	Untersch.
1	+ 82° 1′	+ 81° 11′	+ 0° 50′	1.599	1.562	+ 0.037
2	77 19	77 15	+ 0 4	1.545	1.506	+ 0.039
3	88 48	90 0	— 1 12	1.717		
4	80 40	77 0	+ 3 40	1.527		
5	74 36	74 18	+ 0 18	1.661	1.697	— 0.036
6	74 27	74 0	+ 0 27	1.658	1.721	— 0.063
7	74 12	73 37	+ 0 35	1.653	1.713	— 0.060
8	73 48	73 8	+ 0 40	1.648	1.700	— 0.052
9	70 25	71 3	— 0 38	1.469	1.410	+ 0.059
10	72 4	72 7	— 0 3	1.456	1.419	+ 0.037
11	71 36	70 41	+ 0 55	1.621	1.615	+ 0.006
12	70 13	71 1	— 0 48	1.575	1.557	+ 0.018
13	69 55	68 28	+ 1 27	1.583	1.577	+ 0.006
14	76 30	75 51	+ 0 39	1.697	1.731	— 0.034
15	69 46	70 28	— 0 42	1.586	1.575	+ 0.011
16	68 24	69 16	— 0 52	1.535	1.523	+ 0.012
17	70 33	70 55	— 0 22	1.613	1.619	— 0.006
18	67 9	68 41	— 1 32	1.469	1.442	+ 0.027
19	70 24	71 0	— 0 36	1.638	1.657	— 0.019
20	67 13	68 25	— 1 12	1.477	1.433	+ 0.044
21	66 45	68 57	— 2 12	1.446	1.404	+ 0.042
22	67 19	69 26	— 2 7	1.410	1.365	+ 0.045
23	67 50	68 10	— 0 20	1.591	1.605	— 0.014
24	68 32	68 11	+ 0 21	1.609	1.656	— 0.047
25	68 32	68 22	+ 0 10	1.611	1.660	— 0.049
26	65 31	63 50	+ 1 41	1.521	1.489	+ 0.032
27	68 17	67 53	+ 0 24	1.612	1.667	— 0.055
28	66 45	68 7	— 1 22	1.391	1.367	+ 0.024
29	68 25	68 8	+ 0 17	1.616	1.640	— 0.024
30	68 17	68 14	+ 0 3	1.616	1.647	— 0.031
31	67 55	67 38	+ 0 17	1.606	1.649	— 0.043
32	68 12	68 10	+ 0 2	1.615	1.663	— 0.048
33	67 56	67 42	+ 0 14	1.609	1.668	— 0.059
34	67 43	67 11	+ 0 32	1.604	1.635	— 0.031
35	67 55	68 6	— 0 11	1.612	1.657	— 0.045
36	63 14	64 44	— 1 30	1.461	1.432	+ 0.029
37	67 10	66 54	+ 0 16	1.595	1.655	— 0.060
38	66 43	67 56	— 1 13	1.388	1.357	+ 0.031
39	68 54	69 17	— 0 23	1.410	1.372	+ 0.038
40	66 59	66 33	+ 0 26	1.593	1.617	— 0.024
41	66 35	66 32	+ 0 3	1.592	1.650	— 0.058
42	66 45	66 56	— 0 11	1.599	1.643	— 0.044
43	66 12	66 13	— 0 1	1.584	1.626	— 0.042
44	66 38	66 19	+ 0 19	1.597	1.642	— 0.045
45	65 33	64 48	+ 0 45	1.577	1.583	— 0.006
46	65 46	65 20	+ 0 26	1.585	1.619	— 0.034
47	65 48	65 31	+ 0 17	1.587	1.630	— 0.043
48	66 45	67 24	— 0 39	1.389	1.348	+ 0.041
49	64 42	64 29	+ 0 13	1.574	1.612	— 0.038
50	64 25	64 4	+ 0 21	1.571	1.583	— 0.012

		Breite	Länge	Declination		
				Berechn.	Beobacht.	Untersch.
51	Astrachan	+ 46° 20′	48° 0′	+ 1° 40′	+ 1° 12′	+ 0° 28′
52	Chologur	46 0	110 34	− 0 20	+ 0 49	− 1 9
53	Ergi	45 32	111 25	− 0 6	+ 1 7	− 1 13
54	Mailand	45 28	9 9	+ 20 56	+ 18 33	+ 2 23
55	Sendschi	44 45	110 26	− 0 20	+ 0 30	− 0 50
56	Batchay	44 21	112 55	+ 0 16	+ 0 59	− 0 43
57	Scharabudurguna	43 13	114 6	+ 0 32	+ 0 46	− 0 14
58	Neapel	40 52	14 16	+ 18 53	+ 15 20	+ 3 33
59	Chalgan	40 49	114 58	+ 0 42	+ 1 13	− 0 31
60	Pekin	39 54	116 26	+ 0 58	+ 1 48	− 0 50
61	Terceira	38 39	332 47	+ 25 17	+ 24 18	+ 0 59
62	San Francisco	37 49	237 35	− 16 22	− 14 55	− 1 27
63	Port Praya	14 54	336 30	+ 16 17	+ 16 30	− 0 13
64	Madras	+ 13 4	80 17	− 4 1		
65	Galapagos Insel	− 0 50	270 23	− 8 57	− 9 30	+ 0 33
66	Ascension	7 56	345 36	+ 14 37	+ 13 30	+ 1 7
67	Pernambuco	8 4	325 9	+ 5 58	+ 5 54	+ 0 4
68	Callao	12 4	282 52	− 9 32	− 10 0	+ 0 28
69	Keeling Insel	12 5	96 55	+ 0 23	+ 1 12	− 0 49
70	Bahia	12 59	321 30	+ 3 12	+ 4 18	− 1 6
71	St. Helena	15 55	354 17	+ 19 27	+ 18 0	+ 1 27
72	Otaheite	17 29	210 30	− 5 45	− 7 54	+ 2 9
73	Mauritius	20 9	57 31	+ 11 9	+ 11 18	− 0 9
74	Rio de Janeiro	22 55	316 51	− 1 11	− 2 8	+ 0 57
75	Valparaiso	33 2	288 19	− 13 45	− 15 18	+ 1 33
76	Sydney	33 51	151 17	− 7 51	− 10 24	+ 2 33
77	Vorg. d. g. Hoffn.	34 11	18 26	+ 27 24	+ 28 30	− 1 6
78	Monte Video	34 53	303 47	− 11 23	− 12 0	+ 0 37
79	K. Georgs Sund	35 2	117 56	+ 5 12	+ 5 36	− 0 24
80	Neu Seeland	35 16	174 0	− 11 10	− 14 0	+ 2 50
81	Concepcion	36 42	286 50	− 14 43	− 16 48	+ 2 5
82	Blanco Bay	38 57	298 1	− 12 57	− 15 0	+ 2 3
83	Valdivia	39 53	286 31	− 16 13	− 17 30	+ 1 17
84	Chiloe	41 51	286 4	− 16 56	− 18 0	+ 1 4
85	Hobarttown	42 53	147 24	− 5 51	− 11 6	+ 5 15
86	Port Low	43 48	285 58	− 17 32	− 19 48	+ 2 16
87	Port San Andres	46 35	284 25	− 19 4	− 20 48	+ 1 44
88	Port Desire	47 45	294 5	− 16 52	− 20 12	+ 3 20
89	R. Santa Cruz	50 7	291 36	− 18 23	− 20 54	+ 2 31
90	Falkland Insel	51 32	301 53	− 15 16	− 19 0	+ 3 44
91	Port Famine	− 53 38	289 2	− 20 28	− 23 0	+ 2 32
8*	Port Etches	+ 60 21	213 19	− 28 33	− 31 38	+ 3 5
8**	Lerwick	+ 60 9	358 53	+ 27 10	+ 27 16	− 0 6
11*	Stockholm	+ 59 20	18 4	+ 15 22	+ 14 57	+ 0 25
34*	Valentia	+ 51 56	349 43	+ 30 2	+ 28 43	+ 1 19
40*	Brüssel	+ 50 52	4 50	+ 23 23	+ 22 19	+ 1 4
54*	Montreal	+ 45 27	286 30	+ 5 23	+ 7 30	− 2 7
62*	Oahu	+ 21 17	202 0	− 12 19	− 10 40	− 1 39
64*	Panama	+ 8 37	280 31	− 6 44	− 7 37	+ 0 53

	Inclination			Intensität		
	Berechn.	Beobacht.	Untersch.	Berechn.	Beobacht.	Untersch.
51	+ 56° 59′	+ 59° 58′	− 2° 59′	1.358	1.334	+ 0.024
52	62 31	61 54	+ 0 37	1.545	1.580	− 0.035
53	61 58	61 22	+ 0 36	1.539	1.559	− 0.020
54	62 13	63 48	− 1 35	1.331	1.294	+ 0.037
55	61 15	60 42	+ 0 33	1.529	1.530	− 0.001
56	60 46	60 18	+ 0 28	1.520	1.553	− 0.033
57	59 32	59 3	+ 0 29	1.502	1.538	− 0.036
58	56 26	58 53	− 2 27	1.271	1.271	0.
59	56 51	56 17	+ 0 34	1.465	1.459	+ 0.006
60	55 43	54 49	+ 0 54	1.448	1.453	− 0.005
61	68 34	68 6	+ 0 28	1.469	1.457	+ 0.012
62	64 14	62 38	+ 1 36	1.592	1.591	+ 0.001
63	45 51	46 3	− 0 12	1.168	1.156	+ 0.012
64	4 14	6 52	− 2 38	1.038	1.031	+ 0.007
65	13 24	9 29	+ 3 55	1.085	1.069	+ 0.016
66	5 32	1 39	+ 3 53	0.813	0.873	− 0.060
67	+ 13 2	+ 13 13	− 0 11	0.909	0.914	− 0.005
68	− 4 39	− 6 14	+ 1 35	1.003	0.97	+ 0.033
69	− 39 19	− 38 33	− 0 46	1.161		
70	+ 3 59	+ 5 24	− 1 25	0.883	0.871	+ 0.012
71	− 14 52	− 18 1	+ 3 9	0.811	0.836	− 0.025
72	− 27 26	− 30 26	+ 3 0	1.113	1.094	+ 0.019
73	− 54 8	− 54 1	− 0 7	1.060	1.144	− 0.084
74	− 14 49	− 13 30	− 1 19	0.879	0.878	+ 0.001
75	− 37 56	− 39 7	+ 1 11	1.094	1.176	− 0.082
76	− 58 11	− 62 49	+ 4 38	1.667	1.685	− 0.018
77	− 51 4	− 52 35	+ 1 31	0.981	1.014	− 0.033
78	− 35 34	− 35 40	+ 0 6	1.022	1.060	− 0.038
79	− 62 39	− 64 41	+ 2 2	1.658	1.709	− 0.051
80	− 54 46	− 59 32	+ 4 46	1.616	1.591	+ 0.025
81	− 42 49	− 44 13	+ 1 24	1.147	1.218	− 0.071
82	− 42 1	− 41 54	− 0 7	1.103	1.113	− 0.010
83	− 46 13	− 46 47	+ 0 34	1.145	1.238	− 0.093
84	− 48 14	− 49 26	+ 1 12	1.227	1.313	− 0.086
85	− 66 57	− 70 35	+ 3 38	1.894	1.817	+ 0.077
86	− 50 4	− 51 20	+ 1 16	1.257	1.326	− 0.069
87	− 53 0	− 54 14	+ 1 14	1.310		
88	− 51 22	− 52 43	+ 1 21	1.263	1.359	− 0.096
89	− 53 49	− 55 16	+ 1 27	1.321	1.425	− 0.104
90	− 52 46	− 53 25	+ 0 39	1.276	1.367	− 0.091
91	− 57 38	− 59 53	+ 2 15	1.424	1.532	− 0.108
8*	+ 76 25	+ 76 3	+ 0 22	1.678	1.75	− 0.072
8**	+ 73 46	+ 73 45	+ 0 1	1.469	1.421	+ 0.048
11*	+ 70 52	+ 71 40	+ 0 48	1.451	1.382	+ 0.069
34*	+ 71 25	+ 70 52	+ 0 33	1.448	1.409	+ 0.039
40*	+ 67 29	+ 68 49	− 1 20	1.393	1.369	+ 0.024
54*	+ 77 24	+ 76 19	+ 1 5	1.713	1.805	− 0.092
62*	+ 37 36	+ 41 35	− 3 59	1.125	1.14	− 0.015
64*	+ 34 40	+ 31 55	+ 2 45	1.238	1.19	+ 0.048

30.

Wenn man bei der Beurtheilung der Unterschiede zwischen Rechnung und Beobachtung, welche die vorstehende tabellarische Vergleichung ergibt, in Erwägung zieht, dass einerseits fast sämmtliche Beobachtungen mit den Fehlern der Operation und den zufälligen Anomalien in der magnetischen Kraft selbst behaftet sind, und nicht für ein und dasselbe Jahr gelten*); andererseits, dass in unsern Formeln nur die Glieder bis zur vierten Ordnung enthalten sind, während die folgenden noch sehr merklich sein mögen: so scheint die Übereinstimmung zwischen Rechnung und Beobachtung allen billigen Erwartungen zu genügen, die man von einem ersten Versuche haben durfte. Unser Ausdruck für $\frac{V}{R}$ darf also wohl als der Wahrheit nahe kommend betrachtet werden, wenigstens in seinen beträchtlichern Gliedern, und es hat daher der Mühe werth geschienen, von dem Gange der numerischen Werthe von $\frac{V}{R}$ durch eine graphische Darstellung eine Versinnlichung zu geben. Es ist diess durch eine von Hrn. Dr. Goldschmidt gezeichnete Karte in drei Abtheilungen geschehen, deren erste nach Mercator's Projection den ganzen Erdgürtel zwischen 70^0 nordlicher und 70^0 südlicher Breite, die beiden andern nach stereographischer Projection die Polargegenden bis zu 65^0 Breite vorstellen. Die Correctionen und Vervollständigungen, welche in Zukunft eine wiederholte und auf vollkommnere Data gegründete Berechnung an dem Ausdruck für $\frac{V}{R}$ nöthig machen wird, werden zwar ohne Zweifel noch bedeutende Verschiebungen in diesem Liniensystem hervorbringen, besonders in den hohen südlichen Breiten: aber eine wesentliche Änderung in der ganzen Gestaltung selbst ist nicht denkbar ohne so grosse Änderungen in dem Ausdrucke für $\frac{V}{R}$, dass die Übereinstimmung mit den vorhandenen Beobachtungen verloren gehen müsste. Wir sind also hiedurch zu dem wichtigen Resultate geführt, dass das System der

---

*) Von der bedeutenden Discordanz zwischen verschiedenen Beobachtern bei einem und demselben Orte gibt schon das im vorhergehenden Artikel Mitgetheilte einige Proben; einige andere mögen hier noch angeführt werden, wo die Unterschiede viel grösser sind, als mit irgend einiger Wahrscheinlichkeit auf Rechnung regelmässiger jährlicher Änderung gesetzt werden kann. Die Inclination in Valparaiso war 1829 nach King — 40^0 11′, 1835 nach Fitz Roy — 38^0 3′. Auf der Insel Mauritius war die Intensität im Jahre 1818 nach Freycinet 1,096, im Jahr 1836 nach Fitz Roy 1,192. Noch grösser ist der Unterschied bei Otaheite, wo die Intensität 1830 von Erman = 1,172 gefunden ist, hingegen 1835 von Fitz Roy = 1,017. Diese letztere Verschiedenheit an einem für künftige Verbesserung der Elemente höchst wichtigen Platze ist bedeutend grösser, als die grösste, die unter allen unsern 86 Vergleichungen berechneter Intensitäten mit beobachteten vorkommt.

Linien gleicher Werthe von V auf der Oberfläche der Erde wirklich unter dem einfachsten oben Art. 11 beschriebenen Typus begriffen ist, und dass also *nur zwei magnetische Pole* auf der Erde vorhanden sind, wenn man von dem im 13. Artikel erwähnten Falle einer localen Ausnahme absieht, dessen Vorkommen oder Nichtvorkommen zur Zeit noch dahin gestellt bleiben muss. Die genaue Berechnung nach unsern Elementen gibt die Plätze dieser beiden Pole

1) in $73^0 35'$ nordlicher Breite, $264^0 21'$ Länge östlich von Greenwich, mit dem Werthe der ganzen Intensität $= 1,701$ (nach gewöhnlicher Einheit).

2) in $72^0 35'$ südlicher Breite, $152^0 30'$ Länge mit der ganzen Intensität $= 2,253$.

Im erstern Punkte hat $\frac{V}{R}$ seinen grössten Werth $= +895,86$, im zweiten den kleinsten $= -1030,24$.

Nach Ross's Beobachtung fällt der nordliche magnetische Pol um $3^0 30'$ südlicher als nach unserer Rechnung, und letztere gibt, wie aus unserer Vergleichungstafel ersichtlich ist, eine um $1^0 12'$ fehlerhafte Richtung der magnetischen Kraft an jenem Platze. Beim südlichen magnetischen Pole wird man eine bedeutend grössere Verschiebung zu erwarten haben. Da in Hobarttown, als dem demselben am nächsten liegenden Beobachtungsorte, die berechnete Inclination ohne Rücksicht auf das Zeichen, von der Rechnung um $3^0 38'$ zu klein angegeben wird, insofern man sich auf die Beobachtung verlassen kann, so wird der wirkliche südliche magnetische Pol wahrscheinlich bedeutend nordlicher liegen als ihn unsere Rechnung angibt, und möchte derselbe etwa in der Gegend von 66^0 Breite und 146^0 Länge zu suchen sein.

31.

Wenngleich man den beiden Punkten auf der Erdoberfläche, wo die horizontale Kraft verschwindet, und die man die magnetischen Pole nennt, wegen ihrer Beziehung auf die Gestaltung der Erscheinungen der horizontalen Kraft auf der ganzen Erdfläche eine gewisse Bedeutsamkeit wohl beilegen mag, so muss man sich doch hüten, dieser Bedeutsamkeit eine weitere Ausdehnung zu geben: namentlich ist die Chorde, welche jene beiden Punkte verbindet, ohne alle Bedeutung, und es würde ein unpassender Missgriff sein, wenn man *diese* gerade Linie durch die Benennung *magnetische Axe* der Erde auszeichnen wollte. Die einzige Art, wie man dem Begriffe der magnetischen Axe eines Körpers eine all-

21*

gemein gültige Haltung geben kann, ist die im 5. Artikel der *Intensitas vis magne-*
ticae festgesetzte, wonach darunter eine gerade Linie verstanden wird, in Beziehung auf welche das Moment des in dem Körper enthaltenen freien Magnetismus
ein Maximum ist. Zur Bestimmung der Lage der magnetischen Axe der Erde in
diesem Sinn, und zugleich des Moments des Erdmagnetismus in Beziehung auf
dieselbe, ist nun nach dem, was oben im 17. Art. bereits bemerkt ist, bloss die
Kenntniss der Glieder erster Ordnung von V erforderlich. Nach unsern Elementen Art. 26 ist

$$P' = + 925{,}782 \cos u + 89{,}024 \sin u \cos \lambda - 178{,}744 \sin u \sin \lambda$$

mithin sind $-925{,}782\,R^3$, $-89{,}024\,R^3$, $+178{,}744\,R^3$ die Momente des Erdmagnetismus in Beziehung auf die Erdaxe, und die beiden Erdradien für die
Länge 0 und 90°. Bei der Erdaxe ist die Richtung nach dem Nordpole zu verstanden, und das negative Zeichen des entsprechenden Moments zeigt an, dass
die magnetische Axe einen stumpfen Winkel mit jener macht, d. i. dass ihr magnetischer Nordpol nach Süden gekehrt ist. Die Richtung der magnetischen Axe
findet sich hieraus parallel dem Erddiameter von 77° 50′ N. Breite 296° 29′ Länge
nach 77° 50′ S. Breite 116° 29′ Länge, und das magnetische Moment in Beziehung auf dieselbe $= 947{,}08\,R^3$. Bei letzterm muss man sich erinnern, dass unsern Elementen eine Einheit für die Intensität zum Grunde liegt, die ein Tau-
sendtheil der gewöhnlich gebrauchten ist. Um die Reduction auf die in der *In-*
tensitas vis magneticae festgesetzte absolute Einheit zu erhalten, bemerken wir,
dass in letzterer die horizontale Intensität in Göttingen, 1834 am 19. Julius
$= 1{,}7748$ gefunden war, woraus mit der Inclination 68° 1′ die ganze Intensität
$= 4{,}7414$ folgt, während sie nach obiger Einheit $= 1357$ angenommen wird.
Der Reductionsfactor ist also $= 0{,}0034941$, und sonach das magnetische Moment der Erde nach der absoluten Einheit

$$= 3{,}3092\,R^3$$

Da bei dieser absoluten Einheit für die erdmagnetische Kraft das Millimeter als
Längeneinheit angenommen ist, so muss auch R in Millimetern angesetzt werden, wobei es, da ohnehin die Ellipticität der Erde hier nicht berücksichtigt wird,
hinreichend ist, R als Radius eines Kreises zu betrachten, dessen Umfang 40000
Millionen Millimeter beträgt. Hienach wird obiges magnetische Moment durch.

eine Zahl ausgedrückt, deren Logarithme = 29,93136 oder durch 853800 Quadrillionen. Nach derselben absoluten Einheit wurde das magnetische Moment eines einpfündigen Magnetstabes nach den im Jahre 1832 angestellten Versuchen = 100877000 gefunden (*Intensitas* Art. 21); das magnetische Moment der Erde ist also 8464 Trillionen mal grösser. Es wären daher 8464 Trillionen solcher Magnetstäbe, mit parallelen magnetischen Axen, erforderlich, um die magnetische Wirkung der Erde im äussern Raume zu ersetzen, was bei einer gleichförmigen Vertheilung durch den ganzen körperlichen Raum der Erde beinahe acht Stäbe (genauer 7,831) auf jedes Kubikmeter beträgt. So ausgesprochen, behält dies Resultat seine Bedeutung, auch wenn man die Erde nicht als einen wirklichen Magnet betrachten, sondern den Erdmagnetismus blossen beharrlichen galvanischen Strömen in der Erde zuschreiben wollte. Betrachten wir aber die Erde als einen wirklichen Magnet, so sind wir genöthigt, *durchschnittlich* wenigstens*) jedem Theile derselben, der ein Achtel Kubikmeter gross ist, eine eben so starke Magnetisirung beizulegen, als jener Magnetstab enthält, ein Resultat, welches wohl den Physikern unerwartet sein wird.

32.

Die Art der wirklichen Vertheilung der magnetischen Flüssigkeiten in der Erde bleibt nothwendigerweise unbestimmt. In der That kann nach einem allgemeinen Theorem, welches bereits in der *Intensitas* Art. 2 erwähnt ist, und bei einer andern Gelegenheit ausführlich behandelt werden soll, anstatt jeder beliebigen Vertheilung der magnetischen Flüssigkeiten innerhalb eines körperlichen Raumes allemal substituirt werden eine Vertheilung auf der Oberfläche dieses Raumes, so dass die Wirkung in jedem Punkte des äussern Raumes genau dieselbe bleibt, woraus man leicht schliesst, dass *einerlei* Wirkung im ganzen äussern Raume aus unendlich vielen *verschiedenen* Vertheilungen der magnetischen Flüssigkeiten im Innern abzuleiten ist.

Dagegen können wir diejenige fingirte Vertheilung auf der Oberfläche der Erde, welche der wirklichen im Innern, in Beziehung auf die daraus nach Aussen entstehenden Kräfte, vollkommen äquivalirt, angeben, und sogar, wegen der Ku-

---

*) Insofern wir nemlich nicht befugt sind, bei allen magnetisirten Theilen der Erde durchaus parallele magnetische Axen vorauszusetzen. Je mehr an solchem Parallelismus fehlt, desto stärker muss die durchschnittliche Magnetisirung der Theile sein, um dasselbe magnetische Totalmoment hervorzubringen.

gelgestalt der Erde, auf eine höchst einfache Art. Es wird nemlich die Dichtigkeit des magnetischen Fluidums in jedem Punkte der Erdoberfläche, d. i. das
Quantum des Fluidums, welches der Flächeneinheit entspricht, durch die Formel

$$\tfrac{1}{4\pi}\left(\tfrac{V}{R} - 2Z\right)$$

ausgedrückt, oder durch

$$-\tfrac{1}{4\pi}\left(3P' + 5P'' + 7P''' + 9P'''' + \text{ u. s. w.}\right)$$

Der Werth dieser Formel wird demnächst durch eine graphische Darstellung versinnlicht werden; hier mag nur bemerkt werden, dass er negativ an der nordlichen, positiv an der südlichen Hälfte der Erde ist, so jedoch, dass die Scheidungslinie den Äquator zweimal schneidet (in 6^0 und 186^0 Länge) und sich auf
beiden Seiten bis zu etwa 15^0 nordlicher und südlicher Breite von demselben entfernt; ferner dass auf der nordlichen Hälfte *zwei* Minima Statt finden, auf der
südlichen hingegen nur ein Maximum. Nach einer flüchtigen Rechnung finden
sich diese Minima und das Maximum

$$-\,209,1 \quad \text{in} \quad 55^0 \text{ N. Breite} \quad 263^0 \text{ Länge}$$
$$-\,200,0 \quad \text{in} \quad 71^0 \text{ N. Breite} \quad 116^0 \text{ Länge}$$
$$+\,277,7 \quad \text{in} \quad 70^0 \text{ S. Breite} \quad 154^0 \text{ Länge}$$

Bei den Werthen selbst liegt die Einheit unsrer Elemente zum Grunde, und sie
müssen daher noch mit $0,0034941$ multiplicirt werden, wenn sie in absolutem
Maass ausgedrückt werden sollen.

33.

Unsere Elemente sollen, wie schon oben bevorwortet ist, für nichts weiter
gelten, als für eine erste Annäherung, und als solche stimmen sie nach Art. 29
mit den Beobachtungen befriedigend genug überein. Es leidet keinen Zweifel,
dass eine Verbesserungsrechnung nach diesen Beobachtungen eine viel grössere
Übereinstimmung verschaffen würde, und eine solche Rechnung würde an sich
weiter keine Schwierigkeit haben als ihre Länge, die immer noch abschreckend
gross bleibt, auch wenn man zur Abkürzung ähnliche Kunstgriffe anwenden
wollte, wie von den Astronomen bei Verbesserung der Elemente der Planeten-
und Kometenbahnen benutzt werden. Obgleich indessen diese Schwierigkeit leicht

überwindlich sein würde, wenn die Arbeit unter eine Anzahl von Rechnern vertheilt werden könnte, so möchte es doch nicht gerathen sein, eine solche Verbesserung schon jetzt vorzunehmen, wo die Data von so vielen Plätzen, deren Mitbenutzung wesentlich sein würde, noch so geringe Zuverlässigkeit haben. Es wird am besten sein, vorerst die Vergleichung der Elemente mit Beobachtungen weiter fortzusetzen, wodurch man das Mittel finden wird, den allgemeinen Karten eine viel grössere Zuverlässigkeit zu geben, als bei dem bisher ausschliesslich empirischen Verfahren möglich war. Es sei uns aber erlaubt, einige Blicke auf die künftigen Fortschritte der Theorie zu werfen, deren völlige Realisirung freilich noch sehr entfernt sein mag.

34.

Zu einer befriedigenden Ausfeilung und Vervollständigung der Elemente müssen an die Beobachtungsdata viel höhere Forderungen gemacht werden, als bisher erfüllt sind. Jene sollten an allen zu benutzenden Punkten eine Schärfe haben, die bisjetzt nur an äusserst wenigen erreicht ist; sie sollten von den unregelmässigen Bewegungen gereinigt sein; sie sollten für Einerlei Zeitpunkt gelten. Es wird noch lange dauern, bis solchen Forderungen genügt werden kann: was aber zunächst am meisten Noth thut, ist die Herbeischaffung von *vollständigen* (d. i. alle drei Elemente umfassenden) Beobachtungen an einem oder dem andern Punkte innerhalb derjenigen grossen Flächenräume, wo dergleichen bisher noch ganz fehlen; denn in der That hat ein neu hinzukommender Punkt allemal für die allgemeine Theorie desto grössere Wichtigkeit, je weiter er von den andern schon zu unserm Besitz gehörenden entfernt liegt.

Nach einer hinlänglichen Zwischenzeit wird man für einen zweiten Zeitpunkt die Elemente von neuem bestimmen, und so ihre Säcularänderungen erhalten. Aber offenbar wird dazu unumgänglich nöthig sein, das bisherige Maass der Intensitäten ganz fahren zu lassen, und ein absolutes an dessen Stelle zu setzen.

Im Laufe künftiger Jahrhunderte werden auch diese Änderungen nicht mehr als gleichförmig erscheinen, und die Erforschung des Ganges, in dem die Elemente fortschreiten, wird den Naturforschern unerschöpflichen Stoff zu Untersuchungen darbieten.

35.

Aber auch Aufschlüsse über interessante Punkte der Theorie wird die Folgezeit bringen.

In unsrer Theorie ist angenommen, dass in jedem messbaren magnetisirten Theile des Erdkörpers genau eben so viel positives wie negatives Fluidum enthalten sei. Hätten die magnetischen Flüssigkeiten gar keine Realität, sondern wären sie nur ein fingirtes Substitut für galvanische Ströme in den kleinsten Theilen der Erde, so ist jene Gleichheit schon von selbst an die Befugniss zu dieser Substitution geknüpft: legt man hingegen den magnetischen Flüssigkeiten wirkliche Realität bei, so könnte man ohne Ungereimtheit die vollkommene Gleichheit der Quantitäten beider Flüssigkeiten in Zweifel ziehen. In Beziehung auf einzelne magnetische Körper (natürliche oder künstliche Magnete) liesse sich die Frage, ob in ihnen ein merklicher Überschuss der einen oder der andern Flüssigkeit enthalten sei, oder nicht, leicht durch sehr scharfe Versuche entscheiden, da im erstern Falle ein mit einem solchen Körper belasteter Lothfaden eine Abweichung von der verticalen Lage zeigen müsste (und zwar in der Richtung des magnetischen Meridians). Wenn dergleichen Versuche, mit vielen künstlichen Magneten in einem von Eisen hinlänglich entfernten Locale angestellt, niemals die geringste Abweichung zeigen sollten (wie wohl zu vermuthen steht), so würde allerdings jene Gleichheit auch für die ganze Erde mit grösster Wahrscheinlichkeit anzunehmen sein, immer aber doch die Möglichkeit einiger Ungleichheit noch nicht ganz ausgeschlossen.

In unsrer Theorie würde durch das Vorhandensein einer solchen Ungleichheit weiter kein Unterschied entstehen, als dass P^0 (Art. 17) nicht mehr $= 0$ sein würde Die Folge davon würde sein, dass im ganzen unendlichen äussern Raume dem Ausdrucke für Z noch das Glied $\frac{RRP^0}{rr}$, und also auf der Oberfläche der Erde das (constante) Glied P^0 beigefügt werden müsste, während X und Y gar nicht dadurch geändert werden. Wenn die Zukunft einen viel umfassendern Reichthum an scharfen Beobachtungen geliefert haben wird, als jetzt zu Gebote steht, wird sich allerdings ausmitteln lassen, ob ihre genaue Darstellung einen nicht verschwindenden Werth für P^0 erfordert oder nicht. Bei gegenwärtiger Beschaffenheit der Daten würde aber ein solches Unternehmen noch gar keinen Erfolg haben können.

36.

Ein anderer Theil unserer Theorie, über welchen ein Zweifel Statt finden kann, ist die Voraussetzung, dass die Agentien der erdmagnetischen Kraft ihren Sitz ausschliesslich im Innern der Erde haben.

Sollten die unmittelbaren Ursachen ganz oder zum Theil ausserhalb gesucht werden, so können wir, insofern wir bodenlose Phantasien ausschliessen und uns nur an wissenschaftlich bekanntes halten wollen, nur an galvanische Ströme denken. Die atmosphärische Luft ist kein Leiter solcher Ströme, der leere Raum auch nicht: unsre Kenntnisse verlassen uns also, wenn wir einen Träger für galvanische Ströme in den obern Regionen suchen. Allein die räthselhaften Erscheinungen des Nordlichts, bei welchem allem Anscheine nach Elektricität in Bewegung eine Hauptrolle spielt, verbieten uns, die Möglichkeit solcher Ströme bloss jener Unwissenheit wegen geradezu zu läugnen, und es bleibt jedenfalls interessant, zu untersuchen, wie die aus denselben hervorgehende magnetische Wirkung auf der Erdoberfläche sich gestalten würde.

37.

Nehmen wir also an, dass in einem die Erde gewölbartig oder schalenförmig einschliessenden Raume S beharrliche galvanische Ströme Statt finden, und bezeichnen den ganzen von S eingeschlossenen Raum mit S', den ganzen äussern S und S' einschliessenden Raum mit S''. Wie nun auch jene galvanische Ströme configurirt sein mögen, so lässt sich allemal anstatt derselben eine fingirte Vertheilung von magnetischen Flüssigkeiten und zwar innerhalb des Raumes S substituiren, durch welche in dem ganzen übrigen Raume S' und S'' genau dieselbe magnetische Wirkung ausgeübt wird, wie durch jene Ströme. Dieser wichtige schon im 3. Artikel erwähnte Satz gründet sich darauf, dass erstlich jene Ströme sich in eine unendliche Anzahl elementarer Ströme (d. i. solcher, die als linear betrachtet werden dürfen) zerlegen lassen; zweitens auf das bekannte, meines Wissens zuerst von AMPÈRE nachgewiesene Theorem, dass an die Stelle eines jeden linearen eine beliebige Fläche begrenzenden Stromes eine Vertheilung der magnetischen Flüssigkeiten an beiden Seiten dieser Fläche in unmessbar kleinen Distanzen von derselben mit vorgedachter Wirkung substituirt werden kann; drittens auf die evidente Möglichkeit, für jede innerhalb S liegende geschlossene Linie eine von ihr begrenzte Fläche anzugeben, die gleichfalls ganz innerhalb S liegt.

22

Bezeichnet man nun mit $-v$ das Aggregat aller Quotienten, die entstehen, wenn sämmtliche Elemente jenes fingirten magnetischen Fluidums mit der Entfernung von einem unbestimmten Punkte O in S' oder S'' dividirt werden, wobei, wie sich von selbst versteht, die Elemente des südlichen Fluidums als negativ betrachtet werden müssen, so drücken die partiellen Differentialquotienten von v (ganz eben so wie in unsrer obigen Theorie die von V) die Componenten der in O durch die galvanischen Ströme hervorgebrachten magnetischen Kraft aus.

38.

Obgleich die ausführliche Entwickelung der Theorie, aus welcher der im vorhergehenden Artikel gebrauchte Satz entlehnt ist, einer andern Gelegenheit vorbehalten bleiben muss, so verdient doch ein wichtiger dieselbe betreffender Punkt hier noch erwähnt zu werden. Wenn zwei *verschiedene* Flächen F, F' construirt werden, deren jede denselben linearischen Strom G zur Begrenzung hat, und hier der Kürze wegen nur der einfachste Fall in Betrachtung gezogen wird, wo jene Flächen ausser der gemeinschaftlichen Begrenzungslinie keinen Punkt weiter gemein haben, so schliessen dieselben einen körperlichen Raum ein. Liegt nun O ausserhalb dieses Raumes, so erhält man für denjenigen Bestandtheil von v , welcher sich auf G bezieht, *einerlei* Werth, man möge die magnetischen Fluida an F oder an F' vertheilen, und zwar ist derselbe äqual dem Producte aus der Intensität des galvanischen Stromes G (mit schicklicher Einheit gemessen) in den körperlichen Winkel, dessen Spitze in O , und der von den aus O nach den Punkten von G gezogenen geraden Linien eingeschlossen ist, oder was dasselbe ist, in denjenigen Theil der mit dem Halbmesser 1 um O beschriebenen Kugelfläche, der die gemeinschaftliche Projection sowohl von F als von F' ist. Liegt hingegen O innerhalb des von F und F' eingeschlossenen Raumes, so sind zwar die beiden Werthe des in Rede stehenden Theils von v , je nachdem man die magnetischen Flüssigkeiten an F oder an F' austheilt, ungleich, weil ihnen verschiedene Theile der erwähnten Kugelfläche entsprechen, und zwar solche, die einander zur ganzen Kugelfläche ergänzen. Allein es müssen dann, weil die Richtung des galvanischen Stroms gegen F und gegen F' entgegengesetzte Lage hat, der Intensität des Stromes, bei der Multiplication in die Kugelflächenstücke, in den beiden Fällen entgegengesetzte Zeichen beigelegt werden. Die Folge davon ist, dass die algebraische Differenz zwischen beiden Werthen des fraglichen Theils von v äqual wird dem Producte aus der Intensität des Stromes in die ganze Kugelfläche, oder in 4π.

Man schliesst hieraus leicht, dass, wenn O in S'' liegt, der Werth von v von der Wahl der Verbindungsflächen ganz unabhängig bleibt, dass hingegen, wenn O in S' sich befindet, zwar der absolute Werth von v von dieser Wahl abhängt, nicht aber die Differentiale von v.

Übrigens bedarf das hier berührte höchst fruchtbare Theorem, wonach in Beziehung auf die magnetische Wirkung eines linearen galvanischen Stromes das Product der Intensität desselben in das Stück der Kugelfläche, welches durch die Projection der Stromlinie, von O aus, begrenzt wird, dieselbe Bedeutung hat, wie in Beziehung auf Anziehungs- oder Abstossungskräfte die durch den Abstand von O dividirten Massentheile, in seiner Allgemeinheit noch mehrerer nähern Erläuterungen, die auf eine ausführliche Behandlung des Gegenstandes verspart werden müssen.

39.

Der Werth von v, welcher im Allgemeinen eine Function von r, u und λ ist, geht auf der Oberfläche der Erde in eine Function von u und λ allein über, und

$$-\frac{dv}{R\,du}, \qquad -\frac{dv}{R\sin u\,d\lambda}$$

sind die horizontalen Componenten der aus den galvanischen Strömen daselbst hervorgehenden magnetischen Kraft, beziehungsweise nach Norden und Westen gerichtet. Es ist also offenbar, dass die merkwürdigen oben Art. 15 und 16 angeführten Sätze hier gleichfalls gelten. Allein mit der dritten Componente, der verticalen magnetischen Kraft, wird es, wenn die Agentien ihren Sitz oberhalb haben, eine etwas andere Bewandtniss haben, als wenn sie im Innern sich befinden. Um die aus jenen entspringende verticale Kraft zu ermitteln, muss zuerst v als Function von r, u und λ zugleich betrachtet, nach r differentiirt, und sodann $r = R$ substituirt werden. Allein für den innern Raum S', welchem die Erdoberfläche angehört, kann v nur in eine Reihe nach steigenden Potenzen von r entwickelt werden. Setzen wir

$$\frac{v}{R} = p^0 + \frac{r}{R}\cdot p' + \frac{rr}{RR}\cdot p'' + \frac{r^3}{R^3}\cdot p''' + \text{ u. s. w.}$$

so ist p^0 eine constante Grösse, nemlich der Werth von $\frac{v}{R}$ im Mittelpunkte der

22*

Erde; p', p'', p''' u. s. w. hingegen sind Functionen von u und λ, die denselben partiellen Differentialgleichungen wie oben P', P'', P''' u. s. w. Genüge leisten. Hieraus folgt, auf ähnliche Art wie oben Art. 20, dass die Kenntniss des Werths von v in jedem Punkt der Erdoberfläche hinreicht, um den allgemeinen für den ganzen Raum S' gültigen Ausdruck daraus abzuleiten; dass man zur Kenntniss jenes Werths mit Ausnahme eines constanten Theils, oder was dasselbe ist, zur Kenntniss der Coëfficienten p', p'', p''' u. s. w. schon durch die Kenntniss der horizontalen Kräfte auf der Erdoberfläche gelangen kann; dass aber der Werth der verticalen Kraft auf derselben nicht

$$= 2p' + 3p'' + 4p''' + \text{ u. s. w.}$$

ist (wie er sein würde, wenn die Kräfte vom Innern der Erde aus bewirkt werden), sondern

$$= -p' - 2p'' - 3p''' - \text{ u. s. w.}$$

Da nun unsere numerischen Elemente (Art. 26), unter Voraussetzung der erstern Formel bestimmt, eine schon sehr befriedigende Darstellung der Gesammtheit der Erscheinungen geben, während diese mit der zweiten Formel ganz und gar unverträglich sein würden, so ist die Unstatthaftigkeit der Hypothese, die die Ursachen des Erdmagnetismus in den Raum ausserhalb der Erde stellt, als erwiesen anzusehen.

40.

Indess darf hiemit die Möglichkeit, dass ein *Theil* der erdmagnetischen Kraft, wenn auch nur ein vergleichungsweise sehr geringer, von oben her erzeugt werde, noch nicht als entschieden widerlegt betrachtet werden. Eine viel vollständigere und viel schärfere Kenntniss der Erscheinungen wird in Zukunft über diesen wichtigen Punkt der Theorie Belehrung geben. Wenn in der Voraussetzung gemischter Ursachen die Zeichen V, P^0, P', P'' u. s. w., v, p^0, p', p'' in derselben Bedeutung wie oben verstanden werden, so dass die erstern sich auf die aus dem Innern her, die letztern auf die von dem äussern Raume aus wirkenden Ursachen beziehen; wenn ferner

$$V + v = W, \quad P^0 + p^0 = \Pi^0, \quad P' + p' = \Pi', \quad P'' + p'' = \Pi'' \text{ u. s. w.}$$

gesetzt wird, so wird auf der Oberfläche der Erde

$$\frac{W}{R} = \Pi^0 + \Pi' + \Pi'' \text{ u. s. w.}$$

sein, wo Π^n derselben partiellen Differentialgleichung Genüge leistet, wie P^n (Art. 18), und die beiden Componenten der daselbst Statt findenden horizontalen magnetischen Kraft werden durch

$$-\frac{dW}{R\,du}, \qquad -\frac{dW}{R\sin u\,d\lambda}$$

ausgedrückt werden. Es behalten also auch hier die Art. 15 und 16 angeführten Sätze ihre Gültigkeit, und man kann aus der blossen Kenntniss der horizontalen Kräfte die Grössen Π', Π'', Π''' u. s. w. bestimmen, aber daraus allein über das Vorhandensein gemischter Ursachen gar nichts schliessen. Wird aber die verticale Kraft für sich betrachtet, und in die Form

$$Q^0 + Q' + Q'' + Q''' + \text{ u. s. w.}$$

gebracht, so dass Q^n der vorerwähnten partiellen Differentialgleichung Genüge leistet, so wird

$$Q^0 = P^0, \qquad Q' = 2P' - p', \qquad Q'' = 3P'' - 2p'', \qquad Q''' = 4P''' - 3p'''$$

u. s. w. sein, und folglich

$$\begin{aligned}
3P' &= \Pi' + Q', & 3p' &= 2\Pi' - Q' \\
5P'' &= 2\Pi'' + Q'', & 5p'' &= 3\Pi'' - Q'' \\
7P''' &= 3\Pi''' + Q''', & 7p''' &= 4\Pi''' - Q''' \text{ u. s. w.}
\end{aligned}$$

Man erhält also durch die Combination der horizontalen Kräfte mit der verticalen das Mittel, W in seine Bestandtheile V und v zu scheiden, und also zu erkennen, ob letzterm ein merklicher Werth beigelegt werden muss. Bloss den constanten Theil von v, nemlich p^0, lassen die Beobachtungen völlig unbestimmt, wovon der Grund aus dem 38. Art. von selbst klar ist.

Es erscheint daher, auch von diesem interessanten Gesichtspunkte aus, als wichtig, dass die horizontale magnetische Kraft für sich betrachtet werde, und wir sehen darin einen Grund mehr für die oben (Art. 21) empfohlenen Rücksichten.

41.

Zu der im vorhergehenden Artikel angedeuteten Untersuchung wird es wahrscheinlich noch lange an zureichenden Daten fehlen. Es verdient aber bemerkt zu werden, dass die Variationen der magnetischen Kraft, wie sie sich gleichzeitig in den verschiedenen Punkten der Erdoberfläche manifestiren, eine ganz ähnliche Behandlung vertragen, wozu vielleicht schon weit früher nothdürftige Data zusammengebracht werden können: dies gilt sowohl von den regelmässigen nach Tages- und Jahreszeit wechselnden Änderungen, als von den unregelmässigen. Einigen allgemeinen Andeutungen, diese künftigen Untersuchungen betreffend, darf hier wohl noch ein Platz vergönnt sein.

Nachdem man die beobachteten gleichzeitigen Änderungen für jeden Ort in die Form von Änderungen der Componenten der magnetischen Kraft, ΔX, ΔY, ΔZ, gebracht hat, wird man zuvörderst zu untersuchen haben, ob die Änderungen der beiden horizontalen Componenten sich unserer Theorie gemäss verhalten, wonach $-\Delta X$ und $-\sin u . \Delta Y$ die Werthe der partiellen Differentialquotienten einer Function von u und λ nach diesen Veränderlichen sein müssen. Im bejahenden Fall wird man schliessen, dass die Ursachen entweder wirkliche galvanische Ströme sind, oder doch wenigstens auf gleiche Art wie diese, oder wie geschiedene magnetische Flüssigkeiten wirken. Im entgegengesetzten Falle würde erwiesen sein, dass die Ursachen keine galvanischen Ströme sein können. Man sieht, dass schon die Kenntniss solcher Veränderungen der horizontalen Kraft allein (in hinlänglicher Schärfe, Menge und Verbreitung) höchst wichtige Aufschlüsse geben kann. Ist man aber ausserdem noch im Besitz der gleichzeitigen Änderungen der verticalen Kraft, so wird, *unter Voraussetzung jenes erstern Falles*, die Methode des vorhergehenden Artikels Auskunft darüber geben, ob die Ursachen oberhalb oder unterhalb der Erdoberfläche ihre Sitze haben; ja es wird dann, in sofern diese Sitze doch wahrscheinlich in einer vergleichungsweise gegen den ganzen Erdkörper wenig dicken Schicht enthalten sind, auch die Art ihrer Verbreitung wenigstens näherungsweise bestimmbar sein.

Was dagegen den zweiten, oben als möglich erwähnten Fall betrifft, so glaube ich zwar, denselben in Beziehung auf die regelmässigen von Tages- und Jahreszeit abhängenden Änderungen der erdmagnetischen Kraft für wenig wahrscheinlich halten zu dürfen, allein in Beziehung auf die unregelmässigen in kurzen Zeitfristen wechselnden Änderungen würde ich zur Zeit kaum wagen, in dieser Hinsicht eine Vermuthung auszusprechen. Sollten dieselben ihre Quelle in grossen Electricitätsbewegungen oberhalb der Atmosphäre haben, so würden diese schwerlich in die Kategorie galvanischer Ströme zu setzen sein. Denn wenn gleich alles dafür spricht, galvanischen Strom für Elektricität in Bewegung zu halten, so ist doch nicht jede Bewegung der Elektricität galvanischer Strom, sondern nur dann, wenn die Bewegung einen in sich selbst zurückkehrenden Kreislauf bildet. Da nun bloss unter dieser Bedingung die mehrmals erwähnte Substitution geschiedener magnetischer Flüssigkeiten anstatt des galvanischen Stromes verstattet ist, so würden in der erwähnten Hypothese unsre Relationen zwischen den Componenten nicht mehr zutreffen, d. i., der zweite Fall würde wirklich eintreten. Allein theils würde schon eine zur Gewissheit gebrachte Constatirung dieses wichtigen Umstandes an sich von grossem Interesse sein, theils würde es auch dann bei hinlänglich ausgebreiteten und zuverlässigen Beobachtungen nicht ausser unserm Bereich liegen, den Sitzen und dem Verhalten solcher Bewegungen auf die Spur zu kommen.

NACHTRAG.

In der Vergleichungstafel ist, nach dem Abdruck, bei zwei Örtern eine kleine Unrichtigkeit bemerkt, die bei Callao aus einer fehlerhaften Längenangabe in der angeführten Schrift, bei St. Helena durch einen Rechnungsfehler entstanden ist. Ich benutze diese Gelegenheit, um mit der Angabe der Resultate einer verbesserten Rechnung hier noch die Vergleichung der Theorie mit den Beobachtungen an acht andern Örtern zu verbinden, die seitdem zu meiner Kenntniss gekommen sind. [Die Berichtigungen sind bei dem Wiederabdruck berücksichtigt, auch ist zur leichtern Übersicht die Vergleichung der Beobachtungen an jenen acht Orten mit denen an den ursprünglich 91 Orten schon oben zusammengestellt.]

Die Beobachtungen in Stockholm sind von RUDBERG; Intensität und Inclination 1832, Declination 1833 (POGGENDORFF's Annalen Band 37). In Brüssel sind die Beobachtungen vom Jahr 1832; für Declination und Inclination von QUETELET (Bulletins de l'Académie de Bruxelles T. VI), für Intensität von RUDBERG (SABINE's oben [S. 154] angeführte Schrift). Der gefälligen Mittheilung SABINE's verdanke ich die Bestimmungen für die übrigen neuen Örter, so wie für Callao die Bestimmung der Intensität, und eine neuere Beobachtung der Inclination. Die Beobachtungen in Lerwick und Valentia sind 1838 vom Capitaine JAMES ROSS angestellt; die in Port Etches, Panama, und Oahu 1837 vom Capitaine BELCHER, die in Callao 1838 von demselben; endlich in Montreal ist Inclination und Intensität 1838 vom Major ESTCOURT beobachtet, die Declination hingegen ist von 1834, und der Beobachter nicht genannt.

In Beziehung auf die Figurentafel, welche zur Versinnlichung der im 12. Artikel entwickelten Untersuchungen dient, ist hier noch zu bemerken, dass der geschickte Lithograph, Hr. RITTMÜLLER daran einen Versuch gemacht hat, zugleich die ungleiche Intensität auszudrücken, und zwar auf eine doppelte Art, nemlich sowohl durch die verschiedene Stärke der Linien, als durch die ungleiche Schattirung der Zwischenräume.

Bei der verzögerten Vollendung des Drucks des gegenwärtigen Bandes ist es möglich geworden, demselben ausser der Karte für die Werthe von V [s. Art. 30] noch zwei andere beizufügen. Die erste, welche die nach den Elementen oder aus den Tafeln, *berechneten* Werthe der Declinationen darstellt, verdanken die Leser meinem verehrten Freunde, dem Mitherausgeber der *Resultate*. Um die verwickelte Gestaltung des Systems der Linien gleicher Declinationen recht deutlich übersehen zu können, sind die Punkte, wo die Declination einen Maximumwerth hat, so wie diejenigen, wo zwei Linien gleicher Declination einander kreuzen (oder wo eine sich selbst kreuzt), mit besonderer Sorgfalt berechnet; Punkte der ersten Art finden sich zwei, Punkte der zweiten vier: der gemeinschaftliche Charakter solcher Punkte besteht darin, dass daselbst das erste Differential der Declination nach jeder Richtung verschwindet. Übrigens ist überflüssig zu bemerken, dass in solchen Gegenden, wo die Declinationen nach allen Seiten zu sich langsam ändern, wie im südlichen und südöstlichen Asien, geringe Abänderungen in den Werthen der Declinationen schon sehr grosse in der Gestaltung des Liniensystems hervorbringen können.

Fig. 1.

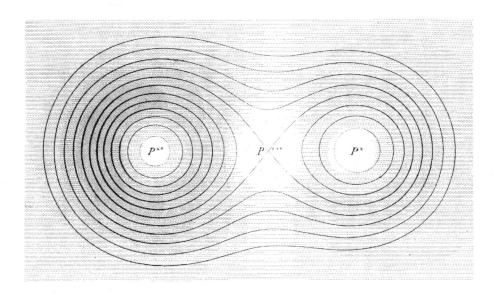

Fig. 2.

Ähnliches gilt in Beziehung auf die von Herrn Doctor GOLDSCHMIDT nach den Tafeln construirte Karte für die ganze Intensität, wobei sich zwei Maximumpunkte und ein Kreuzungspunkt in der nordlichen, und ein Maximumpunkt in der südlichen Hemisphäre, imgleichen zwei Minimumpunkte und zwei Kreuzungspunkte in der mittlern Zone ergeben haben.

An ähnlichen, auf die Theorie gegründeten, Karten für die Inclination, die horizontale Intensität, die drei Componenten der erdmagnetischen Kraft, und für diejenige Vertheilung der magnetischen Flüssigkeiten auf der Erdoberfläche, die als Stellvertreterin der wirklichen im Innern gelten kann [s. Art. 32], wird bereits egarbeitet, und wir hoffen, sie dem nächsten Bande der *Resultate* beifügen zu können.

[Alle die hier genannten Karten so wie Tafeln für die von 5 zu 5⁰ Breite und von 10 zu 10⁰ Länge berechneten Werthe sowol der in Art. 27 mit $\frac{V}{R}$, X, Y, Z bezeichneten Grössen, als auch der Declination, Inclination, der ganzen und der horizontalen Intensität sind unter dem Titel '*Atlas des Erdmagnetismus nach den Elementen der Theorie entworfen*' als Supplement zu den Resultaten aus den Beobachtungen des magnetischen Vereins, unter Mitwirkung von C. W. B. GOLDSCHMIDT, von CARL FRIEDRICH GAUSS und WILHELM WEBER in Leipzig 1840 herausgegeben. Da von diesem Atlas zur Zeit noch Exemplare in genügender Anzahl vorhanden sind, so ist dem gegenwärtigen Abdruck der allgemeinen Theorie des Erdmagnetismus nur die Karte für die Werthe von $\frac{V}{R}$ beigefügt.]

[Ausser den in der Abhandlung angegebenen Vergleichungen der Formeln mit den Beobachtungen an 99 Orten sind in den *Resultaten* und in dem genannten *Atlas* noch die hier zusammengestellten Vergleichungen für 44 andere Orte mitgetheilt.

Die Angaben für die Insel Zafarine, für Toulon und für den Ort unter 70⁰ 53′ N. Breite und 170⁰ Länge finden sich in dem Atlas.

Die übrigen Vergleichungen sind von B. GOLDSCHMIDT berechnet und von ihm in Bezug auf die Beobachtungen die weiter unten folgenden Nachweisungen in den *Resultaten* für 1840 und 1841 angegeben:]

		Breite	Länge	Declination Berechn.	Beobacht.	Untersch.
1	Auf dem Eise	+ 70° 53′	170° 0′	— 16° 47′	— 18° 49′	+ 2° 2′
2	Turuchansk	65 55	87 33	— 9 19	— 15 0	+ 5 41
3	Drontheim	63 26	10 24	+ 20 17	+ 20 0	+ 0 17
4	Viluisk	62 49	119 27	+ 0 37	+ 1 52	— 1 15
5	Bogoslowskoie	59 45	60 7	— 5 38	— 9 9	+ 3 31
6	Fredriksvarn	59 0	10 4	+ 20 18		
7	Jeniseisk	58 27	92 11	— 6 33	— 6 57	+ 0 24
8	Kodiack	57 20	207 9	— 24 38	— 26 43	+ 2 5
9	Copenhagen	55 41	12 34	+ 18 37	+ 17 40	+ 0 57
10	Altona	53 33	9 56	+ 20 28	+ 18 43	+ 1 45
11	Semipalatinsk	50 24	80 21	— 6 50	— 6 43	— 0 7
12	Kremsmünster	48 3	14 8	+ 18 26	+ 15 46	+ 2 40
13	Baker's Bay	46 17	235 58	— 20 46	— 19 11	— 1 35
14	Fort Vancouver	45 37	237 24	— 20 8	— 19 22	— 0 46
15	Toulon	43 6	5 55	+ 22 26	+ 19 6	+ 3 20
16	Barcelona	41 25	2 15	+ 23 45		
17	Lissabon	38 43	350 58	+ 26 1		
18	Angra (Terceira)	38 39	332 47	+ 25 17	+ 24 2	+ 1 15
19	Port Bodega	38 18	236 58	— 16 41	— 15 20	— 1 21
20	Messina	38 11	15 34	+ 19 16		
21	Palermo	38 7	13 21	+ 19 29	+ 16 3	+ 3 26
22	Algier	36 47	3 4	+ 23 18	+ 19 25	+ 3 53
23	Monterey	36 36	238 7	— 15 47	— 14 13	— 1 34
24	Gibraltar	36 7	354 41	+ 24 54	+ 21 40	+ 3 14
25	Zafarine (Ins.)	35 11	357 34	+ 24 35	+ 21 7	+ 3 28
26	Sta Barbara	34 24	240 19	— 14 40	— 13 28	— 1 12
27	San Pedro	33 43	241 45	— 14 13	— 13 8	— 1 5
28	San Diego	32 41	242 47	— 13 42	— 12 21	— 1 21
29	San Quentin	30 22	244 2	— 12 53	— 12 6	— 0 47
30	San Bartolomeo	27 40	245 7	— 12 1	— 10 46	— 1 15
31	Magdalena Bay	24 38	247 53	— 11 5	— 9 15	— 1 50
32	Mazatlan	23 11	253 36	— 10 15	— 9 24	— 0 51
33	San Lucas Bay	22 52	250 7	— 10 31	— 8 37	— 1 54
34	San Blas	21 32	254 44	— 9 55	— 9 0	— 0 55
35	Socorro Insel	18 43	249 6	— 9 55		
36	Clarion Insel	18 21	245 19	— 10 0		
37	Acapulco	16 50	260 5	— 9 3	— 8 23	— 0 40
38	Trevandrum	8 31	77 0	— 3 14	— 0 44	— 2 30
39	Cocos Insel	+ 5 53	272 58	— 8 11	— 8 24	+ 0 13
40	Puna Insel	— 2 47	280 5	— 8 23	— 8 56	+ 0 33
41	Martins Insel	— 8 56	220 20	— 5 27		
42	Bow Insel	— 18 5	219 7	— 5 21		
43	Rio Grande	— 32 2	307 40	— 7 29		
44		— 67 4	147 30	+ 6 20	— 12 35	+ 18 55
14	Sitka	+ 57 3	224 35	— 28 45	— 29 32	+ 0 47
62	San Francisco	+ 37 49	237 35	— 16 22	— 15 20	— 1 2
62*	Oahu	+ 21 17	202 0	— 12 19	— 10 40	— 1 39
72	Otaheite	— 17 29	210 30	— 5 45	— 6 30	+ 0 45

	Inclination			Intensität		
	Berechn.	Beobacht.	Untersch.	Berechn.	Beobacht.	Untersch.
1	+ 79° 27′	+ 81° 9′	— 1° 42′	1.675		
2	77 20	77 46	— 0 26	1.662	1.678	— 0.016
3	74 7	74 12	— 0 5	1.483	1.415	+ 0.068
4	75 44	76 46	— 1 2	1.675	1.765	— 0.090
5	70 45	71 36	— 0 51	1.556	1.524	+ 0.032
6	71 37	72 1	— 0 24	1.450	1.436	+ 0.014
7	72 33	73 24	— 0 51	1.647	1.674	— 0.027
8	73 22	72 43	+ 0 39	1.638	1.603	+ 0.035
9	68 52	70 0	— 1 8	1.419	1.372	+ 0.047
10	68 9	69 2	— 0 53	1.405	1.357	+ 0.048
11	64 44	65 18	— 0 34	1.551	1.560	— 0.009
12	63 8	64 34	— 1 26	1.348	1.339	+ 0.009
13	71 12	69 27	+ 1 45	1.675	1.643	+ 0.032
14	70 56	69 22	+ 1 34	1.676	1.657	+ 0.019
15	61 15	62 58	— 1 43	1.320		
16	61 12	62 15	— 1 3	1.324	1.288	+ 0.036
17	63 0	61 58	+ 1 2	1.352	1.299	+ 0.053
18	68 34	66 50	+ 1 44	1.469	1.449	+ 0.020
19	64 28	62 53	+ 1 35	1.588	1.563	+ 0.025
20	54 12	56 10	— 1 58	1.219	1.232	— 0.013
21	53 54	57 16	— 3 22	1.242	1.274	— 0.032
22	56 52	57 43	— 0 51	1.267	1.272	— 0.005
23	63 10	61 4	+ 2 6	1.579	1.531	+ 0.048
24	59 35	59 40	— 0 5	1.307	1.297	+ 0.010
25	57 32	58 34	— 1 2	1.283		
26	61 23	58 54	+ 2 29	1.559	1.501	+ 0.058
27	60 56	58 21	+ 2 35	1.556	1.480	+ 0.076
28	60 7	57 6	+ 3 1	1.547	1.482	+ 0.065
29	57 42	54 30	+ 3 12	1.514	1.461	+ 0.053
30	54 43	51 41	+ 3 2	1.475	1.432	+ 0.043
31	51 24	46 34	+ 4 50	1.434	1.362	+ 0.072
32	50 35	46 38	+ 3 57	1.429	1.370	+ 0.059
33	49 26	45 39	+ 3 47	1.411	1.359	+ 0.052
34	48 35	44 33	+ 4 2	1.405	1.362	+ 0.043
35	43 11	40 44	+ 2 27	1.331	1.307	+ 0.024
36	41 50	37 3	+ 4 47	1.310	1.222	+ 0.088
37	+ 42 50	+ 37 57	+ 4 53	1.335	1.316	+ 0.019
38	— 7 15	— 2 50	— 4 25	1.014	1.012	+ 0.002
39	+ 27 46	+ 22 56	+ 4 50	1.172	1.125	+ 0.047
40	+ 13 23	+ 9 8	+ 4 15	1.062	1.024	+ 0.038
41	— 12 44	— 14 6	+ 1 22	1.026	1.024	+ 0.002
42	— 28 46	— 30 16	+ 1 30	1.125	1.123	+ 0.002
43	— 33 14	— 30 4	— 3 10	0.997	0.967	+ 0.030
44	— 85 59	— 87 30	+ 1 31	2.248		
14	+ 76 30	+ 75 49	+ 0 41	1.697	1.704	— 0.007
62	+ 64 14	+ 62 6	+ 2 8	1.592	1.540	+ 0.052
62*	+ 37 36	+ 41 17	— 3 41	1.125	1.134	— 0.009
72	— 27 26	— 30 18	+ 2 52	1.113	1.133	— 0.020

23*

{Die Beobachtungen in Palermo sind von Dr. Sartorius von Waltershausen und Prof. Listing zu Ende des Jahres 1835 angestellt.

Die Bestimmungen in Gibraltar wie die Inclination und Intensität in Algier sind 1840 auf einer Expedition der Norwegischen Corvette Ornen von den Capitains Konow und Valeur ausgeführt und uns von Herrn Professor Hansteen mitgetheilt. Die Declination in Algier ist im Jahre 1832 bestimmt und der Description nautique des côtes de l'Algérie par Bérard (Paris 1839) entlehnt.

Die Beobachtung in 67° 4' südlicher Breite ist 1840 vom amerikanischen Flottencapitain Wilkes angestellt und in den Blättern für literarische Unterhaltung 1841 Nr. 6 mitgetheilt.

Die Beobachtungen in Kodiack, Baker's Bay, Fort Vancouver, Bodega, Monterey, Sta Barbara, San Pedro, San Diego, San Quentin, San Bartolomeo, Magdalena Bay, Mazatlan, San Lucas Bay, San Blas, Acapulco, Cocos Insel, Puna Insel, sind vom Capitaine Belcher in den Jahren 1837 — 1840 ausgeführt, und von Sabine in einer der königlichen Societät zu London vorgelegten Abhandlung *Contributions to terrestical Magnetism* veröffentlicht. Auf Socorro, Clarion, Martins und Bow Island sind die Declinationen ebenfalls bestimmt, aber in der Sabine'schen Abhandlung noch nicht mitgetheilt. Um die Unsicherheit zu heben, welche noch rücksichtlich der Intensität auf Otaheite Statt fand, richtete Belcher seine Rückreise über Otaheite und bestimmte durch vielfache Beobachtungen die Elemente auf Point Venus. Ausser diesem Orte sind auch Sitka, San Francisco, Oahu, wo Belcher neue Beobachtungen angestellt, schon nach andern Beobachtungen in der ersten Vergleichungstafel aufgenommen.

Die Elemente von Kremsmünster sind von Herrn Professor Koller bestimmt. Die Beobachtungen in Trevandrum, vom Director des dortigen magnetischen Observatoriums Herrn Caldecott angestellt, sind in einer kleinen Brochüre von Sabine *Observations made at the magnetic observatories of Toronto, Trevandrum and St. Helena during a remarkable magnetic disturbance on the 25th and 26th Sept.* 1841 angeführt.

Die Mittheilung der Beobachtungen in Turuchansk, Drontheim, Viluisk, Bogoslowskoie, Fredriksvarn, Jeniseisk, Copenhagen, Altona, Semipalatinsk, Barcelona, Lissabon, Angra, Messina, Rio Grande verdanke ich der Güte des Herrn Professor Hansteen.}

HÜLFSTAFELN

ZUR BERECHNUNG

DER RICHTUNG UND STÄRKE

DER MAGNETISCHEN KRÄFTE

AUF DER OBERFLÄCHE DER ERDE

AUS DEN ELEMENTEN DER THEORIE.

TAFEL ZUR BERECHNUNG DER WERTHE VON X.

φ	a°	A'		$\log a'$	A''		$\log a''$	A'''		$\log a'''$	$A''''=142^\circ\,26'$ $\log a''''$
$+90^\circ$	$+$ 0.0	292°	9′	2.07430	347°	16′	$-\infty$	221°	48′	$-\infty$	$-\infty$
89	10.3	292	4	2.07444	347	15	0.60246	221	48	8.41399	6.04417
88	20.5	291	50	2.07488	347	13	0.90273	221	50	9.01555	6.94686
87	30.8	291	26	2.07563	347	8	1.07753	221	52	9.36689	7.47447
86	41.2	290	52	2.07669	347	2	1.20066	221	54	9.61559	7.84836
85	51.6	290	10	2.07811	346	54	1.29525	221	58	9.80790	8.13790
84	62.1	289	19	2.07990	346	44	1.37159	222	2	9.96441	8.37399
83	72.8	288	20	2.08211	346	32	1.43517	222	8	0.09612	8.57310
82	83.5	287	14	2.08477	346	19	1.48927	222	14ʳ	0.20957	8.74509
81	94.3	286	0	2.08791	346	3	1.53601	222	21	0.30901	8.89629
80	105.3	284	41	2.09156	345	45	1.57682	222	29	0.39732	9.03103
79	116.5	283	16	2.09573	345	25	1.61273	222	37	0.47655	9.15241
78	127.8	281	46	2.10046	345	3	1.64451	222	47	0.54824	9.26271
77	139.3	280	13	2.10574	344	39	1.67272	222	57	0.61353	9.36366
76	151.0	278	37	2.11157	344	13	1.69780	223	9	0.67331	9.45660
75	162.9	276	59	2.11794	343	43	1.72012	223	21	0.72831	9.54260
74	175.0	275	20	2.12481	343	12	1.73995	223	34	0.77908	9.62252
73	187.4	273	41	2.13215	342	38	1.75753	223	49	0.82611	9.69707
72	199.9	272	3	2.13991	342	1	1.77302	224	4	0.86977	9.76682
71	212.6	270	25	2.14803	341	20	1.78662	224	20	0.91040	9.83226
70	225.6	268	50	2.15646	340	37	1.79844	224	38	0.94825	9.89381
69	238.9	267	17	2.16512	339	51	1.80860	224	56	0.98357	9.95181
68	252.3	265	46	2.17394	339	1	1.81720	225	16	1.01656	0.00656
67	266.0	264	19	2.18288	338	7	1.82433	225	37	1.04739	0.05833
66	279.9˙	262	56	2.19183	337	9	1.83005	225	59	1.07620	0.10734
65	294.0	261	36	2.20074	336	6	1.83444	226	22	1.10314	0.15379
64	308.3	260	19	2.20954	334	59	1.83756	226	47	1.12831	0.19786
63	322.8	259	7	2.21816	333	48	1.83947	227	13	1.15183	0.23969
62	337.6	257	58	2.22656	332	30	1.84022	227	40	1.17377	0.27943
61	352.5	256	53	2.23468	331	7	1.83986	228	9	1.19422	0.31720
60	367.6	255	52	2.24246	329	38	1.83845	228	39	1.21325	0.35311
59	382.9	254	55	2.24986	328	3	1.83604	229	11	1.23093	0.38725
58	398.3	254	1	2.25686	326	20	1.83270	229	45	1.24732	0.41972
57	413.9	253	11	2.26339	324	29	1.82850	230	21	1.26246	0.45059
56	429.6	252	24	2.26944	322	30	1.82350	230	58	1.27641	0.47993
55	445.4	251	40	2.27497	320	23	1.81779	231	37	1.28922	0.50781
54	461.3	250	59	2.27996	318	6	1.81148	232	19	1.30091	0.53428
53	477.2	250	21	2.28439	315	39	1.80465	233	2	1.31152	0.55941
52	493.3	249	46	2.28822	313	2	1.79747	233	48	1.32110	0.58323
51	509.3	249	13	2.29145	310	14	1.79005	234	36	1.32967	0.60579
50	525.4	248	43	2.29406	307	14	1.78257	235	26	1.33726	0.62713
49	541.4	248	15	2.29603	304	4	1.77522	236	19	1.34390	0.64728
48	557.4	247	49	2.29734	300	42	1.76818	237	15	1.34960	0.66628
47	573.4	247	25	2.29799	297	8	1.76168	238	14	1.35441	0.68415
46	589.2	247	3	2.29796	293	25	1.75593	239	16	1.35835	0.70092
45	605.0	246	43	2.29724	289	31	1.75115	240	21	1.36143	0.71661

TAFEL ZUR BERECHNUNG DER WERTHE VON X.

φ	$a°$	A'	$\log a'$	A''	$\log a''$	A'''	$\log a'''$	$A'''' = 142° 26'$ $\log a''''$
+45°	+605.0	246° 43′	2.29724	289° 31′	1.75115	240° 21′	1.36143	0.71661
44	620.7	246 24	2.29581	285 30	1.74752	241 30	1.36369	0.73124
43	636.2	246 6	2.29367	281 22	1.74521	242 43	1.36514	0.74483
42	651.5	245 49	2.29080	277 9	1.74436	243 59	1.36581	0.75740
41	666.6	245 34	2.28719	272 54	1.74504	245 19	1.36574	0.76895
40	681.5	245 19	2.28282	268 38	1.74726	246 44	1.36494	0.77950
39	696.2	245 5	2.27770	264 24	1.75098	248 13	1.36344	0.78905
38	710.6	244 52	2.27179	260 15	1.75611	249 47	1.36129	0.79761
37	724.7	244 39	2.26510	256 10	1.76251	251 26	1.35850	0.80518
36	738.5	244 25	2.25760	252 13	1.77000	253 11	1.35513	0.81176
35	752.0	244 12	2.24928	248 23	1.77838	255 1	1.35122	0.81735
34	765.2	243 58	2.24012	244 43	1.78746	256 57	1.34681	0.82195
33	777.9	243 44	2.23010	241 11	1.79704	258 59	1.34196	0.82555
32	790.3	243 28	2.21920	237 49	1.80692	261 8	1.33672	0.82814
31	802.3	243 10	2.20742	234 36	1.81694	263 23	1.33116	0.82970
30	813.9	242 51	2.19471	231 32	1.82693	265 45	1.32535	0.83023
29	825.0	242 30	2.18107	228 35	1.83676	268 13	1.31937	0.82970
28	835.7	242 5	2.16647	225 47	1.84632	270 49	1.31330	0.82808
27	845.9	241 37	2.15089	223 6	1.85551	273 31	1.30722	0.82536
26	855.7	241 4	2.13431	220 31	1.86425	276 21	1.30123	0.82149
25	864.9	240 26	2.11671	218 2	1.87248	279 17	1.29542	0.81644
24	873.7	239 41	2.09807	215 38	1.88014	282 19	1.28988	0.81017
23	882.0	238 49	2.07839	213 18	1.88721	285 28	1.28470	0.80263
22	889.8	237 49	2.05768	211 3	1.89364	288 42	1.27997	0.79374
21	897.0	236 37	2.03595	208 51	1.89942	292 1	1.27576	0.78345
20	903.8	235 13	2.01326	206 42	1.90455	295 24	1.27214	0.77168
19	910.0	233 35	1.98970	204 35	1.90900	298 50	1.26916	0.75832
18	915.8	231 39	1.96540	202 30	1.91277	302 19	1.26686	0.74327
17	921.0	229 23	1.94057	200 26	1.91588	305 50	1.26524	0.72639
16	925.7	226 45	1.91553	198 23	1.91832	309 21	1.26430	0.70753
15	929.8	223 41	1.89072	196 21	1.92011	312 52	1.26403	0.68650
14	933.5	220 9	1.86675	194 18	1.92126	316 22	1.26438	0.66306
13	936.7	216 7	1.84438	192 15	1.92179	319 51	1.26530	0.63693
12	939.4	211 35	1.82457	190 12	1.92170	323 17	1.26672	0.60776
11	941.6	206 34	1.80835	188 7	1.92104	326 41	1.26859	0.57511
10	943.3	201 12	1.79678	186 1	1.91982	330 1	1.27080	0.53839
9	944.6	195 33	1.79064	183 53	1.91806	333 19	1.27328	0.49686
8	945.4	189 50	1.79046	181 43	1.91581	336 32	1.27595	0.44948
7	945.7	184 15	1.79621	179 31	1.91309	339 43	1.27873	0.39482
6	945.7	178 56	1.80737	177 16	1.90995	342 49	1.28156	0.33075
5	945.2	174 3	1.82310	174 59	1.90641	345 53	1.28435	0.25400
4	944.3	169 39	1.84235	172 38	1.90253	348 54	1.28706	0.15908
3	943.0	165 47	1.86409	170 15	1.89835	351 51	1.28963	0.03568
2	941.4	162 26	1.88741	167 48	1.89392	354 47	1.29201	9.86069
1	939.4	159 34	1.91156	165 17	1.88929	357 40	1.29418	9.56033
0	937.1	157 9	1.93596	162 43	1.88452	0 31	1.29611	— ∞

φ	$a°$	A'		$\log a'$	A''		$\log a''$	A'''		$\log a'''$	$A'''' = 322° 26'$ $\log a''''$
0°	+ 937.1	157°	9'	1.93596	162°	43'	1.88452	0°	31'	1.29611	—∞
— 1	934.5	155	7	1.96018	160	6	1.87966	3	21	1.29778	9.56033
2	931.5	153	26	1.98393	157	25	1.87476	6	10	1.29918	9.86069
3	928.3	152	3	2.00702	154	41	1.86989	8	58	1.30030	0.03568
4	924.8	150	55	2.02930	151	54	1.86509	11	46	1.30115	0.15908
5	921.0	150	0	2.05070	149	4	1.86042	14	34	1.30175	0.25400
6	917.0	149	16	2.07116	146	11	1.85592	17	22	1.30211	0.33075
7	912.8	148	41	2.09068	143	17	1.85164	20	11	1.30226	0.39482
8	908.4	148	14	2.10923	140	20	1.84762	23	0	1.30223	0.44948
9	903.8	147	54	2.12683	137	22	1.84388	25	51	1.30205	0.49686
10	899.1	147	39	2.14348	134	23	1.84045	28	43	1.30176	0.53839
11	894.1	147	28	2.15919	131	23	1.83733	31	36	1.30140	0.57511
12	889.1	147	22	2.17398	128	24	1.83452	34	30	1.30103	0.60776
13	883.9	147	18	2.18785	125	25	1.83203	37	26	1.30068	0.63693
14	878.6	147	16	2.20083	122	27	1.82983	40	23	1.30041	0.66306
15	873.2	147	16	2.21292	119	31	1.82790	43	21	1.30025	0.68650
16	867.7	147	18	2.22413	116	36	1.82621	46	20	1.30026	0.70753
17	862.1	147	19	2.23446	113	44	1.82470	49	19	1.30047	0.72639
18	856.4	147	22	2.24391	110	54	1.82335	52	19	1.30091	0.74327
19	850.7	147	24	2.25250	108	7	1.82211	55	18	1.30160	0.75832
20	844.9	147	25	2.26022	105	23	1.82091	58	16	1.30258	0.77168
21	839.1	147	26	2.26706	102	43	1.81971	61	14	1.30384	0.78345
22	833.2	147	25	2.27302	100	:5	1.81846	64	9	1.30539	0.79374
23	827.3	147	23	2.27809	97	30	1.81710	67	3	1.30722	0.80263
24	821.4	147	19	2.28227	94	59	1.81560	69	54	1.30931	0.81017
25	815.4	147	13	2.28554	92	31	1.81388	72	42	1.31164	0.81644
26	809.3	147	4	2.28790	90	5	1.81193	75	27	1.31417	0.82149
27	803.2	146	52	2.28932	87	43	1.80968	78	8	1.31685	0.82536
28	797.1	146	37	2.28978	85	23	1.80711	80	45	1.31964	0.82808
29	790.9	146	18	2,28928	83	5	1.80419	83	17	1.32249	0.82970
30	784.7	145	55	2.28780	80	50	1.80087	85	45	1.32535	0.83023
31	778.5	145	27	2.28530	78	36	1.79714	88	7	1.32816	0.82970
32	772.1	144	54	2.28177	76	25	1.79296	90	25	1.33087	0.82814
33	765.7	144	15	2.27720	74	14	1.78834	92	38	1.33340	0.82555
34	759.3	143	30	2.27156	72	5	1.78323	94	46	1.33572	0.82195
35	752.7	142	37	2.26483	69	57	1.77765	96	49	1.33776	0.81735
36	746.1	141	36	2.25701	67	49	1.77157	98	46	1.33947	0.81176
37	739.3	140	25	2.24809	65	42	1.76499	100	39	1.34081	0.80518
38	732.5	139	4	2.23808	63	35	1.75791	102	27	1.34172	0.79761
39	725.5	137	30	2.22701	61	27	1.75034	104	10	1.34215	0.78905
40	718.4	135	43	2.21492	59	19	1.74228	105	49	1.34208	0.77950
41	711.1	133	40	2.20190	57	10	1.73373	107	24	1.34145	0.76895
42	703.7	131	20	2.18809	55	0	1.72472	108	54	1.34022	0.75740
43	696.0	128	39	2.17367	52	49	1.71526	110	20	1.33836	0.74483
44	688.2	125	37	2 15891	50	37	1.70537	111	42	1.33584	0.73124
45	680.2	122	10	2.14420	48	23	1.69506	113	0	1.33262	0.71661

TAFEL ZUR BERECHNUNG DER WERTHE VON X.

TAFEL ZUR BERECHNUNG DER WERTHE VON X.

φ	a°	A'	log a'	A''	log a''	A'''	log a'''	A''''=322° 26' / log a''''
− 45°	+ 680.2	122° 10'	2.14420	48° 23'	1.69506	113° 0'	1.33262	0.71661
46	672.0	118 16	2.13005	46 7	1.68438	114 15	1.32867	0.70092
47	663.5	113 56	2.11708	43 49	1.67335	115 26	1.32395	0.68415
48	654.8	109 7	2.10605	41 29	1.66199	116 34	1.31844	0.66626
49	645.9	103 53	2.09781	39 7	1.65036	117 39	1.31210	0.64728
50	636.7	98 16	2.09320	36 42	1.63848	118 40	1.30491	0.62713
51	627.2	92 24	2.09289	34 16	1.62640	119 39	1.29681	0.60579
52	617.3	86 25	2.09739	31 47	1.61415	120 35	1.28780	0.58323
53	607.2	80 27	2.10679	29 17	1.60177	121 28	1.27783	0.55941
54	596.8	74 40	2.12081	26 45	1.58929	122 19	1.26686	0.53428
55	586.0	69 11	2.13887	24 11	1.57675	123 7	1.25486	0.50781
56	574.9	64 5	2.16018	21 37	1.56417	123 53	1.24178	0.47993
57	563.5	59 25	2.18391	19 2	1.55158	124 37	1.22759	0.45059
58	551.7	55 12	2.20923	16 26	1.53898	125 19	1.21223	0.41972
59	539.6	51 25	2.23544	13 51	1.52638	125 59	1.19566	0.38725
60	527.0	48 4	2.26198	11 17	1.51376	126 36	1.17782	0.35311
61	514.1	45 4	2.28840	8 44	1.50111	127 12	1.15865	0.31720
62	500.9	42 26	2.31436	6 13	1.48839	127 46	1.13808	0.27943
63	487.2	40 5	2.33963	3 45	1.47556	128 19	1.11603	0.23969
64	473.2	38 1	2.36405	1 20	1.46254	128 49	1.09244	0.19786
65	458.8	36 10	2.38751	358 58	1.44928	129 18	1.06719	0.15379
66	444.0	34 32	2.40996	356 40	1.43567	129 46	1.04019	0.10734
67	428.9	33 5	2.43134	354 27	1.42163	130 12	1.01132	0.05833
68	413.3	31 47	2.45165	352 19	1.40704	130 36	0.98045	0.00656
69	397.4	30 37	2.47088	350 15	1.39176	130 59	0.94743	9.95181
70	381.2	29 35	2.48904	348 18	1.37567	131 21	0.91208	9.89381
71	364.6	28 40	2.50615	346 25	1.35860	131 42	0.87421	9.83226
72	347.6	27 50	2.52223	344 39	1.34039	132 1	0.83357	9.76682
73	330.3	27 5	2.53729	342 59	1.32084	132 19	0.78990	9.69707
74	312.7	26 25	2.55136	341 25	1.29975	132 36	0.74286	9.62252
75	294.8	25 49	2.56447	339 56	1.27687	132 52	0.69208	9.54260
76	276.6	25 17	2.57662	338 34	1.25192	133 7	0.63709	9.45660
77	258.1	24 48	2.58784	337 18	1.22457	133 20	0.57730	9.36366
78	239.3	24 23	2.59816	336 8	1.19443	133 32	0.51202	9.26271
79	220.3	24 0	2.60758	335 4	1.16100	133 44	0.44034	9.15241
80	201.0	23 40	2.61613	334 5	1.12370	133 54	0.36110	9.03103
81	181.6	23 22	2.62382	333 13	1.08172	134 3	0.27280	8.89629
82	161.9	23 7	2.63067	332 26	1.03401	134 11	0.17337	8.74509
83	142.1	22 53	2.63668	331 45	0.97911	134 19	0.05992	8.57310
84	122.1	22 42	2.64187	331 10	0.91487	134 25	9.92822	8.37399
85	101.9	22 32	2.64624	330 40	0.83802	134 30	9.77171	8.13790
86	81.7	22 25	2.64981	330 16	0.74302	134 34	9.57941	7.84836
87	61.3	22 19	2.65258	329 57	0.61958	134 38	9.33071	7.47447
88	40.9	22 15	2.65456	329 44	0.44456	134 40	8.97937	6.94686
89	20.5	22 12	2.65574	329 35	0.14417	134 41	8.37781	6.04417
90	0	22 11	2.65614	329 33	—∞	134 42	—∞	—∞

TAFEL ZUR BERECHNUNG DER WERTHE VON Y.

φ	B'	$\log b'$	B''	$\log b''$	B'''	$\log b'''$	$B''''= 232° 26'$ $\log b''''$
$+90°$	22° 9′	2.07430	77° 16′	$-\infty$	311° 48′	$-\infty$	$-\infty$
89	22 7	2.07437	77 16	0.60263	311 48	8.41408	6.04423
88	22 2	2.07458	77 15	0.90333	311 49	9.01591	6.94713
87	21 54	2.07493	77 12	1.07889	311 50	9.36770	7.47507
86	21 43	2.07543	77 9	1.20311	311 52	9.61702	7.84942
85	21 29	2.07607	77 5	1.29903	311 54	9.81013	8.13956
84	21 11	2.07686	77 0	1.37704	311 57	9.96763	8.37637
83	20 51	2.07781	76 55	1.44260	312 0	0.10050	8.57635
82	20 28	2.07891	76 48	1.49899	312 3	0.21530	8.74933
81	20 2	2.08017	76 40	1.54833	312 8	0.31627	8.90167
80	19 33	2.08160	76 32	1.59206	312 12	0.40629	9.03768
79	19 2	2.08320	76 22	1.63121	312 17	0.48742	9.16047
78	18 28	2.08498	76 12	1.66655	312 23	0.56119	9.27231
77	17 52	2.08693	76 0	1.69865	312 29	0.62875	9.37493
76	17 14	2.08906	75 48	1.72795	312 36	0.69100	9.46969
75	16 34	2.09138	75 35	1.75483	312 43	0.74864	9.55766
74	15 52	2.09388	75 20	1.77955	312 50	0.80226	9.63968
73	15 9	2.09658	75 5	1.80237	312 59	0.85232	9.71647
72	14 24	2.09945	74 49	1.82347	313 7	0.89922	9.78862
71	13 37	2.10252	74 31	1.84301	313 17	0.94327	9.85659
70	12 50	2.10577	74 13	1.86114	313 26	0.98476	9.92082
69	12 2	2.10920	73 53	1.87798	313 37	1.02392	9.98166
68	11 13	2.11280	73 32	1.89362	313 48	1.06095	0.03940
67	10 24	2.11658	73 11	1.90815	313 59	1.09603	0.09430
66	9 34	2.12052	72 48	1.92165	314 11	1.12930	0.14661
65	8 44	2.12461	72 24	1.93420	314 23	1.16091	0.19651
64	7 55	2.12885	71 58	1.94584	314 37	1.19098	0.24419
63	7 5	2.13322	71 32	1.95663	314 50	1.21961	0.28981
62	6 15	2.13772	71 4	1.96663	315 5	1.24689	0.33350
61	5 26	2.14232	70 35	1.97587	315 20	1.27290	0.37538
60	4 38	2.14703	70 4	1.98440	315 35	1.29773	0.41558
59	3 50	2.15183	69 33	1.99224	315 51	1.32144	0.45419
58	3 3	2.15669	69 0	1.99944	316 8	1.34409	0.49130
57	2 17	2.16162	68 25	2.00602	316 26	1.36574	0.52700
56	1 32	2.16659	67 49	2.01200	316 44	1.38644	0.56135
55	0 48	2.17159	67 12	2.01743	317 3	1.40624	0.59444
54	0 5	2.17661	66 33	2.02232	317 22	1.42517	0.62633
53	359 23	2.18164	65 52	2.02669	317 42	1.44329	0.65706
52	358 43	2.18666	65 10	2.03056	318 3	1.46062	0.68669
51	358 3	2.19166	64 26	2.03396	318 25	1.47720	0.71528
50	357 25	2.19662	63 41	2.03690	318 47	1.49306	0.74287
49	356 49	2.20155	62 54	2.03941	319 10	1.50823	0.76950
48	356 13	2.20641	62 5	2.04151	319 34	1.52274	0.79520
47	355 39	2.21121	61 14	2.04320	319 58	1.53661	0.82002
46	355 6	2.21593	60 22	2.04451	320 24	1.54987	0.84398
45	354 34	2.22057	59 27	2.04545	320 50	1.56254	0.86712

TAFEL ZUR BERECHNUNG DER WERTHE VON Y.

φ	B'	$\log b'$	B''	$\log b''$	B'''	$\log b'''$	$B''''=232°\,26'$ $\log b''''$
+45°	354° 34'	2.22057	59° 27'	2.04545	320° 50'	1.56254	0.86712
44	354 4	2.22512	58 31	2.04605	321 17	1.57464	0.88947
43	353 35	2.22956	57 33	2.04632	321 44	1.58619	0.91105
42	353 7	2.23389	56 33	2.04627	322 13	1.59721	0.93189
41	352 40	2.23811	55 30	2.04592	322 42	1.60771	0.95201
40	352 14	2.24221	54 26	2.04530	323 13	1.61772	0.97143
39	351 50	2.24618	53 20	2.04441	323 44	1.62725	0.99018
38	351 26	2.25002	52 12	2.04328	324 16	1.63631	1.00827
37	351 4	2.25372	51 1	2.04191	324 49	1.64493	1.02571
36	350 43	2.25728	49 49	2.04034	325 23	1.65311	1.04254
35	350 22	2.26071	48 34	2.03857	325 57	1.66087	1.05876
34	350 3	2.26398	47 17	2.03662	326 33	1.66822	1.07439
33	349 44	2.26711	45 28	2.03452	327 9	1.67518	1.08944
32	349 27	2.27009	44 37	2.03228	327 47	1.68175	1.10393
31	349 10	2.27292	43 14	2.02991	328 25	1.68796	1.11786
30	348 54	2.27560	41 49	2.02744	329 5	1.69380	1.13126
29	348 38	2.27813	40 22	2.02488	329 45	1.69930	1.14413
28	348 23	2.28052	38 53	2.02226	330 27	1.70446	1.15647
27	348 9	2.28275	37 22	2.01958	331 9	1.70930	1.16831
26	347 55	2.28483	35 50	2.01686	331 52	1.71382	1.17965
25	347 41	2.28677	34 15	2.01413	332 37	1.71804	1.19050
24	347 28	2.28856	32 39	2.01139	333 22	1.72197	1.20086
23	347 15	2.29021	31 1	2.00866	334 8	1.72561	1.21075
22	347 3	2.29171	29 22	2.00595	334 56	1.72898	1.22017
21	346 50	2.29309	27 41	2.00328	335 44	1.73208	1.22912
20	346 38	2.29433	26 0	2.00065	336 33	1.73493	1.23763
19	346 26	2.29544	24 17	1.99808	337 23	1.73754	1.24568
18	346 14	2.29642	22 33	1.99557	338 14	1.73991	1.25329
17	346 2	2.29728	20 48	1.99313	339 6	1.74206	1.26046
16	345 49	2.29802	19 3	1.99077	339 59	1.74399	1.26719
15	345 36	2.29865	17 17	1.98848	340 53	1.74570	1.27370
14	345 23	2.29917	15 31	1.98626	341 48	1.74722	1.27938
13	345 10	2.29958	13 44	1.98413	342 43	1.74855	1.28484
12	344 56	2.29990	11 57	1.98207	343 40	1.74969	1.28988
11	344 42	2.30014	10 11	1.98007	344 37	1.75065	1.29451
10	344 27	2.30028	8 24	1.97815	345 35	1.75145	1.29872
9	344 11	2.30035	6 38	1.97629	346 33	1.75208	1.30253
8	343 55	2.30035	4 52	1.97446	347 32	1.75255	1.30593
7	343 37	2.30029	3 7	1.97268	348 32	1.75287	1.30892
6	343 19	2.30018	1 22	1.97092	349 33	1.75305	1.31151
5	343 0	2.30002	359 37	1.96919	350 34	1.75309	1.31370
4	342 40	2.29983	357 54	1.96746	351 35	1.75299	1.31549
3	342 18	2.29961	356 11	1.96573	352 37	1.75276	1.31688
2	341 56	2.29938	354 29	1.96397	353 39	1.75241	1.31788
1	341 32	2.29914	352 48	1.96218	354 42	1.75193	1.31847
0	341 7	2.29890	351 8	1.96035	355 45	1.75132	1.31867

24*

TAFEL ZUR BERECHNUNG DER WERTHE VON Y.

φ	B'	$\log b'$	B''	$\log b''$	B'''	$\log b'''$	$B''''=232°\,26'$ $\log b''''$
0°	341° 7'	2.29890	351° 8'	1.96035	355° 45'	1.75132	1.31867
— 1	340 40	2.29869	349 29	1.95846	356 47	1.75060	1.31847
2	340 12	2.29850	347 50	1.95649	357 51	1.74976	1.31788
3	339 42	2.29836	346 13	1.95444	358 54	1.74880	1.31688
4	339 11	2.29827	344 36	1.95228	359 57	1.74772	1.31549
5	338 38	2.29824	343 1	1.95002	1 0	1.74652	1.31370
6	338 3	2.29830	341 26	1.94764	2 3	1.74520	1.31151
7	337 27	2.29846	339 53	1.94512	3 6	1.74376	1.30892
8	336 49	2.29873	338 20	1.94246	4 9	1.74219	1.30593
9	336 10	2.29912	336 47	1.93964	5 11	1.74049	1.30253
10	335 29	2.29965	335 16	1.93667	6 13	1.73867	1.29872
11	334 46	2.30033	333 45	1.93352	7 14	1.73670	1.29451
12	334 1	2.30118	332 14	1.93020	8 15	1.73460	1.28988
13	333 15	2.30222	330 45	1.92669	9 16	1.73234	1.28484
14	332 27	2.30345	329 15	1.92299	10 16	1.72994	1.27938
15	331 37	2.30489	327 47	1.91910	11 15	1.72737	1.27350
16	330 47	2.30655	326 18	1.91501	12 14	1.72464	1.26719
17	329 54	2.30845	324 50	1.91071	13 12	1.72174	1.26046
18	329 1	2.31059	323 22	1.90621	14 9	1.71865	1.25329
19	328 6	2.31298	321 54	1.90150	15 6	1.71537	1.24568
20	327 11	2.31564	320 26	1.89658	16 1	1.71189	1.23763
21	326 14	2.31856	318 58	1.89145	16 56	1.70820	1.22912
22	325 16	2.32176	317 30	1.88612	17 50	1.70430	1.22017
23	324 18	2.32523	316 2	1.88057	18 43	1.70017	1.21075
24	323 20	2.32899	314 34	1.87483	19 35	1.69580	1.20086
25	322 21	2.33302	313 5	1.86887	20 27	1.69118	1.19050
26	321 22	2.33733	311 37	1.86272	21 17	1.68630	1.17965
27	320 22	2.34191	310 8	1.85637	22 6	1.68115	1.16831
28	319 23	2.34675	308 38	1.84983	22 54	1.67572	1.15647
29	318 24	2.35186	307 8	1.84311	23 42	1.67000	1.14413
30	317 25	2.35722	305 38	1.83621	24 28	1.66398	1.13126
31	316 27	2.36281	304 7	1.82913	25 13	1.65763	1.11787
32	315 30	2.36863	302 35	1.82188	25 58	1.65096	1.10393
33	314 33	2.37467	301 3	1.81447	26 41	1.64395	1.08944
34	313 37	2.38091	299 31	1.80690	27 23	1.63658	1.07439
35	312 42	2.38733	297 58	1.79919	28 4	1.62884	1.05876
36	311 48	2.39392	296 25	1.79134	28 45	1.62072	1.04254
37	310 56	2.40066	294 51	1.78335	29 24	1.61220	1.02571
38	310 4	2.40754	293 16	1.77524	30 2	1.60327	1.00827
39	309 14	2.41454	291 41	1.76701	30 40	1.59391	0.99018
40	308 25	2.42163	290 6	1.75866	31 16	1.58411	0.97143
41	307 37	2.42882	288 31	1.75020	31 51	1.57385	0.95201
42	306 51	2.43606	286 55	1.74163	32 26	1.56312	0.93189
43	306 6	2.44336	285 19	1.73297	32 59	1.55188	0.91105
44	305 23	2.45069	283 43	1.72420	33 31	1.54014	0.88947
45	304 41	2.45804	282 7	1.71533	34 3	1.52785	0.86712

TAFEL ZUR BERECHNUNG DER WERTHE VON Y.

φ	B'		$\log b'$	B''		$\log b''$	B'''		$\log b'''$	$B'''' = 232° 26'$ $\log b''''$
$-45°$	304°	41′	2.45804	282°	7′	1.71533	34°	3′	1.52785	0.86712
46	304	1	2.46539	280	31	1.70636	34	34	1.51502	0.84398
47	303	22	2.47272	278	56	1.69729	35	3	1.50161	0.82002
48	302	44	2.48003	277	21	1.68810	35	32	1.48759	0.79520
49	302	8	2.48730	275	47	1.67880	36	0	1.47296	0.76950
50	301	33	2.49451	274	13	1.66937	36	27	1.45767	0.74287
51	301	0	2.50166	272	40	1.65981	36	54	1.44170	0.71528
52	300	28	2.50873	271	8	1.65009	37	19	1.42502	0.68669
53	299	57	2.51571	269	37	1.64021	37	44	1.40761	0.65706
54	299	28	2.52260	268	7	1.63013	38	7	1.38942	0.62633
55	299	0	2.52937	266	39	1.61985	38	30	1.37041	0.59444
56	298	33	2.53603	265	12	1.60933	38	53	1.35055	0.56135
57	298	7	2.54256	263	47	1.59855	39	14	1.32980	0.52700
58	297	43	2.54895	262	23	1.58747	39	35	1.30810	0.49130
59	297	20	2.55521	261	2	1.57607	39	54	1.28541	0.45419
60	296	57	2.56131	259	42	1.56430	40	14	1.26166	0.41558
61	296	36	2.56727	258	25	1.55212	40	32	1.23680	0.37538
62	296	16	2.57306	257	9	1.53949	40	50	1.21076	0.33350
63	295	57	2.57868	255	56	1.52635	41	6	1.18346	0.28981
64	295	39	2.58413	254	46	1.51265	41	23	1.15481	0.24419
65	295	22	2.58941	253	37	1.49834	41	38	1.12473	0.19651
66	295	5	2.59451	252	31	1.48335	41	53	1.09311	0.14661
67	294	50	2.59942	251	28	1.46760	42	7	1.05982	0.09430
68	294	35	2.60415	250	27	1.45101	42	21	1.02473	0.03940
69	294	22	2.60868	249	29	1.43335	42	34	0.98770	9.98166
70	294	9	2.61302	248	34	1.41498	42	46	0.94854	9.92082
71	293	57	2.61716	247	41	1.39531	42	57	0.90705	9.85659
72	293	45	2.62111	246	51	1.37437	43	8	0.86299	9.78862
73	293	35	2.62485	246	3	1.35202	43	19	0.81610	9.71647
74	293	25	2.62839	245	18	1.32808	43	28	0.76604	9.63968
75	293	16	2.63172	244	36	1.30235	43	37	0.71242	9.55766
76	293	7	2.63484	243	57	1.27458	43	46	0.65478	9.46969
77	292	59	2.63776	243	21	1.24448	43	53	0.59254	9.37493
78	292	52	2.64046	242	47	1.21167	44	1	0.52498	9.27231
79	292	45	2.64296	242	16	1.17572	44	7	0.45122	9.16047
80	292	39	2.64524	241	47	1.13602	44	13	0.37009	9.03768
81	292	34	2.64730	241	22	1.09181	44	19	0.28007	8.90167
82	292	29	2.64915	240	59	1.04207	44	24	0.17911	8.74933
83	292	25	2.65079	240	39	0.98533	44	28	0.06431	8.57635
84	292	21	2.65220	240	21	0.91948	44	32	9.93144	8.37637
85	292	18	2.65340	240	6	0.84123	44	35	9.77395	8.13956
86	292	16	2.65439	239	54	0.74509	44	37	9.58084	7.84942
87	292	14	2.65515	239	45	0.62075	44	39	9.33151	7.47507
88	292	13	2.65570	239	38	0.44509	44	41	8.94136	6.94713
89	292	12	2.65603	239	34	0.14432	44	42	8.33933	6.04423
90	292	11	2.65614	239	33	$-\infty$	44	42	$-\infty$	$-\infty$

TAFEL ZUR BERECHNUNG DER WERTHE VON Z.								
φ	$c°$	C'	$\log c'$	C''	$\log c''$	C'''	$\log c'''$	$C''''= 322° 26'$ $\log c''''$
$+90°$	$+1652.9$	172° 29'	$-\infty$	176° 59'	$-\infty$	36° 0'	$-\infty$	$-\infty$
89	1652.8	172 27	0.72139	176 59	9.17222	36 0	6.83649	4.38300
88	1652.7	172 20	1.02153	176 58	9.77385	36 1	7.73926	5.58686
87	1652.4	172 8	1.19615	176 56	0.12532	36 2	8.26700	6.29078
86	1652.1	171 51	1.31904	176 53	0.37419	36 4	8.64106	6.78992
85	1651.7	171 30	1.41333	176 49	0.56672	36 6	8.93082	7.17676
84	1651.1	171 3	1.48952	176 45	0.72351	36 8	9.16719	7.49252
83	1650.5	170 31	1.55192	176 40	0.83554	36 11	9.36663	7.75916
82	1649.7	169 54	1.60623	176 34	0.96937	36 15	9.53899	7.98980
81	1648.8	169 11	1.65259	176 27	1.06923	36 19	9.69062	8.19291
80	1647.7	168 22	1.69305	176 19	1.15802	36 23	9.82585	8.37426
79	1646.4	167 28	1.72868	176 10	1.23779	36 28	.9.94777	8.53797
78	1645.0	166 27	1.76027	176 1	1.31006	36 34	0.05867	8.68709
77	1643.3	165 20	1.78844	175 50	1.37599	36 40	0.16026	8.82393
76	1641.4	164 6	1.81369	175 39	1.43647	36 46	0.25391	8.95028
75	1639.3	162 45	1.83641	175 27	1.49222	36 53	0.34068	9.06756
74	1637.0	161 16	1.85697	175 14	1.54381	37 1	0.42143	9.17693
73	1634.3	159 41	1.87567	175 0	1.59171	37 9	0.49686	9.27932
72	1631.3	157 57	1.89278	174 45	1.63630	37 17	0.56756	9.37551
71	1628.0	156 6	1.90856	174 29	1.67772	37 26	0.63402	9.46615
70	1624.4	154 6	1.92325	174 12	1.71684	37 36	0.69664	9.55179
69	1620.3	151 59	1.93709	173 54	1.75329	37 46	0.75579	9.63290
68	1615.9	149 44	1.95028	173 35	1.78747	37 57	0.81266	9.70988
67	1611.0	147 21	1.96304	173 14	1.81956	38 8	0.86482	9.78309
66	1605.7	144 51	1.97558	172 53	1.8497I	38 20	0.91520	9.85283
65	1600.0	142 15	1.98809	172 31	1.87806	38 32	0.96309	9.91937
64	1593.7	139 33	2.00074	172 7	1.90472	38 45	1.00868	9.98295
63	1586.9	136 46	2.01369	171 42	1.92979	38 59	1.05213	0.04377
62	1579.6	133 55	2.02708	171 16	1.95338	39 13	1.09356	0.10202
61	1571.7	131 2	2.04101	170 48	1.97557	39 28	1.13312	0.15786
60	1563.2	128 8	2.05556	170 20	1.99642	39 43	1.17090	0.21146
59	1554.1	125 15	2.07077	169 50	2.01601	39 59	1.20702	0.26294
58	1544.4	122 22	2.08665	169 18	2.03440	40 16	1.24157	0.31242
57	1534.0	119 33	2.10318	168 45	2.05165	40 34	1.27462	0.36001
56	1523.0	116 48	2.12032	168 10	2.06780	40 52	1.30626	0.40583
55	1511.2	114 8	2.13799	167 34	2.08291	41 11	1.33655	0.44994
54	1498.9	111 35	2.15610	166 56	2.09694	41 30	1.36556	0.49245
53	1485.8	109 7	2.17456	166 17	2.11015	41 51	1.39345	0.53343
52	1471.9	106 47	2.19326	165 35	2.12237	42 12,	1.41996	0.57295
51	1457.4	104 34	2.21210	164 52	2.13370	42 34	1.44546	0.61107
50	1442.1	102 29	2.23098	164 7	2.14417	42 57	1.46990	0.64787
49	1426.0	100 32	2.24979	163 20	2.15372	43 20	1.49327	0.68335
48	1409.2	98 42	2.26848	162 31	2.16267	43 45	1.51567	0.71762
47	1391.6	96 59	2.28692	161 40	2.17076	44 10	1.53711	0.75071
46	1373.2	95 24	2.30508	160 47	2.17810	44 36	1.55764	0.78266
45	1354.1	93 56	2.32288	159 51	2.18474	45 3	1.57728	0.81352

TAFEL ZUR BERECHNUNG DER WERTHE VON Z.

φ	$c°$	C'	$\log c'$	C''	$\log c''$	C'''	$\log c'''$	$C''''=322°\ 26'$ $\log c''''$
+45°	+1354.1	93° 56'	2.32288	159° 51'	2.18474	45° 3'	1.57728	0.81352
44	1334.2	92 34	2.34027	158 53	2.19069	45 31	1.59606	0.84332
43	1313.6	91 18	2.35721	157 53	2.19598	46 0	1.61401	0.87209
42	1292.1	90 9	2.37367	156 50	2.20064	46 30	1.63116	0.89987
41	1270.0	89 5	2.38961	155 44	2.20468	47 1	1.64754	0.92670
40	1247.1	88 6	2.40502	154 36	2.20815	47 33	1.66317	0.95260
39	1223.5	87 12	2.41988	153 25	2.21106	48 6	1.67807	0.97759
38	1199.2	86 23	2.43417	152 11	2.21343	48 40	1.69226	1.00171
37	1174.1	85 39	2.44789	150 55	2.21531	49 15	1.70578	1.02497
36	1148.4	84 58	2.46103	149 35	2.21671	49 51	1.71862	1.04741
35	1122.0	84 22	2.47360	148 12	2.21766	50 29	1.73083	1.06904
34	1094.9	83 48	2.48558	146 46	2.21819	51 7	1.74241	1.08988
33	1067.2	83 19	2.49699	145 16	2.21834	51 47	1.75338	1.10994
32	1038.9	82 52	2.50782	143 44	2.21813	52 28	1.76376	1.12926
31	1009.9	82 28	2.51808	142 8	2.21759	53 10	1.77356	1.14784
30	980.5	82 7	2.52779	140 29	2.21677	53 54	1.78283	1.16570
29	950.4	81 48	2.53693	138 47	2.21568	54 39	1.79154	1.18286
28	919.9	81 32	2.54554	137 1	2.21438	55 25	1.79974	1.19932
27	888.9	81 18	2.55360	135 12	2.21287	56 12	1.80742	1.21510
26	857.4	81 6	2.56113	133 20	2.21123	57 1	1.81462	1.23022
25	825.5	80 55	2.56815	131 25	2.20947	57 51	1.82134	1.24468
24	793.2	80 47	2.57465	129 26	2.20762	58 43	1.82759	1.25850
23	760.5	80 39	2.58066	127 25	2.20572	59 36	1.83341	1.27168
22	727.5	80 33	2.58618	125 21	2.20380	60 30	1.83879	1.28424
21	694.1	80 29	2.59121	123 15	2.20189	61 26	1.84375	1.29619
20	660.5	80 25	2.59578	121 6	2.20002	62 23	1.84832	1.30752
19	626.7	80 22	2.59991	118 56	2.19821	63 21	1.85250	1.31826
18	592.6	80 20	2.60356	116 43	2.19649	64 21	1.85630	1.52840
17	558.4	80 19	2.60679	114 29	2.19487	65 23	1.85975	1.33796
16	523.9	80 18	2.60959	112 14	2.19337	66 25	1.86286	1.34695
15	489.4	80 17	2.61198	109 58	2.19199	67 30	1.86563	1.35535
14	454.8	80 16	2.61397	107 41	2.19075	68 35	1.86809	1.36320
13	420.1	80 15	2.61556	105 23	2.18963	69 42	1.87025	1.37047
12	385.4	80 15	2.61677	103 6	2.18864	70 50	1.87212	1.37720
11	350.7	80 13	2.61761	100 49	2.18776	71 59	1.87372	1.38337
10	316.0	80 11	2.61809	98 33	2.18699	73 9	1.87505	1.38898
9	281.3	80 9	2.61822	96 17	2.18630	74 21	1.87613	1.39406
8	246.7	80 5	2.61802	94 2	2.18568	75 34	1.87698	1.39859
7	212.3	80 0	2.61750	91 48	2.18510	76 47	1.87759	1.40258
6	177.9	79 54	2.61667	89 36	2.18454	78 2	1.87799	1.40604
5	143.7	79 46	2.61554	87 25	2.18397	79 17	1.87818	1.40896
4	109.6	79 37	2.61414	85 16	2.18336	80 34	1.87816	1.41134
3	75.8	79 25	2.61246	83 8	2.18269	81 51	1.87796	1.41320
2	42.1	79 12	2.61054	81 3	2.18191	83 8	1.87757	1.41452
+1	+8.6	78 56	2.60839	78 59	2.18103	84 26	1.87700	1.41531
0	−24.6	78 37	2.60603	76 57	2.17998	85 45	1.87626	1.41558

TAFEL ZUR BERECHNUNG DER WERTHE VON Z.

φ	c°	C'	$\log c'$	C''	$\log c''$	C'''	$\log c'''$	$C''''= 322^\circ\ 26'$ $\log c''''$
0°	− 24.6	78° 37′	2.60603	76° 57′	2.17998	85° 45′	1.87626	1.41558
− 1	57.6	78 15	2.60347	74 56	2.17876	87 3	1.87535	1.41531
2	90.3	77 50	2.60075	72 58	2.17733	88 22	1.87426	1.41452
3	122.8	77 22	2.59789	71 1	2.17566	89 41	1.87301	1.41320
4	154.9	76 50	2.59491	69 6	2.17374	91 0	1.87159	1.41134
5	186.9	76 14	2.59185	67 12	2.17154	92 19	1.87000	1.40896
6	218.5	75 34	2.58874	65 20	2.16905	93 38	1.86824	1.40604
7	249.8	74 50	2.58562	63 29	2.16623	94 56	1.86630	1.40258
8	280.8	74 1	2.58252	61 39	2.16309	96 14	1.86418	1.39859
9	311.6	73 8	2.57949	59 50	2.15959	97 31	1.86187	1.39406
10	342.0	72 11	2.57658	58 2	2.15573	98 48	1.85936	1.38898
11	372.1	71 8	2.57383	56 15	2.15150	100 4	1.85665	1.38337
12	402.0	70 1	2.57129	54 29	2.14689	101 19	1.85373	1.37720
13	431.6	68 49	2.56902	52 43	2.14188	102 33	1.85058	1.37047
14	460.8	67 32	2.56707	50 57	2.13648	103 47	1.84720	1.36320
15	489.8	66 11	2.56549	49 12	2.13067	104 59	1.84357	1.35535
16	518.6	64 45	2.56435	47 26	2.12446	106 10	1.83968	1.34695
17	547.0	63 15	2.56368	45 41	2.11785	107 20	1.83552	1.33796
18	575.3	61 42	2.56354	43 55	2.11083	108 29	1.83107	1.32840
19	603.2	60 5	2.56397	42 9	2.10341	109 36	1.82632	1.31826
20	631.0	58 26	2.56499	40 22	2.09559	110 42	1.82125	1.30752
21	658.5	56 44	2.56664	38 34	2.08737	111 47	1.81585	1.29619
22	685.7	55 1	2.56893	36 45	2.07878	112 51	1.81010	1.28424
23	712.8	53 17	2.57187	34 56	2.06981	113 53	1.80398	1.27168
24	739.7	51 32	2.57546	33 5	2.06047	114 53	1.79749	1.25850
25	766.4	49 47	2.57966	31 13	2.05078	115 53	1.78960	1.24468
26	792.9	48 3	2.58447	29 20	2.04076	116 51	1.78329	1.23022
27	819.3	46 20	2.58984	27 26	2.03041	117 47	1.77555	1.21510
28	845.5	44 39	2.59572	25 29	2.01975	118 42	1.76737	1.19932
29	871.6	43 0	2.60207	23 32	2.00881	119 36	1.75872	1.18286
30	897.5	41 24	2.60883	21 33	1.99760	120 28	1.74958	1.16570
31	923.3	39 51	2.61593	19 32	1.98614	121 19	1.73995	1.14784
32	949.0	38 21	2.62331	17 30	1.97445	122 8	1.72979	1.12926
33	974.6	36 55	2.63090	15 26	1.96255	122 56	1.71909	1.10994
34	1000.1	35 32	2.63864	13 20	1.95047	123 43	1.70784	1.08988
35	1025.5	34 13	2.64646	11 14	1.93821	124 28	1.69601	1.06904
36	1050.9	32 58	2.65430	9 6	1.92581	125 12	1.68358	1.04741
37	1076.1	31 46	2.66210	6 57	1.91327	125 54	1.67053	1.02497
38	1101.2	30 38	2.66980	4 47	1.90061	126 36	1.65684	1.00171
39	1126.3	29 34	2.67736	2 37	1.88785	127 16	1.64249	0.97759
40	1151.3	28 33	2.68471	0 26	1.87498	127 55	1.62745	0.95260
41	1176.2	27 36	2.69181	358 14	1.86202	128 32	1.61171	0.92670
42	1201.0	26 42	2.69862	356 3	1.84896	129 9	1.59523	0.89987
43	1225.8	25 52	2.70510	353 52	1.83580	129 44	1.57800	0.87209
44	1250.5	25 4	2.71121	351 42	1.82252	130 18	1.55998	0.84332
45	1275.1	24 19	2.71691	349 33	1.80912	130 52	1.54115	0.81352

TAFEL ZUR BERECHNUNG DER WERTHE VON Z.

φ	$c°$	C'	$\log c'$	C''	$\log c''$	C'''	$\log c'''$	$C''''= 322° 26'$ $\log c''''$
− 45°	− 1275.1	24° 19'	2.71691	349° 33'	1.80912	130° 52'	1.54115	0.81352
46	1299.5	23 37	2.72218	347 25	1.79558	131 23	1.52147	0.78266
47	1323.9	22 58	2.72698	345 18	1.78186	131 54	1.50092	0.75071
48	1348.1	22 21	2.73129	343 13	1.76793	132 24	1.47945	0.71762
49	1372.3	21 47	2.73508	341 10	1.75376	132 53	1.45705	0.68335
50	1396.2	21 14	2.73833	339 10	1.73931	133 21	1.43365	0.64785
51	1420.0	20 44	2.74100	337 12	1.72452	133 48	1.40924	0.61107
52	1443.7	20 16	2.74307	335 17	1.70935	134 14	1.38376	0.57295
53	1467.1	19 49	2.74453	333 25	1.69375	134 39	1.35716	0.53343
54	1490.3	19 25	2.74534	331 35	1.67764	135 3	1.32940	0.49245
55	1513.2	19 1	2.74550	329 50	1.66098	135 26	1.30043	0.44994
56	1536.1	18 40	2.74495	328 7	1.64368	135 48	1.27017	0.40583
57	1558.6	18 20	2.74370	326 28	1.62568	136 10	1.23857	0.36001
58	1580.8	18 1	2.74169	324 52	1.60691	136 31	1.20556	0.31242
59	1602.7	17 43	2.73892	323 21	1.58728	136 50	1.17106	0.26294
60	1624.2	17 26	2.73535	321 52	1.56672	137 9	1.13498	0.21146
61	1645.4	17 11	2.73094	320 27	1.54513	137 28	1.09724	0.15786
62	1666.1	16 57	2.72566	319 6	1.52242	137 45	1.05774	0.10202
63	1686.5	16 43	2.71948	317 48	1.49850	138 2	1.01635	0.04377
64	1706.4	16 31	2.71235	316 34	1.47326	138 18	0.97296	9.98295
65	1725.9	16 19	2.70421	315 24	1.44658	138 33	0.92742	9.91937
66	1744.9	16 8	2.69503	314 17	1.41834	138 48	0.87957	9.85283
67	1763.3	15 58	2.68474	313 13	1.38840	139 2	0.82925	9.78309
68	1781.2	15 49	2.67328	312 12	1.35661	139 15	0.77624	9.70988
69	1798.6	15 40	2.66056	311 15	1.32281	139 28	0.72031	9.63290
70	1815.3	15 32	2.64650	310 21	1.28680	139 40	0.66122	9.55179
71	1831.4	15 24	2.63100	309 30	1.24837	139 51	0.59864	9.46615
72	1846.9	15 17	2.61395	308 42	1.20727	140 1	0.53223	9.37551
73	1861.6	15 11	2.59520	307 57	1.16322	140 11	0.46157	9.27932
74	1875.7	15 5	2.57459	307 16	1.11588	140 21	0.38618	9.17693
75	1889.1	14 59	2.55193	306 37	1.06485	140 30	0.30547	9.06756
76	1901.7	14 54	2.52699	306 0	1.00966	140 38	0.21874	8.95028
77	1913.5	14 50	2.49948	305 27	0.94972	140 45	0.12512	8.82393
78	1924.6	14 45	2.46904	304 56	0.88472	140 52	0.02356	8.68709
79	1934.8	14 42	2.43523	304 28	0.81256	140 59	9.91270	8.53797
80	1944.2	14 38	2.39746	304 3	0.73327	141 5	9.79081	8.37426
81	1952.8	14 35	2.35498	303 40	0.64493	141 10	9.65560	8.19291
82	1960.5	14 32	2.30676	303 19	0.54547	141 15	9.50400	7.98980
83	1967.3	14 30	2.25136	303 1	0.43201	141 19	9.33165	7.75916
84	1973.3	14 28	2.18665	302 46	0.30031	141 22	9.13223	7.49252
85	1978.3	14 26	2.10937	302 33	0.04380	141 25	8.89588	7.17676
86	1982.5	14 25	2.01401	302 22	9.95118	141 28	8.66613	6.78992
87	1985.7	14 24	1.89028	302 14	9.70281	141 30	8.23208	6.29078
88	1988.0	14 23	1.71505	302 8	9.35148	141 31	7.70435	5.58686
89	1989.5	14 23	1.41453	302 5	8.74992	141 32	6.80158	4.38300
90	1989.9	14 23	− ∞	302 3	− ∞	141 32	− ∞	− ∞

25

ALLGEMEINE LEHRSÄTZE

IN BEZIEHUNG AUF DIE IM VERKEHRTEN VERHÄLTNISSE

DES QUADRATS DER ENTFERNUNG

WIRKENDEN ANZIEHUNGS- UND ABSTOSSUNGS-KRÄFTE

VON

CARL FRIEDRICH GAUSS.

Resultate aus den Beobachtungen des magnetischen Vereins im Jahre 1839.
Herausg. v. Gauss u. Weber. Leipzig 1840.

25*

ALLGEMEINE LEHRSÄTZE

IN BEZIEHUNG AUF DIE IM VERKEHRTEN VERHÄLTNISSE

DES QUADRATS DER ENTFERNUNG WIRKENDEN

ANZIEHUNGS- UND ABSTOSSUNGS-KRÄFTE.

———

1.

Die Natur bietet uns mancherlei Erscheinungen dar, welche wir durch die Annahme von Kräften erklären, die von den kleinsten Theilen der Substanzen auf einander ausgeübt werden, und den Quadraten der gegenseitigen Entfernungen umgekehrt proportional sind.

Vor allen gehört hieher die allgemeine Gravitation. Vermöge derselben übt jedes ponderable Molecül μ auf ein anderes μ' eine bewegende Kraft aus, welche, wenn man die Entfernung $= r$ setzt, durch $\frac{\mu \mu'}{rr}$ ausgedrückt wird, und eine Annäherung in der Richtung der verbindenden geraden Linie hervorzubringen strebt.

Wenn man zur Erklärung der magnetischen Erscheinungen zwei magnetische Flüssigkeiten annimmt, wovon die eine als positive Grösse, die andere als negative betrachtet wird, so üben zwei derartige Elemente μ, μ' gleichfalls eine bewegende Kraft auf einander aus, welche durch $\frac{\mu \mu'}{rr}$ gemessen wird, und in der verbindenden geraden Linie wirkt, aber als Abstossung, wenn μ, μ' gleichartig, als Anziehung, wenn sie ungleichartig sind.

Ganz ähnliches gilt von der gegenseitigen Wirkung der Theile der elektrischen Flüssigkeiten auf einander.

Das linearische Element ds eines galvanischen Stroms übt auf ein Element des magnetischen Fluidums μ (wenn wir letzteres zulassen) ebenfalls eine bewegende Kraft aus, die dem Quadrate der Entfernung r umgekehrt proportional ist: aber hier tritt zugleich der ganz abweichende Umstand ein, dass die Richtung der Kraft nicht in der verbindenden geraden Linie, sondern senkrecht gegen die durch μ und die Richtung von ds gelegte Ebene ist. und dass ausserdem die Stärke der Kraft nicht von der Entfernung allein, sondern zugleich von dem Winkel abhängt, welchen r mit der Richtung von ds macht. Nennt man diesen Winkel θ, so ist $\frac{\sin\theta \cdot \mu\,\mathrm{d}s}{rr}$ das Maass der bewegenden Kraft, welche ds auf μ ausübt, und eben so gross ist die von μ auf das Stromelement ds oder dessen ponderabeln Träger ausgeübte Kraft, deren Richtung der erstern entgegengesetzt parallel ist.

Wenn man mit AMPÈRE annimmt, dass zwei Elemente von galvanischen Strömen ds, ds' in der sie verbindenden geraden Linie anziehend oder abstossend auf einander wirken, so nöthigen uns die Erscheinungen, diese Kraft gleichfalls dem Quadrate der Entfernung umgekehrt proportional zu setzen, zugleich aber erfordern jene eine etwas verwickeltere Abhängigkeit von der Richtung der Stromelemente.

Wir werden uns in dieser Abhandlung auf die drei ersten Fälle oder auf solche Kräfte einschränken, die sich in der Richtung der geraden Linie zwischen dem Elemente, welches wirkt, und demjenigen, auf welches gewirkt wird, äussern, und schlechthin dem Quadrate der Entfernung umgekehrt proportional sind, obwohl mehrere Lehrsätze mit geringer Veränderung auch bei den andern Fällen ihre Anwendung finden, deren ausführliche Entwickelung einer andern Abhandlung vorbehalten bleiben muss.

2.

Wir bezeichnen mit a, b. c die rechtwinkligen Coordinaten eines materiellen Punktes, von welchem aus eine abstossende oder anziehende Kraft wirkt; die beschleunigende Kraft selbst in einem unbestimmten Punkte O, dessen Coordinaten x, y. z sind, mit

$$\frac{\mu}{(a-x)^2 + (b-y)^2 + (c-z)^2} = \frac{\mu}{rr}$$

wo also μ für den ersten Fall des vorhergehenden Artikels die im erstern Punkte

befindliche ponderable Materie, im zweiten und dritten das Quantum magnetischen oder elektrischen Fluidums ausdrückt. Wird diese Kraft parallel mit den
drei Coordinatenaxen zerlegt, so entstehen daraus die Componenten

$$\frac{\epsilon\mu(a-x)}{r^3}, \quad \frac{\epsilon\mu(b-y)}{r^3}, \quad \frac{\epsilon\mu(c-z)}{r^3}$$

wo $\epsilon = +1$ oder $= -1$ sein soll, jenachdem die Kraft anziehend oder abstossend wirkt, was sich nach der Beschaffenheit des Wirkenden und des die
Wirkung Empfangenden von selbst entscheidet. Diese Componenten stellen sich
dar als die partiellen Differentialquotienten

$$\frac{d\frac{\epsilon\mu}{r}}{dx}, \quad \frac{d\frac{\epsilon\mu}{r}}{dy}, \quad \frac{d\frac{\epsilon\mu}{r}}{dz}$$

Wirken also auf denselben Punkt O mehrere Agentien μ^0, μ', μ'' u. s. f. aus den
Entfernungen r^0, r', r'' u. s. f., und setzt man

$$\frac{\mu^0}{r^0} + \frac{\mu'}{r'} + \frac{\mu''}{r''} + \text{u. s. f.} = \Sigma\frac{\mu}{r} = V$$

so werden die Componenten der ganzen in O wirkenden Kraft durch

$$\frac{\epsilon\, dV}{dx}, \quad \frac{\epsilon\, dV}{dy}, \quad \frac{\epsilon\, dV}{dz}$$

dargestellt.

Wenn die Agentien nicht aus discreten Punkten wirken, sondern eine Linie, eine Fläche oder einen körperlichen Raum stetig erfüllen, so tritt an die
Stelle der Summation Σ eine einfache, doppelte oder dreifache Integration. Der
letzte Fall ist an sich allein der Fall der Natur: allein da man oft dafür, unter
gewissen Einschränkungen, fingirte in Punkte concentrirte, oder auf Linien oder
Flächen stetig vertheilte Agentien substituiren kann, so werden wir jene Fälle
mit in unsre Untersuchung ziehen, wobei es unanstössig sein wird, von *Massen*,
die auf eine Fläche oder Linie vertheilt, oder in einen Punkt concentrirt sind,
zu reden, insofern der Ausdruck Masse hier nichts weiter bedeutet, als dasjenige,
wovon Anziehungs- oder Abstossungs-Kräfte ausgehend gedacht werden.

3.

Indem wir also, für jeden Punkt im Raume, mit x, y, z dessen rechtwinklige Coordinaten, und mit V das Aggregat aller wirkenden Massentheilchen, je-

des mit seiner Entfernung von jenem Punkte dividirt, bezeichnen, wobei nach den jedesmaligen Bedingungen der Untersuchung negative Massentheilchen entweder ausgeschlossen oder als zulässig betrachtet werden mögen, wird V eine Function von x, y, z, und die Erforschung der Eigenthümlichkeiten dieser Function der Schlüssel zur Theorie der Anziehungs- oder Abstossungskräfte selbst sein. Zur bequemern Handhabung der dazu dienenden Untersuchungen werden wir uns erlauben, dieses V mit einer besondern Benennung zu belegen, und die Grösse das *Potential* der Massen, worauf sie sich bezieht, nennen. Für unsre gegenwärtige Untersuchung reicht diese beschränktere Begriffsbestimmung hin: im weitern Sinn könnte man sowohl für Betrachtung anderer Anziehungsgesetze, als im umgekehrten Verhältniss des Quadrates der Entfernung, als auch für den vierten im Art. 1 erwähnten Fall, unter Potential die Function von x, y, z verstehen, deren partielle Differentialquotienten die Componenten der erzeugten Kraft vorstellen.

Bezeichnen wir die ganze in dem Punkte x, y, z Statt findende Kraft mit p, und die Winkel, welche ihre Richtung mit den drei Coordinatenaxen macht, mit α, β, γ, so sind die drei Componenten

$$p \cos \alpha = \varepsilon \frac{\mathrm{d}V}{\mathrm{d}x}, \qquad p \cos \beta = \varepsilon \frac{\mathrm{d}V}{\mathrm{d}y}, \qquad p \cos \gamma = \varepsilon \frac{\mathrm{d}V}{\mathrm{d}z}$$

und

$$p = \sqrt{\left(\left(\frac{\mathrm{d}V}{\mathrm{d}x} \right)^2 + \left(\frac{\mathrm{d}V}{\mathrm{d}y} \right)^2 + \left(\frac{\mathrm{d}V}{\mathrm{d}z} \right)^2 \right)}$$

4.

Ist $\mathrm{d}s$ das Element einer beliebigen geraden oder krummen Linie, so sind $\frac{\mathrm{d}x}{\mathrm{d}s}$, $\frac{\mathrm{d}y}{\mathrm{d}s}$, $\frac{\mathrm{d}z}{\mathrm{d}s}$ die Cosinus der Winkel, welche jenes Element mit den Coordinatenaxen macht; bezeichnet also θ den Winkel zwischen der Richtung des Elements und der Richtung, welche die resultirende Kraft daselbst hat, so ist

$$\cos \theta = \frac{\mathrm{d}x}{\mathrm{d}s} \cdot \cos \alpha + \frac{\mathrm{d}y}{\mathrm{d}s} \cos \beta + \frac{\mathrm{d}z}{\mathrm{d}s} \cdot \cos \gamma$$

Die auf die Richtung von $\mathrm{d}s$ projicirte Kraft wird folglich

$$p \cos \theta = \varepsilon \left(\frac{\mathrm{d}V}{\mathrm{d}x} \cdot \frac{\mathrm{d}x}{\mathrm{d}s} + \frac{\mathrm{d}V}{\mathrm{d}y} \cdot \frac{\mathrm{d}y}{\mathrm{d}s} + \frac{\mathrm{d}V}{\mathrm{d}z} \cdot \frac{\mathrm{d}z}{\mathrm{d}s} \right) = \frac{\varepsilon \, \mathrm{d}V}{\mathrm{d}s}$$

Legen wir durch alle Punkte, in welchen das Potential V einen constanten Werth hat. eine Fläche, so wird solche, allgemein zu reden, die Theile des

Raums, wo V kleiner ist, von denen scheiden, wo V grösser ist als jener Werth. Liegt die Linie s in dieser Fläche, oder tangirt sie wenigstens dieselbe mit dem Element ds, so ist $\frac{dV}{ds} = 0$. Falls also nicht an diesem Platze die Bestandtheile der ganzen Kraft einander destruiren, oder $p = 0$ wird, in welchem Falle von einer Richtung der Kraft nicht mehr die Rede sein kann, muss nothwendig $\cos\theta = 0$ sein, woraus wir schliessen, dass die Richtung der resultirenden Kraft in jedem Punkte einer solchen Fläche gegen diese selbst normal ist, und zwar nach derjenigen Seite des Raumes zu, wo die grössern Werthe von V angrenzen, wenn $\varepsilon = +1$ ist; nach der entgegengesetzten, wenn $\varepsilon = -1$ ist. Wir nennen eine solche Fläche eine *Gleichgewichtsfläche*. Da durch jeden Punkt eine solche Fläche gelegt werden kann, so wird die Linie s, falls sie nicht ganz in Einer Gleichgewichtsfläche liegt, in jedem ihrer Punkte eine andere treffen. Durchschneidet s alle Gleichgewichtsflächen unter rechten Winkeln, so stellt eine Tangente an jener Linie überall die Richtung der Kraft, und $\frac{dV}{ds}$ ihre Stärke dar.

Das Integral $\int p \cos\theta . ds$, durch ein beliebiges Stück der Linie s ausgedehnt, wird offenbar $= \varepsilon(V' - V^0)$, wenn V^0, V' die Werthe des Potentials für den Anfangs- und Endpunkt bedeuten. Ist also s eine geschlossene Linie, so wird jenes Integral, durch die ganze Linie erstreckt, $= 0$ werden.

5.

Es ist von selbst klar, dass das Potential in jedem Punkte des Raumes, der *ausserhalb* aller anziehenden oder abstossenden Theilchen liegt, einen assignabeln Werth erhalten muss; dasselbe gilt aber auch von dessen Differentialquotienten, sowohl erster als höherer Ordnung, da diese in jener Voraussetzung gleichfalls die Form von Summen assignabler Theile oder von Integralen solcher Differentiale annehmen, in denen die Coëfficienten durchaus assignable Werthe haben. So wird

$$\frac{dV}{dx} = \Sigma \frac{(a-x)\mu}{r^3}, \qquad \frac{ddV}{dx^2} = \Sigma \left(\frac{3(a-x)^2}{r^5} - \frac{1}{r^3} \right)\mu$$

$$\frac{dV}{dy} = \Sigma \frac{(b-y)\mu}{r^3}, \qquad \frac{ddV}{dy^2} = \Sigma \left(\frac{3(b-y)^2}{r^5} - \frac{1}{r^3} \right)\mu$$

$$\frac{dV}{dz} = \Sigma \frac{(c-z)\mu}{r^3}, \qquad \frac{ddV}{dz^2} = \Sigma \left(\frac{3(c-z)^2}{r^5} - \frac{1}{r^3} \right)\mu$$

Die bekannte Gleichung

$$\frac{\mathrm{d\,d}V}{\mathrm{d}x^2} + \frac{\mathrm{d\,d}V}{\mathrm{d}y^2} + \frac{\mathrm{d\,d}V}{\mathrm{d}z^2} = 0$$

gilt also für alle Punkte des Raumes, die ausserhalb der wirkenden Massen liegen.

6.

Unter den verschiedenen Fällen, wo der Werth des Potentials V oder seiner Differentialquotienten für einen nicht ausserhalb der wirkenden Massen liegenden Punkt in Frage kommt, wollen wir zuerst den Fall der Natur betrachten, wo die Massen einen bestimmten körperlichen Raum mit gleichförmiger oder ungleichförmiger, aber überall endlicher Dichtigkeit ausfüllen.

Es sei t der ganze Raum, welcher Masse enthält; $\mathrm{d}t$ ein unendlich kleines Element desselben, welchem die Coordinaten a, b, c und das Massenelement $k\,\mathrm{d}t$ entsprechen; ferner sei V das Potential in dem Punkte O, dessen Coordinaten x, y, z, also die Entfernung von jenem Element

$$\sqrt{((a-x)^2 + (b-y)^2 + (c-z)^2)} = r$$

Es wird folglich

$$V = \int \frac{k\,\mathrm{d}t}{r}$$

durch den ganzen Raum t ausgedehnt, was eine dreifache Integration implicirt. Man sieht leicht, dass eine wahre Integration stattnehmig ist, auch wenn O innerhalb des Raumes sich befindet, obgleich dann $\frac{1}{r}$ für die unendlich nahe bei O liegenden Elemente unendlich gross wird. Denn wenn man anstatt a, b, c Polarcoordinaten einführt, indem man

$$a = x + r\cos u, \qquad b = y + r\sin u \cos\lambda, \qquad c = z + r\sin u \sin\lambda$$

setzt, so wird $\mathrm{d}t = rr\sin u.\mathrm{d}u.\mathrm{d}\lambda.\mathrm{d}r$, mithin

$$V = \iiint kr\sin u.\mathrm{d}u.\mathrm{d}\lambda.\mathrm{d}r$$

wo die Integration in Beziehung auf r von $r = 0$ bis zu dem an der Grenze von t Statt findenden Werthe   von $\lambda = 0$ bis $\lambda = 2\pi$, und von $u = 0$ bis $u = \pi$ ausgedehnt werden muss.   Es wird also nothwendig V einen bestimmten endli chen Werth erhalten.

Man sieht ferner leicht ein, dass man auch hier

$$\frac{\mathrm{d}V}{\mathrm{d}x} = \int k\,\mathrm{d}t \cdot \frac{\mathrm{d}\frac{1}{r}}{\mathrm{d}x} = \int \frac{k(a-x)\,\mathrm{d}t}{r^3} = X$$

setzen darf. Die Befugniss dazu beruhet darauf, dass auch dieser Ausdruck, welcher unter Anwendung von Polarcoordinaten in

$$\iiint k \cos u . \sin u . \mathrm{d}u . \mathrm{d}\lambda . \mathrm{d}r$$

übergeht, einer wahren Integration fähig ist, also X einen bestimmten endlichen Werth erhält, der sich nach der Stetigkeit ändert, weil alle in unendlicher Nähe bei O liegenden Elemente nur einen unendlich kleinen Beitrag dazu geben. Aus ähnlichen Gründen darf man auch

$$\frac{\mathrm{d}V}{\mathrm{d}y} = \int \frac{k(b-y)\,\mathrm{d}t}{r^3} = Y$$

$$\frac{\mathrm{d}V}{\mathrm{d}z} = \int \frac{k(c-z)\,\mathrm{d}t}{r^3} = Z$$

setzen, und diese Grössen erhalten daher, eben so wie V, innerhalb t bestimmte nach der Stetigkeit sich ändernde Werthe. Dasselbe wird auch noch auf der Grenze von t gelten.

7.

Was nun aber die Differentialquotienten höherer Ordnungen betrifft, so muss für Punkte innerhalb t ein anderes Verfahren eintreten, da es z. B. nicht verstattet ist, $\frac{\mathrm{d}X}{\mathrm{d}x}$ in

$$\int k\,\mathrm{d}t \cdot \frac{\mathrm{d}\frac{a-x}{r^3}}{\mathrm{d}x}$$

d. i. in

$$\int k\left(\frac{3(a-x)^2 - rr}{r^5}\right)\mathrm{d}t$$

umzuformen, indem dieser Ausdruck genau betrachtet nur ein Zeichen ohne bestimmte klare Bedeutung sein würde. Denn in der That, da sich innerhalb jedes auch noch so kleinen Theils von t, welcher den Punkt einschliesst, Theile nachweisen lassen, über welche ausgedehnt dieses Integral jeden vorgegebenen Werth, er sei positiv oder negativ überschreitet, so fehlt hier die wesentliche

26*

Bedingung, unter welcher allein dem ganzen Integrale eine klare Bedeutung beigelegt werden kann, nemlich die Anwendbarkeit der Exhaustionsmethode.

8.

Ehe wir diese Untersuchung in ihrer Allgemeinheit vornehmen, wird es zur Fixirung der Vorstellungen nützlich sein, einen sehr einfachen speciellen Fall zu betrachten.

Es sei t eine Kugel, deren Halbmesser $= R$ ist, und deren Mittelpunkt mit dem Anfangspunkte der Coordinaten zusammenfällt: die Dichtigkeit der die Kugel erfüllenden Masse sei constant $= k$, und den Abstand des Punktes O vom Mittelpunkte bezeichnen wir mit $\rho = \sqrt{(xx+yy+zz)}$. Bekanntlich hat das Potential zwei verschiedene Ausdrücke, je nachdem O innerhalb der Kugel, oder ausserhalb liegt. Im erstern Fall ist nemlich

$$V = 2\pi k RR - \tfrac{2}{3}\pi k \rho\rho = 2\pi k RR - \tfrac{2}{3}\pi k(xx+yy+zz)$$

im zweiten hingegen

$$V = \tfrac{4\pi k R^3}{3\rho}$$

Auf der Oberfläche der Kugel geben beide Ausdrücke einerlei Werth $\tfrac{4}{3}\pi k RR$, und das Potential ändert sich daher im ganzen Raume nach der Stetigkeit.

Für die Differentialquotienten erhalten wir, im innern Raume

$$\frac{dV}{dx} = X = -\tfrac{4}{3}\pi k x$$
$$\frac{dV}{dy} = Y = -\tfrac{4}{3}\pi k y$$
$$\frac{dV}{dz} = Z = -\tfrac{4}{3}\pi k z$$

im äussern Raume hingegen

$$X = -\tfrac{4\pi k R^3 x}{3\rho^3}$$
$$Y = -\tfrac{4\pi k R^3 y}{3\rho^3}$$
$$Z = -\tfrac{4\pi k R^3 z}{3\rho^3}$$

Auch hier geben auf der Oberfläche die letztern Formeln dieselben Werthe wie die erstern, daher auch X, Y, Z im ganzen Raume nach der Stetigkeit sich ändern.

Anders verhält es sich aber mit den Differentialquotienten dieser Grössen. Im innern Raume haben wir

$$\frac{\mathrm{d}X}{\mathrm{d}x} = -\tfrac{4}{3}\pi k, \qquad \frac{\mathrm{d}Y}{\mathrm{d}y} = -\tfrac{4}{3}\pi k, \qquad \frac{\mathrm{d}Z}{\mathrm{d}z} = -\tfrac{4}{3}\pi k$$

im äussern Raume hingegen

$$\frac{\mathrm{d}X}{\mathrm{d}x} = \frac{4\pi k R^3 (3xx - \rho\rho)}{3\rho^5}$$

$$\frac{\mathrm{d}Y}{\mathrm{d}y} = \frac{4\pi k R^3 (3yy - \rho\rho)}{3\rho^5}$$

$$\frac{\mathrm{d}Z}{\mathrm{d}z} = \frac{4\pi k R^3 (3zz - \rho\rho)}{3\rho^5}$$

Auf der Oberfläche fallen diese Werthe nicht mit jenen zusammen, sondern sind beziehungsweise

$$\frac{4\pi k xx}{RR}, \qquad \frac{4\pi k yy}{RR}, \qquad \frac{4\pi k zz}{RR}$$

grösser. Es ändern sich daher jene Differentialquotienten, nach der Stetigkeit zwar im ganzen innern und im ganzen äussern Raume, aber sprungsweise beim Übergange aus dem einen in den andern, und in der Scheidungsfläche selbst muss man ihnen doppelte Werthe beilegen, je nachdem $\mathrm{d}x$, $\mathrm{d}y$, $\mathrm{d}z$ als positiv oder als negativ betrachtet werden.

Ähnliches findet bei den sechs übrigen Differentialquotienten

$$\frac{\mathrm{d}X}{\mathrm{d}y}, \quad \frac{\mathrm{d}X}{\mathrm{d}z}, \quad \frac{\mathrm{d}Y}{\mathrm{d}x}, \quad \frac{\mathrm{d}Y}{\mathrm{d}z}, \quad \frac{\mathrm{d}Z}{\mathrm{d}x}, \quad \frac{\mathrm{d}Z}{\mathrm{d}y}$$

Statt, die im Innern der Kugel sämmtlich $= 0$ werden, und beim Durchgange durch die Kugelfläche sprungsweise die Änderungen

$$\frac{4\pi k xy}{RR}, \qquad \frac{4\pi k xz}{RR} \ \text{u. s. f.}$$

erleiden.

Das Aggregat $\frac{\mathrm{d}X}{\mathrm{d}x} + \frac{\mathrm{d}Y}{\mathrm{d}y} + \frac{\mathrm{d}Z}{\mathrm{d}z}$ oder $\frac{\mathrm{d}\mathrm{d}V}{\mathrm{d}x^2} + \frac{\mathrm{d}\mathrm{d}V}{\mathrm{d}y^2} + \frac{\mathrm{d}\mathrm{d}V}{\mathrm{d}z^2}$ wird im Innern der Kugel $= -4\pi k$, im äussern Raume $= 0$. Auf der Oberfläche selbst verliert es aber seine einfache Bedeutung: präcis zu reden, kann man nur sagen, dass es ein Aggregat von drei Theilen ist, deren jeder zwei verschiedene Werthe hat, und so gibt es eigentlich acht Combinationen, unter denen eine mit dem auf der innern Seite, eine andere mit dem auf der äussern Seite geltenden Werthe übereinstimmt, während die sechs übrigen ohne alle Bedeutung bleiben. Der Analyse, durch welche einige Geometer auf der Oberfläche der Kugel den Werth $-2\pi k$, oder den Mittelwerth zwischen den innen und aussen geltenden, herausgebracht haben, kann ich, insofern der Begriff von Differentialquotienten in seiner mathematischen Reinheit aufgefasst wird, eine Zulässigkeit nicht einräumen.

9.

Das im vorhergehenden Beispiel gefundene Resultat ist nur ein einzelner Fall des allgemeinen Theorems, nach welchem, wenn der Punkt O sich im Innern der wirkenden Masse befindet, der Werth von $\frac{ddV}{dx^2} + \frac{ddV}{dy^2} + \frac{ddV}{dz^2}$ äqual wird dem Producte aus -4π in die in O Statt findende Dichtigkeit. Die befriedigendste Art, diesen wichtigen Lehrsatz zu begründen, scheint folgende zu sein.

Wir nehmen an, dass die Dichtigkeit k sich innerhalb t nirgends sprungsweise ändere, oder dass sie eine mit $f(a, b, c)$ zu bezeichnende Function von a, b, c sei, deren Werth sich innerhalb t überall nach der Stetigkeit ändert, ausserhalb t hingegen $= 0$ wird.

Es sei t der Raum, in welchen t übergeht, wenn die erste Coordinate jedes Punktes der Grenzfläche um die Grösse e vermindert, oder was dasselbe ist, wenn die Grenzfläche parallel mit der ersten Coordinatenaxe um e rückwärts bewegt wird; es bestehe t aus den Räumen t^0 und θ, t' aus t^0 und θ', so dass t^0 der ganze Raum ist, welcher t und t' gemeinschaftlich bleibt. Wir betrachten die drei Integrale

$$\int \frac{f(a, b, c)(a-x)\,dt}{((a-x)^2 + (b-y)^2 + (c-z)^2)^{\frac{3}{2}}} \quad \cdot \quad \cdot \quad \cdot \quad \cdot \quad \cdot \quad \cdot \quad \cdot \quad (1)$$

$$\int \frac{f(a, b, c)(a-x-e)\,dt}{((a-x-e)^2 + (b-y)^2 + (c-z)^2)^{\frac{3}{2}}} \quad \cdot \quad \cdot \quad \cdot \quad \cdot \quad \cdot \quad \cdot \quad (2)$$

$$\int \frac{f(a+e, b, c)(a-x)\,dt}{((a-x)^2 + (b-y)^2 + (c-z)^2)^{\frac{3}{2}}} \quad \cdot \quad \cdot \quad \cdot \quad \cdot \quad \cdot \quad \cdot \quad (3)$$

wo das Integral (1), über den ganzen Raum t ausgedehnt, der Werth von $\frac{dV}{dx}$ oder X in dem Punkte O sein wird. Das Integral (2), gleichfalls über ganz t ausgedehnt, wird der Werth von $\frac{dV}{dx}$ in demjenigen Punkte sein, dessen Coordinaten $x+e, y, z$ sind, welchen Werth wir mit $X+\xi$ bezeichnen wollen. Offenbar ist mit diesem Integrale ganz identisch das Integral (3), über den ganzen Raum t' ausgedehnt. Ist also das Integral (1), ausgedehnt über t^0 l

über θ . . . . λ

das Integral (3), ausgedehnt über t^0 . . . . l'

über θ' . . . . λ'

so wird $X = l + \lambda$, $X + \xi = l' + \lambda'$.

Setzen wir $f(a+e, b, c) - f(a, b, c) = \Delta k$, so ist das Integral

$$\int \frac{\frac{\Delta k}{e}(a-x)\,\mathrm{d}t}{((a-x)^2 + (b-y)^2 + (c-z)^2)^{\frac{3}{2}}} \qquad \cdots \cdots \cdots \quad (4)$$

über t^0 ausgedehnt, $= \frac{l'-l}{e}$.

Die bisherigen Resultate gelten allgemein für jede Lage von O: bei der weitern Entwicklung soll der Fall, wo O in der Oberfläche selbst liegt, ausgeschlossen sein, oder angenommen werden, dass O in messbarer Entfernung von der Oberfläche, innerhalb oder ausserhalb t liege.

Lassen wir nun e unendlich klein werden, so sind die Räume θ, θ' zwei unendlich schmale an der Oberfläche von t anliegende Raumschichten; zerlegen wir diese Oberfläche in Elemente $\mathrm{d}s$, und bezeichnen mit α den Winkel, welchen eine in $\mathrm{d}s$ nach aussen errichtete Normale mit der ersten Coordinatenaxe macht, so wird α offenbar spitz sein überall, wo die Oberfläche von t an θ grenzt, stumpf hingegen da, wo sie an θ' grenzt. Die Elemente von θ werden also ausgedrückt werden durch $e\cos\alpha\,\mathrm{d}s$, die Elemente von θ' hingegen durch $-e\cos\alpha\,\mathrm{d}s$, woraus man leicht schliesst, dass $\frac{\lambda - \lambda'}{e}$ übergeht in das Integral

$$\int \frac{f(a, b, c)(a-x)\cos\alpha\,.\,\mathrm{d}s}{((a-x)^2 + (b-y)^2 + (c-z)^2)^{\frac{3}{2}}}$$

oder was dasselbe ist, in dieses

$$\int \frac{k(a-x)\cos\alpha\,.\,\mathrm{d}s}{r^3}$$

durch die ganze Oberfläche ausgedehnt, wo unter k die an dem Elemente $\mathrm{d}s$ Statt findende Dichtigkeit zu verstehen ist.

Unter Voraussetzung eines unendlich kleinen Werthes von e wird ferner $\frac{\Delta k}{e}$ übergehen in den Werth des partiellen Differentialquotienten $\frac{\mathrm{d}f(a, b, c)}{\mathrm{d}a}$ oder $\frac{\mathrm{d}k}{\mathrm{d}a}$ und der Werth des Integrals (4) oder $\frac{(l'-l)}{e}$ in das Integral

$$\int \frac{\frac{dk}{da} \cdot (a-x)\,dt}{r^3}$$

durch den ganzen Raum t ausgedehnt.

Endlich ist, für ein unendlich kleines e, $\frac{l'-l}{e} - \frac{\lambda-\lambda'}{e}$ oder $\frac{\xi}{e}$, nichts anderes, als der Werth des partiellen Differentialquotienten $\frac{dX}{dx}$ oder $\frac{ddV}{dx^2}$. Wir haben folglich das einfache Resultat

$$\frac{ddV}{dx^2} = \frac{dX}{dx} = \int \frac{\frac{dk}{da} \cdot (a-x)\,dt}{r^3} - \int \frac{k(a-x)\cos\alpha \cdot ds}{r^3}$$

wo die erste Integration über den ganzen Raum t, die zweite über die ganze Oberfläche desselben auszudehnen ist.

Dieses Resultat ist gültig, wie nahe auch O der Oberfläche auf der innern oder äussern Seite liegen mag, nur nicht in der Oberfläche selbst, wo vielmehr $\frac{dX}{dx}$ zwei verschiedene Werthe haben wird. Das erste Integral ändert sich zwar beim Durchgange durch die Oberfläche nach der Stetigkeit, hingegen ändert sich $-\int \frac{k(a-x)\cos\alpha\,ds}{r^3}$ nach einem weiter unten zu beweisenden Theorem beim Übergange von einem innern der Oberfläche unendlich nahen Punkte nach einem äussern um die endliche Grösse $4\pi k\cos\alpha$, wo k und α sich auf die Durchgangsstelle beziehen, und eben so gross wird der Unterschied der beiden daselbst Statt findenden Werthe von $\frac{dX}{dx}$ sein.

10.

Auf ähnliche Weise wird, wenn θ und γ in Beziehung auf die zweite und dritte Coordinatenaxe dieselbe Bedeutung haben, wie α in Beziehung auf die erste, und für die Lage von O dieselbe Beschränkung gilt, wie vorhin,

$$\frac{dY}{dy} = \int \frac{\frac{dk}{db}(b-y)\,dt}{r^3} - \int \frac{k(b-y)\cos\theta \cdot ds}{r^3}$$

$$\frac{dZ}{dz} = \int \frac{\frac{dk}{dc}(c-z)\,dt}{r^3} - \int \frac{k(c-z)\cos\gamma \cdot ds}{r^3}$$

Erwägen wir nun, dass

$$\frac{dk}{da} \cdot \frac{a-x}{r} + \frac{dk}{db} \cdot \frac{b-y}{r} + \frac{dk}{dc} \cdot \frac{c-z}{r}$$

nichts anderes ist, als der Werth des Differentialquotienten $\frac{dk}{dr}$ insofern in dieser Differentiation nur die Länge von r als veränderlich, die Richtung aber als constant betrachtet wird; ferner, dass

$$\frac{a-x}{r} \cdot \cos\alpha + \frac{b-y}{r} \cdot \cos\mathfrak{b} + \frac{c-z}{r} \cdot \cos\gamma = \cos\psi$$

wird, wenn ψ den Winkel bezeichnet, welchen die nach aussen gerichtete Normale in ds mit der verlängerten geraden Linie r macht, so erhellt, dass, wenn das Integral

$$\int \frac{\frac{dk}{dr}}{rr} \cdot dt$$

über den ganzen Raum t erstreckt mit M, das Integral

$$\int \frac{k\cos\psi}{rr} \cdot ds$$

durch die ganze Oberfläche von t ausgedehnt mit N bezeichnet wird,

$$\frac{ddV}{dx^2} + \frac{ddV}{dy^2} + \frac{ddV}{dz^2} = M - N$$

sein wird.

Um die erstere Integration auszuführen, beschreiben wir um den Mittelpunkt O mit dem Halbmesser 1 eine Kugelfläche, und zerlegen dieselbe in Elemente $d\sigma$. Die von O durch alle Punkte der Peripherie von $d\sigma$ geführten und unbestimmt verlängerten geraden Linien bilden eine Kegelfläche (im weitern Sinne des Worts), wodurch aus dem ganzen t ein Raum (nach Umständen aus mehrern getrennten Stücken bestehend) ausgeschieden wird, und wovon $rr d\sigma . dr$ ein unbestimmtes Element ist. Derjenige Theil von M, welcher sich auf diesen Raum bezieht, wird folglich durch $d\sigma . \int \frac{dk}{dr} dr$ ausgedrückt werden, wenn diese Integration durch alle in t fallenden Theile einer durch O und einen Punkt von $d\sigma$ gehenden soweit als nöthig verlängerten geraden Linie r erstreckt wird. Nehmen wir nun an, diese gerade Linie schneide die Oberfläche von t der Reihe nach in O', O'', O''', O'''' u. s. f.; bezeichnen mit r', r'', r''', r'''' u. s. f. die Werthe von r in diesen Punkten; mit ds', ds'', ds''', ds'''' u. s. f. die entsprechenden durch den Elementarkegel aus der Oberfläche von t ausgeschiedenen Elemente; mit k', k'', k''', k'''' u. s. f. die Werthe von k, und mit $\psi', \psi'', \psi''', \psi''''$ u. s. f. die Werthe von ψ an diesen Elementen: so übersieht man leicht, dass

I. für den Fall, wo O innerhalb t liegt, die Anzahl jener Punkte ungerade, und die Integration $\int \frac{dk}{dr} . dr$ von $r = 0$ bis $r = r'$, dann von $r = r''$ bis $r = r'''$ u. s. f. auszuführen sein wird, woraus also, wenn die Dichtigkeit in O mit k^0 bezeichnet wird, hervorgeht

$$\int \frac{dk}{dr} \, dr = -k^0 + k' - k'' + k''' - k'''' + \text{ u. s. f.}$$

Da die Winkel ψ', ψ'', ψ''', ψ'''' u. s. f. offenbar abwechselnd spitz und stumpf sind, so wird

$$ds' . \cos \psi' = +r'r'd\sigma$$
$$ds'' . \cos \psi'' = -r''r''d\sigma$$
$$ds''' . \cos \psi''' = +r'''r'''d\sigma$$
$$ds'''' . \cos \psi'''' = -r''''r''''d\sigma$$

u. s. f. und folglich

$$d\sigma \int \frac{dk}{dr} . dr = -k^0 d\sigma + \frac{k' \cos \psi'}{r'r'} ds' + \frac{k'' \cos \psi''}{r''r''} ds'' + \frac{k''' \cos \psi'''}{r'''r'''} + \text{ u. s. f.}$$
$$= -k^0 d\sigma + \Sigma \frac{k \cos \psi}{rr} ds$$

indem die Summation auf alle ds ausgedehnt wird, welche dem Element $d\sigma$ entsprechen   Durch Integration über sämmtliche $d\sigma$ erhält man also

$$M = -4\pi k^0 + \int \frac{k \cos \psi}{rr} ds$$

wo das Integral über die ganze Oberfläche erstreckt werden muss, oder $M = -4\pi k^0 + N.$ Es wird folglich

$$\frac{ddV}{dx^2} + \frac{ddV}{dy^2} + \frac{ddV}{dz^2} = -4\pi k^0$$

II.   Für den Fall, wo O ausserhalb t liegt, hat man nur diejenigen $d\sigma$ in Betracht zu ziehen, für welche die durch O und einen Punkt von $d\sigma$ gelegte gerade Linie den Raum t wirklich trifft; die Anzahl der Punkte O', O'', O''' u. s. f. wird hier immer gerade sein, und die Winkel ψ', ψ'', ψ''' u. s. f. abwechselnd stumpf und spitz, also

$$ds' . \cos \psi' = -r'r'd\sigma, \quad ds'' . \cos \psi'' = +r''r''d\sigma, \quad ds''' \cos \psi''' = -r'''r'''d\sigma \text{ u. s. f.}$$

Da nun hier die Integration $\int \frac{dk}{dr} . dr$ von $r = r'$ bis $r = r''$, dann von $r = r'''$

bis $r = r''''$ u.s.f. ausgeführt werden muss, so ergibt sich

$$\mathrm{d}\sigma . \int \frac{\mathrm{d}k}{\mathrm{d}r} . \mathrm{d}r = \frac{k'\cos\psi'}{r'r'} . \mathrm{d}s' + \frac{k''\cos\psi''}{r''r''} . \mathrm{d}s'' + \frac{k'''\cos\psi'''}{r'''r'''} . \mathrm{d}s''' + \text{u.s.f.} = \Sigma \frac{k\cos\psi}{rr} \mathrm{d}s$$

und nach der zweiten Integration durch alle in Betracht kommenden $\mathrm{d}\sigma$

$$M = \int \frac{k\cos\psi}{rr} \mathrm{d}s = N$$

folglich, wie ohnehin bekannt ist

$$\frac{\mathrm{d}\mathrm{d}V}{\mathrm{d}x^2} + \frac{\mathrm{d}\mathrm{d}V}{\mathrm{d}y^2} + \frac{\mathrm{d}\mathrm{d}V}{\mathrm{d}z^2} = 0$$

11.

Obgleich in unsrer Beweisführung angenommen ist, dass die Dichtigkeit sich in dem *ganzen* Raum t nach der Stetigkeit ändere so ist doch zur Gültigkeit unsers Resultats diese Bedingung nicht nothwendig, sondern es wird bloss erfordert, dass in dem Punkte O die Dichtigkeit nach allen Seiten zu nach der Stetigkeit sich ändere, oder dass O innerhalb eines wenn auch noch so kleinen dieser Bedingung Genüge leistenden Raumes liege. Setzen wir nemlich das Potential der in *diesem* Raume enthaltenen Masse $= V'$, das Potential der übrigen ausserhalb desselben befindlichen Massen $= V''$, so wird das ganze Potential $V = V' + V''$, und da nach dem vorhergehenden Artikel

$$\frac{\mathrm{d}\mathrm{d}V'}{\mathrm{d}x^2} + \frac{\mathrm{d}\mathrm{d}V'}{\mathrm{d}y^2} + \frac{\mathrm{d}\mathrm{d}V'}{\mathrm{d}z^2} = -4\pi k^0$$

$$\frac{\mathrm{d}\mathrm{d}V''}{\mathrm{d}x^2} + \frac{\mathrm{d}\mathrm{d}V''}{\mathrm{d}y^2} + \frac{\mathrm{d}\mathrm{d}V''}{\mathrm{d}z^2} = 0$$

ist, so wird

$$\frac{\mathrm{d}\mathrm{d}V}{\mathrm{d}x^2} + \frac{\mathrm{d}\mathrm{d}V}{\mathrm{d}y^2} + \frac{\mathrm{d}\mathrm{d}V}{\mathrm{d}z^2} = -4\pi k^0$$

Fehlt hingegen diese Bedingung in dem Punkte O, und liegt also dieser in der Scheidungsfläche zwischen zweien solchen Räumen, in welchen, jeden für sich genommen, die Dichtigkeit nach der Stetigkeit, aber beim Übergange aus dem einen in den andern sprungsweise sich ändert, so haben daselbst, allgemein zu reden, $\frac{\mathrm{d}\mathrm{d}V}{\mathrm{d}x^2}$, $\frac{\mathrm{d}\mathrm{d}V}{\mathrm{d}y^2}$, $\frac{\mathrm{d}\mathrm{d}V}{\mathrm{d}z^2}$ jedes zwei verschiedene Werthe, und von dem Aggregate jener Grössen gilt dasselbe, was am Schlusse des 8. Artikels erinnert ist.

12.

Wir ziehen, wie schon oben bemerkt ist, auch den idealen Fall mit in den Kreis unsrer Untersuchungen, wo Anziehungs- oder Abstossungskräfte von den Theilen einer *Fläche* ausgehend angenommen werden, und erlauben uns dabei die Einkleidung, dass eine wirkende Masse in der Fläche vertheilt sei. Unter Dichtigkeit in irgend einem Punkte der Fläche verstehen wir in diesem Falle den Quotienten, wenn die in einem Elemente der Fläche, welchem der Punkt angehört, enthaltene Masse mit diesem Elemente dividirt wird. Diese Dichtigkeit kann gleichförmig (in allen Punkten dieselbe) oder ungleichförmig sein, und im letztern Falle entweder in der ganzen Fläche sich nach der Stetigkeit ändern (d. i. so, dass sie in je zwei einander unendlich nahen Punkten auch nur unendlich wenig verschieden ist) oder es kann die ganze Fläche in zwei oder mehrere Stücke zerfallen, in deren jedem eine stetige Änderung Statt findet, während beim Übergange aus einem in das andere die Änderung sprungsweise geschieht. Übrigens kann auch eine solche Vertheilung gedacht werden, wo unbeschadet der Endlichkeit der ganzen Masse, die Dichtigkeit in einzelnen Punkten oder Linien unendlich gross wird. Der Fläche selbst, insofern sie nicht eine Ebene ist, wird allgemein zu reden eine stetige Krümmung beigelegt werden, ohne darum eine Unterbrechung in einzelnen Punkten (Ecken) oder Linien (Kanten) auszuschliessen.

Dies vorausgesetzt erhält das Potential auch in jedem Punkte der Fläche selbst, wo nur die Dichtigkeit nicht unendlich gross ist einen bestimmten endlichen Werth, von welchem der Werth in einem zweiten Punkt, der, in der Fläche oder ausserhalb, jenem unendlich nahe liegt, nur unendlich wenig verschieden sein kann*), oder mit andern Worten, in jeder Linie, möge sie in der Fläche selbst liegen, oder dieselbe kreuzen, ändert sich das Potential nach der Stetigkeit.

13.

Bezeichnet man mit k die Dichtigkeit in dem Flächenelement ds; mit

---

*) Von der Endlichkeit des Integrals, welches das Potential ausdrückt, überzeugt man sich leicht, indem man die Zerlegung der Fläche in Elemente auf ähnliche Weise ausführt, wie im 15. Artikel geschehen wird; und zugleich wird daraus ersichtlich, dass die den beiden in Rede stehenden Punkten unendlich nahen Theile der Fläche zu dem ganzen Integral nur unendlich wenig beitragen, woraus sich das oben gesagte leicht beweisen lässt.

a, b, c die Coordinaten eines demselben angehörenden Punkts; mit r dessen Entfernung von einem Punkte O, dessen Coordinaten x, y, z sind, und mit V das Potential der in der Fläche enthaltenen Masse in dem Punkte O, so ist $V = \int \frac{k\,\mathrm{d}s}{r}$, durch die ganze Fläche ausgedehnt, endlich mit X, Y, Z die eben so verstandenen Integrale

$$\int \frac{k(a-x)\,\mathrm{d}s}{r^3}, \quad \int \frac{k(b-y)\,\mathrm{d}s}{r^3}, \quad \int \frac{k(c-z)\,\mathrm{d}s}{r^3}$$

so sind zwar X, Y, Z ganz gleichbedeutend mit $\frac{\mathrm{d}V}{\mathrm{d}x}, \frac{\mathrm{d}V}{\mathrm{d}y}, \frac{\mathrm{d}V}{\mathrm{d}z}$, so lange O ausserhalb der Fläche liegt, aber genau zu reden gilt dies nicht mehr, wenn O ein Punkt der Fläche selbst ist, und die Ungleichheit gestaltet sich verschieden je nach der Beschaffenheit des Winkels, welchen die Normale auf die Fläche mit der betreffenden Coordinatenaxe macht. Es ist offenbar hinreichend, hier nur das Verhalten in Beziehung auf die erste Coordinatenaxe anzugeben.

I. Ist jener Winkel $= 0$, so hat in O das Integral X einen bestimmten Werth, $\frac{\mathrm{d}V}{\mathrm{d}x}$ hingegen hat zwei verschiedene Werthe, je nachdem man $\mathrm{d}x$ als positiv oder als negativ betrachtet.

II. Ist der Winkel ein rechter, so lässt der Ausdruck für X eine wahre Integration nicht zu (indem dann eine ähnliche Bemerkung gilt, wie im 7. Artikel), während $\frac{\mathrm{d}V}{\mathrm{d}x}$ nur Einen bestimmten Werth hat.

III. Ist der Winkel spitz, so verhält es sich mit X eben so wie im zweiten, und mit $\frac{\mathrm{d}V}{\mathrm{d}x}$ eben so wie im ersten Falle.

Noch besondre Modificationen treten ein, wenn in O eine Unterbrechung der Stetigkeit entweder in Beziehung auf die Dichtigkeit oder die Krümmung Statt findet. Für unsern Hauptzweck ist jedoch nicht nothwendig, solche Ausnahmsfälle, die nur in einzelnen Linien oder Punkten eintreten können, ausführlich abzuhandeln, und wir werden daher bei der nähern Erörterung des Gegenstandes annehmen, dass in dem fraglichen Punkte eine bestimmte endliche Dichtigkeit, und eine bestimmte Berührungsebene Statt findet.

14.

Ehe wir die Untersuchung in ihrer Allgemeinheit vornehmen, wird es nützlich sein, einen einfachen besondern Fall zu betrachten. Es sei die Fläche das Stück A einer Kugelfläche, und die Dichtigkeit darin gleichförmig oder k constant. Es sind also V, X die Werthe der Integrale

$$\int \frac{k\,\mathrm{d}s}{r}, \quad \int \frac{k(a-x)\,\mathrm{d}s}{r^3}$$

durch A ausgedehnt; bezeichnen wir mit V', X' dieselben Integrale, wenn sie durch den übrigen Theil der Kugelfläche B, und mit V^0, X^0, wenn sie durch die ganze Kugelfläche erstreckt werden, so wird $V = V^0 - V'$, $X = X^0 - X'$. Wir wollen noch den Halbmesser der Kugel mit R bezeichnen, den Anfangspunkt der Coordinaten in den Mittelpunkt der Kugel legen, und $\sqrt{(xx + yy + zz)}$ oder den Abstand des Punktes O vom Mittelpunkte der Kugel $= \rho$ setzen.

Es ist nun bekannt, dass $V^0 = 4\pi kR$ wird, wenn O innerhalb der Kugel, hingegen $V^0 = \frac{4\pi kRR}{\rho}$, wenn O ausserhalb liegt; in der Kugelfläche selbst fallen beide Werthe zusammen. Der Differentialquotient $\frac{\mathrm{d}V^0}{\mathrm{d}x}$ wird daher innerhalb der Kugel $= 0$, ausserhalb $= -\frac{4\pi kRRx}{\rho^3}$; auf der Kugelfläche selbst aber werden beide Werthe zugleich gelten, je nach dem Zeichen von $\mathrm{d}x$: gleich sind diese beiden Werthe nur dann, wenn $x = 0$ ist, was dem Falle II des vorhergehenden Artikels entspricht.

Der Ausdruck für X^0, innerhalb und ausserhalb der Kugel mit $\frac{\mathrm{d}V^0}{\mathrm{d}x}$ gleichbedeutend, wird auf der Oberfläche ein leeres Zeichen, insofern eine wahre Integration unstatthaft ist, den einzigen Fall ausgenommen, wenn für die unendlich nahe liegenden Elemente der Fläche $a - x$ ein unendlich kleines von einer höhern Ordnung wird als r, nemlich wenn $y = 0$, $z = 0$, $x = \pm R$, für welchen Fall die Integration $X^0 = \mp 2\pi k$ gibt, also mit keinem der Werthe von $\frac{\mathrm{d}V^0}{\mathrm{d}x}$ übereinstimmend, sondern vielmehr mit dem Mittel von beiden: offenbar gehört übrigens dieser Fall zu I im vorhergehenden Artikel.

Erwägt man nun, dass wenn O ein auf der Oberfläche der Kugel innerhalb A liegender Punkt ist, X' und $\frac{\mathrm{d}V'}{\mathrm{d}x}$ gleichbedeutend sind und bestimmte nach der Stetigkeit sich ändernde Werthe haben, so erhellt, dass das gegenseitige Verhalten zwischen $X^0 - X'$ und $\frac{\mathrm{d}V^0}{\mathrm{d}x} - \frac{\mathrm{d}V'}{\mathrm{d}x}$, d. i. zwischen X und $\frac{\mathrm{d}V}{\mathrm{d}x}$ ganz dasselbe ist, wie zwischen X^0 und $\frac{\mathrm{d}V^0}{\mathrm{d}x}$, woraus also die im vorhergehenden Artikel aufgestellten Sätze von selbst folgen.

15.

Für die allgemeinere Untersuchung ist es vortheilhaft, den Anfangspunkt der Coordinaten in einen in der Fläche selbst liegenden Punkt P zu setzen, und die erste Coordinatenaxe senkrecht gegen die Berührungsebene in P zu legen.

Bezeichnen wir mit ψ den Winkel zwischen der Normale auf das unbestimmte Flächenelement ds und der ersten Coordinatenaxe, so ist $\cos\psi.ds$ die Projection von ds auf die Ebene der b und c; und setzen wir

$$\sqrt{(bb+cc)} = \rho, \quad b = \rho\cos\theta, \quad c = \rho\sin\theta$$

so wird $\rho\,d\rho.d\theta$ ein unbestimmtes Element dieser Ebene vorstellen, und das entsprechende Flächenelement $ds = \frac{\rho\,d\rho.d\theta}{\cos\psi}$ sein; das darin enthaltene Massenelement wird also $= h\rho\,d\rho.d\theta$ sein, wenn wir zur Abkürzung h für $\frac{k}{\cos\psi}$ schreiben.

Wir wollen nun untersuchen, inwiefern der Werth von X sich sprungsweise ändert, indem der Punkt O in der ersten Coordinatenaxe von der einen Seite der Fläche auf die andere, oder x aus einem negativen Werthe in einen positiven übergeht. Für diese Frage ist es offenbar einerlei, ob wir die ganze Fläche in Betracht ziehen, oder nur einen beliebig kleinen, den Punkt P einschliessenden Theil, da der Beitrag des übrigen Theils der Fläche zu dem Werthe von X sich nach der Stetigkeit ändert. Es ist daher erlaubt, ρ nur von 0 bis zu einem beliebig kleinen Grenzwerthe ρ' auszudehnen, und vorauszusetzen, dass in der so begrenzten Fläche h und $\frac{a}{\rho}$ sich überall nach der Stetigkeit ändern. Setzen wir, für jeden bestimmten Werth von θ, den Werth des Integrals $\int\frac{h(a-x)\rho\,d\rho}{r^3}$, von $\rho = 0$ bis $\rho = \rho'$ ausgedehnt, $= Q$, so wird $X = \int Q\,d\theta$, wo die Integration von $\theta = 0$, bis $\theta = 2\pi$ zu erstrecken ist.

Es kommt nun darauf an, die Werthe von X für $x = 0$, für ein unendlich kleines positives x, und für ein unendlich kleines negatives (die beiden andern Coordinaten y, z allemal $= 0$ angenommen) unter einander zu vergleichen; wir bezeichnen diese drei Werthe von X mit X^0, X', X'', und die entsprechenden Werthe von Q mit Q^0, Q', Q''.

Da $r = \sqrt{((a-x)^2+\rho\rho)}$, so erhält man, indem man θ als constant betrachtet

$$d\frac{h(a-x)}{r} = -\frac{h(a-x)\rho\,d\rho}{r^3} + \frac{dh}{d\rho}.\frac{a-x}{r}.d\rho + \frac{da}{d\rho}.\frac{h\rho\rho}{r^3}.d\rho$$

und folglich

$$Q = \int\frac{dh}{d\rho}.\frac{a-x}{r}.d\rho + \int\frac{da}{d\rho}\frac{h\rho\rho}{r^3}.d\rho - \frac{h'(a'-x)}{r'} + \text{Const.}$$

wo die beiden Integrationen von $\rho = 0$ bis $\rho = \rho'$ auszudehnen, und die Werthe

von h, a, r für $\rho = \rho'$ mit h', a'. r' bezeichnet sind.   Als Constante hat man
den Werth von $\frac{h(a-x)}{r}$ für $\rho = 0$ anzunehmen, welcher wenn man die Dichtigkeit in P mit k^0 bezeichnet, $= -k^0$ wird für ein positives x, und $= +k^0$
für ein negatives, indem für $\rho = 0$ offenbar $a = 0$, $\psi = 0$, $h = k^0$, $x = \pm r$
wird.   Für den Fall $x = 0$ hingegen hat man als Constante den Grenzwerth
von $\frac{ha}{r}$ bei unendlich abnehmendem ρ anzunehmen, welcher $= 0$ ist, weil a
ein Unendlichkleines von einer höhern Ordnung wird als r.

Der Werth des Integrals $\int \frac{dh}{d\rho} \cdot \frac{a-x}{r} \cdot d\rho$ bleibt bis auf einen unendlich kleinen Unterschied derselbe, man möge $x = 0$, oder unendlich klein $= \pm \varepsilon$
setzen.   Zerlegt man nemlich jenes Integral in

$$\int_0^\delta \frac{dh}{d\rho} \cdot \frac{a-x}{r} \cdot d\rho + \int_\delta^{\rho'} \frac{dh}{d\rho} \cdot \frac{a-x}{r} \cdot d\rho$$

so ist klar, dass das Behauptete für den ersten Theil gilt, wenn δ unendlich
klein, und für den zweiten, wenn $\frac{\delta}{\varepsilon}$ unendlich gross ist, also für das Ganze,
wenn δ ein Unendlichkleines von einer niedrigern Ordnung als ε.

Ein ähnlicher Schluss gilt auch in Beziehung auf das Integral $\int \frac{da}{d\rho} \cdot \frac{h\rho\rho}{r^3} \cdot d\rho$,
wenn die Punkte der Fläche, welche dem bestimmten Werthe von θ entsprechen,
eine Curve bilden, die in P eine messbare Krümmung hat, so dass $\frac{a}{\rho\rho}$ in dem
hier betrachteten Raume einen endlichen nach der Stetigkeit sich ändernden Werth
erhält.   Bezeichnet man nemlich diesen Werth mit A, so wird

$$\frac{da}{d\rho} = 2A\rho + \frac{dA}{d\rho} \cdot \rho\rho$$

mithin zerlegt sich jenes Integral in folgende zwei

$$\int \frac{2\rho^3 Ah \, d\rho}{r^3} + \int \frac{dA}{d\rho} \cdot \frac{\rho^4}{r^3} h \, d\rho$$

bei welchen beiden die Gültigkeit obiger Schlussweise von selbst klar ist.

Endlich sind auch offenbar die Werthe von $\frac{h'(a'-x)}{r'}$ für alle drei Werthe
von x bis auf unendlich kleine Unterschiede gleich.

Hieraus folgt also, dass $Q' + k^0$, Q^0, $Q'' - k^0$ bis auf unendlich kleine
Unterschiede gleich sind, und dasselbe wird demnach auch von

$$\int (Q' + k^0) d\theta, \quad \int Q^0 d\theta, \quad \int (Q'' - k^0) d\theta$$

gelten, oder von den Grössen

$$X' + 2\pi k^0, \quad X^0, \quad X'' - 2\pi k^0$$

Man kann diesen wichtigen Satz auch so ausdrücken: der Grenzwerth von X, bei unendlich abnehmendem positiven x ist $X^0 - 2\pi k^0$, bei unendlich abnehmendem negativen x hingegen $X^0 + 2\pi k^0$, oder X ändert sich zweimal sprungsweise um $-2\pi k^0$, indem x aus einem negativen Werthe in einen positiven übergeht, das erstemal, indem x den Werth 0 erreicht, und das zweitemal, indem es ihn überschreitet.

16.

In der Beweisführung des vorhergehenden Artikels ist zwar vorausgesetzt, dass die Schnitte der Fläche mit den durch die erste Coordinatenaxe gelegten Ebenen in P eine messbare Krümmung haben: allein unser Resultat bleibt auch noch gültig, wenn die Krümmung in P unendlich gross ist, einen einzigen Fall ausgenommen. Dass $\frac{a}{\rho}$ für ein unendlich kleines ρ selbst unendlich klein werden müsse, bringt schon die Voraussetzung des Vorhandenseins einer bestimmten Berührungsebene an der Fläche in P mit sich; allein von einerlei Ordnung sind beide Grössen nur dann, wenn ein endlicher Krümmungshalbmesser Statt findet; bei einem unendlich kleinen Krümmungshalbmesser hingegen wird $\frac{a}{\rho}$ von einer niedrigern Ordnung sein, als ρ. Wir werden nun zeigen, dass unsre Resultate auch im letztern Falle ihre Gültigkeit behalten, wenn nur die Ordnungen beider Grössen *vergleichbar* sind.

Nehmen wir also an, $\frac{a}{\rho}$ sei von derselben Ordnung wie ρ^μ wo μ einen endlichen positiven Exponenten bedeutet, also $\frac{a}{\rho^{1+\mu}}$ eine endliche in dem in Rede stehenden Raume nach der Stetigkeit sich ändernde Grösse, die wir mit B bezeichnen wollen. Es zerfällt also das Integral $\int \frac{\mathrm{d}a}{\mathrm{d}\rho} \frac{h\rho\rho}{r^3}\,\mathrm{d}\rho$ in die beiden folgenden

$$\int \frac{(1+\mu)\rho^{2+\mu}\,hB\,\mathrm{d}\rho}{r^3} + \int \frac{\rho^{3+\mu}}{r^3} \cdot \frac{\mathrm{d}B}{\mathrm{d}\rho} \cdot h\,\mathrm{d}\rho$$

Auf das zweite Integral lassen sich die Schlüsse des vorhergehenden Artikels unmittelbar anwenden, auf das erste hingegen nach einer leichten Umformung. Setzt man nemlich $\frac{1}{\mu} = m$, $\rho^\mu = \sigma$ oder $\rho = \sigma^m$, so wird jenes Integral

$$= (m+1)\int \frac{Bh\sigma^{3m}\,\mathrm{d}\sigma}{(\sigma^{2m}+(a-x)^2)^{\frac{3}{2}}}$$

Auch dieses Integral hat nun offenbar so lange nur einen unendlich kleinen Werth, als die Integration nur von 0 bis zu einem unendlich kleinen Werthe von σ ausgedehnt wird: für jeden endlichen Werth von σ hingegen erhält der Coëfficient von $d\sigma$ bis auf einen unendlich kleinen Unterschied einerlei Werth, man möge $x = 0$ oder unendlich klein annehmen. Dies gilt also auch von dem ganzen Integral, wenn es von $\sigma = 0$ bis $\sigma = \sqrt[m]{\rho'}$ ausgedehnt wird.

Nur in einem einzigen Falle verlieren unsre Schlüsse ihre Gültigkeit, wenn nemlich $\frac{a}{\rho}$ mit keiner Potenz von ρ mehr zu einerlei Ordnung gehört, wie z. B. wenn $\frac{a}{\rho}$ von derselben Ordnung wäre, wie $\frac{1}{\log\frac{1}{\rho}}$ In diesem Falle würde Q bei unendlicher Annäherung des Punktes O zur Fläche über alle Grenzen wachsen, und dasselbe würde auch für X gelten, wenn ein solches Verhalten nicht bloss für einen oder einige Werthe von θ, sondern für alle Statt fände. Es ist jedoch unnöthig, dies hier weiter zu entwickeln, da wir diesen singulären Fall von unsrer Untersuchung ohne Nachtheil ganz ausschliessen können.

17.

Wir wollen nun unter denselben Voraussetzungen und Bezeichnungen, wie im 15. Artikel, die Grösse Y betrachten, wovon $\frac{h b\, db\,.\,dc}{r^3}$ ein unbestimmtes Element ist. Da $r = \sqrt{(bb + cc + (a-x)^2)}$, und folglich

$$\frac{d\frac{h}{r}}{db} = -\frac{hb}{r^3} + \frac{1}{r}\cdot\frac{dh}{db} - \frac{h(a-x)}{r^3}\cdot\frac{da}{db}$$

insofern c als constant betrachtet wird, so gibt die erste Integration in diesem Sinne,

$$\int\frac{h b\, db}{r^3} = \frac{h^*}{r^*} - \frac{h^{**}}{r^{**}} + \int\frac{1}{r}\cdot\frac{dh}{db}\ db - \int\frac{h(a-x)}{r^3}\cdot\frac{da}{db}\,.\,db$$

wo die Integrationen sich vom kleinsten zum grössten Werthe von b, für jeden bestimmten Werth von c erstrecken, und mit h^*, r^*, h^{**}, r^{**} die jenen Grenzwerthen entsprechenden Werthe von h und r bezeichnet sind. Schreiben wir zur Abkürzung

$$\frac{h^*}{r^*} - \frac{h^{**}}{r^{**}} = T, \qquad \frac{\rho}{r}\cdot\frac{dh}{db} - \frac{h(a-x)\rho}{r^3}\cdot\frac{da}{db} = U$$

so wird

$$Y = \int T\,dc + \iint\frac{U}{\rho}\,.\,db\,.\,dc$$

wo die Integration in Beziehung auf c vom kleinsten Werthe, welchen diese Coordinate in der Fläche hat, bis zum grössten ausgedehnt werden muss.   In dem doppelten Integrale stellt $\mathrm{d}b.\mathrm{d}c$ die Projection eines unbestimmten Elements der Fläche auf die Ebene der b, c vor, und es kann mithin auch $\rho\,\mathrm{d}\rho.\mathrm{d}\theta$ dafür geschrieben werden; sonach wird

$$Y = \int T\mathrm{d}c + \iint U\mathrm{d}\rho.\mathrm{d}\theta$$

wo in dem Doppelintegral von $\rho = 0$ bis $\rho = \rho'$ und von $\theta = 0$ bis $\theta = 2\pi$ integrirt werden muss.   Durch ähnliche Schlüsse, wie im 15. Artikel, erkennt man nun leicht, dass dieser Ausdruck bis auf unendlich kleine Unterschiede gleiche Werthe erhält, man möge $x = 0$ oder unendlich klein annehmen, oder mit andern Worten, der Werth von Y hat bei positiven und bei negativen unendlich abnehmenden Werthen von x eine und dieselbe Grenze, und diese Grenze ist nichts anderes, als der Werth obiger Formel, wenn man darin $x = 0$ setzt. Wir wollen nach der Analogie diesen Werth mit Y^0 bezeichnen, wobei jedoch bemerkt werden muss, dass man nicht sagen darf, es sei dies *der* Werth von $\int \frac{kb\,\mathrm{d}s}{r^3}$ für $x = 0$ (insofern dieser Ausdruck für $x = 0$ eine wahre Integration nicht zulässt), sondern nur, es sei *ein* Werth jenes Integrals, nemlich derjenige, welcher hervorgeht, wenn man in der oben befolgten Ordnung integrirt.

Übrigens bedarf dieses Resultat (auf ähnliche Weise wie oben Art. 16) einer Einschränkung in dem singulären Falle, wo in dem Punkte P unendlich kleine Krümmungshalbmesser Statt finden, imgleichen, wenn in diesem Punkte $\frac{\mathrm{d}h}{\mathrm{d}b}$ unendlich gross wird: für unsern Zweck ist es jedoch unnöthig, solche Ausnahmsfälle, die nur in einzelnen Punkten oder Linien vorkommen können (also nicht in Theilen der Fläche, sondern nur an der Grenze von Theilen), besonders zu betrachten.

Endlich ist von selbst klar, dass es sich mit der Grösse Z oder dem Integrale $\int \frac{kc\,\mathrm{d}s}{r^3}$ ganz eben so verhält, wie mit Y, nemlich dass dieses Integral, wenn der Punkt O sich in der ersten Coordinatenaxe dem Punkte P unendlich nähert, einerlei Grenzwerth Z^0 hat, die Annäherung mag auf der positiven oder auf der negativen Seite Statt finden, und dass dieser Grenzwerth zugleich der Werth von $\iint \frac{hc\,\mathrm{d}c.\mathrm{d}b}{r^3}$ für $x = 0$ ist, insofern man zuerst nach c integrirt.

28*

18.

Erwägen wir nun, dass die Grössen $\frac{dV}{dx}$, $\frac{dV}{dy}$, $\frac{dV}{dz}$ in allen Punkten des Raums, die nicht in der Fläche selbst liegen, unbedingt einerlei sind mit X, Y, Z, und dass V sich überall nach der Stetigkeit ändert, so lässt sich aus den in dem vorhergehenden Artikel gefundenen Resultaten leicht folgern, dass in unendlich kleiner Entfernung von P, oder für unendlich kleine Werthe von x, y, z der Werth von V bis auf unendlich kleine Grössen höherer Ordnung genau, ausgedrückt wird durch

$$V^0 + x(X^0 - 2\pi k^0) + y Y^0 + z Z^0$$

wenn x positiv ist, oder durch

$$V^0 + x(X^0 + 2\pi k^0) + y Y^0 + z Z^0$$

wenn x negativ ist, wo mit V^0 der Werth von V in dem Punkte P selbst, oder für $x = 0$, $y = 0$, $z = 0$ bezeichnet ist. Betrachten wir also die Werthe von V in einer durch P gelegten geraden Linie, die mit den drei Coordinaxen die Winkel A, B, C macht, bezeichnen mit t ein unbestimmtes Stück dieser Linie und mit t^0 den Werth von t in dem Punkte P, so wird, wenn $t - t^0$ unendlich klein ist, bis auf ein Unendlichkleines höherer Ordnung genau

$$V = V^0 + (t - t^0)(X^0 \cos A + Y^0 \cos B + Z^0 \cos C \mp 2\pi k^0 \cos A)$$

das obere Zeichen für positive, das untere für negative Werthe von $(t - t^0)\cos A$ geltend, oder es hat $\frac{dV}{dt}$ in dem Punkte P für ein spitzes A zwei verschiedene Werthe, nemlich

$$X^0 \cos A + Y^0 \cos B + Z^0 \cos C - 2\pi k^0 \cos A \quad \text{und}$$
$$X^0 \cos A + Y^0 \cos B + Z^0 \cos C + 2\pi k^0 \cos A$$

je nachdem dt als positiv oder als negativ betrachtet wird. Für den Fall, wo A ein rechter Winkel ist, also die gerade Linie die Fläche nur berührt, fallen beide Ausdrücke zusammen, und es wird

$$\frac{dV}{dt} = Y^0 \cos B + Z^0 \cos C$$

*　　　　　*　　　　　*

Die bisher vorgetragenen Sätze sind zwar ihrem wesentlichen Inhalte nach nicht neu, durften aber des Zusammenhanges wegen als nothwendige Vorbereitungen zu den nachfolgenden Untersuchungen nicht übergangen werden, in welchen eine Reihe neuer Lehrsätze entwickelt werden wird.

19.

Es sei V das Potential eines Systems von Massen M', M'', M'''..., die sich in den Punkten P', P'', P'''... befinden; v das Potential eines zweiten Systems von Massen m', m'', m'''..., die in den Punkten p', p'', p'''... angenommen werden; ferner seien V', V'', V'''... die Werthe von V in den letztern Punkten, und v', v'', v'''... die Werthe von v in den Punkten P', P'', P'''... Man hat dann die Gleichung

$$M'v' + M''v'' + M'''v''' + \text{u. s. f.} = m'V' + m''V'' + m'''V''' + \text{u. s. f.}$$

die auch durch $\Sigma Mv = \Sigma mV$ ausgedrückt wird, wenn unbestimmt M jede Masse des ersten, m jede Masse des zweiten Systems vorstellt. In der That ist sowohl ΣMv als ΣmV nichts anderes, als das Aggregat aller Combinationen $\frac{Mm}{\rho}$, wenn ρ die gegenseitige Entfernung der Punkte bezeichnet, in welchen sich die betreffenden Massen M, m befinden.

Befinden sich die Massen des einen Systems, oder beider, nicht in discreten Punkten, sondern auf Linien, Flächen oder körperliche Räume nach der Stetigkeit vertheilt, so behält obige Gleichung ihre Gültigkeit, wenn man anstatt der Summe das entsprechende Integral substituirt.

Ist also z. B. das zweite Massensystem in einer Fläche so vertheilt, dass auf das Flächenelement ds die Masse kds kommt, so wird $\Sigma Mv = \int kV\mathrm{d}s$, oder wenn ähnliches auch von dem ersten System gilt, so dass das Flächenelement dS die Masse KdS enthält, wird $\int Kv\mathrm{d}S = \int kV\mathrm{d}s$. Es ist von Wichtigkeit, in Beziehung auf letztern Fall zu bemerken, dass diese Gleichung noch gültig bleibt, wenn beide Flächen coincidiren; der Kürze wegen wollen wir aber die Art, wie diese Erweiterung des Satzes strenge gerechtfertigt werden kann, hier jetzt nur nach ihren Hauptmomenten andeuten. Es ist nemlich nicht schwer nachzuweisen, dass diese beiden Integrale, insofern sie sich auf Eine und dieselbe Fläche beziehen, die Grenzwerthe von denen sind, die sich auf zwei getrennte Flächen

beziehen, indem man die Entfernung derselben von einander unendlich abnehmen lässt, zu welchem Zweck man nur diese beiden Flächen gleich und parallel
anzunehmen braucht. Unmittelbar einleuchtend ist zwar diese Beweisart nur in
sofern, als die vorgegebene Fläche so beschaffen ist, dass die Normalen in allen
ihren Punkten mit Einer geraden Linie spitze Winkel machen. Eine Fläche, wo
diese Bedingung fehlt (wie allemal, wenn von einer geschlossenen Fläche die Rede
ist), wird zuvor in zwei oder mehrere Theile zu zerlegen sein, die einzeln jener
Bedingung Genüge leisten, wodurch es leicht wird, diesen Fall auf den vorigen
zurückzuführen.

20.

Wenden wir das Theorem des vorhergehenden Artikels auf den Fall an, wo
das zweite Massensystem mit gleichförmiger Dichtigkeit $k = 1$ auf eine Kugelfläche vertheilt ist, deren Halbmesser $= R$, so ist das daraus entspringende Potential v im Innern der Kugel constant $= 4\pi R$; in jedem Punkte ausserhalb
der Kugel, dessen Entfernung vom Mittelpunkte $= r$, wird $v = \frac{4\pi RR}{r}$, oder
eben so gross, wie im Mittelpunkte das Potential von einer in jenem Punkte angenommenen Masse $4\pi RR$; auf der Oberfläche der Kugel fallen beide Werthe
von v zusammen. Befindet sich also das erste Massensystem ganz im Innern der
Kugel, so wird ΣMv äqual dem Producte der Gesammtmasse dieses Systems
in $4\pi R$; ist aber jenes Massensystem ganz ausserhalb der Kugel, so wird ΣMv
äqual dem Producte des Potentials dieser Masse im Mittelpunkte der Kugel in
$4\pi RR$; ist endlich das erste Massensystem auf der Oberfläche der Kugel nach
der Stetigkeit vertheilt, so sind für $\int Kv dS$ beide Ausdrücke gleichgültig. Es
folgt hieraus der

LEHRSATZ. Bedeutet V das Potential einer wie immer vertheilten Masse in
dem Elemente einer mit dem Halbmesser R beschriebenen Kugelfläche ds, so
wird, durch die ganze Kugelfläche integrirt,

$$\int V ds = 4\pi (RM^0 + RRV^0)$$

wenn man mit M^0 die ganze im Innern der Kugel befindliche Masse, mit V^0
das Potential der ausserhalb befindlichen Masse im Mittelpunkt der Kugel bezeichnet, und dabei die Massen, die etwa auf der Oberfläche der Kugel stetig vertheilt sein mögen, nach Belieben den äussern oder innern Massen zuordnet.

21.

LEHRSATZ.   Das Potential V von Massen, die sämmtlich ausserhalb eines zusammenhängenden Raumes liegen, kann nicht in einem Theile dieses Raumes einen constanten Werth und zugleich in einem andern Theile desselben einen verschiedenen Werth haben.

Beweis. Nehmen wir an, es sei in jedem Punkte des Raums A das Potential constant $= a$, und in jedem Punkte eines andern an A grenzenden keine Masse enthaltenden Raumes B (algebraisch) grösser als a. Man construire eine Kugel, wovon ein Theil in B, der übrige Theil aber nebst dem Mittelpunkte in A enthalten ist, welche Construction allemal möglich sein wird. Ist nun R der Halbmesser dieser Kugel, und ds ein unbestimmtes Element ihrer Oberfläche, so ist nach dem Lehrsatze des vorigen Artikels $\int V ds = 4\pi RRa$, und $\int (V-a) ds = 0$, was unmöglich ist, da für den Theil der Oberfläche, welcher in A liegt, $V-a = 0$, und für den übrigen Theil der Voraussetzung zu Folge nicht $= 0$, sondern positiv ist.

Auf ganz ähnliche Weise erhellt die Unmöglichkeit, dass in allen Punkten eines an A grenzenden Raumes V kleiner sei als a.

Offenbar müsste aber wenigstens einer dieser beiden Fälle Statt finden, wenn unser Theorem falsch wäre.

Dieser Lehrsatz enthält folgende zwei Sätze:

I.   Wenn der die Massen enthaltende Raum schalenförmig einen massenleeren Raum umschliesst, und das Potential in einem Theile dieses Raumes einen constanten Werth hat, so gilt dieser für alle Punkte des ganzen eingeschlossenen Raumes.

II.   Wenn das Potential der in einen endlichen Raum eingeschlossenen Massen in irgend einem Theile des äussern Raumes einen constanten Werth hat, so gilt dieser für den ganzen unendlichen äussern Raum.

Zugleich erhellt leicht, dass in diesem zweiten Fall der constante Werth des Potentials kein anderer als 0 sein kann. Denn wenn man mit M das Aggregat aller Massen, falls sie sämmtlich einerlei Zeichen haben, oder im entgegengesetzten Fall das Aggregat der positiven oder der negativen Massen allein, je nachdem jene oder diese überwiegen, bezeichnet, so ist das Potential in einem Punkte, dessen Entfernung von dem nächsten Massenelemente $= r$ ist, jedenfalls, absolut genommen, kleiner als $\frac{M}{r}$, welcher Bruch offenbar im äussern Raume kleiner als jede angebliche Grösse werden kann.

22.

LEHRSATZ. Ist ds das Element einer einen zusammenhängenden endlichen Raum begrenzenden Fläche, P die Kraft, welche irgendwie vertheilte Massen in ds in der auf die Fläche normalen Richtung ausüben, wobei eine nach innen oder nach aussen gerichtete Kraft als positiv betrachtet wird, je nachdem anziehende oder abstossende Massen als positiv gelten: so wird das Integral $\int P \, ds$ über die ganze Fläche ausgedehnt $= 4\pi M + 2\pi M'$, wenn M das Aggregat der im Innern des Raumes befindlichen, M' das der auf der Oberfläche nach der Stetigkeit vertheilten Massen bedeuten.

Beweis. Bezeichnet man mit $U d\mu$ denjenigen Theil von P, welcher von dem Massenelemente dμ herrührt, mit r die Entfernung des Elements dμ von ds, und mit u den Winkel, welchen in ds die nach Innen gerichtete Normale mit r macht, so ist $U = \frac{\cos u}{rr}$. Es ist aber in Beziehung auf jedes bestimmte dμ, vermöge eines in der *Theoria Attractionis corporum sphaeroidicorum ellipticorum* Art. 6 bewiesenen Lehrsatzes $\int \frac{\cos u}{rr} \cdot ds = 0$, 2π oder 4π, je nachdem dμ ausserhalb des durch die Fläche begrenzten Raumes, in der Fläche selbst, oder innerhalb jenes Raumes liegt. Da nun $\int P \, ds$ dem Gesammtbetrage aller d$\mu . \int U \, ds$ gleichkommt, so ergibt sich hieraus unser Theorem von selbst.

In Beziehung auf den hier benutzten Hülfssatz muss noch bemerkt werden, dass derselbe, in der Gestalt wie er a. a. O. ausgesprochen ist, für einen speciellen Fall einer Modification bedarf. Es bedeutet nemlich r die Entfernung eines *gegebenen Punktes* von dem Elemente ds, und für den Fall, wo dieser Punkt in der Fläche selbst liegt, ist die Formel $\int \frac{\cos u}{rr} \cdot ds = 2\pi$ nur insofern richtig, als die Stetigkeit der Krümmung der Fläche in dem Punkte nicht verletzt wird. Eine solche Verletzung findet aber Statt, wenn der Punkt in einer Kante oder Ecke liegt, und dann muss anstatt 2π der Inhalt derjenigen Figur gesetzt werden, welche durch die sämmtlichen von da ausgehenden die Fläche tangirenden geraden Linien aus einer um den Punkt als Mittelpunkt mit dem Halbmesser 1 beschriebenen Kugelfläche ausgeschieden wird. Da jedoch solche Ausnahmsfälle nur Linien oder Punkte, also nicht *Theile* der Fläche, sondern nur Scheidungsgrenzen zwischen Theilen betreffen, so hat dies offenbar auf die von dem Hülfs-satze hier gemachte Anwendung gar keinen Einfluss.

23.

Wir legen durch jeden Punkt der Fläche eine Normale, und bezeichnen mit p die Entfernung eines unbestimmten Punktes derselben von dem in die Fläche selbst gesetzten Anfangspunkte, auf der innern Seite der Fläche als positiv be-trachtet. Das Potential der Massen V kann als Function von p und zweien an-dern veränderlichen Grössen betrachtet werden, die auf irgendwelche Art die ein-zelnen Punkte der Fläche von einander unterscheiden, und eben so verhält es sich mit dem partiellen Differentialquotienten $\frac{dV}{dp}$, dessen Werth hier aber nur für die in die Fläche selbst fallenden Punkte, oder für $p = 0$ in Betracht ge-zogen werden soll. Da dieser mit P völlig gleichbedeutend ist, wenn Massen sich nur in dem innern Raume, oder in dem äussern, oder in beiden befinden, keine Masse aber auf die Fläche selbst vertheilt ist, so hat man in diesem Falle

$$\int \frac{dV}{dp}.\, ds = 4\pi M$$

In dem Falle hingegen, wo die ganze Masse bloss auf der Fläche selbst ver-theilt ist, so dass das Element ds die Masse $k\, ds$ enthält, bleiben $\frac{dV}{dp}$ und P nicht mehr gleichbedeutend; letztere Grösse stellt hier offenbar in Beziehung auf p dasselbe vor, was X^0 in Beziehung auf x im 15. Artikel; $\frac{dV}{dp}$ hingegen hat zwei verschiedene Werthe, nemlich $P - 2\pi k$ und $P + 2\pi k$, jenachdem dp als positiv oder als negativ betrachtet wird. Da nun $\int k\, ds$ offenbar der ganzen auf die Fläche vertheilten Masse M' gleich, und gemäss dem Lehrsatze des vor-hergehenden Artikels $\int P\, ds = 2\pi M'$ wird, so hat man

$$\int \frac{dV}{dp}.\, ds = 0 \quad \text{oder} \quad \int \frac{dV}{dp}.\, ds = 4\pi M'$$

jenachdem für $\frac{dV}{dp}$ der auf der innern, oder der auf der äussern Seite der Fläche geltende Werth überall verstanden wird, und es verhält sich also mit dem Inte-grale $\int \frac{dV}{dp}.\, ds$ im erstern Falle genau eben so, als wenn die Masse M' zum äussern Raume, im zweiten, als ob sie zum innern Raume gehörte.

Es gilt daher, bei irgendwie vertheilten Massen, die Gleichung

$$\int \frac{dV}{dp}.\, ds = 4\pi M$$

allgemein, in dem Sinne dass M die im innern Raume enthaltene Masse bedeutet, wohlverstanden, dass, wenn auch auf der Oberfläche selbst stetig vertheilte Massen sich befinden, diese den innern zugerechnet, oder davon ausgeschlossen werden müssen, jenachdem man für $\frac{\mathrm{d}V}{\mathrm{d}p}$ den auf die Aussenseite oder auf die Innenseite sich beziehenden Werth gewählt hat.

Sind demnach im Innern des Raumes gar keine Massen enthalten, so ist, wenn jedenfalls unter $\frac{\mathrm{d}V}{\mathrm{d}p}$ der auf die Innenseite sich beziehende Werth verstanden wird,

$$\int \frac{\mathrm{d}V}{\mathrm{d}p} . \mathrm{d}s = 0$$

24.

Unter denselben Voraussetzungen, wie am Schluss des vorhergehenden Artikels, und indem wir den in Rede stehenden Raum mit T, und die in dem Elemente desselben $\mathrm{d}T$ durch die ausserhalb des Raumes oder auch nach der Stetigkeit in der Oberfläche vertheilten Massen entspringende ganze Kraft mit q bezeichnen, haben wir folgenden wichtigen

LEHRSATZ. Es ist

$$\int V \frac{\mathrm{d}V}{\mathrm{d}p} . \mathrm{d}s = -\int q q \, \mathrm{d}T$$

wenn das erste Integral über die ganze Fläche, das zweite durch den ganzen Raum T ausgedehnt wird.

Beweis. Indem wir rechtwinklige Coordinaten x, y, z einführen, betrachten wir zuvörderst eine der Axe der x parallele den Raum T schneidende gerade Linie, wo also y, z constante Werthe haben. Aus der identischen Gleichung

$$\frac{\mathrm{d}}{\mathrm{d}x}\left(V\frac{\mathrm{d}V}{\mathrm{d}x}\right) = \left(\frac{\mathrm{d}V}{\mathrm{d}x}\right)^2 + V\frac{\mathrm{d}\mathrm{d}V}{\mathrm{d}x^2}$$

folgt, dass das Integral

$$\int \left(\left(\frac{\mathrm{d}V}{\mathrm{d}x}\right)^2 + V\frac{\mathrm{d}\mathrm{d}V}{\mathrm{d}x^2}\right)\mathrm{d}x$$

durch dasjenige Stück jener geraden Linie ausgedehnt, welches innerhalb T fällt, der Differenz der beiden Werthe von $V\frac{\mathrm{d}V}{\mathrm{d}x}$ am Anfangs- und Endpunkte gleich wird, insofern die gerade Linie die Grenzfläche nur zweimal schneidet, oder allgemein $= \Sigma \varepsilon V\frac{\mathrm{d}V}{\mathrm{d}x}$, indem für $V\frac{\mathrm{d}V}{\mathrm{d}x}$ die einzelnen Werthe in den verschiedenen Durchschnittspunkten gesetzt werden, und ε in den ungeraden Durch-schnittspunkten (dem ersten, dritten u. s. f.) $= -1$, in den geraden $= +1$. Betrachten wir ferner längs dieser geraden Linie den prismatischen Raum, wo-von das Rechteck $.\,\mathrm{d}y.\,\mathrm{d}z$ ein Querschnitt, also $\mathrm{d}x.\,\mathrm{d}y.\,\mathrm{d}z$ ein Element ist, so wird das Integral

$$\int \left(\left(\tfrac{\mathrm{d}V}{\mathrm{d}x} \right)^2 + V \tfrac{\mathrm{d}\,\mathrm{d}V}{\mathrm{d}x^2} \right) \mathrm{d}T$$

ausgedehnt durch denjenigen Theil von T, welcher in jenen prismatischen Raum fällt, $= \Sigma \varepsilon V \tfrac{\mathrm{d}V}{\mathrm{d}x}.\,\mathrm{d}y.\,\mathrm{d}z$. Dieses Prisma scheidet aus der Grenzfläche zwei, oder allgemein eine gerade Anzahl von Stücken aus, und wenn jedes derselben mit $\mathrm{d}s$ bezeichnet wird, mit ξ hingegen der Winkel zwischen der Axe der x und der nach innen gerichteten Normale auf $\mathrm{d}s$, so ist $\mathrm{d}y.\,\mathrm{d}z = \pm \cos\xi.\,\mathrm{d}s$, das obere Zeichen für die ungeraden, das untere für die geraden Durchschnittspunkte ge-nommen. Es wird folglich das obige Integral

$$= -\Sigma V \tfrac{\mathrm{d}V}{\mathrm{d}x}.\cos\xi.\,\mathrm{d}s$$

wo die Summation sich auf sämmtliche betreffende Flächenelemente bezieht. Wird nun der ganze Raum T in lauter solche prismatische Elemente zerlegt, so werden auch die sämmtlichen correspondirenden Theile der Fläche diese ganz er-schöpfen, und mithin

$$\int \left(\left(\tfrac{\mathrm{d}V}{\mathrm{d}x} \right)^2 + V \tfrac{\mathrm{d}\,\mathrm{d}V}{\mathrm{d}x^2} \right) \mathrm{d}T = -\int V \tfrac{\mathrm{d}V}{\mathrm{d}x}.\cos\xi.\,\mathrm{d}s$$

sein, indem die erste Integration durch den ganzen Raum T, die zweite über die ganze Fläche erstreckt wird. Offenbar ist nun $\cos\xi$ gleich dem partiellen Diffe-rentialquotienten $\tfrac{\mathrm{d}x}{\mathrm{d}p}$, indem p die im Art. 23 festgelegte Bedeutung hat, und x als Function von p und zwei andern veränderlichen die einzelnen Punkte der Fläche von einander unterscheidenden Grössen betrachtet werden kann, folglich

$$\int \left(\left(\tfrac{\mathrm{d}V}{\mathrm{d}x} \right)^2 + V \tfrac{\mathrm{d}\,\mathrm{d}V}{\mathrm{d}x^2} \right).\,\mathrm{d}T = -\int V \tfrac{\mathrm{d}V}{\mathrm{d}x}.\tfrac{\mathrm{d}x}{\mathrm{d}p}.\,\mathrm{d}s$$

Es ist übrigens von selbst klar, dass in dem Falle, wo die Fläche selbst Massen enthält, und also $\tfrac{\mathrm{d}V}{\mathrm{d}x}$ zwei verschiedene Werthe hat, hier immer der auf den in-nern Raum sich beziehende zu verstehen ist.

Durch ganz ähnliche Schlüsse findet man

$$\int \left(\left(\frac{dV}{dy} \right)^2 + V \frac{ddV}{dy^2} \right) dT = - \int V \frac{dV}{dy} \cdot \frac{dy}{dp} \cdot ds$$

$$\int \left(\left(\frac{dV}{dz} \right)^2 + V \frac{ddV}{dz^2} \right) dT = - \int V \frac{dV}{dz} \cdot \frac{dz}{dp} \cdot ds$$

Addirt man nun diese drei Gleichungen zusammen, und erwägt, dass im Raume T

$$\frac{ddV}{dx^2} + \frac{ddV}{dy^2} + \frac{ddV}{dz^2} = 0$$

$$\left(\frac{dV}{dx} \right)^2 + \left(\frac{dV}{dy} \right)^2 + \left(\frac{dV}{dz} \right)^2 = qq$$

und an der Grenzfläche

$$\frac{dV}{dx} \cdot \frac{dx}{dp} + \frac{dV}{dy} \cdot \frac{dy}{dp} + \frac{dV}{dz} \cdot \frac{dz}{dp} = \frac{dV}{dp}$$

so erhält man $\int qq\, dT = - \int V \cdot \frac{dV}{dp} \cdot ds$, welches unser Lehrsatz selbst ist, der unter Zuziehung des letzten Satzes des vorhergehenden Artikels noch allgemeiner sich so ausdrücken lässt

$$\int qq\, dT = \int (A - V) \frac{dV}{dp} \cdot ds$$

wenn A eine beliebige constante Grösse bedeutet.

25.

LEHRSATZ. Wenn unter denselben Voraussetzungen, wie im vorhergehenden Artikel, das Potential V in allen Punkten der Grenzfläche des Raumes T einerlei Werth hat, so gilt dieser Werth auch für sämmtliche Punkte des Raumes selbst, und es findet in dem ganzen Raume eine vollständige Destruction der Kräfte Statt.

Beweis. Wenn in dem erweiterten Lehrsatze des vorhergehenden Artikels für A der constante Grenzwerth des Potentials angenommen wird, so erhellt, dass $\int qq\, dT = 0$ wird, also nothwendig $q = 0$ in jedem Punkte des Raumes T, mithin auch $\frac{dV}{dx} = 0$, $\frac{dV}{dy} = 0$, $\frac{dV}{dz} = 0$, und folglich V im ganzen Raume T constant.

26.

LEHRSATZ. Wenn von Massen, welche sich bloss innerhalb des endlichen Raumes T, oder auch, ganz oder theilweise nach der Stetigkeit vertheilt auf dessen Oberfläche S befinden, das Potential in allen Punkten von S einen constanten Werth $= A$ hat, so wird das Potential in jedem Punkte O des äussern unendlichen Raumes T'

erstlich, wenn $A = 0$ ist, gleichfalls $= 0$,

zweitens, wenn A nicht $= 0$ ist, kleiner als A und mit demselben Zeichen wie A behaftet sein.

Beweis. I. Zuvörderst soll bewiesen werden, dass das Potential in O keinen ausserhalb der Grenzen 0 und A fallenden Werth haben kann. Nehmen wir an, es finde in O ein solcher Werth B für das Potential Statt, und bezeichnen mit C eine beliebige zugleich zwischen B und 0 und zwischen B und A fallende Grösse. Indem man von O nach allen Richtungen gerade Linien ausgehen lässt, wird es auf jeder derselben einen Punkt O' geben, in welchem das Potential $= C$ wird, und zwar so, dass die ganze Linie $O O'$ dem Raume T' angehört. Dies folgt unmittelbar aus der Stetigkeit der Änderung des Potentials, welches, wenn die gerade Linie hinlänglich fortgesetzt wird, entweder von B in A übergeht, oder unendlich abnimmt, jenachdem die gerade Linie die Fläche S trifft, oder nicht (vergl. die Bemerkung am Schlusse des 21. Artikels). Der Inbegriff aller Punkte O' bildet dann eine geschlossene Fläche, und da das Potential in derselben constant $= C$ ist, so muss es nach dem Lehrsatze des vorhergehenden Artikels denselben Werth in allen Punkten des von dieser Fläche eingeschlossenen Raumes haben, da es doch in O den von C verschiedenen Werth B hat. Die Voraussetzung führt also nothwendig auf einen Widerspruch.

Für den Fall $A = 0$ ist hiedurch unser Lehrsatz vollständig bewiesen; für den zweiten Fall, wo A nicht $= 0$ ist, soweit, dass erhellt, das Potential könne in keinem Punkte von T' grösser als A, oder mit entgegengesetztem Zeichen behaftet sein.

II. Um für den zweiten Fall unsern Beweis vollständig zu machen, beschreiben wir um O als Mittelpunkt mit einem Halbmesser R, der kleiner ist als die kleinste Entfernung des Punkts O von S, eine Kugelfläche, zerlegen sie in Elemente ds, und bezeichnen das Potential in jedem Elemente mit V; das Potential in O soll wieder mit B bezeichnet werden. Nach dem Lehrsatze des 20. Artikels wird dann das über die ganze Kugelfläche ausgedehnte Integral

$$\int V ds = 4\pi R R B, \quad \text{und folglich} \quad \int (V - B) ds = 0$$

Diese Gleichheit kann aber nur bestehen, wenn V entweder in allen Punkten der Kugelfläche constant $= B$, oder wenn V in verschiedenen Theilen der Kugelfläche in entgegengesetztem Sinne von B verschieden ist. In der ersten Voraussetzung würde nach Art. 25 das Potential im ganzen innern Raume der Kugel und daher nach Art 21 im ganzen unendlichen Raume T' constant, und·zwar $= 0$ sein müssen, im Widerspruche mit der Voraussetzung, dass es an der Grenze dieses Raumes, auf der Fläche S, von 0 verschieden ist, und der Unmöglichkeit, dass es sich von da ab sprungsweise ändere. Die zweite Voraussetzung hingegen würde mit dem unter I. bewiesenen im Widerspruch stehen, wenn B entweder $= 0$ oder $= A$ wäre. Es muss daher nothwendig B *zwischen* 0 und A fallen.

27.

LEHRSATZ. In dem Lehrsatze des vorhergehenden Artikels kann der erste Fall, oder der Werth 0 des constanten Potentials A, nur dann Statt finden, wenn die Summe aller Massen selbst $= 0$ ist, und der zweite nur dann, wenn diese Summe nicht $= 0$ ist.

Beweis. Es sei ds das Element der Oberfläche irgend einer den Raum T einschliessenden Kugel, R ihr Halbmesser, M die Summe aller Massen und V deren Potential in ds. Da nach dem Lehrsatze des 20. Artikels das Integral $\int V ds = 4\pi R M$ wird, im ersten Falle oder für $A = 0$ aber nach dem vorhergehenden Lehrsatze das Potential V in allen Punkten der Kugelfläche $= 0$ wird, im zweiten hingegen kleiner als A und mit demselben Zeichen behaftet, so wird im ersten Fall $4\pi R M = 0$, also $M = 0$, im zweiten hingegen $4\pi R M$ und also auch M mit demselben Zeichen behaftet sein müssen wie A. Zugleich erhellt, dass in diesem zweiten Falle $4\pi R M$ kleiner sein wird als $\int A ds$ oder $4\pi R R A$, mithin M kleiner als $R A$, oder A grösser als $\frac{M}{R}$.

Der zweite Theil dieses Lehrsatzes, in Verbindung mit dem Lehrsatze des vorhergehenden Artikels, kann offenbar auch auf folgende Art ausgesprochen werden:

Wenn von Massen, die in einem von einer geschlossenen Fläche begrenzten Raume enthalten, oder auch theilweise in der Fläche selbst stetig vertheilt sind, die algebraische Summe $= 0$ ist, und ihr Potential in allen Punkten der Fläche einen constanten Werth hat, so wird dieser Werth nothwendig selbst $= 0$

sein, zugleich für den ganzen unendlichen äussern Raum gelten, und folglich in diesem ganzen äussern Raume die Wirkung der Kräfte aus jenen Massen sich vollständig destruiren.

28.

Man wird sich leicht überzeugen, dass sämmtliche Schlüsse der beiden vorhergehenden Artikel ihre Gültigkeit behalten, wenn S eine nicht geschlossene Fläche ist, und die Massen bloss in derselben enthalten sind. Hier fällt der Raum T ganz weg; alle Punkte, die nicht in der Fläche selbst liegen, gehören dem unendlichen äussern Raume an, und wenn das Potential in der Fläche überall den constanten von 0 verschiedenen Werth A hat, wird es ausserhalb derselben überall einen kleinern Werth haben, der dasselbe Zeichen hat.

Das auf den ersten Fall, $A = 0$, bezügliche bleibt zwar auch hier wahr, aber inhaltleer, da in diesem Fall das Potential V in allen Punkten des Raumes $= 0$ wird, mithin auch überall $\frac{dV}{dt} = 0$, wenn t irgend eine gerade Linie bedeutet, woraus man leicht nach Art. 18 schliesst, dass die Dichtigkeit in der Fläche überall $= 0$ sein muss, also die Fläche gar keine Masse enthalten kann.

Diese letztere Bemerkung gilt übrigens allgemein, wenn die Massen bloss in der Fläche selbst enthalten sein sollen, auch wenn sie eine geschlossene ist, da offenbar nach dem Lehrsatz des 25. Artikels der Werth des Potentials in diesem Fall auch in dem ganzen innern Raume $= 0$ sein wird.

29.

Ehe wir zu den folgenden Untersuchungen fortschreiten, in denen Massen, nach der Stetigkeit in eine Fläche vertheilt, eine Hauptrolle spielen, muss eine wesentliche bei der Vertheilung Statt findende Verschiedenheit hervorgehoben werden, indem nemlich entweder nur Massen von einerlei Zeichen (die wir der Kürze wegen immer als positiv betrachten werden) zugelassen werden, oder auch Massen von entgegengesetzten Zeichen. Ist eine Masse M auf einer Fläche so vertheilt, dass auf jedes Element der Fläche ds die Masse $m\,ds$ kommt, wo also nach unserm bisherigen Gebrauche m die Dichtigkeit genannt, und $\int m\,ds$ über die ganze Fläche ausgedehnt $= M$ wird, so nennen wir dies eine *gleichartige* Vertheilung, wenn m überall positiv, oder wenigstens nirgends negativ ist; wenn hingegen in einigen Stellen m positiv, in andern negativ ist, so soll die Vertheilung eine *ungleichartige* Vertheilung heissen, wobei also M nur die algebraische Summe der Massentheile, oder der absolute Unterschied der positiven und der negativen Massen ist. Ein ganz specieller Fall ungleichartiger Vertheilung ist der, wo $M = 0$ wird, und wo es freilich anstössig scheinen mag, sich des Ausdrucks, die Masse 0 sei über die Fläche vertheilt, noch zu bedienen.

30.

Es ist von selbst klar, dass, wie auch immer eine Masse M über eine Fläche *gleichartig* vertheilt sein möge, das daraus entspringende überall positive Potential V in jedem Punkte der Fläche grösser sein wird, als $\frac{M}{r}$, wenn r die grösste Entfernung zweier Punkte der Fläche von einander bedeutet: diesen Werth selbst könnte das Potential nur in einem Endpunkte der Linie r haben, wenn die ganze Masse in dem andern Endpunkte concentrirt wäre, ein Fall, der hier gar nicht in Frage kommt, indem nur von stetiger Vertheilung die Rede sein soll, wo jedem Elemente der Fläche ds nur eine unendlich kleine Masse mds entspricht. Das Integral $\int V m \, ds$ über die ganze Fläche ausgedehnt, ist also jedenfalls grösser als $\int \frac{M}{r} m \, ds$ oder $\frac{MM}{r}$, und so muss es nothwendig eine gleichartige Vertheilungsart geben, für welche jenes Integral einen Minimumwerth hat. Es mag nun hier im Voraus als eines der Ziele der folgenden Untersuchungen bezeichnet werden, zu beweisen, dass bei einer solchen Vertheilung, wo $\int V m \, ds$ seinen Minimumwerth erhält, das Potential V in jedem Punkte der Fläche einerlei Werth haben wird, dass dabei keine Theile der Fläche leer bleiben können, und dass es nur eine einzige solche Vertheilung gibt. Der Kürze wegen wollen wir aber die Untersuchung schon von Anfang an in einer weiter umfassenden Gestalt ausführen.

31.

Es bedeute U eine Grösse, die in jedem Punkte der Fläche einen bestimmten endlichen nach der Stetigkeit sich ändernden Werth hat. Es wird dann das Integral

$$\Omega = \int (V - 2U) m \, ds$$

über die ganze Fläche ausgedehnt, zwar nach Verschiedenheit der gleichartigen Vertheilung der Masse M, sehr ungleiche Werthe haben können; allein offenbar muss für Eine solche Vertheilungsart ein Minimumwerth dieses Integrals Statt finden. Es soll nun ein Beweis gegeben werden für den

LEHRSATZ, dass bei solcher Vertheilungsart

1. die Differenz $V - U = W$ überall in der Fläche, wo sie wirklich mit Theilen von M belegt ist, einen constanten Werth haben wird;

2. dass, falls Theile der Fläche dabei unbelegt bleiben, W in denselben grösser sein muss, oder wenigstens nicht kleiner sein kann, als jener constante Werth.

I. Zuvörderst soll bewiesen werden, dass wenn anstatt einer Vertheilungsweise eine andere unendlich wenig davon verschiedene angenommen wird, indem $m + \mu$ an die Stelle von m gesetzt wird, die daraus entspringende Variation von Ω durch $2 \int W \mu \, ds$ ausgedrückt werden wird.

In der That ist, wenn wir die Variationen von Ω und V mit $\delta \Omega$ und δV bezeichnen,

$$\delta \Omega = \int \delta V . m \, ds + \int (V - 2U) \mu \, ds$$

Allein zugleich ist $\int \delta V . m \, ds = \int V \mu \, ds$, wie leicht aus dem Lehrsatze des 19. Artikels erhellt, indem δV nichts anders ist, als das Potential derjenigen Massenvertheilung, wobei μ die Dichtigkeit in jedem Flächenelemente vorstellt, und also was hier $V, m, \delta V, \mu$ ist, dort für V, K, v, k angenommen werden kann, so wie ds zugleich für dS und ds. Es wird folglich

$$\delta \Omega = \int (2V - 2U) \mu \, ds = 2 \int W \mu \, ds$$

II. Offenbar sind die Variationen μ allgemein an die Bedingung geknüpft, dass $\int \mu \, ds = 0$ werden muss; für die gegenwärtige Untersuchung aber auch noch an die zweite, dass μ in den unbelegten Theilen der Fläche, wenn solche vorhanden sind, nicht negativ sein darf, weil sonst die Vertheilung aufhören würde, eine gleichartige zu sein.

III. Nehmen wir nun an, dass bei einer bestimmten Vertheilung von M ungleiche Werthe der Grösse W in den verschiedenen Theilen der Fläche Statt finden. Es sei A eine Grösse, die zwischen den ungleichen Werthen von W liegt; P das Stück der Fläche, wo die Werthe von W grösser, Q dasjenige, wo sie kleiner sind, als A; es seien ferner p, q gleich grosse Stücke der Fläche, jenes zu P, dieses zu Q gehörig. Dies vorausgesetzt, legen wir der Variation

30

von m überall in p den constanten negativen Werth $\mu = -\nu$, in q hingegen überall den positiven $\mu = \nu$, und in allen übrigen Theilen der Fläche den Werth 0 bei. Offenbar wird hiedurch der ersten Bedingung in II Genüge geleistet; die zweite hingegen wird noch erfordern. dass p keine unbelegte Theile enthalte, was immer bewirkt werden kann, wenn nur nicht das ganze Stück P unbelegt ist.

Der Erfolg hievon wird aber sein, dass $\delta\Omega$ einen negativen Werth erhält, wie man leicht sieht, wenn man diese Variation in die Form $2\int (W - A)\mu\,ds$ setzt.

Es erhellt hieraus, dass wenn bei einer gegebenen Vertheilung entweder in dem belegten Stücke der Fläche ungleiche Werthe von W vorkommen, oder wenn, bei Statt findender Gleichheit der Werthe in dem belegten Stücke, kleinere in dem nichtbelegten Theile angetroffen werden, durch eine abgeänderte Vertheilung eine Verminderung von Ω erreicht werden kann, und dass folglich bei dem Minimumwerthe nothwendig die in obigem Lehrsatze ausgesprochenen Bedingungen erfüllt sein müssen.

32.

Wenn wir jetzt für unsern speciellen Fall (Art. 30), wo $U = 0$ ist, also W das blosse Potential der auf die Fläche vertheilten Masse, und Ω das Integral $\int V m\,ds$ bedeutet, mit dem Lehrsatze des vorhergehenden Artikels den im 28. Artikel angeführten verbinden, so folgt von selbst, dass bei dem Minimumwerth von $\int V m\,ds$ die Fläche gar keine unbelegte Theile haben kann; denn sonst würde, auch wenn die ganze Fläche eine geschlossene ist, der belegte Theil eine ungeschlossene und hinsichtlich derselben der unbelegte Theil als dem äussern Raume angehörig zu betrachten sein. mithin darin nach Art. 28 das Potential einen kleinern Werth haben müssen als in der belegten Fläche, während der Lehrsatz des vorhergehenden Artikels einen kleinern Werth ausschliesst.

Es ist also erwiesen, dass es eine gleichartige Vertheilung einer gegebenen Masse über die ganze Fläche gibt, wobei kein Theil leer bleibt, und woraus ein in allen Punkten der Fläche gleiches Potential hervorgeht. Was zum vollständigen Beweise des im 30. Artikel aufgestellten Lehrsatzes jetzt noch fehlt, nemlich die Nachweisung, dass es nur Eine dies leistende Vertheilungsart geben kann, wird weiter unten als Theil eines allgemeineren Lehrsatzes erscheinen.

Dass, wenn der Minimumwerth für $\int V m\,ds$ Statt finden soll, kein Theil der Fläche unbelegt bleiben darf, kann offenbar auch so ausgedrückt werden:

Bei jeder Vertheilung, wobei ein endliches Stück der Fläche leer bleibt, erhält das Integral $\int Vm\, ds$ einen Werth, der den Minimumwerth um eine endliche Differenz übertrifft.

33.

Der eigentliche Hauptnerv der im 31. Artikel entwickelten Beweisführung beruht auf der Evidenz, mit welcher die Existenz eines Minimumwerths für Ω unmittelbar erkannt wird, solange man sich auf die gleichartigen Vertheilungen einer gegebenen Masse beschränkt. Fände eine gleiche Evidenz auch ohne diese Beschränkung Statt, so würden die dortigen Schlüsse ohne weiteres zu dem Resultate führen, *dass es allemal, wenn nicht eine gleichartige, doch eine ungleichartige Vertheilung der gegebenen Masse gibt, für welche $W = V - U$ in allen Punkten der Fläche einen constanten Werth erhält*, indem dann die zweite Bedingung (Art. 31. II) wegfällt. Allein da jene Evidenz verloren geht, sobald wir die Beschränkung auf gleichartige Vertheilungen fallen lassen, so sind wir genöthigt, den strengen Beweis jenes wichtigsten Satzes unserer ganzen Untersuchung auf einem etwas künstlichern Wege zu suchen. Der folgende scheint am einfachsten zum Ziele zu führen.

Wir betrachten zunächst drei verschiedene Massenvertheilungen, bei welchen wir anstatt der unbestimmten Zeichen für Dichtigkeit m und Potential V folgende besondere gebrauchen:

$$\text{I.} \quad m = m^0, \qquad V = V^0$$
$$\text{II.} \quad m = m', \qquad V = V'$$
$$\text{III.} \quad m = \mu, \qquad V = v$$

Die Vertheilung I ist diejenige gleichartige der positiven Masse M, für welche $\int Vm\, ds$ seinen Minimumwerth erhält.

II. ist die gleichartige Vertheilung derselben Masse M, für welche $\int (V - 2\varepsilon U)m\, ds$ seinen Minimumwerth erhält, wo ε einen beliebigen constanten Coëfficienten bedeutet.

III. hängt so von I und II ab, dass $\mu = \dfrac{m' - m^0}{\varepsilon}$, und ist alo eine ungleichartige Vertheilung, in welcher die Gesammtmasse $= 0$ wird.

Es ist nun nach dem im 31. Artikel bewiesenen constant V^0 in der ganzen

30*

Fläche; $V' - \varepsilon U$ in der Fläche, so weit sie bei der zweiten Vertheilung belegt ist, und daher in demselben Stücke der Fläche auch $v - U$, weil $v = \frac{V' - V^0}{\varepsilon}$.

Ob in der zweiten Vertheilung die ganze Fläche belegt ist, oder ob ein grösseres oder kleineres Stück unbelegt bleibt, wird von dem Coëfficienten ε abhangen. Da die zweite Vertheilung in die erste übergeht, wenn $\varepsilon = 0$ wird, so wird allgemein zu reden das für einen bestimmten Werth von ε unbelegt gebliebene Stück der Fläche sich verengern, wenn ε abnimmt, und sich schon ganz füllen, ehe ε den Werth 0 erreicht hat. In singulären Fällen aber kann es sich auch so verhalten, dass immer ein Stück unbelegt bleibt, so lange ε von 0 verschieden ist und nicht das entgegengesetzte Zeichen annimmt. Für unsern Zweck ist es zureichend, ε unendlich klein anzunehmen, wo sich leicht nachweisen lässt, dass jedenfalls kein endliches Flächenstück unbelegt bleiben kann. Denn im entgegengesetzten Falle würde nach der Schlussbemerkung des Art. 32 das Integral $\int V' m' \mathrm{d}s$ um einen endlichen Unterschied grösser sein müssen als $\int V^0 m^0 \mathrm{d}s$: wird dieser Unterschied mit e bezeichnet, so ist der Unterschied der beiden Integrale

$$\int (V' - 2\varepsilon U) m' \mathrm{d}s - \int (V^0 - 2\varepsilon U) m^0 \mathrm{d}s = e - 2\varepsilon \int U(m' - m^0) \mathrm{d}s$$

welcher für ein unendlich kleines ε einen positiven Werth behält, im Widerspruch mit der Voraussetzung, dass $\int (V - 2\varepsilon U) m \mathrm{d}s$ in der zweiten Vertheilung seinen Minimumwerth hat.

Man schliesst hieraus, dass wenn man in der dritten Vertheilung für μ den Grenzwerth von $\frac{m' - m^0}{\varepsilon}$, bei unendlicher Abnahme von ε, annimmt, $v - U$, in der ganzen Fläche einen constanten Werth hat.

Bilden wir nun eine vierte Vertheilung, wobei $m = m^0 + \mu$ gesetzt wird, die ganze Masse also $= M$ bleibt, so wird das daraus entspringende Potential $= V^0 + v$ sein, mithin in der ganzen Fläche die Grösse U um die constante Differenz $V^0 + v - U$ übertreffen, wodurch also der oben ausgesprochene Lehrsatz erwiesen ist.

34.

Es bleibt noch übrig, zu beweisen, dass nur Eine Vertheilungsart einer gegebenen Masse M möglich ist, bei welcher $V - U$ in der ganzen Fläche constant ist. In der That, gäbe es zwei verschiedene dies leistende Vertheilungsarten, so würde, wenn man m und V in der ersten mit m', V', in der zweiten mit m'', V'' bezeichnet, von einer dritten Massenvertheilung, in welcher $m = m' - m''$ angenommen wird, das Potential $= V' - V''$ und folglich constant sein, und die Gesammtmasse $= 0$. Das constante Potential müsste daher nach Art. 27 nothwendig $= 0$ sein, und folglich nach Art. 28 auch $m' - m'' = 0$, oder die beiden Vertheilungen identisch.

Endlich muss noch erwähnt werden, dass es immer eine Massenvertheilung gibt, wobei die Differenz $V - U$ einen *gegebenen* constanten Werth erhält. Bedeutet nemlich α einen beliebigen constanten Coëfficienten, so wird, indem wir die Bezeichnungen für die erste und dritte Vertheilung im vorhergehenden Artikel beibehalten, das Potential derjenigen Vertheilung, wobei $m = \alpha m^0 + \mu$ angenommen wird, $= \alpha V^0 + v$ sein, und dem constanten Unterschiede $\alpha V^0 + v - U$ durch gehörige Bestimmung des Coëfficienten α jeder beliebige Werth ertheilt werden können. Die Gesammtmasse dieser Vertheilung ist dann aber nicht mehr willkürlich, sondern $= \alpha M$. Übrigens erhellt auf dieselbe Art wie vorhin, dass auch diese Vertheilungsbedingung nur auf eine einzige Art erfüllt werden kann.

35.

Die wirkliche Bestimmung der Vertheilung der Masse auf einer gegebenen Fläche für jede vorgeschriebene Form von U übersteigt in den meisten Fällen die Kräfte der Analyse in ihrem gegenwärtigen Zustande. Der einfachste Fall, wo sie in unsrer Gewalt ist, ist der einer ganzen Kugelfläche; wir wollen jedoch sofort den allgemeinern behandeln, wo die Fläche von der Kugelfläche sehr wenig abweicht, und Grössen von höherer Ordnung, als die Abweichung selbst, vernachlässigt werden dürfen.

Es sei R der Halbmesser der Kugel, r die Entfernung jedes Punktes im Raume von ihrem Mittelpunkte, u der Winkel zwischen r und einer festen geraden Linie, λ der Winkel zwischen der durch diese gerade Linie und r gelegten Ebene und einer festen Ebene. Der Abstand eines unbestimmten Punktes in der gegebenen geschlossenen Fläche vom Mittelpunkte der Kugel sei $= R(1 + \gamma z)$, wo γ ein constanter sehr kleiner Factor ist, dessen höhere Potenzen vernachlässigt werden, z hingegen eben so wie U Functionen von u und λ.

Das Potential V der auf die Kugelfläche vertheilten Masse wird in jedem Punkte des äussern Raumes durch eine nach Potenzen von r fallende Reihe ausgedrückt werden, welcher wir die Form geben

$$A^0 \frac{R}{r} + A'\left(\frac{R}{r}\right)^2 + A''\left(\frac{R}{r}\right)^3 + \text{ u. s. f.}$$

in jedem Punkte des innern Raumes hingegen durch die steigende Reihe

$$B^0 + B'\frac{r}{R} + B''\left(\frac{r}{R}\right)^2 + B'''\left(\frac{r}{R}\right)^3 + \text{ u. s. f.}$$

Die Coëfficienten A^0, A', A'' u. s. f. sind Functionen von u und λ, welche bekannten partiellen Differentialgleichungen Genüge leisten, *Allg. Th. d. Erdm.* Art. 18, und eben so B^0, B', B'' u. s. f. Auf der vorgegebenen Fläche soll nun das Potential einer gegebenen Function von u und λ gleich werden, nemlich $V = U$, also

$$\left(\frac{r}{R}\right)^{\frac{1}{2}} V = (1 + \gamma z)^{\frac{1}{2}} U$$

Nehmen wir also an, dass $(1 + \gamma z)^{\frac{1}{2}} U$ in eine Reihe

$$P^0 + P' + P'' + P''' + \text{ u. s. w.}$$

entwickelt sei, dergestalt, dass die einzelnen Glieder P^0, P', P'', P''' u. s. f. gleichfalls den gedachten Differentialgleichungen Genüge leisten, und erwägen, dass die beiden obigen Reihen für das Potential bis zur Fläche selbst gültig bleiben müssen, so erhellt, dass

$$\begin{aligned}
P^0 + P' &+ P'' + P''' + \text{ u. s. f.} \\
&= A^0(1+\gamma z)^{-\frac{1}{2}} + A'(1+\gamma z)^{-\frac{3}{2}} + A''(1+\gamma z)^{-\frac{5}{2}} + \text{ u. s. f.} \\
&= B^0(1+\gamma z)^{\frac{1}{2}} + B'(1+\gamma z)^{\frac{3}{2}} + B''(1+\gamma z)^{\frac{5}{2}} + \text{ u. s. f.}
\end{aligned}$$

sein wird. Wir schliessen hieraus, dass, wenn man Grössen der Ordnung γ vernachlässigt,

$$P^0 + P' + P'' + \text{ u. s. f.} = A^0 + A' + A'' + \text{ u. s. f.}$$

und also (da eine Function von u, λ nur auf Eine Art in eine Reihe entwickelt werden kann, deren Glieder den erwähnten Differentialgleichungen Genüge leisten)

$$P^0 = A^0, \quad P' = A', \quad P'' = A'' \text{ u. s. f.}$$

Eben so wird, Grössen der Ordnung γ vernachlässigt,

$$P^0 = B^0, \quad P' = B', \quad P'' = B'' \text{ u. s. f.}$$

Setzt man also (I)

$$A^0 = P^0 + \gamma a^0, \qquad B^0 = P^0 - \gamma b^0$$
$$A' = P' + \gamma a', \qquad B' = P' - \gamma b'$$
$$A'' = P'' + \gamma a'', \qquad B'' = P'' - \gamma b''$$
$$A''' = P''' + \gamma a''', \qquad B''' = P''' - \gamma b'''$$

u. s. f.

wo offenbar auch a^0, a', a'', a''' u. s. f., imgleichen b^0, b', b'', b''' u. s. f. den erwähnten Differentialgleichungen Genüge leisten werden, und substituirt diese Werthe in den obigen Gleichungen, indem man dabei Grössen von der Ordnung $\gamma\gamma$ vernachlässigt, so wird, nachdem mit γ dividirt ist, bis auf Fehler von der Ordnung γ genau

$$a^0 + a' + a'' + a''' + \text{ u.s.f.} = \tfrac{1}{2}z(P^0 + 3P' + 5P'' + 7P''' + \text{ u.s.f.})$$
$$b^0 + b' + b'' + b''' + \text{ u.s.f.} = \tfrac{1}{2}z(P^0 + 3P' + 5P'' + 7P''' + \text{ u.s.f.})$$

Es ist also, bis auf Fehler der Ordnung γ genau,

$$b^0 = a^0, \qquad b' = a', \qquad b'' = a'' \text{ u.s.f.}$$

und folglich, bis auf Fehler der Ordnung $\gamma\gamma$ genau, (II)

$$B^0 = P^0 - \gamma a^0, \qquad B' = P' - \gamma a', \qquad B'' = P'' - \gamma a'' \text{ u.s.f.}$$

Der Differentialquotient $\frac{dV}{dr}$ hat in der Fläche selbst zwei verschiedene Werthe, und der auf ein negatives dr oder auf die innere Seite sich beziehende übertrifft den auf der äussern Seite geltenden um $4\pi m \cos\theta$, wenn m die Dichtigkeit an der Durchschnittsstelle und θ den Winkel zwischen r und der Normale bezeichnet (Art. 13, wo t, A, k^0 dasselbe bedeuten, was hier r, θ, m sind). Man findet diese beiden Werthe, wenn man die beiden im innern und äussern Raume geltenden Ausdrücke für V nach r differentiirt, und dann $r = R(1 + \gamma z)$ setzt. Es ist also der erste

$$= \tfrac{1}{R}\{B' + 2B''(1 + \gamma z) + 3B'''(1 + \gamma z)^2 + \text{ u.s.f.}\}$$

und der zweite

$$-\tfrac{1}{R}\{A^0(1 + \gamma z)^{-2} + 2A'(1 + \gamma z)^{-3} + 3A''(1 + \gamma z)^{-4} + \text{ u.s.f.}\}$$

Wir haben also, wenn wir die Differenz mit $R(1+\gamma z)^{\frac{3}{2}}$ multipliciren,

$$4\pi m R \cos\theta . (1+\gamma z)^{\frac{3}{2}}$$
$$= A^0(1+\gamma z)^{-\frac{1}{2}} + 2A'(1+\gamma z)^{-\frac{3}{2}} + 3A''(1+\gamma z)^{-\frac{5}{2}} + \text{ u. s. f.}$$
$$+ B'(1+\gamma z)^{\frac{3}{2}} + 2B''(1+\gamma z)^{\frac{5}{2}} + 3B'''(1+\gamma z)^{\frac{7}{2}} + \text{ u. s. f.}$$

Substituiren wir hierin statt A^0, A' u. s. f. die Werthe aus I, und statt B^0, B' u. s. w. die Werthe aus II, und lassen weg, was von der Ordnung $\gamma\gamma$ ist, so erhalten wir

$$4\pi m R \cos\theta . (1+\gamma z)^{\frac{3}{2}} = P^0 + 3P' + 5P'' + 7P''' + \text{ u. s. f.}$$
$$+ \gamma(a^0 + a' + a'' + a''' + \text{ u. s. f.})$$
$$- \tfrac{1}{2}\gamma z(P^0 + 3P' + 5P'' + \text{ u. s. f.})$$

folglich, da die beiden letzten Reihen bis auf Grössen der Ordnung $\gamma\gamma$ einander destruiren,

$$m = \frac{(1+\gamma z)^{-\frac{3}{2}}}{4\pi R \cos\theta} . (P^0 + 3P' + 5P'' + 7P''' + \text{ u. s. f.})$$

womit die Aufgabe gelöst ist. Anstatt $(1+\gamma z)^{-\frac{3}{2}}$ kann man auch schreiben $1 - \tfrac{3}{2}\gamma z$, und den Divisor $\cos\theta$ weglassen, insofern, wenigstens allgemein zu reden, θ von der Ordnung γ, und also $\cos\theta$ von 1 nur um eine Grösse der Ordnung $\gamma\gamma$ verschieden ist.

Für den Fall einer Kugel, wo $\gamma = 0$, hat man in aller Schärfe

$$m = \frac{1}{4\pi R}(P^0 + 3P' + 5P'' + 7P''' + \text{ u. s. f.})$$

indem $P^0 + P' + P'' + P''' + \text{ u. s. f.}$ die Entwicklung von U selbst vorstellt.

36.

Die Grösse U ist in den bisherigen Untersuchungen unbestimmt gelassen: die Anwendung derselben auf den Fall, wo für U das Potential eines gegebenen Massensystems angenommen wird, bahnt uns nun den Weg zu folgendem wichtigen

LEHRSATZ. Anstatt einer beliebigen gegebenen Massenvertheilung D, welche entweder bloss auf den innern von einer geschlossenen Fläche S begrenzten Raum beschränkt ist, oder bloss auf den äussern Raum, lässt sich eine Massenvertheilung E bloss auf der Fläche selbst substituiren, mit dem Erfolge, dass die

Wirkung von E der Wirkung von D gleich wird, in allen Punkten des äussern Raumes für den ersten Fall, oder in allen Punkten des innern Raumes für den zweiten.

Es wird dazu nur erfordert, dass, indem das Potential von D in jedem Punkte von S mit U, das Potential von E hingegen mit V bezeichnet wird, in der ganzen Fläche für den ersten Fall $V-U=0$, für den zweiten aber nur constant werde. Es wird nemlich $-U$ das Potential einer Vertheilung D' sein, die der D entgegengesetzt ist (so dass an die Stelle jedes Massentheils ein entgegengesetztes tritt), also $V-U$ das Potential der zugleich bestehenden Vertheilungen D' und E; die Wirkungen daraus werden sich folglich im ersten Fall im ganzen äussern Raume, im zweiten im ganzen innern destruiren (Artt. 27 und 25), oder die Wirkungen von D und E werden in den betreffenden Räumen gleich sein. Übrigens wird die ganze Masse in E für den ersten Fall der Masse in D gleich sein, im zweiten aber willkürlich bleiben.

Der Lehrsatz, welcher in der *Intensitas vis magneticae* Art. 2 angekündigt, und auch in der *Allgemeinen Theorie des Erdmagnetismus* an verschiedenen Stellen angeführt ist, erscheint jetzt als ein specieller Fall des hier bewiesenen.

37.

Obgleich, wie schon im 35. Artikel bemerkt ist, die wirkliche vollständige Ausmittelung der Vertheilung E in den meisten Fällen unüberwindliche Schwierigkeiten darbietet, so gibt es doch einen, wo sie mit grosser Leichtigkeit geschehen kann, und der hier noch besonders angeführt zu werden verdient. Dies ist nemlich der, wo U constant, also S eine Gleichgewichtsfläche für das gegebene Massensystem D ist. Man sieht leicht, dass hier nur von dem Falle die Rede zu sein braucht, wo D im innern Raume angenommen wird, und nicht die Gesammtmasse $=0$ ist, da sonst gar keine Wirkung da sein würde, die durch eine Massenvertheilung auf S ersetzt zu werden brauchte.

Es sei O ein Punkt der Fläche S, und r eine gerade Linie, welche die Fläche daselbst unter rechten Winkeln schneidet, und in der Richtung von Innen nach Aussen als wachsend betrachtet wird; es sei ferner $-C$ der Werth des Differentialquotienten $\frac{dU}{dr}$ in O, und m die Dichtigkeit, welche bei der Massenvertheilung E in O Statt hat. Der Differentialquotient $\frac{dV}{dr}$ wird in O zwei verschiedene Werthe haben; der auf die äussere Seite sich beziehende wird,

weil in der Fläche und im ganzen äussern Raume $V = U$ ist, dem Differentialquotienten $\frac{dU}{dr}$ gleich, also $= -C$ sein; der auf die innere Seite sich beziehende hingegen $= 0$, weil V in der Fläche und im ganzen innern Raume constant ist.   Da nun aber der zweite Werth um $4\pi m$ grösser ist als der erste, so
haben wir $4\pi m = C$ oder $m = \frac{C}{4\pi}$.   Offenbar ist C nichts anderes, als die
aus der Massenvertheilung D entspringende Kraft, und hat mit der Gesammtmasse einerlei Zeichen.

DIOPTRISCHE UNTERSUCHUNGEN

VON

CARL FRIEDRICH GAUSS

DER KÖNIGL. SOCIETÄT ÜBERGEBEN MDCCCXL DECEMBER X.

Abhandlungen der königlichen Gesellschaft der Wissenschaften zu Göttingen Band I.
Göttingen MDCCCXLIII.

DIOPTRISCHE UNTERSUCHUNGEN.

———

Die Betrachtung des Weges, welchen durch Linsengläser solche Lichtstrahlen nehmen, die gegen die gemeinschaftliche Axe derselben sehr wenig geneigt sind, und der davon abhangenden Erscheinungen, bietet sehr elegante Resultate dar, welche durch die Arbeiten von COTES, EULER, LAGRANGE und MÖBIUS erschöpft scheinen könnten, aber doch noch mehreres zu wünschen übrig lassen. Ein wesentlicher Mangel der von jenen Mathematikern aufgestellten Sätze ist, dass dabei die Dicke der Linsen vernachlässigt wird, wodurch ihnen ein ihren Werth sehr verringernder Charakter von Ungenauigkeit und Naturwidrigkeit aufgeprägt wird. Ohne in Abrede zu stellen, dass für manche andere dioptrische Untersuchungen, namentlich für diejenigen, wobei die sogenannte Abweichung wegen der Kugelgestalt der Linsenflächen in Betracht gezogen wird, die anfängliche Vernachlässigung der Dicke der Linsen sehr nützlich, ja nothwendig wird, um einfachere und geschmeidigere Vorschriften für Überschläge und erste Annäherungen zu gewinnen, wird man sich doch gern einer solchen Aufopferung aller Schärfe da enthoben sehen, wo es ohne allen oder ohne erheblichen Verlust für die Einfachheit der Resultate geschehen kann. Auf einen den mathematischen Sinn unangenehm berührenden Mangel an Präcision stossen wir zum Theil schon bei den ersten Begriffsbestimmungen der Dioptrik. Die Begriffe von Axe und Brennpunkt einer Linse stehen zwar mit Schärfe fest; allein nicht so ist es mit

der Brennweite, welche die meisten Schriftsteller als die Entfernung des Brennpunkts der Linse von ihrem Mittelpunkte erklären, indem sie von vorne her entweder stillschweigend voraussetzen, oder ausdrücklich bevorworten, dass die
Dicke der Linse hiebei wie unendlich klein betrachtet werde, wodurch also für
wirkliche Linsen die Brennweite eine Unbestimmtheit von der Ordnung der Dicke
der Linsen behält. Wo es einmal genauer genommen wird, rechnet man jene
Entfernung bald von der dem Brennpunkte nächsten Oberfläche der Linse, bald
von dem sogenannten optischen Mittelpunkte derselben, bald von demjenigen
Punkte, welcher zwischen der Vorderfläche und Hinterfläche mitten inne liegt,
und von allen diesen Bestimmungen wieder verschieden ist derjenige Werth, welcher bei der Vergleichung der Grösse des Bildes eines unendlich entfernten Gegenstandes mit der scheinbaren Grösse des letztern zum Grunde gelegt werden
muss, welche letztere Bestimmung in der That die einzige zweckmässige ist.

Ich habe daher für nicht überflüssig gehalten, diesen an sich ganz elemen-
taren Untersuchungen einige Blätter zu widmen, vornehmlich um zu zeigen, dass
bei den oben erwähnten eleganten Sätzen ohne Verlust für ihre Einfachheit die
Dicke der Linsen mit berücksichtigt werden kann. Nur die Beschränkung auf
solche Strahlen, die gegen die Axe unendlich wenig geneigt sind, soll hier beibehalten, oder die Abweichung wegen der Kugelgestalt bei Seite gesetzt werden.

1.

Die Bestimmung der Lage aller in dieser Untersuchung vorkommenden
Punkte geschieht durch rechtwinklige Coordinaten x, y, z, wobei vorausgesetzt
wird, dass die Mittelpunkte der verschiedenen Brechungsflächen in der Axe der
x liegen, und nur solche Lichtstrahlen betrachtet werden, die mit dieser Axe
einen sehr kleinen Winkel machen: die Coordinaten x werden, bei ganz will-
kürlichem Anfangspunkte, als wachsend angenommen in dem Sinne der Richtung
der Lichtstrahlen.

Wir betrachten zuerst die Wirkung Einer Brechung auf den Weg eines
Lichtstrahls. Es sei das Brechungsverhältniss beim Übergange aus dem ersten
Mittel in das zweite wie $\frac{1}{n}$ zu $\frac{1}{n'}$, oder wie n' zu n. Wir bezeichnen mit M
den Mittelpunkt der sphärischen Scheidungsfläche zwischen den beiden Mitteln,
mit N den Durchschnittspunkt dieser Fläche mit der ersten Coordinatenaxe; zugleich sollen mit denselben Buchstaben auch die diesen Punkten entsprechenden

Werthe von x bezeichnet werden, was in der Folge auch bei andern Punkten der ersten Coordinatenaxe eben so gehalten werden soll. Es sei ferner $r = M - N$, oder r der Halbmesser der Scheidungsfläche, positiv oder negativ, je nachdem das erste Mittel an der convexen oder an der concaven Seite liegt; P der Punkt, wo der Lichtstrahl die Scheidungsfläche trifft, und θ der (spitze) Winkel zwischen MP und der Axe der x.

Die von einem Lichtstrahle vor der Brechung beschriebene gerade Linie wird durch zwei Gleichungen bestimmt, denen wir folgende Formel geben:

$$y = \frac{\mathfrak{b}}{n}(x - N) + b$$

$$z = \frac{\gamma}{n}(x - N) + c$$

und eben so seien die Gleichungen für die von demselben Lichtstrahle nach der Brechung beschriebene gerade Linie

$$y = \frac{\mathfrak{b}'}{n'}(x - N) + b'$$

$$z = \frac{\gamma'}{n'}(x - N) + c'$$

Es kommt also darauf an, die Abhängigkeit der vier Grössen $\mathfrak{b}'$, γ', b', c' von $\mathfrak{b}$, γ, b, c zu entwickeln. Für den Punkt P wird

$$x = N + r(1 - \cos\theta)$$

also, weil für denselben sowohl die ersten als die zweiten Gleichungen gelten,

$$\frac{\mathfrak{b}}{n} \cdot r(1 - \cos\theta) + b = \frac{\mathfrak{b}'}{n'} \cdot r(1 - \cos\theta) + b'$$

und folglich, da $\mathfrak{b}$, $\mathfrak{b}'$, θ als unendlich kleine Grössen erster Ordnung gelten, bis auf Grössen dritter Ordnung genau

$$b' = b \quad . \quad . \quad . \quad . \quad . \quad . \quad . \quad . \quad . \quad (1)$$

und eben so

$$c' = c \quad . \quad . \quad . \quad . \quad . \quad . \quad . \quad . \quad . \quad (1)$$

Eine durch M senkrecht gegen die Axe der x gelegte Ebene werde von dem ersten (nöthigenfalls verlängerten) Wege des Lichtstrahls in Q, von dem zweiten in Q' geschnitten. Da PQ' mit PQ und PM in Einer Ebene liegt, so sind M, Q, Q' in Einer geraden Linie. Bezeichnet man mit λ, λ' die Winkel, welche diese gerade Linie mit PQ, PQ' macht, so werden offenbar

$MQ . \sin\lambda$, $MQ' . \sin\lambda'$ den Producten aus dem positiv genommenen Halbmesser der Kugelfläche in die Sinus des Einfallswinkels und des gebrochenen Winkels gleich, also den Zahlen n', n proportional sein, mithin

$$MQ' = \frac{n . MQ . \sin\lambda}{n' \sin\lambda'}$$

Da nun für den Punkt Q

$$y = b + \frac{6r}{n}$$

$$z = c + \frac{\gamma r}{n}$$

für den Punkt Q' hingegen

$$y = b' + \frac{6'r}{n'}$$

$$z = c' + \frac{\gamma'r}{n'}$$

wird, und die beiden letztern Coordinaten sich zu den beiden erstern wie MQ' zu MQ verhalten, so hat man

$$b' + \frac{6'r}{n'} = \frac{n\sin\lambda}{n'\sin\lambda'} . (b + \frac{6r}{n})$$

$$c' + \frac{\gamma'r}{n'} = \frac{n\sin\lambda}{n'\sin\lambda'} . (c + \frac{\gamma r}{n})$$

oder

$$6' = \frac{nb + 6r}{r} . \frac{\sin\lambda}{\sin\lambda'} - \frac{n'b'}{r}$$

$$\gamma' = \frac{nc + \gamma r}{r} . \frac{\sin\lambda}{\sin\lambda'} - \frac{n'c'}{r}$$

Diese Ausdrücke sind strenge richtig; allein, da λ, λ' vom rechten Winkel um Grössen erster Ordnung, also ihre Sinus von der Einheit um Grössen zweiter Ordnung verschieden sind, so wird, auf Grössen dritter Ordnung genau,

$$\left. \begin{aligned} 6' &= 6 - \frac{n'-n}{r} . b = 6 + \frac{n'-n}{N-M} . b \\ \gamma' &= \gamma - \frac{n'-n}{r} . c = \gamma + \frac{n'-n}{N-M} . c \end{aligned} \right\} \quad \cdots \cdots \cdots \quad (2)$$

Diese Gleichungen (1), (2) enthalten die Auflösung unserer Aufgabe.

Es verdient bemerkt zu werden, dass dieselben Formeln auch unmittelbar auf einen zurückgeworfenen Strahl angewandt werden können, wenn man nur $-n$ für n' substituirt, und dass, mit Hülfe eines solchen Verfahrens, auch die sämmtlichen folgenden Untersuchungen sich sehr leicht auf den Fall erweitern lassen, wo anstatt der Refractionen eine oder mehrere Reflexionen eintreten.

2.

Zur Auflösung der allgemeinern Aufgabe, den Weg des Lichtstrahls nach wiederholten ($\mu+1$) Brechungen zu bestimmen, wollen wir folgende Bezeichnungen gebrauchen.

N^0, N', N'' . . . . . $N^{(\mu)}$ die Punkte, wo die Axe der x von den Brechungsflächen getroffen wird.

M^0, M', M'' . . . . $M^{(\mu)}$ die in dieser Axe liegenden Mittelpunkte der Brechungsflächen

$n':n^0$, $n'':n'$. $n''':n''$ . . . . . $n^{(\mu+1)}:n^{(\mu)}$ die Brechungsverhältnisse beim Durchgange aus dem ersten Mittel (vor N^0) in das zweite (zwischen N^0 und N'), aus dem zweiten in das dritte u. s. f. In der Emanationstheorie sind also die Zahlen n^0, n', n'' u. s. w den Geschwindigkeiten der Fortpflanzung des Lichts in den einzelnen Mitteln direct, in der Undulationstheorie verkehrt proportional, und wenn das letzte Mittel dasselbe ist, wie das erste, wird $n^{(\mu+1)} = n^0$.

Die Gleichungen für den Weg des Lichtstrahls vor der ersten Brechung seien

$$y = \frac{\mathfrak{b}^0}{n^0}(x - N^0) + b^0$$
$$z = \frac{\mathfrak{c}^0}{n^0}(x - N^0) + c^0$$

die Gleichungen für den Weg nach der ersten Brechung folgende

$$y = \frac{\mathfrak{b}'}{n'}(x - N^0) + b^0$$
$$z = \frac{\mathfrak{c}'}{n'}(x - N^0) + c^0$$

oder, anstatt auf N^0, auf N' bezogen

$$y = \frac{\mathfrak{b}'}{n'}(x - N') + b'$$
$$z = \frac{\mathfrak{c}'}{n'}(x - N') + c'$$

eben so die Gleichungen für den Weg nach der zweiten Brechung

$$y = \frac{\mathfrak{b}''}{n''}(x - N') + b'$$
$$z = \frac{\mathfrak{c}''}{n''}(x - N') + c'$$

oder

$$y = \frac{\mathfrak{b}''}{n''}(x - N'') + b''$$
$$z = \frac{\mathfrak{c}''}{n''}(x - N'') + c''$$

u. s. f., also, wenn wir die letzten Glieder in den Reihen der $\mathfrak{b}$, γ, n, N, b, c, nem-lich $\mathfrak{b}^{(\mu+1)}$, $\gamma^{(\mu+1)}$, $n^{(\mu+1)}$, $N^{(\mu)}$, $b^{(\mu)}$, $c^{(\mu)}$, um sie als solche kenntlich zu ma-chen, durch $\mathfrak{b}^*$, γ^*, n^*, N^*, b_*, c^* bezeichnen, die Gleichungen für den letzten Weg des Lichtstrah

$$y = \frac{\mathfrak{b}^*}{n^*}(x - N^*) + b^*$$

$$z = \frac{\gamma^*}{n^*}(x - N^*) + c^*$$

Endlich setzen wir zur Abkürzung

$$\frac{N'-N^0}{n'} = t', \qquad \frac{N''-N'}{n''} = t'', \qquad \frac{N'''-N''}{n'''} = t''' \text{ u. s. f.} \left.\begin{matrix} \\ \\ \end{matrix}\right\} \quad \cdot \quad \cdot \quad (3)$$

$$\frac{n'-n^0}{N^0-M^0} = u^0, \qquad \frac{n''-n'}{N'-M'} = u', \qquad \frac{n'''-n''}{N''-M''} = u'' \text{ u. s. f.}$$

und der Analogie nach für die letzten Glieder in diesen Reihen

$$t^{(\mu)} = t^*, \qquad u^{(\mu)} = u^*$$

Es wird demnach, in Folge des vorhergehenden Artikels,

$$\mathfrak{b}' = \mathfrak{b}^0 + u^0 b^0$$
$$b' = b^0 + t'\mathfrak{b}'$$
$$\mathfrak{b}'' = \mathfrak{b}' + u'b'$$
$$b'' = b' + t''\mathfrak{b}''$$
$$\mathfrak{b}''' = \mathfrak{b}'' + u''b''$$
$$b''' = b'' + t'''\mathfrak{b}'''$$

u. s. f., woraus erhellt, dass b^*, $\mathfrak{b}^*$ linearisch durch b^0 und $\mathfrak{b}^0$ bestimmt wer-den, und dass, wenn man

$$\begin{matrix} b^* = g b^0 + h \mathfrak{b}^0 \\ \mathfrak{b}^* = k b^0 + l \mathfrak{b}^0 \end{matrix} \Bigg\} \quad \cdot \quad \cdot \quad \cdot \quad \cdot \quad \cdot \quad \cdot \quad \cdot \quad \cdot \quad (4)$$

setzt, in der von EULER (*Comment. Nov. Acad. Petropol.* T. IX) eingeführten Be-zeichnung sein wird

$$\begin{matrix} g = (u^0, \ t', \ u', \ t'', \ u'' \ldots \ldots t^*) \\ h = (t', \ u', \ t'', \ u'' \ldots \ldots t^*) \\ k = (u^0, \ t', \ u', \ t'', \ u'' \ldots \ldots u^*) \\ l = (t', \ u', \ t'', \ u'' \ldots \ldots u^*) \end{matrix} \Bigg\} \quad \cdot \quad \cdot \quad \cdot \quad \cdot \quad \cdot \quad \cdot \quad (5)$$

Die Bedeutung dieser Bezeichnung besteht bekanntlich darin, dass, wenn aus einer gegebenen Reihe von Grössen a, a', a'', a''' u. s. f. eine andere Reihe, A, A', A'', A''' u. s. f. nach folgendem Algorithmus gebildet wird

$$A = a, \quad A' = a'A + 1, \quad A'' = a''A' + A, \quad A''' = a'''A'' + A' \quad \text{u. s. f.}$$

man schreibt

$$A = (a), \quad A' = (a, a'), \quad A'' = (a, a', a''), \quad A''' = (a, a', a'', a''') \quad \text{u. s. f.}$$

Übrigens ist von selbst klar, dass in den Gleichungen für die dritte Coordinate z die Constanten für den letzten Weg aus denen für den ersten ganz eben so abgeleitet werden, wie in den Gleichungen für y, oder dass man haben wird

$$\left. \begin{aligned} c^* &= g c^0 + h \gamma^0 \\ \gamma^* &= k c^0 + l \gamma^0 \end{aligned} \right\} \quad \cdots \cdots \cdots \cdots \quad (4)$$

In den Gleichungen (3), (5), (4) ist die vollständige Auflösung unsrer Aufgabe enthalten.

3.

EULER hat a. a. O. die vornehmsten den erwähnten Algorithmus betreffenden Relationen entwickelt, von denen hier nur zwei in Erinnerung gebracht werden mögen.

Erstlich ist immer

$$(a, a', a'' \ldots a^{(\lambda)})(a', a'' \ldots a^{(\lambda+1)}) - (a, a', a'' \ldots a^{(\lambda+1)})(a', a'' \ldots a^{(\lambda)}) = \pm 1$$

wo das obere oder das untere Zeichen gilt, je nachdem die Anzahl aller Elemente a, a', $a'' \ldots a^{(\lambda+1)}$ d. i. die Zahl $\lambda + 2$ ungerade oder gerade ist.

Zweitens ist erlaubt, die Ordnung der Elemente umzukehren; es wird nemlich

$$(a, a', a'' \ldots a^{(\lambda)}) = (a^{(\lambda)}, \ldots a'', a' a)$$

Aus der Anwendung des ersten dieser Sätze auf die Grössen g, h, k, l folgt

$$gl - hk = 1$$

Die Gleichungen (4) können daher auch so dargestellt werden:

32*

$$b^0 = \quad lb^* - h\mathfrak{b}^*$$
$$\mathfrak{b}^0 = -kb^* + g\mathfrak{b}^*$$
$$c^0 = \quad lc^* - h\gamma^*$$
$$\gamma^0 = -kc^* + g\gamma^*$$

4.

Es sei P ein gegebener Punkt auf der (nöthigenfalls verlängerten) geraden Linie, welche der erste Weg des Lichtstrahls darstellt, und ξ, η, ζ seine Coordinaten. Es ist also

$$n^0\eta = \mathfrak{b}^0(\xi - N^0) + n^0 b^0$$

oder wenn man für $\mathfrak{b}^0$, b^0 die am Schluss des vorhergehenden Artikels gegebenen Ausdrücke substituirt

$$n^0\eta = (g\mathfrak{b}^* - kb^*)(\xi - N^0) - n^0(h\mathfrak{b}^* - lb^*)$$

folglich

$$b^* = \frac{n^0\eta + (n^0 h - g(\xi - N^0))\mathfrak{b}^*}{n^0 l - k(\xi - N^0)}$$

Substituirt man diesen Werth in der ersten Gleichung für den Weg des Lichtstrahls nach der letzten Brechung, nemlich in

$$y = \frac{\mathfrak{b}^*}{n^*}(x - N^*) + b^*$$

und schreibt um abzukürzen

$$N^* - \frac{n^0 h - g(\xi - N^0)}{n^0 l - k(\xi - N^0)} \cdot n^* = \xi^*$$
$$\frac{n^0\eta}{n^0 l - k(\xi - N^0)} \quad = \eta^*$$

so wird diese Gleichung

$$y = \eta^* + \frac{\mathfrak{b}^*}{n^*}(x - \xi^*)$$

und ganz auf dieselbe Art wird, wenn man noch

$$\frac{n^0\zeta}{n^0 l - k(\xi - N^0)} = \zeta^*$$

schreibt, die zweite Gleichung für den Weg des Lichtstrahls nach der letzten Brechung

$$z = \zeta^* + \frac{\gamma^*}{n^*}(x - \xi^*)$$

Der Punkt P^*, dessen Coordinaten ξ^*, η^*, ζ^* sind, liegt also auf der (nöthigen-falls rückwärts verlängerten) geraden Linie, welche dieser letzte Weg darstellt, und zugleich ist klar, da seine Coordinaten von $\mathfrak{b}^0$, b^0, γ^0, c^0 unabhängig sind, dass er für *alle* einfallenden Strahlen, die durch P gehen, derselbe ist. Man kann den Punkt P wie ein Object und P^* als sein Bild betrachten; jenes kann aber nur dann ein reelles sein, wenn P im ersten Mittel liegt, oder $\xi - N^0$ negativ ist, und eben so ist das Bild nur dann ein reelles, wenn P^* in dem letzten Mittel liegt, oder $\xi^* - N^*$ positiv ist; in den entgegengesetzten Fällen sind Object oder Bild nur virtuell.

Die Punkte P, P^* liegen mit der Axe der x in Einer Ebene, in Entfernungen von derselben, die sich wie die Einheit und die Zahl $\dfrac{n^0}{n^0 l - k(\xi - N^0)}$ verhalten, wobei das positive oder negative Zeichen dieser Zahl die Lage jener Punkte auf Einer Seite der Axe oder auf entgegengesetzten anzeigt. Ein System von Punkten in derselben gegen die Axe der x senkrechten Ebene kann wie ein zusammengesetztes Object betrachtet werden, dessen zusammengesetztes Bild gleichfalls in Eine gegen die Axe der x senkrechte Ebene fällt und dem Object ähnlich ist, so dass das Linearverhältniss der Theile durch die Zahl

$$\frac{n^0}{n^0 l - k(\xi - N^0)} = g + \frac{k}{n^*}(\xi^* - N^*)$$

ausgedrückt wird, deren Zeichen die aufrechte oder verkehrte Lage unterscheidet.

5.

Das bisher entwickelte enthält die ganze Theorie der Veränderungen, welche der Weg der Lichtstrahlen durch Brechungen erleidet, und lässt sich leicht auch auf den Fall ausdehnen, wo mit Brechungen eine oder mehrere Reflexionen verbunden sind, was jedoch speciell hier nicht ausgeführt werden soll. Es ist aber nicht überflüssig, die Resultate in eine andere Form zu bringen, indem man sie, anstatt auf die erste und letzte Fläche oder auf die Punkte N^0, N^*, auf zwei andere Punkte Q, Q^* bezieht. Es seien

$$y = \frac{\mathfrak{b}^0}{n^0}(x - Q) + B$$
$$z = \frac{\gamma^0}{n^0}(x - Q) + C$$

die Gleichungen für den ersten, und

$$y = \frac{\mathfrak{b}^*}{n^*}(x - Q^*) + B^*$$

$$z = \frac{\gamma^*}{n^*}(x - Q^*) + C^*$$

die Gleichungen für den letzten Weg des Lichtstrahls, und man setze

$$\frac{N^0 - Q}{n^0} = \theta, \qquad \frac{Q^* - N^*}{n^*} = \theta^*$$

Wir haben also

$$b^0 = B + \theta\mathfrak{b}^0, \qquad c^0 = C + \theta\gamma^0$$
$$B^* = b^* + \theta^*\mathfrak{b}^*, \qquad C^* = c^* + \theta^*\gamma^*$$

Hieraus, verbunden mit den Gleichungen (4), folgt leicht, dass, wenn man

$$G = g + \theta^* k$$
$$H = h + \theta g + \theta\theta^* k + \theta^* l$$
$$K = k$$
$$L = l + \theta k$$

setzt,

$$B^* = GB + H\mathfrak{b}^0, \qquad C^* = GC + H\gamma^0$$
$$\mathfrak{b}^* = KB + L\mathfrak{b}^0, \qquad \gamma^* = KC + L\gamma^0$$

sein wird. Die Coëfficienten G, H, K, L, welche auf diese Weise an die Stelle von g, h, k, l treten, geben auch die Gleichung

$$GL - HK = 1$$

6.

Der Zweck der Einführung anderer Punkte, um die Lage des einfallenden und des ausfahrenden Strahls darauf zu beziehen, geht dahin, eine einfachere Abhängigkeit der letztern von der erstern darzubieten, und dazu sind vorzugsweise zwei Paare von Punkten geeignet, die mit E, E^* und F, F^* bezeichnet werden sollen. Die Werthe der dabei in Betracht kommenden Grössen werden sich bequem in einer tabellarischen Form übersehen lassen.

	I	II
θ	$\frac{1-l}{k}$	$-\frac{l}{k}$
θ^*	$\frac{1-g}{k}$	$-\frac{g}{k}$
Q	$E = N^0 - \frac{n^0(1-l)}{k}$	$F = N^0 + \frac{n^0 l}{k} = E + \frac{n^0}{k}$
Q^*	$E^* = N^* + \frac{n^*(1-g)}{k}$	$F^* = N^* - \frac{n^* g}{k} = E^* - \frac{n^*}{k}$
G	1	0
H	0	$-\frac{1}{k}$
K	k	k
L	1	0

Das Resultat ist also, dass, wenn die Gleichungen für den einfallenden Strahl in die Form gebracht werden

$$y = \frac{\mathfrak{b}^0}{n^0}(x - E) + B$$
$$z = \frac{\mathfrak{x}^0}{n^0}(x - E) + C$$

oder in folgende (wo wir die constanten Theile zur Unterscheidung von der ersten Form mit Accenten bezeichnen)

$$y = \frac{\mathfrak{b}^0}{n^0}(x - F) + B'$$
$$z = \frac{\mathfrak{x}^0}{n^0}(x - F) + C'$$

die Gleichungen für den ausfahrenden Strahl sein werden

$$y = \frac{\mathfrak{b}^0 + kB}{n^*} \cdot (x - E^*) + B$$
$$z = \frac{\mathfrak{x}^0 + kC}{n^*} \cdot (x - E^*) + C$$

oder

$$y = \frac{kB'}{n^*} \cdot (x - F^*) - \frac{\mathfrak{b}^0}{k}$$
$$z = \frac{kC'}{n^*} \cdot (x - F^*) - \frac{\mathfrak{x}^0}{k}$$

7.

Durch Benutzung der Punkte E, E^* lässt sich die Abhängigkeit des letzten Weges des Lichtstrahls von dem ersten einfach so ausdrücken: der letzte Weg hat gegen den Punkt E^* dieselbe Lage, welche der nur einmal gebrochene Lichtstrahl gegen E haben würde, wenn in E sich eine brechende Fläche mit dem Halbmesser $\frac{n^0 - n^*}{k}$ befände, durch welche der Lichtstrahl aus dem ersten Mittel unmittelbar in das letzte Mittel überginge. Dies gilt für den Fall, wo das erste und das letzte Mittel ungleich sind. Sind sie hingegen gleich, oder $n^* = n^0$, wie bei Brechung durch ein oder mehrere Linsengläser, so hat der letzte Weg gegen E^* dieselbe Lage, welche er gegen E vermöge der Brechung durch eine in E befindliche unendlich dünne Linse von der Brennweite $-\frac{n^0}{k}$ haben würde. Mit andern Worten: es ist verstattet, anstatt des Überganges aus dem ersten Mittel in das letzte vermöge mehrerer Brechungen, den Übergang entweder durch eine einzige Brechung, oder durch eine einzige Linse von unendlich kleiner Dicke zu substituiren, je nachdem das erste und das letzte Mittel ungleich oder gleich sind, indem man im ersten Fall der brechenden Fläche den Halbmesser $\frac{n^0 - n^*}{k}$, im zweiten der Linse die Brennweite $-\frac{n^0}{k}$ gibt, die brechende Fläche oder die Linse in E annimmt, und in beiden Fällen die Lage des ausfahrenden Strahls so viel verschiebt, als die Entfernung des Punktes E^* von E beträgt. Das Zeichen des Halbmessers der brechenden Fläche ist übrigens so zu verstehen, wie oben Art. 1, und das Zeichen der Brennweite so, wie weiter unten Art. 9 bemerkt werden wird.

Wegen dieser Bedeutsamkeit der Punkte E, E^* scheinen diese eine besondere Benennung wohl zu verdienen: ich werde sie die *Hauptpunkte* des Systems von Mitteln, oder der Linse, oder des Systems von Linsen, worauf sie sich beziehen, nennen; E den ersten, E^* den zweiten Hauptpunkt. Unter Ebenen der Hauptpunkte werden die durch dieselben normal gegen die Axe der x gelegten Ebenen verstanden werden.

8.

Rücksichtlich der Punkte F, F^* zeigen die Formeln des 6. Artikels, dass allen einfallenden Lichtstrahlen, die durch den Punkt F gehen, ausfahrende entsprechen, die mit der Axe parallel sind; einfallenden hingegen, die mit der Axe parallel sind, solche ausfahrende, die sich in dem Punkte F^* kreuzen; für

Strahlen, die von der entgegengesetzten Seite herkommen, vertauschen diese Punkte ihre Functionen. Wenn wir also dem für einzelne Linsen bestehenden Sprachgebrauche eine erweiterte Ausdehnung geben, so können F, F^* die Brennpunkte des Systems von Mitteln oder von Linsen, worauf sie sich beziehen, genannt werden, F der erste, F^* der zweite; die durch diese Punkte normal gegen die Axe der x gelegten Ebenen mögen die Brennpunktsebenen heissen. Jene Formeln des 6. Art. zeigen zugleich, dass allen Strahlen, die sich in irgend einem andern Punkte der ersten Brennpunktsebene kreuzen, ausfahrende entsprechen, die gegen die Axe geneigt, aber unter sich parallel sind, und umgekehrt, dass allen unter sich aber nicht mit der Axe parallelen einfallenden Strahlen solche ausfahrende entsprechen, die sich in einem von F^* verschiedenen Punkte der zweiten Brennpunktsebene kreuzen.

9.

Mit Hülfe dieser vier Ebenen gelangen wir zu einer sehr einfachen Construction für die Lage des ausfahrenden Strahls.

Es schneide der einfallende Strahl die erste Brennpunktsebene in dem Punkte (1), die erste Hauptebene in dem Punkte (2); eine Parallele mit (1)(2) durch F gezogen treffe die erste Hauptebene in (3); eine Parallele mit der Axe durch (2) treffe die zweite Hauptebene in (4); endlich eine Parallele mit der Axe durch (3) treffe die zweite Brennpunktsebene in (5). Dann gibt (4)(5) oder (5)(4) die Lage des ausfahrenden Strahls. Es sind nemlich die Werthe der Coordinaten

für ‖	x	y	z
(1)	F	B'	C'
(2)	E	B	C
F	F	0	0
(3)	E	$B-B'$	$C-C'$
(4)	E^*	B	C
(5)	F^*	$B-B'$	$C-C'$

Aus den Formeln des 6 Art. folgt also, dass der ausfahrende Strahl durch (4) und (5) geht; das erstere unmittelbar, das andere, weil

33

$$B - B' = \frac{6^0}{n^0}(E - F) = -\frac{6^0}{k}$$

$$C - C' = \frac{\gamma^0}{n^0}(E - F) = -\frac{\dot{\gamma}^0}{k}$$

In dem gewöhnlichsten Falle, wo $n^* = n^0$, also $F^* - E^* = E - F$, wird die Construction noch einfacher, weil der Punkt (3) überflüssig wird; man braucht nur (1), (2), (4) wie vorhin zu bestimmen, und (4)(5) mit (1)E parallel zu ziehen.

Geht die Richtung des einfallenden Strahls durch E, so geht allemal die Richtung des ausfahrenden durch E^*, und ist, in dem Falle, wo $n^* = n^0$ ist, zugleich jener parallel. Man pflegt (bei einfachen Linsen) einen solchen Strahl einen Hauptstrahl zu nennen.

Die Entfernungen der zweiten Brennpunktsebene von der zweiten Hauptebene, und der ersten Hauptebene von der Ebene des ersten Brennpunkts, oder die Grössen $-\frac{n^*}{k}$, $-\frac{n^0}{k}$ könnte man die *Brennweiten* des Systems der Mittel nennen, wenn es nicht angemessener schiene, den Gebrauch dieser Benennung auf den Fall zu beschränken, wo das letzte Mittel dasselbe ist, wie das erste, also jene Entfernungen unter sich gleich sind. Um dem gewöhnlichen Sprachgebrauche conform zu bleiben, sehen wir die Brennweite als positiv an, wenn dem ersten Hauptpunkte eine grössere Coordinate entspricht, als dem ersten Brennpunkte, so, dass die Brennweite immer durch $-\frac{n^0}{k} = -\frac{n^*}{k}$ ausgedrückt wird.

10.

In den oben Art. 4 für den Platz des Bildes gegebenen Formeln ist es, wie man leicht sieht, verstattet, anstatt N^0, N^* andere Punkte zu setzen, wenn man nur zugleich anstatt g, h, k, l die entsprechenden G, H, K, L substituirt. Indem wir dazu die Hauptpunkte wählen, erhalten wir folgende Ausdrücke:

$$\xi^* = E^* - \frac{n^*(E - \xi)}{n^0 + k(E - \xi)}$$

$$\eta^* = \frac{n^0 \eta}{n^0 + k(E - \xi)}$$

$$\zeta^* = \frac{n^0 \zeta}{n^0 + k(E - \xi)}$$

Der ersten Formel kann man auch folgende Gestalt geben

$$\frac{n^*}{\xi^* - E^*} + \frac{n^0}{E - \xi} = -k$$

Wählen wir die Brennpunkte, so erhalten wir

$$\xi^* = F^* + \frac{n^0 n^*}{kk(F-\xi)}$$

$$\eta^* = \frac{n^0 \eta}{k(F-\xi)}$$

$$\zeta^* = \frac{n^0 \zeta}{k(F-\xi)}$$

Wegen des häufigen Gebrauchs mögen die Formeln auch noch in der Gestalt hier stehen, die sie annehmen, wenn das erste und das letzte Mittel gleich sind, und die Brennweite mit φ bezeichnet wird.

$$\frac{1}{\xi^* - E^*} + \frac{1}{E-\xi} = \frac{1}{\varphi}$$

$$(\xi^* - F^*)(F-\xi) = \varphi\varphi$$

$$\eta^* = -\frac{\varphi\eta}{F-\xi} = -\frac{\eta(\xi^* - F^*)}{\varphi}$$

$$\zeta^* = -\frac{\varphi\zeta}{F-\xi} = -\frac{\zeta(\xi^* - F^*)}{\varphi}$$

11.

Die vier Hülfspunkte E, E^*, F, F^* verlieren ihre Anwendbarkeit in dem besondern Falle, wo $k = 0$ ist, also jene Punkte als unendlich entfernt von den brechenden Flächen betrachtet werden müssten. Man kann sich in diesem Falle unmittelbar an die allgemeinen zur Auflösung der Hauptaufgaben oben mitgetheilten Formeln halten, welche hier folgende Gestalt annehmen.

Wenn die Gleichungen für den einfallenden Strahl so ausgedrückt sind

$$y = \frac{6^0}{n^0}(x - N^0) + b^0$$

$$z = \frac{\gamma^0}{n^0}(x - N^0) + c^0$$

so sind die für den ausfahrenden

$$y = \frac{l 6^0}{n^*} \cdot (x - N^*) + g b^0 + h 6^0$$

$$z = \frac{l \gamma^0}{n^*} \cdot (x - N^*) + g c^0 + h \gamma^0$$

Setzt man zur Abkürzung

$$N^* - \frac{h n^*}{l} = N^{**}$$

oder, was dasselbe ist, weil $g l = 1$,

$$N^* - g\,h\,n^* = N^{**}$$

so erscheinen diese Formeln noch einfacher, nemlich

$$y = \frac{l\,b^0}{n^*}\cdot(x - N^{**}) + g\,b^0$$

$$z = \frac{l\,\gamma^0}{n^*}\cdot(x - N^{**}) + g\,c^0$$

Für den Platz des Bildes desjenigen Punktes. dessen Coordinaten ξ. η, ζ sind, erhalten wir die Coordinaten

$$\begin{aligned}
\xi^* &= N^* - g\,h\,n^* - \frac{n^*}{n^0}g\,g\,(N^0 - \xi)\\
&= N^{**} - \frac{n^*}{n^0}g\,g\,(N^0 - \xi)\\
\eta^* &= g\,\eta\\
\zeta^* &= g\,\zeta
\end{aligned}$$

Es erhellt hieraus, dass der Punkt der Axe der x, welcher in Gemässheit der von uns immer gebrauchten Bezeichnungsart mit N^{**} zu bezeichnen ist, das Bild des Punktes N^0 vorstellt, und dass das Linearverhältniss der Theile eines zusammengesetzten Bildes zum Object constant, nemlich wie g zu 1 oder wie 1 zu l ist.

12.

Der im vorhergehenden Artikel betrachtete Fall kommt vor bei einem Fernrohre, dessen Gläser für ein weitsichtiges Auge und für das deutliche Sehen unendlich entfernter Gegenstände gestellt sind. Aus obigen Formeln erhellt, dass die Richtung des ausfahrenden Strahls bloss von der Richtung des einfallenden abhängt, dass also parallel unter sich einfallenden Strahlen auch parallel ausfahrende entsprechen, und dass die Tangente der Neigung der erstern gegen die Axe sich zu der Tangente der Neigung der letztern verhält, wie 1 zu l. Die Zahl $l = \frac{1}{g}$ ist also das, was man die Vergrösserung des Fernrohrs nennt, und ihr positives oder negatives Zeichen bedeutet die aufrechte oder verkehrte Erscheinung. Lässt man die einfallenden und ausfahrenden Strahlen ihre Funktionen vertauschen, indem man den Gegenständen die Ocularseite zuwendet. so erscheinen sie in demselben Verhältnisse verkleinert, und hierauf gründet sich das eben so bequeme als scharfe Verfahren zur Bestimmung der Vergrösserung eines Fernrohrs, welches ich 1823 im 2. Bande der *Astronomischen Nachrichten* mitgetheilt habe.

Eine andere Methode, die Vergrösserung zu bestimmen, beruht auf der Vergleichung eines Gegenstandes mit seinem Bilde nach dem linearen Verhältnisse. Ramsdens Dynameter ist nichts anderes, als eine Vorrichtung, den Durchmesser des in N^{**} fallenden Bildes von der kreisrunden Begrenzung des Objectivs zu messen, wobei man sich natürlich erst vergewissern muss, dass dieses Bild wirklich erscheint und nicht etwa durch eine innere Blendung verdeckt ist. Auch muss das Bild ein reelles sein, wozu erforderlich ist, dass $g\,h\,n^*$ negativ wird: bei einem Galileischen Fernrohr, wo dieses Bild nur ein virtuelles ist, würde man ein genaues Resultat nur mit einem mikrometrischen Mikroskope erlangen können, welches auch in *allen* Fällen, wo man eine grössere Schärfe wünscht, den Vorzug verdienen würde. Übrigens erhellt aus dem vorhergehenden Artikel, dass eben so gut ein schickliches vom Objectiv entferntes Object gebraucht werden kann, so lange nur die Entfernung nicht so gross wird, dass das Bild aufhört ein reelles oder mit dem Mikroskope erreichbares zu sein. Endlich mag noch bemerkt werden, dass der Punkt N^{**} derjenige ist, welcher in der Theorie der Fernröhre mit der Benennung *Ort des Auges* belegt wird.

13.

Um die allgemeinen Vorschriften des 2. Artikels auf den Fall einer einfachen Glaslinse anzuwenden, bezeichnen wir das Brechungsverhältniss beim Übergange aus Luft in Glas mit $n:1$; die Halbmesser der ersten und zweiten Fläche mit $(n-1)f$ und $(n-1)f'$; die Dicke der Linse mit ne. Wir haben also anstatt der dortigen Bezeichnungen

$$
\begin{aligned}
&n^0 \quad hier \quad 1\\
&n' \quad \ldots \ldots \quad n\\
&n'' \quad \ldots \ldots \quad 1\\
&t' \quad \ldots \ldots \quad e\\
&u^0 \quad \ldots \ldots \quad -\frac{1}{f}\\
&u' \quad \ldots \ldots \quad -\frac{1}{f'}
\end{aligned}
$$

und folglich

$$g = 1 + u^0 t' = \frac{f - e}{f}$$
$$h = t' = e$$
$$k = u^0 + u' + t' u^0 u' = -\frac{f + f' - e}{f f'}$$
$$l = 1 + u' t' = \frac{f' - e}{f'}$$

Für die Brennweite φ haben wir also nach Art. 9

$$\varphi = \frac{f f'}{f + f' - e}$$

für die beiden hier mit E, E' zu bezeichnenden Hauptpunkte nach Art. 6

$$E = N^0 + \frac{ef}{f + f' - e} = N^0 + \frac{e\varphi}{f'}$$
$$E' = N' - \frac{ef'}{f + f' - e} = N' - \frac{e\varphi}{f}$$

und für die beiden Brennpunkte F, F'

$$F = E - \varphi = N^0 - \frac{f(f' - e)}{f + f' - e}$$
$$F' = E' + \varphi = N' + \frac{f'(f - e)}{f + f' - e}$$

Für den Durchschnittspunkt der (nöthigenfalls vorwärts oder rückwärts verlängerten) geraden Linie, welche ein Hauptstrahl im Innern der Linse beschreibt, mit der Axe findet man leicht

$$x = N^0 + \frac{nef}{f + f'} = N' - \frac{nef'}{f + f'}$$

Diesen Punkt, welcher also von der Neigung des Hauptstrahls, unabhängig ist, nennen einige Schriftsteller den optischen Mittelpunkt der Linse, eine Auszeichnung, welche dieser sonst gar keine merkwürdigen Eigenschaften darbietende Punkt kaum verdient haben möchte, und die hie und da zu dem Irrthum verleitet zu haben scheint, als ob die einfachen Relationen zwischen Bild und Object, welche bei einer unendlich dünnen Linse Statt finden, sich auf eine Linse von endlicher Dicke bloss durch Beziehung auf jenen Mittelpunkt übertragen liessen, während diese Übertragung, wie oben gezeigt ist, nur dann gültig ist, wenn das Object auf den ersten, das Bild auf den zweiten Hauptpunkt bezogen wird. Bei einem Systeme von mehrern Linsen, also schon bei einem achromatischen Doppelobjective, kann ohnehin von einem Mittelpunkte in jenem Sinne gar nicht die Rede sein. Will man die Benennung beibehalten, so würde ich für angemessener halten, sie demjenigen Punkte beizulegen, welcher zwischen den beiden

Hauptpunkten (mithin auch zwischen den beiden Brennpunkten) in der Mitte liegt, und der mit jenem Punkte nur dann zusammenfällt, wenn die Linse gleichseitig ist. Dieser Punkt hat die praktisch nützliche Eigenschaft, durch Umwenden der Linse leicht und mit Schärfe bestimmbar zu sein; denn offenbar ist es dieser Punkt, der beim Umwenden wieder den vorigen Platz einnehmen muss, wenn der Platz des Bildes von einem festen Objecte ungeändert bleiben soll.

Es mag hier noch bemerkt werden, dass die Entfernung der beiden Hauptpunkte von einander

$$E' - E = ne - \frac{e(f+f')}{f+f'-e} = (n-1)e - \frac{ee}{f+f'-e}$$

wird, also, insofern gewöhnlich e gegen $f+f'-e$ sehr klein ist, von $(n-1)e$ oder von der durch $\frac{n-1}{n}$ multiplicirten Dicke der Linse kaum merklich verschieden ist.

14.

An die Stelle der allgemeinen Formeln des 2. Art., durch welche aus dem Wege des einfallenden Lichtstrahls der Weg des ausfahrenden bestimmt wird, lassen sich für den Fall eines Systems von Linsen auf einer gemeinschaftlichen Axe bequemere setzen, indem man, anstatt der Halbmesser der einzelnen brechenden Flächen und ihrer gegenseitigen Abstände, die Brennweiten der einzelnen Linsen und die Entfernungen ihrer zweiten Hauptpunkte von den ersten der folgenden Linsen einführt. Die neuen Formeln werden denen des 2. Art. ganz ähnlich, enthalten aber nur halb so viele Elemente. Da ihre Ableitung aus dem Vorhergehenden sehr leicht ist, so wird es hinreichend sein, sie in gebrauchfertiger Form hieher zu setzen.

Wir bezeichnen die Brennweiten der einzelnen auf einander folgenden Linsen mit φ^0, φ', φ'' u.s.f.; ihre Hauptpunkte hier, abweichend von der bisherigen Bezeichnungsart, die ersten mit E^0, E', E'' u.s.f., die zweiten mit I^0, I', I'' u.s.f. Zur Abkürzung schreiben wir

$$-\frac{1}{\varphi^0} = u^0, \qquad -\frac{1}{\varphi'} = u', \qquad -\frac{1}{\varphi''} = u'' \quad \text{u.s.f.}$$
$$E' - I^0 = t', \qquad E'' - I' = t'', \qquad E''' - I'' = t''' \quad \text{u.s.f.}$$

die letzten Glieder in diesen Reihen mögen als solche durch ein Sternchen ausgegezeichnet werden.

Setzt man nun die Gleichungen für den einfallenden Strahl in die Form

$$y = \mathfrak{b}^0(x - E^0) + b^0$$
$$z = \gamma^0(x - E^0) + c^0$$

für den ausfahrenden hingegen in folgende

$$y = \mathfrak{b}^*(x - I^*) + b^*$$
$$z = \gamma^*(x - I^*) + c^*$$

so wird, wenn die vier Grössen g, h, k, l durch Formeln bestimmt werden, die mit den im 2. Art. als (5) bezeichneten ganz identisch sind,

$$b^* = g b^0 + h \mathfrak{b}^0, \qquad c^* = g c^0 + h \gamma^0$$
$$\mathfrak{b}^* = k b^0 + l \mathfrak{b}^0, \qquad \gamma^* = k c^0 + l \gamma^0$$

Für die beiden Hauptpunkte des Linsensystems, als Ganzes betrachtet, wird

für den ersten $x = E^0 - \dfrac{1-l}{k}$

für den zweiten $x = I^* + \dfrac{1-g}{k}$

Ferner wird für die beiden Brennpunkte des Linsensystems

für den ersten $x = E^0 + \dfrac{l}{k}$

für den zweiten $x = I^* - \dfrac{g}{k}$

die Brennweite selbst ist $= -\dfrac{1}{k}$

Die Formeln für den Fall, wo das System nur aus zwei Linsen besteht, verdienen noch besonders hergeschrieben zu werden. Man hat nemlich

$$g = \frac{\varphi^0 - t'}{\varphi^0}$$
$$h = t'$$
$$k = -\frac{\varphi^0 + \varphi' - t'}{\varphi^0 \varphi'}$$
$$l = \frac{\varphi' - t'}{\varphi'}$$

Die Werthe von x für die beiden Hauptpunkte sind

$$E^0 + \frac{t'\varphi^0}{\varphi^0 + \varphi' - t'} \quad \text{und} \quad I' - \frac{t'\varphi'}{\varphi^0 + \varphi' - t'}$$

und die Brennweite

$$= \frac{\varphi^0 \varphi'}{\varphi^0 + \varphi' - t'}$$

Man sieht, dass diese Formeln denen ganz analog sind, die im 13. Artikel für die Bestimmung der Hauptpunkte und der Brennweite einer einfachen Linse gegeben sind, indem an die Stelle der dortigen f^0, f', e hier die Grössen φ^0, φ', t' treten.

Die Entfernung der beiden Hauptpunkte von einander wird in dem Fall zweier Linsen

$$= I' - E^0 - \frac{t'(\varphi^0 + \varphi')}{\varphi^0 + \varphi' - t'}$$
$$= I^0 - E^0 + I' - E' - \frac{t't'}{\varphi^0 + \varphi' - t'}$$

Ist t' sehr klein, wie bei achromatischen Doppellinsen von der gewöhnlichen Einrichtung immer der Fall ist, so wird das letzte Glied unbedeutend, und daher die Entfernung der beiden Hauptpunkte von einander für eine solche Doppellinse als Ganzes betrachtet sehr nahe der Summe der beiden Werthe gleich, welche diese Entfernung in den Linsen, einzeln genommen, hat.

Übrigens ist von selbst klar, dass die sämmtlichen in dem gegenwärtigen Artikel aufgeführten Formeln ohne alle Veränderung auf den Fall übertragen werden können, wo anstatt einfacher Linsen partielle Systeme von Linsen zu Einem ganzen Systeme vereinigt werden sollen.

15.

Die optischen Erscheinungen sowohl durch eine einfache Linse, als durch ein System von mehreren auf gemeinschaftlicher Axe, hängen, wie wir gezeigt haben, von drei Elementen ab, welche durch das Brechungsverhältniss (oder durch die Brechungsverhältnisse, wenn sie für die verschiedenen Linsen verschieden sind), und die Lagen und Halbmesser der brechenden Flächen bestimmt sind: da jedoch diese Grössen gewöhnlich unmittelbar nicht bekannt sind, so bleibt noch übrig, einiges über die Methode zu sagen, durch welche umgekehrt aus beobachteten Erscheinungen jene drei Elemente abgeleitet werden können. Wir bezeichnen die verschiedenen hiebei in Frage kommenden Punkte der Axe auf folgende Weise:

ξ ein Object; ξ' dessen Bild; F der erste, F' der zweite Brennpunkt; E der erste, E' der zweite Hauptpunkt; endlich D ein mit der Linse (oder dem Linsensystem) in fester Verbindung stehender Punkt. Mit denselben Buchstaben werden, wie immer, die Coordinaten dieser Punkte in jedem Versuche bezeichnet. Wir setzen ferner die Brennweite $= f$, und die Entfernung des Punktes D von den Brennpunkten, $D - F = p$, $F' - D = q$. Die drei Grössen f, p, q können als die Elemente der Linse betrachtet werden, und zu ihrer Ausmittelung werden also immer drei Versuche erforderlich sein, indem in drei verschiedenen Lagen des Objects und seines Bildes gegen die Linse die Entfernungen derselben von dem Punkte D gemessen werden müssen, welche Aufgabe wir zuvörderst ganz allgemein auflösen wollen.

Die Werthe von $D - \xi$ und $\xi' - D$ seien in einem Versuche a, b; in einem zweiten a', b'; in einem dritten a'', b''. Die allgemeine Gleichung

$$(F - \xi)(\xi' - F') = ff$$

gibt uns demnach

$$(a - p)(b - q) = ff$$
$$(a' - p)(b' - q) = ff$$
$$(a'' - p)(b'' - q) = ff$$

woraus durch Elimination leicht gefunden wird

$$p = a - \frac{(a' - a)(a'' - a)(b' - b'')}{R}$$
$$q = b - \frac{(b - b')(b - b'')(a'' - a')}{R}$$
$$ff = \frac{(a' - a)(a'' - a)(a'' - a')(b - b')(b - b'')(b' - b'')}{RR}$$

indem zur Abkürzung

$$(a'' - a)(b - b') - (a' - a)(b - b'') = R$$

geschrieben wird. Man kann R auch in folgende Form setzen

$$R = (a'' - a')(b - b') - (a' - a)(b' - b'')$$
$$= (a'' - a')(b - b'') - (a'' - a)(b' - b'')$$

so wie p und q in folgende

$$p = a' - \frac{(a'-a)(a''-a')(b-b'')}{R}$$

$$= a'' - \frac{(a''-a)(a''-a')(b-b')}{R}$$

$$q = b' - \frac{(b-b')(b'-b'')(a''-a)}{R}$$

$$= b'' - \frac{(b-b'')(b'-b'')(a'-a)}{R}$$

16.

Der allgemeinen im vorhergehenden Artikel gegebenen Auflösung müssen noch einige Bemerkungen beigefügt werden.

I. Es ist vorausgesetzt, dass in den drei Versuchen das Object auf einer und derselben Seite der Linse liegt. Findet man zweckmässig, in einem der Versuche die Linse in verkehrter Lage anzuwenden, so kann man sich denselben so vorstellen, als ob das Bild der Gegenstand und der Gegenstand das Bild wäre, wodurch dieser Fall auf den vorigen zurückgeführt wird.

II. Für sich allein betrachtet, lässt die Formel für ff noch unbestimmt, ob f positiv oder negativ zu nehmen sei: dies entscheidet sich aber schon durch die aufrechte oder verkehrte Stellung des Bildes, indem $\xi'-F'$ und f im ersten Fall entgegengesetzte, im zweiten gleiche Zeichen haben müssen. Auch darf nicht unbemerkt bleiben, dass bei aller Allgemeingültigkeit der analytischen Auflösung doch die praktische Anwendbarkeit auf den Fall wirklicher Bilder (also für einzelne Linsen auf positive Brennweiten) beschränkt bleibt, wenn nicht besondere Hülfsmittel zur Bestimmung des Platzes virtueller Bilder zugezogen werden.

III. Da die Ausführung der Versuche immer nur einen gewissen beschränkten Grad von Schärfe zulässt, so ist es für die Zuverlässigkeit der Resultate keinesweges gleichgültig, was für Combinationen gewählt werden. Im Allgemeinen kann als Regel gelten, dass durch drei Versuche, von denen zwei unter wenig verschiedenen Umständen gemacht sind, jedenfalls nicht alle drei Elemente mit Schärfe bestimmt werden können.

17.

An einer einfachen Linse sowohl, als an einer solchen, die aus zweien oder mehrern sehr nahe zusammenliegenden zusammengesetzt ist (wie an achromatischen Objectiven von der gewöhnlichen Einrichtung), stehen die beiden Hauptpunkte in geringer Entfernung von einander. Dürfte man diese Entfernung $E' - E = \lambda$ wie eine bekannte Grösse betrachten, so würden *zwei* Versuche zureichend sein, indem die Gleichung

$$p + q = 2f + \lambda$$

die Stelle des dritten Versuches vertritt. Verbindet man mit derselben die beiden andern

$$(a - p)(b - q) = ff$$
$$(a' - p)(b' - q) = ff$$

so erhält man nach der Elimination von p und q zur Bestimmung von f die Gleichung

$$\frac{(a' + b' - a - b)^2}{(a' - a)(b - b')} \cdot ff + 2(a + b + a' + b' - 2\lambda)f - (a + b' - \lambda)(a' + b - \lambda) = 0$$

Diese quadratische Gleichung geht in eine lineare über, wenn $a' + b' - a - b = 0$ wird, d. i. wenn die beiden Versuche so angeordnet sind, dass die Entfernung des Bildes vom Objecte in beiden dieselbe bleibt, während die Linse darin zwei verschiedene Stellen einnimmt. Es sei diese Entfernung $= c$, also $a = c - b$, $a' = c - b'$; dadurch wird

$$4(c - \lambda)f = (c - \lambda + b' - b)(c - \lambda - b' + b)$$

oder

$$f = \tfrac{1}{4}(c - \lambda) - \frac{(b' - b)^2}{4(c - \lambda)}$$

Für jeden vorgeschriebenen Werth von c muss nemlich $F - \xi$ der Gleichung

$$F - \xi + \frac{ff}{F - \xi} = F - \xi + \xi' - F' = c - 2f - \lambda$$

Genüge leisten, deren zwei Wurzeln

$$F - \xi = \tfrac{1}{2}(c - 2f - \lambda) + \tfrac{1}{2}\sqrt{(c - 4f - \lambda)(c - \lambda)}$$
$$F - \xi = \tfrac{1}{2}(c - 2f - \lambda) - \tfrac{1}{2}\sqrt{(c - 4f - \lambda)(c - \lambda)}$$

reell und ungleich sind, wenn c grösser ist als $4f + \lambda$, so dass es dann für ein festes Object ξ immer zwei verschiedene Lagen der Linse gibt, bei welchen das Bild mit dem Punkte $\xi + c$ zusammenfällt. Das Product dieser beiden Werthe von $F - \xi$, d. i. $(a - p)(a' - p)$ wird $= ff$, woraus zugleich erhellt, dass $a'-p = b-q$ und $b'-q = a-p$ wird, folglich

$$p = \tfrac{1}{2}(2f+c+\lambda-b-b')$$
$$q = \tfrac{1}{2}(2f-c+\lambda+b+b')$$
$$E = D + \tfrac{1}{2}(b+b'-c)-\tfrac{1}{2}\lambda$$
$$E' = D + \tfrac{1}{2}(b+b'-c)+\tfrac{1}{2}\lambda$$

18.

Bei derjenigen Stellung der Linse, wo $F-\xi=f$ wird, ist $\xi'-\xi = 4f+\lambda$, oder das Bild in der kleinsten Entfernung vom Gegenstande; es entfernt sich von demselben, sobald man die Linse aus jener Stellung nach der einen oder nach der andern Seite wegrückt, aber offenbar anfangs sehr langsam. Es folgt daraus, dass wenn für c ein die Grösse $4f+\lambda$ nur wenig überschreitender Werth gewählt ist, die Versuche zur Ausmittelung der beiden erforderlichen Stellungen der Linse oder der Werthe von b und b' nur eine vergleichungsweise geringe Schärfe zulassen. Diese Unsicherheit fällt in ihrer ganzen Stärke auf die Bestimmung von E und E', daher zu *diesem* Zweck die Anwendung des Verfahrens unter solchen Umständen nicht wohl zu gebrauchen ist. Anders aber verhält es sich, wenn es nur darauf ankommt, die Brennweite zu bestimmen, wo die Schärfe durch jenen Umstand Nichts verliert, weil in den Ausdruck für f nur das Quadrat von $b'-b$ eintritt. Die Ausübung des Verfahrens ist überdies in diesem Falle um so bequemer, weil ausser der Distanz c nur die Grösse der Verschiebung der Linse $b'-b$ gemessen zu werden braucht, also die absoluten Werthe von b und b' unnöthig sind.

19.

Wenn man λ ganz vernachlässigt, also

$$f = \tfrac{1}{4}c - \frac{(b'-b)^2}{4\,c}$$

setzt, so kommt das beschriebene Verfahren mit demjenigen überein, welches Bessel im 17. Bande der Astronomischen Nachrichten vorgeschlagen, und auf die Bestimmung der Brennweite des Objectivs des Königsberger Heliometers angewandt hat. Die strenge Formel zeigt, dass bei der Vernachlässigung von λ die Brennweite um

$$\tfrac{1}{4}\lambda + \frac{\lambda(b'-b)^2}{4c(c-\lambda)}$$

zu gross gefunden wird, wo der zweite Theil unter den erwähnten Umständen als unmerklich betrachtet werden kann. Zur Gewinnung eines der Schärfe, welche das Verfahren an sich verstattet, angemessenen Resultats bleibt daher die Berücksichtigung von λ wesentlich nothwendig: nur hat es einige Schwierigkeit, sich eine genaue Kenntniss dieser Grösse zu verschaffen. Für eine einfache Linse wird es hinlänglich sein, aus der gemessenen Dicke derselben und dem nothdürftig bekannten Brechungsverhältnisse für λ den oben Art. 13 gegebenen Näherungswerth zu berechnen. Auch für eine achromatische Doppellinse mag man allenfalls, in sofern man sich eine genaue Kenntniss von der Dicke jedes einzelnen Bestandtheils verschaffen kann, sich des oben Art. 14 angeführten genäherten Werthes bedienen. Um wenigstens ungefähr eine Vorstellung von dem Einflusse, welchen die Vernachlässigung von λ haben kann, zu erhalten, wollen wir, Beispiels halber, ein Objectiv betrachten, wo die Dicke der Kronglaslinse 7 Linien, die Dicke der Flintglaslinse 3 Linien beträgt, und das Brechungsverhältniss für die erstere zu 1,528, für die andere zu 1,618 annehmen. Dadurch wird die Entfernung der beiden Hauptpunkte von einander näherungsweise

für die Kronglaslinse	2,42
für die Flintglaslinse	1,15
und für die zusammengesetzte Linse	3,57 Linien

also die Brennweite um 0,89 Linien zu gross. An einem Objective von 8 Fuss Brennweite, dem die vorausgesetzten Dimensionen zukämen, würde also der Fehler etwa $\frac{1}{1300}$ des Ganzen betragen.

20.

Wenn man die im vorhergehenden Art. angegebene Bestimmungsart von λ nicht anwenden kann, oder sich nicht damit begnügen will, so scheint folgender Weg am zweckmässigsten, um durch unmittelbare Versuche dazu zu gelangen.

Man bestimme den Platz des Bildes eines sehr entfernten Gegenstandes (so gut man kann in der Axe der Linse) relativ gegen den Punkt D. In sofern man die Entfernung des Objects als unendlich gross betrachten kann, fällt dieses Bild in F', und der gemessene Abstand $F'-D$ gibt also unmittelbar q. Man wiederhole den Versuch, indem man die Linse umkehrt, wo also das Bild in F fallen, und seine Entfernung von D den Werth von p geben wird. Für den dritten Versuch bringe man das Object (auf der Seite von F) der Linse möglichst nahe, bestimme die Entfernung des Bildes von diesem Object $= \xi'-\xi$, und zugleich die Entfernung $D-\xi = a''$, und setze $\xi'-D = \xi'-\xi-a'' = b''$. Man hat folglich

$$(p-a'')(q-b'') = ff$$

oder

$$\lambda = p+q-2\sqrt{(p-a'')(q-b'')}$$

Hat man die Messungen in allen drei Versuchen mit grösster Schärfe ausführen können, so sind dadurch allein schon alle drei Elemente p, q, f hinlänglich genau bestimmt, und es bedarf keiner andern weiter. Wünscht man aber f mit einer noch grössern Schärfe zu erhalten, so hat man jene Versuche nur als eine Vorbereitung zu dem Verfahren des 18. Artikels zu betrachten, die den Werth von λ liefert. Um klarer zu übersehen, von welchen Momenten die Schärfe in der so erhaltenen Bestimmung von λ hauptsächlich abhängt, setzen wir obige Formel für λ in folgende Gestalt

$$\lambda = a''+b''+\frac{(p-a''-\sqrt{(p-a'')(q-b'')})^2}{p-a''}$$

und erwägen, dass $p-a''-\sqrt{(p-a'')(q-b'')}$ den Abstand des Objects im dritten Versuche vom ersten Hauptpunkte, $p-a''$ hingegen den Abstand jenes Objects vom ersten Brennpunkte vorstellt. Es erhellt daraus, dass unter den Statt habenden Umständen der letzte Theil der Formel für λ nur sehr klein wird, und sein berechneter Werth von kleinen Ungenauigkeiten in den Werthen von p, q, a'', b'' nur wenig afficirt wird, also die Schärfe der Bestimmung von λ hauptsächlich nur von der Schärfe der Messung von $\xi'-\xi = a''+b''$ abhängt.

21.

In Beziehung auf das im vorhergehenden Artikel angegebene Verfahren verdienen ein Paar Bemerkungen hier noch einen Platz.

I. Zur Ausführung des dritten Versuchs, wo das Bild nur ein virtuelles wird, reichen die sonst anwendbaren Mittel nicht aus: folgende Methode verei-

nigt aber Bequemlichkeit und Schärfe. Auf einer ebenen Fläche wird eine Kreislinie beschrieben, so gross oder wenig grösser als der vorspringende Rand der Fassung des Glases, und der Mittelpunkt dieses Kreises durch zwei zarte Kreuzli-
nien bezeichnet. Das Glas wird mit der Fassung so auf die Fläche gelegt, dass
jene mit der Kreislinie concentrisch ist; dann ein zusammengesetztes an einem
festen Stative befindliches und mit einem Fadenkreuze versehenes Mikroskop
senkrecht darüber gestellt, und in seiner Hülse so verschoben, bis das Bild der
Kreuzlinie genau mit dem Fadenkreuze zusammenfällt; endlich wird das Glas
weggenommen, und das Mikroskop durch Verschieben in der Hülse der Ebene
genähert, bis das Bild der Kreuzlinie abermals mit dem Fadenkreuze des Mikro-
skops zusammenfällt. Die leicht auf irgend eine Weise scharf zu messende Grösse
der letztern Verschiebung ist die Entfernung des Objects (der Kreuzlinie) von
seinem durch die Glaslinie producirten Bilde $= \xi' - \xi$. Den Punkt der Axe
der Linse, welcher in der den vorspringenden Rand der Fassung berührenden
Ebene liegt, kann man als den festen Punkt D selbst annehmen, in welchem Falle $a'' = 0$, $b'' = \xi' - \xi$ wird, oder, wenn ein anderer Punkt D gewählt war, diesen mit jenem durch leicht sich darbietende Mittel vergleichen,
um a'' zu finden.

II. Wenn die Entfernung des für den ersten und zweiten Versuch benutzten Gegenstandes, zwar gross, aber doch nicht gross genug ist, um sein Bild als
mit dem Brennpunkte ganz zusammenfallend betrachten zu können, so ist eine
Reduction nöthig, welche man erhält, indem man das Quadrat der Brennweite
mit der Entfernung des Gegenstandes dividirt, und diese Reduction ist von den
Abständen des Bildes von dem Punkte D abzuziehen, um die Grössen q und p
genau zu erhalten: offenbar ist dazu nur eine grob genäherte Kenntniss der Brennweite und der Entfernung nöthig, insofern letztere sehr gross ist. Indessen kann
man diese Reduction eben so leicht durch directe strenge richtige Formeln bestimmen. Es sei für den ersten Versuch a der Werth von $D - \xi$, b der Werth
von $\xi' - D$; für den zweiten Versuch hingegen (wo die Linse in verkehrter Stellung angewandt wird) bezeichne man die Entfernung $D - \xi$ mit b', und $\xi' - D$
mit a'. Auf diese Weise (die mit der Art. 16, I angegebenen auf Eins hinausläuft) erreichen wir den Vortheil, dass die für die drei Versuche Statt findenden
Gleichungen

$$(a - p)(b - q) = ff$$
$$(b' - q)(a' - p) = ff$$
$$(a'' - p)(b'' - q) = ff$$

gleichlautend mit denen sind, von welchen wir im 15. Art. ausgingen, und also auch die durch Elimination daraus abgeleiteten Formeln ihre Gültigkeit behalten. Ist man bei der Ausführung des zweiten Versuchs so zu Werke gegangen, dass der Ort des Bildes im Raume derselbe ist wie im ersten Versuche (was leicht geschehen kann, obwohl der Erfolg bei der vorausgesetzten grossen Entfernung des Gegenstandes gar nicht merklich abgeändert wird, wenn man es damit nicht ängstlich genommen hat), so wird $a + b = b' + a'$, welche Grösse wir mit c bezeichnen, und die Formeln des 15. Art. erhalten dadurch noch einige Vereinfachung. Es wird nemlich, aus der zweiten Formel für p und der ersten für q,

$$p = a' - \frac{(a' - a'')(b - b'')}{c - a'' - b''}$$
$$q = b - \frac{(a' - a'')(b - b'')}{c - a'' - b''}$$

III. Wenn man auch das Verfahren des 20. Art. nicht zur vollständigen Bestimmung der Elemente gebrauchen, sondern die schärfste Bestimmung der Brennweite der Methode des 17. Art. vorbehalten will, so bleibt doch jenes zugleich das geeignetste, um die Lage der beiden Hauptpunkte festzusetzen. Es wird nemlich

$$E = D + \tfrac{1}{2}(q - p) - \tfrac{1}{2}\lambda = D + \tfrac{1}{2}(b - a') - \tfrac{1}{2}\lambda$$
$$E' = D + \tfrac{1}{2}(q - p) + \tfrac{1}{2}\lambda = D + \tfrac{1}{2}(b - a') + \tfrac{1}{2}\lambda$$

22.

Für eine einfache Linse und, allgemein zu reden, auch für ein System von Linsen kann man der Brennweite einen bestimmten Werth und den Haupt- und Brennpunkten bestimmte Plätze nur in sofern beilegen, als von Lichtstrahlen von bestimmter Brechbarkeit die Rede ist; für Strahlen von anderer Brechbarkeit erhalten diese Punkte andere Plätze und die Brennweite einen andern Werth, und das nicht homogene Licht von Gegenständen erleidet daher beim Durchgange durch Gläser eine Farbenzerstreuung. Durch eine Zusammensetzung zweier oder mehrerer Linsen aus verschiedenen Glasarten lässt sich diese Farbenzerstreuung aufheben: zur Vollkommenheit eines achromatischen Objectivs wird aber erforderlich sein dass Parallelstrahlen sich unabhängig von der Farbe in Einem Punkte vereinigen, und zwar nicht bloss solche, die parallel mit der Axe, sondern auch solche, die geneigt gegen die Axe einfallen, oder mit andern Worten, die verschiedenfarbigen Bilder eines ausgedehnten als unendlich entfernt betrachteten Gegenstandes müssen nicht bloss in Eine Ebene fallen, sondern auch gleiche Grösse haben.   Die erste Bedingung beruhet auf der Identität des zweiten Brennpunkts für verschiedenfarbige Strahlen, die zweite auf der Gleichheit der Brennweite, und da diese die Entfernung des zweiten Brennpunkts vom zweiten Hauptpunkte ist, so kann man auch die beiden Bedingungen dadurch ausdrücken, dass beide Punkte zugleich für rothe und violette Strahlen dieselben sein müssen.   Ist die erste Bedingung allein erfüllt, so geben die gegen die Axe geneigten Strahlen kein reines Bild; allein eine *sehr* geringe Ungleichheit der Brennweiten für verschiedenfarbige Strahlen wird immer als ganz unschädlich betrachtet werden dürfen.

In der Theorie der achromatischen Objective pflegt man nur die erste Bedingung zu berücksichtigen.   Allein bei der gewöhnlichen Construction dieser Objective, wo die beiden Linsen entweder in Berührung oder in einem äusserst geringen Abstande von einander sich befinden, wird die Lage der Hauptpunkte von der ungleichen Brechbarkeit der Lichtstrahlen so wenig afficirt, dass die zweite Bedingung von selbst erfüllt ist, wenn nicht genau, doch so nahe, dass eine merkliche Unvollkommenheit nicht daraus entstehen kann: auch lässt sich, wenn man es der Mühe werth hält, die Dicke der Linsen so berechnen, dass eine genaue Identität des zweiten Hauptpunkts für ungleiche Strahlen Statt findet.

Anders verhält es sich hingegen, wenn die convexe Kronglaslinse von der concaven Flintglaslinse durch einen beträchtlichen Abstand getrennt ist. Es lässt sich leicht zeigen, dass bei solchen Bestimmungen für diesen Abstand und die Brennweiten der einzelnen Linsen, wo der zweite Brennpunkt dieses Linsensystems für verschiedenfarbige Strahlen derselbe bleibt, die Brennweite dieses Systems für die violetten Strahlen nothwendig grösser wird als für die rothen, und dass der Unterschied von derselben Ordnung ist wie derjenige, der (im umgekehrten Sinn) bei einfachen Linsen Statt findet.   Dasselbe gilt auch noch, wenn (wie bei den sogenannten dialytischen Fernröhren geschieht) anstatt der zweiten Linse eine Zusammensetzung aus einer Flintglaslinse, und einer Kronglaslinse, in Berührung oder sehr geringem Abstande von einander, angenommen wird. Immer bleibt es unmöglich, auf diese Weise von einem ausgedehnten Objecte ein vollkommen farbenreines Bild hervorzubringen, indem das violette Bild, wenn es in demselben Abstande von dem Linsensysteme liegen soll wie das rothe, nothwendig grösser wird, als das letztere.

Man darf jedoch hieraus keinesweges folgern, dass *Fernröhre* von dieser letztern Einrichtung in Beziehung auf Achromatismus unvollkommener bleiben müssen, als Fernröhre mit achromatischen nach der gewöhnlichen Art construirten und ein völlig farbenreines Bild hervorbringenden Objectiven. Man kann vielmehr gerade umgekehrt behaupten, dass jene bei einer wohlberechneten Anordnung der Oculare dem Auge das farbenreinere Bild zu geben fähig sind.

In der That kann ein vollkommen farbenreines vom Objectiv erzeugtes Bild (möge es ein wirkliches oder virtuelles sein) wegen der Farbenzerstreuung, welche durch die Oculargläser hervorgebracht wird, dem *Auge* nicht vollkommen rein *erscheinen*; man verhütet zwar durch besondere Anordnung der Oculare den sogenannten farbigen Rand, kann aber damit die Längenabweichung nicht aufheben, welche noch durch den Umstand vergrössert wird, dass das menschliche Auge selbst nicht achromatisch ist. Man bewirkt nur, dass die letzten Bilder, rothes und violettes, in einerlei scheinbarer Grösse, nicht aber, dass sie in gleichem Abstande oder *zugleich* deutlich erscheinen.

Die ungleiche Grösse der ersten Bilder, des rothen und violetten, welche bei den dialytischen Objectiven unvermeidlich ist, lässt sich aber durch eine angemessene Einrichtung der Oculare sehr wohl compensiren, so dass der farbige Rand in der Erscheinung eben so gut gehoben wird, wie bei Fernröhren von gewöhnlicher Einrichtung, während die zweite eben berührte Unvollkommenheit auch hier bleibt, so lange das erste rothe und violette Bild in gleicher Entfernung von dem Objective liegen.

Es ist also klar, dass um *im Auge* ein vollkommen farbenreines Bild hervorzubringen, das erste Bild eine gewisse von den Verhältnissen der Oculare und dem Nichtachromatismus des menschlichen Auges abhängende Längenabweichung haben *muss*. Theoretisch betrachtet lässt sich nun allerdings auch ein Objectiv von gewöhnlicher Einrichtung so berechnen, dass eine vorgeschriebene Längenabweichung Statt findet; allein abgesehen von der Schwierigkeit, der ganzen

Schärfe, welche zur Darstellung so sehr kleiner Unterschiede erfordert wird, in der technischen Ausführung nachzukommen, würde doch diese Längenabweichung immer nur für ein bestimmtes Ocular passen. Bei der dialytischen Einrichtung hingegen ist durch die Verschiebbarkeit der den zweiten Theil des Objectivs bildenden Doppellinse gegen den ersten das Mittel gegeben, diejenige Längenabweichung zu erhalten, welche für jedes Ocular erforderlich ist, während das Ocular so eingerichtet sein kann, dass der farbige Rand gehörig gehoben wird. Übrigens muss ich mich hier auf diese kurze Andeutung beschränken, und eine ausführlichere Entwickelung dieses interessanten Gegenstandes einer andern Gelegenheit vorbehalten.

ANZEIGEN

EIGNER

ABHANDLUNGEN.

Am 18. März wurde der königl. Societät von dem Prof. Gauss eine Vorlesung übergeben, mit der Überschrift:

Theoria attractionis corporum sphaeroidicorum ellipticorum homogeneorum,
methodo nova tractata.

Bekanntlich haben sich seit Newton's Zeiten die ersten Geometer mit dieser berühmten Aufgabe gleichsam wetteifernd beschäftigt. Newton that den ersten Schritt, indem er die Anziehung eines Punktes in der Axe eines Umdrehungs-Sphäroids bestimmen lehrte, so wie ausserdem das einfache Verhältniss zwischen den Anziehungen aller Punkte, die im Innern des Sphäroids in einem und demselben Diameter liegen. Maclaurin glückte es hiernächst, in seiner berühmten Preisschrift über die Ebbe und Fluth die Anziehung aller Punkte auf der Oberfläche des Sphäroids zu bestimmen, auf welche sich auch, vermöge des Newtonschen Lehrsatzes, die Anziehungen im Innern reduciren liessen, so dass also nur noch die Anziehung der äussern Punkte fehlte, deren Bestimmung freilich den schwierigsten Theil der Aufgabe ausmachte. Auch hierin that Maclaurin schon einen Schritt: er bestimmte die Anziehung der Punkte in der Verlängerung des Aequators und der Axe. Maclaurin's Entdeckungen wurden als Meisterstücke der Synthesis allgemein bewundert, und eine Zeitlang als Beweise angesehen, dass es Fälle gebe, wo die synthetische Methode einen entschiedenen Vorzug vor der analytischen habe. LAGRANGE setzte letztere wieder in ihre Rechte ein, indem er ihr eine Aufgabe unterwürfig machte, welche nur der Synthesis zugänglich geschienen hatte, und mit der ihm eignen Gewandtheit alle Entdeckungen MACLAURIN's auf analytischem Wege zu finden lehrte. Obgleich dadurch in der Sache selbst kein neuer Fortschritt gemacht war, so musste dies doch als eine höchst wichtige Vorbereitung der spätern Arbeiten angesehen werden. LEGENDRE war es, dem es gelang, die Theorie der Anziehung der Umdrehungs-Sphäroide zu vollenden, indem er den schönen Lehrsatz fand, und bewies, dass die Anziehung eines äussern Punktes von einem Sphäroide dieselbe Richtung hat, wie die Anziehung desselben Punktes von einem zweiten Sphäroide, dessen Oberfläche durch diesen Punkt geht, wenn die beiden erzeugenden Ellipsen einerlei Brennpunkt haben, und dass die erstere Anziehung sich zur andern verhält, wie die Masse des erstern Sphäroids zur Masse des andern.

Alles dieses bezieht sich auf die Sphäroide, welche durch Umdrehung einer halben Ellipse um die eine oder die andere Axe erzeugt sind. Allein jetzt blieb noch die weit schwerere Aufgabe zurück, die Anziehung eines Ellipsoids zu bestimmen, bei welchem auch der Aequator elliptisch ist, oder eines Körpers, von welchem jeder Schnitt mit einer Ebene eine Ellipse gibt. Die Bestimmung der Anziehung für Punkte in der Richtung der drei Hauptaxen hatte schon MACLAURIN angedeutet, und D'ALEMBERT und LAGRANGE hatten dafür analytische Beweise gegeben. LEGENDRE hatte ferner aus Induction die allgemeine Gültigkeit seines vorhin angeführten schönen Theorems geahnt, ohne doch einen strengen Beweis finden zu können. LAPLACE war es vorbehalten, diese Lücke auszufüllen, und die Auflösung der Aufgabe in ihrer ganzen Allgemeinheit zu vollenden (1782). Hiermit, könnte man glauben, sei nun die Untersuchung als geschlossen anzusehen. Allein schon der Umstand, dass mehrere Geometer seit der Zeit sich wieder von neuem mit demselben Gegenstande beschäftigt haben, zeigt, dass noch viel zu wünschen übrig blieb. Das Erste und Wesentlichste bei einer Aufgabe ist immer, dass sie überhaupt nur aufgelöst werde. Allein zu einem und demselben Ziele führen oft mehrere Wege. Nicht selten kommt man zum ersten Male auf einem langen dornigen Umwege zum Ziele; der kürzeste, der wahre echte Weg wird erst viel später entdeckt. Die LAPLACE'sche Auflösung ist ein schönes Document der feinsten analytischen Kunst: allein der Weg, auf welchem er dazu gelangt, ist lang und beschwerlich, und gewiss ist die Anzahl der Geometer und

Astronomen, die ihm darauf gefolgt sind, nur klein. Auch der Gebrauch der unendlichen Reihen, deren Convergenz nicht bewiesen ist, thut der Klarheit und Bündigkeit des Beweises einigen Eintrag. LEGENDRE hat zwar 1788 eine andere Auflösung gegeben, von welcher indess fast dasselbe gilt, was wir gegen die von LAPLACE erinnert haben. Ein competenter Richter, LAGRANGE, fällt über die Auflösungen jener beiden grossen Analysten folgendes Urtheil (in den *Nouv. Mém. de l'Acad. de Berlin* 1793): '*On ne peut regarder leurs solutions que comme des chefs-d'oeuvre d'analyse, mais on peut désirer encore une solution plus directe et plus simple: et les progrès continuels de l'analyse donnent lieu de l'espérer.*' Seitdem haben noch BIOT und PLANA jene beiden Beweise zu vervollkommnen und zu vereinfachen gesucht. Indessen obgleich diese Arbeiten schätzbar sind, muss man doch noch immer diese Auflösungen zu den verwickeltsten und subtilsten Anwendungen der Analyse rechnen.

Der Verfasser der gegenwärtigen Abhandlung, welcher seit lange schon die Überzeugung hatte, dass die *echte* Auflösungsmethode jener berühmten Aufgabe erst noch gefunden werden müsse, wurde vor einem halben Jahre veranlasst, sich mit derselben näher zu beschäftigen, und indem er einen von den vorigen ganz abweichenden Weg nahm, hatte er das Vergnügen, auf eine so überraschend kurze und einfache Auflösung zu kommen, dass das Wesentliche davon sich auf zwei Seiten bringen liess. Freilich hat er sie hier nicht ganz so kurz vorgetragen. Theils wünschte er sie auch weniger geübten Lesern verständlich zu machen (denen diese für die Gestalt der Erde so interessanten Untersuchungen bisher ganz unzugänglich waren), und dass sich die neue Auflösung dazu vollkommen qualificire, davon hat er bereits mehrere Beweise. Theils schien es der Mühe werth, die Gründe, worauf sie beruht, und die auch bei andern Gelegenheiten oft mit Vortheil anzuwenden sein werden, etwas ausführlicher zu entwickeln, als für den nächsten Zweck erforderlich gewesen wäre.

Wir wollen jetzt hier noch die Hauptmomente der ganzen Auflösung in möglichster Kürze darstellen, doch für Kenner vollkommen hinlänglich. Wir müssen hier Verzicht darauf leisten, auch solchen Lesern ganz verständlich zu werden, die mit Untersuchungen dieser Art noch nicht vertraut sind; diese müssen wir auf die ausführliche Abhandlung selbst verweisen, welche schon gedruckt ist, und in kurzem in dem zweiten Bande der *Commentationes recentiores* der Societät erscheinen wird.

Der Verf. fängt damit an, sechs verschiedene allgemeine Lehrsätze zu begründen, vermittelst deren dreifache, durch einen körperlichen Raum auszudeh-
nende, Integrale auf zweifache, nur über die Oberfläche des Körpers auszudeh-
nende, Integrale reducirt werden. Wir geben hier von diesen Lehrsätzen nur
drei, da die andern zur gegenwärtigen Untersuchung nicht nothwendig sind.

Es sei ds ein Element der Oberfläche eines Körpers von beliebiger Gestalt;
PQ, PM, PX, PY, PZ, gerade Linien, von einem Punkte P dieses Elements
gezogen, senkrecht auf die Oberfläche und nach aussen zu, nach dem angezogenen Punkte M, parallel mit den drei Axen der Coordinaten. Es sei ferner r der
Abstand des Punktes M von P; MQ der Winkel zwischen PM und PQ; MX
der Winkel zwischen PM und PX; QX der Winkel zwischen PQ und PX.
Endlich bezeichne π das Verhältniss des Kreisumfanges zum Durchmesser, X
die Anziehung, welche der ganze Körper auf den Punkt M parallel mit den Coordinaten x ausübt. Man hat dann

I.
$$\int \frac{ds.\cos MQ}{rr} = 0 \text{ oder } = -4\pi$$

je nachdem M ausserhalb oder innerhalb des Körpers fällt,

II.
$$\int \frac{ds.\cos QX}{r} = X$$

III.
$$\int \frac{ds.\cos MQ.\cos MX}{r} = -X$$

wo die Integrale über die ganze Oberfläche des Körpers auszudehnen sind. Die
Beweise dieser Lehrsätze unterdrücken wir hier, und bemerken nur, dass die
zwei ersten sich auf Zerlegung des Körpers in Kegelelemente, die ihre Spitze in
M haben, gründen, der dritte hingegen auf Zerlegung des Körpers in prismatische Elemente, parallel mit der Axe der Coordinaten x.

Für die Oberfläche eines Ellipsoids, dessen drei halbe Axen A, B, C sind,
hat man zwischen den Coordinaten x, y, z die Gleichung

$$\frac{xx}{AA} + \frac{yy}{BB} + \frac{zz}{CC} = 1$$

Ferner wird $\cos QX = \frac{x}{AA\rho}$, wenn man Kürze halber setzt

$$\sqrt{\left(\frac{xx}{A^4} + \frac{yy}{B^4} + \frac{zz}{C^4}\right)} = \rho$$

Bedeuten a, b, c die Coordinaten des Punkts M, so hat man

$$r = \sqrt{[(a-x)^2 + (b-y)^2 + (c-z)^2]}$$

$$\cos MX = \frac{a-x}{r}$$

$$\cos MQ = \frac{1}{\rho r}\left(\frac{(a-x)x}{AA} + \frac{(b-y)y}{BB} + \frac{(c-z)z}{CC}\right)$$

Es werden jetzt zwei neue veränderliche Grössen p, q eingeführt, von denen x, y, z so abhangen, dass

$$x = A\cos p$$
$$y = B\sin p\cos q$$
$$z = C\sin p\sin q$$

Um also die ganze Oberfläche des Ellipsoids zu umfassen, muss man p von 0 bis 180^0, q von 0 bis 360^0 ausdehnen. Man setze endlich noch $X = ABC\xi$. Aus bekannten Gründen ergibt sich $ds = dp.dq.ABC\rho\sin p$. Obige drei Theoreme erhalten hierdurch folgende Gestalt, wenn man Kürze halber

$$\frac{(a-x)x}{AA} + \frac{(b-y)y}{BB} + \frac{(c-z)z}{CC} = \psi$$

setzt,

[1]
$$\iint \frac{dp.dq.\sin p.\psi}{r^3} = 0 \quad \text{oder} \quad = -\frac{4\pi}{ABC}$$

[2]
$$\iint \frac{dp.dq.\cos p.\sin p}{r} = A\xi$$

[3]
$$\iint \frac{dp.dq.\sin p.\psi(a-x)}{r^3} = -\xi$$

Man betrachte nun A, B, C als bestimmte besondere Werthe dreier veränderlicher Grössen α, $\mathfrak{b}$, γ, die aber so verbunden sind, dass $\alpha\alpha - \mathfrak{b}\mathfrak{b}$, $\alpha\alpha - \gamma\gamma$ constant bleiben. Die Formel [1] führt leicht zu dem Schluss, dass, für ein unendlich wachsendes α, ξ unendlich abnimmt. Differentiirt man [2] in Beziehung auf die veränderlichen Grössen α, $\mathfrak{b}$, γ, und bedient sich dabei des Variationszeichens δ, so kommt

$$\alpha\delta\xi + \xi\delta\alpha = -\iint\frac{dp.dq.\cos p.\sin p.\delta r}{rr}$$

$$= \delta\alpha.\iint\frac{dp.dq.\sin p.x\psi}{r^3}$$

36*

oder wenn man hier statt ξ seinen Werth aus [3] setzt,

$$\alpha\delta\xi = \delta\alpha.\iint\frac{dp.dq.\sin p.a\psi}{r^3}$$

Dies mit [1] verglichen, gibt

[4] $\delta\xi = 0$

wenn der Punkt M ausserhalb des Ellipsoids,

[5] $\delta\xi = -\frac{4\pi a\delta a}{\alpha a\text{\ss}\gamma}$

wenn M innerhalb liegt.

Aus [4] folgt, dass ξ constant, oder die Anziehung der Masse proportional ist, für alle Sphäroide, deren Hauptschnitte Ellipsen von einerlei Brennpunkten sind, so lange M nicht innerhalb fällt. Die Bestimmung der Anziehung eines Sphäroids auf einen äussern Punkt reducirt sich also auf die Bestimmung der Anziehung eines andern Sphäroids, das aus denselben Brennpunkten beschrieben durch den angezogenen Punkt geht. Um diese zu bestimmen, werde der andere Fall betrachtet, wo der angezogene Punkt innerhalb liegt. Durch die Substitution von

$$\text{\ss}\text{\ss} = \alpha\alpha - AA + BB$$
$$\gamma\gamma = \alpha\alpha - AA + CC$$

in der Gleichung [5] wird diese, wenn man zugleich $\frac{A}{\alpha} = t$ setzt. und statt des Zeichens δ wieder das gewöhnliche d schreibt

$$\xi = \frac{4\pi a}{A^3}\int\frac{tt\,dt}{\sqrt{[(1-(1-\frac{BB}{AA})tt)(1-(1-\frac{CC}{AA})tt)]}}$$

wo das Integral so bestimmt werden muss, dass es für $t = 0$ verschwindet, und dann, für das *bestimmte* Sphäroid, bis $t = 1$ auszudehnen ist. Man hat also, in demselben Sinne.

[6] $$X = \frac{4\pi aBC}{AA}\int\frac{tt\,dt}{\sqrt{[(1-(1-\frac{BB}{AA})tt)(1-(1-\frac{CC}{AA})tt)]}}$$

Diese Formel gibt die Anziehung für alle Punkte, die nicht ausserhalb liegen, und da sie bis zur Oberfläche selbst gültig sein muss, und die Anziehung äusse-

rer Punkte bereits auf die Anziehung der Punkte auf der Oberfläche zurückgeführt war, so ist dadurch die Aufgabe vollständig aufgelöst. (Es braucht kaum
erinnert zu werden, dass die Anziehungen parallel mit den beiden andern Hauptaxen sich schlechthin durch Umtauschung von A, a gegen B, b oder gegen C, c
ergibt.)

Die Gleichung [6] lehrt ferner, dass für einen innern Punkt die Anziehung aller Sphäroide, die einander ähnlich sind und ähnlich liegen, identisch ist.
Denkt man sich also ein solches Sphäroid in Schichten getheilt, die durch ähnliche ellipsoidische Flächen begrenzt sind, so ist klar, dass alle ausserhalb des
angezogenen Punkts liegenden Schichten gar nichts zur Anziehung beitragen,
und bloss die Anziehung des sphäroidischen Kerns übrig bleibt, dessen Oberfläche durch den angezogenen Punkt geht.

Zum Schluss erwähnt der Verf. noch der neuesten Arbeit über denselben
Gegenstand von Hrn. IVORY in den *Philos. Transact.* 1809, welche er, aufmerksam gemacht durch den Hrn. Grafen LAPLACE, erst kennen lernte, als seine eigene Abhandlung schon ganz vollendet war. Durch eine sehr glückliche Idee
hat Hr. IVORY die Anziehung eines äussern Punktes auf die Anziehung eines innern zurückgeführt. Allein die Art, wie er die Anziehung innerer Punkte selbst
bestimmt, ist zwar voll Scharfsinn und Kunst, aber zum Theil, eben so wie
LAPLACE's Auflösung für äussere Punkte, auf die Betrachtung unendlicher, nicht
überall convergirender, Reihen gegründet, und weit von der Einfachheit entfernt,
die gewünscht werden konnte, so dass die IVORY'sche Auflösung des Problems,
als ein Ganzes betrachtet, im Grunde nicht viel weniger künstlich und verwickelt
ist, als die Auflösungen von LAPLACE und LEGENDRE. Übrigens beruhet jene und
diejenige, von welcher hier Bericht erstattet ist, auf ganz verschiedenen Gründen, und beide haben gar nichts gemein, als den Gebrauch der zwei veränderlichen Grössen, welche oben mit p, q bezeichnet sind.

[Handschriftliche Bemerkung.]

Durch eine der hier vorgetragenen ähnliche Methode bestimmt man auch
die Function V, d. i. die Summe aller Theilchen eines Körpers, jedes mit seinem
Abstande vom angezogenen Punkt dividirt.

Man findet nemlich allgemein

$$V = -\tfrac{1}{2}\int \mathrm{d}s . \cos QM$$

also beim Ellipsoid $V = ABC . w$ gesetzt

$$w = \int \frac{\mathrm{d}p . \mathrm{d}q . \sin p}{2r}\left(\frac{x(x-a)}{AA} + \frac{y(y-b)}{BB} + \frac{z(z-c)}{CC}\right)$$

$$= -\tfrac{1}{2}a\xi - \tfrac{1}{2}b\eta - \tfrac{1}{2}c\zeta + \int \frac{\mathrm{d}p . \mathrm{d}q . \sin p}{2r}$$

Folglich

$$\delta w = 0 \qquad\qquad \text{für äussere Punkte}$$

$$\delta w = -\left(1 - \frac{aa}{\alpha\alpha} - \frac{bb}{\delta\delta} - \frac{cc}{\gamma\gamma}\right)\frac{2a\delta\alpha . \pi}{\alpha\delta\gamma} \quad \text{für innere Punkte}$$

Für *innere* Punkte wird demnach (**I**)

$$W = \frac{2\pi}{A}\int \frac{\mathrm{d}t}{\sqrt{\left[\left(1-\left(1-\frac{BB}{AA}\right)tt\right)\left(1-\left(1-\frac{CC}{AA}\right)tt\right)\right]}}$$

$$- \frac{2\pi aa}{A^3}\int \frac{tt\,\mathrm{d}t}{\sqrt{\left[\left(1-\left(1-\frac{BB}{AA}\right)tt\right)\left(1-\left(1-\frac{CC}{AA}\right)tt\right)\right]}}$$

$$- \frac{2\pi bb}{B^3}\int \frac{tt\,\mathrm{d}t}{\sqrt{\left[\left(1-\left(1-\frac{CC}{BB}\right)tt\right)\left(1-\left(1-\frac{AA}{BB}\right)tt\right)\right]}}$$

$$- \frac{2\pi cc}{C^3}\int \frac{tt\,\mathrm{d}t}{\sqrt{\left[\left(1-\left(1-\frac{AA}{CC}\right)tt\right)\left(1-\left(1-\frac{BB}{CC}\right)tt\right)\right]}}$$

die Integrationen von $t = 0$ bis $t = 1$ ausgedehnt.

Für *äussere* Punkte bestimmt man zuerst A', B', C' vermittelst der Gleichungen

$$\frac{aa}{A'A'} + \frac{bb}{A'A'-AA+BB} + \frac{cc}{A'A'-AA+CC} = 1,$$

$$B'B' = A'A'-AA+BB$$

$$C'C' = A'A'-AA+CC$$

und substituirt diese Grössen anstatt A, B, C in der Formel I.

Göttingische gelehrte Anzeigen. 1829 October 12.

Am 28. September übergab Hofr. GAUSS der Königl. Societät eine Vorlesung:

Principia generalia theoriae figurae fluidorum in statu aequilibrii,

von welcher wir hier Bericht abzustatten haben. Ihr Gegenstand gehört in dasjenige Gebiet der mathematischen Physik, welches LAPLACE durch seine beiden in den Jahren 1806 und 1807 erschienenen, in dieser Wissenschaft Epoche machenden Abhandlungen, *Théorie de l'action capillaire*, und *Supplément à la théorie de l'action capillaire* auf eine so glänzende Art eröffnet hat. Zur Erklärung der Gesetze, nach welchen wir die Himmelskörper sich bewegen sehen, ist die Annahme einer allgemeinen gegenseitigen Anziehung alles Materiellen, deren Stärke dem Quadrate der Entfernung umgekehrt proportional ist, sowohl nothwendig, als zureichend. Die Schwere der Körper auf der Oberfläche der Erde ist gleichfalls nichts weiter, als eine Wirkung dieser allgemeinen Kraft. Allein die mannigfaltigen Erscheinungen, welche Körper in der Berührung darbieten, das Aufsteigen einiger Flüssigkeiten in sehr engen Röhren, das Sinken anderer, die Adhäsion der Flüssigkeiten an einigen festen Körpern, ihre Tropfengestalt oberhalb anderer, die Cohäsion u. s. w. lassen sich aus einer jenes Gesetz befolgenden Anziehung nicht erklären, da eine richtig geführte Rechnung leicht zeigt, dass ein einzelner Körper, dessen Dimensionen gegen die der ganzen Erde verschwinden, gegen einen wo immer befindlichen Punkt vermöge jenes Gesetzes nur eine gegen die Schwere unmerkliche Anziehung ausüben kann. Man ist daher genöthigt, das Gesetz der allgemeinen Anziehung für sehr kleine Entfernungen zu modificiren, oder, was dasselbe ist, neben jener dem Quadrate der Entfernung umgekehrt proportionalen Anziehung noch eine andere anzunehmen, deren eigentliches Gesetz genau auszudrücken uns zwar die Mittel fehlen, die aber wie die Erscheinungen lehren, in jeder für uns messbaren Entfernung unmessbar klein, in unmessbar kleinen Entfernungen hingegen nicht bloss merklich, sondern sogar überaus gross sein muss. Man nennt diese Kraft Molecularanziehung, eine Benennung, die freilich eigentlich nichts Bezeichnendes hat, wogegen der von einigen deutschen Physikern gebrauchte Ausdruck Flächenkraft etwas anderes bezeichnet, als was hier bezeichnet werden soll.

LAPLACE hat zuerst diese Vorstellung von der bei jenen Phänomenen thätigen Kraft in Beziehung auf die Gleichgewichtsfigur der liquiden Flüssigkeiten dem Calcül unterworfen, durch eine schöne Analyse die in jedem Punkte der Oberfläche der Flüssigkeit zum Gleichgewicht nothwendige Gleichung aufgefunden, und nicht bloss die eigentlich sogenannten Capillar-Phänomene sondern eine Menge anderer damit verwandter Erscheinungen daraus erklärt. Diese Untersuchungen, durchgehends durch eine überraschend genaue Übereinstimmung mit der Erfahrung bestätigt, gehören zu den schönsten Arbeiten jenes grossen Geometers. Zwar hat es nicht an Gegnern dieser Theorie gefehlt: man findet jedoch nicht, dass bisher etwas irgend erhebliches dagegen vorgebracht wäre, und die Schwäche der bekannt gewordenen Einwürfe, welche höchstens einige Nachlässigkeiten in der Darstellung, aber nicht die Sache selbst treffen, ist leicht nachzuweisen, wie z. B. PETIT die von BRUNACCI gemachten Einwendungen siegreich widerlegt hat.

Um so mehr muss man sich wundern, dass eine wirkliche und wesentliche Mangelhaftigkeit an dieser Theorie bisher ganz übersehen ist. Das Wesen dieser Theorie beruht nämlich, genau betrachtet, auf zwei Hauptsätzen. Der eine besteht in der vorhin erwähnten Gleichung, welche in jedem Punkte der freien Oberfläche der Flüssigkeit beim Gleichgewicht Statt haben muss, und deren Begründung, wie LAPLACE sie gegeben hat, nichts wesentliches zu wünschen übrig lässt. Diese Gleichung ist eine partielle Differentialgleichung, die für sich allein die Gestalt der Oberfläche nicht vollständig bestimmen kann, da ihre Integration, wenn sie allgemein möglich wäre, noch zwei arbiträre Functionen einführen würde, deren Bestimmung anderswoher entlehnt werden muss.   Die Stelle dieses Erfordernisses vertritt nun der zweite Hauptsatz, nach welchem im Zustande des Gleichgewichts die freie Oberfläche der Flüssigkeit da, wo sie durch das Gefäss begrenzt wird, mit der Wand des Gefässes einen bestimmten constanten Winkel machen muss, der bloss von dem Verhältniss der Molecularanziehungen abhängt, welche die Theile der Flüssigkeit einerseits von einander und andererseits von den Theilen des Gefässes erleiden.   Dieser höchst wichtige Satz, ohne welchen die Theorie nur zur Hälfte vollendet sein würde, gehört gleichfalls Laplace an, und ist in dessen Theorie von Anfang bis zu Ende verwebt: allein umsonst sucht man in beiden angeführten Schriften eine befriedigende bloss auf die Natur der Molecularanziehung gestützte Begründung desselben.   Was in der ersten Abhandlung S. 5 oben vorkommt, setzt, was bewiesen werden sollte, schon voraus, und die Rechnungen in derselben Abhandlung S. 44 u. f. führen zu gar keinem Resultate. Was sonst noch hierüber zu sagen ist, muss hier der Kürze wegen übergangen, und demnächst in der vorliegenden Abhandlung selbst nachgesehen werden.

Dieser Umstand ist eine von den Veranlassungen gewesen, die den Hofr. Gauss bewogen haben, diese Untersuchung von neuem aufzunehmen, und zwar auf einem eigenthümlichen Wege, der von dem von Laplace benutzten gänzlich verschieden ist, wenn gleich jener und diese von einerlei Grundvoraussetzung in Beziehung auf die Natur der Molecularanziehung ausgehen, und am Ende zu einerlei Ziele führen.   Laplace hat die erwähnte Gleichung für das Gleichgewicht auf eine doppelte Art begründet; in der ersten Abhandlung mit Hülfe des Princips des Gleichgewichts in unendlich engen Canälen; in der zweiten vermittelst des Satzes, dass die Gesammtkraft, welche auf irgend einen Punkt der freien Oberfläche der Flüssigkeit wirkt, beim Gleichgewicht auf die Oberfläche senkrecht ist.   Die gegenwärtige neue Bearbeitung der Theorie der Gleichgewichtsgestalt der Flüssigkeiten geht dagegen von dem Princip der virtuellen Bewegungen aus.

Wir würden die dieser Anzeige gesetzten Grenzen weit überschreiten müssen, wenn wir hier dem Gange der Untersuchungen im Einzelnen folgen wollten. Aber verweilen müssen wir bei einem neuen Theorem, welches einen Hauptabschnitt in denselben macht, und in einer einzigen Formel die Auflösung der Aufgabe in grösster Einfachheit und Klarheit darstellt.   Es ist folgendes:

Wenn man durch s das Volumen der Flüssigkeit, durch h die Höhe ihres Schwerpunkts über einer beliebigen horizontalen Ebene, durch T den Inhalt

37

desjenigen Theils der Oberfläche der Flüssigkeit, welche das Gefäss berührt, und durch U den Inhalt des andern (freien) Theiles dieser Oberfläche bezeichnet: so ist im Zustande des Gleichgewichts das Aggregat

$$sh + (\alpha\alpha - 2\mathfrak{bb})T + \alpha\alpha U$$

ein Minimum, wo $\alpha\alpha$ und $\mathfrak{bb}$ gewisse Constanten bedeuten, welche von dem Verhältniss der Schwere zu der Intensität der Molecularanziehung der Theile der Flüssigkeit gegen einander und der Theile des Gefässes gegen die Flüssigkeit abhangen.

Wir sehen hier also, als die Frucht einer schwierigen und subtilen Untersuchung einen Ausdruck für das Gesetz des Gleichgewichts hervorgehen, der, selbst dem gemeinen Verstande begreiflich, die Vermittlung des Conflicts zwischen den verschiedenen hier ins Spiel tretenden Kräften klar vor Augen legt. Wäre die Schwere die einzige wirkende Kraft, so würde beim Gleichgewicht der Schwerpunkt der ganzen Flüssigkeit so tief wie möglich liegen, also h ein Minimum sein müssen. Setzt man hingegen die Schwere und die Anziehung des Gefässes ganz bei Seite, so dass bloss die gegenseitige Anziehung der Theile der Flüssigkeit selbst in Betracht kommt, so muss diese eine sphärische Gestalt annehmen, also $T + U$ ein Minimum sein. Wäre endlich weder Schwere noch gegenseitige Anziehung der Flüssigkeitstheile vorhanden, so würde die Flüssigkeit sich über die ganze Oberfläche des Gefässes verbreiten, also T ein Maximum, oder $-T$ ein Minimum sein müssen. Man findet es begreiflich, dass beim Zusammenwirken der drei Kräfte ein aus jenen drei Grössen Zusammengesetztes ein Kleinstes werden soll, wiewohl sich von selbst versteht, dass die eigentliche feste Begründung jenes Lehrsatzes nur auf die vollständigen strengen mathematischen Schlussreihen gestützt werden kann, die von der Natur der Molecularanziehung wesentlich abhängig sind.

Mit grosser Leichtigkeit leitet man aus dieser Formel die Erscheinungen des Steigens oder Fallens der Flüssigkeit in Haarröhrchen mit verticalen innern Seitenwänden ab: hier beschränken wir uns auf eine kurze Andeutung und auf den Fall, wo die Weite des Haarröhrchens gegen die Weite des Gefässes an der Oberfläche der Flüssigkeit, in welche jenes eingetaucht ist, als verschwindend betrachtet werden kann, mithin das Fallen oder Steigen der Flüssigkeit im Gefässe, welches mit dem Steigen oder Fallen im Haarröhrchen zusammenhängt, vernachlässigt werden darf. Da dies obige Aggregat seinen kleinsten Werth für die Gleichgewichtsgestalt der Flüssigkeit hat, unter *allen* anderen Gestalten, welche diese annehmen kann, so ist jener Werth auch der kleinste unter denen, die bei bloss veränderter Höhe der Flüssigkeit im Haarröhrchen ohne Veränderung der Figur der freien Oberfläche in derselben hervorgehen. Bezeichnet man nun mit h^0, T^0, U^0 die Werthe von h, T, U, wenn die Flüssigkeit im Haarröhrchen eben so hoch steht, wie im Gefässe (oder genau, wenn sie im Mittel eben so hoch steht, insofern die freie Oberfläche in jenem keine horizontale Ebene bildet); ferner mit a und b den Flächeninhalt und den Umfang eines innern Querschnitts des Haarröhrchens, so wird man allgemein, der (mittlern) Höhe im Haarröhrchen über dem Niveau im Gefässe $= z$ entsprechend, haben

$$s\,h = s\,h^0 + \tfrac{1}{2}azz$$
$$T = T^0 + bz$$
$$U = U^0$$

also das obige Aggregat

$$= s\,h^0 + (\alpha\alpha - 2\mathfrak{b}\mathfrak{b})T^0 + \alpha\alpha\,U^0 + \tfrac{1}{2}azz + (\alpha\alpha - 2\mathfrak{b}\mathfrak{b})bz$$

welches offenbar ein Minimum wird für

$$z = \frac{(2\mathfrak{b}\mathfrak{b} - \alpha\alpha)b}{a}$$

Die Flüssigkeit wird also im Haarröhrchen höher oder tiefer stehen, als im Gefässe, je nachdem $\mathfrak{b}\mathfrak{b}$ grösser oder kleiner ist als $\tfrac{1}{2}\alpha\alpha$, und der Unterschied des Standes, bei bestimmter Flüssigkeit und Haarröhrchen von bestimmter Materie wird der Peripherie des innern Querschnitts direct und dem Flächeninhalt desselben verkehrt proportional sein.

Von höherer Wichtigkeit, als die Erledigung dieser zwar vorzüglich in die Augen fallenden, aber doch nur ganz speciellen Erscheinung, ist die *allgemeine* Entwickelung der Folgen des obigen Lehrsatzes. Es ist klar, dass dieses Geschäft der Variationsrechnung angehört, aber einem Theil derselben, der bisher noch wenig oder gar nicht bearbeitet ist, wo nemlich von der Variation doppelter Integrale mit veränderlichen Grenzen die Rede ist. In dieser Beziehung werden die hier geöffneten Wege auch ein rein mathematisches Interesse darbieten: in dieser Anzeige können wir nur die Resultate bemerken. Diese bestehen, erstlich, in einer Gleichung für jeden Punkt der freien Oberfläche der Flüssigkeit, welche gänzlich mit der oben erwähnten LAPLACEschen Gleichung übereinstimmt; zweitens, für die Grenzen dieser Fläche, in der Gleichung $\sin \frac{1}{2} i = \frac{\mathfrak{b}}{\alpha}$, wenn man durch i den Neigungswinkel zwischen den die freie Oberfläche der Flüssigkeit und die Oberfläche des Gefässes berührenden Ebenen, und zwar ausserhalb der Flüssigkeit gemessen, bezeichnet, welches gerade der zweite von LAPLACE ohne Begründung gebrauchte, Hauptsatz ist.

In einer Anzeige, wie sie diese Blätter verstatten, konnten nur Hauptmomente der vorliegenden Arbeit berührt werden; vieles andere, was diese umfasst, übergehen wir hier ganz oder deuten es nur kurz an. Dahin gehören die Modificationen, welche nothwendig werden, wenn ein Theil der Flüssigkeit als ein Häutchen von unmessbar kleiner Dicke an der Gefässwand anliegt (diese benetzt), welcher Fall eintritt, wenn $\mathfrak{b}$ grösser ist als α, wo die Gleichung $\sin \frac{1}{2} i = \frac{\mathfrak{b}}{\alpha}$ eine scheinbare Ungereimtheit enthält; die Folgen des Umstandes, dass die Kenntniss des Gesetzes der Molecularanziehung in unmessbar kleinen Distanzen (deren Begriff ganz verschieden ist von verschwindenden oder von unendlich kleinen Distanzen) uns unzugänglich bleibt; die Unterscheidung zwischen dem Zustand des wahren Gleichgewichts und des wegen der Reibung an den Gefässwänden auch ausser demselben möglichen Zustandes der Ruhe; die Betrachtung der Discontinuität der Gestalt der Gefässwände (einwärts oder auswärts gehender Winkel) u. s. f.

Der eigentliche Zweck der vorliegenden Arbeit ging dahin, eine feste allgemeine mathematische Begründung der Hauptprincipien dieser Lehre zu geben: es lag für jetzt ausserhalb des Planes, specielle Phänomene zu erklären, worin ohnehin LAPLACE schon so viel geleistet hat. Der hier gewählte Weg ist nicht der einzige: der Verf. hat während der Ausarbeitung noch einen ganz andern, nicht weniger merkwürdigen Weg zu demselben Ziele, und namentlich zu dem schwer zugänglichen zweiten Hauptlehrsatz gefunden, dessen Darstellung, so wie die weitere Ausdehnung der Principien auf die zusammengesetzten Fälle, wo mehrere Flüssigkeiten in einem Gefässe, eingetauchte ganz oder zum Theil freie feste Körper u. dergl. mit in Betracht kommen, er sich auf eine andere Gelegenheit vorbehält.

In der Sitzung der Königlichen Societät am 15. December wurde von dem Hrn Hofr. GAUSS eine Vorlesung gehalten:

Intensitas vis magneticae terrestris ad mensuram absolutam revocata,

von deren Gegenstande hier ein Bericht zu geben ist.

Dass von den drei, die Äusserung des Erdmagnetismus an einem gegebenen Orte bestimmenden Elementen, Declination, Inclination und Intensität, das erste am frühesten, viel später das zweite, und das dritte erst in den neuesten Zeiten Gegenstand der Beobachtungen und Forschungen geworden ist, erklärt sich hauptsächlich aus dem Umstande, dass die Declination für Seefahrer und Geodäten das unmittelbarste Interesse darbietet, und die Inclination ihr näher verwandt geschienen haben mag, als die Intensität. Bei dem Naturforscher, als solchem, ist das Interesse für alle drei Elemente ganz gleich: unsere Kenntniss von dem Erdmagnetismus im Ganzen muss so lange unvollkommenes Stückwerk bleiben, als nicht alle Zweige derselben mit gleicher Liebe gepflegt werden.

Die ersten Aufklärungen über die Intensität des Erdmagnetismus verdanken wir Herrn VON HUMBOLDT, welcher auf allen seinen Reisen ein Hauptaugenmerk darauf gerichtet, und eine sehr grosse Menge von Beobachtungen geliefert hat, aus denen sich die allmähliche Abnahme dieser Intensität, von dem magnetischen Aequator der Erde nach den magnetischen Polen zu, ergeben hat. Sehr viele Beobachter sind seitdem in die Fusstapfen jenes grossen Naturforschers getreten, und ein Schatz von Beobachtungen aus fast allen Theilen der Erdoberfläche, wohin in neuester Zeit wissenschaftliche Reisende gekommen sind, liegt vor, worauf der um die Kenntniss des Erdmagnetismus hochverdiente HANSTEEN bereits den Versuch einer allgemeinen isodynamischen Karte hat begründen konnen.

Die bei allen diesen Beobachtungen angewandte Methode besteht darin, dass man an den Örtern, für welche man die Intensität des Erdmagnetismus unter sich vergleichen will, eine und dieselbe Magnetnadel Schwingungen machen lässt, und deren Dauer mit Schärfe abmisst. Diese Dauer ist zwar, bei sonst gleichen Umständen, von der Grösse des Schwingungsbogens abhängig, jedoch so, dass sie, wie klein auch der Bogen wird, nur einer bestimmten Grenze immer näher kommt, die man schlechthin die Schwingungsdauer nennt, und auf welche die wirklich beobachtete vermittelst der Kenntniss des Schwingungsbogens leicht reducirt werden kann. Die Intensität des Erdmagnetismus ist so dem Quadrate der Schwingungsdauer einer und derselben Nadel verkehrt, oder dem Quadrate der Anzahl der Schwingungen in einer gegebenen Zeit direct proportional, und das Resultat bezieht sich auf die ganze Kraft, oder auf den horizontalen Theil derselben, je nachdem man die Nadel in der Ebene des magnetischen Meridians um eine horizontale, oder in einer horizontalen Ebene um eine verticale Axe hat schwingen lassen.

Offenbar ist die Zulässigkeit dieses Verfahrens gänzlich von der Voraussetzung des unveränderten magnetischen Zustandes der gebrauchten Nadel abhängig. Wenn eine zweckmässig magnetisirte und vorsichtig aufbewahrte Nadel aus gut gehärtetem Stahl zu diesen Versuchen angewandt wird, und diese selbst keinen zu langen Zeitraum umfassen, wird freilich die Gefahr einer bedeutenden Veränderung im Zustande der Nadel selbst nicht sehr gross sein, und man kann sich darüber um so mehr beruhigen, wenn man nach der Zurückkunft an den ersten Ort daselbst dieselbe Schwingungsdauer wiederfindet: allein selbst die Erfahrung lehrt, dass man auf einen solchen Erfolg nicht leicht rechnen darf, und genau genommen, enthält selbst jene Beruhigung einen logischen Zirkel. In der That ist längst bekannt, dass sowohl die Declination, als die Inclination an einem bestimmten Orte keinesweges unveränderlich ist; beide erleiden im Lauf der Zeit sehr grosse fortschreitende, so wie daneben nach den Tages- und Jahreszeiten für feinere Beobachtungen sehr merkliche periodische Veränderungen; es lässt sich daher nicht zweifeln, dass auch das dritte Element, die Intensität, ähnlichen Änderungen unterworfen sein wird, ja, die periodischen Änderungen in verschiedenen Tageszeiten lassen sich in feinern Beobachtungen bestimmt nachweisen. Wenn man daher auch nach längerer Zeit an demselben Orte dieselbe Schwingungszeit wiederfindet, so hat man doch durchaus keine Bürgschaft, dass dies nicht einer zufälligen Compensation der Veränderungen, welche die Intensität des Erdmagnetismus an diesem Orte und der magnetische Zustand der Nadel selbst inzwischen erlitten haben, zuzuschreiben sei.   Wenn man auch zugibt, dass durch diesen Umstand die Sicherheit der comparativen Methode, in sofern nur mässige Zwischenzeiten vorkommen, nur etwas vermindert, nicht ganz aufgehoben wird, so ist doch klar dass diese Methode alle Brauchbarkeit verliert, wenn die Frage die ist, welche Veränderung die Intensität des Erdmagnetismus an einem bestimmten Orte während eines sehr langen Zeitraums erfahre, und dass diese doch in wissenschaftlicher Beziehung höchst interessante Frage ganz unbeantwortet bleibt, wenn man nicht an die Stelle jener bloss comparativen Methode eine andere setzen kann, welche die Intensität des Erdmagnetismus auf ganz bestimmte, für sich feststehende, jederzeit mit grösster Schärfe wieder nachzuweisende und von der Individualität der angewandten Nadeln ganz unabhängige Einheiten zurückführt.

Es ist nicht schwer, die theoretischen Grundsätze, auf welchen eine solche selbstständige Methode beruhen muss, anzugeben.   Die Schwingungsdauer einer bestimmten Nadel hängt von drei Grössen ab, der Intensität des Erdmagnetismus, dem statischen Moment des freien Magnetismus in der Nadel und dem Moment der Trägheit der Nadel: letzteres kann leicht durch schickliche Methoden ausgemittelt werden, und so ergiebt sich aus der beobachteten Schwingungsdauer nicht die Grösse der Intensität des Erdmagnetismus, sondern das Product dieser Grösse in das statische Moment des freien Magnetismus der Nadel.   Allein es ist unmöglich diese beiden Factoren von einander zu trennen, wenn nicht Beobachtungen einer ganz andern Art hinzukommen, die eine verschiedene Combination derselben involviren. diesen Zweck erreichen wir, wenn wir eine zweite Nadel zuziehen und dieselbe sowohl der Einwirkung des Erdmagnetismus als der der ersten Nadel unterwerfen, um das Verhältniss dieser Kräfte ausfindig zu machen. Diese beiden Wirkungen hängen zwar mit von dem magnetischen Zustande der zweiten Nadel ab, allein eine schickliche Einrichtung der Versuche verschafft uns die Möglichkeit, diesen zu eliminiren, indem das *Verhältniss* beider Wirkungen desto mehr davon abhängig wird, je grösser die Entfernung der beiden Nadeln von einander angenommen wird. Offenbar wird aber dabei zugleich die Lage der magnetischen Axen der beiden Nadeln und der ihre Mittelpunkte verbindenden geraden Linien gegen den magnetischen Meridian, und der magnetische Zustand der ersten Nadel zu berücksichtigen sein, und alles dies wird dem Calcul nicht unterworfen werden können, ohne das Gesetz der Kraft zu kennen, welches zwei Elemente freien Magnetismus auf einander ausüben, d. i. womit sie, je nachdem sie gleichnamig oder ungleichnamig sind, einander abstossen oder anziehen. Schon TOBIAS MAYER hatte die Vermuthung aufgestellt, dass dieses Gesetz dasselbe sei, wie das der allgemeinen Gravitation, d. i. dass jene Kraft im umgekehrten Verhältniss des Quadrats der Entfernung stehe; COULOMB und HANSTEEN haben diese Vermuthung durch Versuche zu bestätigen gesucht: durch die in vorliegender Abhandlung enthaltenen Versuche ist sie ausser allen Zweifel gesetzt. Dieses Gesetz bezieht sich aber nur auf die Elementarwirkung; die Berechnung der Totalwirkung eines magnetischen Körpers auf einen andern wird zu einer rein mathematischen Aufgabe, so bald die Art der Vertheilung des freien Magnetismus in diesen Körpern vollständig bekannt ist, und bleibt daher von deren zufälliger Individualität abhängig; allein je grösser der Abstand wird, desto geringer wird der Einfluss dieser Individualität, und bei sehr grossen Entfernungen kann man (wie eben aus jenem Grundgesetz von selbst folgt) die Gesammtwirkung unter sonst gleichen Umständen dem Cubus der Entfernung umgekehrt proportional setzen. Das Product dieses Cubus in den Bruch, welcher das Verhältniss der Wirkung der ersten Nadel und der Wirkung des Erdmagnetismus, auf die zweite Nadel, ausdrückt, wird sich daher bei immer wachsenden Entfernungen einer bestimmten Grenze nähern; eine zweckmässige Combination von Beobachtungen in verschiedenen schicklich gewählten Entfernungen wird, mathematisch behandelt, die Grenze kennen lehren, aus welcher das *Verhältniss* derjenigen beiden Grössen sich herleiten lässt, deren Product aus den beobachteten Schwingungszeiten abgeleitet war: die Verbindung beider Resultate gibt dann offenbar diese beiden Grössen selbst.

Die Versuche zur Vergleichung der Wirkungen des Erdmagnetismus und der ersten Nadel, auf die an einem Faden aufzuhängende zweite, können auf zwiefache Art eingerichtet werden, indem letztere entweder im Zustande der Bewegung oder der Ruhe beobachtet werden kann. Das erstere geschieht am vortheilhaftesten, indem man die erste Nadel in den magnetischen Meridian der zweiten legt, wodurch die Dauer einer Schwingung der letztern entweder grösser oder kleiner wird, je nachdem gleichnamige oder ungleichnamige Pole einander zugekehrt sied: die Vergleichung der so veränderten Schwingungsdauer mit der durch den blossen Erdmagnetismus bestimmten, oder besser, die Vergleichung einer verlängerten mit einer verkürzten (bei entgegengesetzten Lagen der ersten Nadel) führt dann leicht zu dem gesuchten Verhältniss. Die zweite Art besteht darin, dass man die erste Nadel so legt, dass ihre Einwirkung auf die zweite mit dem Erdmeridian einen Winkel macht; der Ablenkungswinkel von dem Meridian, im Zustande des Gleichgewichts, führt dann gleichfalls zur Kenntniss des verlangten Verhältnisses, und auch hier ist es vortheilhafter, zwei entgegengesetzte Ablenkungen, bei entgegengesetzten Lagen der ersten Nadel, unter sich zu vergleichen. Die vortheilhafteste Lage dieser Nadel ist in einer durch die Mitte der zweiten senkrecht auf den magnetischen Meridian gezogenen geraden Linie. Übrigens kommt die erstere Art im wesentlichen mit derjenigen überein, welche vor einigen Jahren von POISSON vorgeschlagen ist; allein die bisher bekannt gewordenen Versuche einiger Physiker, sie zur Anwendung zu bringen, sind entweder ganz missglückt, oder können höchstens wie unvollkommene Annäherungen betrachtet werden.

Der Verfasser hat beide Arten vielfältig angewandt, und gefunden, dass aus mehreren Gründen die zweite der ersten bei weitem vorzuziehen ist.

Die eigentliche Schwierigkeit liegt darin, dass in die beobachteten Einwirkungen sich ausser dem Grenzwerthe noch andere Theile einmischen, die von der Individualität der Nadeln abhängen. Jene Wirkung wird durch eine Reihe dargestellt, die nach den negativen Potenzen des Abstandes fortläuft, von der dritten anfangend, wo aber die folgenden Glieder sich desto merklicher machen, je kleiner der Abstand ist. Man soll also aus mehreren Beobachtungen diese folgenden Glieder eliminiren; allein bei einiger Bekanntschaft mit der Eliminationstheorie überzeugt man sich leicht, dass die unvermeidlichen Beobachtungsfehler der Zuverlässigkeit des Resultats desto gefährlicher werden, je mehr Coëfficienten zu eliminiren sind, so dass die Zahl derselben nur sehr mässig zu sein braucht, um, aus jenem Grunde, die Rechnungsresultate gänzlich unbrauchbar zu machen. Man hat daher keine Genauigkeit in den Resultaten zu erwarten, wenn man nicht so grosse Distanzen anwendet, dass die Reihe sehr schnell convergirt, und ein paar Glieder derselben zureichen. Allein dann sind wieder die Wirkungen selbst sehr klein, also durch die bisherigen Beobachtungsmittel nicht mit Schärfe zu bestimmen, und so erklärt sich leicht das Misslingen der bisher angestellten Versuche.

So leicht sich also auch die Methoden, die Intensität des Erdmagnetismus auf absolute Einheiten zurückzuführen, in der Theorie darstellen, so misslich ist ihre Anwendung, so lange nicht den magnetischen Beobachtungen eine viel grössere Schärfe verschafft wird, als sie bisher besassen. Der Verfasser ist dadurch veranlasst, mehrere auf die Vervollkommnung der Beobachtungsmittel abzweckende, schon vor vielen Jahren gefasste Ideen zur Ausführung zu bringen, in der sichern Erwartung, dass die magnetischen Beobachtungen zu einer beinahe, wo nicht ganz, eben so grossen Schärfe zu bringen sind, wie die feinsten astronomischen. Der Erfolg hat diese Erwartung nicht getäuscht, und zwei in der Sternwarte aufgestellte Apparate, welche zu den zum Theil in vorliegender Abhandlung aufgeführten Versuchen gedient haben, lassen nichts zu wünschen übrig, als ein angemessenes gegen die Einwirkung von nahem Eisen und Luftzug völlig geschütztes Local.

Es ist hier nicht der Ort zu einer vollständigen Beschreibung dieser Apparate und ihrer Leistungen: wir glauben jedoch, den Naturforschern durch Mittheilung der wesentlichsten Momente einen Dienst zu erweisen.

Die von dem Verfasser gewöhnlich gebrauchten Nadeln (wenn man prismatische Stäbe von solcher Stärke noch Nadeln nennen darf) sind fast einen Fuss lang, und haben ein Gewicht von beinahe einem Pfund. Die Aufhängung geschieht an einem $2\frac{1}{2}$ Fuss langen ungedreheten Seidenfaden, der aus 32 einfachen zusammengesetzt, selbst das doppelte Gewicht noch sicher trägt; das obere Ende des Fadens ist drehbar, und die Drehung wird an einem eingetheilten Kreise gemessen. Die Nadel trägt an ihrem südlichen oder nördlichen Ende (je nachdem die Localität das eine oder das andere bequemer macht) einen Planspiegel, dessen Ebene gegen die magnetische Axe der Nadel durch zwei Correctionsschrauben, so genau wie man will, senkrecht gestellt werden kann, obwohl unnöthig ist, hierauf eine sehr ängstliche Sorgfalt zu wenden da man, was daran fehlt, durch die Beobachtungen selbst auf das schärfste messen, und als Collimationsfehler in Rechnung bringen kann. Die so frei schwebende Nadel befindet sich in einem hölzernen cylindrischen Kasten, welcher ausser der kleinen Öffnung im Deckel, durch welche der Faden geht, noch eine grössere an der Seite hat, welche nur wenig höher und breiter ist, als der erwähnte Spiegel.

Dem Spiegel gegenüber ist ein Theodolith aufgestellt; die verticale Axe desselben und der Aufhängungsfaden sind in demselben magnetischen Meridian, und etwa 16 Pariser Fuss von einander entfernt. Die optische Axe des Fernrohrs am Theodolith ist etwas höher als die Nadel, und in der Verticalebene des magnetischen Meridians so abwärts geneigt, dass sie gegen die Mitte des Spiegels an der Nadel gerichtet ist.

An dem Stativ des Theodolithen ist eine 4 Fuss lange in einzelne Millimeter getheilte horizontale Scale befestigt, die mit dem magnetischen Meridian einen rechten Winkel macht; derjenige Punkt der Skale, welcher mit der optischen Axe des Fernrohrs in Einer Verticalebene liegt, und hier Kürze wegen der Nullpunkt heissen mag, wird durch einen von der Mitte des Objectivs herabhängenden, mit einem Gewicht beschwerten feinen Goldfaden bezeichnet; die Skale ist in einer solchen Höhe, dass das Bild eines Theils derselben im Spiegel durch das Fernrohr erscheint, dessen Ocular zum deutlichen Sehen auf die Entfernung dieses Bildes gestellt ist. Auf der entgegengesetzten Seite von der Nadel ist in derselben Verticalebene und in einer Entfernung vom Fernrohre, welche der jenes Bildes gleich ist, eine Marke befestigt, welche dazu dient, jeden Augenblick die unverrückte Stellung des Theodolithen prüfen zu können.

Es erhellt nun leicht, dass wenn obige Bedingungen genau erfüllt sind, das Bild des Nullpunktes der Skale genau auf der optischen Axe des Fernrohrs erscheinen muss, und dass, in sofern an dem Platze des Theodolithen ein Gegenstand von bekanntem Azimuth sichtbar ist, man mit Hülfe dieses Instruments sogleich die absolute magnetische Declination erhalten kann. Fehlt dagegen an jenen Bedingungen etwas, so wird, allgemein zu reden, nicht das Bild des Nullpunkts, sondern das eines andern Punktes der Skale auf der optischen Axe erscheinen, und wenn die horizontale Entfernung der Skale vom Spiegel genau gemessen ist, wird der Betrag der Skalentheile leicht auf den entsprechenden Winkel reducirt, und jenes erhaltene Resultat corrigirt werden können. Der Betrag des Collimationsfehlers des Spiegels kann mit grösster Schärfe und Leichtigkeit durch Umlegen der Nadel in ihrem Träger (dass die obere Seite zur unteren

wird) ausgemittelt werden.   Bei den aufgestellten Apparaten beträgt Ein Skalentheil nahe 22 Secunden, und ein nur etwas geübtes Auge theilt ein solches Intervall noch leicht in 10 Theile.

Mit diesen Vorrichtungen bestimmt man also die Richtung der Nadel und
ihre Veränderungen auf das schärfste.   Man hat gar nicht nöthig, stets zu warten, bis sie zur Ruhe gekommen ist, da die beiden Elongationen rechts und links
sich mit äusserster Schärfe beobachten lassen, und ihre Combination, gehörig
behandelt, den entsprechenden Ruhepunkt mit derselben Schärfe gibt.   In den
Vormittagsstunden, wo die tägliche Variation am schnellsten ist, kann man diese
beinahe von Einer Zeitminute zur andern verfolgen.

Nicht minder gross ist der Gewinn dieser Einrichtung für die Beobachtung
der Schwingungsdauer.   Das Vorübergehen des Verticalfadens im Fernrohr vor
einem bestimmten Punkte der Skale (eigentlich ists umgekehrt), lässt sich, selbst
wenn die ganze Ausweichung nur wenige Minuten beträgt, mit einer solchen
Schärfe beobachten, dass man bei gehöriger Aufmerksamkeit niemals um ein
ganzes Zehntheil einer Zeitsecunde ungewiss bleibt.   Die beträchtliche Dauer einer Schwingung (bei den am kräftigsten magnetisirten Nadeln etwa 14 Secunden)
und die grosse Langsamkeit, mit welcher der Schwingungsbogen abnimmt, gewähren hiebei noch andere höchst schätzbare Vortheile.   Man braucht nur ein
paar Schwingungen beobachtet zu haben, um die Dauer Einer Schwingung schon
so scharf zu kennen, dass man dann die Nadel sich selbst überlassen darf, und
doch wenn man nach einer oder selbst mehreren Stunden wieder hinzukommt,
über die Anzahl der Schwingungen, welche die Nadel in der Zwischenzeit gemacht hat, durchaus nicht ungewiss ist.   Man kann mit so kleinen Schwingungen anfangen (etwa mit so grossen, wie die sind, bei denen man sonst aufzuhö-
ren pflegt), dass die (übrigens äusserst leicht zu berechnende) Reduction auf unendlich kleine Schwingungen fast unmerklich wird, und doch sind dann nach 6
und mehreren Stunden die Schwingungen noch immer gross genug, um die Antritte mit aller nöthigen Schärfe beobachten zu können.

Zeigen sich in den Beobachtungen zuweilen noch Anomalien, welche aber
stets *so* klein sind, dass sie bei den früheren Einrichtungen gar nicht erkennbar
gewesen sein würden, so sind solche einzig dem in dem jetzigen Locale nicht immer *ganz* zu vermeidenden Luftzuge zuzuschreiben.   Sie würden fast ganz wegfallen, wenn die Öffnung des Kastens mit einem Planglase verschlossen würde

welches aber eine sehr grosse Vollkommenheit haben müsste. Dem Verfasser stand bisher ein solches nicht zu Gebote, und jedenfalls würde damit immer ein unangenehmer Lichtverlust verbunden sein.

Zu den bisher bemerkten Vortheilen dieser Einrichtungen kann man noch den hinzufügen, dass der Beobachter stets in einer grossen Entfernung von der Nadel bleibt, während er derselben bei den früheren Verfahrungsarten sehr nahe kommen muss, und so, auch wenn sie ganz in einem Glaskasten eingeschlossen ist, durch seine eigene Wärme, durch die Wärme einer Beleuchtungslampe, oder durch Eisen oder selbst Messing, welches er vielleicht bei sich führt, auf die Nadel störend einzuwirken Gefahr läuft.

Der Vortheil, welchen starke schwere Nadeln, deren sich der Verfasser ausschliesslich bedient, darbieten, ist so einleuchtend, dass man es unbegreiflich finden muss, dass man sich zu den meisten magnetischen Beobachtungen, namentlich für die Schwingungsdauer, bisher immer nur äusserst kleiner Nadeln bedient hat. Es würde vielmehr vortheilhaft sein, die von dem Verfasser bisher angewandten Dimensionen noch weit zu überschreiten, was auch schon eine versuchsweise gebrauchte Nadel von mehr als zwei Pfund Gewicht bestätigt hat. Der Verfasser ist überzeugt, dass bei Anwendung von vier- oder sechspfündigen Nadeln, wobei kleine Luftbewegungen keinen merklichen Einfluss mehr haben werden, die magnetischen Beobachtungen eine Schärfe erhalten können, die der der feinsten astronomischen Beobachtungen durchaus nicht nachsteht. Freilich muss man dann noch viel stärkere Aufhängungsfäden anwenden, deren Torsion eine grössere Reaction ausüben wird; allein dies ist ganz und gar kein Grund dagegen, da, für feine Resultate, die Torsionskraft des Fadens doch nie ignorirt werden darf, sondern vielmehr, was auch gar keine Schwierigkeit hat, jederzeit genau mit in Rechnung gebracht werden muss.

Die beschriebenen Apparate dienen ausser dem Hauptzweck noch zu einem andern, der, obgleich er mit jenem nicht in unmittelbarer Verbindung steht, hier doch mit einigen Worten erwähnt werden mag. Sie sind nemlich die schärfsten und bequemsten Galvanometer, sowohl für die stärksten als für die schwächsten Kräfte eines galvanischen Stroms, und es wird gar keine Schwierigkeit haben, auch diese Messungen auf *absolute* Maasse zurückzuführen. Um die stärksten Kräfte zu messen, braucht man nur den Leitungsdraht in beträchtlicher Entfernung (wenigstens mehrere Fuss) unterhalb oder oberhalb der

Nadel im magnetischen Meridian einfach hinzuführen; für sehr schwache Kräfte verbindet man damit einen Multiplicator, welcher um den die Nadel enthaltenden Kasten gewunden ist. Der Verfasser hat einige Versuche mit einem Multiplicator von 68 Drahtwindungen, die eine Drahtlänge von 300 Fuss geben, gemacht: hier bedarf es keiner grossen Plattenpaare; ein Paar kleine Knöpfe, ja selbst die blossen Enden von Drähten aus verschiedenem Metall in gesäuertes Wasser eingetaucht, bringen einen Strom hervor, der sich in einer Bewegung des Skalenbildes von vielen hundert Skalentheilen sichtbar macht; bei Anwendung von ein Paar Platten von sehr mässiger Grösse fliegt hingegen im Augenblick der Schliessung der Kette das ganze Skalenbild pfeilschnell durch das Gesichtsfeld des Fernrohrs. Man übersieht leicht, wie sich durch diese Mittel die Abmessungen an galvanischen Strömungen mit einer Schärfe und Bequemlichkeit machen lassen, wovon die bisherigen mühsamen Methoden vermittelst beobachteter Schwingungszeiten weit entfernt bleiben; man kann hier, mit buchstäblicher Wahrheit, die allmähliche und bekanntlich anfangs schnelle Abnahme der Stärke eines Stroms von Secunde zu Secunde verfolgen. Will man noch anstatt einer einfachen Nadel eine doppelte (astatische) anwenden, so wird keine electromagnetische Kraft zu klein sein, um nicht noch mit äusserster Schärfe gemessen werden zu können. Es eröffnet sich demnach hier dem Naturforscher ein weites reiches Feld für die interessantesten Untersuchungen.

Was nun den eigentlichen Hauptinhalt der Abhandlung betrifft, nemlich die Entwickelung der mathematischen Theorie: verschiedene dem Verfasser eigenthümliche Verfahrungsarten, z. B. zur Ausmittelung des Moments der Trägheit der schwingenden Nadel, unabhängig von der Voraussetzung einer regelmässigen Gestalt; die zur Constatirung des oben erwähnten Grundgesetzes für die magnetischen Wirkungen angestellten Versuche; endlich die Versuche zur Bestimmung des Werths der Intensität des Erdmagnetismus an hiesigem Orte: so müssen wir deshalb auf die Abhandlung selbst verweisen. Nur die letzten Resultate wollen wir hier noch summarisch anführen.

Schon vor der Einrichtung der beschriebenen Apparate hatte der Verfasser eine grosse Menge von Versuchen an Nadeln von den verschiedensten Dimensionen, bis zu dem Gewichte von einem halben Loth herab, angestellt, deren Resultate zwar sämmtlich den spätern ziemlich nahe kommen, aber, da sie auf viel unvollkommnern Hülfsmitteln beruhen, und weil es überhaupt unmöglich ist, mit kleinern Nadeln eine grosse Schärfe zu erhalten, nicht mehr verdienen aufbewahrt zu werden.   Dagegen mögen sämmtliche mit Hülfe der beschriebenen Apparate bisher erhaltene Resultate für die Intensität des horizontalen Theils des Erdmagnetismus hier Platz finden.

I	Mai 21	1.7820
II	Mai 24	1.7694
III	Jun. 4	1.7713
IV	Jun. 24—28	1.7625
V	Jul. 23, 24	1.7826
VI	Jul. 25, 26	1.7845
VII	Sept. 9	1.7764
VIII	Sept. 18	1.7821
IX	Sept. 27	1.7965
X	Octob. 15	1.7860

Als Einheiten liegen hiebei das Millimeter, das Milligramm und die Zeitsecunde zum Grunde: *wie* aber das Maass jener Intensität durch diese Einheiten bestimmt ist, kann hier nicht entwickelt werden: übrigens bleiben die Zahlen dieselben, wenn die Raumeinheit und die Gewichtseinheit (eigentlich Masseneinheit) in gleichem Verhältnisse geändert werden.   Diese Versuche unterscheiden sich theils durch die dabei beobachtete geringere oder grössere Sorgfalt, theils durch die angewandten Nadeln, theils durch die Plätze, auf welche sie sich beziehen.

Die Versuche VII. VIII. IX sind in jeder Beziehung so sorgfältig ausgeführt, wie es nur der Apparat in seiner jetzigen Gestalt verstattet, namentlich sind auch die dabei vorkommenden Distanzen mit mikroskopischer Schärfe gemessen.   Bei den Versuchen IV. V. VI. X sind einige Operationen mit etwas geringerer Sorgfalt ausgeführt, und die drei ersten Versuche stehen in dieser Beziehung noch weiter zurück.

Zu den acht ersten Versuchen haben zwar verschiedene, aber an Grösse und Gewicht nicht sehr ungleiche Nadeln (Gewicht zwischen 400 und 440 Grammen) gedient; die Hauptnadel im Versuch X wiegt 1062 Gramme; der Versuch IX hingegen ist mit einer sehr viel kleineren Nadel (Gewicht 55 Gramme) angestellt, bloss um zu sehen, welche Genauigkeit, bei Beobachtung jeder sonstigen

Vorsichtsmassregel, sich mit einer so kleinen Nadel erreichen lasse: die Zuverlässigkeit des Resultats aus diesem Versuche ist demnach den übrigen weit nach-
zusetzen.

Die Versuche VII...X sind an Einem und demselben Platze in der Sternwarte angestellt, die frühern hingegen an andern Plätzen, theils in der Sternwarte, theils in den Wohnzimmern des Verfassers. Von allen diesen Versuchen
konnte demnach kein eigentlich reines Resultat erhalten werden, da das in Ge-
bäuden, und vorzüglich in der Sternwarte selbst, vorhandene Eisen, durch den
Erdmagnetismus selbst magnetisch geworden, auf die Nadel reagirt, und seinen
Einfluss mit dem des Erdmagnetismus vermischt. Die Plätze sind übrigens immer so gewählt, dass weder feste noch bewegliche Eisenmassen in der *Nähe* waren: allein einflusslos sind auch die entferntern gewiss nicht geblieben. Indessen darf man doch nach der blossen Ansicht der verschiedenen Resultate vermuthen, dass die aus fremdem Einfluss herrührende Modification des Erdmagnetismus an keinem dieser Plätze den hundertsten Theil des Ganzen übersteigt. Ein
eigentlich reines, und der Schärfe, welche die Methode an sich verträgt, angemessenes Resultat, wird man aber nur in einem eigenen Local, wo alles Eisen
gänzlich entfernt ist, erhalten können.

Um die Intensität der *ganzen* Kraft des Erdmagnetismus zu erhalten, müssen die gefundenen Zahlen noch mit der Secante der Inclination multiplicirt werden. Der Verfasser beabsichtigt, auch dieses Element in Zukunft nach eigenthümlichen Methoden zu behandeln: einstweilen hat er am 23. Junius mit dem
Inclinatorium des physicalischen Cabinets $68^0 22' 52''$ gefunden, welches Resultat indessen, da die Beobachtung in der Sternwarte, also nicht frei von fremdem
Einfluss, angestellt ist, leicht um mehrere Minuten dadurch verändert sein kann.

Der Königl. Societät der Wissenschaften ist am 9. März von dem Hofrath GAUSS eine Vorlesung überreicht mit der Überschrift:

Allgemeine Lehrsätze in Beziehung auf die im verkehrten Verhältnisse des Quadrats der Entfernung wirkenden Anziehungs- und Abstossungskräfte,

deren Gegenstand hier, so weit die Bestimmung dieser Blätter es verstattet, näher bezeichnet werden soll.

Wenn man zur Erklärung der magnetischen Erscheinungen zwei magnetische Flüssigkeiten annimmt, deren gleichnamige Theile einander abstossen, die ungleichnamigen einander anziehen, so besteht das Magnetisirtsein eines Körpers in der *Scheidung* der in ihm enthaltenen Flüssigkeiten. Nach dem ersten Eindrucke des sinnlichen Scheines ist man geneigt, diese Scheidung an einem Magnetstabe sich so vorzustellen, dass das eine Ende nur die nördliche Flüssigkeit, das andere die südliche enthalte: allein genauere Überlegung zeigt bald die Unstatthaftigkeit einer solchen Vorstellungsart, und die Nothwendigkeit, die Scheidung nur in den kleinsten für uns unmessbaren Theilen des Trägers der Flüssigkeiten (Stahls oder Eisens) anzunehmen, so dass jeder *messbare* Theil des Trägers nach der Scheidung wie vor derselben immer gleiche Quantität beider Flüssigkeiten enthält. Wenn nun aber in physicalischen Schriften auf dem einen

39

Blatte die richtige Vorstellungsart gelehrt, und doch auf dem folgenden wieder von dem freien nördlichen Magnetismus, der sich in dem einen Ende des Magnetstabes, und dem südlichen, der sich in dem andern befinden soll, geredet wird, so scheint eine solche schwankende Sprache die Begriffe zu verwirren, und wissenschaftlicher Präcision abzusagen. In diese Unklarheit kann nur Licht gebracht werden durch ein Theorem, welches in der *Intensitas vis magneticae terrestris* Art. 2 angekündigt ist, und darin besteht, dass anstatt irgend welcher Vertheilung der magnetischen Flüssigkeiten innerhalb eines begrenzten körperlichen Raumes substituirt werden kann eine ideale Vertheilung auf der Oberfläche dieses Raumes mit dem Erfolge, dass von dieser idealen Vertheilung in jedem Punkte des äussern Raumes genau dieselbe Wirkung ausgeübt wird, wie von jener wirklichen. Auch in der *Allgemeinen Theorie des Erdmagnetismus* (im dritten Jahrgange der von dem Verf. gemeinschaftlich mit Hrn. Prof. WEBER herausgegebenen *Resultate des magnetischen Vereins*) hat der Verf. sich auf dieses Theorem bezogen, indem er bemerkt hat, dass es zwar unmöglich ist, die wirkliche Vertheilung des Magnetismus im Innern der Erde zu erforschen, dass aber die äquivalirende ideale Vertheilung auf der Erdoberfläche in unserm Bereiche liegt; eine graphische Darstellung dieser idealen Vertheilung, nach der erwähnten Theorie, ist bereits gezeichnet und lithographirt, und wird in dem magnetischen Atlas mit enthalten sein, der in Kurzem mit dem vierten Theile der *Resultate* erscheinen wird.

Was nun die Begründung des in Rede stehenden Theorems betrifft, so erfordert dieselbe eine ziemlich zusammengesetzte mathematische Zurüstung; das Theorem selbst erscheint als ein specieller Fall eines allgemeinern, welches seiner Seits das letzte Glied einer Kette genau zusammenhängender allgemeiner Lehrsätze bildet. Die vollständige Entwickelung dieser Untersuchungen ist der Gegenstand der vorliegenden Abhandlung. Es ist jedoch nicht die Meinung, dass die Zwischensätze bloss wie Mittel zu dem angeführten Zwecke betrachtet werden sollen, sondern sie nehmen als allgemeine Untersuchungen über die im verkehrten Verhältnisse des Quadrats der Entfernung wirkenden Kräfte (wovon die magnetischen nur ein einzelner Fall sind) ein selbstständiges Interesse in Anspruch: allein in das Einzelne hier näher einzugehen, würde eine grössere Ausführlichkeit erfordern, als der Raum dieser Blätter verstattet. Nur ein paar der Lehrsätze, die ohne grosse Vorbereitung verständlich zu machen sind, und mit

Untersuchungen anderer Mathematiker in einiger Berührung stehen, mögen hier als Proben erwähnt werden.

I. Eine Gleichgewichtsfläche in Beziehung auf Massen, die anziehende oder abstossende Kräfte ausüben, heisst bekanntlich jede Fläche, in deren sämmtlichen Punkten die Resultante der Kräfte entweder gegen die Fläche normal ist, oder selbst verschwindet.   Eins der Theoreme ist nun folgendes: Wenn eine geschlossene Fläche eine Gleichgewichtsfläche für die Anziehungs- oder Abstossungskräfte von Massen ist, die sich sämmtlich im äusseren Raume befinden, so ist die Resultante der Kräfte so wohl in jedem Punkte jener Fläche, als auch in jedem Punkte des ganzen innern Raumes nothwendig = 0.

Poisson bemerkt in seiner berühmten Abhandlung über die Vertheilung der Electricität an der Oberfläche leitender Körper, dass es zur Erhaltung eines beharrlichen electrischen Zustandes eines electrisirten leitenden Körpers nicht zureichend sei, dass die innere Grenzfläche der freien an der Oberfläche des Leiters befindlichen Electricität eine Gleichgewichtsfläche sei, sondern noch ausserdem erforderlich, dass diese Electricität auch in keinem Punkte des innern Raumes Anziehung oder Abstossung ausübe.

Das oben erwähnte Theorem beweist dagegen, dass allerdings die erste Bedingung allein hinreicht, in sofern sie die zweite als eine nothwendige Folge schon in sich begreift.

II. Ein zweites Theorem bezieht sich auf den andern Fall, wo die anziehenden oder abstossenden Massen sich innerhalb des von einer geschlossenen Fläche begrenzten Raumes befinden.   Hier wird in jedem Punkte der Fläche, wenn sie eine Gleichgewichtsfläche ist, die resultirende Kraft nach Einerlei Seite gerichtet sein, auch wenn anziehende und abstossende Massen zugleich vorhanden sind; je nachdem nemlich das Aggregat der ersteren, oder das der anderen das grössere ist, wird die Resultante in allen Punkten nach innen oder nach aussen gerichtet sein: ist aber das Aggregat der anziehenden Massen dem der abstossenden gleich, so wird, wenn es überhaupt eine geschlossene und einschliessende Gleichgewichtsfläche gibt, die Resultante der Kräfte in jedem Punkte derselben, und zugleich im ganzen unendlichen äussern Raume, = 0 sein.

III. In der Abhandlung ist ein strenger Beweis geführt, nicht bloss dafür, dass auf jeder gegebenen geschlossenen Fläche eine gegebene Gesammtmasse so nach der Stetigkeit vertheilt gedacht werden kann, dass in jedem

Punkte des innern Raumes die Resultante der Anziehungs- oder Abstossungskräfte $= 0$ wird, sondern auch, dass dies allemal *nur auf eine einzige Art* möglich ist. Gerade das Gegentheil dieses Theorems war unlängst von einem geschickten Geometer behauptet, in einer der Pariser Academie der Wissenschaften gemachten Mittheilung (*Comptes rendus* 1839. Nr. 6).

Am 10. December v. J. ist der Königl. Societät von dem Hofrath GAUSS eine Vorlesung mit der Ueberschrift:

Dioptrische Untersuchungen

überreicht, von welcher hier ein kurzer Bericht abzustatten ist.

Die Betrachtung des Weges, welchen durch eine beliebige Anzahl auf einer gemeinschaftlichen Axe geordneter Linsengläser solche Lichstrahlen nehmen, die gegen die Axe sehr wenig geneigt sind, und der davon abhängenden Erscheinungen, bietet viele durch Allgemeinheit und Eleganz merkwürdige Resultate dar, mit deren Aufsuchung sich mehrere der ersten Mathematiker beschäftigt haben. Der von COTES aufgefundene Lehrsatz wurde seiner Zeit mit einer Art von Bewunderung aufgenommen, und man hat sogar auf denselben (obwohl vielleicht nur durch ein Misverständniss der darauf bezüglichen Stelle in SMITH's Optik) den bekannten ehrenden Nachruf bezogen, mit welchem NEWTON den frühen Tod jenes genialen Geometers beklagte. EULER's Arbeiten umfassten alle Theile der Dioptrik. Ganz besonders aber ist hierher zu rechnen die schöne und prägnante Behandlungsart des in Rede stehenden Gegenstandes durch LAGRANGE in den Schriften der Berliner Academie der Wissenschaften von 1778, wozu später noch schätzbare Zusätze theils von ihm selbst, theils von PIOLA und MÖBIUS hinzu gekommen sind. Nach solchen Arbeiten könnte die Ernte auf diesem Felde voll-

endet scheinen: gleichwohl bleibt noch Mehreres zu wünschen übrig. Allen jenen Lehrsätzen liegt die Voraussetzung zum Grunde, dass die Dicke der Linsen
als unendlich klein betrachtet werde, eine Voraussetzung, an welche man so gewöhnt ist, dass sie meistens, als sich von selbst verstehend, gar nicht einmal erwähnt wird, mit welcher aber bei der Anwendung auf wirkliche Fälle jene Lehrsätze nur Annäherungen, zuweilen nur rohe Annäherungen bleiben. Diese fast
allgemeine Vernachlässigung der Dicke der Linsen erstreckt sich zum Theil selbst
auf die ersten Begriffsbestimmungen der Dioptrik, bei welchen der mathematische
Sinn von einer schwankenden Unbestimmtheit unangenehm berührt wird. Wenn
von der Brennweite einer Linse ohne nähere Bestimmung geredet wird, so weiss
man noch nicht, ob die Entfernung des Brennpunktes von der nächsten Oberfläche der Linse, oder vom sogenannten optischen Mittelpunkte derselben, oder
von dem zwischen beiden Oberflächen in der Mitte liegenden Punkte, oder die
von allen diesen Bestimmungen wieder verschiedene Grösse gemeint ist, welche
bei der Vergleichung der scheinbaren Grösse eines unendlich entfernten Gegenstandes mit seinem Bilde zum Grunde gelegt werden muss.

Es ist nun zwar nicht zu leugnen, dass in sehr vielen Fällen die Vernachlässigung der Dicke der Linsen zulässig, oder nützlich, oder sogar nothwendig
sein kann, wo entweder an grösserer Schärfe nichts gelegen ist, oder, wo eine
die Dicke der Linsen mit berücksichtigende Schärfe in unerträgliche Weitläufig-
keiten führen würde, oder wo eine scharfe Rechnung durch vorgängige genäherte
Überschläge erst vorbereitet werden soll: allein eben so gewiss ist, dass die Würde
der Wissenschaft Präcision in ihren Begriffsbestimmungen erfordert, und dass
man sich der Aufopferung der Schärfe gern in allen Fällen enthoben sieht, wo es
ohne erheblichen oder ohne allen Nachtheil für die Einfachheit und Geschmeidig-
keit der Resultate möglich ist.

Indem die vorliegende Abhandlung zum Hauptzwecke haben sollte, zu zeigen, dass den oben angedeuteten Lehrsätzen eine Erweiterung gegeben werden
kann, in der sie unter strenger Berücksichtigung der Dicke der Linsen gar nichts
von ihrer Einfachheit verlieren, war es nothwendig, auf die ersten Grundlehren
der Dioptrik in einer neuen Darstellungsart zurück zu kommen. Dieser, und
dem ganzen Inhalte der Abhandlung Schritt vor Schritt zu folgen, kann hier nicht
der Ort sein, wäre auch um so überflüssiger, da die Abhandlung selbst bereits
gedruckt ist. Wir beschränken uns daher hier auf den Versuch, anschaulich zu

machen, wie der Fall eines Systems von Linsen mit endlicher Dicke auf den Fall eines Systems unendlich dünner Linsen zurück geführt wird.

An dem Wege jedes Lichtstrahls, der durch eine Glaslinse geht, ohne mit ihrer Axe zusammen zu fallen, sind drei Theile zu unterscheiden; der erste, vor dem Eintritte in die Glaslinse; der zweite, innerhalb derselben; der dritte, nach dem Austritte. In jedem Systeme von Lichtstrahlen, die unter sich parallel, oder aus Einem Punkte divergirend, oder nach Einem Punkte zu convergirend, auf eine Glaslinse fallen, ist Einer, von dessen Wege der dritte Theil dem ersten parallel wird: ein solcher Strahl heisst ein Hauptstrahl. Sämmtliche Hauptstrahlen haben die merkwürdige Eigenschaft, dass der zweite Theil ihres Weges, nöthigenfalls vorwärts oder rückwärts geradlinig verlängert, die Axe der Linse in einem und demselben Punkte trifft: diesen Punkt haben einige Schriftsteller über Dioptrik den optischen Mittelpunkt der Linse genannt. Er liegt innerhalb der Linse, wenn sie convex-convex oder concav-concav ist; in der krummen Oberfläche, wenn sie plan-convex oder plan-concav ist; ausserhalb, und zwar immer auf der Seite der stärkern Krümmung, wenn die Linse convex-concav oder concav-convex ist. Diese Eigenschaft macht zwar den erwähnten Punkt allerdings merkwürdig; allein da er sonst gar keine practisch nützliche Brauchbarkeit hat, so ist die Belegung desselben mit einer besondern Benennung eine kaum verdiente Auszeichnung, die vielleicht sogar dadurch nachtheilig geworden ist, dass sie, wie es scheint, hie und da zu dem Irrthume verleitet hat, als ob man die bekannten einfachen Relationen, welche zwischen einem Objecte und seinem Bilde für eine Linse von unendlich kleiner Dicke Statt finden, auf eine Linse von endlicher Dicke ohne weiteres bloss vermittelst der Beziehung auf ihren optischen Mittelpunkt übertragen, oder mit anderen Worten, für eine Linse von endlicher Dicke eine andere von unendlich kleiner Dicke in dem optischen Mittelpunkte der erstern substituiren dürfte.

Eine ganz andere Wichtigkeit haben hingegen diejenigen zwei Punkte, wo der erste und der dritte Theil des Weges eines Hauptstrahls, nöthigenfalls vorwärts und rückwärts verlängert, die Axe der Linse schneiden. Auch sie haben die Eigenschaft, für sämmtliche Hauptstrahlen dieselben zu sein, und verdienen durch besondere Benennungen ausgezeichnet zu werden: der Verfasser nennt sie den *ersten* und den *zweiten Hauptpunkt der Linse*. Sie haben aber zugleich die wichtige und wie es scheint bisher nicht bemerkte Eigenschaft, dass alle ausfahrenden Strahlen sich relativ gegen den zweiten Hauptpunkt genau so verhalten. wie sie sich gegen den ersten verhalten würden, wenn die einfallenden Strahlen anstatt der wirklichen Linse eine andere von unendlich kleiner Dicke und von derselben Brennweite im ersten Hauptpunkte befindliche träfen. Als Brennweite der wirklichen Linse gilt hier die Entfernung ihres Brennpunktes, d. i. des Vereinigungspunktes der parallel mit der Axe einfallenden Strahlen, von dem zweiten Hauptpunkte, und eben diese Grösse ist es auch, die bei der Vergleichung der scheinbaren Grösse eines unendlich entfernten Gegenstandes mit der Grösse seines Bildes zum Grunde gelegt werden muss. Hiedurch erhält also der Begriff der Brennweite eine scharf bestimmte Haltung, und es mag zugleich bemerkt werden, dass dann die Brennweite *dieselbe* bleibt, die Strahlen mögen von der einen oder von der andern Seite einfallen, nur dass natürlich im zweiten Falle der vorige erste Hauptpunkt an die Stelle des zweiten tritt. Man darf also, so lange man sich auf die gegen die Axe sehr wenig geneigten Strahlen beschränkt (oder von der Abweichung wegen der Kugelgestalt abstrahirt), alle Rechnungen über Linsen von endlicher Dicke ganz eben so führen. als wäre die Dicke unendlich klein und der Zwischenraum zwischen den beiden Hauptpunkten, in deren einem man sich die ideale Linse vorstellt, gleichsam vernichtet. Übrigens ist dieser Zwischenraum nahe dem dritten Theile der Dicke der Linse gleich, wenn sie von gewöhnlichem Glase, und etwas grösser (nahe $\frac{5}{13}$ der Dicke), wenn sie von Flintglas ist.

Die Begriffe von Hauptstrahlen und Hauptpunkten und deren Anwendungen lassen sich auch auf ein System von mehreren Linsen auf gemeinschaftlicher Axe ausdehnen, während von einem optischen Mittelpunkte in der obigen Bedeutung dann gar nicht mehr die Rede sein kann. Für ein achromatisches Objectiv, dessen beide Bestandtheile einander beinahe berühren, als ein Ganzes betrachtet, wird der Abstand der beiden Hauptpunkte von einander sehr nahe der Summe der beiden respectiven Abstände in den einzelnen Linsen gleich.

Über die Methoden. welche in der Abhandlung zur Bestimmung der Brennweiten von Linsengläsern obigen Grundlagen gemäss entwickelt werden, können wir uns hier nicht verbreiten. Am Schlusse der Abhandlung sind noch Bemerkungen beigefügt, wodurch die eigenthümlichen Vorzüge, deren die so genannten dialytischen Fernröhre in Beziehung auf Farbenreinheit fähig sind, in ihr wahres Licht gesetzt werden.

VERSCHIEDENE AUFSÄTZE

ÜBER

MAGNETISMUS.

ERDMAGNETISMUS UND MAGNETOMETER.

Jahrbuch für 1836 herausgegeben von Schumacher. Stuttgart und Tübingen 1836.

Zwei grosse Naturkräfte sind auf der Erde allerorten und in jedem Augenblick gegenwärtig: die Schwere und die erdmagnetische Kraft.

Die Wirkungen der Schwerkraft sehen wir auf jedem unsrer Schritte uns begegnen. Die Wirkungen der erdmagnetischen Kraft fallen nicht von selbst in die Augen, sondern wollen gesucht sein: Jahrtausende vergingen, ohne dass man nur die Existenz dieser Kraft wusste. Von der erstern Kraft werden alle Verhältnisse des physischen Lebens durchdrungen, von der andern unmittelbar wenig oder gar nicht berührt.

Beide Kräfte haben das gemein, dass sie Bewegungen in bestimmten Richtungen hervorzubringen streben, und dass die Grösse dieser Bewegungen bestimmten Gesetzen unterworfen ist: aber welche Verschiedenheit, wenn man die Äusserungen beider Kräfte näher betrachtet!

Zuerst in Beziehung auf die Gegenstände der Kräfte. Der Schwere unterworfen sind alle materiellen Dinge, vielleicht. und auch nur vielleicht, einige wenige Stoffe ausgenommen, die man Imponderabilien nennt, und hypothetisch annimmt, weil wir mit ihrer Annahme eine Unermesslichkeit von Erscheinungen erklären, und ohne sie nicht erklären können: unter Erklären versteht aber der Naturforscher nichts anderes, als das Zurückführen auf möglichst wenige und möglichst einfache Grundgesetze, über die er nicht weiter hinaus kann. sondern

40*

sie schlechthin fordern muss, aus ihnen aber die Erscheinungen erschöpfend vollständig als nothwendig ableitet.

Dagegen äussert die erdmagnetische Kraft uns erkennbare Wirkungen nur
auf einige Arten von Körpern, auf diejenigen nemlich, auf welche durch wirkliche Magnete, natürliche oder künstliche, gewirkt werden kann, also wenn wir
die erst in der jüngsten Zeit entdeckte Wechselwirkung zwischen Magnetismus
und galvanischen Strömen beiseite setzen, auf magnetische oder magnetisirbare
Körper. Das weiche Eisen *macht* die erdmagnetische Kraft magnetisch ohne Be-
harrlichkeit; hingegen einen schon mit beharrlichem Magnetismus versehenen
Körper, sei es ein natürlicher Magnet, oder ein künstlicher aus gehärtetem Stahl,
bewegt die erdmagnetische Kraft nach bestimmten Gesetzen. Von der letztern
Wirkung soll hier allein die Rede sein: die der Wirkung unterworfenen Träger
eines beharrlichen Magnetismus, am besten von nadelförmiger oder länglich pris-
matischer Gestalt, sollen, welche Grösse sie auch haben mögen, Magnetnadeln
heissen.

Durch die Richtung der Schwerkraft an jedem Orte wird die gerade Linie
bestimmt, die wir eine Verticallinie nennen, und der Gegensatz des Oben und
Unten. Die Astronomie lehrt uns, die Lage dieser Linie gegen den Erdäquator
und gegen eine willkürlich gewählte Meridianebene bestimmen, und liefert dadurch die mathematischen Grundlagen der Geographie. Unsre feinsten Beobachtungen vermögen nicht, in der Richtung der Schwerkraft an einem gegebenen
Orte auch nur die geringste Veränderung zu erkennen, obwohl wir aus theoretischen Gründen sehr wohl wissen, dass diese Richtung unaufhörlichen Veränderungen unterworfen sein muss. Denn die Schwerkraft ist nur die Gesammtwirkung aller Theile des Erdkörpers, etwas modificirt durch die Centrifugalkraft
vermöge der Rotationsbewegung, und durch die fremden Weltkörper: allein die
ganze letztere unmittelbare Wirkung auf die Schwerkraft, und die mittelbare,
durch die beständigen Bewegungen vieler Kubikmeilen von Wassermassen vermöge der Ebbe und Fluth, bleibt viel zu klein für das Messungsvermögen unsrer
feinsten Instrumente; noch mehr verschwindet also die Wirkung von sonstigen
Versetzungen von Massen auf der Erdoberfläche durch andere Natur- oder Men-
schenkräfte.

Ganz anders verhält es sich in dieser Beziehung mit der Richtung der erdmagnetischen Kraft. Scharf in sich bestimmt ist auch sie an jedem Orte, aber,

genau zu reden, nur in jedem Augenblick. Wir beziehen diese Richtung an jedem Orte auf die Verticallinie (oder, was auf dasselbe hinausläuft, auf die gegen diese normale Horizontalebene) und auf die Meridianebene. Den Winkel, welchen die Richtung der erdmagnetischen Kraft mit der Horizontalebene macht, nennen wir die Neigung (Inclination) der Magnetnadel; der Winkel zwischen derjenigen Verticalebene, in welcher sich jene Richtung befindet, und der Meridianebene ist die Abweichung (Declination) der Nadel. Diese beiden Elemente bestimmen die Richtung der erdmagnetischen Kraft vollständig: sie sind an verschiedenen Orten verschieden, aber sie sind an einem und demselben Orte nicht beständig, sondern immerwährenden Veränderungen unterworfen, auf die wir nachher zurückkommen werden.

Zunächst müssen wir aber die ungleiche Art, *wie* die beiden Kräfte nach ihren Richtungen wirken, näher betrachten. Die Schwerkraft treibt einen Körper, sobald keine Hindernisse im Wege stehen, in ihrer Richtung nach unten, und diese Bewegung wird immer schneller, so lange der Körper frei fallen kann. Die Schwerkraft bringt einen Körper, der sich frei bewegen kann, nur in eine fortschreitende (progressive) Bewegung, nicht in eine drehende (rotatorische).

Mit der erdmagnetischen Kraft verhält es sich gerade umgekehrt: diese kann den Körpern, welche sie in Bewegung setzt, nur eine drehende, nie eine fortschreitende Bewegung ertheilen. Wollen wir also die Wirkung der erdmagnetischen Kraft auf einen Körper rein beobachten, so müssen wir zuvörderst die progressiven Bewegungen, die die Schwere hervorbringen könnte, ausschliessen oder unmöglich machen. Eine Magnetnadel, die auf ihrer untern Seite eine kegelförmige Vertiefung (ein Hütchen) hat, und damit auf einer feinen Spitze hängt, befindet sich in diesem Falle. Trifft dieser Aufhängepunkt (die Spitze des Hütchens) genau mit dem Schwerpunkt der Nadel zusammen, so ist letztere gegen die Schwerkraft ganz indifferent, und zeigt sich nun einer Kraft unterwürfig, die sie in die Richtung des Erdmagnetismus zu bringen strebt. Ist die Nadel schon Anfangs in dieser Lage, so bleibt sie darin: trifft aber der Erdmagnetismus sie Anfangs in einer andern Lage, so setzt letzterer sie in eine Bewegung, vermöge welcher sie sich jener Lage nähert, und (weil die Schnelligkeit der Bewegung so lange zunimmt, als jene Lage noch nicht erreicht ist) sogar über dieselbe hinausgeht, wo dann aber die erdmagnetische Kraft, stets die Nadel der Normalrichtung näher zu bringen strebend, die Schnelligkeit der Bewegung fortwährend wieder vermindert, bis diese vernichtet ist, und rückwärts geht. Auf diese Weise macht die Nadel *Schwingungen*, desto grössere, je mehr die ursprüngliche Lage von der Normalrichtung abwich, und die Normalrichtung liegt in oder nahe bei der Mitte der Schwingungen. Das erstere würde genau der Fall sein, wenn nicht äussere Hindernisse der Widerstand der Luft und die Reibung im Hütchen die Bewegung nach und nach lähmten: diese Hindernisse vermindern nach und nach die Grösse des Schwingungsbogens, bis zuletzt die Nadel in der Richtung der erdmagnetischen Kraft zur Ruhe kommt.

Man pflegt jedoch die Spitze des Hütchens, oder den Aufhängepunkt, um welchen die Nadel sich frei bewegen kann, nicht im Schwerpunkt der Nadel, sondern etwas höher, anzubringen, wodurch sich die Erscheinung etwas anders gestaltet. Es entsteht dann ein Conflict der Schwerkraft mit der erdmagnetischen Kraft, und die Nadel stellt sich nicht mehr genau in die Richtung der letztern Kraft, aber ihr so nahe, wie es dieser Conflict verstattet. Die Schwerkraft strebt nemlich, den Schwerpunkt senkrecht unter den Aufhängungspunkt zu bringen; bei der Stellung der Nadel, genau nach der Richtung der erdmagnetischen Kraft, würde aber der Schwerpunkt einen etwas höhern Platz erhalten (wenn nicht zufällig die gegenseitige Lage beider Punkte in der Nadel schon die zu jener Richtung erforderliche ist): die Natur, stets die distributive Gerechtigkeit auf das strengste verwaltend, ertheilt daher der Nadel, nach Maassgabe der Stärke beider Kräfte, eine vermittelnde Zwischenlage, wobei von der genauen Inclination weniger oder mehr aufgeopfert werden muss, die aber nothwendig mit dem magnetischen Meridian, d. i. derjenigen Verticalebene, in der sich die eigentliche Richtung der erdmagnetischen Kraft befindet, übereinstimmt. Wie allen Geschäften eine verständige Theilung stets zum Vortheil gereicht, so trennt auch der Naturforscher die Ausmittelung der Declination von der Inclination, und hängt, wo es ihm zunächst um erstere zu thun ist, seine Nadel nicht im Schwerpunkt auf, sondern so, dass eben die Declination am besten hervortritt: er hängt sie so auf, dass sie horizontal schwebt. Der Seefahrer erreicht dieses, indem er, wenn er in den Bereich einer beträchtlich geänderten Inclination kommt, seine Nadel auf der einen Seite mit einem leichten, gegen den Magnetismus indifferenten Körperchen, z. B. einem Stückchen Wachs, belastet. Der Naturforscher. der für feinere Zwecke die Nadel gar nicht mit einem Hütchen, sondern an einem feinen Faden aufhängt, legt sie in ein an das untere Ende des Fadens geknüpftes Schiffchen, in welchem er sie, so viel zu obigem Zweck nöthig, verschiebt, oder auch sie mit einem leichten Laufgewicht belastet.

Die Wirkungsart unsrer beiden Naturkräfte stellt sich hienach wesentlich verschieden dar: es wird aber interessant sein, zu zeigen, wie die Schwerkraft unter geeigneten Umständen ganz analoge Wirkungen hervorbringen kann. Die Hydrostatik lehrt, dass ein in eine Flüssigkeit eingetauchter Körper so viel an seinem Gewicht verliert, als das Gewicht der verdrängten Flüssigkeit austrägt. Ein Körper, specifisch schwerer als Wasser, wird im Innern von Wasser auch noch in der Verticallinie nach unten getrieben, aber nur mit einer verhältnissmässig geringern Kraft; ein specifisch leichterer Körper hingegen nach oben, und steht also gleichsam unter dem Einfluss einer negativen Schwere; endlich ein fester Körper, genau von demselben specifischen Gewicht wie Wasser, wird weder nach unten, noch nach oben getrieben, sondern erhält sich in der Höhe, in welcher er in Ruhe sich einmal befindet. Sind diese Körper homogen, so erhalten sie in den beiden ersten Fällen auch nur progressive Bewegungen (insofern wir von dem Widerstande abstrahiren), und in dem letzten Fall verhält sich der Körper inmitten des Wassers völlig indifferent, als ob die Schwere für ihn gar nicht da wäre. Anders verhält es sich aber mit einem Körper, der aus Theilen von ungleichem specifischem Gewicht zusammengesetzt ist. Denken wir uns einen länglichen prismatischen Stab, dessen eine Hälfte von Elfenbein, die andere von Kork ist. Das specifische Gewicht des Elfenbeins übertrifft das des Wassers wenig mehr, als das specifische Gewicht des Korks gegen letzteres zurücksteht. Wir setzen diese kleine Ungleichheit des Unterschiedes hier bei Seite, oder denken uns, anstatt reinen Wassers, mit Salz soweit versetztes, dass das specifische Gewicht der Flüssigkeit genau mitten inne steht zwischen den specifischen Gewichten der beiden festen Theile des Stabs. Dieser Stab, im Innern einer Wassermasse, wird nun, da sein specifisches Gewicht im Ganzen dasselbe ist, wie das des Wassers, weder nach unten, noch nach oben, aber das Elfenbeinende wird nach unten, das Korkende nach oben getrieben: der Stab erhält keine progressive, wohl aber eine drehende Bewegung, wenn er sich nicht schon Anfangs in senkrechter Lage befand. Dasselbe wird auch noch gelten, wenn dieser Stab mit einer Holzart überlegt ist, die das specifische Gewicht des Wassers hat, oder auch, wenn in einem Stab aus solchem Holz an dem einen Ende ein Stück Elfenbein, an dem andern ein eben so grosses Stück Kork eingelegt ist.   Wir haben demnach hier ganz das Gegenstück von der Wirkungsart der erdmagnetischen Kraft, nur dass an die Stelle der dieser eigenthümlichen Richtung jetzt die Verticallinie getreten ist, und werden dadurch auf eine Vorstellungsart geführt, die zur Erklärung der Wirkung der erdmagnetischen Kraft auf die Magnetnadel dient. Wir nehmen nemlich zwei Stoffe an, auf welche diese Kraft unmittelbar auf ähnliche Art wirkt, wie die Schwerkraft auf alle ponderabeln Körper, indem sie dieselben, zwar in Einer bestimmten geraden Linie, aber in entgegengesetzten Richtungen, zu bewegen strebt.   Diese beiden Stoffe müssen wir an die Magnetnadel fest gebunden voraussetzen (weil sonst die erdmagnetische Kraft nur die Stoffe *in* der Nadel, nicht diese selbst, bewegen würde); den einen an das eine Ende, den andern an das andere, und die Quantität des einen Stoffs muss in jeder Nadel der Quantität des andern genau gleich sein (weil sonst auch eine progressive Bewegung erfolgen müsste).   Man nennt diese Stoffe magnetische *Fluida*, um ihre leichte Beweglichkeit in dem sich nicht zu beharrlicher Magnetisirung eignenden weichen Eisen zu bezeichnen, und unterscheidet sie durch die Zusätze nördliches und südliches Fluidum, indem dasjenige Ende der Nadel, welches das erstere trägt (der Nordpol), sich an den meisten Orten der Erde nach der Nordseite richtet.   Das nördliche Fluidum pflegt man auch das positive, das südliche das negative zu nennen.   Der Stahl ist dabei nur der Träger dieser Fluida, wie in dem vorhergehenden Gleichniss die Holzumgebung der Träger des Elfenbeins und Korks, und die erdmagnetische Kraft wirkt auf jenen nur mittelbar.

Diese Vorstellungsart bedarf aber noch einer Modification.   Unser Elfenbein-Kork-Stab würde offenbar noch dieselbe Erscheinung (wenn auch in geringerer Stärke) darbieten, wenn er, anstatt Ein Stück Elfenbein und Ein eben so grosses Stück Kork zu enthalten, aus mehrern, immerhin auch sehr vielen, Paaren zusammengesetzt wäre, vorausgesetzt, dass diese Paare in gehöriger Ordnung liegen.   Bei unserer ersten Voraussetzung würde der Stab seine Eigenschaft verlieren, wenn man ihn in der Mitte zerschnitte; bei der andern hingegen bleibt die Eigenschaft nach jeder Zerschneidung, wo nur kein zusammengehöriges Paar getrennt wird.

Die Erfahrung ergibt, dass, wenn ein Magnetstab in der Mitte, oder an irgend einer andern Stelle durchgebrochen wird, beide Stücke sich sogleich wieder als Magnete zeigen, die von der erdmagnetischen Kraft nur eine drehende, nie eine progressive Bewegung erhalten. Wir sind daher genöthigt, anzunehmen, dass in der Magnetnadel die magnetischen Fluida zwar getrennt sind, aber nicht so, dass das eine Fluidum sich am einen, das andere am andern Ende befinde, sondern vielmehr so, dass wir die Nadel wie ein Aggregat von unzähligen für uns unmessbar kleinen Stahltheilchen betrachten müssen, deren jedes eben so viel nördliches wie südliches Fluidum in getrenntem Zustande enthält.

Wir haben bisher den Magnet nur in Beziehung auf diejenige Wirkung betrachtet, welche die erdmagnetische Kraft auf ihn ausübt, weil diese zunächst den Gegenstand des gegenwärtigen Aufsatzes ausmacht: viel länger war schon diejenige Wirkung bekannt, welche zwei Magnete auf einander ausüben, und die in einer gegenseitigen Anziehung der ungleichnamigen Pole und einer Abstossung der gleichnamigen besteht. Nach Beschaffenheit der Umstände können dadurch drehende und fortschreitende Bewegungen erregt werden. Es bedarf zur Erklärung dieser Phänomene nichts weiter, als noch anzunehmen, dass die magnetischen Fluida auf einander wirken, die gleichnamigen abstossend, die ungleichnamigen anziehend, und wir wissen jetzt aus scharfen Versuchen, dass die Stärke dieser Abstossung oder Anziehung zwischen zweien Theilchen solcher Flüssigkeiten eben so im umgekehrten Verhältniss des Quadrats der Entfernung steht, wie die allgemeine gegenseitige Anziehung aller ponderabeln Körper.

Nur kurz erwähnen wir endlich (da es nicht unmittelbar zu unserm gegenwärtigen Zweck gehört) der Wirkung der Magnete auf nicht magnetisirten Stahl und weiches Eisen, welche Wirkung bekanntlich in einer Anziehung besteht. Sie ist eine Folge des eben angeführten Verhaltens der magnetischen Flüssigkeiten, die in allem Stahl und Eisen als schon vorhanden angesehen werden müssen, und bei der Annäherung eines Magnets eine Scheidung erleiden, so dass jene Körper dadurch selbst magnetisch werden. Nur ist das weiche Eisen für sich nicht fähig, die Trennung der magnetischen Fluida in seinem Innern dauernd zu erhalten. Ein Stück weiches Eisen, mit einem Ende an einem Magnet hängend (oder ihm auch nur nahe gebracht), verhält sich so lange selbst wie ein Magnet, verliert aber nach der Trennung oder Entfernung von jenem diese Eigenschaft nach wenigen Augenblicken fast ganz wieder, während ein Stück gehärteten, aber noch nicht magnetisirten Stahls (in welchem die Trennung der magnetischen Flüssigkeiten schwerer geschieht, aber, einmal erfolgt, viel bleibender ist), theils überhaupt von einem Magnet schwächer angezogen wird, als weiches Eisen, theils

41

auch nach der Trennung den Grad von Magnetismus, welchen es in jener Verbindung erhalten hat, auf längere Zeit beibehält.

Wir kehren zu der erdmagnetischen Kraft zurück, deren Kenntniss erst vollständig wird, wenn man ausser ihrer Richtung auch ihre Stärke (Intensität) angeben kann. Um diese auszumessen, ist man auf folgende Art zu Werke gegangen.

Wir haben oben gesehen, unter welchen Umständen eine aufgehängte Magnetnadel in Schwingungen versetzt wird: erwägen wir jetzt näher, von welchen Umständen *die Dauer* einer Schwingung abhängt.

Zuerst ist diese Dauer, alles übrige gleich gesetzt, von der Grösse des Schwingungsbogens abhängig; jene ist desto kleiner, je kleiner dieser ist, so jedoch, dass bei immer abnehmenden Bögen die Dauer sich nur immer mehr einem Grenzwerthe nähert, ohne in mathematischer Schärfe solchen erreichen zu können. Das Verhältniss der Schwingungsdauer für jede Grösse des Schwingungsbogens zu dem Grenzwerthe kann man durch bekannte Formeln berechnen. Für eine Nadel z. B., welche einen Schwingungsbogen von 180 Grad in 23.6068 Secunden beschreibt, ist der Grenzwerth der Schwingungsdauer 20 Secunden, und folgende Übersicht gibt eine Vorstellung von der successiven Annäherung zu demselben für immer kleinere Bögen:

Schwingungsbogen.	*Schwingungsdauer.*
180 Grad.	23.6068 Secunden.
120 ,,	21.4636 ,,
60 ,,	20.3482 ,,
30 ,,	20.0860 ,,
20 ,,	20.0381 ,,
10 ,,	20.0095 ,,
8 ,,	20.0061 ,,
6 ,,	20.0034 ,,
4 ,,	20.0015 ,,
2 ,,	20.0004 ,,
1 ,,	20.0001 ,,

Man sieht daraus, dass bei Schwingungsbögen von mässiger Grösse der Unterschied einer Schwingungsdauer von dem Grenzwerthe kaum merklich ist.

Dieser Grenzwerth wird immer verstanden, so oft man von Schwingungsdauer schlechthin spricht, und in der herkömmlichen mathematischen Sprache als Schwingungsdauer für einen unendlich kleinen Bogen bezeichnet.

Zweitens hängt die Schwingungsdauer einer Nadel ab von der Stärke ihrer Magnetisirung. Behandelt man eine Anfangs schwach magnetisirt gewesene Nadel mit kräftigern Streichmitteln, so werden ihre Schwingungen schneller. Es gibt jedoch für jede Nadel einen bestimmten höchsten Grad von Magnetismus, den sie annehmen oder festhalten kann, und den man wohl die Sättigung nennt. Allein es ist von Wichtigkeit, hier zu bemerken, dass die Bestimmung dieses Sättigungspunkts der Erfahrung zufolge einer sehr grossen Schärfe nicht fähig zu sein scheint. Wenn man eine und dieselbe Nadel in öftern Wiederholungen auch mit den kräftigsten Mitteln magnetisirt, nachdem man dazwischen ihr den Magnetismus zum Theil wieder entzogen hatte, so geben doch die jedesmaligen Schwingungszeiten keineswegs einen *solchen* Grad von Übereinstimmung, als man für Normalbestimmungen fordern müsste.

Der dritte Umstand, welcher die Schwingungsdauer bestimmt, ist die Grösse der Nadel. Von zwei ungleich grossen Nadeln, die jede in ihrer Art gleich gut magnetisirt sind, wird die grössere langsamer schwingen. Grössere Dicke und Breite, so lange diese Dimensionen gegen die Länge noch sehr klcin bleiben, hat dabei einen geringern Einfluss, als vergrösserte Länge. Eine grosse gut magnetisirte Nadel hat zwar einen stärkern Magnetismus, als eine kleinere, ja wenn beide ähnliche Gestalten haben, so wird man sie nur dann gleich gut in ihrer Art magnetisirt nennen können, wenn das Verhältniss des Magnetismus dasselbe ist, wie das der Grösse (dem Raume oder Gewichte nach): dass dann, dessen ungeachtet, die grössere langsamer schwingt, ist eine nothwendige Folge davon, dass der stärkere Magnetismus nicht bloss grössere Masse zu bewegen, sondern durch grössere Räume zu bewegen hat.

Viertens endlich ist die Schwingungsdauer abhängig von der Stärke der erdmagnetischen Kraft selbst. In der That muss eine gegebene Nadel, in bestimmter Stärke magnetisirt, schnellere oder langsamere Schwingungen machen, je nachdem die auf sie wirkende erdmagnetische Kraft stärker oder schwächer ist, und es bietet sich also ein Mittel dar, die Stärke dieser Kraft an verschiedenen Orten zu vergleichen, indem man *eine und dieselbe* Nadel daselbst schwingen lässt. Man weiss, dass eine doppelt schnellere Schwingung einer vierfach grössern Kraft,

41*

eine dreifach schnellere Schwingung einer neunfach grössern Kraft entspricht u. s. w., so dass die Quadratzahl von der Anzahl der Schwingungen in einer beliebig gewählten Zeit, z. B. in einer Minute als das Maass der Kraft angesehen werden kann. Übrigens ist hier immer die erdmagnetische Kraft zu verstehen, so weit sie in derjenigen Ebene wirkt, in welcher die Schwingung geschieht, mithin die ganze erdmagnetische Kraft, wenn die in ihrem Schwerpunkt aufgehängte Nadel in der Ebene des magnetischen Meridians schwingt, hingegen nur der horizontale Theil der erdmagnetischen Kraft, wenn die Nadel, oberhalb ihres Schwerpunkts aufgehängt, Schwingungen in horizontaler Ebene macht. Schwingungen der letztern Art lassen sich viel bequemer und schärfer beobachten, als die der erstern, und für die Anwendung sind jene eben so brauchbar, da das Verhältniss der ganzen erdmagnetischen Kraft zu ihrem horizontalen Theile auf bekannte Weise von der Inclination abhängt.

Man hat auf diese Weise die Intensitäten der erdmagnetischen Kraft an vielen Örtern der Erde unter einander verglichen, indem man auf Reisen, die zum Theil hauptsächlich zu diesem Zweck unternommen waren, eine oder mehrere Nadeln mit sich führte, und deren Schwingungsdauer beobachtete: als Einheit für die Resultate kann man die Stärke der erdmagnetischen Kraft an einem beliebig gewählten Orte annehmen.

Offenbar ist dies Verfahren ganz von der Voraussetzung abhängig, dass der magnetische Zustand der angewandten Nadeln ganz ungeändert bleibt. Allein es gibt mehrere Ursachen, die diesen Zustand verändern können. Zuvörderst hat die Temperatur einen sehr merklichen Einfluss auf diesen Zustand. Bei grösserer Wärme wird der Magnetismus einer Nadel schwächer, kommt jedoch mit dem frühern Temperaturzustande wieder auf seine vorige Stärke zurück, wenn die Wärme innerhalb mässiger Grenzen geblieben ist. *Diese* Veränderlichkeit kann man daher durch Rechnung berücksichtigen und unschädlich machen; vor zu starker Erhitzung muss man aber die Nadel wohl in Acht nehmen, weil dadurch ihr Magnetismus bleibend geschwächt wird. Ferner darf man die Nadel nicht mit andern Magneten oder auch mit Eisen in Berührung bringen, weil man sonst nach der Abtrennung durchaus nicht darauf rechnen kann, den vorigen magnetischen Zustand der Nadel genau wieder zu finden. Allein auch bei aller solcher Vorsicht hat man doch für völlige Unwandelbarkeit dieses Zustandes keine Bürgschaft. Nadeln aus schwach gehärtetem Stahl verlieren schon in kurzer Zeit einen beträchtlichen Theil ihres Magnetismus; gut gehärtete halten ihn besser an sich; allein auch bei den bestgehärteten wird man immer im Laufe der Zeit einige Veränderung zu befürchten haben. Man könnte glauben, dass diese Veränderung sich an der veränderten Schwingungsdauer der Nadel an einem und demselben Orte erkennen lasse, und in Beziehung auf beträchtliche und schon nach mässigen Zeitintervallen eingetretene Veränderungen ist dies auch ganz richtig: allein dieser Schluss würde ganz illusorisch sein, wenn man ihn auf kleine Veränderungen oder auf sehr lange Zeiträume ausdehnen wollte: denn so wie der Erfahrung zufolge die Richtung der erdmagnetischen Kraft an einem Orte sehr grossen Veränderungen unterworfen ist, wird dies ohne Zweifel auch mit der Intensität dieser Kraft der Fall sein, daher man, wenn man nach einer Reihe von Jahren die Nadel an einem Orte andere Schwingungen machen sieht, als früher, völlig im Dunkeln bleibt, wieviel Antheil daran die Veränderung der Nadel, und wieviel die Veränderung der Stärke des Erdmagnetismus gehabt hat. Das Resultat dieser Betrachtungen ist also, dass die erwähnte comparative Methode sehr nützliche Dienste leistet, wenn man sie nur auf Bestimmungen innerhalb eines mässigen Zeitraumes anwendet, und es an der nöthigen Vorsicht nicht fehlen lässt; dass jedoch die Zuverlässigkeit und Genauigkeit dieses Verfahrens immer nur beschränkt bleibt, und dass die so hoch interessante Frage, welchen Veränderungen die Intensität der erdmagnetischen Kraft an einem Orte im Laufe langer Zeiträume unterworfen sein mag, auf diese Weise gar nicht zu beantworten ist.

Wir machen uns frei von jener Unsicherheit, und gewinnen das Mittel zur Beantwortung dieser Frage, indem wir an die Stelle der comparativen Methode eine andere setzen, die die Intensität des Erdmagnetismus auf ein von der Individualität der gebrauchten Magnetnadeln ganz unabhängiges absolutes Maass zurückführt, d. i. auf ein solches, welches nur auf den für sich feststehenden, jederzeit mit äusserster Schärfe wieder nachzuweisenden Raum-, Zeit- und Gewichtseinheiten beruhet.

Zu einer vollkommenen Einsicht in das Wesen dieser Methode würde eine viel ausführlichere Entwicklung nothwendig sein, als hier Platz finden kann, zumal unter Verzichtleistung auf eine mit Wenigem viel sagende mathematische Einkleidung. Indessen wird die folgende Darstellung wenigstens die Möglichkeit der Zurückführung der Stärke der erdmagnetischen Kraft auf absolutes Maass begreiflich machen. Da es nach der schon oben gemachten Bemerkung nur auf den horizontalen Theil der erdmagnetischen Kraft ankommt, so werden wir Kürze halber jenen immer stillschweigend verstehen, wenn von der erdmagnetischen Kraft ohne den Zusatz *ganze* Kraft die Rede sein wird.

Die Quadratzahl der Menge der Schwingungen einer Nadel in einer bestimmten nach Gefallen gewählten Zeit ist ein von der besondern Beschaffenheit der Nadel abhängiges Maass der Stärke des Erdmagnetismus. Das Besondere der Nadel kommt hier aber in zweierlei Rücksicht ins Spiel: einmal, insofern der Magnetismus, dessen Träger die Nadel ist, mehr oder weniger stark sein kann, zweitens, insofern die Nadel mehr oder weniger ponderable Masse, und in schwerer oder leichter zu bewegender Gestalt enthält. Die Absonderung des zweiten Theils, des Besondern der Nadel ist nun nicht schwer. Der Einfluss des Erdmagnetismus auf die in der Nadel getrennten magnetischen Flüssigkeiten bewirkt eine Drehungskraft oder ein Drehungsmoment, insofern die Nadel nicht im magnetischen Meridian ist; dies Drehungsmoment ist desto grösser, je mehr die Nadel vom magnetischen Meridian abweicht, und am grössten in der gegen den Meridian rechtwinkligen Stellung. Dies grösste Drehungsmoment wird immer stillschweigend verstanden, wenn vom Drehungsmoment schlechthin die Rede ist; es lässt sich angeben durch ein bestimmtes Gewicht, welches auf einen Hebelarm von bestimmter Länge wirkt, mithin durch eine Zahl, sobald man Gewichte und Längen, nach beliebig gewählten Einheiten, durch Zahlen ausdrückt. Nun hängt aber dieses Drehungsmoment auf eine einfache Art, welche die Dynamik lehrt, mit der Schwingungsdauer vermittelst einer durch Figur und Gewicht der Nadel bestimmten Zwischengrösse zusammen, die man ihr Trägheitsmoment nennt, und nach bekannten Regeln berechnen kann. Ist die Nadel nicht genau ein regelmässiger Körper, oder trägt sie während sie schwingt, noch sonstigen Zubehör, so bedarf es freilich zur Ausmittelung des Trägheitsmoments noch besonderer Vorkehrungen, welche hier anzugeben zu weitläufig sein würde: jedenfalls sind Mittel dazu in unsrer Gewalt. Ist nun dies Trägheitsmoment bekannt, so kann man aus der beobachteten Schwingungsdauer der Nadel auf das Drehungsmoment zurückschliessen, welches der Erdmagnetismus durch seine Einwirkung auf die magnetischen Flüssigkeiten in der Nadel hervorbringt. Übrigens ist es sehr wohl möglich, dies Drehungsmoment auch durch directe Versuche ohne beobachtete Schwingungsdauer zu bestimmen: ein eigenthümlicher dazu dienender, seit kurzem in der Göttinger Sternwarte aufgestellter Apparat zeigt sich aller nur zu wünschenden Schärfe fähig; allein für den gegenwärtigen Zweck ist es unnöthig, dabei zu verweilen.

Dieses Drehungsmoment, welches der Erdmagnetismus an einer gegebenen Nadel erzeugt, bietet uns nun eine neue Abmessungsart der Stärke der erdmagnetischen Kraft dar, oder genauer zu reden, eine neue Form der vorigen Abmessungsart, vor welcher sie den Vorzug hat dass der eine Theil der Individualität der Nadel nunmehr abgeschieden ist. Sie bleibt von dieser Individualität nur noch insofern abhängig, als in der Nadel ein stärkerer oder schwächerer Magnetismus entwickelt sein kann, und sobald wir *diesen* auf ein absolutes Maass zurückführen können, wobei das Besondere seines Trägers gar nicht mehr in Frage kommt, wird auch die Stärke des Erdmagnetismus selbst auf ein absolutes Maass zurückgeführt sein, da nur die Zahl, welche das Drehungsmoment ausdrückt, mit der Zahl, welche den Magnetismus der Nadel misst, dividirt zu werden braucht. In der That ist dann der Abmessung des Erdmagnetismus als Einheit eine solche diesem ähnlich gedachte Kraft untergelegt, deren Wirkung auf eine Einheit des Nadel-Magnetismus in einem Drehungsmoment besteht, welches durch den Druck der Gewichtseinheit auf einen Hebelarm von der Länge der Raumeinheit gemessen wird.

Man könnte versucht sein zu glauben, dass die Last, welche eine Magnetnadel zu tragen vermag, als Maassstab für die Stärke des darin entwickelten Magnetismus dienen könne. Allein eine nähere Prüfung ergibt, dass dieses Mittel für unsern Zweck ganz unbrauchbar ist. Die Bestimmung des Tragvermögens ist überhaupt keiner Schärfe fähig, indem wiederholte Versuche sehr verschiedene Resultate dafür geben können: aber, was viel wichtiger ist, dieses Tragvermögen steht mit der Grösse der Entwicklung des Magnetismus in der Nadel, in dem Sinn, wie sie hier zu verstehen ist, nemlich insofern sie das Drehungsmoment bestimmt, in gar keinem nothwendigen Zusammenhange. Bei dem Drehungsmoment kommt der Magnetismus in allen Theilen der Nadel, auf welche der Erdmagnetismus gleichmässig und in parallelen Richtungen wirkt, in Betracht: bei dem Tragvermögen hingegen hauptsächlich der ohnehin durch die Wechselwirkung des Magnetstabs und des angehängten Eisens augenblicklich modificirt werdende Magnetismus in dem der Last zunächst liegenden Ende. Zu dem hier vorliegenden Zweck sind lediglich solche Kraftwirkungen brauchbar, welche der Magnetismus aller Theile der Nadel fast gleichmässig und in fast parallelen Richtungen ausübt, also Wirkungen in beträchtlicher Entfernung.

Eine an einem bestimmten Platze befindliche Magnetnadel übt ihre magnetische Kraft in jedem Punkte des Raumes aus, in einer Stärke und Richtung, die durch die Entfernung und Lage bestimmt werden. In der Nähe ist diese Kraft stark, aber an verschiedenen Stellen sehr ungleich; in grossen Entfernungen zwar schwach, aber dann innerhalb eines mässigen Raumes an Stärke und Richtung fast gleich. Je grösser die Entfernung, desto mehr nähert sich das Gesetz der Kraft einer einfachen Regel, welche die Theorie vollständig angibt: hier dürfen wir uns auf die Betrachtung eines Falles beschränken, der für unsern Zweck hinreicht. In einer horizontalen Fläche sei N S die festliegende Magnetnadel, deren Kraftäusserung auf eine zweite n s an einem Faden aufgehängte hier in Frage steht: beide in solcher gegenseitigen Lage, die die Figur hinreichend erklärt.

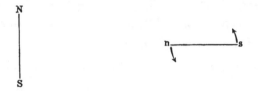

Die Wirkung der erstern Nadel auf die andere wird dann in einem Bestreben, diese zu drehen, bestehen, und zwar in dem Sinn, den die Pfeile bezeichnen, wenn die Buchstaben N n gleichnamige Pole, z. B. die Nordpole bedeuten, mithin S s die Südpole. Das Drehungsmoment wird ganz auf gleiche Weise durch eine Zahl verständlich gemacht, wie oben bei der Einwirkung des Erdmagnetismus auf eine frei schwebende Nadel. Die Grösse dieses Drehungsmoments hängt aber ab von der Entfernung und von der Stärke des Magnetismus in *beiden* Nadeln, so dass es z. B. bei gleicher (hinlänglich gross vorausgesetzter) Entfernung sechsmal stärker ausfällt, wenn die eine Nadel einen doppelt, die andere einen dreifach stärkern Magnetismus trüge. Mit der Entfernung hängt aber die Wirkung so zusammen, dass bei doppelter Entfernung die Wirkung nur den achten, bei dreifacher nur den siebenundzwanzigsten Theil ihres Werths bei einfacher Entfernung behält, wobei jedoch zu bemerken ist, dass dieses Gesetz nur für sehr grosse Entfernungen hinlänglich scharf, und auf kleine nicht auszudehnen ist. Da nun alle Entfernungen, nachdem für sie einmal ein Maass als Einheit gewählt ist, durch Zahlen ausgedrückt werden, so wird jenes Gesetz auch so ausgesprochen werden können, dass das Drehungsmoment mit dem Würfel der Entfernung multiplicirt für sehr grosse Entfernungen immer gleiches Resultat gibt, welches Product man füglich das auf die Entfernungseinheit *reducirte* Drehungsmoment nennen mag, ohne zu vergessen, dass nach der eben gemachten Bemerkung das in der Entfernungseinheit wirklich stattfindende Drehungsmoment, falls jene klein ist, von dem reducirten bedeutend verschieden sein kann. Dies hindert aber durchaus nicht, das reducirte Drehungsmoment zu einem Maassstabe für den Magnetismus der Nadeln zu benutzen, und *den Magnetismus derjenigen Nadel als Einheit zu betrachten, welche einer andern einen eben so grossen Magnetismus tragenden in der bezeichneten Lage ein reducirtes Drehungsmoment ertheilt, welches dem Druck der Gewichtseinheit an einem Hebelarm von der Länge der Entfernungseinheit gleichkommt.* Auf diese Weise haben wir also einen völlig klaren präcisen Begriff für die Abmessung der magnetischen Kraft einer Magnetnadel gewonnen. Eine Nadel von der zweifachen Kraft wird dann einer ihr gleichmagnetisirten ein reducirtes Drehungsmoment $= 4$ ertheilen u. s. w., und allgemein wird man, sobald man die Zahl für das reducirte Drehungsmoment kennt, welches eine Nadel einer ihr gleichen ertheilt, in der Quadratwurzel aus jener Zahl das absolute Maass für die Stärke des Magnetismus jeder der beiden Nadeln haben.

Es bleibt also, um die Stärke des Erdmagnetismus auf absolutes Maass zurückführen zu können, nur noch übrig, ein Verfahren anzugeben wodurch das Drehungsmoment, welches eine Nadel einer ihr gleichen in beträchtlicher Entfernung und in der in der Figur dargestellten Lage ertheilt, mit Schärfe bestimmt werden kann. Bei einer oberflächlichen Erwägung des im Vorhergehenden absichtlich noch bei Seite gesetzten Umstandes, dass es unmöglich ist, diese so sehr schwache Wirkung der Nadel N S auf die Nadel n s (welche wir einstweilen genau eben so stark magnetisirt wie N S voraussetzen wollen) für sich rein zu beobachten, da sich letztere der überall gegenwärtigen und viel stärker wirkenden erdmagnetischen Kraft nicht entziehen lässt, könnte man diese Aufgabe für sehr schwer halten: allein gerade umgekehrt wird durch diesen Umstand selbst eine leichte Lösung gegeben. Nehmen wir an, dass in unserer Figur die gerade Linie von der Mitte der Nadel N S durch die Nadel n s mit dem magnetischen Meridian (von Norden nach Süden zu) zusammenfalle, so wird in dieser Lage die erdmagnetische Kraft noch gar nicht auf die Nadel n s wirken; so wie aber die

42

Drehungskraft, welche N S auf n s ausübt, ihr Spiel anfängt, wird n s von ihrer ersten Lage abgelenkt werden, und in Bewegung kommen; allein je mehr sie sich in Folge dieser Bewegung von der ersten Richtung entfernt, desto stärker strebt der Erdmagnetismus, sie dahin zurückzuführen. Die Nadel macht also Schwingungen, deren Mitte aber nicht mehr die Lage im magnetischen Meridian selbst, sondern eine dagegen mehr oder weniger geneigte ist. Diese Mitte ist zugleich die Gleichgewichtslage von der Nadel n s, welche sie annimmt, wenn die Schwingungen zur Ruhe gekommen sind. Offenbar ist ihre Richtung nichts anderes, als das Resultat der Zusammensetzung der beiden Kräfte, welche an dem Platz der Nadel n s der Erdmagnetismus und der Magnetismus der Nadel N S ausüben, und die unsern Voraussetzungen zufolge um einen rechten Winkel verschiedene Richtungen haben. Nach bekannten Lehren der Statik ist also das Verhältniss der Stärke dieser Kräfte, welches zugleich das Verhältniss der durch sie erzeugten Drehungsmomente ist, aus dem Ablenkungswinkel bestimmbar, d. i. aus der Ungleichheit der beiden Ruhelagen von n s, einmal wenn beide Kräfte wirken, zweitens wenn N S ganz entfernt ist. Hier bietet sich nun aber noch eine wichtige Bemerkung dar. Nemlich der Ablenkungswinkel der Nadel n s ist von der Stärke ihrer Magnetisirung ganz unabhängig, da bei verstärkter Magnetisirung offenbar *beide* Drehungsmomente in gleichem Verhältniss wachsen. Wir werden dadurch der sonst allerdings schwer zu erfüllenden Bedingung, dass n s einen eben so starken Magnetismus trage, wie N S, ganz enthoben.

Es reducirt sich also die Bestimmung der Intensität des Erdmagnetismus auf zwei Hauptgeschäfte.

I. Man beobachtet die Schwingungsdauer einer Nadel N S, und berechnet daraus das Drehungsmoment, welches der Erdmagnetismus auf diese Nadel ausübt.

II. Man hängt eine zweite Nadel n s auf, beobachtet ihre Einstellung zuerst unter dem reinen Einfluss des Erdmagnetismus, und nachher, indem N S in beträchtlicher Entfernung, so wie es die Figur zeigt, aufgelegt ist. Aus dem Unterschied beider Stellungen oder der Ablenkung, berechnet man, welch ein Bruchtheil die Kraft der Nadel N S von der erdmagnetischen Kraft in der gewählten Entfernung ist; ein eben so grosser Bruchtheil von dem in I. gefundenen Drehungsmoment lehrt uns das Drehungsmoment kennen, welches in jener Entfernung die Nadel N S einer ihr gleichen ertheilen würde; dies Resultat mit dem

Würfel der Entfernung multiplicirt, gibt das reducirte Drehungsmoment; die Quadratwurzel daraus die Kraft der Nadel N S im absoluten Maasse; endlich die in I. gefundene Zahl mit dieser Quadratwurzel dividirt, gibt die Zahl für das absolute Maass des Erdmagnetismus.

Ohne mathematische Zeichen zu gebrauchen, schien diese Darstellung der Möglichkeit, die Stärke des Erdmagnetismus durch eine Zahl auszudrücken, die von der Individualität der benutzten Magnetnadeln völlig unabhängig ist, am leichtesten verständlich: bei der wirklichen Anwendung erscheint einiges in einer etwas verschiedenen Gestalt, die aber für das Wesen der Methode gleichgültig ist, auch sind dann noch manche Nebenumstände zu berücksichtigen. Nur über ein paar Umstände wollen wir hier noch einiges beifügen.

Man hat gesehen, dass die den Abmessungen untergelegten Einheiten nur in einer Entfernungseinheit und einer Gewichtseinheit bestanden. Man muss aber nicht übersehen, dass eine Gewichtsgrösse, z. B. ein Gramm, hier nicht das Quantum ponderabler Materie bedeutete, welches diesen Namen führt, und welches überall dasselbe ist, sondern den Druck, welches dieses Quantum Materie unter dem Einfluss der Schwerkraft an dem Beobachtungsorte ausübt. Diese Schwerkraft ist aber bekanntlich an verschiedenen Orten nicht ganz gleich, und wenn wir daher den Druck eines Gramms als Gewichtseinheit wählen, so würde nach aller Strenge die Intensität des Erdmagnetismus an verschiedenen Orten nicht mit gleichem Maasse gemessen werden. Bei der grossen Schärfe, deren die Messungen gegenwärtig fähig sind, ist es billig, diesen Unterschied nicht zu vernachlässigen. Am natürlichsten ist es, ihn dadurch zu berücksichtigen, dass man die Schwerkraft selbst auf ein absolutes Maass zurückführt, indem man als ihr Maass die doppelte Fallhöhe in der gewählten Zeiteinheit, z. B. in einer Secunde, annimmt, und den Druck durch das Produkt der Masse in die Zahl, die die Schwerkraft misst, ausdrückt. Man übersieht leicht, dass auf diese Weise andere Zahlen sowohl für die Kraft der angewandten Magnetnadel, als für die erdmagnetische Kraft hervorgehen*), deren Grundlagen anstatt der vorigen zwei Einheiten jetzt drei sein werden, eine Entfernungseinheit, eine Zeiteinheit und eine Masseneinheit.

---

*) Sie stehen zu den vorigen in demselben Verhältniss, wie die Quadratwurzel aus der Zahl, die die Schwerkraft misst, zu der Zahl Eins.

Eine Hauptschwierigkeit bei Anwendung der Methode liegt noch darin, dass das obenangeführte Gesetz (die verkehrte Proportionalität der Wirkung einer Magnetnadel zu dem Würfel der Entfernung) in zulänglicher Schärfe nur für sehr grosse Entfernungen gültig ist, in welchen die Wirkungen zu klein sind, um unmittelbar mit Schärfe beobachtet werden zu können. In mässigen Entfernungen machen sich die Abweichungen von dem Gesetze schon sehr merklich: allein die Theorie lehrt, dass in diesen Abweichungen selbst wiederum Gesetzmässigkeit Statt findet, und die Mathematik gibt Mittel an die Hand, durch Combination *mehrerer* in mässigen aber ungleichen Entfernungen gemachter Versuche diese Abweichungen zu erkennen, und so gut wie ganz zu eliminiren.

Immer aber dürfen, wenn diese Elimination zulässig sein soll, die Versuche nicht bei zu kleinen Entfernungen angestellt werden: die Wirkungen bleiben daher allemal vergleichungsweise nur kleine, zu deren scharfer Abmessung die früher gebräuchlichen Mittel bei weitem nicht zureichten. Gerade dieses Bedürfniss hat die Darstellung eines neuen Apparats veranlasst, der wohl am schicklichsten mit dem Namen *Magnetometer* bezeichnet werden kann, da er dazu dient, alle Grössenbestimmungen sowohl in Beziehung auf die magnetische Kraft der Nadeln, als in Beziehung auf den Erdmagnetismus, wenigstens den horizontalen Theil desselben, mit einer Genauigkeit auszuführen, die der Schärfe der feinsten astronomischen Beobachtungen gleich kommt. Man bestimmt damit die Richtung des Erdmagnetismus auf eine oder ein paar Bogensecunden genau; man beobachtet Anfang und Ende einer Schwingung auf einige Hunderttheile einer Zeitsecunde sicher, also schärfer, als die Antritte der Sterne an den Fäden eines Passagen-Instruments.

Anstatt eine bereits anderwärts gegebene Beschreibung des ohnehin jetzt schon vielverbreiteten Magnetometers zu wiederholen, beschränken wir uns hier nur darauf, einige der Eigenthümlichkeiten dieses Apparats bemerklich zu machen.

Die Stellung der an einem Faden oder einem feinen Draht aufgehängten Magnetnadel und die Veränderung dieser Stellung werden nicht, wie sonst, an der Magnetnadel selbst beobachtet, sondern an dem Spiegelbilde einer in kleine Theile getheilten Scale. Der Spiegel ist an der Magnetnadel fest, also mit derselben beweglich; die Scale hingegen ist in einer beträchtlichen Entfernung davon (15 Fuss bei den Magnetometern in Göttingen) horizontal befestigt, und hinter der Scale und etwas höher befindet sich das gegen die Mitte des Spiegels gerichtete Fernrohr, durch welches man das 30 Fuss entfernte Spiegelbild der Scale oder eines Stücks derselben sieht. Offenbar ist nun jede Veränderung der Stellung der Magnetnadel mit einer verhältnissmässigen Veränderung des Orts des Spiegelbildes verbunden, und man übersieht leicht, wie sehr die Feinheit der Beobachtung auf diese Weise gewinnt: in der That sind, wenn die Nadel einen Fuss lang ist (und grössere hat man sonst fast niemals angewandt), die Bewegungen ihrer Enden nur ein sechzigstel so gross, wie die Bewegungen des Spiegelbildes. Der Vortheil, welchen ausserdem die grosse Entfernung des Beobachters von der Magnetnadel bei der neuen Methode gewährt, ist von selbst einleuchtend, da bei der ehemaligen Art die unmittelbare Nähe des Beobachters, so wie auch der zu nächtlichen Beobachtungen nothwendigen Beleuchtungslampe mancherlei Störungen der Nadel erregen konnte.

In dem Magnetometer werden als Magnetnadeln grosse schwere Stäbe angewandt, mit so offenbarem Gewinn für die Schärfe der Beobachtungen, dass man sich jetzt nur mit Verwunderung der äusserst kleinen Nadeln erinnert, die man vordem zu den meisten magnetischen Beobachtungen zu gebrauchen pflegte. Bei der ersten Ausführung des Magnetometers wurden Stäbe von einem Pfund Gewicht angewandt; in dem magnetischen Observatorium zu Göttingen ist ein vier Pfund schwerer Stab aufgehängt, und ähnliche Stärke haben die Nadeln der meisten für andere Örter seitdem ausgeführten Apparate; das Magnetometer in der Göttinger Sternwarte hat einen fünfundzwanzig Pfund schweren Magnetstab. Je schwerer ein Magnetstab ist, desto weniger wird er von zufälligen Störungen, kleinen Luftbewegungen u. dergl. afficirt, desto reiner stellen also seine Bewegungen den Stand der auf ihn wirkenden magnetischen Kräfte dar. Allein man darf ja nicht vergessen, dass schwere Stäbe diesen hohen Vorrang vor leichten nur dann behaupten, wenn sie auch kräftig magnetisirt sind, und dass sie ohne diese unerlässliche Bedingung nur einem Kinde in schwerer Männerrüstung gleichen würden.

Bei der Beobachtung von Schwingungszeiten bieten die schweren Stäbe noch einige besondere ungemein schätzbare Vortheile dar, namentlich dass die Dauer einer Schwingung eine beträchtliche Zeit einnimmt, und dass die Grösse des Schwingungsbogens sich sehr langsam vermindert. Die kleinen Nadeln von weniger als einem halben Loth Gewicht, deren man sich ehedem zu solchen Zwecken bediente, haben in unsern Gegenden eine Schwingungsdauer von drei bis vier Secunden; hatte man eine Beobachtung mit Schwingungsbögen von sechzig Grad angefangen, so waren diese nach einer Viertelstunde schon so klein geworden, dass man aufhören musste, und die Schwingungen selbst musste man einzeln zählen. Die vierpfündigen gut magnetisirten Stäbe machen eine Schwingung in zwanzig, der grosse fünfundzwanzigpfündige Stab eine in zweiundvierzig Secunden; fängt man auch mit Schwingungen an, die nur wenige Grade betragen, so bleiben diese doch nach vielen Stunden noch immer gross genug für die feinsten Beobachtungen. Die Beobachtung von einer oder von einigen wenigen Schwingungen gibt die Dauer immer schon mit so vieler Schärfe, dass man nachher sich entfernen kann, und nur von Zeit zu Zeit wieder einige Aufzeichnungen zu machen braucht, wobei man über die Anzahl der Schwingungen, welche die, wie eine astronomische Uhr die Zeit gleichmässig theilende, Nadel inzwischen vollendet hat, gar nicht ungewiss bleibt. Öfters hat man in der Beobachtung der Schwingungen der fünfundzwanzigpfündigen Nadel der Göttinger Sternwarte eine Unterbrechung von acht und mehrern Stunden eintreten lassen, ohne dass die Ausmittelung der Anzahl der inzwischen vollendeten Schwingungen einer Ungewissheit ausgesetzt geblieben wäre.

Eine Hauptbestimmung des Magnetometers ist die Verfolgung des Ganges der magnetischen Declination. Jedermann weiss, dass diese jetzt in ganz Europa westlich ist, und vor zweihundert Jahren östlich war. Sie ist also von Jahr zu Jahr sich anhäufenden Veränderungen unterworfen: aber sie ist auch während eines Jahres nach den Jahreszeiten ungleich; sie ist nicht einen Tag wie den andern, ja sie wechselt an einem Tage von einer Stunde zur andern. Diese sogenannten stündlichen Änderungen (die aber an feinen Apparaten schon von einer Minute zur andern, ja oft schon in kürzern Zeitfristen merklich werden) verdienen nun eine besondere Aufmerksamkeit, und eignen sich auch ganz vorzüglich zu einem eben so angenehmen als nützlichen Geschäft solcher Besitzer von Magnetometern, denen für absolute Messungen der Declination und Intensität ein angemessenes Local oder die sonstigen Zurüstungen fehlen. Bei diesen stündlichen Veränderungen der Declination hat man die regelmässigen Bewegungen von den unregelmässigen zu unterscheiden. Erstere richten sich nach der Tageszeit, und es leidet keinen Zweifel, dass der Einfluss der Sonne, wahrscheinlich insofern sie die Erde erwärmt, die Ursache davon ist. Im Allgemeinen besteht für Europa ihr Verlauf darin, dass die Nadel des Morgens, etwa um 7 oder 8 Uhr, am meisten östlich steht, oder die westliche Abweichung am kleinsten ist, dann während der Vormittagsstunden beständig zunimmt, und Nachmittags etwa um 1 oder 2 Uhr ihren grössten Stand erreicht, von welchem sie dann allmählig wieder zurückgeht, und nach Einbruch der Nacht beinahe, oder am andern Morgen ganz, ihren vorigen Stand wieder erreicht. Im hohen Sommer beträgt diese Bewegung in unsern Gegenden etwa einen Viertelsgrad oder etwas darüber; um die Zeit des kürzesten Tages kaum halb so viel. Diese regelmässigen Bewegungen folgen mithin der Stunde jedes Orts, und treten also an dem östlicher liegenden Orte wirklich früher ein, als an dem westlichern. Allein in dieselben mischen sich unregelmässige Bewegungen so sehr oft, dass vielleicht niemals jene ganz rein erscheinen: gar nicht selten sind solche unregelmässige Bewegungen, die während einer Stunde oder in noch kleinern Zeiträumen die gewöhnlichen regelmässigen des ganzen Tages weit überflügeln. Schon vor beinahe hundert Jahren hatte HIORTER in Upsala die Bemerkung gemacht, dass mit Nordlichtern gleichzeitig beträchtliche Bewegungen der Magnetnadel einzutreten pflegen: seitdem ist diese Erfahrung vielfach bestätigt, und man kann nicht zweifeln, dass, wenn auch nicht die Nordlichter die Ursachen der Bewegungen der Magnetnadel selbst sind, doch diejenigen (unbekannten) Ursachen, welche die Nordlichter hervorbringen, zugleich auch auf die Magnetnadel wirken, oder den Erdmagnetismus modificiren. ARAGO, ein fleissiger Beobachter der Magnetnadel, fand fast immer in Paris starke Bewegungen derselben an solchen Tagen, wo in nördlichen Gegenden Nordlichter bemerkt wurden, woraus man schliessen konnte, dass die dabei thätigen Kräfte ihre Wirkungen in grosse Entfernungen verbreiten. Helleres Licht über diese interessante Erscheinung konnte nur von verabredeten gleichzeitigen Beobachtungen an vielen von einander entfernten Orten erwartet werden, und Hr. von HUMBOLDT hat seinen vielen Verdiensten um die Lehre vom Erdmagnetismus auch das beigefügt, dass er zuerst schon vor mehrern Jahren eine solche Verabredung unter den Besitzern GAMBEYscher Nadeln eingeleitet hat, wodurch jene Bemerkung schon öfters auffallend bestätigt ist.

Die Einführung der Magnetometer gab nun Gelegenheit, diese Erscheinungen mit grösster Leichtigkeit und Schärfe zu verfolgen. Schon im Laufe des Jahrs 1834 sind an vielen Orten mit ähnlichen Apparaten eine Menge gleichzeitiger Beobachtungen an verabredeten Tagen gemacht, woraus sich ergeben hat, dass nicht bloss solche grosse Bewegungen, wie die vorhin erwähnten, sondern selbst ganz kleine mit allen ihren in den kürzesten Zeitfristen wechselnden Nuancen, selbst an weit von einander entlegenen Orten, eine ganz bewundernswürdige Harmonie zeigen.   Es sind davon schon mehrere Proben in graphischen Darstellungen bekannt gemacht, von welchen wir hier nur die am 5. und 6. November in Copenhagen und Mailand während 44 Stunden ununterbrochen verfolgten Beobachtungen, und die in zwei Abendstunden des 1. April 1835 in Copenhagen, Altona, Göttingen, Leipzig und Rom angestellten erwähnen wollen.   Diesem Vereine zu magnetischen Beobachtungen, an jährlich sechs im Voraus festgesetzten Terminen, schliessen sich schon immer mehr Theilnehmer an; binnen Jahresfrist wird er schon in den entferntesten Theilen des russischen Reichs Mitarbeiter haben.   Es steht zu erwarten, dass solche vereinte Bestrebungen uns in Zukunft nähere Aufschlüsse über die räthselhaften Kräfte geben werden, deren Wirkungen sich in gleichem Augenblick über den halben Durchschnitt von Europa verbreiten.

Wir haben hier von dem reichen Stoff, welchen die an dem Magnetometer zu beobachtenden und zu messenden reinmagnetischen Erscheinungen darbieten, nur Einiges ausheben können; jener Apparat ist aber zugleich ein eben so nützliches Werkzeug für die electro-magnetischen Phänomene.   Die glänzenden Entdeckungen OERSTED's und FARADAY's haben der Naturforschung eine neue Welt geöffnet, deren Zaubergärten uns mit Bewunderung erfüllen; unterwürfig machen können wir uns diese reichen Gebiete nur unter Führung der Messkunst.

Das erste Erforderniss ist ein Mittel, die Stärke eines galvanischen Stroms durch seine electro-magnetische Wirkung mit Leichtigkeit und Schärfe zu messen.   Man bedient sich dazu einer Vorrichtung, die man einen Multiplicator nennt.   Es ist dies ein Metalldraht, der in zahlreichen Umwindungen um einen vierseitigen Rahmen geführt, und in die galvanische Kette so gebracht ist, dass er selbst einen Theil des Leitungsdrahts ausmacht.   Die einzelnen Windungen dürfen einander nicht metallisch berühren, was man gewöhnlich dadurch verhütet, dass man zu dem Multiplicatordraht solchen anwendet, der mit Seide übersponnen ist.   Die einzelnen Umwindungen können hier als unter sich parallele Vierecke betrachtet werden; beim Gebrauch ist der Multiplicator so gestellt, dass die Ebene dieser Vierecke vertical, und nach der verschiedenen Anwendungsart entweder im magnetischen Meridian, oder rechtwinklig dagegen steht.   Im innern offenen Raume des Multiplicators befindet sich eine an einem Faden frei schwebende Magnetnadel, deren Stellung oder Bewegung bloss vom Erdmagnetismus geregelt wird, so lange den Multiplicatordraht noch kein galvanischer Strom durchläuft. Sobald aber die Kette geschlossen ist, übt der den Multiplicatordraht durchlaufende Strom auf die Nadel eine Kraft aus, deren Richtung immer rechtwinklig gegen die Fläche des Multiplicators ist; der Sinn dieser Richtung ist aber in Beziehung auf die beiden Pole der Nadel entgegengesetzt. In dem erstern der beiden vorhin unterschiedenen Fälle zeigt sich daher die Wirkung der Kraft in einer Ablenkung der Nadel vom magnetischen Meridian, deren Grösse als Maass der Stärke des Stroms betrachtet werden kann, wenigstens davon abhängt. Man hat bisher immer nur äusserst leichte Nadeln angewandt, wobei man zwar grosse Ablenkungen erhielt, die jedoch auf dem angebrachten eingetheilten Kreise sich nur gröblich messen liessen. Eine etwas grössere Genauigkeit kann man durch die zweite von FECHNER angewandte Einrichtung erhalten, wo die Richtung der von dem galvanischen Strom ausgeübten Kraft in dem magnetischen Meridian selbst liegt, und folglich ihre Wirkung (je nach der Richtung des Stromes im Draht) entweder den Erdmagnetismus verstärkt. oder verringert, und wodurch also die Schwingungsdauer der Nadel entweder kürzer oder länger wird, als sie unter dem reinen Einfluss des Erdmagnetismus war. Dieses Verfahren hat indess, abgesehen davon, dass die Schärfe noch immer lange nicht so gross ist, als man wünschen muss, das Unangenehme, dass es, da man zur Bestimmung der Schwingungsdauer eine beträchtliche Anzahl von Schwingungen zu beobachten hat, sehr mühsam wird, und, insofern die Stromstärke während der Dauer eines Versuches veränderlich ist, nur eine Art Mittelwerth angibt; zur Messung der Stärke solcher Ströme, die, wie die durch die sogenannte Induction hervorgebrachten (von denen später noch die Rede sein wird), nur wenige Augenblicke dauern, ist diese Methode gar nicht anzuwenden.

Man kann nun aber leicht das Magnetometer zu einem eben so bequemen, als scharfen Galvanometer einrichten, wenn man es mit einem Multiplicator verbindet, dessen Ebene, wie bei der ersten vorhin erwähnten Einrichtung, im magnetischen Meridian ist. Da in dem Magnetometer immer grosse Stäbe angewandt werden, so ist sowohl die innere Weite des Multiplicators, als seine Drahtlänge viel grösser, als bei den sonst gebräuchlichen Multiplicatoren. Der erstere Umstand trägt dazu bei, die Einwirkung des galvanischen Stroms auf die Nadel, der andere hingegen, die Intensität des galvanischen Stroms selbst schwächer zu

43

machen; aus beiden Ursachen finden daher im Allgemeinen keine so grosse Ablenkungen der Magnetnadel Statt, wie bei den andern Galvanometern. Dagegen
aber kann man hier die Grösse der mässigen Ablenkung mit äusserster Schärfe
messen. Das Magnetometer der Göttinger Sternwarte hat einen Multiplicator
von 270, das des magnetischen Observatorium einen von 200 Umwindungen; die
Drahtlänge des erstern ist 2700, die des andern 1100 Fuss; beide hängen durch
eine 450 Fuss lange Drahtverbindung unter sich, und durch eine 6000 Fuss lange,
noch mit einem Paar ähnlicher, obwohl etwas kleinerer Apparate, in dem eine
Viertelstunde davon entfernten physikalischen Kabinet zusammen, so dass ein
galvanischer durch diese ganze bisher in ihrer Art einzige Kette getriebener Strom
eine Drahtlänge von fast einer halben Meile zu durchlaufen hat. Und doch bewegt ein solcher Strom, nur von einem kleinen Plattenpaar mit blossem Brunnen-
wasser erregt, in allen vier Apparaten die Magnetnadeln zu Ausschlägen von vielen hundert Scalentheilen; der Strom durchläuft diese Strecke in einer ganz unmessbar kleinen Zeit, so dass durch Beobachtung des Anfangs der Bewegung der
Magnetnadeln die Uhren an den vier Plätzen schärfer als durch irgend ein anderes
Mittel mit einander verglichen werden können. Durch eine Vorrichtung, die man
einen Commutator oder Gyrotrop nennt, kann man die Richtung des Stroms augenblicklich in die entgegengesetzte verwandeln, oder auch den Strom selbst unterbrechen, was dann auf die Bewegung der Nadeln einen entsprechenden Einfluss hat. Man ist durch diese Vorrichtungen über die Bewegungen so sehr Herr,
dass man sich ihrer zu telegraphischen Zeichen bedienen kann, die ganz unabhängig von Tageszeit und Witterung in verschlossenem Zimmer gegeben, und eben
so empfangen werden. Öftere Versuche, ganze Wörter und kleine Phrasen auf
diese Weise zu signalisiren, haben den vollkommensten Erfolg gehabt. Was hier
nur ein interessanter physicalischer Versuch ist, liesse sich, wie man mit Zuversicht voraussagen kann, bei einer Ausführung in noch viel grösserem Maassstabe,
und unter Anwendung starker galvanischer Säulen oder sonstiger electrometri-
scher Kräfte, starker Multiplicatoren und starker Leitungsdrähte zu telegraphischen Verbindungen auf zehn, zwanzig und mehrere Meilen in einem Schlage,
benutzen. Es ist Hoffnung, dass schon in Kurzem ein ähnlicher Versuch auf
mehrere Meilen Entfernung durch einen eifrigen und kenntnissvollen Freund der
Naturwissenschaften ausgeführt werden wird. Könnte man, unbeschadet anderer zu nehmender Rücksichten, die einzelnen Schienen der Eisenbahnen sicher

und leicht metallisch verbinden, so würden diese mit Vortheil anstatt der Leitungsdrähte dienen können. Überhaupt scheint einer Erstreckung der electromagnetischen Telegraphie, selbst auf ungeheure Entfernungen, nichts im Wege zu stehen, als der Anwachs der Kosten, da grössere von dem galvanischen Strom ohne Zwischenstation zu durchlaufende Strecken zugleich dickere Leitungsdrähte erfordern.

Wir haben oben FARADAY neben OERSTED genannt; beider Entdeckungen haben in der Naturwissenschaft Epoche gemacht; sie sind auf das engste mit einander verbunden, ja die eine ist, wie an einem andern Orte näher nachgewiesen werden soll, als das vollkommene Seitenstück der andern zu betrachten. OERSTED entdeckte die Einwirkung eines schon bestehenden galvanischen Stromes auf die magnetischen Stoffe; FARADAY fand, dass, indem die magnetischen Stoffe sich neben einem zur Leitung eines galvanischen Stromes fähigen Körper bewegen, in diesem ein solcher Strom hervorgebracht wird, der aber nur so lange dauert, wie eben jene Bewegung der magnetischen Stoffe. Ohne in die genauern Bedingungen hier einzugehen, wollen wir nur bemerken, dass gleiche Bewegungen der beiden entgegengesetzten magnetischen Flüssigkeiten entgegengesetzte galvanische Ströme erzeugen, also ihre Wirkungen sich selbst neutralisiren, wenn jene gleichzeitig sind. Daher bringt die Bewegung eines Trägers der magnetischen Flüssigkeiten, in welchem sie noch nicht geschieden sind, des Eisens oder des nicht magnetisirten Stahls, keinen galvanischen Strom im benachbarten Metall hervor, wohl aber der Act der Scheidung selbst, wenn z. B. weiches Eisen durch plötzliches Anfügen an die Pole eines Hufeisenmagnets, oder durch irgend ein anderes Mittel plötzlich magnetisch gemacht wird; und eben so muss wieder das plötzliche Abreissen, nach welchem die im Eisen getrennt gewesenen magnetischen Flüssigkeiten sich wieder vereinigen, einen galvanischen Strom von der der vorigen entgegengesetzten Richtung hervorbringen. Die auf diese Weise erzeugten galvanischen Ströme sind (wie der Act der Scheidung oder Wiedervereinigung der magnetischen Flüssigkeiten selbst) von äusserst kurzer Dauer, aber, wenn man die übrigen Umstände zweckmässig anordnet, von grosser Intensität, so dass man dadurch Funken und andere mit starken galvanischen Strömen verbundene Erscheinungen hervorgebracht hat, welche das Erstaunen der Liebhaber der Physik erregen. Eine andere Art, den magnetischen Flüssigkeiten ungleiche Bewegungen zu ertheilen (was immer die Bedingung dieser Stromerregungsart bleibt),

besteht aber darin, dass man solche Träger derselben, in welchen sie schon geschieden sind (einen Magnetstab, oder eine Verbindung mehrerer), entweder selbst
auf eine zweckmässige Art relativ gegen einen nahen Leiter bewegt, oder auch,
was in der Wirkung ganz einerlei ist, jene Träger ruhen lässt, und den Leiter,
der den Strom empfangen soll, bewegt.

Wesentlich sind diese beiden Arten von Stromerregung (Induction) gar nicht
verschieden; die zweite ist aber allein brauchbar für solche Versuche, bei welchen es um genaue Kenntniss der Grössenverhältnisse zu thun ist. Man kann
sich dazu eines sehr einfachen Mittels bedienen.

Eben so wie man zur Verstärkung des von OERSTED entdeckten Einflusses
des galvanischen Stroms auf die Magnetnadel einen zu zahlreichen Windungen
geformten Leitungsdraht (Multiplicator) anwendet, verstärkt man den Strom, welchen die relative Ortsveränderung des den Strom empfangenden Drahts gegen den
Magnet erzeugt, dadurch, dass viele Theile des Drahts auf gleiche Weise afficirt
werden.   Eine dazu dienende Vorrichtung kann man einen Inductions-Multipli-
cator, oder schlechthin einen Inductor nennen.   Ein solcher bei dem Apparat der
Göttinger Sternwarte gebrauchter Inductor besteht in einer cylindrischen Rolle,
im Lichten beinahe vier Zoll weit, um deren äussere Fläche ein mit Seide übersponnener Kupferdraht 3537 mal (in einer Länge von etwa 3600 Fuss) gewunden
ist, dessen Enden mit der Kette in Verbindung gebracht sind.   Zwei starke
Magnetstäbe, jeder von 25 Pfund, sind zu Einem kräftigen Magnet verbunden.
Das blosse Aufschieben der Rolle auf diesen Magnet bis zu dessen Mitte bewirkt
in dem Draht und der ganzen damit verbundenen Kette, mithin auch in den verschiedenen Multiplicatoren, welche Theile davon ausmachen, einen kräftigen
galvanischen Strom, welcher also entsprechende Bewegungen in denjenigen Magnetnadeln hervorbringt, welche sich in den betreffenden Multiplicatoren befinden, und dessen Stärke durch die Magnetometer scharf gemessen wird. Der Strom
dauert immer nur so lange, wie die Bewegung der Inductionsrolle.   Das Wieder-
abziehen, und eben so das Verkehrt-Wiederaufschieben, bewirkt einen dem vorigen entgegengesetzten Strom; vermittelst der in der Kette befindlichen Commutatoren hat man in seiner Gewalt, dem Strom in den Multiplicatoren jedesmal
eine beliebige Richtung zu geben.   Es ist hiebei ein höchst wichtiger Umstand,
dass   obgleich die Stärke des Stroms von der Geschwindigkeit der Bewegung der
Rolle abhängt, dennoch (weil die *Dauer* desto kürzer ist, je schneller man mit

der Operation zu Ende kommt) die Gesammtwirkung auf die Bewegung der Magnetnadeln in den Multiplicatoren von der Schnelligkeit der Bewegung fast ganz unabhängig bleibt, insofern diese in einer oder ein paar Secunden vollendet wird. Beim Gebrauch lässt man gewöhnlich auf ein Abziehen der Inductionsrolle ein verkehrtes Wiederaufschieben unmittelbar folgen, was zusammen ein Wechsel heissen kann. Die Wirkung eines solchen Wechsels, auch wenn der Strom durch die ganze jetzt fast 15000 Fuss lange Kette getrieben wird, ist so stark, dass die betreffenden Magnetnadeln Bewegungen dadurch erhalten, die viele hundert Scalentheile betragen. Man kann aber in kurzer Zeit sehr viele solche Wechsel eintreten lassen, die vermöge entsprechenden Spiels des Commutators alle einander verstärken, und die Magnetnadeln der Magnetometer in so grosse Bewegungen wie man will, versetzen. Die Erfahrung zeigt bei solchen Versuchen eine Übereinstimmung in den quantitativen Verhältnissen, die nichts zu wünschen übrig lässt, und die Erforschung der Gesetze dieser so höchst interessanten Naturphänomene eben so sehr befestigt als erleichtert hat.

Diese Gesetze, zu deren Entwicklung hier nicht der Ort ist, bestätigen sich überall so vollkommen, dass man den Erfolg von Versuchen, sobald man die Umstände, von welchen sie abhängen, nach ihren Grössenverhältnissen kennt, so sicher im Voraus bestimmen kann, wie die Erscheinungen am Sternenhimmel. Einen solchen Versuch, der zu den auffallendsten im Gebiet des Electromagnetismus gehört, wollen wir hier noch anführen.

Eben so gut, wie durch die relative Bewegung der Inductionsrolle gegen den Hülfsmagnet, in dem Draht der erstern, wenn er eine wo immer geschlossene Kette bildet, ein galvanischer Strom hervorgerufen wird, ist auch, jenen Inductor ganz bei Seite gesetzt, die Schwingungsbewegung einer Magnetnadel in ihrem Multiplicator, sobald dieser eine geschlossene Kette darstellt, oder einen Theil davon ausmacht, von einem galvanischen Strome in dieser begleitet, nur ist dieser den Umständen nach viel schwächer als jener. Betrachten wir z. B. den fünfundzwanzigpfündigen Magnetstab des Magnetometers der Göttinger Sternwarte als schwingend, so ist der durch *seine* Inductionswirkung erzeugte Strom schwächer, als der am Inductor hervorgebrachte, erstlich weil in jenem Fall nur Ein Magnetstab wirksam ist, im andern zwei von derselben Grösse; zweitens weil der jenen Strom empfangende Multiplicatordraht nur 270 Umwindungen bildet, der Inductordraht aber 3537; drittens weil die Windungen des letztern viel enger sind, als die des erstern; viertens wegen der äusserst langsamen Schwingungsbewegung der Magnetometernadel, da theils der schmale, den Stab einschliessende Kasten nur Schwingungen von mässiger Grösse verstattet, theils jede Schwingung eine so lange Zeit erfordert. Wie schwach aber auch der erstere Strom, verglichen mit dem andern, ist, so tritt doch seine Existenz sehr bestimmt hervor. Er muss nemlich, gleich jedem andern, wie immer erzeugten, den Multiplicator durchlaufenden Strom, auf die im Multiplicator befindliche Nadel wirken, und diese Rückwirkung zeigt sich, ganz der Theorie gemäss, darin, dass der Schwingungsbogen viel rascher abnimmt, als bloss vermöge des Widerstandes der Luft, oder wenn gar kein Strom da ist, geschehen würde, gleichsam, als schwänge die Nadel in einer vielfach dichtern Flüssigkeit, als die Luft ist. Dies bestätigt die Erfahrung vollkommen. Ja diese allmählige Lähmung der Bewegung (wenn wir uns des Ausdrucks bedienen dürfen) ist am stärksten, wenn die Kette gleich hinter dem Multiplicator abgeschlossen, weniger stark, wenn eine grössere Drahtlänge noch mit in die Kette gebracht ist, am geringsten, wenn die ganze 15000 Fuss betragende Drahtlänge Eine Kette bildet, aber auch dann noch immer sehr beträchtlich; sobald aber die Kette wo immer geöffnet ist, fällt *dieser* Einfluss ganz weg, und die Abnahme der Grösse des Schwingungsbogens reducirt sich sogleich auf den geringen Betrag, der hauptsächlich dem Widerstande der Luft zuzuschreiben ist, und auch dann noch bleibt, wenn man den Multiplicator ganz weggenommen hat. Übrigens ist diese Rückwirkung des galvanischen Stroms auf die Nadel, durch deren Schwingung er selbst erzeugt wird, auch schon bei kleinern Nadeln sehr bestimmt zu bemerken, wenn nur der sie eng umgebende Multiplicator viele Umwindungen, oder auch, wenn nur bei weniger Umwindungen der Draht eine beträchtliche Stärke hat, vorausgesetzt, dass in letzterm Fall die Kette gleich hinter dem Multiplicator abgesperrt ist, ja eigentlich beruhen die ähnlichen Erscheinungen, die, schon vor Entdeckung der Induction, ARAGO an Magnetnadeln, die über Metallplatten schwingen, bemerkt hat, auf demselben Grunde.

Allein noch viel klarer tritt das Dasein eines auf diese Art erzeugten galvanischen Stromes hervor, wenn, wie bei den Göttinger Einrichtungen, noch andere Magnetometer sich in der verlängerten Kette befinden. Wenn man den grossen Magnetstab des Magnetometers der Sternwarte in etwas beträchtliche Schwingungen versetzt, so nehmen diese, falls die Kette noch nicht geschlossen ist, nur sehr langsam an Grösse ab, und die Nadeln der Magnetometer im physikalischen Kabinet und im magnetischen Observatorium bleiben in Ruhe, oder in derjenigen regelmässigen Schwingungsbewegung, die sie eben haben; allein von dem Augenblick an, wo die Kette geschlossen wird, fangen nicht bloss die Schwingungsbögen des grossen Stabs sogleich an, viel schneller abzunehmen, sondern wie durch eine magische Sympathie kommen die andern Nadeln mit in Bewegung, falls sie vorher ganz in Ruhe waren, oder, wenn sie sich schon selbst in Bewegung befanden, erhalten ihre Schwingungen einen andern Charakter, so dass zweierlei Schwingungen sich gleichsam vermengen, die ihnen natürlichen, mit der denselben zukommenden Schwingungsperiode, und die inducirten, ihnen gleichsam aufgedrungenen die eine ganz andere Periode haben. Die Periode dieser inducirten Schwingungen ist an Dauer der Schwingungsperiode des grossen inducirenden Stabs genau gleich (42 Secunden), allein immer fällt ihr Anfang und Ende der Zeit nach nicht mit Anfang und Ende einer Schwingung oder Rückschwingung des grossen Stabes zusammen, sondern vielmehr mit der Mitte einer solchen. Was endlich die Grösse der vermengten Schwingungen betrifft, so ist die der natürlichen Schwingungen abhängig von dem Bewegungszustande der Nadel beim Anfang der Induction, hingegen die Grösse der inducirten Schwingungen von diesem Initialzustande ganz unabhängig, und bloss durch die Grösse der Schwingungen des inducirenden Stabes bestimmt.

Ein fast noch merkwürdigerer Erfolg findet aber Statt, wenn in einem der andern Apparate eine Nadel aufgehängt ist, deren natürliche Schwingungsdauer auch 42 Secunden beträgt, oder, um es allgemein auszudrücken, der Schwingungsdauer der inducirenden Nadel genau gleich ist. In diesem Fall behalten die sympathetisch inducirten Schwingungsbewegungen dieselbe Periode, aber sie werden immer grösser*. Schon sehr oft und mit immer gleichem Erfolg ist dieser interessante Versuch angestellt, und das wunderbar erscheinende Schauspiel beobachtet, dass ein Magnetstab lediglich durch einen andern in so grosser Entfernung schwingenden angeregt, aus seiner Ruhe gerissen und zu immer schnel-

---

*) Es wird hier stillschweigends der Fall vorausgesetzt, wo die passive Nadel anfangs in Ruhe oder sehr gelinder Bewegung ist; träfe aber der Anfang der Induction die passive Nadel schon schwingend an, so kann, nach Maassgabe der Stellen der Schwingungsperioden beider Nadeln zur Zeit des Anfangs, auch zuerst eine stetige Abnahme des Schwingungsbogens eintreten, und erst wenn dieser dadurch gleichsam absorbirt ist, wird dann die stetige Zunahme erfolgen.

lerer Bewegung angespornt wird. Schon nach wenigen Minuten wurde bei diesen Versuchen die Bewegung so gross, dass die Scale des Magnetometers nicht mehr ausreichte, sie unmittelbar zu messen; aber mittelbarer Weise konnte man sich doch leicht, länger als eine Stunde, von der beständig fortdauernden Beschleunigung überzeugen, und in der That muss die Zunahme der Bewegung so lange fortdauern, bis die andern Ursachen, die zur Schwächung der Bewegung wirken, der Vergrösserungsursache das Gleichgewicht halten, von welchem Zeitpunkt an dann die Bögen allmählig wieder kleiner werden.

Wir finden hier im Kleinen eine Art von Spiegelung der gegenseitigen Einwirkung der Himmelskörper; der erste Versuch erinnert uns an die periodischen, der andere an die Säcularstörungen, welche ein Planet an einem andern ausübt. Aber wie diese Störungen in allen ihren Verwicklungen aus dem allgemeinen Gravitationsgesetze als nothwendige Folgen hervorgehen, so folgen auch die hier erzählten Erscheinungen von selbst aus einem allgemeinen sehr einfachen electromagnetischen Grundgesetze; auch waren sie mit allen begleitenden hier nur in allgemeinen Umrissen angedeuteten Umständen aus diesem Grundgesetze durch die Theorie im Voraus abgeleitet, ehe die Versuche selbst angestellt wurden.

EINLEITUNG

[FÜR DIE ZEITSCHRIFT: RESULTATE AUS DEN BEOBACHTUNGEN DES MAGNETISCHEN VEREINS IM JAHRE 1836. HERAUSGEGEBEN VON C. F. GAUSS UND W. WEBER.]

———

Unter den mannigfaltigen Äusserungen der erdmagnetischen Kraft, deren Ergründung nur durch zahlreiche an den verschiedensten Punkten der Erdoberfläche fortgesetzt anzustellende genaue Beobachtungen zu erreichen ist, bedürfen die *unregelmässigen Änderungen*, welchen wir jene Kraft unterworfen finden, am meisten eines streng geordneten Zusammenwirkens der Beobachter. Es ist bekannt genug, dass die Bestimmungsstücke der erdmagnetischen Kraft, die Abweichung, die Neigung und ohne Zweifel auch die Stärke (wenn gleich in Beziehung auf die letzte, die erst seit einigen Jahrzehnden in den Kreis der Forschungen aufgenommen ist, noch hinlängliche Erfahrungen fehlen) fortwährend Veränderungen erleiden, seculäre erst nach längerer Zwischenzeit in die Augen fallende, aber im Laufe der Zeit sehr beträchtlich werdende, und periodische nach den Jahres- und Tageszeiten wechselnde. Aber so weit diese Veränderungen mit Regelmässigkeit geschehen, ist ein streng geordnetes Zusammenwirken der Beobachter an verschiedenen Orten, wenn auch für die Beschleunigung der Erweiterung unserer Einsicht höchst wünschenswerth, doch nicht wesentlich nothwendig, und jeder Beobachter kann auch unabhängig von den andern nützliche Beiträge liefern.

Anders verhält es sich hingegen mit den unregelmässigen Veränderungen, welchen man erst in den letzten Jahren eine grössere Aufmerksamkeit zu widmen angefangen hat. Dass während der Sichtbarkeit eines Nordlichts die Magnetnadel unregelmässige und oft sehr grosse Bewegungen zeigt, haben schon vor bei-

44

nahe hundert Jahren HIORTER und CELSIUS bemerkt, und nachher vielfache Beobachtungen bestätigt. Es liess sich hieraus schliessen, dass dieselben Kräfte, welche die Erscheinung eines Nordlichts hervorbringen, zugleich auch auf die Magnetnadel wirken, und dass diese Wirkungen sich auf sehr bedeutende Entfernungen erstrecken müssen, da die Nordlichter in einem weiten Umkreise sichtbar zu sein pflegen. Einen noch grössern Begriff von der weiten Ausdehnung der Wirksamkeit jener räthselhaften Kräfte erhalten wir durch die Bemerkung von Hrn. ARAGO, dass oft an denselben Tagen, wo er in Paris starke Störungen des regelmässigen Ganges der Magnetnadel beobachtet hatte, an entfernten Orten Nordlichter gesehen waren, deren Sichtbarkeit sich über den Horizont von Paris nicht erhoben hatte.

Die Unregelmässigkeiten in den Äusserungen des Erdmagnetismus, deren häufiges Vorkommen besonders auch Hr. VON HUMBOLDT bei seinen zahlreichen Beobachtungen der täglichen und stündlichen Bewegungen der Magnetnadel wahrgenommen hatte, erhielten hiedurch ein eigenthümliches Interesse. Wenn gleich jene Bemerkungen durchaus nicht dazu berechtigten, alle unregelmässigen Bewegungen, als gleichzeitig mit Nordlichtern zu betrachten, und die Möglichkeit noch nicht ausschlossen, dass viele, vielleicht die meisten, nur von localen Ursachen herrührten, so liess sich doch kaum verkennen, dass nicht selten grosse und fernhin wirkende Naturkräfte dabei im Spiel sind, deren Kenntniss, wenn auch noch nicht in Beziehung auf ihre Quelle, sondern zunächst nur in Beziehung auf die Verhältnisse ihrer Wirksamkeit und Verbreitung, einen würdigen Gegenstand der Naturforschung darbietet.

Obenhin und auf gut Glück gemachte Wahrnehmungen können uns diesem Ziele nicht näher bringen: um es zu erreichen, müssen viele solche Erscheinungen im genauen Detail an vielen Orten gleichzeitig verfolgt und nach Zeit und Grösse scharf gemessen werden. Dazu sind aber vorgängige bestimmte Verabredungen zwischen solchen Beobachtern, denen angemessene Hülfsmittel zu Gebote stehen, wesentlich nothwendig.

Der berühmte Naturforscher, dem unsere Kenntniss des Erdmagnetismus so viele Bereicherung verdankt, hat auch hier zuerst die Bahn gebrochen. Hr. VON HUMBOLDT errichtete in Berlin gegen Ende des Jahrs 1828 für die magnetischen Beobachtungen ein eignes eisenfreies Häuschen, stellte darin einen von GAMBEY verfertigten Variationscompass auf, und verband sich mit andern Be-

sitzern ähnlicher Apparate an mehrern zum Theil sehr entlegenen Orten zu regelmässigen an verabredeten Tagen auszuführenden Beobachtungen der magnetischen
Variation. Es wurden acht Termine im Jahre, jeder zu 44 Stunden, festgesetzt,
an denen die magnetische Abweichung von Stunde zu Stunde aufgezeichnet werden sollte: an einigen Orten beobachtete man in noch engern Zeitgrenzen, von
halber zu halber Stunde, oder von zwanzig zu zwanzig Minuten. Die nähern Bestimmungen findet man im 19. Bande von POGGENDORFF's Annalen der Physik
S. 361, und ebendaselbst auch die Beobachtungen, welche dieser Verabredung gemäss an den Terminen im Jahr 1829 und 1830 in Berlin, Freiberg, Petersburg,
Kasan, und Nicolajef angestellt sind, so wie graphische Darstellungen von dreien
derselben.

In dem hiesigen magnetischen Observatorium, welches im Jahr 1833 erbaut
wurde und dessen magnetischer Apparat eine von den früher angewandten gänzlich verschiedene Einrichtung hat, wurden diese Terminsbeobachtungen zum er-
stenmal am 20. und 21. März 1834 vollständig angestellt, wozu correspondirende
bloss aus Berlin bekannt geworden sind: aber in Göttingen war von zehn zu zehn
Minuten, in Berlin nur von Stunde zu Stunde beobachtet. Gleichwohl zeigten
diese Berliner Aufzeichnungen mehrere ziemlich beträchtliche Bewegungen, die
man in den Göttinger Beobachtungen wiederfand, während diese letztern in den
Zwischenzeiten eine grosse Menge anderer Bewegungen zu erkennen gaben, welche
natürlich in Berlin ganz ausfallen mussten. Die Frage, ob ein kleinerer oder grösserer Theil der in Göttingen wahrgenommenen Schwankungen bloss local gewesen
sei, blieb daher noch ohne Entscheidung.

Allein schon der nächste Termin, am 4. und 5. Mai, führte eine solche Entscheidung herbei. Die Zwischenzeiten wurden noch enger genommen, nemlich
von fünf zu fünf Minuten, wodurch die Resultate noch bedeutend schärfer ausge-
prägt erschienen. Correspondirende Beobachtungen mit GAMBEY'schen Apparaten
sind von diesem Termine, eben so wie von allen spätern, überall keine mehr bekannt geworden. Dagegen hatte Hr. SARTORIUS, der an den Beobachtungen vom
Märztermine in Göttingen thätigen Antheil genommen, und sich für eine mehrjährige nach Italien zu unternehmende Reise mit einem dem Göttingischen ganz
ähnlichen, nur in kleinern Dimensionen gearbeiteten Apparate versehen hatte, mit
diesem den Maitermin in Waltershausen (einem Gute in Baiern, etwa 20 Meilen
von Göttingen entfernt) sorgfältig und vollständig in engen Zeitintervallen beob-

44*

achtet. Hier zeigte sich nun eine wirklich überraschend grosse Uebereinstimmung
nicht nur in der grössern, sondern auch fast in sämmtlichen kleinern in kurzen
Zeitfristen wechselnden Schwankungen, so dass in der That gar nichts übrig blieb,
was man localen Ursachen beizumessen befugt gewesen wäre.

Die drei folgenden Termine im Junius, August und September wurden in
Göttingen ganz auf dieselbe Weise abgehalten, während die Anzahl der auswärtigen Theilnehmer mit ähnlichen oder gleichen Apparaten sich fortwährend vergrösserte. Hr. Prof. ENCKE hatte sich, nachdem er die hiesigen Einrichtungen
durch eigne Ansicht kennen gelernt hatte, für Berlin provisorisch einen ähnlichen
Apparat nach kleinern Dimensionen anfertigen lassen; Hr. SARTORIUS beobachtete
mit dem seinigen in allen Terminen, wo die Umstände es verstatteten (im Junius
in Frankfurt, im September in Bramberg im Salzburgschen); in Leipzig, Copenhagen und Braunschweig wurde mit Apparaten, die dem hiesigen ganz gleich sind,
beobachtet. Das Resultat der correspondirenden Beobachtungen war dem vom
Maitermin angeführten ganz ähnlich. Die zahlreichen in Göttingen beobachteten
Schwankungen fanden sich fast alle in den Beobachtungen der andern Plätze wieder, wenn auch in abgeänderten Grössenverhältnissen, doch in unverkennbarer
Zusammenstimmung.

Um über dieses merkwürdige Resultat noch ein unabweisbares Zeugniss zu
erhalten, wurden bei der damaligen Anwesenheit des Hrn. Prof. WEBER in Leipzig einige besondere correspondirende Beobachtungen zwischen Göttingen und
Leipzig verabredet, und dazu bestimmte Stunden Vormittags, Mittags und Abends
am 1. und 2. October festgesetzt. Diese von vorzüglich eingeübten Beobachtern
und mit grösster Sorgfalt ausgeführten Beobachtungen sind in POGGENDORFF's Annalen der Physik Bd. 33, S. 426 vollständig abgedruckt, und durch graphische
Darstellungen versinnlicht.

Es war hiedurch die Nothwendigkeit, den Erscheinungen in viel engern
Zeitintervallen, als Hr. VON HUMBOLDT gewählt hatte, zu folgen, auf das klarste
vor Augen gelegt. Wir haben eine Zeitlang die Termine in Intervallen von drei
zu drei Minuten abgewartet, und dasselbe ist auch von einigen andern Theilnehmern geschehen: da jedoch ein Theil der auswärtigen Theilnehmer sich an die Intervalle von fünf zu fünf Minuten hielt, die auch in den meisten gewöhnlichen
Fällen zureichen, so haben wir später der Gleichförmigkeit wegen diese zur allgemeinen Regel angenommen. Da nun aber bei so kleinen Zeitintervallen die

Abhaltung der Termine, besonders da, wo nur eine kleine Anzahl von Personen sich in die Arbeit theilen muss, ohne Vergleich mühsamer wird, als beim Aufzeichnen von Stunde zu Stunde, so musste, um das Bestehen des Vereins zu sichern, sowohl die Anzahl als die Dauer der Termine vermindert werden. Die Anzahl ist seit jener Zeit auf sechs im Jahre, die Dauer eines jeden auf 24 Stunden festgesetzt; jedem solchen Haupttermine wurden noch zwei Nebentermine beigefügt. Das Nähere findet man weiter unten.

Nach dieser Einrichtung sind und werden die Beobachtungen ununterbrochen fortgesetzt, in Göttingen und einer fortwährend sich vergrössernden Anzahl anderer Oerter. Apparate, dem Göttingischen gleich oder ähnlich, befinden sich in Altona, Augsburg, Berlin, Bonn, Braunschweig, Breda, Breslau, Cassel, Copenhagen, Dublin, Freiberg, Göttingen, Greenwich, Halle, Kasan, Krakau, Leipzig, Mailand, Marburg, München, Neapel, Petersburg und Upsala. Von acht Oertern aus dieser Anzahl sind bisher noch keine Beobachtungen zu unsrer Kenntniss gekommen, und an einigen der übrigen ist die Theilnahme an den Beobachtungen wegen äusserer Umstände noch keine ununterbrochen regelmässige geworden.

Aus der ersten Zeit dieser Vereinigung sind einige Termine durch Schumacher's astronomische Nachrichten und Poggendorff's Annalen der Physik in graphischen Darstellungen veröffentlicht. Seitdem nun aber die Theilnahme sich bereits so sehr vergrössert hat, schien es an der Zeit, auf eine regelmässige Bekanntmachung Bedacht zu nehmen, um die reiche Summe von fruchtbaren Thatsachen zu einem Gemeingut desjenigen Theils des Publicums zu machen, welches sich für die Naturforschung interessirt. Was wir gegenwärtig geben, kann als der erste Jahrgang seitdem der Verein zu einem gewissen Umfang gekommen ist, betrachtet werden. Vom Jahr 1837 an werden aber die Resultate jedes Termins regelmässig und so bald sie in hinreichender Vollständigkeit beisammen sind, zur Publication gebracht werden.

Die Beobachtungen und ihre graphischen Darstellungen sollen nicht bloss mit denjenigen Erläuterungen und Bemerkungen, welche in einer unmittelbaren Beziehung auf dieselben stehen, begleitet werden, sondern zugleich mit andern Aufsätzen, in welchen Gegenstände aus dem weiten Gebiete des Erdmagnetismus, die darauf bezüglichen Instrumente, ihre Berichtigung und Behandlung, und die mannigfachen davon zu machenden Anwendungen Platz finden werden.

In Beziehung auf den nächsten Gegenstand der Arbeiten unsers Vereins, die Veränderungen in der magnetischen Declination, sei es erlaubt, noch eine Bemerkung hinzuzufügen. Wenn, wie nicht zu bezweifeln ist, die beiden andern Elemente der erdmagnetischen Kraft, die Inclination und die Intensität, ähnlichen Veränderungen unterworfen sind, so kann man fragen, warum vorzugsweise oder für jetzt ausschliesslich, jenem ersten Elemente so sorgfältige Bemühungen gewidmet werden?

Die Kenntniss der Veränderungen und Störungen der magnetischen Declination hat in der That ein sehr grosses praktisches Interesse. Dem Seefahrer, dem Geodäten und dem Markscheider muss ungemein viel daran gelegen sein, zu wissen, wie häufigen und wie grossen Störungen ein Haupthülfsmittel bei seinen Geschäften unvermeidlich unterworfen ist, wäre es auch nur, um das Maass des Vertrauens zu erhalten, welches er demselben schenken darf. Für die beiden letzten Anwendungen der Boussole, in der praktischen Geometrie auf und unter der Erde, kann sogar in Zukunft der Nutzen dieser Untersuchungen noch viel weiter gehen. Wird einmal festgestellt sein, dass die in der Zeit wechselnden unregelmässigen Störungen nie oder nur höchst selten bloss örtlich sind, sondern immer oder fast immer sich in weiten Strecken ganz gleichzeitig und in fast gleicher Grösse offenbaren, so ist das Mittel gegeben, sie fast vollkommen unschädlich zu machen. Der Geodät und der Markscheider braucht nur alle seine Operationen mit der Boussole genau nach der Uhr zu machen und gleichzeitige Beobachtungen an einem andern nicht gar zu entfernten Orte anstellen zu lassen, durch deren Vergleichung jene Störungen sich eben so werden eliminiren lassen, wie reisende Beobachter ihre barometrischen Höhenbestimmungen durch Vergleichung mit Barometerbeobachtungen an einem festen Orte von der unregelmässigen Veränderlichkeit des Barometerstandes unabhängig machen. Dass hier nicht von solchen Störungen dieRede ist, welche die Boussole in eisenhaltigen Gruben erleidet, versteht sich von selbst.

Gleichwohl hat man den Grund des der Declination vor den andern Elementen des Erdmagnetismus gegebenen Vorzuges nicht so wohl in diesen materiellen Rücksichten zu suchen, als vielmehr in dem gegenwärtigen Zustande der Hülfsmittel. Das Aufsuchen der Gesetze in den Naturerscheinungen hat für den Naturforscher seinen Zweck und seinen Werth schon in sich selbst, und ein eigenthümlicher Zauber umgibt das Erkennen von Maass und Harmonie im anscheinend ganz Regellosen. Bei der Verfolgung des wunderbaren Spiels in den stets wechselnden Veränderungen der Declination lassen die jetzt angewandten Apparate für Sicherheit, Schärfe und Leichtigkeit der Beobachtungen nichts zu wünschen übrig: allein von den bisherigen Beobachtungsmitteln für die beiden andern Elemente kann man nicht dasselbe sagen. Zur Zeit ist es daher noch zu früh, die letzteren in den Kreis ausgedehnter Untersuchungen aufzunehmen. Sobald aber die Beobachtungsmittel soweit vervollkommnet sein werden, dass wir die Veränderungen, und namentlich die schnell wechselnden Veränderungen, in den andern Elementen des Erdmagnetismus mit Sicherheit erkennen, mit Leichtigkeit verfolgen, und mit Schärfe messen können, werden diese Veränderungen dieselben Ansprüche auf die vereinte Thätigkeit der Naturforscher haben, wie die Veränderungen der Declination. Man darf hoffen, dass dieser Zeitpunkt nicht gar entfernt mehr sein wird.

Die in der Sitzung der Königl. Societät am 19. September von dem Hofr. Gauss gehaltene Vorlesung hat zum Gegenstande

ein neues Hülfsmittel für die magnetischen Beobachtungen.

Die magnetische Declination, als eines der Elemente der Aeusserungen des Erdmagnetismus, hat nicht allein am frühesten die Beobachter beschäftigt, sondern sie ist, seitdem auch den andern Elementen die Aufmerksamkeit der Naturforscher zugewandt ist, doch in mehreren Beziehungen vor denselben bevorzugt geblieben; von einer der interessantesten Untersuchungen im Gebiete des Erdmagnetismus, über die wunderbaren unregelmässigen, aber über einen ganzen Welttheil gleichzeitig und gleichmässig wirkenden Störungen jener Kraft, wozu in den letzten Jahren ein eigener Verein von Beobachtern zusammen getreten ist, sind die beiden andern Elemente bisher noch ganz ausgeschlossen gewesen. Den Grund dieses der Declination vor den andern Elementen gegebenen Vorzugs hat man weniger in der vielfachen practischen Wichtigkeit der Kenntniss der Declination für Seefahrer, Geodäten und Markscheider zu suchen, als in dem bisherigen Zustande der Beobachtungsmittel, die, während sie für die Declination Nichts zu wünschen übrig lassen, in Beziehung auf die anderen Elemente noch viel weiter zurück sind. Zwar dient das seit einigen Jahren eingeführte Magnetometer, neben seiner Anwendung auf die Bestimmung der Declination, zugleich zur Ausmittlung der horizontalen Intensität, und gerade das Problem, diese auf absolutes Maass zurück zu führen, hat zuerst jenes Instrument veranlasst. Allein es löst das Problem noch nicht in *jeder* Beziehung; es kann seiner Natur nach nur einen Mittelwerth der Intensität während eines gewissen Zeitraumes mit Schärfe angeben, und obgleich dieser Zeitraum gewissermassen von unserer Willkühr abhängt, so darf er doch nicht zu klein genommen werden, weil sonst mit ihm auch die Schärfe und Zuverlässigkeit des Resultats verändert werden würde. Auf die Verfolgung der Veränderungen der Intensität während kurzer Zeitfristen ist daher das Magnetometer gar nicht anzuwenden. Der neue Apparat, welchen die Vorlesung zum Gegenstande hat, ist bestimmt, diese Lücke für die Intensität auszufüllen, und den Beobachtungen dieses Elements dieselbe Leichtigkeit und Sicherheit zu geben, die das Magnetometer für die Declination darbietet.

Der beschränkte Raum dieser Blätter verstattet nicht, hier eine Beschreibung dieses Apparats, den der Hofr. GAUSS hat ausführen lassen, zu geben: auch ist dies um so weniger nöthig, da die Vorlesung selbst bald im Druck erscheinen wird. Das Instrument ist seit einigen Monaten in der hiesigen Sternwarte aufgehängt, und bereits in zwei magnetischen Terminen sind die Veränderungen der Intensität an demselben jedesmal 24 Stunden hindurch beobachtet. Verbindet man damit die im magnetischen Observatorium gleichzeitig beobachteten Veränderungen der Declination in Einer Zeichnung, so tritt das wunderbare Spiel der magnetischen Störungen auf eine eigenthümliche neue Art sehr anschaulich hervor, und es lässt sich mit Zuversicht erwarten, dass wenn erst auf ähnliche Weise an mehreren weit von einander entlegenen Orten gleichzeitig beobachtet werden wird, wir über die Sitze der Ursachen dieser räthselhaften Erscheinungen bald umfassendere Aufklärungen gewinnen werden. Während die Intensität sich eben so häufigen und eben so beträchtlichen regellosen Störungen unterworfen zeigt, wie die Declination, tritt doch auch bei jener wie bei dieser das Vorhandensein regelmässig wirkender und mit der Tageszeit zusammen hängender Aenderungen hervor, aber, so viel sich aus täglichen Aufzeichnungen zu bestimmten Stunden während eines Monats erkennen lässt, auf etwas andere Weise. Während nemlich die westliche Declination in unseren Gegenden von Vormittags 7 oder 8 Uhr bis eine oder zwei Stunden nach Mittag zunimmt, und dann wieder zurück geht, ist die Intensität in den ersten Vormittagsstunden abnehmend, erreicht aber ihr Minimum schon eine oder zwei Stunden vor dem Mittage, wo die Declination ge-

45

rade im raschesten Zunehmen begriffen ist. Es bedarf jedoch kaum der Erinnerung, dass diese Regelmässigkeit an einzelnen Tagen durch die unregelmässigen
Störungen oft ganz verdunkelt wird, und genauere Bestimmungen erst die Frucht
von lange fortgesetzten Beobachtungen sein können.

Die Einrichtung des Apparats verstattet, denselben ausser seiner Hauptbestimmung noch zu vielen ganz verschiedenen Zwecken anzuwenden. Es ist durch
ihn die Auflösung eines Problems gegeben, mit dem man sich früher wiederholt,
obwohl ohne Erfolg, beschäftigt hat, nemlich die stündlichen und die unregelmässigen Aenderungen der Declination vergrössert darzustellen. So wie der Apparat gegenwärtig angeordnet ist, beträgt die Vergrösserung das Zehnfache, oder
eine Veränderung der Declination, die sich am Magnetometer des magnetischen
Observatoriums in 50 Scalentheilen zeigt, erscheint hier mit 500 Scalentheilen. Im
letzten magnetischen Termine (30. Sept.) hat man dies durch 8 Stunden gleichzeitiger Beobachtungen an beiden Apparaten auf das befriedigendste bewährt gefunden.

Wie das Magnetometer in Verbindung mit einem Multiplicator bekanntlich
ein sehr empfindliches Galvanometer abgibt, eben so der neue Apparat: aber die
Empfindlichkeit des letztern in dieser Beziehung übertrifft die des Magnetometers
gerade in demselben Verhältniss, wie wir in Beziehung auf Declinationsveränderungen angegeben haben. Der neue Apparat dient also zur scharfen Messung
selbst der schwächsten galvanischen Ströme, und es pflegt Bewunderung zu erregen, wie diese den in jenem befindlichen 25 pfündigen Magnetstab in so bedeutende Bewegungen versetzen. In Beziehung auf thermogalvanisch erregte Ströme
widerlegt sich dadurch auf das evidenteste die irrige Meinung vieler Physiker, als
ob jene eine Kette von bedeutender Länge nicht durchdringen könnten. Durch
eine noch so lange Kette werden solche Ströme nicht aufgehoben, sondern nur,
und zwar genau, in demselben Verhältnisse geschwächt, wie bei andern Erre-
gungsarten. Unter Anwendung eines thermogalvanischen Apparats von eigenthümlicher Construction bringt die blosse Berührung der Verbindungsstellen mit
dem Finger einen galvanischen Strom hervor, der, selbst wenn er eine fast zwei
Meilen lange Kette meistens sehr dünnen Drahts zu durchlaufen hat, doch noch
in sehr bedeutenden Ablenkungen des Magnetstabes sich zu erkennen gibt.

Die electromagnetischen Wirkungen der gewöhnlichen Reibungselectricität,
wenn man sie durch den Multiplicator gehen lässt, gehören zu den schwächsten,
schwer zu erkennenden und noch schwerer zu messenden. Bekanntlich ist das

Dasein solcher Wirkungen zuerst von COLLADON entdeckt und später von FARADAY bestätigt. Anstatt wie diese Physiker gethan haben, eine starke electrische Batterie durch den Leitungsdraht zu entladen, beobachtete der Hofrath GAUSS die Wirkung der Reibungselectricität bei fortgesetzter Drehung einer im physicalischen Cabinette aufgestellten Electrisirmaschine, deren Conductor und Reibzeug mit den Enden der grossen, nach der Sternwarte gehenden, Kette verbunden waren. In dieser Kette befand sich der Multiplicator, welcher den Magnetstab des neuen Apparats umgibt, und dieser Stab wurde dadurch in einer Ablenkung von 144 Scalentheilen oder 51 Minuten erhalten, positiver oder negativer, je nach der Richtung, in welcher die Electricität den Multiplicator durchlief. Die Drahtlänge der Kette betrug hierbei etwa 13000 Fuss; aber als besonders merkwürdig muss noch der Umstand hervorgehoben werden, dass eine Verlängerung der Kette bis fast zu einer ganzen Meile, durch Hineinbringen anderen Drahts, gar keine Verminderung der electromagnetischen Wirkung hervorbrachte. In dieser Beziehung verhält sich also die strömende Maschinenelectricität anders, als die galvanischen Ströme, die hydrogalvanisch, thermogalvanisch, oder durch Induction erregt werden, und deren durch die magnetische Wirkung gemessene Intensität immer desto schwächer wird, je länger die schliessende Kette ist. Allein weit entfernt, einen wesentlichen inneren Unterschied zwischen jenen und diesen Strömen zu beweisen, dient jene Erscheinung vielmehr zu einer Bestätigung der Gleichheit, und derjenigen Theorie, welcher zufolge ungleiche Intensität zweier Ströme nichts weiter ist, als ungleiche Menge in gegebener Zeit jeden Querschnitt der Leitung durchströmender Electricität. Nur setzen gegebene electromotorische Kräfte der zuletzt genannten Arten desto weniger Electricität in Bewegung, je grösser der Widerstand ist, den die längere Kette entgegensetzt. Aber bei dem oben angeführten Versuche musste *alle* von der Maschine auf den Conductor in Funkenform überspringende Electricität die ganze Kette durchlaufen, um sich mit der entgegengesetzten des Reibzeugs auszugleichen, die Kette mochte kurz oder lang sein (in so fern sie nur hinlänglich isolirt war). Die Menge der in bestimmter Zeit jeden Querschnitt des Leitungsdrahts durchströmenden Electricität hing also gar nicht von der Länge der Kette, sondern nur von dem Spiele der Maschine ab.

Bei den meisten der hier erwähnten Versuche hatte der galvanische oder electrische Strom die grosse zwischen der Sternwarte und dem physicalischen Cabinette im J. 1833 gezogene Kette zu durchlaufen, an welcher allein der in der Luft befindliche Draht eine Länge von fast 7000 Fuss hat. Der Hauptzweck dieser Anlage ist zwar, physikalische Untersuchungen über die Gesetze der galvanischen Ströme im grossen Maassstabe anzustellen; aber gleich von Anfang an war die Gelegenheit auch vielfältig zu Versuchen einer electromagnetischen Telegraphie benutzt, die auch mit ganzen Wörtern und kleinen Phrasen auf das befriedigendste gelangen, wie schon in diesen Blättern, bei Gelegenheit der ersten Nachricht von der Einrichtung des hiesigen magnetischen Observatoriums erwähnt ist (Gött. gel. Anz. 1834, Aug. 9). An die Stelle des dabei zuerst angewandten Verfahrens wurde 1835 ein anderes gesetzt, auf welches der Hofr. GAUSS durch die Erwägung der Inductionsgesetze geführt war, und welches dem zuerst gebrauchten bei weitem vorzuziehen ist. Gerade bei dieser Art des Telegraphirens hat nun auch der neue in Rede stehende Apparat einen bedeutenden Vorzug vor dem gewöhnlichen Magnetometer, und von diesem Umstande nahm der Hofr. GAUSS Veranlassung, dieses Verfahren, welches bisher noch nicht öffentlich erwähnt war, in der Vorlesung nach seinen Hauptzügen zu beschreiben, und was dasselbe leistet, anzugeben, was wir jedoch hier, des beschränkten Raumes wegen, mit Stillschweigen übergehen müssen. Aus demselben Grunde erwähnen wir hier auch nur kurz einer andern neuen Vorrichtung, die zum Zwecke hat, jede unzeitige, bei einem bestimmten Geschäft störende, Schwingungsbewegung einer Magnetnadel in kurzer Zeit von selbst zur Ruhe zu bringen, und die deshalb ein Dämpfer genannt ist. Diese Vorrichtung kann eben so gut bei dem neuen Apparate wie bei dem Magnetometer gebraucht werden, und ist so wohl bei der erwähnten Art des Telegraphirens, wie bei vielen anderen magnetischen Messungsgeschäften von wesentlichem Nutzen.

ÜBER EIN NEUES, ZUNÄCHST ZUR UNMITTELBAREN BEOBACHTUNG DER VERÄNDERUNGEN IN DER INTENSITÄT DES HORIZONTALEN THEILS DES ERDMAGNETISMUS BESTIMMTES INSTRUMENT *).

Resultate aus den Beobachtungen des magnetischen Vereins. 1837. I.

Zur vollständigen Bestimmung des Erdmagnetismus an einem gegebenen Orte ist bekanntlich ein System von *drei* Elementen erforderlich, und gewöhnlich wählt man dazu die Abweichung, die Neigung und die Stärke; indessen obgleich diese Wahl die für den Begriff einfachste ist, so ist es doch nicht nur verstattet, sondern es kann auch in manchen Beziehungen empfehlenswerther sein, eine andere Combination zum Grunde zu legen. Namentlich ist es sowohl in praktischer als in theoretischer Hinsicht weit vortheilhafter, den horizontalen Theil der erdmagnetischen Kraft für sich zu betrachten, und in zwei Elementen darzustellen, der Richtung (Declination) und der Stärke. Verbindet man dann damit als drittes Element entweder die Stärke der verticalen Kraft, oder die Neigung der Ganzen, so ergibt sich daraus die Stärke der ganzen Kraft, wenn man sie verlangt, von selbst.

Was nun die beiden Elemente des horizontalen Erdmagnetismus, von welchem allein hier die Rede sein wird, betrifft, so sind für die Declination durch das seit fünf Jahren eingeführte Magnetometer alle vorkommenden Aufgaben voll-

---

*) Dieser Aufsatz enthält den wesentlichen Inhalt der in der öffentlichen Sitzung der Königlichen Societät der Wissenschaften am 19. September 1837 von mir gehaltenen Vorlesung.

kommen gelöst. Nicht allein zur Bestimmung ihres absoluten Werthes, sondern auch zur Verfolgung ihrer regelmässigen und zufälligen Aenderungen, von Jahr zu Jahr, von Monat zu Monat, von Stunde zu Stunde, ja selbst von einer Minute zur andern, dient dasselbe mit einer Sicherheit, Bequemlichkeit und Schärfe, die nichts zu wünschen übrig lassen.

Dasselbe Instrument dient nun zwar zugleich zur Bestimmung der Stärke des horizontalen Erdmagnetismus in absolutem Maass; ja, gerade diese Aufgabe hat, wie bekannt ist, zur Einrichtung des Magnetometers den ersten Anlass gegeben: gleichwohl löst dasselbe die Aufgabe noch keinesweges vollständig in *allen* Beziehungen.

Um das, was dabei noch zu wünschen bleibt, gehörig ins Licht zu setzen, muss ich zuvörderst in Erinnerung bringen, dass die Anwendung des Magnetometers zur Bestimmung der magnetischen Intensität auf einer Verbindung *mehrerer* Operationen beruht, deren Eine in der Beobachtung der Schwingungsdauer einer Nadel besteht. Diese erfordert aber ihrer Natur nach eine nicht unbeträchtliche Zeit, da die Anzahl der Schwingungen, aus denen man auf die Dauer Einer zurückschliessen muss, nicht zu klein sein darf. Ist nun während der Dauer einer solchen Operation die Intensität des Magnetismus constant, so entspricht allerdings die gefundene Schwingungsdauer *diesem* Werthe der Intensität; hingegen wird jene nur *dem Mittelwerthe* der Intensität während jenes Zeitraumes entsprechen, wenn dieselbe inzwischen veränderlich gewesen ist. Es bleibt uns aber auf diese Weise gänzlich verborgen, ob und was für Veränderungen in der magnetischen Intensität *während* dieser Zeit vorgegangen sind. Man sieht also, dass dieses Instrument nur Durchschnittswerthe während gewisser Zeiträume geben kann, nicht aber den treuen vollständigen Hergang innerhalb derselben; wollte man, um sich diesem mehr zu nähern, die Zeiträume kürzer wählen, oder die Resultate immer nur auf eine kleine Anzahl von Schwingungen gründen, so würden jene dadurch zu sehr an Schärfe und Sicherheit verlieren, und man würde Gefahr laufen, für Anomalien in der Intensität zu halten, was nur Fehler der Beobachtungen wäre.

Je interessanter nun aber gerade die in kurzen Zeitfristen wechselnden Störungen der erdmagnetischen Kraft schon in ihrer einseitigen Erscheinung bei der Declination durch die Erfahrungen der letzten Jahre hervorgetreten sind, desto lebhafter müsste man wünschen, ein Mittel zu besitzen, wodurch auch die nicht zu bezweifelnden Wirkungen solcher Störungen auf die Intensität mit derselben Leichtigkeit, Sicherheit und Schärfe verfolgt und gemessen werden könnten.

Die Untauglichkeit der bisherigen Beobachtungsmittel zu *diesem* Zwecke beruht nach dem, was ich eben entwickelt habe, darauf, dass sie auf Beobachtungen von Schwingungszeiten basirt sind, die ihrer Natur nach jedesmal eine zu lange Zeit erfordern. Die Schwingungsdauer einer Nadel dient hier aber selbst nur dazu, mittelbarerweise das Drehungsmoment zu bestimmen, welches die erdmagnetische Kraft der Nadel ertheilt, wenn sie sich nicht im magnetischen Meridian befindet. Kann man also dieses Drehungsmoment auf directem Wege, ohne Schwingungsbeobachtungen, scharf bestimmen, und seine Veränderungen sicher, scharf und schnell messen, so wird unsere Aufgabe in der Hauptsache gelöst sein. Das von mir dazu angewandte Mittel beruht auf folgender Grundlage.

Die Bedingungen des Gleichgewichts eines an zwei Fäden aufgehängten Körpers von beliebiger Gestalt, dessen Theile einstweilen bloss der Schwerkraft unterworfen und in festem Zusammenhange vorausgesetzt werden, lassen sich kurz so zusammenfassen, dass die Vertikale durch den Schwerpunkt des Körpers und die durch die Fäden dargestellten geraden Linien sich in Einer Ebene befinden, und zugleich entweder unter sich parallel sein, oder sich in Einem Punkt schneiden müssen. Allemal sind also bei der Gleichgewichtsstellung die beiden Fäden und der Schwerpunkt in Einer Vertikalebene. Um die Vorstellungen zu fixiren, mag man annehmen, dass die beiden Fäden gleich lang, ihre obern Anknüpfungspunkte in gleicher Höhe sind und von einander eben so weit abstehen, wie die beiden untern, endlich dass die letztern mit dem Schwerpunkte ein gleichschenkliges Dreieck bilden. Unter diesen Voraussetzungen werden also im Gleichgewichtszustande die beiden Fäden vertikal hängen, und eine dritte Vertikallinie, mitten zwischen diesen Fäden gedacht, wird den Schwerpunkt des Körpers treffen. Bringt man den Körper aus dieser Lage vermittelst einer Drehung um letztere Linie, so werden die beiden Fäden nicht mehr vertikal und auch nicht mehr in Einer Ebene sein, und zugleich wird der Körper etwas gehoben. Es entsteht demnach ein Bestreben, zu der vorigen Lage zurückzukehren, mit einem Drehungsmomente, welches mit hinlänglicher Genauigkeit dem Sinus der Ablenkung von der Ruhestellung proportional gesetzt werden kann, also am grössten ist, wenn die Ablenkung 90 Grad beträgt: dieses grösste Drehungsmoment wird immer stillschweigends verstanden, wenn man von Drehungsmoment schlechthin spricht. Man kann dasselbe auch als das Maass einer Kraft ansehen, mit welcher der Körper vermöge der Aufhängungsart in seiner Gleichgewichtsstellung zurückgehalten wird, und die ich der Kürze wegen die aus der Aufhängungsart entspringende Directionskraft nennen will. Ihre Grösse hängt übrigens ab 1) von der Länge der Aufhängungsfäden, 2) deren Abstande, 3) dem Gewicht des Körpers, und zwar so, dass sie der Länge der Fäden verkehrt, dem Quadrate ihres Abstandes direct, und dem Gewicht des Körpers gleichfalls direct proportional ist. Wenn die obigen Voraussetzungen nicht genau zutreffen, so ist der Ausdruck für die Directionskraft complicirter, so wie auch die Reaction der Fäden gegen eine Torsion noch eine kleine Modification nöthig macht. Es fehlt jedoch nicht an Mitteln, die Grösse der Directionskraft in grösster Schärfe durch Versuche zu bestimmen. Ueberlässt man den Körper, nach einer kleineren oder grösseren Ablenkung von der Gleichgewichtsstellung, sich selbst, so wird er mit der grössten Regelmässigkeit Schwingungen machen, deren Mitte mit dieser Stellung zusammenfällt, und deren Dauer von der Grösse der Directionskraft und dem Trägheitsmoment des Körpers abhängt.

Gehen wir jetzt zu der Voraussetzung über, dass ein horizontaler Magnetstab einen Bestandtheil des aufgehängten Körpers ausmache, so tritt eine zweite Directionskraft mit ins Spiel, und die Erscheinungen hängen von der Zusammensetzung der beiden Directionskräfte, nach den bekannten Regeln der Statik ab. Es sind in dieser Beziehung drei Fälle zu unterscheiden, indem die beiden Stellungen des Körpers, in welchen er vermöge jeder der beiden Kräfte für sich allein im Gleichgewichtszustande sein würde, entweder zusammenfallen, oder entgegengesetzt sein, oder einen Winkel mit einander machen können. Man sieht leicht, dass der Unterschied dieser drei Fälle auf dem Verhältniss der beiden Winkel beruht, welche einerseits die gerade Linie durch die beiden untern Anknüpfungspunkte der Fäden mit dem Magnetstabe, und andererseits die gerade Linie durch die beiden obern Befestigungspunkte mit dem magnetischen Meridian macht. Denkt man sich den Körper in derjenigen Gleichgewichtslage, die durch die Aufhängungsart allein bedingt wird, so wird für den ersten unsrer drei Fälle der Magnetstab im magnetischen Meridian sein müssen, und zwar in seiner natürlichen Lage (Nordpol auf der Nordseite); für den zweiten Fall muss er in verkehrter Lage im Meridian sein, und für den dritten muss er mit dem magnetischen Meridian einen Winkel machen. Der Kürze wegen will ich diese drei möglichen Lagen des Magnetstabs in dem Apparate die natürliche, die verkehrte und die transversale nennen.

Bei der natürlichen Lage wird durch die Einwirkung des Erdmagnetismus auf den Magnetstab die der Aufhängungsart entsprechende Gleichgewichtsstellung des Apparats nicht abgeändert, aber dieser mit einer verstärkten Kraft darin zurückgehalten, welche die Summe der beiden Directionskräfte ist.

Im zweiten Falle, der verkehrten Lage, hört zwar das Gleichgewicht in jener Stellung auch nicht auf, allein es ist nur dann stabil, wenn die magnetische Directionskraft kleiner ist als die Directionskraft vermöge der Aufhängungsweise, und der Apparat wird dann in dieser Stellung nur mit einer Kraft zurückgehalten, die die Differenz jener beiden Directionskräfte ist. Wäre hingegen umgekehrt die magnetische Directionskraft die grössere, so würde jenes Gleichgewicht nur ein instabiles sein, und der Apparat, einmal davon abgelenkt, würde nicht dahin zurückkehren, sondern sich immer weiter davon entfernen, und nur in der entgegengesetzten Stellung zur Ruhe kommen, wo der Stab seine natürliche Lage im Raume hat, aber die Aufhängungsfäden einander kreuzen.

Im dritten Falle endlich, wo die beiden Directionskräfte einen Winkel mit einander machen, wird der Conflict dieser beiden Kräfte durch eine Zwischenstellung vermittelt, wobei weder der Stab im Meridian, noch eine gerade Linie durch die untern Anknüpfungspunkte der Fäden der durch die obern parallel ist, und diese Zwischenlage sowohl, als die Kraft, mit welcher der Apparat in derselben zurückgehalten wird, richten sich nach dem statischen Gesetze der Zusammensetzung zweier Kräfte. Man übersieht nun aber zugleich, dass wenn der Apparat Mittel darbietet, die Winkel zwischen den drei in Rede stehenden Stellungen zu messen, das Verhältniss der beiden componirenden Directionskräfte sich berechnen lässt, und dass man folglich auch die magnetische Directionskraft in absolutem Maasse angeben kann, wenn die Directionskraft vermöge der Aufhängungsweise in absolutem Maasse bekannt ist. Unsere Aufgabe ist dann also gelöst. Am vortheilhaftesten ist es übrigens, das Einliegen des Magnetstabes relativ gegen die andern Theile des Apparats so einzurichten, dass jener in der vermittelten Gleichgewichtsstellung nahe einen rechten Winkel mit dem magnetischen Meridian macht, welchem Fall also die Benennung der transversalen Lage vorzugsweise angemessen ist. Theils ist nemlich dann die Ablenkung der Fäden

46

von ihrer Lage in Einer Ebene am grössten, und damit die Berechnung des Resultats am schärfsten, theils hat dann auch die kleine Veränderung der magnetischen Declination vermöge der stündlichen oder zufälligen Variationen auf die
Stellung keinen merklichen Einfluss. Dagegen aber afficirt eine jede Veränderung in der Stärke des Erdmagnetismus die Stellung unmittelbar, und lässt sich
mit derselben Leichtigkeit, Schnelligkeit und Schärfe sogleich erkennen und messen, wie das Spiel der Veränderungen der Declination am gewöhnlichen Magnetometer.

Die praktische Anwendbarkeit dieser Idee hatte ich schon vor mehreren
Jahren durch vorläufige Versuche an einer freilich nur ganz rohen Vorrichtung
bestätigt gefunden, wovon auch eine Andeutung in meinem Aufsatze über Erdmagnetismus und Magnetometer [S. 327 d. B.] gegeben ist. Seit kurzem habe ich
aber einen vollkommneren Apparat ausführen lassen, und in der Sternwarte an
dem Platze, wo sich bisher das Magnetometer mit fünfundzwanzigpfündigem Stabe
befand, aufgehängt. Nach den bereits gegebenen Entwickelungen wird sich dieser Apparat kurz beschreiben lassen.

Er ist aufgehängt an zwei 17 Fuss langen Stahldrähten, oder genau zu reden, an einem einzigen, dessen Enden unten an den Apparat geknüpft sind,
während seine Mitte oben über zwei Cylinder geht, die ihn in schicklicher Entfernung (etwa $1\frac{1}{2}$ Zoll) auseinander halten: diese Einrichtung hat zugleich den
Vortheil, dass die beiden Stränge von selbst gleiche Spannung haben. Die Aufhängung befindet sich oberhalb der Decke des Saals, und die Drähte hängen frei
durch eine kreisrunde $3\frac{1}{2}$ Zoll weite Oeffnung in der Decke. Die Entfernung der
Drähte von einander kann sowohl oben als unten nach Bedürfniss weiter oder enger gestellt werden. Der an den Drähten hängende Apparat selbst besteht aus
vier Haupttheilen. Der erste, an welchem die Drähte fest sind, ist eine horizontale in Viertelsgrade auf Silber eingetheilte Kreisscheibe, von vier Zoll Durchmesser. Der zweite Theil besteht aus einer auf dem Limbus des Kreises, concentrisch mit diesem drehbaren Alhidade mit zwei Verniers, die einzelne Minuten geben; einer damit fest verbundenen ziemlich starken gegen die Kreisebene
senkrechten Stange, und einem daran befindlichen sehr vollkommnen kreisrunden Spiegel von $1\frac{1}{2}$ Zoll Durchmesser, in welchem man durch ein 16 Fuss entferntes Fernrohr das Bild eines Stücks einer in einzelne Millimeter eingetheilten
unterhalb des Fernrohrs befestigten horizontalen Scale sieht. Auf diese Weise ist

also jede Veränderung in der Lage des Kreises zu erkennen und zu messen; kleine Veränderungen unmittelbar mit äusserster Schärfe durch die im Fernrohr sich zeigenden Scalentheile, grössere, indem man damit eine Alhidadenbewegung verbindet und die Verniers abliest. Der dritte Theil ist das unter dem Kreise befindliche Schiffchen, ein doppelter Rahmen, durch welchen der vierte Bestandtheil, ein fünfundzwanzigpfündiger starker Magnetstab gesteckt wird. Dieses Schiffchen ist gleichfalls um das Centrum des Kreises drehbar, und mit zwei auf dem Kreislimbus aufliegenden Verniers versehen, wodurch man die Grösse der Drehung auf die Minute messen kann.

Stellt man nun zuvörderst das Schiffchen so, dass der Apparat einerlei Gleichgewichtslage behauptet, es möge der Magnetstab im Schiffchen liegen, oder ein nicht magnetischer Körper von gleichem Gewicht, so ist dies die erste oder die zweite der vorhin unterschiedenen Hauptlagen, jenachdem der Magnetstab sich dabei in seiner natürlichen, oder in der verkehrten Lage befindet. Die erstere bietet keine besonders wichtige praktische Anwendung dar, und die Brauchbarkeit der zweiten ist an die Bedingung geknüpft, dass die magnetische Directionskraft etwas kleiner sein soll, als die Directionskraft vermöge der Aufhängungsart. Bei dem hiesigen Apparat ist jetzt das Verhältniss dieser Directionskräfte nahe wie 10 zu 11; die resultirende Directionskraft ist also nur der zehnte Theil der magnetischen Directionskraft. Wir haben also hier ein Analogon einer astatischen Magnetnadel, und jede fremde Kraft, die die Richtung einer einfachen Nadel stört, äussert hier eine zehnmal grössere Wirkung, als bei einer Aufhängung an Einem Faden Statt haben würde, und zwar, wie man leicht einsieht, in entgegengesetztem Sinn. Es ist hiedurch also unter anderen die Auflösung einer Aufgabe gegeben, mit welcher man sich früher ohne Erfolg wiederholt beschäftigt hat, nemlich die täglichen und stündlichen Variationen der magnetischen Declination vergrössert darzustellen. Öftere gleichzeitige Beobachtungen dieser Art, an diesem Apparat und am Magnetometer des magnetischen Observatorium haben zwar immer die befriedigendsten Resultate gegeben: inzwischen verliert doch diese Anwendung jetzt von ihrer Wichtigkeit, weil die gewöhnlichen Magnetometer schon die kleinsten Veränderungen mit aller zu wünschenden Schärfe geben, mithin das Bedürfniss einer Vergrösserung jetzt nicht mehr Statt findet.

Diese und andere Anwendungen beim verkehrten Einliegen des Stabes, auf

46*

welche ich nachher noch zurückkommen werde, sind jedoch nur als untergeordnete zu betrachten: bei weitem wichtiger ist der Gebrauch des Apparats bei der dritten oder *transversalen* Lage für die Intensität. Wenn man, von der natürlichen Lage ausgehend, durch eine Drehung des Schiffchens den Magnetstab aus dem magnetischen Meridian bringt, so muss sich der ganze Apparat, um zum Gleichgewicht zu kommen, um einen gewissen dem Verhältniss der beiden Directionskräfte entsprechenden Winkel zurückdrehen; die Differenz dieser beiden Winkel wird die Abweichung des Magnetstabes vom magnetischen Meridian in der Gleichgewichtsstellung sein, und man kann es leicht so einrichten, dass diese Abweichung nahe 90 Grad beträgt, wodurch die vorhin bereits angeführten Vortheile erreicht werden. Ganz vorzüglich eignet sich dann aber der Apparat zur Beobachtung der *Änderungen* der Intensität, die sich unmittelbar durch den veränderten Stand kund geben. Dass dabei in Beziehung auf solche Änderungen, die erst nach längerer Zeit erfolgen, mehrere Umstände nicht unberücksichtigt bleiben dürfen, liegt unvermeidlich in der Natur der Sache selbst: namentlich erfordern jene, dass von Zeit zu Zeit durch (bekannte) geeignete Mittel untersucht werde, ob und in welchem Maasse die Stärke des Magnetismus im Stabe sich verändert habe; auch die Temperaturveränderungen kommen in Betracht, einmal insofern sie diese Stärke, und dann auch, insofern sie die Distanz und Länge der Aufhängungsdrähte, und damit die der Aufhängungsart zukommende Directionskraft afficiren. Aber in Beziehung auf die unregelmässigen in kurzen Zeitfristen wechselnden Veränderungen der Intensität leistet nun der Apparat ganz dasselbe, wie das Magnetometer in Beziehung auf ähnliche Änderungen der Declination; auch ist die Beobachtungsart an beiden Apparaten ganz gleich. Die Veränderungen der Intensität erhält man zunächst in Scalentheilen ausgedrückt, die man jedoch leicht auf Bruchtheile der Intensität selbst zurückführen kann. Unter den gegenwärtigen Verhältnissen des Apparats entspricht einem Scalentheile der 22000ste Theil der ganzen Intensität.

Die freilich nur erst eine kurze Zeit umfassenden und nicht sehr zahlreichen bisherigen Erfahrungen an dem Apparat lassen doch schon einige nicht unwichtige Resultate erkennen.

Erstlich deuten die bisherigen Beobachtungen auf regelmässige von der Tageszeit abhängige Änderungen hin, die sich freilich mit unregelmässigen eben so häufig vermengen mögen, wie bei der Declination, und deren sichere Scheidung

Jahrelang fortgesetzte Beobachtungen erfordern wird. Wenn ich, nach so wenigen Erfahrungen, wie bisher vorliegen, mehr eine Vermuthung als ein Resultat aussprechen darf, so scheint der regelmässige Gang darin zu bestehen, dass die Intensität in den Vormittagsstunden abnimmt, so jedoch, dass sie schon eine oder zwei Stunden vor dem Mittage ihr Minimum erreicht, und von da an wieder zunimmt. Um doch vorläufig für das quantitative Verhältniss einen Anhaltspunkt zu bekommen, habe ich im August 1837 an 30 Tagen die Stellung Morgens um 10 Uhr und Nachmittags um 3 Uhr aufgezeichnet: das Resultat war, dass an 26 Tagen die Intensität Nachmittags grösser war, und nur an 4 Tagen kleiner, als Vormittags; der mittlere Unterschied betrug 39 Scalentheile, oder etwas mehr als den 600sten Theil der ganzen Intensität. An den meisten jener Tage wurde der Stand des Apparats auch Vormittags um 9 Uhr aufgezeichnet; unter 28 Tagen waren 23, wo die Intensität um diese Stunde noch grösser war, als eine Stunde später, und nur an 5 Tagen fand das Umgekehrte Statt: der mittlere Unterschied betrug hier aber nur 11$\frac{1}{2}$ Scalentheile, oder etwas mehr als den 2000sten Theil der ganzen Intensität.

Zweitens bestätigen mehrere sehr durchgreifende Beobachtungsreihen, dass unregelmässige, zuweilen sehr beträchtliche und in kurzen Zeitintervallen wechselnde Störungen bei der Intensität nicht weniger häufig vorgehen, wie bei der Declination, woran freilich auch an sich nach der Analogie nicht gezweifelt werden konnte. Dreimal schon sind eine beträchtliche Zeit hindurch an diesem Intensitätsapparat und gleichzeitig am Magnetometer des magnetischen Observatorium ununterbrochen fortgesetzte Aufzeichnungen gemacht; am 15. Julius von Morgens 6 Uhr bis Nachmittags 6 Uhr; dann in dem ordentlichen magnetischen Termin vom 29.— 30. Julius, endlich in dem ausserordentlichen Termin vom 31. August bis zum 1. September, beidemal 24 Stunden; die Aufzeichnungen geschahen immer von 5 zu 5 Minuten. Graphische Darstellungen der beiden Termine, wo die Curven für die Änderungen sowohl der Intensität als der Declination gezeichnet sind, setzen dies in ein helles Licht. Die beiderseitigen Bewegungen haben zwar, wie sich von selbst versteht, nicht die geringste Ähnlichkeit mit einander; aber sehr bemerklich ist doch, dass wo die Declination stark gestört wurde, meistens auch in der Intensität starke Störungen eintraten*).

---

*) Auf ähnliche Art und mit gleichem Erfolge ist später auch in dem Termine vom 13.— 14. November an beiden Apparaten beobachtet.

Durch die Darstellung der Änderungen der Declination und der Intensität in zwei besondern Curven erhält man übrigens von dem Hergange der Störungen ein lange nicht so anschauliches Bild, wie durch ihre Vereinigung in eine einzige. Auf was es dabei ankommt, übersieht man am klarsten auf folgende Art. Eine vollständige Vorstellung der erdmagnetischen Kraft (nemlich des horizontalen Theils, wie immer stillschweigend verstanden wird) in jedem Augenblick kann man durch Eine gerade Linie geben, deren Länge der Intensität proportional ist, und die mit einer festen geraden Linie einen der Declination gleichen Winkel macht. Zur Darstellung der Kraft in mehrern auf einander folgenden Zeitpunkten lässt man den Anfangspunkt der verschiedenen geraden Linien unverändert, so dass die Endpunkte allein in Betracht kommen, die dann mit den entsprechenden Zeiten bezeichnet, und durch eine Linie vereinigt werden können. Die geraden Radien selbst werden gar nicht mitgezeichnet, und selbst der gemeinschaftliche Anfangspunkt wird bei einem nur einigermaassen schicklichen Maassstab für die Darstellung immer weit ausserhalb der Zeichnung liegen. Diese Behandlung führt uns zugleich auf einen neuen Gesichtspunkt, aus welchem wir solche Veränderungen der beiden magnetischen Elemente betrachten können. Sie sind in der That nur die beiden horizontalen Componenten derjenigen vergleichungsweise immer sehr kleinen störenden Kraft, welcher in jedem Augenblick die mittlere erdmagnetische Kraft unterworfen ist, indem nemlich jene in zwei Richtungen, die eine *im* magnetischen Meridian, die andere senkrecht gegen denselben zerlegt wird. Die zweite Componente wird unmittelbar durch das Magnetometer, die erste durch den neuen Apparat gegeben, wobei nur beide vor der Zeichnung auf ein gemeinschaftliches Maass zurückgeführt werden müssen.

Nur ein Umstand bei der Anwendung dieser an sich so anschaulichen Darstellungsart muss hier noch berührt werden, nemlich dass es nicht gut angeht, den Verlauf für einen ganzen Tag in Einer Zeichnung ohne Verwirrung darzustellen, wenn häufige schnell wechselnde Störungen vorkommen, da in diesem Fall die Curve eine grosse Menge von Verschlingungen darbietet: es wird dann nothwendig, kürzere Zeitabschnitte jeden für sich besonders zu zeichnen.

Halten wir die Leistungen des neuen Apparats und des Magnetometers zusammen, so ergibt sich, dass beide in Beziehung auf *einige* Zwecke einander wechselseitig ergänzen müssen, in Beziehung auf andere hingegen gleiche Anwendbarkeit haben. Zur Bestimmung der absoluten Declination kann nur das Magnetometer dienen, nicht aber der neue Apparat: die Veränderungen der Declination, und besonders die schnell wechselnden lassen sich mit beiden verfolgen. Zur Bestimmung der absoluten Intensität können beide Apparate dienen, obwohl die Anwendung des Magnetometers etwas weniger complicirt ist, als der alleinige Gebrauch des neuen Apparats sein würde; aber jenes für sich allein kann die Intensität nur in ihrem Mittelwerthe während eines gewissen Zeitraumes geben, und die schnell wechselnden Änderungen in demselben entgehen diesem Instrumente gänzlich, während der neue Apparat diese auf das befriedigendste nachweist. Für alle sonstigen Anwendungen, z. B. um Magnetstäbe rücksichtlich ihrer magnetischen Stärke unter einander zu vergleichen; ferner, in Verbindung mit einem Multiplicator, für galvanometrische und telegraphische Zwecke, sind beide gleich brauchbar; ja in den beiden letztern Beziehungen hat der neue Apparat noch einen bedeutenden Vorzug, da man, wie schon bemerkt ist, in seiner Gewalt hat, ihn so nahe man will astatisch zu machen.

Ein paar Proben von der Empfindlichkeit des Apparats als Galvanometer dürfen hier wohl angeführt werden. Der den Magnetstab umgebende Multiplicator enthält 610 Umwindungen mit Seide übersponnenen Kupferdrahts, und ein galvanischer Strom hat in diesem allein schon eine Drahtlänge von mehr als 6000 Fuss zu durchlaufen. Diese Drahtlänge vergrössert sich auf 13000 Fuss, wenn der Strom zugleich nach dem physikalischen Cabinet geht. Gewöhnlich aber werden noch andere Apparate mit in die Kette gebracht, so dass bei manchen Versuchen die ganze Drahtlänge 40000 Fuss oder fast zwei Meilen beträgt. Dabei muss aber noch bemerkt werden, dass bei weitem der grösste Theil dieses Drahts sehr dünner ist, und dass diese Länge, insofern die Stärke des Stroms dadurch bedingt wird, einem etwa 8 Meilen langen Draht von derjenigen Stärke äquivalirt, welche der Verbindungsdraht zwischen der Sternwarte und dem physikalischen Cabinet hat. Trotz der so langen Kette geben nun selbst die schwächsten galvanischen Kräfte dem schweren Magnetstabe eine nicht bloss merkliche, sondern zu scharfen Messungen hinreichende Ablenkung. Dies gilt z. B. vom Thermogalvanismus, in Beziehung auf welchen manche Physiker die irrige Vorstellung haben, als ob er eine sehr lange Kette nicht durchdringen könne. Bei den hiesigen Vorrichtungen, und unter Anwendung eines thermogalvanischen Apparats von eigenthümlicher Construction, reicht die Berührung der Verbindungsstelle mit dem Finger hin, jene Wirkung hervorzubringen.

Zu einer andern interessanten Bemerkung gibt die Anwendung auf die gewöhnliche Reibungselektricität Veranlassung. Dass diese, durch einen Multiplicator geleitet, die Magnetnadel auf ganz ähnliche Art ablenkt, wie ein hydrogalvanisch erregter Strom, hat bekanntlich COLLADON entdeckt, dessen Anfangs bezweifelte Versuche späterhin durch FARADAY bestätigt sind. Der letztere Physiker hat zuerst ins Licht gesetzt, dass in einer sehr starken elektrischen Batterie nicht mehr Elektricität entwickelt ist, als schon sehr geringe hydrogalvanische Erregungsmittel in wenigen Secunden durch einen Leitungsdraht von mässiger Länge treiben. Mit den hiesigen Apparaten war zwar gleichfalls schon vor mehreren Jahren sowohl die Realität, als die geringe Grösse der elektromagnetischen Wirkung der Maschinenelektricität durch Versuche bestätigt gefunden: es schien jedoch der Mühe werth, diese Versuche mit Hülfe des neuen so viel empfindlichern Apparats zu wiederholen. Anstatt eine Leidner Flasche oder eine Batterie von Flaschen durch die Drahtkette zu entladen (wie COLLADON und FARADAY gethan hatten), wurde nur Conductor und Reibzeug einer im physikalischen Cabinet stehenden Elektrisirmaschine mit den Enden der zur Sternwarte gehenden und mit Inbegriff des Multiplicators 13000 Fuss langen Drahtkette verbunden, und die Elektrisirmaschine anhaltend mit gleichförmiger Geschwindigkeit gedreht; geschah dies mit einer Geschwindigkeit von Einer Umdrehung auf die Secunde, so wurde dadurch der fünfundzwanzigpfündige Magnetstab im neuen Apparat in der Sternwarte in einer Ablenkung von 144 Scalentheilen (etwas über 50 Minuten) erhalten, positiver oder negativer, je nach der Richtung, in welcher die Elektricität den Multiplicator durchströmte, und in den Versuchen zeigte sich alle nur zu wünschende Regelmässigkeit. Aber als besonders merkwürdig erscheint dabei der Umstand, dass die elektromagnetische Wirkung dieselbe blieb, wenn man auch der Kette durch Hineinbringen andrer Apparate eine Länge von einer ganzen Meile gab. Dies könnte ein wesentlicher Unterschied von andern, hydrogalvanisch, thermogalvanisch, oder durch Induction erzeugten Strömen scheinen, deren durch die Grösse der elektromagnetischen Wirkungen sich äussernde Intensität allemal desto kleiner wird, je mehr man die Leitung verlängert. Ich finde aber darin nur eine schlagende Bestätigung der Theorie, welcher zufolge die durch ungleiche elektromagnetische Wirkung sich äussernde ungleiche Intensität zweier galvanischen Ströme nichts weiter ist, als ungleiche Menge in bestimmter Zeit jeden Querschnitt der Leitung durchströmender Elektricität.

Bei den andern Erzeugungsarten entwickelt eine gegebene elektromotorische Kraft desto weniger Elektricität in gegebener Zeit, je grösser der Widerstand ist, welchen die längere Kette dem Strome entgegenstellt: bei unserm Versuch hingegen hängt die Menge der bewegten Elektricität bloss von dem Spiel der Maschine ab, und *alle* in Funkenform auf den Conductor überspringende Elektricität muss die ganze Kette, sie mag kurz oder lang sein, durchlaufen, um sich mit der entgegengesetzten des Reibzeugs auszugleichen.

Um auch noch den Vorzug des neuen Apparats vor dem Magnetometer bei der elektromagnetischen Telegraphie nachweisen zu können, wird die Art, *wie* durch galvanische Ströme telegraphische Zeichen hervorgebracht werden, erst etwas näher betrachtet werden müssen.

Sobald man wusste, dass die Wirkungen einer VOLTAischen Säule sich durch eine sehr lange Kette fortpflanzen, lag der Gedanke sehr nahe, diese Naturkräfte zu telegraphischen Zwecken zu benutzen, und schon vor fast 30 Jahren*), also zu einer Zeit, wo man erst einen kleinen Theil der galvanischen Wirkungen kannte, schlug SÖMMERING die Gasentwicklung dazu vor: bei weitem mehr geeignet für zusammengesetzte Signalisirungen sind aber die erst später bekannt gewordenen magnetischen Wirkungen galvanischer Ströme; indessen ist es auffallend, dass seit OERSTED's Entdeckung eine ziemliche Anzahl Jahre verstrichen ist, ehe jemand an diesen Gebrauch gedacht zu haben scheint. Freilich ist ein gründliches Urtheil über die Anwendbarkeit im Grossen nicht möglich ohne eine genaue quantitative Kenntniss der Schwächung galvanischer Ströme in Folge der Länge und Beschaffenheit der Leitungsdrähte, wovon man vor OHM und FECHNER sehr unvollkommene und unrichtige Vorstellungen hatte. Nachdem im Jahr 1833, hauptsächlich um ähnliche Untersuchungen über das Gesetz der Stärke galvanischer Ströme nach Verschiedenheit der Umstände in grossem Maassstabe anstellen zu können, zwischen der hiesigen Sternwarte und dem physikalischen Cabinet eine Drahtverbindung gemacht war, von welcher grossartigen Anlage das Ver-

---

*) Nach einer mir von Hrn. VON HUMBOLDT mitgetheilten Notiz hatte schon zehn Jahre früher BÉTANCOURT eine Drahtkette von Aranjuez nach Madrid gezogen, vermittelst welcher die Entladung einer Leidner Flasche zu einer telegraphischen Signalisirung dienen sollte. Obgleich nähere Umstände über den Erfolg nicht bekannt zu sein scheinen, so ist doch an dem Gelingen eines solchen Versuchs, wenn er zweckmässig ausgeführt wird, nicht zu zweifeln. Aber immer müsste wohl eine solche Methode auf die Signalisirung eines Ja oder Nein auf eine oder ein Paar im Voraus verabredete Fragen beschränkt bleiben.

47

dienst der sehr schwierigen Ausführung allein dem Herrn Professor WEBER gehört, wurde diese Kette gleich von Anfang an oft zu telegraphischen Zeichen benutzt, nicht bloss zu einfachen, um täglich die Uhren zu vergleichen, sondern
versuchsweise auch zu zusammengesetzten; und die Möglichkeit, Buchstaben,
Wörter und ganze Phrasen zu signalisiren, wurde dadurch schon damals zu einer
evidenten Thatsache *).   Bei diesen Versuchen wurde ein hydrogalvanisch und
nur mit schwachen Mitteln, nemlich einem einzigen oder einem doppelten Plattenpaar und ungesäuertem Wasser, erregter Strom angewandt; ich halte mich jedoch nicht dabei auf, das damals gebrauchte Verfahren hier umständlich zu beschreiben, da ich später ein davon ganz verschiedenes an dessen Stelle gesetzt
habe.   Bei jenem Verfahren blieb die Unbequemlichkeit, dass durch unsere einfache Kette und nach der Einrichtung der Apparate, bei welchen dergleichen
Versuche nur eine Nebensache waren, in Einer Minute sich nicht mehr als zwei
Buchstaben signalisiren liessen.   Auch bei einer abgeänderten bloss für das Telegraphiren berechneten Einrichtung hätte diese Geschwindigkeit (mit welcher
übrigens offenbar die Länge der Kette oder die Entfernung der Endpunkte gar
nichts zu thun hat) sich nicht viel vergrössern lassen, so lange nur eine einfache
Kette angewandt würde, wohl aber in hohem Grade mit einer vielfachen: allein
eine solche einzurichten, war hier kein hinlänglicher Beweggrund vorhanden, da
theils der Erfolg an sich gar nicht zweifelhaft sein konnte, theils der eigentlich
wissenschaftliche Nutzen einer solchen vielfachen Kette mit den bedeutenden
Kosten in keinem Verhältniss gestanden haben würde.

Dagegen hat mich die Theorie der Inductionsgesetze auf ein ganz verschiedenes Verfahren geführt, wonach schon seit mehr als zwei Jahren eine einfache
Kette mit dem vollkommensten Erfolge zu einem viel schnelleren Telegraphiren
dient; und es wird mir um so eher verstattet sein, bei demselben noch etwas
zu verweilen, da ich bisher noch nichts Näheres darüber öffentlich bekannt gemacht habe.

Die Vorrichtung, welche ich einen Inductor nenne, habe ich schon vor
mehreren Jahren anderwärts beschrieben**).   Ich muss jedoch bemerken, dass
anstatt des in der ersten Nachricht beschriebenen Inductors von 1050 Umwindun-

---

*) Die erste öffentliche Erwähnung dieser Versuche findet man in den Gött. gel. Anz. 1834, Aug. 9.
Vergl. SCHUMACHERS Jahrbuch für 1836, [S. 339 d. B.].
**) Gött. gel. Anz. 1835, März 7. SCHUMACHERS Jahrbuch für 1836, [S. 341 d. B.]

gen, und des nachher auf 3537 Umwindungen verstärkten, gegenwärtig einer von 7000 Umwindungen gebraucht wird, worin die Drahtlänge allein mehr als 7000 Fuss beträgt. Durch eine äusserst einfache Manipulation mit diesem Inductor (dadurch nemlich, dass man ihn von einem doppelten Magnetstab, über welchen er zu Anfang geschoben ist, schnell abzieht und sogleich wieder, ohne ihn umzukehren in die vorige Lage zurückbringt) wird bewirkt, dass schnell nach einander zwei starke entgegengesetzte galvanische Ströme durch den Leitungsdraht gehen, deren jeder nur eine äusserst kurze Zeit dauert. Die Wirkung dieser beiden Ströme auf eine wo immer in der Kette befindliche, von einem Multiplicator umgebene Magnetnadel besteht darin, dass dieser für einen Augenblick eine sehr lebhafte Geschwindigkeit ertheilt, aber dann sogleich vollkommen wieder aufgehoben wird. Die Nadel macht also eine sehr lebhafte, aber nur kleine Bewegung, nach Gefallen rechts oder links, und steht dann sogleich wieder ganz still.

Dass sich nun die Abwechslungen solcher zuckenden Bewegungen auf mancherlei Art combiniren und zur Signalisirung von Buchstaben benutzen lassen, ist von selbst klar. Die Zeichen möglichst schnell und präcis zu geben, so wie, von der andern Seite, sie mit Leichtigkeit und Schnelligkeit zu lesen, wird allerdings eine gewisse Einübung erforderlich sein: aber auch schon, ohne sich eine solche besonders angeeignet zu haben, kann man, wie öftere Erfahrungen gezeigt haben, in Einer Minute füglich etwa sieben Buchstaben signalisiren. Wollte man für die Manipulation eigne *mechanische* Vorrichtungen treffen, so würde sich ohne Zweifel die Schnelligkeit und Präcision noch bedeutend erhöhen lassen.

Gerade bei dieser Art des Telegraphirens hat nun der neue Apparat einen bedeutenden Vorzug vor dem Magnetometer, und zwar wegen folgender Umstände. Obgleich die beiden entgegengesetzten Impulse, aus welchen Ein einfaches Zeichen besteht, ihrer *Stärke* nach *genau gleich* sind, und daher der zweite genau eben so viel Geschwindigkeit vernichtet, als der erste hervorgebracht hat, so kann dennoch die Nadel zwischen den Zeichen nicht in absoluter Ruhe sein, weil diese nur da möglich ist, wo jene sich in ihrer natürlichen Gleichgewichtsstellung befindet. Ist sie auch, *vor* einem Zeichen, in dieser Stellung, so wird sie doch eben *durch* das Zeichen etwas, wenn auch nur wenig, daraus verrückt, und die auf die Nadel wirkende Directionskraft strebt dann, sie nach derselben zurückzuführen. Wenn nun gleich so, in Folge Eines Zeichens, nur eine äusserst

47*

schwache Bewegung entstehen kann, so wird doch nach einer grossen Menge von Zeichen durch Anhäufung eine beträchtliche Entfernung von der natürlichen Gleichgewichtsstellung eintreten können, mithin in Folge derselben auch zwischen den Zeichen so viel Bewegung, dass die Zeichen dadurch etwas von ihrer scharfen Ausprägung verlieren. Diese Störung tritt nun, wie man bei einiger Überlegung leicht einsieht, unter sonst gleichen Umständen nachtheiliger hervor, wenn die Nadel, an deren zuckenden Bewegungen die Zeichen beobachtet werden, eine kurze, als wenn sie eine lange Schwingungsdauer hat, daher mehr an dem Magnetometer des magnetischen Observatoriums, als an dem in der Sternwarte aufgehängt gewesenen mit fünfundzwanzigpfündiger Nadel; noch weniger hingegen, als bei letzterem, an dem neuen jetzt dessen Stelle einnehmenden Apparat, wenn dessen Magnetstab in der verkehrten Lage zu einer fast astatischen Nadel eingerichtet ist. In der That wird dann dieselbe, selbst nach einer beträchtlichen Entfernung von ihrer Gleichgewichtsstellung, von der sie dahin zurücktreibenden, vergleichungsweise schwachen, Directionskraft in keine die Zeichen erheblich störende Bewegungen versetzt, während der Strom im Multiplicator eben so stark auf sie wirkt, und also eben so grosse Zuckungen hervorbringt, als gehörte sie zu einem gewöhnlichen Magnetometer.

Gegen die Nachtheile und Unbequemlichkeiten unzeitiger Schwingungsbewegungen, sowohl bei dieser Art des Telegraphirens, als bei manchen andern Anwendungen der magnetischen Apparate, leistet übrigens eine eigne Vorrichtung, die ich vor kurzem habe ausführen lassen, ungemein nützliche Dienste. Ich nenne diese Vorrichtung einen *Dämpfer*, da ihre Wirkung darin besteht, Schwingungsbewegungen, die sonst mit sehr langsamer Abnahme viele Stunden fortdauern würden, in sehr kurzer Zeit ganz zu vernichten. Diese Wirkung leistet der vorerst nur für das Magnetometer des magnetischen Observatoriums angefertigte Dämpfer in ganz eminentem Grade, so dass die grössten Schwingungsbewegungen in wenigen Minuten gänzlich erlöschen. Eine ähnliche Vorrichtung kann aber bei jeder schwingenden Nadel, bei einem Magnetometer oder bei dem neuen hier in Rede stehenden Apparate angebracht werden, und wird bei allen Apparaten, die zum Telegraphiren nach der hier beschriebenen Methode ernstlich angewandt werden sollen, einen wesentlichen Bestandtheil ausmachen müssen. Eine ausführlichere Erklärung dieser Vorrichtung würde aber von dem gegenwärtigen Gegenstande zu weit abführen.

In obigem ist dem neuen Apparate noch keine besondere Benennung beigelegt. Nach seiner wichtigsten Anwendung könnte man ihn einen Intensitätsmesser nennen. In so fern er aber zu eben so mannichfaltigen scharfen magnetischen Messungen dient, wie das Magnetometer, hätte er wohl eben so gut auf *dieselbe* Benennung Anspruch. Der wesentlichste Unterschied ist der, dass der neue Apparat an *zwei* Fäden aufgehängt ist, wodurch eben eine *neue* Directionskraft gewonnen wird, mit welcher die magnetische commensurabel ist. Die übrigen Unterschiede, namentlich die Art, wie der Spiegel angebracht ist, ferner die Mittel zur Messung der Drehung der einzelnen Bestandtheile gegen einander, sind nothwendige sich von selbst ergebende Bedingungen für die zu erreichenden Zwecke. Man könnte daher den neuen Apparat ein *Bifilar-* oder *Bipensil-Magnetometer* nennen, um es von dem ältern Instrumente, dem einfachen oder Unifilar-Magnetometer zu unterscheiden. Ich darf wohl meine Überzeugung aussprechen, dass einer allgemeinern Verbreitung desselben, und besonders einer Anwendung in den Terminsbeobachtungen neben dem einfachen Magnetometer an mehrern weit von einander entlegenen Orten, bedeutende Fortschritte unsrer Kenntniss der wunderbaren Störungen des Erdmagnetismus bald folgen werden.

ANLEITUNG ZUR BESTIMMUNG

DER SCHWINGUNGSDAUER EINER MAGNETNADEL.

Resultate aus den Beobachtungen des magnetischen Vereins. 1837. IV.

Die Aufgabe, zu deren Auflösung hier eine Anleitung gegeben werden soll, hat ein mehrseitiges Interesse. Eine wenn auch noch nicht sehr genaue Kenntniss der Schwingungsdauer ist schon zur Ausübung der für die Bestimmung des Ruhestandes der Nadel gegebenen Vorschriften nothwendig (*Res.* von 1836, II.): zur Ausmittelung der absoluten Intensität des Erdmagnetismus hingegen ist der auf das schärfste bestimmte Werth der Schwingungsdauer ein wesentliches Element. Aber auch an sich kann die Ausübung der zur Bestimmung der Schwingungsdauer gehörenden Operationen wie eine gute Vorübungsschule für astronomische Beobachtungen betrachtet werden, da jene namentlich mit den Beobachtungen der Sterndurchgänge am Mittagsfernrohr die grösste Ähnlichkeit, aber vor denselben den Vorzug haben, dass sie grösserer Schärfe fähig sind, und, durch ungünstigen Luftzustand ungestört, jede Stunde nach Gefallen vorgenommen werden können. Es scheinen daher auch solche Beobachtungen am Magnetometer besonders dazu geeignet zu sein, über einen bisher noch nicht genügend aufgeklärten Gegenstand Licht zu verbreiten, nemlich über die constanten Differenzen zwischen den Resultaten verschiedener Beobachter am Mittagsfernrohr, welche doch nur daher rühren können, dass die optischen oder die akustischen Eindrücke oder beide, bei verschiedenen Personen und nach Verschiedenheit der Umstände nicht gleichzeitig ins Bewusstsein kommen.

Die Schwingungsdauer einer Nadel ist die Zwischenzeit zwischen zwei auf einander folgenden äussersten Stellungen (Elongationen) derselben. Die Nadel befindet sich in jeder Elongation streng genommen ohne alles Verweilen; allein, da die Geschwindigkeit der Bewegung bis zum Verschwinden nach der Stetigkeit abnimmt, und eben so von da an wieder zunimmt, so erscheint sie für unsere Sinne um die Zeit der Elongation mit einer grössern oder geringern Dauer als ruhend, welche aber freilich als solche bei kurzen Schwingungszeiten und grossen Bögen kaum erkannt wird.   In allen Fällen aber bleibt eine solche unmittelbare Auffassung des Zeitpunkts der Elongation an Schärfe weit zurück gegen eine mittelbare Bestimmung durch correspondirende Beobachtungen, indem man nemlich das Mittel aus den beiden Zeiten nimmt, wo ein und derselbe Theilstrich der Scale beim Hin- und Rückgange auf dem Vertikalfaden des Fernrohrs erscheint.

Im Allgemeinen ist es am vortheilhaftesten, dazu einen Theilstrich in oder nahe bei der Mitte des Schwingungsbogens zu wählen, theils weil da die Bewegung am schnellsten, mithin die Beobachtung der Zeit selbst am schärfsten ist, theils weil beim Beobachten mehrerer auf einander folgender Schwingungen die Zwischenzeiten zwischen den Aufzeichnungen nahe gleich werden.   In einzelnen Fällen, namentlich bei sehr langer Schwingungsdauer, kann es übrigens allerdings zuweilen vortheilhaft sein, andere oder selbst mehrere verschiedene Scalenstellen anzuwenden, was jedoch hier bei Seite gesetzt bleiben kann.

Bei kleinen Schwingungen thut man wohl, den der Mitte nächsten Theilungspunkt selbst zu wählen, bei grössern ziehe man den bequemer zu beachtenden nächsten Theilstrich bei den Fünfern oder Zehnern der Scale vor; bei sehr grossen Schwingungen hingegen wird es wegen der grossen Schnelligkeit, mit welcher die Mitte der Scale durch das Gesichtsfeld geht, nothwendig, die gewählte Stelle der Scale, etwa durch einen nicht zu feinen über die Scale gehängten schwarzen Faden, gehörig augenfällig zu machen.

Wenn der Vorübergang am Faden nicht genau mit einem Secundenschlage zusammenfällt, so setzt man den Bruchtheil nach dem geschätzten Verhältniss der beiden Entfernungen an, in welchen die betreffende Scalenstelle vom Faden beim vorhergehenden und folgenden Sekundenschlage erscheint, eben so wie es die meisten Astronomen beim Beobachten am Mittagsfernrohr gewohnt sind. Man theilt also, unmittelbar, nicht die Zeit, sondern den Raum.

Die Bestimmung der Schwingungsdauer aus einer einzigen Schwingung ist natürlich nur einer sehr beschränkten Schärfe fähig; man gründet deshalb jene immer auf eine grössere Anzahl auf einander folgender Schwingungen.   Zwar ist allerdings die Schwingungsdauer von veränderlichen Elementen abhängig, und daher auch, selbst streng genommen, beständigen Veränderungen unterworfen: allein von ganz ungewöhnlichen Fällen abgesehen*), wird diese Veränderlichkeit während einer nicht ganz kleinen Zeit als ganz unmerklich zu betrachten sein, so wie jedenfalls der aus einer beträchtlichen Anzahl von Schwingungen abgeleitete Werth der Dauer Einer Schwingung, dem Mittelwerthe der einzelnen in Betracht kommenden Elemente während dieser Zeit entsprechen wird. Es ist aber offenbar gar nicht nöthig, den Bewegungen der Nadel während eines solchen Zeitraumes ununterbrochen zu folgen, sondern es reicht hin, die Zeiten der ersten und der letzten Elongation zu kennen, so bald man von der Schwingungsdauer einen so weit genäherten Werth besitzt, dass über die *Anzahl* der Schwingungen während des verflossenen Zeitraums kein Zweifel übrig bleiben kann, was dadurch noch erleichtert wird, dass man allemal (nach der Gleichnamigkeit oder Ungleichnamigkeit der ersten und letzten Elongation) im Voraus weiss, ob diese Anzahl gerade oder ungerade ist.

Wenn die Schwingungsdauer nicht gar zu klein ist, so können zwischen den Vorübergängen auch die Elongationen selbst (nemlich die äussersten Scalentheile) mit aufgezeichnet werden, um daraus die zur schärfern Berechnung der Schwingungsdauer nöthigen Amplituden ableiten zu können, deren successive Abnahme überdies an sich zu merkwürdigen Betrachtungen Anlass gibt.

Die Behandlung der Beobachtungen selbst, um Resultate aus ihnen zu gewinnen, wird sich am besten an einem Beispiele zeigen lassen, wozu hier Beobachtungen am Magnetometer der Sternwarte mit fünfundzwanzigpfündigem Stabe, vom 29. November 1835 gewählt werden. Die folgende Tafel I. enthält zuerst die rohen Beobachtungen.

$21^h 55' 26''9$	1755.1	$23^h 38' 49''2$	497.8	$1^h 10' 12''6$	645.9	$2^h 49' 19''7$	1232.1
56 8.4	266.0	39 31.5	1502.2	54.2	1341.5	50 1.5	775.9
51.2	1751.8	40 13.6	500.1	11 37.0	647.3	44.1	1231.0
57 33.0	268.5	56.0	1499.1	12 18.4	1339.4	51 25.8	776.4
58 15.5	1748.9	41 38.1	502.6	13 1.3	648.7	52 8.5	1228.7
57.4	271.6	42 20.3	1496.5	43.0	1337.0	50.0	778.0
	1744.2		506.0		650.7		1227.0

---

*) Dass zu einer Zeit, wo die Declination schnell wechselnde starke Änderungen erleidet, *sehr kleine* Schwingungen (die aber schon an sich zur Bestimmung der Schwingungsdauer wenig tauglich sind) eine ganz entstellte Dauer zeigen können, braucht kaum bemerkt zu werden.

Diese Beobachtungen bestehen, wie man sieht, aus vier Sätzen; die erste Columne enthält die Zeiten der Vorübergänge des Scalenpunktes 1000, die zweite die Elongationspunkte, diesmal mit der Elongation anfangend, die dem ersten Vorübergange voranging, und mit derjenigen schliessend, die auf den letzten Vorübergang folgte. Wenn man die Elongationen nicht mit beobachtet, so thut man wohl, bei jedem Vorübergange anzumerken, ob wachsende oder abnehmende Zahlen durchgingen; nach der in Göttingen befolgten Art so:

$$21^\mathrm{h}\ 55'\ 26''9\ -$$
$$56\quad 8.4 +$$
$$\text{u. s. f.}$$
$$23^\mathrm{h}\ 38'\ 49''2 +$$
$$\text{u. s. w.}$$

Dies ist deswegen nöthig, um unterscheiden zu können, welche der aus den Vorübergängen abgeleiteten Elongationszeiten sich auf Minima oder Maxima beziehen. Bei der Zählung der Elongationszeiten haben wir die Gewohnheit angenommen, die erstern durch gerade, die andern durch ungerade Zahlen zu bezeichnen. Es wird daher der aus den beiden ersten Vorübergängen abgeleiteten Elongationszeit $21^\mathrm{h}\ 55'\ 47''65$ die Zahl 0 vorgesetzt u. s. f.

Die folgende Tafel II. enthält nun die nächsten aus den unmittelbaren Beobachtungen berechneten Resultate.

0	$21^\mathrm{h}55'47''65$	$21^\mathrm{h}55'47''65$	277	$1^\mathrm{h}10'33''40$	$21^\mathrm{h}55'49''54$
1	56 29.80	47.62	278	11 15.60	49.56
2	57 12.10	47.74	279	11 57.70	49.48
3	57 54.25	47.71	280	12 39.85	49.45
4	58 36.45	47.73	281	13 22.15	49.57
147	23 39 10.35	21 55 49.89	418	2 49 40.60	21 55 49.36
148	39 52.55	49.91	419	50 22.80	49.38
149	40 34.80	49.98	420	51 4.95	49.35
150	41 17.05	50.05	421	51 47.15	49.37
151	41 59.20	50.02	422	52 29.25	49.29

In der zweiten Columne stehen hier die sich ergebenden Elongationszeiten. Die Bezifferung, in der ersten Columne, hat man, für die fünf ersten von selbst; für die spätern findet sie sich auf folgende Art.

48

Die Vergleichung der Elongation 0 mit 4 gibt als genäherten Werth der Schwingungsdauer 42″20; dividirt man damit die Zwischenzeit zwischen der Elongation 4 und der nächstfolgenden, $1^h40'33''90$, und erinnert sich, dass die Ordnungszahl der letztern eine ungerade sein muss, so lässt der Quotient 142.983 keinen Zweifel übrig, dass zwischen jenen beiden Elongationen 143 Schwingungen verflossen sein müssen; denn in der That, wollte man 141 oder 145 annehmen, so würde die Schwingungsdauer 42″7936 oder 41″6131 sich ergeben, viel zu stark von dem genäherten Werthe 42″20 abweichend, um zulässig zu sein. Von 143 Schwingungen ausgehend, findet man die Schwingungsdauer 42″1951, die man bei dem Übergange zu den folgenden Beobachtungssätzen zum Grunde legen könnte, um ihre Bezifferung zu erhalten, obwohl in dem gegenwärtigen Falle, wo keine *sehr* langen Unterbrechungen vorkommen, auch schon der erste genäherte Werth überall ausreicht.

Um die Schwingungsdauer genauer zu erhalten, und selbst ihre Veränderlichkeit im Laufe der ganzen Beobachtungsreihe zu erkennen, kann man nun zuerst den ersten Satz mit dem zweiten auf folgende Art vergleichen. Die Dauer von 147 Schwingungen findet sich aus

$$
\begin{array}{llll}
0 - 147 & \ldots \ldots & 1^h43'22''70 \\
1 - 148 & & 22.75 \\
2 - 149 & & 22.70 \\
3 - 150 & & 22.80 \\
4 - 151 & & 22.75
\end{array}
$$

im Mittel $1^h43'22''74$ oder die Dauer Einer $= 42''19551$. Auf gleiche Weise erhält man die Schwingungsdauer zwischen dem zweiten und dritten Satze $= 42''17654$, zwischen dem dritten und vierten $= 42''17879$, und zwischen dem ersten und vierten oder das Mittel aus der ganzen Reihe $= 42''18344$.

Diese Rechnung kann auch in einer etwas abgeänderten Form geführt werden, die zugleich den Vortheil einer klaren Übersicht des regelmässigen Ganges sämmtlicher einzelnen Beobachtungen gewährt. Man fängt damit an, die einzelnen gefundenen Elongationszeiten mit einem genäherten Werthe der Schwingungsdauer auf einerlei Epoche zu reduciren, indem man von jeder den Betrag aller seit dieser Epoche verflossenen Schwingungszeiten, mit Hülfe dieses genäherten Werthes zurückrechnet. Man subtrahirt also von jeder Zahl der zweiten

Columne das Product dieses angenommenen Werthes in die entsprechende Zahl der ersten Columne. Hätten die Beobachtungen eine absolute Genauigkeit, und wäre die Schwingungsdauer genau constant, und dem angenommenen Werthe genau gleich, so müssten sämmtliche so reducirte Zahlen genau gleich ausfallen. Aus dem Zunehmen der Zahlen von einem Satze zu dem folgenden hingegen erkennt man, dass die zum Grunde gelegte Schwingungsdauer für diesen Zeitraum zu klein war, und umgekehrt, während das unregelmässige Hinundherspringen der zu einem und demselben Satze gehörenden Resultate einen Maassstab für die Genauigkeit der Beobachtungen selbst darbietet.

In unserm Beispiele folgt aus der Vergleichung der ersten Elongationszeit mit der letzten die Schwingungsdauer $= 42''18389$, anstatt welcher der genäherte Werth $42''18$ zur Berechnung der Zahlen der dritten Columne zum Grunde gelegt ist. Man sieht so mit Einem Blick, dass diese Schwingungsdauer für die Zeit vom ersten zum zweiten Satze etwas zu klein, hingegen von dem zweiten zum dritten, und eben so vom dritten zum vierten um ein geringes zu gross ist. Um genaue Resultate zu erhalten, nimmt man aus den zu jedem Satze gehörenden Zahlen der dritten Columne das Mittel; diese Mittel

$$21^{h}\ 55'\ 47''69$$
$$49.\ 97$$
$$49.\ 52$$
$$49.\ 35$$

können als schärfere Werthe der zu den Ordnungszahlen 2, 149, 279, 420 gehörenden reducirten Zeiten angesehen werden. Man hat also vom ersten Satze zum zweiten ein Voreilen der Beobachtungen von $2''28$ vor dem vorausgesetzten Gange während 147 Schwingungen, was auf Eine Schwingung $0''01551$ beträgt, so dass der corrigirte Werth $42''19551$ wird, genau mit dem oben gefundenen übereinstimmend. Denselben Erfolg ergibt die Vergleichung der folgenden Sätze.

Für die Güte der Beobachtungen selbst gibt der blosse Anblick der zu einerlei Satz gehörenden Zahlen Zeugniss; indess mögen hier die Vorschriften Platz finden, wonach man in geeigneten Fällen den Maassstab für die Genauigkeit bestimmter ausmitteln kann. Bezeichnet man den mittlern bei einem Antritt zu befürchtenden Fehler mit ε, die Anzahl der zu einem Satze gehörenden Resultate mit s, und die Summe der Quadrate der Differenzen dieser einzelnen Resultate

48*

von ihrem Mittel mit q, so kann man näherungsweise annehmen

$$\frac{(s-1)^2\,\varepsilon\varepsilon}{2\,s} = q$$

oder wenn mehrere Sätze vorhanden sind,

$$\varepsilon\varepsilon\,\Sigma\frac{(s-1)^2}{2\,s} = \Sigma q$$

also

$$\varepsilon = \sqrt{\frac{\Sigma q}{\Sigma\frac{(s-1)^2}{2\,s}}}$$

In unserm Beispiele sind bei dem ersten Satze die Differenzen vom Mittel $0''04$, $0''07$, $0''05$, $0''02$, $0''04$, also $q = 110$, wenn man das Hunderttheil der Secunde als Einheit betrachtet; ferner $s = 5$, also $\frac{(s-1)^2}{2\,s} = \frac{8}{5}$. Für die drei folgenden Sätze ist, bei gleichem Werthe von s, $q = 190$; 110; 50. Wir haben also

$$\tfrac{32}{5}\,\varepsilon\varepsilon = 460$$

oder

$$\varepsilon = 8.5, \quad \text{d. i. } \varepsilon = 0''085.$$

Indessen muss bemerkt werden, dass die Gültigkeit dieser Vorschrift von mehrern Bedingungen abhängig ist, die unserm Beispiele nicht hinlänglich eigen sind: erstlich nemlich, dass der vorausgesetzte genäherte Werth der Schwingungsdauer, womit die reducirten Zahlen berechnet sind, ohne merklichen Fehler als der wahre während jedes Satzes betrachtet werden dürfe; zweitens, dass die verschiedenen Sätze, die man vereinigt, unter nahe gleichen Umständen (so weit sie die Genauigkeit des Beobachtens afficiren können) beobachtet seien. Beides trifft in unserm Beispiel nicht zu, und man hat daher obige Rechnung nur wie eine Erläuterung der Formel zu betrachten. Will man genauere Bestimmungen haben, so ist es besser, zunächst zu diesem Zweck besondere Beobachtungen zu machen. Unter dem Vorbehalt, diesen Gegenstand in Zukunft ausführlicher zu behandeln, mag hier nur bemerkt werden, dass die Genauigkeit des Beobachtens — neben der Individualität des Apparats und des Beobachters — auch nach der bessern oder schlechtern Beleuchtung der Scale, der Schnelligkeit der Schwingungsbewegung, und der Beschaffenheit der Uhr ungleich ist. Eine gar zu schnelle Bewegung sowohl, als eine gar zu langsame ist der Genauigkeit des Be-

obachtens weniger günstig, als eine mittlere Geschwindigkeit, und an einer Se-
cundenuhr beobachtet man nicht so scharf, als an einem Chronometer, welches
kleinere Zeittheile schlägt.   Unter den günstigsten Umständen übertrifft die Genauigkeit dieser Beobachtungen sehr weit die der besten Beobachtungen an einem Mittagsfernrohr.

Die Schwingungsdauer ist bekanntlich, alles übrige gleich gesetzt, desto
kleiner, je kleiner der Schwingungsbogen ist, und zwar so, dass während dieser
sich dem Verschwinden unendlich nähert, jener einen Grenzwerth hat. Bezeichnen wir diesen Grenzwerth, oder, nach gewöhnlicher Sprachweise, die Zeit einer
unendlich kleinen Schwingung, mit T, die einem Schwingungsbogen G entsprechende Dauer hingegen mit T', so hat man bekanntlich

$$T' = T(1 + \tfrac{1}{4}\sin\tfrac{1}{4}G^2 + \tfrac{1}{4}\cdot\tfrac{9}{16}\sin\tfrac{1}{4}G^4 + \tfrac{1}{4}\cdot\tfrac{9}{16}\cdot\tfrac{25}{36}\sin\tfrac{1}{4}G^6 + \text{ etc.})$$

Bei der Kleinheit der Bögen, auf welche man beim Gebrauch des Magnetometers beschränkt bleibt, kann man die Glieder der vierten und höhern Ordnung unbedenklich bei Seite, und deshalb auch $\frac{g}{8r}$ anstatt $\sin\tfrac{1}{4}G$ setzen,
wo g das dem Bogen G entsprechende Stück der Scale, und r die horizontale Entfernung der Mitte der Scale vom Spiegel bedeutet.   Wir haben also
$T' = T(1 + \frac{gg}{256rr})$, oder mit derselben Genauigkeit $T = T'(1 - \frac{gg}{256rr})$.   Für
unser Beispiel ist in Scalentheilen oder Millimetern $r = 4775.9$.   Der Schwingungsbogen zwischen den Elongationen 0 und 1 ist $= 1485.8$, und damit
die Reduction der Schwingungsdauer auf eine unendlich kleine Schwingung
$= - 0''01595$.   Eben so findet sich die Reduction der zweiten Schwingung
$0''01590$, die der dritten $0''01584$, die der vierten $0''01577$, so dass im Mittel
aus den vier ersten Schwingungen die auf unendlich kleine reducirte Dauer sich
$= 42''18414$ ergibt.

Die Anwendbarkeit dieses Verfahrens setzt aber die ununterbrochene Beobachtung der Elongation voraus. Die Reduction einer Reihe von Schwingungen, wovon nur Anfang und Ende beobachtet ist, auf unendlich kleine Bögen, mag man
in dem Falle, wo der Schwingungsbogen in der Zwischenzeit nur eine mässige
Abnahme erlitten hat, allenfalls so ausführen, dass man einen mittlern Werth
der Grösse des Schwingungsbogens dabei zum Grunde legt.   Allein die Reduction
einer längern Reihe solcher Schwingungen, während welcher der Bogen sich stark
vermindert hat, erfordert nothwendig eine wenigstens näherungsweise richtige

Kenntniss des Gesetzes, nach welchem diese Verminderung geschieht.   Ich gehe
daher zu der Behandlung der beobachteten Elongationen über, deren nächste
Resultate in der folgenden Tafel III. enthalten sind.

0	1009.725	1487.45	3.17244	
1	1009.525	1484.55	3.17160	
2	1009.425	1481.85	3.17081	3.170710
3	1009.475	1478.85	3.16992	
4	1009.075	1474.95	3.16878	
147	1000.575	1003.25	3.00141	
148	1000.375	1000.55	3.00024	
149	1000.225	997.75	2.99902	2.999036
150	1000.200	995.20	2.99791	
151	1000.400	992.20	2.99660	
277	994.050	694.90	2.84192	
278	993.875	693.15	2.84083	
279	993.700	691.40	2.83973	3.839630
280	993.450	689.50	2.83853	
281	993.350	687.30	2.83715	
418	1003.725	455.65	2.65863	
419	1003.575	454.85	2.65787	
420	1003.125	453.45	2.65653	2.656152
421	1002.950	451.50	2.65466	
422	1002.925	449.85	2.65307	

Die erste Columne enthält die Ordnungszahl jeder Elongation; die zweite
den entsprechenden Ruhestand der Nadel, nach der Formel $\frac{1}{4}(a + 2b + c)$, wenn
b die beobachtete Elongation, a und c die vorhergehende und folgende bedeuten
(vergl. *Resultate* für 1836, II); in der dritten Columne steht die doppelte Entfernung jeder Elongation von dem entsprechenden Ruhestande, oder der Bogen,
welcher ohne die Ursachen, welche ihn zu vermindern streben, von da an be-
schrieben sein würde, also $\frac{1}{2}(a - 2b + c)$ oder $\frac{1}{2}(2b - a - c)$,   d. i. das Mittel
des vorhergehenden und folgenden Schwingungsbogens; in der vierten Columne
befindet sich der Logarithme dieser Zahl; endlich daneben der Mittelwerth aus
den Zahlen der vierten Columne, die zu einem Satze gehören.

Alle Erfahrungen stimmen dahin überein, dass man, wenigstens während
einer mässig grossen Zeit, die Zahlen der dritten Columne als in geometrischer,

mithin ihre Logarithmen als in arithmetischer Progression abnehmend betrachten, wenigstens dies als die plausibelste Annäherung gelten lassen darf. Die kleinen Unregelmässigkeiten, welche sich bei der Vergleichung auf einander folgender Zahlen eines Satzes finden, hat man nur den unvermeidlichen kleinen Beobachtungsfehlern oder zufälligen kleinen Störungen zuzuschreiben, und man vermindert den nachtheiligen Einfluss davon, so viel thunlich, wenn man die Mittelzahlen in der fünften Columne als den entsprechenden mittlern Ordnungszahlen angehörig betrachtet, und daraus dann den Gang während der ganzen Beobachtungsreihe ableitet.

Wir haben demnach, als Logarithmen der Amplituden für die Elongationen

$$
\begin{array}{ll}
2 & \quad 3.170710 \\
149 & \quad 2.999036 \\
279 & \quad 2.839630 \\
420 & \quad 2.656152
\end{array}
$$

Der Logarithme hat also vom ersten zum zweiten Satze während 147 Schwingungen die Abnahme 0.171674 erlitten, was nach gleichförmiger Vertheilung auf Eine Schwingung 0.00116785 beträgt: ich nenne diesen Quotienten das *logarithmische Decrement*. Von dem zweiten zum dritten Satze findet sich dasselbe $= 0.00122620$, vom dritten zum vierten $= 0.00130126$. Man sieht, dass an einer gleichförmigen Abnahme hier wenigstens nicht viel fehlt: ich werde aber unten auf die Veränderlichkeit des logarithmischen Decrements zurückkommen.

Unter der Voraussetzung nun, dass die Amplituden während einer Reihe von Schwingungen in geometrischer Progression abgenommen haben, lassen sich diese auf unendlich kleine leicht reduciren. Ist g die Grösse der ersten Schwingung in Scalentheilen, g^0 die Grösse der letzten, θ der Exponent der geometrischen Progression, also $g^0 = g\theta^\mu$, wenn μ die Anzahl der Schwingungen bedeutet, so wird die Reduction der ersten Schwingungszeit auf die unendlich kleine Schwingung

$$- \frac{T'gg}{256\,rr},$$

die der zweiten

$$= - \frac{Tgg\theta\theta}{256\,rr}$$

u. s. w. also die Summe aller

$$= - \frac{T(gg - g^0 g^0 \theta\theta)}{256\,rr(1 - \theta\theta)}$$

Bezeichnen wir die zu der Anfangs- und End-Elongation gehörenden Amplituden, nach derselben Art berechnet wie in Tafel III, mit h und h^0, so ist $h = \frac{1}{2}(\frac{g}{\theta} + g)$, $h^0 = \frac{1}{2}(g^0 + g^0\theta)$, mithin obige Summe

$$= -\frac{T(h h - h^0 h^0)}{64 r r} \cdot \frac{\theta\theta}{(1+\theta)^2(1-\theta\theta)}$$

Da in allen hier in Rede stehenden Fällen θ ein von der Einheit wenig verschiedener, also das mit λ zu bezeichnende logarithmische Decrement $= \log\frac{1}{\theta}$ ein kleiner Bruch ist, so kann man anstatt des zweiten Factors in jenem Ausdruck, für welchen sich, m den Modulus des Logarithmensystems bedeutend, folgende Reihe ergibt:

$$\frac{\theta\theta}{(1+\theta)^2(1-\theta\theta)} = \frac{m}{8\lambda} - \frac{5}{96} \cdot \frac{\lambda}{m} + \frac{37}{2880} \cdot \left(\frac{\lambda}{m}\right)^3 \text{ etc.}$$

mit hinlänglicher Schärfe bloss das erste Glied $\frac{m}{8\lambda}$ setzen.   Die Reduction der ganzen Dauer der μ Schwingungen wird also:

$$= -\frac{T'm(h h - h^0 h^0)}{512 r r \lambda}$$

oder die Reduction des Durchschnittwerths für Eine Schwingung

$$= -\frac{T m(h h - h^0 h^0)}{512 r r \lambda \mu}$$

Es ist bei diesen Formeln aus den oben angeführten Gründen gleichgültig, ob man darin für T den berichtigten oder den unberichtigten Werth gebraucht. In unserm Beispiele findet sich der Werth der Reduction

	für die ganze Zeit	für Eine Schwingung	Reducirter Werth
2 149	−1″6111	−0″01096	42″18455
149 279	−0.6624	−0.00510	42.17144
279 420	−0.3285	−0.00233	42.17646

Die Abnahme des Schwingungsbogens ist, auch ausser ihrem Zusammenhange mit der genauern Berechnung der Schwingungsdauer, noch in mehrern andern Beziehungen von Interesse.   Man hat dabei zunächst die äussern Umstände zu unterscheiden, unter welchen die Nadel ihre Schwingungen macht.

Wenn der Apparat zweckmässig eingerichtet und in vollkommen gutem Zustande ist *), und in seinen nächsten Umgebungen sich Nichts befindet, was eine beträchtliche Dämpfung der Schwingungsbewegung bewirken muss, so ist die Abnahme der Schwingungsbögen immer sehr langsam, und in so fern regelmässig, als sie wenigstens während einer mässigen Zeit in geometrischer Progression erfolgt, mithin das logarithmische Decrement nahe constant ist. In unserm Beispiele ändert sich dieses logarithmische Decrement während fast sechs Stunden nur von 0.00117 bis 0.00130, oder die Abnahme des Bogens von einer Schwingung zur andern schwankte von $\frac{1}{371}$ bis $\frac{1}{334}$. Allein die Erfahrung zeigt, dass sehr häufig sehr verschiedene Werthe des logarithmischen Decrements vorkommen: es steigt wohl an demselben Apparate bis gegen 0.00300, und sinkt zu andern Zeiten auf 0.00030 und selbst, in seltenen Fällen, noch tiefer herab. Immer aber geschehen, nach unsern Erfahrungen, die Veränderungen nur allmählig. Man wird also diese Abnahme nicht wohl allein dem Widerstande der Luft zuschreiben dürfen: aber die eigentliche Ursache, welche diese Verschiedenheiten bedingt, hat sich bisher unsern vielfach wiederholten Versuchen entzogen, und wir wünschen daher sehr, dass auch Beobachter an andern Orten ihre besondere Aufmerksamkeit auf dieses zur Zeit noch räthselhafte Phänomen richten mögen. Ein Umstand ist bei diesen Versuchen so oft bemerkt, dass wir ihn kaum noch für zufällig halten können, wenn auch ein Causalnexus noch ganz unerklärlich bleibt, nemlich dass die *sehr* kleinen Werthe des logarithmischen Decrements immer nur bei bedecktem, die sehr grossen hingegen gewöhnlich nur bei heiterm Himmel eintreten, wobei zum Überfluss noch bemerkt werden mag, dass der Apparat nicht an einem Seidenfaden, sondern an einem Metalldraht aufgehängt ist, und dass diese Versuche immer nur an windstillen Tagen angestellt, folglich in diesen beiden Beziehungen sowohl hygrometrischer Einfluss als Luftzug ganz ausser Frage sind.

Ist hingegen die Nadel von einem Multiplicator umgeben, der einen Theil einer geschlossenen Kette ausmacht, so tritt eine neue Ursache der Abnahme der Schwingungsbögen hinzu. Die Bewegung der Nadel inducirt nemlich in dieser Kette einen galvanischen Strom, dessen Intensität am stärksten ist, wenn die

---

*) Ein Mangel in der festen Verbindung der Theile des schwingenden Apparats unter einander hat immer eine schnelle unregelmässige Abnahme der Schwingungsbögen zur Folge.

Schwingungsgeschwindigkeit der Nadel am grössten ist, und der die entgegenge-setzte Richtung annimmt, sobald die Nadel umkehrt: die Reaction dieses Stro-mes auf die Nadel besteht aber immer in einer Verminderung der Schwingungs-geschwindigkeit der letztern, und die Theorie ergibt, dass auch hievon eine Ab-nahme des Schwingungsbogens, sehr nahe in geometrischer Progression, die Folge sein muss. Da indessen die Intensität des inducirten Stromes auch durch den Widerstand, welchen die *ganze* Kette darbietet, bedingt wird, so ist die Ver-grösserung des logarithmischen Decrements, welche der Multiplicator hervor-bringt, am stärksten, wenn die Kette gleich hinter diesem abgeschlossen ist; sie fällt desto kleiner aus, je grösser der hinzukommende Theil der Kette ist, und bei offener Kette findet gar kein Einfluss Statt, sondern das logarithmische De-crement ist dasselbe, als wenn der Multiplicator ganz weggenommen ist. Der Apparat, an welchem die obigen Beobachtungen angestellt sind, hat einen Mul-tiplicator von 610 Umwindungen, und wenn derselbe, ohne weitern Zusatz, ge-schlossen ist, steigt das logarithmische Decrement auf etwa 0.02400*), so dass der Schwingungsbogen schon in etwa 9 Minuten auf die Hälfte reducirt wird, während bei offener Kette und einem solchen Werthe des logarithmischen Decre-ments, wie die obigen Beobachtungen ergaben, etwa drei Stunden dazu erforder-lich sind. Bei der vierpfündigen Nadel des magnetischen Observatorium bewirkt der Schluss eines aus 536 Windungen bestehenden Multiplicators ein logarithmi-sches Decrement von nahe gleicher Grösse; da aber jene Nadel eine Schwingungs-dauer von $21''6$ hat, so kommt der Schwingungsbogen hier schon nach $4\frac{1}{4}$ Mi-nuten auf die Hälfte herab. Bei einer so bedeutenden Dämpfungskraft können, wenn die Nadel einmal beruhigt ist, falls nicht ausserordentliche Störungen von aussen oder ungewöhnlich starke schnelle Declinationsänderungen eintreten, gar keine erhebliche Schwingungen aufkommen, und ein solcher kräftiger Multiplica-tor gewährt daher, ausser seinen unzähligen andern Anwendungen, auch den wichtigen Nutzen, die Terminsbeobachtungen ungemein zu erleichtern, und alle andern Beruhigungsmittel entbehrlich zu machen.

In noch viel höherm Grade leistet aber diese Wirkung die oben [S. 372 d. B.] unter dem Namen eines Dämpfers erwähnte Vorrichtung. Der für das Magnetome-

---

*) Es ist nicht in allen Versuchen ganz gleich, da die Wirkung des Multiplicators sich mit einer, wie oben bemerkt ist, an sich nicht unveränderlichen Grösse verbindet. Auch hängt die Wirkung des Multiplica-tors selbst von dem mit der Temperatur veränderlichen Leitungsvermögen des Drahts mit ab.

ter des magnetischen Observatorium angefertigte Dämpfer besteht in zwei länglich viereckigen kupfernen Rahmen, jeder 13 Pfund wiegend, welche in die hölzernen Rahmen der zwei Multiplicatorhälften wie eine Fütterung eingeschoben werden können. Da diese Vorrichtung in sehr vielen Fällen ungemein nützliche Dienste leistet, und auch schon mehrern von Hrn. MEYERSTEIN an auswärtige Beobachter gelieferten Magnetometern ein ähnlicher Hülfsapparat beigegeben ist, so werden einige denselben betreffende Bemerkungen hier nicht am unrechten Orte sein.

Zuvörderst wird jeder, welcher von einem solchen Apparat Gebrauch machen will, die Stärke seiner Dämpfungskraft in Zahlen kennen zu lernen wünschen. Man setzt zuerst die Nadel in sehr grosse Schwingungsbewegungen*) und zeichnet die Elongationen, so bald sie innerhalb der Scale fallen, und so lange der Schwingungsbogen noch eine beträchtliche Grösse behält, auf. Sind g, g', g'', g''' u. s. w. die so hervorgehenden Amplituden in Scalentheilen, so erhält man in den Differenzen ihrer Logarithmen $\log g - \log g'$, $\log g' - \log g''$, $\log g'' - \log g'''$ u. s. w. eben so viele Bestimmungen des logarithmischen Decrements. Zu einer Zeit, wo eine etwas beträchtliche Declinationsbewegung Statt findet, wird diese unter der Voraussetzung, dass sie während der Beobachtungen gleichförmig geschehe, eliminirt, wenn man sich der Formeln

$$\log(g+g') - \log(g'+g''), \quad \log(g'+g'') - \log(g''+g''') \text{ u. s. w.}$$

bedient, was, wie man leicht sieht, mit dem oben [S. 383 d. B.] angegebenen Verfahren auf Eins hinausläuft.

Einer der am 9. Januar 1838 angestellten Versuche gab z. B.

Elongationen	Amplitudem	Logarithmen	Differenzen
134.0			
1191.7	1057.7	3.02436	0.31137
675.3	516.4	2.71299	0.30850
929.1	253.8	2.40449	0.31141
805.2	123.9	2.09307	

---

*) Welche Mittel man auch dazu anwende, so wird man doch nicht darauf rechnen können, dass in völliger Strenge *reine* Schwingungen um eine verticale Axe erzeugt werden. Schon aus diesem Grunde darf man von den Resultaten nicht die allerschärfste Übereinstimmung erwarten, worauf es jedoch hier auch gar nicht ankommt.

Also im Mittel das logarithmische Decrement $= 0.31043$. Die andern Formeln geben

$$\log\tfrac{1574.1}{770.2} = 0.31043, \qquad \log\tfrac{770.2}{377.7} = 0.30945$$

also im Mittel 0.30994. Bei diesen Versuchen war der Multiplicator nicht geschlossen, oder es wirkte der Dämpfer allein. Aus andern Versuchen an demselben Tage, bei denen zugleich der Multiplicator geschlossen war, fand sich das logarithmische Decrement $= 0.33570$.

Da Kupfer, wenn es nicht ganz rein ist, einen wenn auch nur sehr schwachen directen magnetischen Einfluss ausüben kann, so ist es nicht rathsam, den Dämpfer bei solchen Beobachtungen anzuwenden, die absolute Declinationsbestimmungen zum Zweck haben, ohne sich vorher überzeugt zu haben, dass ein merklicher Einfluss dieser Art nicht vorhanden ist. Man erfährt dies durch Beobachtungen des Standes der Nadel, abwechselnd mit und ohne Dämpfer, verbunden mit gleichzeitigen Beobachtungen des Standes einer in angemessener Entfernung befindlichen zweiten Nadel, um von den während der Beobachtungen Statt findenden Declinationsveränderungen Rechnung tragen zu können. In Ermangelung eines zweiten Magnetometers kann man diese Elimination, nur weniger zuverlässig, dadurch beschaffen, dass man die alternirenden Bestimmungen in nahe gleichen Zwischenzeiten macht, und jeden Stand ohne Dämpfer mit dem Mittel des vorhergehenden und folgenden Standes mit Dämpfer, und umgekehrt, vergleicht. Bei der Anfertigung des Dämpfers für das hiesige magnetische Observatorium hat Hr. MEYERSTEIN die Vorsicht angewandt, sich nur ganz neuer Feilen zu bedienen; der fertige Dämpfer ist hernach eine beträchtliche Zeit in verdünnte Salzsäure, dann in Lauge gelegt, und zuletzt mit Wasser abgespült. Versuche der beschriebenen Art haben keinen merklichen Einfluss dieses Dämpfers auf den Stand der Nadel zu erkenen gegeben.

Was bei sich immer gleich bleibenden Schwingungsbögen strenge gültig sein würde, erleidet im Fall der Natur, wo der Schwingungsbogen fortwährend abnimmt, mehrere Modificationen, die hier noch etwas näher betrachtet zu werden verdienen, wäre es auch nur, um bestimmt beurtheilen zu können, unter welchen Umständen sie als unmerklich betrachtet werden dürfen.

Eine in geometrischer Progression erfolgende Abnahme des Schwingungsbogens setzt eine der Bewegung in jedem Augenblick in einfachem Verhältniss

ihrer Geschwindigkeit entgegenwirkende Kraft voraus*). Die allgemeine Gleichung für die Schwingungsbewegung hat daher, wenn wir die Grössen von der
dritten Ordnung in Beziehung auf den Schwingungsbogen vernachlässigen, die
Form

$$0 = \frac{d\,dx}{d\,t^2} + nn(x-p) + 2\varepsilon \cdot \frac{dx}{dt}$$

wo x den den Stand der Nadel für die Zeit t bezeichnenden, p den dem Ruhestande entsprechenden Scalentheil bedeuten, nn und 2ε hingegen die magnetische Directionskraft und jene retardirende Kraft, beide mit dem Trägheitsmoment der Nadel dividirt. Das vollständige Integral dieser Gleichung ist

$$x = p + A e^{-\varepsilon t} \sin \sqrt{(nn-\varepsilon\varepsilon)} \cdot (t-B)$$

wo e die Basis der natürlichen Logarithmen, A und B die beiden durch die Integration eingeführten arbiträren Constanten bedeuten. Ohne die retardirende
Kraft würde das Integral

$$x = p + A \sin n(t-B)$$

sein. Die Nadel macht also auch in jenem Fall wie in diesem periodische Oscil-
lationen um den Punkt p, aber ein doppelter Unterschied findet dabei Statt.
Theils ist im zweiten Fall die grösste Abweichung von der Mitte oder die halbe
Amplitude constant $= A$, während sie im erstern in geometrischer Progression
abnimmt, theils schreitet das Argument der periodischen Function im ersten Fall
langsamer fort als im andern. Setzt man die Schwingungsdauer im zweiten Fall,
wo sie allein von der magnetischen Directionskraft abhängt, $= T$, im ersten
$= T'$, so hat man, π in üblicher Bedeutung genommen,

$$n\,T = \pi, \qquad \sqrt{(nn-\varepsilon\varepsilon)} \cdot T' = \pi$$

Wenn man also Kürze halber n' anstatt $\sqrt{(nn-\varepsilon\varepsilon)}$ schreibt, und einen
Hülfswinkel φ einführt, wonach

$$\sin\varphi = \frac{\varepsilon}{n}, \qquad \cos\varphi = \frac{n'}{n}, \qquad \tan g\,\varphi = \frac{\varepsilon}{n'}$$

wird, wenn man ferner, wie oben, mit λ das logarithmische Decrement und mit

---

*) *Strenge* genommen gilt beides nur für unendlich kleine Schwingungen.

m den Modulus des Systems bezeichnet, so erhält man

$$T' = \frac{T}{\cos \varphi}$$

$$\frac{\lambda}{m} = \varepsilon T' = n' \tan \varphi \cdot T' = \pi \tan \varphi$$

folglich

$$\tan \varphi = \frac{\lambda}{m \pi} = \frac{'\lambda}{1.364376}$$

Für $\lambda = 0.02400$ und $T = 42''18$ findet sich nach diesen Formeln $\varphi = 1^0 0' 28''$ und $T' = 42''18653$. Der blosse Schluss des Multiplicators bringt also nur eine geringe Vergrösserung der Schwingungsdauer hervor. Dagegen geben die oben beim Gebrauch des Dämpfers, allein, oder zugleich mit dem Multiplicator, gefundenen Zahlen, wenn man $T = 20''60$ setzt,

| $\lambda = 0.30994$ | $\varphi = 12^0 47' 54''$ | $T' = 21''12484$ |
| $\lambda = 0.33570$ | $\varphi = 13 \quad 49 \quad 22$ | $T' = 21.21439$ |

Die Beobachtungen stimmen mit dieser berechneten Vergrösserung der Schwingungsdauer so genau überein, als man nur von der geringen Anzahl von Schwingungen, auf die man sich dabei beschränken muss, erwarten kann.

In dem Fall abnehmender Schwingungsbögen sind die wahren Zeiten der Elongationen den aus correspondirenden Stellungen abgeleiteten nicht genau gleich, und bei so starken logarithmischen Decrementen, wie unter Anwendung eines Dämpfers Statt finden, wird dieser Unterschied ziemlich beträchtlich.

Da in dem oben gegebenen Integral offenbar B die Zeit eines Durchganges durch den Ruhestand p bedeutet, und es gleichgültig ist, von welchem Augenblick an die Zeit gezählt wird, so wollen wir grösserer Einfachheit wegen $B = 0$ setzen. Unsere Formel wird so

$$x = p + A e^{-\varepsilon t} \sin n't$$

Der nächste Durchgang durch p, welcher auf den bei $t = 0$ folgt, findet Statt bei $n't = 180^0$, oder $t = T'$; die aus diesen correspondirenden Beobachtungen einfach abgeleitete Zeit der Elongation ist also $t = \frac{1}{2}T'$, während der wirkliche Stillstand schon früher eintritt. Man hat nemlich für $\frac{dx}{dt} = 0$,

$$0 = A e^{-\varepsilon t}(-\varepsilon \sin n't + n' \cos n't)$$

Mithin

$$\operatorname{cotang} n't = \frac{\varepsilon}{n'} = \operatorname{tang} \varphi$$

Daher der erste positive Werth von $n't = \frac{1}{2}\pi - \varphi$, und $t = \frac{1}{2}T' - \frac{\varphi T'}{\pi}$, oder in so fern φ in Graden ausgedrückt ist,

$$t = \frac{1}{2}T' - \frac{\varphi}{180^0} \cdot T'$$

Offenbar findet eine gleiche Differenz bei der folgenden Elongation Statt. Aus den oben angegebenen Zahlen findet sie sich $= 0''23$ für den fünfundzwanzigpfündigen Stab unter Anwendung des Multiplicators; $= 1''50$ für das Magnetometer des M. O., wenn der Dämpfer allein, und $= 1''63$, wenn Dämpfer und Multiplicator zugleich gebraucht werden.

Da die wirklichen Stillstände um eine constante, von der Grösse des Schwingungsbogens unabhängige, Zeit früher eintreten, als die aus aufeinanderfolgenden Durchgängen durch den Ruhestand p geschlossenen Augenblicke, so kann man auch ohne Weiteres die letztern beibehalten, da es für den Gebrauch zur Bestimmung der Schwingungsdauer nur auf die *Unterschiede* der Elongationszeiten ankommt. Nur muss man Sorge tragen, den Punkt p selbst oder einen sehr nahe liegenden zum Beobachten zu wählen, und kleine Schwingungsbögen auch noch um so mehr ausschliessen, weil bei solchen in dem Fall starker logarithmischer Decremente schon eine geringe Abweichung vom richtigen p einen merklichen Fehler erzeugen würde. Obgleich es nicht schwer ist, jener Bedingung Genüge zu leisten, so mag doch noch die allgemeine Formel für den Fehler der aus correspondirenden Durchgängen geschlossenen Elongationen hier Platz finden.

Es sei u die halbe Zwischenzeit zwischen zwei correspondirenden Durchgängen eines Punkts x, und $\frac{1}{2}T' - \delta$ das Mittel der Durchgangszeiten oder die daraus geschlossene Elongationszeit. Es sind also die Durchgangszeiten selbst $\frac{1}{2}T' - u - \delta$ und $\frac{1}{2}T' + u - \delta$, und wir haben folglich

$$x = p + Ae^{-\varepsilon(\frac{1}{2}T' - u - \delta)} \sin n'(\frac{1}{2}T' - u - \delta)$$
$$x = p + Ae^{-\varepsilon(\frac{1}{2}T' + u - \delta)} \sin n'(\frac{1}{2}T' + u - \delta)$$

woraus, wegen $\frac{1}{2}n'T' = \frac{1}{2}\pi$, folgt

$$e^{2\varepsilon u} \cos n'(u + \delta) = \cos n'(u - \delta)$$

und mithin

$$\operatorname{tang} n'\delta = \frac{e^{2\varepsilon u}-1}{(e^{2\varepsilon u}+1)\operatorname{tang} n'u}$$

Für $u = \frac{1}{2}T'$ gibt diese Formel $\delta = 0$; dies ist der Fall, wo der Ruhestandspunkt p selbst für die Durchgänge gewählt ist: hingegen entspricht die Annahme eines unendlich kleinen Werths dem wahren Stillstandspunkte, und die Formel gibt hier

$$\operatorname{tang} n'\delta = \frac{\varepsilon}{n'} = \operatorname{tang} \varphi$$

Also $\delta = \frac{\varphi}{n'} = \frac{\varphi T'}{\pi}$, übereinstimmend mit dem oben gefundenen.

Endlich bedarf in dem Fall abnehmender Schwingungsbögen auch die Berechnung der auf den Ruhestand der Nadel bezüglichen Beobachtungen einer Modification, die freilich nur dann merklich wird, wenn die Schwingungen eine sehr starke Abnahme erleiden.

Die Stellungen der Nadel x, x', welche zweien um eine Schwingungsdauer verschiedenen Zeiten t, $t+T'$ entsprechen, haben die Werthe

$$x = p + A e^{-\varepsilon t} \sin n't$$
$$x' = p + A e^{-\varepsilon t - \varepsilon T'} \sin(n't + n'T')$$

oder weil $n'T' = \pi$

$$x' = p - A e^{-\varepsilon t - \varepsilon T'} \sin n't$$

oder wenn wir, wie oben, mit θ den Bruch bezeichnen, dessen briggischer Logarithme $-\lambda$, also der natürliche $\varepsilon T'$ ist,

$$x' = p - \theta A e^{-\varepsilon t} \sin n't$$

Es erhellt also, dass man, um p zu finden, nicht mehr das arithmetische Mittel zwischen x und x' nehmen darf, sondern die Differenz zwischen x und x in dem Verhältniss von 1 zu θ vertheilen muss, oder dass

$$p = \frac{\theta x + x'}{1+\theta} = x + \frac{1}{1+\theta}\cdot(x'-x) = x' - \frac{\theta}{1+\theta}\cdot(x'-x)$$

wird. Da übrigens bei diesen Beobachtungen die Differenz $x'-x$ immer sehr klein ist, so wird man zur Bequemlichkeit der Rechnung sich verstatten können, anstatt $\frac{\theta}{1+\theta}$ einen nahe kommenden durch kleine Zahlen auszudrückenden Bruch anzuwenden, z. B. kann man für $\lambda = 0.30994$, anstatt des genaueren Werths 0.3288 den genäherten $\frac{1}{3}$ wählen.

Hiebei entsteht nun aber die Frage, für welchen Augenblick dieses Resultat als gültig zu betrachten ist. So wie in dem Falle, wo die Schwingungsbögen nur sehr langsam abnehmen, das einfache Mittel der Scalentheile als dem einfachen Mittel der Zeiten entsprechend angenommen wird, scheint nun zwar, dass bei ungleich vertheiltem Unterschied der Stände die Zwischenzeit in demselben Verhältniss zu theilen, also der Stand $x + \frac{x'-x}{1+\theta}$ als für $t + \frac{T'}{1+\theta}$ gültig anzusehen sei: allein dies ist theoretisch nicht richtig, und es scheint eine genauere Erörterung, wenn auch in gewöhnlichen Fällen praktisch ganz unerheblich, doch in theoretischer Beziehung hier noch eines Platzes nicht unwürdig zu sein.

Offenbar kommt der Gültigkeitsaugenblick nur in so fern in Frage, als man sich nicht erlauben will, die magnetische Declination in der Zwischenzeit zwischen den beiden Aufzeichnungen als constant zu betrachten: aber als sich gleichförmig während dieser Zwischenzeit ändernd wird man sie immer betrachten können, und müssen, wenn der Rechnung eine bestimmte Unterlage gegeben werden soll. In diesem Falle hat also unsere Fundamentalgleichung die Form

$$0 = \frac{d\,dx}{dt^2} + nn(x - p - \alpha t) + 2\varepsilon \cdot \frac{dx}{dt}$$

deren vollständiges Integral ist

$$x = p - \frac{2\alpha\varepsilon}{nn} + \alpha t + A e^{-\varepsilon t} \sin n'(t - B)$$

wenn, wie oben, n' für $\sqrt{(nn - \varepsilon\varepsilon)}$ gesetzt wird. Wenn also x' den Stand für die Zeit $t + T'$ ausdrückt, so wird, θ in voriger Bedeutung genommen,

$$x' = p - \frac{2\alpha\varepsilon}{nn} + \alpha t + \alpha T' - \theta A e^{-\varepsilon t} \sin n'(t - B)$$

und folglich

$$\frac{\theta x + x'}{1+\theta} = p - \frac{2\alpha\varepsilon}{nn} + \alpha t + \frac{\alpha T'}{1+\theta}$$

welches Resultat demnach der Ruhestand für die Zeit

$$t + \frac{T'}{1+\theta} - \frac{2\varepsilon}{nn} = t + \frac{T'}{1+\theta} - \frac{\sin 2\varphi \cdot T'}{\pi}$$

ist. Für $\lambda = 0.30994$ ist also die Zeit, wofür das nach obiger Vorschrift berechnete Resultat gilt $= t + 0.5337\,T'$, für $\lambda = 0.33570$ hingegen $= t + 0.5365\,T'$.

50

Man sieht also, dass selbst bei einer so starken Dämpfung der Augenblick der Gültigkeit von dem einfachen Mittel der Zeiten nur wenig verschieden ist.

Bei allem, was bisher entwickelt ist, liegt die Voraussetzung zum Grunde, dass ε kleiner sei als n; im entgegengesetzten Fall nimmt das Integral der Fundamentalgleichung eine andere Form an. Man erhält nemlich anstatt des Gliedes $A e^{-\varepsilon t} \sin \sqrt{(nn - \varepsilon\varepsilon)} \cdot (t - B)$, in dem Fall, wo ε grösser ist als n, zwei Glieder von der Form

$$A e^{-(\varepsilon + \sqrt{(\varepsilon\varepsilon - nn)})t} + B e^{-(\varepsilon - \sqrt{(\varepsilon\varepsilon - nn)})t}$$

und in dem Fall, wo $\varepsilon = n$ ist, von dieser

$$(A + Bt)e^{-\varepsilon t}$$

In beiden Fällen findet also in der Bewegung gar nichts periodisches mehr Statt, sondern der Stand nähert sich asymptotisch dem Ruhestande. Für unsern Dämpfer ist $\frac{\varepsilon}{n} = 0.22152$, und es müsste also ein mehr als $4\frac{1}{2}$ mal stärker wirkender Dämpfer angewandt werden, um solchen Erfolg hervorzubringen. Offenbar aber würde es dazu nicht hinreichend sein, die Metallmenge nur in demselben Verhältniss zu vergrössern, in sofern diese Vergrösserung nach aussen angebracht werden müsste, und die äussern Schichten des Metallrahmens vergleichungsweise weniger zur Inductionswirkung beitragen als die innern. Allein es würde nicht einmal anzurathen sein, eine Dämpfung von einer solchen Stärke anzuwenden, dass die Bewegung aufhörte periodisch zu sein, theils weil, sobald ε den Grenzwerth n überschreitet, die Annäherung zu dem Ruhestand wieder langsamer geschieht, theils weil man dann den wesentlichen Vortheil verlöre, aus zwei beliebigen, um T' von einander entfernten, Aufzeichnungen den Ruhestand auf eine bequeme Art berechnen zu können.

ÜBER EIN MITTEL

DIE BEOBACHTUNG VON ABLENKUNGEN ZU ERLEICHTERN.

Resultate aus den Beobachtungen des magnetischen Vereins. 1839. II.

1.

Wenn zu der erdmagnetischen Kraft noch eine andere auf die Nadel eines Magnetometers stetig, aber in einer gegen den magnetischen Meridian geneigten Richtung wirkende Kraft hinzutritt, so erhält die Nadel eine veränderte Gleichgewichtsstellung, und die Grösse der Ablenkung kann zur Abmessung der Zusatzkraft dienen. Zur Messbarkeit der Ablenkung ist aber erforderlich, dass nicht nur die neue Gleichgewichtsstellung noch innerhalb der Scale liege, sondern auch, insofern man nicht den völligen Ruhezustand der Nadel abwarten kann oder will, dass die noch Statt findenden Schwingungen die Grenzen der Scale nicht überschreiten. War die Nadel, so lange der Erdmagnetismus allein auf sie wirkte, in Ruhe, und setzt man die Zusatzkraft auf einmal in volle Wirkung, so fängt jene eine Schwingung an, deren Mitte die neue Gleichgewichtsstellung ist, während die vorige Stellung den einen Elongationspunkt bildet, und der zweite eben soweit von der Mitte auf der entgegengesetzten Seite hinausfällt. Liegt nun die neue Gleichgewichtsstellung zwar innerhalb, aber doch nahe an der Grenze der Scale, so würde man bei der langsamen Abnahme des Schwingungsbogens ohne Anwendung künstlicher Hülfsmittel auf diese Art erst lange zu warten haben, bis die Bestimmung jenes Punkts möglich würde. Dadurch würde aber in allen Fällen schon wegen der stündlichen Veränderung der Declination, die Zuverlässigkeit und Brauchbarkeit der Bestimmung sehr vermindert, und fast ganz vereitelt

50*

werden in solchen Fällen, wo die Stärke der Zusatzkraft schon in kurzer Zeit beträchtliche Veränderungen erleidet, wie bei galvanischen Strömen.

2.

Durch folgendes einfache Verfahren wird diesem Übelstande abgeholfen. Man lässt die Zusatzkraft zuerst nur während des dritten Theils der Schwingungsdauer wirken, suspendirt sie dann während einer eben so langen Zwischenzeit, und setzt sie darauf erst in beharrliche Wirksamkeit. Ist also z. B. die Schwingungsdauer der Nadel des Magnetometers 30 Secunden, und soll die durch einen galvanischen Strom erzeugte Ablenkung gemessen werden, so schliesst man die Kette bei einem Secundenschlage, welchen man als 0 zählt; öffnet wieder bei 10″, und schliesst endlich definitiv bei 20″. Soll die Ablenkung durch einen an einen bestimmten Platz zu legenden Magnetstab geschehen, so nähert man sich dem vorher genau und bequem bezeichneten Platze mit dem anfangs vertical gehaltenen Magnetstabe, legt denselben bei 0″ plötzlich nieder, richtet ihn bei 10″ eben so schnell wieder auf und legt ihn zum zweiten Male bei 20″ definitiv hin. Der Erfolg ist, dass die Nadel von ihrer ursprünglichen Ruhestellung sich derjenigen Stellung, welche der Ablenkung entspricht, während der ersten 10 Secunden mit beschleunigter Geschwindigkeit nähert, bei 10″ gerade die Mitte zwischen beiden Stellungen erreicht hat, und dann während der zweiten 10 Secunden die andere Hälfte des Zwischenraumes mit retardirter Bewegung durchläuft, so dass sie bei 20 Secunden die neue Stellung erreicht und alle Bewegung verloren haben wird.

Man sieht leicht, dass auf ganz ähnliche Weise die Nadel von einem ruhigen Ablenkungszustande zu dem entgegengesetzten so hinübergeführt werden kann, dass sie in demselben ohne Bewegung ist: man lässt nemlich die ablenkende Kraft während des dritten Theils der Schwingungsdauer im entgegengesetzten Sinne wirken, dann während eben so langer Zeit wieder im frühern Sinn, und wechselt darauf von neuem. Für galvanische Ströme erhält man den Wechsel fast augenblicklich durch einen zweckmässigen Commutator; für ablenkende Magnetstäbe durch eine rasche halbe Umdrehung (am bequemsten durch eine horizontale), so dass der Nordpol des Stabes an den Platz des Südpols kommt.

Endlich ist klar, dass auf dieselbe Weise nach beobachteter Ablenkung die Nadel wieder ruhig in den reinen magnetischen Meridian gebracht werden kann: man braucht nur die ablenkende Kraft zuerst während eines Drittheils der Schwingungsdauer zu suspendiren, dann eben so lange noch einmal wirken und endlich aufhören zu lassen.

3.

Dem beschriebenen Verfahren liegt die Voraussetzung zum Grunde dass

erstens die Schwingungen der Nadel so erfolgen, dass der Abstand von der Mitte der Schwingung (so lange diese Mitte selbst nicht abgeändert wird) dem Sinus eines sich gleichförmig ändernden und während einer Schwingungsdauer um 180^0 zunehmenden Winkels proportional bleibt, und

zweitens, die Schwingungsdauer durch die Zusatzkraft nicht verändert wird.

Insofern beide Voraussetzungen nicht *in absoluter Schärfe* gültig sind, und ausserdem auch bei der Ausführung weder der Wechsel ganz augenblicklich geschehen, noch die vorgeschriebenen Zwischenzeiten absolut genau eingehalten werden können, wird allerdings nach Vollendung der Operation die Nadel selten in vollkommener Ruhe angetroffen werden: allein für den praktischen Zweck ist es schon hinreichend, wenn die übrig bleibende Bewegung so gering ist, dass man die wahre Gleichgewichtsstellung auf gewöhnliche Weise sogleich zu beobachten anfangen kann.

Unter den Statt findenden Umständen werden jene Voraussetzungen nur sehr wenig von der Wahrheit abweichen können. Die Anwendbarkeit des Magnetometers beruht an sich schon darauf, dass die Zusatzkraft nur eine mässige Ablenkung hervorbringt, wobei (einen sogleich zu erwähnenden Ausnahmefall beiseite gesetzt) das in der ersten Voraussetzung enthaltene Gesetz hinreichend genau gilt. Die Veränderung der Schwingungsdauer durch die ablenkende Kraft ist ganz unmerklich, wenn diese senkrecht gegen den magnetischen Meridian wirkt, wie fast immer der Fall ist: wirkte sie aber auch in einer schiefen Richtung, so würde, insofern sie selbst nur ein kleiner Bruchtheil der erdmagnetischen Kraft ist, die dadurch bewirkte Veränderung der Schwingungsdauer doch für die kurze Zeit der Operation ganz unerheblich bleiben.

Nur Ein Fall ist auszunehmen, nemlich wenn die Nadel ihre Schwingungen unter dem Einflusse eines die Grösse des Schwingungsbogens bedeutend vermindernden Dämpfers macht. In diesem Falle ist das obige Gesetz nicht mehr gültig, und eine genaue Befolgung des oben beschriebenen Verfahrens würde nicht zum Ziele führen: von der andern Seite ist dann aber auch allerdings der im 1. Art. bemerkte Übelstand viel geringer, da ein kräftiger Dämpfer die Nadel von selbst in mässiger Zeit zur Ruhe bringt. Da indessen für diesen Fall jenes Verfahren nur einer Modification bedarf, um denselben Erfolg zu erreichen, und es allemal erwünscht sein muss, jeden unnöthigen Zeitverlust vermeiden zu können, so ist es, in praktischer wie in theoretischer Beziehung, der Mühe werth, die Frage ganz allgemein zu betrachten.

4.

Wir haben zuvörderst folgende allgemeine Aufgabe aufzulösen.

Ein Magnetstab schwingt unter wiederholter Abänderung der auf ihn wirkenden Kräfte, wobei jedoch die Schwingungsdauer und das logarithmische Decrement*) unverändert, und die Schwingungsbogen klein genug bleiben, um Grössen der dritten Ordnung vernachlässigen zu können. Man soll aus dem anfänglichen Bewegungszustande denjenigen, welcher nach der letzten Abänderung Statt findet, ableiten.

Es sei T die Schwingungsdauer, ε das logarithmische Decrement, e die Basis der hyperbolischen, m der Modulus der briggischen Logarithmen, π das Verhältniss des Kreisumfanges zum Durchmesser. Man setze

$$n = \frac{\pi}{T}, \qquad \varepsilon = \frac{\lambda}{mT}$$

Unter obigen Voraussetzungen wird demnach der Stand x für die Zeit t durch die Formel ausgedrückt

$$x = p + A e^{-\varepsilon t} \sin(nt - B)$$

welcher man auch die Gestalt geben kann

$$x = p + a e^{-\varepsilon t} \cos nt + b e^{-\varepsilon t} \sin nt$$

wo p die Gleichgewichtsstellung ausdrückt, und die Coëfficienten a, b so lange constant bleiben, als p constant ist. Die Geschwindigkeit der Bewegung findet sich hieraus

$$\frac{dx}{dt} = -e^{-\varepsilon t}(na \sin nt + \varepsilon a \cos nt - nb \cos nt + \varepsilon b \sin nt)$$

oder wenn man einen Hülfswinkel φ einführt, so dass $\frac{\varepsilon}{n} = \tang \varphi$ wird,

---

*) Resultate. 1837. IV. [S. 383. d. B.]

$$\frac{\mathrm{d}x}{\mathrm{d}t} = -\frac{n\,e^{-\varepsilon t}}{\cos\varphi}\left(a\sin(nt+\varphi) - b\cos(nt+\varphi)\right)$$

Für $a\,e^{-\varepsilon t}\cos nt + b\,e^{-\varepsilon t}\sin nt$ schreiben wir u, so dass $x = p + u$ wird.

Es seien nun t', t'', t''' die bestimmten Werthe von t, wo eine Veränderung der wirkenden Kraft vorgenommen wird; ferner seien die bestimmten Werthe von p, a, b in den verschiedenen Zeitabschnitten folgende:

$$p^0, \quad a^0, \quad b^0 \quad \text{vor} \quad t'$$
$$p', \quad a', \quad b' \quad \text{von} \quad t' \text{ bis } t''$$
$$p'', \quad a'', \quad b'' \quad \text{von} \quad t'' \text{ bis } t'''$$
$$p''', \quad a''', \quad b''' \quad \text{nach} \quad t'''$$

Endlich gehe der allgemeine Ausdruck von u, wenn für a und b die bestimmten Werthe substituirt werden, über in u^0, u', u'', u''', so dass vor dem ersten Wechsel $x = p^0 + u^0$ wird, von da bis zum zweiten $x = p' + u'$ u. s. f.

Da der Augenblick t' zugleich der letzte des ersten Zeitabschnitts und der erste des folgenden ist, so müssen für $t = t'$ sowohl x als $\frac{\mathrm{d}x}{\mathrm{d}t}$ einerlei Werth erhalten, man möge in den obigen allgemeinen Ausdrücken für p, a, b die Werthe p^0, a^0, b^0, oder p', a', b' substituiren.

Es ist also

$$0 = p' - p^0 + (a' - a^0)\,e^{-\varepsilon t'}\cos nt' + (b' - b^0)\,e^{-\varepsilon t'}\sin nt'$$
$$0 = (a' - a^0)\sin(nt' + \varphi) - (b' - b^0)\cos(nt' + \varphi)$$

woraus man leicht ableitet

$$a' - a^0 = -\frac{p' - p^0}{\cos\varphi}\cdot e^{\varepsilon t'}\cos(nt' + \varphi)$$
$$b' - b^0 = -\frac{p' - p^0}{\cos\varphi}\cdot e^{\varepsilon t'}\sin(nt' + \varphi)$$

und hieraus

$$u' = u^0 - \frac{p' - p^0}{\cos\varphi}\cdot e^{-\varepsilon(t - t')}\cos\big(n(t - t') - \varphi\big)$$

Auf gleiche Art erhält man

$$u'' = u' - \frac{p'' - p'}{\cos\varphi}\cdot e^{-\varepsilon(t - t'')}\cos\big(n(t - t'') - \varphi\big)$$
$$u''' = u'' - \frac{p''' - p''}{\cos\varphi}\cdot e^{-\varepsilon(t - t''')}\cos\big(n(t - t''') - \varphi\big)$$

und so ferner, wenn noch mehrere Wechsel der bewegenden Kräfte Statt finden.

Es wird also hiedurch aus dem anfänglichen Bewegungszustande jeder nachfolgende bestimmt.

5.

Für den Fall der gegenwärtigen Untersuchung ist $p'' = p^0$ und $p''' = p'$ zu setzen. Dadurch wird

$$u''' = u^0 - \frac{p'-p^0}{\cos\varphi} \cdot e^{-\varepsilon t} \cdot$$
$$\cdot \{ e^{\varepsilon t'} \cos(n(t-t')-\varphi) - e^{\varepsilon t''} \cos(n(t-t'')-\varphi) + e^{\varepsilon t'''} \cos(n(t-t''')-\varphi) \}$$

welche Formel, wenn man

$$e^{-\varepsilon(t''-t')} \cos n(t''-t') - 1 + e^{\varepsilon(t'''-t'')} \cos n(t'''-t'') = f$$
$$e^{-\varepsilon(t''-t')} \sin n(t''-t') \quad - \quad e^{\varepsilon(t'''-t'')} \sin n(t'''-t'') = g$$

setzt, übergeht in

$$u''' = u^0 - \frac{p'-p^0}{\cos\varphi} \cdot e^{-\varepsilon(t-t'')} \cdot \{ f \cos(n(t-t'')-\varphi) - g \sin(n(t-t'')-\varphi) \}$$

Hieraus folgt, dass wenn die Zwischenzeiten $t''-t'$, $t'''-t''$ so bestimmt sind, dass $f = 0$ und $g = 0$ wird, allgemein

$$u''' = u^0$$

oder $a''' = a^0$, $b''' = b^0$ wird.

War also vor den Wechseln die Nadel in p^0 in Ruhe, so wird sie, nach denselben, sich in p' in Ruhe befinden: im entgegengesetzten Falle wird die Nadel nach den drei Wechseln in jedem Augenblick genau dieselbe Geschwindigkeit und dieselbe Stellung gegen den Mittelpunkt ihrer Bewegung p' haben, welche sie relativ gegen p^0 in demselben Augenblicke haben würde, wenn sie ihre ursprüngliche Bewegung ungestört fortgesetzt hätte: mit Einem Worte, bloss der Mittelpunkt der Bewegung wird versetzt, die Bewegung selbst aber gar nicht geändert sein.

6.

Es bleibt nun noch übrig, die Zwischenzeit so zu bestimmen, dass den Gleichungen $f = 0$, $g = 0$ Genüge geschehe. Setzt man

$$t'' - t' = qT, \qquad t''' - t'' = rT$$

und erinnert sich, dass $e = 10^m$, so werden jene Gleichungen

$$10^{-q\lambda} \cos q\pi + 10^{r\lambda} \cos r\pi = 1$$
$$10^{-q\lambda} \sin q\pi = 10^{r\lambda} \sin r\pi$$

Für den Fall einer unmerklichen Abnahme des Schwingungsbogens muss also $\cos q\pi + \cos r\pi = 1$ und $\sin q\pi = \sin r\pi$ gesetzt werden, mithin

$$q\pi = r\pi = 60^0 \text{ oder } = \tfrac{1}{3}\pi, \quad \text{und } t'' - t' = t''' - t'' = \tfrac{1}{3}T$$

wie schon im 2. Artikel bemerkt ist. Für den Fall eines merklichen logarithmischen Decrements hingegen werden jene Gleichungen auf indirectem Wege aufzulösen sein, welcher Rechnung man folgende Form geben kann.

Aus der Verbindung der Gleichungen folgt

$$\text{tang}\, r\pi = \frac{\sin q\pi}{10^{q\lambda} - \cos q\pi}, \qquad 10^{2r\lambda} = 1 - 2 \cdot 10^{-q\lambda} \cos q\pi + 10^{-2q\lambda}$$

Durch Elimination von r hat man also die Gleichung mit Einer unbekannten Grösse

$$\frac{\pi}{2\lambda} \log(1 - 2 \cdot 10^{-q\lambda} \cos q\pi + 10^{-2q\lambda}) = \text{Arc. tang} \frac{\sin q\pi}{10^{q\lambda} - \cos q\pi}$$

wo der briggische Logarithme verstanden ist. Nachdem derselben Genüge geleistet ist, hat man offenbar zugleich den Werth von r.

7.

Um denjenigen, welche das beschriebene Verfahren unter Anwendung eines Dämpfers ausüben wollen, die im vorhergehenden Artikel erklärte Rechnung zu ersparen, theile ich hier eine im voraus berechnete Tafel mit, aus welcher für jedes logarithmische Decrement das Verhältniss der beiden Zwischenzeiten zur Schwingungsdauer sogleich entnommen werden kann. Man sieht daraus, dass mit zunehmendem logarithmischen Decrement die erste Zwischenzeit immer grösser, die zweite immer kleiner wird. Die Summe beider ist zwar zwei Drittheilen der Schwingungsdauer nur für $\lambda = 0$ genau gleich, entfernt sich aber davon viel langsamer. Dass es bei der wirklichen Anwendung zureicht, etwa nur die ersten Decimalen der Werthe von q und r zu berücksichtigen, bedarf keiner Erinnerung.

T a f e l.

λ	q	r	λ	q	r
0	0.33333	0.33333	0.30	0.45921	0.21406
0.01	0.33757	0.32911	0.31	0.46322	0.21048
0.02	0.34181	0.32489	0.32	0.46721	0.20694
0.03	0.34606	0.32068	0.33	0.47118	0.20343
0.04	0.35031	0.31648	0.34	0.47513	0.19996
0.05	0.35456	0.31229	0.35	0.47906	0.19652
0.06	0.35882	0.30812	0.36	0.48297	0.19311
0.07	0.36308	0.30395	0.37	0.48685	0.18975
0.08	0.36734	0.29981	0.38	0.49071	0.18641
0.09	0.37160	0.29568	0.39	0.49454	0.18311
0.10	0.37585	0.29156	0.40	0.49835	0.17985
0.11	0.38011	0.28746	0.41	0.50214	0.17663
0.12	0.38436	0.28338	0.42	0.50590	0.17344
0.13	0.38861	0.27932	0.43	0.50963	0.17029
0.14	0.39285	0.27528	0.44	0.51334	0.16718
0.15	0.39708	0.27126	0.45	0.51702	0.16411
0.16	0.40131	0.26727	0.46	0.52067	0.16107
0.17	0.40552	0.26329	0.47	0.52430	0.15808
0.18	0.40973	0.25934	0.48	0.52790	0.15512
0.19	0.41393	0.25542	0.49	0.53147	0.15220
0.20	0.41812	0.25152	0.50	0.53501	0.14931
0.21	0.42230	0.24764	0.51	0.53852	0.14647
0.22	0.42646	0.24379	0.52	0.54201	0.14367
0.23	0.43061	0.23997	0.53	0.54546	0.14090
0.24	0.43474	0.23618	0.54	0.54889	0.13817
0.25	0.43886	0.23242	0.55	0.55229	0.13548
0.26	0.44297	0.22868	0.56	0.55566	0.13283
0.27	0.44705	0.22498	0.57	0.55900	0.13022
0.28	0.45112	0.22131	0.58	0.56231	0.12765
0.29	0.45517	0.21767	0.59	0.56559	0.12511
0.30	0.45921	0.21406	0.60	0.56884	0.12261

8.

Die unserer Theorie zum Grunde liegende Voraussetzung, dass die drei Wechsel augenblicklich geschehen, findet bei der wirklichen Ausübung des Verfahrens in aller Schärfe niemals Statt, obwohl bei Ablenkungen durch galvanische Ströme die zu jedem Wechsel nöthige Zeit als unmerklich betrachtet werden kann. Bei Ablenkungen durch Magnetstäbe hingegen ist, nach Maassgabe ihrer Grösse und Schwere, diese Zeit schon mehr oder weniger bedeutend, und bei fünfundzwanzigpfündigen werden zu Vollführung eines Wechsels immer mehrere Secunden erforderlich sein, besonders wenn nicht von einem Wechsel zwischen verticaler und horizontaler Lage, sondern zwischen zweien entgegengesetzten Lagen die Rede ist. Für diesen Fall, welcher in der That der bei weiten wichtigste und gewöhnlichste ist, lässt sich aber die Ausführung der Operation leicht so einrichten, dass der Erfolg kaum merklich gestört wird. Man muss nur Sorge tragen, dass der zweite und dritte Wechsel auf gleiche Weise geschehen, wie der erste, also auch eine gleich lange Zeit ausfüllen, und diese Zeit den sonst nöthigen Zwischenzeiten abbrechen. Ist z. B. (wie *Res.* 1837. IV.) [S. 390. d. B.] das logarithmische Decrement 0.33570, die Schwingungsdauer 21″21439. so folgt aus obiger Tafel die erste Zwischenzeit $= 10″04$, die zweite $= 4″27$: findet man nun zur Ausführung eines Wechsels drei Secunden nöthig, so *beginnt* man den ersten Wechsel bei 0″; von 3″ bis 10″ bleibt der Stab in der neuen Lage; durch den bei 10″ *anfangenden* neuen Wechsel ist der Stab bei 13″ in die erste Lage zurückgebracht, in welcher er nur $1\frac{1}{4}$ Secunden liegen bleibt, worauf der dritte Wechsel anfängt, so dass erst mit $17\frac{1}{4}$ Secunden die ganze Operation vollendet ist. Eine ausgedehntere, hier jedoch des Raumes wegen zu übergehende Untersuchung ergibt nemlich, dass wenn p^0 in p' nicht sprungsweise sondern allmählig übergeht, und eben so beim zweiten Wechsel p' in p^0, und beim dritten wiederum p^0 in p', der Erfolg ganz derselbe bleibt, wie er am Schluss des 5. Artikels angegeben ist, falls nur die drei Übergangszeiten gleich lang sind, die drei Übergänge selbst in ähnlichen Stufenfolgen geschehen, und die berechneten Zwischenzeiten qT, rT auf die Anfangsmomente der Wechsel bezogen, oder was dasselbe ist die beiden ersten Übergangszeiten ihnen eingerechnet werden.

51*

DER CONSTANTEN DES BIFILARMAGNETOMETERS.

Resultate aus den Beobachtungen des magnetischen Vereins. 1840. I.

1.

Zum richtigen und sichern Gebrauche des Bifilarmagnetometers ist die Kenntniss der Zahlenwerthe gewisser Grössen erforderlich, die sich auf bedingungsweise wie constant zu betrachtende Verhältnisse der Theile des Apparats beziehen, und von denen als wesentlichen Elementen die nach den verschiedenen Stellungen der beweglichen Theile zu beobachtenden Gleichgewichtslagen und Schwingungszeiten abhängen. Diese Elemente sind vier, nemlich

1) die Stellung, welche der Index der Spiegelalhidade haben muss, damit die Normale gegen den Spiegel mit der optischen Axe des Beobachtungsfernrohrs in Eine Verticalebene falle, wenn die beiden Aufhängungsdrähte in einer Verticalebene sind; diese Stellung (so verstanden, dass die reflectirende Fläche des Spiegels dem Fernrohre zugekehrt sei) soll mit P bezeichnet werden.

2) die Stellung, welche bei eben dieser Lage der Aufhängungsdrähte dem Index des Schiffchens gegeben werden muss, damit die magnetische Axe des Magnetstabes sich in natürlicher Lage im magnetischen Meridiane befinde; ich bezeichne diese Stellung mit Q.

Es bedarf keiner Erinnerung, dass wenn jede der beiden Alhidaden mehr als einen Index hat, einer davon immer (nach Belieben) als Hauptindex zu wählen ist.

3) das Verhältniss der magnetischen Directionskraft zu der aus der Aufhängungsweise entspringenden, welche letztere die statische Directionskraft heissen mag: dieses Verhältniss soll durch $R:1$ ausgedrückt werden.

4) die statische Schwingungsdauer des Apparats, d. i. diejenige, welche bloss in Folge der Aufhängungsart oder ohne Einwirkung des Erdmagnetismus auf den Magnetstab, Statt finden würde: ich bezeichne das Quadrat dieser Schwingungsdauer mit S.

Es erhellt hieraus, dass $\frac{S}{R}$ das Quadrat der reinmagnetischen Schwingungsdauer ausdrückt, d. i. derjenigen, die bei der Aufhängung des Apparats an einem einfachen Faden ohne Torsion Statt haben würde.

2.

Es ist nun zuvörderst zu entwickeln, wie das, was am Bifilarmagnetometer unmittelbar beobachtet wird, mit der Stellung der beiden Alhidaden und diesen vier Elementen zusammenhängt.

Bei der Stellung der Alhidade des Spiegels auf A, der Alhidade des Schiffchens auf B, bezeichne t die Schwingungsdauer, und p den in Bogentheile verwandelten Abstand des der Gleichgewichtslage entsprechenden Skalentheils von demjenigen Punkte der Skale, der mit der optischen Axe des Beobachtungsfernrohrs in derselben Verticalebene ist, und durch den von der Mitte des Objectivs herabhängenden Lothfaden kenntlich gemacht wird. Um die Vorstellungen zu fixiren, nehme ich an, dass die Theilungen sowohl am Kreise als an der Skale von der Linken nach der Rechten laufen, und beziehe positive Zeichen von p auf den Fall, wo die auf dem Fadenkreuze des Fernrohrs beobachtete Zahl grösser ist, als die Zahl am Lothfaden. Bei jener Gleichgewichtslage befindet sich also das Bifilarmagnetometer um $A-P-p$ rückwärts, d. i. von der Rechten nach der Linken gedreht gegen diejenige Lage, wo die Aufhängungsdrähte parallel waren, oder $A-P-p$ ist der Winkel zwischen der geraden Linie durch die beiden untern Enden der Aufhängungsdrähte und einer Parallele mit der die beiden obern Enden verbindenden. Das durch die Aufhängungsweise hervorgebrachte Drehungsmoment ist zwar nicht in völliger Schärfe, aber hinlänglich genau für die Ausübung, dem Sinus dieses Winkels proportional; wir setzen dasselbe $= D\sin(A-P-p)$, wo also D die statische Directionskraft ausdrückt: die positiven Werthe des Drehungsmoments beziehen sich auf Drehung von der Linken nach der Rechten.

In derselben Lage des Apparats macht die magnetische Axe des Magnetstabes mit dem magnetischen Meridiane den von der Rechten nach der Linken gezählten Winkel $A - P - p - B + Q$, und das aus der Einwirkung des Erdmagnetismus auf den Magnetstab entspringende von der Linken nach der Rechten positiv gerechnete Drehungsmoment ist $= RD \sin(A - P - p - B + Q)$. Wir haben mithin die Gleichung (1)

$$0 = \sin(A - P - p) + R \sin(A - P - p - B + Q)$$

Wird der ganze Apparat aus der Gleichgewichtsstellung um den Winkel z von der Rechten nach der Linken gedreht, so wirkt im entgegengesetzten Sinn das Drehungsmoment

$$D \sin(z + A - P - p) + DR \sin(z + A - P - p - B + Q)$$

welcher Ausdruck nach Entwicklung der beiden Sinus und unter Berücksichtigung der Gleichung (1) in

$$D \sin z \left(\cos(A - P - p) + R \cos(A - P - p - B + Q) \right)$$

übergeht, also dem Sinus von z proportional ist. Man hat also

$$D \left(\cos(A - P - p) + R \cos(A - P - p - B + Q) \right)$$

wie die Directionskraft zu betrachten, die aus der Verbindung der statischen und magnetischen resultirt, und wir haben daher (2)

$$\frac{S}{tt} = \cos(A - P - p) + R \cos(A - P - p - B + Q)$$

Indem man in den beiden Gleichungen (1), (2) auf beiden Seiten quadrirt, und addirt, findet man (3)

$$\frac{SS}{t^4} = 1 + 2R \cos(Q - B) + RR$$

Bezeichnet man mit e die Basis der hyperbolischen Logarithmen und mit i die imaginäre Einheit $\sqrt{-1}$, so lassen sich die beiden Gleichungen (1), (2) bequem in Eine zusammenziehen

$$\frac{S}{tt} = e^{i(A - P - p)} + R e^{i(A - P - p - B + Q)}$$

oder noch einfacher in folgende (4)

$$1 = \frac{S}{tt} e^{i(P + p - A)} - R e^{i(Q - B)}$$

welche die beiden

$$1 = \frac{S}{tt} \cos(P+p-A) - R\cos(Q-B)$$
$$\frac{S}{tt} \sin(P+p-A) = R\sin(Q-B)$$

unter sich begreift.

Für die natürliche Lage, wo $Q = B$, wird

$$tt = \frac{S}{1+R}$$

für die verkehrte hingegen, wo $Q = B+180^0$,

$$tt = \frac{S}{1-R}$$

3.

Die transversale Stellung, im engern Sinne, erfordert, dass

$$A - P - p - B + Q = \pm 90^0$$

wird, wo das obere Zeichen sich auf den Fall bezieht, wo der Nordpol des Magnetstabs auf der Westseite des magnetischen Meridians sein soll, das untere auf die östliche Lage. Es wird also nach (1)

$$\sin(A - P - p) = \mp R$$

Bezeichnet man demnach mit φ den spitzen Winkel, dessen Sinus $= R$ ist, so wird für die westliche Stellung des Nordpols

$$A = P + p - \varphi, \quad B = Q - \varphi - 90^0$$

für die östliche hingegen

$$A = P + p + \varphi, \quad B = Q + \varphi + 90^0$$

Damit die Gleichgewichtsstellung dem durch den Lothfaden bezeichneten Skalenpunkte selbst entspreche, muss also die Spiegelalhidade auf $P - \varphi$ für den ersten Fall, und auf $P + \varphi$ für den zweiten gestellt werden.

Für die der Transversalstellung entsprechende Schwingungsdauer ergibt die Formel (2) sogleich

$$\frac{S\cdot}{tt} = \cos\varphi$$

oder

$$tt = \frac{S}{\sqrt{(1-RR)}}$$

Die Schwingungsdauer für die Transversalstellung ist demnach die mittlere Proportionale zwischen den Schwingungszeiten für die natürliche und für die verkehrte Stellung.

4.

Um klar übersehen zu können, in wiefern die Elemente veränderlich sind, müssen wir dieselben auf ihren Ursprung zurückführen.

Die Winkel P und Q sind jeder aus drei Theilen zusammengesetzt. Es besteht nemlich P aus dem Winkel zwischen dem nach dem Nullpunkte des Kreises gehenden Radius und der die beiden untern Enden der Aufhängungsdrähte verbindenden geraden Linie; dem Winkel zwischen der die beiden obern Enden der Aufhängungsdrähte verbindenden geraden Linie und der optischen Axe des Fernrohrs (oder vielmehr zwischen den Projectionen dieser geraden Linie auf eine Horizontalebene, was auch bei allen andern Winkelschenkeln, die nicht selbst horizontal sind, oder unmittelbar einander nicht schneiden, stillschweigend verstanden wird); dem Winkel zwischen der Normale gegen den Spiegel und dem nach dem Hauptindex der Spiegelalhidade gehenden Radius.

Der erste Bestandtheil von Q ist einerlei mit dem ersten Bestandtheile von P; der zweite ist der Winkel zwischen der die beiden obern Enden der Aufhängungsdrähte verbindenden geraden Linie und dem magnetischen Meridian; der dritte der Winkel zwischen der magnetischen Axe des im Schiffchen liegenden Magnetstabes und dem nach dem Hauptindex der Alhidade des Schiffchens gehenden Radius.

Alle diese fünf Winkel sind von der Linken nach der Rechten zu zählen. Es erhellt aus dieser Analyse, dass, insofern die Aufhängung des Instruments, die Verbindung des Spiegels mit seiner Alhidade und die Stellung des Beobachtungsfernrohrs unverrückt bleiben, P ganz unveränderlich sein wird; dass aber Q wegen seines zweiten Bestandtheils gerade dieselben Veränderungen erleidet, wie die magnetische Declination, die von der Linken nach der Rechten gehenden Veränderungen als positiv betrachtet.

Die statische Directionskraft wird durch die Formel

$$D = \frac{fg\,G}{4\,h}$$

ausgedrückt, wo G das Gewicht des Apparats (d. i. die durch die Schwerkraft multiplicirte Masse), f den Abstand der Aufhängungsdrähte bei den untern, g bei den obern Enden, h die Höhe der obern Befestigung über der untern bedeutet; wenigstens insofern man die kleine Vergrösserung bei Seite setzt, welche jene Kraft noch durch die Reaction der einzelnen Aufhängungsdrähte gegen die Torsion erhält, was hier, wo zunächst nur von der Veränderlichkeit der ganzen Kraft die Rede ist, füglich geschehen kann. Bezeichnet man noch das Trägheitsmoment in Beziehung auf die verticale Drehungsaxe mit K, so wird, π in üblicher Bedeutung genommen,

$$S = \frac{\pi\pi K}{D} = \frac{4\pi\pi h K}{fg\,G}$$

Es erhellt nun, dass die einzelnen Factoren f, g, h, K in Folge des Temperaturwechsels Veränderungen erleiden, die freilich theils an sich sehr gering sind, theils wie weiter unten gezeigt werden wird, in dem Werthe von S sich fast vollkommen compensiren. Als ganz unmerklich kann diejenige Ungleichheit angesehen werden, die aus dem ungleichen Gewichtsverlust in Folge ungleicher Luftdichtigkeit entspringt.

Die magnetische Directionskraft ist $= TM$, wenn T die Intensität des horizontalen Erdmagnetismus, M das Moment des Magnetismus im Magnetstabe ausdrückt; wir haben demnach

$$R = \frac{TM}{D} = \frac{4TMh}{fg\,G} = \frac{STM}{\pi\pi K}$$

Die Veränderlichkeit von R beruht also auf einem dreifachen Grunde.

Erstlich auf der fortwährenden Veränderlichkeit von T; zweitens auf der Veränderlichkeit der Temperatur, welche nicht allein die Lineargrössen f, g, h afficirt, sondern zugleich den Stabmagnetismus M; drittens auf der Veränderlichkeit von M unabhängig von dem jedesmaligen Temperaturzustande.

In Beziehung auf die dritte Ursache sind unsere Kenntnisse bisher noch ziemlich unvollkommen. Bei den im 2. Bande der *Resultate* mitgetheilten Versuchen des Hrn. Prof. WEBER wurde der durch künstliche Erwärmung erlittene Verlust durch die nachherige Abkühlung niemals vollkommen ersetzt, sondern es blieb nach Wiederherstellung der anfänglichen Temperatur ein bedeutender nachhaltiger Verlust. Von der andern Seite lehrt die Erfahrung, dass Magnetnadeln ohne neue Bestreichung doch eine lange Reihe von Jahren, trotz der täglichen und jährlichen Abwechslung der Temperatur, einen bedeutenden Grad von Magnetismus behalten, woraus man also auf einen äusserst langsamen progressiven Verlust schliessen muss*). Es würde von grosser Wichtigkeit sein, die Bedingungen genau zu kennen, unter welchen der Temperaturwechsel den möglich kleinsten nachhaltigen Kraftverlust bewirkt. Ausser der Beschaffenheit und Härtung des Stahls, und einer kräftigen ursprünglichen Magnetisirung, wird es wahrscheinlich hauptsächlich darauf ankommen, dass seit dieser erst eine gewisse Zeit verflossen sein muss, dass die Temperaturänderungen gewisse Grenzen nicht überschreiten, und dass sie immer nur sehr langsam und allmählig erfolgen. Unter solchen Bedingungen wird es verstattet sein müssen, den magnetischen Zustand eines Magnetstabes — wenn wir mit dieser Benennung sein auf eine bestimmte Normaltemperatur reducirtes magnetisches Moment bezeichnen — während einer mässigen Zeit, z. B. einiger Tage, wie constant zu betrachten, und wenn nach einem längern Zeitraume eine entschiedene Abnahme gefunden wird, für die Zwischenzeit eine stetige Verminderung in geometrischer Progression zum Grunde zu legen. Die Ausführung des sinnreichen, von Hrn. Prof. WEBER in dem weiter unten folgenden Aufsatze mitgetheilten Vorschlage scheint vorzüglich dazu geeignet, über diesen interessanten Gegenstand Licht zu verbreiten.

5.

Damit nun die Aufgabe, die Zahlenwerthe der Elemente eines Bifilarmagnetometers durch Versuche auszumitteln, eine präcise Bedeutung erhalte, verstehen wir unter den zu suchenden Werthen der veränderlichen Elemente diejenigen, die sich auf eine bestimmte Declination, eine bestimmte horizontale Intensität, eine bestimmte Temperatur und denjenigen magnetischen Zustand des

---

*) An der Nadel einer Bussole, die sich an einer im Jahre 1709 verfertigten Sonnenuhr der hiesigen Sternwarte befindet, konnte 1841 durch neue Bestreichung bis zur Sättigung der Magnetismus nur auf das Dreifache erhöhet werden; an einer andern von 1603 nur auf das Fünffache. In der sehr wahrscheinlichen Voraussetzung, dass beide seit ihrer Verfertigung niemals neu gestrichen waren, und wenn man zugleich annimmt, dass sie ursprünglich auch bis zur Sättigung magnetisirt gewesen sind, und dass die Kraft allmählig in geometrischer Progression abgenommen hat, beträgt der jährliche Verlust bei der erstern $\frac{1}{110}$, bei der zweiten $\frac{1}{130}$, und noch weniger, falls die ursprüngliche Magnetisirung die Sättigung nicht erreicht hatte.

Magnetstabes beziehen, welcher ihm zur Zeit dieser Versuche zukommt, wobei also die Veränderungen, welche letzterer nach längerer Zwischenzeit erleiden mag, gar nicht in Frage kommen. Wir bezeichnen diese Normalwerthe der veränderlichen Elemente mit Q^0, R^0, S^0 (indem P schon für sich constant ist), und setzen allgemein

$$Q = Q^0 + q, \qquad R = r R^0, \qquad S = s S^0$$

Auf gleiche Weise mögen f^0, g^0, h^0, K^0, T^0, M^0 die Normalwerthe der veränderlichen Grössen f, g, h, K, T, M bezeichnen. Wir haben also sofort

$$s = \frac{f^0 g^0 h K}{f g h^0 K^0}, \qquad r = \frac{f^0 g^0 h M T}{f g h^0 M^0 T^0}$$

Um bei der Bestimmung der Elemente die während der dazu erforderlichen Operationen Statt findenden Veränderungen in der Richtung und Stärke der erdmagnetischen Kraft berücksichtigen zu können, muss natürlich ein Hülfsapparat zu Gebote stehen, am besten ein Unifilarmagnetometer, an welchem gleichzeitig Schwingungsdauer und Stand beobachtet werden. Zugleich dient dieses Hülfsmagnetometer dazu, die zu wählende Normaldeclination und Normalintensität nachweisbar zu machen, zunächst dadurch, dass man jene einem bestimmten Skalenpunkte, diese einer bestimmten Schwingungsdauer für die Normaltemperatur entsprechen lässt, wobei man dann auch in seiner Gewalt hat, beide Normalgrössen nach bekannten Methoden auf absolutes Maass zu bringen. Hiernach ist ohne weiteres q der in Bogentheile verwandelte Unterschied des am Hülfsmagnetometer beobachteten Standes vom Normalstande. Bezeichnet man ferner, was am Bifilarmagnetometer M, K, t ist, für das Hülfsmagnetometer mit m, k, θ, und die Normalwerthe dieser Grössen mit m^0, k^0, θ^0, so wird

$$\frac{\theta \theta}{\theta^0 \theta^0} = \frac{k m^0 T^0}{k^0 m T}$$

und folglich

$$r = \frac{f^0 g^0 h k m^0 M \theta^0 \theta^0}{f g h^0 k^0 m M^0 \theta \theta} = \frac{s k K^0 m^0 M \theta^0 \theta^0}{k^0 K m M^0 \theta \theta}$$

Von den sieben Factoren $\dfrac{f^0}{f}$, $\dfrac{g^0}{g}$, $\dfrac{h}{h^0}$, $\dfrac{k}{k^0}$, $\dfrac{K^0}{K}$, $\dfrac{m^0}{m}$, $\dfrac{M}{M^0}$, welche in den Ausdrücken für s und r vorkommen, wird man die fünf ersten nach der Ausdehnung, welche die betreffenden Metalle durch die Temperatur erleiden, die beiden letzten hingegen nach der besten Kenntniss, die man vom Einfluss der Tem-

52*

peratur auf den Stabmagnetismus besitzt, zu berechnen haben, indem das, was wir den magnetischen Zustand genannt haben, bei beiden Magnetstäben während der hier in Rede stehenden Operationen wie constant betrachtet wird. Wir fügen in Beziehung auf diese Rechnung noch einige Entwickelungen bei.

Indem wir zur Normaltemperatur den Gefrierpunkt wählen, bezeichnen wir mit c und c' die Temperatur im Kasten des Bifilar- und des Hülfsmagnetometers, mit c'' die Temperatur bei der obern Befestigung der Aufhängungsdrähte des erstern; ferner, für Einen Grad Wärmezunahme, die Ausdehnung des Stahls mit α, des Messings mit $\mathfrak{b}$, und die Abnahme des Stabmagnetismus für die Stäbe der beiden Apparate mit γ und γ'. Da die Veränderung des Trägheitsmoments der beiden Apparate dem bei weitem grössten Theile nach von der Ausdehnung der Magnetstäbe selbst herrührt, so wird man ohne Bedenken

$$\frac{K}{K^0} = (1+\alpha c)^2, \qquad \frac{k}{k^0} = (1+\alpha c')^2$$

setzen; für die Ausdehnung der Aufhängungsdrähte, wenn sie, wie am hiesigen Apparate, Stahldrähte sind, wird man denselben Coëfficienten α beibehalten, und für ihre Temperatur $\frac{1}{2}(c+c'')$ annehmen können, so dass

$$\frac{h}{h^0} = 1+\tfrac{1}{2}\alpha(c+c'')$$

wird. Wir haben mithin (1)

$$s = \frac{(1+\alpha c)^2(1+\tfrac{1}{2}\alpha(c+c''))}{(1+\mathfrak{b}c)(1+\mathfrak{b}c')}$$

wofür man auch, hinlänglich genau,

$$s = 1+(3\alpha-2\mathfrak{b})c-(\mathfrak{b}-\tfrac{1}{2}\alpha)(c''-c)$$

setzen kann. Da nun, der Erfahrung zufolge, sehr nahe $\mathfrak{b} = \tfrac{3}{2}\alpha$ ist, so wird, sehr nahe, (2)

$$s = 1-\alpha(c''-c)$$

d i. die Veränderung des Elements S ist nur von der Ungleichheit der untern und obern Temperatur abhängig, so dass in der Regel S wie ganz constant betrachtet werden kann.

Wir haben ferner (3)

$$r = \frac{s\,\theta^0\,\theta^0}{\theta\theta} \cdot \frac{1-\gamma c}{1-\gamma'c'} \cdot \left(\frac{1+\alpha c'}{1+\alpha c}\right)^2$$

oder wenn die Temperaturänderungen auf beide Stäbe gleichen Einfluss haben, d. i. wenn $\gamma' = \gamma$ ist, hinlänglich genau,

$$r = \tfrac{s\theta^\circ\theta^\circ}{\theta\theta}\left(1+(\gamma+2\alpha)(c'-c)\right)$$

oder in Gemässheit von (2), eben so genau (4)

$$r = \tfrac{\theta^\circ\theta^\circ}{\theta\theta}\left(1+(\gamma+2\alpha)(c'-c)-\alpha(c''-c)\right)$$

Endlich muss noch der Umstand bemerkt werden, dass durch die Vergleichungsbeobachtungen am Unifilarmagnetometer nicht der für einen bestimmten Augenblick geltende Werth von $\frac{T}{T^0}$ abgeleitet werden kann, sondern nur der Mittelwerth für die ganze Zeit, welche die Schwingungsbeobachtungen umfassen. Es versteht sich also von selbst, dass auch alle die andern Grössen, mit denen jene Schwingungsbeobachtungen als gleichzeitige unmittelbar oder mittelbar combinirt werden sollen, sich gleichfalls als Mittelwerthe auf denselben Zeitraum beziehen müssen.

6.

Die kunstloseste Art, die vier Elemente auszumitteln, ist folgende:

Bei willkürlicher Stellung des Schiffchens legt man anstatt des Magnetstabes einen nicht magnetischen Stab, ungefähr von gleichem Gewicht, in dasselbe, und gibt dem Spiegel eine solche Stellung, dass in der Gleichgewichtslage das Bild irgend eines Punkts der Skale auf dem Fadenkreuz des Beobachtungsfernrohrs erscheint, wo dann, A und p in der obigen Bedeutung genommen, $P = A - p$ wird. Um das Resultat von einer sehr genauen Kenntniss des Werthes der Skalentheile oder von einer sehr scharfen Reduction derselben auf Bogentheile unabhängiger zu machen, mag man die Operation, wenn das erstemal p noch sehr gross ausgefallen ist, mit einer neuen sehr genäherten Stellung des Spiegels wiederholen. Am meisten geeignet für diese Operation ist ein mit Blei belasteter Holzstab; das ungefähr gleiche Gewicht wird deswegen erfordert, um eine kleine Torsion, welche bei der Gleichgewichtsstellung des Ganzen die Aufhängungsdrähte für sich genommen möglicherweise haben könnten, unschädlich zu machen.

Ohne nun die Stellung des Spiegels weiter zu ändern, legt man anstatt der vorigen Belastung den Magnetstab in das Schiffchen. welches dann so gestellt werden soll, dass dem Ruhestande derselbe Skalenpunkt entspreche, wie zuletzt bei der nicht magnetischen Belastung. Man gelangt dazu, indem man durch Versuche zwei verschiedene Stellungen des Schiffchens ermittelt, zwischen welche die gesuchte fällt, und auf die bei jenen sich ergebenden Ablesungen an der Skale ein einfaches Interpolationsverfahren anwendet. Man kann sich hiebei entweder der natürlichen oder der verkehrten Lage des Magnetstabes bedienen; im ersten Falle ist das sich für B (die Stellung der Alhidade des Schiffchens) ergebende Resultat $= Q$, im zweiten $= Q \pm 180^0$. Die Anwendung der verkehrten Lage hat den Vorzug grösserer Schärfe, weil einer kleinen Änderung von B eine grosse Änderung der Skalentheile entspricht, die Anwendung der natürlichen Lage hingegen ist in so fern etwas bequemer, als man dabei dem Schiffchen eine nicht über die Grenzen der Skale hinausgehende Lage leichter geben kann. Man thut daher wohl, zur Vermeidung beschwerlichen Herumtastens, mit der natürlichen Lage anzufangen, das gefundene Resultat aber nur wie eine Vorbereitung zu betrachten, um bei den Versuchen in verkehrter Lage auf zwei nahe zusammenliegende Theilstriche einstellen zu können.

Das gefundene Resultat für Q bezieht sich auf diejenige Lage des magnetischen Meridians, welche derselbe in oder zwischen den beiden letzten Versuchen gehabt hat, und mehr als eine solche schwankende Bestimmung ist nicht zu fordern, wenn man keinen Hülfsapparat zu vergleichenden Beobachtungen anwenden kann. Steht aber ein Hülfsapparat zu Gebote, so geben gleichzeitige Standbeobachtungen an demselben die jenen beiden Beobachtungen correspondirenden Werthe von q und das obige Interpolationsverfahren auf die beiden Werthe von $B-q$ angewandt ergibt dann den Werth von Q^0 oder $Q^0 \pm 180^0$.

Endlich beobachtet man die Schwingungsdauer sowohl in der natürlichen als in der verkehrten Lage; man stellt zu dem Ende die Alhidade des Schiffchens so genau man kann auf denjenigen Werth von Q (und beziehungsweise von $Q+180^0$), der eben beim Anfang der Schwingungsbeobachtungen gilt. Die Schwingungsdauer in der natürlichen Lage sei t', in der verkehrten t''; kann man gleichzeitig Schwingungen am Hülfsmagnetometer beobachten, so erhält man dadurch die correspondirenden Werthe von r, die mit r', r'' bezeichnet werden mögen; will man auch die Veränderlichkeit von S berücksichtigen, so mögen s', s'' die correspondirenden Werthe von s sein. Die kleinen Veränderungen in der Lage des magnetischen Meridians während der Schwingungsbeobachtungen werden in der Regel keinen merklichen Einfluss auf die Resultate haben. Die beiden Gleichungen am Schluss des 2. Artikels werden demnach

$$t't' = \frac{s'S^0}{1+r'R^0}$$

$$t''t'' = \frac{s''S^0}{1-r''R^0}$$

woraus durch Elimination folgt

$$R^0 = \frac{s't''t''-s''t't'}{r''s't''t''+r's''t't'}$$

$$S^0 = \frac{(r'+r'')t't't''t''}{r''s't''t''+r's''t't'}$$

Nach der im 5. Art. gemachten Bemerkung kann man füglich S wie constant betrachten, oder $s' = s'' = 1$ setzen, wodurch die Formeln in

$$R^0 = \frac{t''t''-t't'}{r''t''t''+r't't'}$$

$$S = \frac{(r'+r'')t't't''t''}{r''t''t''+r't't'}$$

übergehen. Kann man aber keine Vergleichungsbeobachtungen an einem Hülfsapparat zuziehen, so bleibt nichts übrig, als geradezu

$$R = \frac{t''t''-t't'}{t''t''+t't'}$$

$$S = \frac{2t't't''t''}{t''t''+t't'}$$

zu setzen, und es ist klar, dass der so gefundene Werth von R nur eine Art von Mittel zwischen den für die beiden Schwingungssätze geltenden bedeuten, S aber mit einer kleinen von der Ungleichheit der letztern abhängenden Unrichtigkeit behaftet bleiben wird.

7.

Die allgemeinere Auflösung unsrer Aufgabe gründen wir auf die gleichzeitigen Beobachtungen von Schwingungsdauer und Gleichgewichtsstand des Bifilarmagnetometers bei zwei beliebigen ungleichen Stellungen des Schiffchens. Wir bezeichnen die bestimmten Werthe der Grössen A, B, p, Q, R, S, t

für den ersten Satz der Beobachtungen mit A', B', p', Q^0+q', $r'R^0$, $s'S^0$, t';

für den zweiten Satz mit A'', B'', p'', Q^0+q'', $r''R^0$, $s''S^0$, t''.

Anstatt aus den vier Gleichungen, welche die Substitution dieser Werthe in den beiden Gleichungen (1) und (2) Art. 2 ergibt, die unbekannten Elemente P, Q^0, R^0, S^0 durch Elimination abzuleiten, gelangen wir zu demselben Ziele viel leichter durch Benutzung des Calculs der imaginären Grössen, indem wir in Folge der Formel (4) Art. 2 von den beiden Gleichungen

$$1 = \frac{s' S^0}{t' t'} e^{i(P + p' - A')} - r' R^0 e^{i(Q^0 + q' - B')}$$

$$1 = \frac{s'' S^0}{t'' t''} e^{i(P + p'' - A'')} - r'' R^0 e^{i(Q^0 + q'' - B'')}$$

ausgehen, die sich, wenn wir zur Abkürzung

$$\frac{s'}{t' t'} e^{i(p' - A')} = a'$$

$$\frac{s''}{t'' t''} e^{i(p'' - A'')} = a''$$

$$r' e^{i(q' - B')} = b'$$

$$r'' e^{i(q'' - B'')} = b''$$

$$S^0 e^{iP} = x$$

$$R^0 e^{i Q^0} = y$$

setzen, in folgende verwandeln

$$1 = a' x - b' y$$
$$1 = a'' x - b'' y$$

woraus man

$$x = \frac{b'' - b'}{a' b'' - a'' b'} = \frac{\frac{b''}{b'} - 1}{\frac{b''}{b'} - \frac{a''}{a'}} \cdot \frac{1}{a'}$$

$$y = \frac{a'' - a'}{a' b'' - a'' b'} = \frac{\frac{a''}{a'} - 1}{\frac{b''}{b'} - \frac{a''}{a'}} \cdot \frac{1}{b'}$$

erhält. Es ergeben sich hieraus folgende entwickelte Rechnungsvorschriften. Man setze (I)

$$\frac{t't'}{s'} \cdot \frac{s''}{t''t''} \cdot \cos(A'-A''-p'+p'') = \mathfrak{A}$$

$$\frac{t't'}{s'} \cdot \frac{s''}{t''t''} \cdot \sin(A'-A''-p'+p'') = \mathfrak{A}_1$$

$$\frac{r''}{r'} \cdot \cos(B'-B''-q'+q'') = \mathfrak{B}$$

$$\frac{r''}{r'} \cdot \sin(B'-B''-q'+q'') = \mathfrak{B}_1$$

wodurch also

$$\frac{a''}{a'} = \mathfrak{A} + i\mathfrak{A}_1$$

$$\frac{b''}{b'} = \mathfrak{B} + i\mathfrak{B}_1$$

wird. Man bestimme ferner die sechs Grössen u, U, v, V, w, W aus den Gleichungen (II)

$$\mathfrak{A} \quad -1 = u\cos U$$

$$\mathfrak{A}_1 \qquad = u\sin U$$

$$\mathfrak{B} \quad -1 = v\cos V$$

$$\mathfrak{B}_1 \qquad = v\sin V$$

$$\mathfrak{B} \quad -\mathfrak{A} = w\cos W$$

$$\mathfrak{B}_1 -\mathfrak{A}_1 = w\sin W$$

und zwar so, dass u, v, w positiv werden. Es wird dann

$$\frac{b''}{b'} - 1 = ve^{iV}$$

$$\frac{a''}{a'} - 1 = ue^{iU}$$

$$\frac{b''}{b'} - \frac{a''}{a'} = we^{iW}$$

und folglich

$$x = \frac{t't'}{s'} \cdot \frac{v}{w} e^{i(V-W+A'-p')}$$

$$y = \frac{u}{r'w} e^{i(U-W+B'-q')}$$

woraus man leicht schliesst, dass (III)

53

$$P = V - W + A' - p'$$
$$Q^0 = U - W + B' - q'$$
$$R^0 = \frac{u}{r'w}$$
$$S^0 = \frac{t't'}{s'} \cdot \frac{v}{w}$$

Die vierzehn Formeln I, II, III enthalten die vollständige möglich einfachste Auflösung unsrer Aufgabe.

Es verdient noch bemerkt zu werden, dass für $r' = r''$, (sei es, dass die vergleichenden Beobachtungen diese Gleichheit ergeben, oder dass man in Ermangelung solcher Beobachtungen die Veränderlichkeit von R während der beiden Beobachtungssätze zu berücksichtigen nicht im Stande ist)

$$V = \tfrac{1}{2}(B' - B'' - q' + q'') \pm 90^0$$
$$v = \pm 2 \sin\tfrac{1}{2}(B' - B'' - q' + q'')$$

wird, wo die obern oder die untern Zeichen gelten, je nachdem

$$\sin\tfrac{1}{2}(B' - B'' - q' + q'')$$

positiv oder negativ ist.

8.

Zur Erläuterung dieser Vorschriften fügen wir noch die vollständige Berechnung eines Beispiels bei. Die Rechnung ist mit siebenzifrigen Logarithmen geführt, also viel schärfer, als für die Ausübung nöthig ist, wo fünfzifrige Logarithmen immer zureichen.

Am 24. März 1841 wurde die Schwingungsdauer des Bifilarmagnetometers aus Beobachtungen, welche $1^{St} 21'$ umfassten (wie sich von selbst versteht, nach gehöriger Reduction auf unendlich kleine Schwingungen) $= 28''89071 = t'$ gefunden; die Stellung der Spiegelalhidade war $154^0 20' 30'' = A'$, die der Alhidade des Schiffchens $= 27^0 40' 25'' = B'$. Im Mittel aus mehrern über jenen Zeitraum gleichförmig vertheilten Bestimmungen war der Stand 994.33 Skalentheile, also da der Lothfaden der Skalenzahl 1000 entspricht, und ein Skalentheil $21''5835$ beträgt, $p' = -2' 2''38$. Aus ganz gleichzeitigen Beobachtungen fand sich die Schwingungsdauer des Unifilarmagnetometers im magnetischen

Observatorium $= 20''72725$, und der Stand im Mittel $= 881.80$ Skalentheile. Als Normalstand wurde der mittlere Stand aus den täglichen Aufzeichnungen im Februar 888.40 gewählt (welchem übrigens die absolute Declination $18^0\,11'54''$ entspricht); da ein Skalentheil am Unifilarmagnetometer $21''3489$ beträgt, so findet sich daraus $q' = -2'\,20''90$.

Der mittlere Thermometerstand (aus Aufzeichnungen unmittelbar vor dem Anfange und gleich nach dem Schluss der Beobachtungen) war im Kasten des Bifilarmagnetometers $+6^0\,96$, bei der obern Befestigung der Aufhängungsdrähte $+7^0\,6$, im Kasten des Unifilarmagnetometers $+7^0\,45$, alles nach Réaumur.

Auf gleiche Weise war für einen zweiten Satz von Beobachtungen am folgenden Tage

$$t'' = 108''\,17$$
$$A'' = 151^0\,27'\,30''$$
$$B'' = 185\ \ 59\ \ 35$$
$$p'' = -\ \ \ 24'\,33''07$$
$$q'' = +\ \ \ \ 2\ \ 42.\,04$$

die Schwingungsdauer des Unifilarmagnetometers $= 20''73117$, die Thermometerstände in derselben Ordnung wie oben $+6^0\,36$, $+7^0\,0$, $+7^0\,1$.

Zur Berechnung des Einflusses der Temperatur setze ich

$$\alpha = 0.000016, \quad \eth = 0.000024, \quad \gamma = \gamma' = 0.000765$$

den letztern Werth nach HANSTEEN, da eigne entscheidende Bestimmungen zur Zeit noch fehlen. Es folgt hieraus nach den Formeln (1) und (3) des 5. Art., wenn wir $20''72 = \theta^0$ zur Normalschwingungsdauer des Unifilarmagnetometers wählen,

$$\log r' = -0.0001376$$
$$\log s' = -0.0000043$$
$$\log r'' = -0.0002155$$
$$\log s'' = -0.0000044$$

In Folge der abgekürzten Formeln (2) und (4) a. a. O. würde man setzen können

$$\log s = -\alpha k(c'' - c)$$
$$\log r = 2\log\frac{\theta^0}{\theta} + (\gamma + 2\alpha)k(c' - c) - \alpha k(c'' - c)$$

wenn k den Modulus der briggischen Logarithmen bezeichnet, also mit obigen Werthen von α, $\mathfrak{b}$, γ

$$\log s = 0.00000695\,(c''-c)$$
$$\log r = 2\log\frac{\theta^0}{\theta} + 0.0003461\,(c'-c) - 0.00000695\,(c''-c)$$

woraus für unsre Beobachtungen folgt

$$\log r' = -0.0001386$$
$$\log s' = -0.0000044$$
$$\log r'' = -0.0002169$$
$$\log s'' = -0.0000044$$

also kaum merklich von obigen Werthen verschieden.

Nach diesen Vorbereitungen sind die Hauptmomente der Rechnung selbst folgende:

$$A'-A''-p'+p'' = +\quad 2^0\ 30'\ 29''31$$
$$B'-B''-q'+q'' = -158\ 14\quad 7.06$$
$$\log\frac{t'\,t'\,s''}{s\,t''\,t'} = 8.8524525$$
$$\log\frac{r''}{r'} = 9.9999221$$

Hieraus nach I

$$\log\mathfrak{A} = 8.8520363$$
$$\log\mathfrak{A}_1 = 7.4935432$$
$$\log\mathfrak{B} = 9.9678043\,\mathrm{n}$$
$$\log\mathfrak{B}_1 = 9.5690569\,\mathrm{n}$$

woraus ferner

$$\log(\mathfrak{A}\ -1) = 9.9679562\,\mathrm{n}$$
$$\log(\mathfrak{B}\ -1) = 0.2852304\,\mathrm{n}$$
$$\log(\mathfrak{B}\ -\mathfrak{A}) = 9.9998589\,\mathrm{n}$$
$$\log(\mathfrak{B}_1-\mathfrak{A}_1) = 9.5726915\,\mathrm{n}$$

Hienach ergeben die Formeln II

$$U = 179^0\ 48'\ 28''15$$
$$V = 190\ \ 52\ \ 52.91$$
$$W = 200\ \ 30\ \ 14.79$$
$$\log u = 9.9679586$$
$$\log v = 0.2931101$$
$$\log w = 0.0282829$$

und endlich die Formeln III

$$P^0 = 144^0\ 45'\ 10''50$$
$$Q^0 = \ \ \ 7\ \ \ 0\ \ 59.26$$
$$.\log R^0 = 9.9398133$$
$$\log S^0 = 3.1863476$$

9.

Noch mehr lässt sich die Aufgabe generalisiren, indem man *vier verschiedene* Beobachtungssätze zum Grunde legt, zwei für den Stand, zwei für die Schwingungsdauer, wobei man zugleich die Voraussetzung fahren lässt, dass diese und jene beziehungsweise denselben Werthen von B entsprechen. Man hat dabei zwar den Vortheil, die Beobachtungen für den Stand des Bifilarmagnetometers nach dem in den *Resultaten* für 1836. II. [S. unten] beschriebenen Verfahren bei einem beinahe ganz beruhigten Zustande des Magnetstabes machen zu können: allein dieser Vortheil verliert seinen Werth durch den Umstand, dass man genöthigt bleibt, für alle vier Sätze am Hülfsmagnetometer Schwingungsdauer und Stand zugleich zu beobachten, also letztern doch aus Elongationen bestimmen muss. Es erhellt also, dass diese Methode doppelt so viele Arbeit verursacht, als die des 7. Art., welche ausserdem den Vorzug einer so sehr einfachen Berechnung hat, während die directe Bestimmung der Elemente aus vier getrennten Beobachtungssätzen bei weitem weitläufiger ausfällt, daher wir auch ihre in mathematischer Beziehung nicht uninteressante Entwickelung lieber auf einen andern Ort versparen.

10.

Es verdient noch bemerkt zu werden, dass wenn man bei der Bestimmung des Standes aus beobachteten Elongationen das [S. unten] *Resultate* 1836 II

angezeigte Verfahren schlechthin anwendet, die ungleiche Geltung der Skalentheile in Bogentheilen einen Fehler erzeugt, der desto grösser ist, je weiter der
Stand von der Mitte der Skale abliegt. Verlangt man also ganz scharfe Resultate,
so muss man jenes Verfahren nicht unmittelbar auf die in den Elongationen abgelesenen Skalentheile, sondern auf die nach strenger Formel in Bogentheile verwandelten Abstände der Elongationen von der Mitte der Skale anwenden. Ist
der Stand nahe bei der Mitte, so ist allerdings jener Fehler unerheblich, und
man wird daher immer die Stellung des Spiegels oder den Werth von A so wählen, dass der Stand von der Mitte wenig abweiche, oder dass p klein werde.
Bei der ersten Bestimmung der Elemente ist dies freilich nur durch einen vorläufigen Versuch (auf ähnliche Art wie im Art. 6) zu erreichen: besitzt man aber
schon eine genäherte Kenntniss der Elemente P, Q, R, so wird man zu diesem
Zweck lieber eine Rechnung anwenden, welcher man am bequemsten folgende
(aus Art. 2. Formel (1) oder (4) leicht abzuleitende) Gestalt gibt. Man bestimme
einen Winkel ψ durch die Formel

$$\operatorname{tang} \psi = \tfrac{1-R}{1+R} . \operatorname{tang} \tfrac{1}{2}(Q-B) = \operatorname{tang} \tfrac{1}{2}\varphi^2 . \operatorname{tang} \tfrac{1}{2}(Q-B)$$

und zwar so, dass ψ in demselben Quadranten gewählt wird, in welchem $\tfrac{1}{2}(Q-B)$
liegt, und setze dann

$$A = \psi + P - \tfrac{1}{2}(Q-B)$$

11.

Es bleibt nun noch übrig, den Zusammenhang zu entwickeln, in welchem
die Beobachtungen am Bifilarmagnetometer in der Transversalstellung mit den
Veränderungen der Elemente stehen.

Es wird vorausgesetzt, dass die nach der Vorschrift von Art. 3 bestimmte
Transversalstellung sich auf die Normalwerthe der Elemente beziehe: das Schiffchen ist also so gestellt, dass beim Ruhestande die magnetische Axe des Magnetstabes einen rechten Winkel mit dem magnetischen Normalmeridian macht, wenn
das Verhältniss der magnetischen Richtungskraft zur statischen wie R^0 zu 1 ist;
der Spiegel hingegen so, dass bei jener Stellung das Bild des durch den Lothfaden bezeichneten Skalenpunkts auf dem Fadenkreuze des Beobachtungsfernrohrs
erscheint. Es ist also, wenn wir die unter jenen Umständen Statt findende Schwingungsdauer mit t^0 bezeichnen,

$$\sin \varphi = R^0$$
$$A = P \mp \varphi$$
$$B = Q^0 \mp (90^0 + \varphi)$$
$$\frac{S^0}{t^0 t^0} = \cos \varphi$$

wo die doppelten Zeichen sich auf die westliche oder östliche Stellung des Nordpols des Magnetstabes beziehen. Indem wir nun die Zeichen

$$p, \quad Q = Q^0 + q, \quad R = r R^0, \quad S = s S^0, \quad t$$

in der bisherigen allgemeinen Bedeutung beibehalten, geben die Formeln (1) und (6) des 2. Art.

$$\sin (\varphi \pm p) = r R^0 \cos (p - q)$$
$$\frac{s S^0}{t t} \sin (\varphi \pm p) = r R^0 \cos (\varphi \pm q)$$

oder

$$r = \frac{\sin(\varphi \pm p)}{\sin \varphi \cos (p - q)} \quad \cdots \cdots \cdots \quad (1)$$

$$\frac{s t^0 t^0}{t t} = \frac{\cos(\varphi \pm q)}{\cos \varphi \cos (p - q)} \quad \cdots \cdots \cdots \quad (2)$$

12.

Die wichtigste Anwendung des Bifilarmagnetometers ist die Bestimmung der Veränderungen der horizontalen Intensität, mit welchen die Veränderungen von R durch die oben (Art. 5) gegebene Formel

$$r = \frac{f^0 g^0 h M T}{f g h^0 M^0 T^0}$$

zusammenhängen. Man muss sich hiebei erinnern, dass T^0 die Anfangs gewählte Normalintensität, M^0 das auf die Normaltemperatur reducirte magnetische Moment des Magnetstabes nach dessen magnetischem Zustande zur Zeit der Bestimmung der Constanten ausdrückt. Bezeichnen wir das eben so auf die Normaltemperatur reducirte magnetische Moment für eine unbestimmte Zeit mit $\mathfrak{M}$, und setzen

$$\frac{\mathfrak{M}}{M^0} = \lambda, \quad \frac{T^0}{\lambda} = \mathfrak{T}$$

so wird unter den im 4. Art. besprochenen Bedingungen λ ein für eine mässige

Zeit, z. B. für Einen Tag, wie constant zu betrachtender Coëfficient sein, und
so wie dieser zugleich mit $\mathfrak{M}$ allmählig sehr langsam abnimmt, wird $\mathfrak{T}$ allmählig zunehmen und stets diejenige horizontale Intensität ausdrücken, bei welcher
unter der Normaltemperatur das Verhältniss der magnetischen und der statischen
Richtungskraft dem Verhältnisse $R^0 : 1$ gleich wird.   Da nun obige Gleichung
die Form

$$T = \frac{\mathfrak{M}fgh^0}{Mf^0g^0h} \cdot r\mathfrak{T}$$

annimmt, wo der erste Factor $\frac{\mathfrak{M}fgh^0}{Mf^0g^0h}$ bloss von der Temperatur abhängt, und
(wenn wir die Bezeichnungen des 5. Art. beibehalten) durch

$$1 + (\gamma + 2\mathfrak{6} - \alpha)c + (\mathfrak{h} - \tfrac{1}{2}\alpha)(c'' - c)$$

ausgedrückt werden kann; r hingegen durch combinirte gleichzeitige Standbeobachtungen am Bifilarmagnetometer in der transversalen Stellung für p, und
am Unifilarmagnetometer für q, nach Formel (1) des vorhergehenden Art. für
jeden Augenblick bestimmbar ist: so erhellt, dass sich auf diese Weise die Veränderungen der Intensität in den kleinsten Zeitfristen mit grösster Schärfe verfolgen lassen, so lange es nur darauf ankommt, die veränderten Intensitäten während eines mässigen Zeitraumes, z. B. während eines vierundzwanzigstündigen Termins, oder während der zu einer absoluten Intensitätsbestimmung vermittelst
des Unifilarmagnetometers erforderlichen Zeit, *unter sich* zu vergleichen. Indem
man bei einer solchen absoluten Intensitätsbestimmung zu den Reductionen der
einzelnen Operationen auf einerlei Normalintensität (vergl. *Intensitas vis magneticae* Art. 10 und 22) die gleichzeitigen Beobachtungen am Bifilarmagnetometer ver-
wendet (was auch an sich vortheilhafter ist, als der a. a. O. empfohlene Gebrauch
eines zweiten Unifilarmagnetometers), erhält man zugleich die Kenntniss des für
diese Zeit gültigen Werths von $\mathfrak{T}$ in absolutem Maasse. Wenn man nun solche
absolute Bestimmungen von Zeit zu Zeit wiederholt, so bleibt man fortwährend
von den etwaigen allmähligen Veränderungen von $\mathfrak{T}$ in Kenntniss, und kann
dieselben für die Zwischenzeit nach geometrischer Progression durch Interpolation ohne merklichen Fehler ansetzen, und sonach sämmtliche Veränderungen
der Intensität nach allen ihren Abwechslungen in absolutem Maasse angeben.
Übrigens versteht sich von selbst, dass, wenn nach längerer Zwischenzeit, in
Folge der Säculäränderungen der magnetischen Declination und horizontalen In-

tensität, oder beträchtlicher Schwächung des Stabmagnetismus, p und q aufhören innerhalb mässiger Grenzen zu bleiben (wozu aber die Fälle grosser ausserordentlicher Anomalien nicht gerechnet werden müssen), man eine zweckmässige Abänderung an der Stellung des Schiffchens, des Spiegels, und wenn man es rathsam findet auch des Abstandes der Aufhängungsdrähte vornehmen, und so eine neue Reihe von Beobachtungen mit veränderten Elementen anfangen wird.

13.

So lange p und q nur klein sind, wird man für alle Zwecke, wo die grösste Schärfe nicht gefordert wird, anstatt der strengen Formel (1) eine abgekürzte anwenden können, wo q ganz herausfällt, also gleichzeitige Beobachtungen am Unifilarmagnetometer gar nicht gebraucht werden: dies gilt namentlich von den gewöhnlichen Terminsbeobachtungen. Anstatt jener Formel kann man nemlich setzen

$$r = 1 \pm \operatorname{cotang} \varphi . \operatorname{tang} p \quad \text{oder auch} \quad r = 1 \pm \tfrac{1}{2} \operatorname{cotang} \varphi . \operatorname{tang} 2p$$

Da nun, wenn n den Unterschied des abgelesenen Skalentheils von demjenigen, auf welchen der Lothfaden sich bezieht, und d die horizontale Entfernung der Mitte des Spiegels von letzterm Punkte in Skalentheilen gemessen, bedeutet,

$$\operatorname{tang} 2p = \frac{n}{d}$$

ist, so verwandelt sich diese Formel in

$$r = 1 \pm \frac{n}{2 \operatorname{tang} \varphi . d}$$

und es wird dann zugleich, hinlänglich genau,

$$T = \mathfrak{T} \left(1 \pm \frac{n}{2 \operatorname{tang} \varphi . d} + (\gamma + 2\mathfrak{b} - \alpha)c \right)$$

wenn man das geringfügige Glied $(\mathfrak{b} - \tfrac{1}{2}\alpha)(c'' - c)$ weglässt. Bei dem hiesigen Apparate ist $d = 4778{,}3$ Millimeter, und nach den Resultaten der im 8. Art. als Beispiel geführten Rechnung ergibt sich $\varphi = 60^0 \, 31' \, 37'' 9$, also $2d \operatorname{tang} \varphi = 16910$. Mit den daselbst gebrauchten Werthen von α, $\mathfrak{b}$, γ erhält man also

$$T = \left(1 + \frac{n + 13{,}65\,c}{16910} \right) \mathfrak{T}$$

wenn der Nordpol des Magnetstabes auf der Westseite, und

$$T = (1 - \tfrac{n - 13,65\,c}{16910})\mathfrak{T}.$$

wenn er auf der Ostseite sich befindet.

Übrigens bedarf es keiner Erinnerung, dass die Berücksichtigung der Temperatur bei den Terminsbeobachtungen füglich ganz unterbleiben kann, so lange man nur darauf ausgeht, die Gestaltung der einzelnen in kurzen Zeitfristen wechselnden Anomalien zu erkennen.

14.

Wie bei der Transversalstellung des Bifilarmagnetometers die Veränderungen der Intensität in ihrer ganzen Stärke, die der Declination hingegen kaum merklich den Stand afficiren, so haben gerade umgekehrt auf die Schwingungsdauer die letztern Veränderungen den bedeutendsten, die erstern hingegen nur einen äusserst geringen Einfluss. In sofern p, q und die Abweichung des Elements S von dem Normalwerthe nur klein sind, wird ohne erheblichen Fehler anstatt der Formel (2) Art. 11 gesetzt werden können

$$\frac{t^0 t^0}{tt} = 1 \mp q\,\mathrm{tang}\,\varphi \qquad \text{oder auch} \qquad t = t^0(1 \pm \tfrac{1}{2}q\,\mathrm{tang}\,\varphi)$$

wenn q in Theilen des Halbmessers, und folglich

$$t = t^0 \pm \frac{t^0\,\mathrm{tang}\,\varphi}{412530} \cdot q$$

wenn es in Bogensecunden ausgedrückt ist. Aus den Resultaten des oben berechneten Beispiels folgt $t^0 = 55{,}871$ Zeitsecunden, wonach also in Bogensecunden

$$q = \pm (t - 55{,}871)\,4172''8$$

wird. Die ganz scharfe Transformation der Formel (2) zur Berechnung von q ist folgende

$$\pm \mathrm{tang}\,q = \frac{tt - s\,t^0 t^0 \cos p}{tt\,\mathrm{tang}\,\varphi \pm s\,t^0 t^0 \sin p}$$

Übrigens bedarf es keiner Erinnerung, dass auf diese Weise durch Schwingungsbeobachtungen nicht der für einen bestimmten Augenblick gültige Werth von q, sondern nur der Mittelwerth für die Dauer jener Beobachtungen bestimmt werden kann.

VORSCHRIFTEN ZUR BESTIMMUNG DER MAGNETISCHEN WIRKUNG

WELCHE EIN MAGNETSTAB IN DER FERNE AUSÜBT.

Resultate aus den Beobachtungen des magnetischen Vereins. 1840. II.

Wenn man mehrere magnetische Apparate zugleich aufgestellt hat, dürfen die gegenseitigen Einwirkungen nicht unbeachtet bleiben. Die verschiedenen Apparate in so grossen Entfernungen von einander aufzustellen, dass diese Einwirkungen unbesehens für ganz unmerklich geachtet werden können, ist ein nicht überall anwendbares, und jedenfalls mit der Aufopferung mancher sonstigen Vortheile und Bequemlichkeiten verknüpftes Auskunftsmittel. Kann man aber die Wirkungen, welche ein Apparat an dem Platze eines andern ausübt, durch Rechnung mit Schärfe bestimmen, und also von den am zweiten Apparate gemachten Beobachtungen abtrennen, so behält man die vollkommenste Freiheit, bei der Wahl der Aufstellungsplätze jeder andern Rücksicht ihr Recht widerfahren zu lassen, und die Entwickelung der zu diesen Rechnungen dienenden Formeln scheint daher hier einen Platz wohl zu verdienen.

1.

Die Lage des Punktes, für welchen die Wirkung eines Magnetstabes berechnet werden soll, werde durch drei rechtwinklige Coordinaten, x, y, z bestimmt, deren Anfang wir hier in den Mittelpunkt des Magnetstabes selbst setzen; um die Vorstellungen zu fixiren, nehmen wir an, dass die beiden ersten Coordinatenaxen horizontal sind, und zwar die erste im wahren Meridiane, die dritte

54*

also vertical, und rechnen positiv x nach Süden, y nach Westen, z nach oben. Zugleich setzen wir

$$\sqrt{(xx+yy+zz)} = r, \quad x = r\cos f\cos g, \quad y = r\cos f\sin g, \quad z = r\sin f$$

so dass g das Azimuth der von der Mitte des Stabes nach dem fraglichen Punkte gezogenen geraden Linie, und f ihre Neigung gegen die Horizontalebene bedeutet.

Wir bezeichnen ferner mit M das absolute magnetische Moment des Magnetstabes; mit F die Neigung seiner magnetischen Axe, positiv wenn der Nordpol höher liegt; mit G das Azimuth dieser Axe. Zur Abkürzung schreiben wir

$$\cos F\cos G = A, \quad \cos F\sin G = B, \quad \sin F = C$$

wodurch also die magnetischen Momente des Magnetstabes relativ gegen die drei Coordinatenaxen beziehungsweise MA, MB, MC werden.

Die von dem Magnetstabe in dem Punkte x, y, z ausgeübte magnetische Kraft zerlegen wir parallel mit den drei Coordinatenaxen in die partiellen Kräfte ξ, η, ζ.

Die ganze Intensität der reinen erdmagnetischen Kraft an diesem Orte bezeichnen wir mit U; ihren verticalen Theil mit Z; den horizontalen Theil T zerlegen wir parallel mit den beiden ersten Coordinatenaxen in die partiellen Kräfte X und Y. Alle diese Kräfte $\xi, \eta, \zeta, T, U, X, Y, Z$ sind homogene Grössen.

Endlich sei i die magnetische Inclination, D die Declination, wobei wir, um uns dem gewöhnlichen Gebrauche zu conformiren, D von Norden nach Westen zählen, und i wie positiv betrachten, wenn der Nordpol der Magnetnadel nach unten geneigt ist. Wir haben demnach

$$X = -T\cos D = -U\cos i\cos D$$
$$Y = T\sin D = U\cos i\sin D$$
$$Z = -T\tang i = -U\sin i$$

2.

Die Wirkung des Magnetstabes in dem Platze x, y, z besteht in geringen Veränderungen der Bestimmungsstücke der erdmagnetischen Kraft, welche wir, da sie wegen ihrer Kleinheit unbedenklich nach den Regeln der Differentialrechnung behandelt werden können, durch die vorgesetzte Charakteristik d bezeichnen wollen. Da nun

$$\mathrm{d}X = \xi, \quad \mathrm{d}Y = \eta, \quad \mathrm{d}Z = \zeta$$

so wird

$$\begin{aligned}
\xi &= \quad T\sin D.\mathrm{d}D - \cos D.\mathrm{d}T \\
\eta &= \quad T\cos D.\mathrm{d}D + \sin D.\mathrm{d}T \\
\zeta &= -T\sec i^2 \mathrm{d}i \quad - \mathrm{tg}\,i.\mathrm{d}T
\end{aligned}$$

woraus

$$\begin{aligned}
\mathrm{d}D &= \quad \tfrac{\sin D}{T}.\xi + \tfrac{\cos D}{T}.\eta \\
\mathrm{d}T &= -\cos D.\xi + \sin D.\eta \\
\mathrm{d}i &= -\tfrac{\cos i^2}{T}.\zeta - \tfrac{\sin 2i}{2T}.\mathrm{d}T
\end{aligned}$$

Endlich wird

$$\mathrm{d}U = \cos i.\mathrm{d}T - \sin i.\zeta$$

oder

$$\frac{\mathrm{d}U}{U} = \frac{\cos i^2}{T}.\mathrm{d}T - \frac{\sin 2i}{2T}.\zeta = \frac{\mathrm{d}T}{T} + \tan g\,i.\mathrm{d}i$$

3.

Das Potential der in dem Magnetstabe enthaltenen magnetischen Flüssigkeiten, in dem Punkte $x, y, z,$ lässt sich in eine nach den Potenzen von $\frac{1}{r}$ fortschreitende Reihe entwickeln, von welcher für unsern Zweck bloss das Hauptglied beibehalten zu werden braucht, welches von der Ordnung $\frac{1}{rr}$ ist. Bezeichnen wir dies Potential mit V, so sieht man leicht, dass unter dieser Einschränkung

$$V = \frac{M(Ax + By + Cz)}{r^3}$$

wird. Bekanntlich erhält man ξ, η, ζ durch die partiellen Differentialquotienten von V nach x, y, z; es ist nemlich

$$\xi = -\frac{\mathrm{d}V}{\mathrm{d}x}, \quad \eta = -\frac{\mathrm{d}V}{\mathrm{d}y}, \quad \zeta = -\frac{\mathrm{d}V}{\mathrm{d}z}$$

folglich, wenn man, um abzukürzen,

$$\frac{Ax + By + Cz}{r} = k$$

setzt, und erwägt, dass die partiellen Differentialquotienten $\frac{\mathrm{d}r}{\mathrm{d}x}, \frac{\mathrm{d}r}{\mathrm{d}y}, \frac{\mathrm{d}r}{\mathrm{d}z}$ beziehungsweise $= \frac{x}{r}, \frac{y}{r}, \frac{z}{r}$ sind,

$$\xi = \frac{3\,Mkx}{r^{4}} - \frac{MA}{r^{3}}$$
$$\eta = \frac{3\,Mky}{r^{4}} - \frac{MB}{r^{3}}$$
$$\zeta = \frac{3\,Mkz}{r^{4}} - \frac{MC}{r^{3}}$$

Substituirt man also für x, y, z, A, B, C ihre Werthe, so erhält man

$$k = \cos f \cos F \cos(G - g) + \sin f \sin F$$
$$\mathrm{d}D = \frac{M}{T r^{3}}\left(3\,k \cos f \sin(D + g) - \cos F \sin(D + G)\right)$$
$$\frac{\mathrm{d}T}{T} = \frac{M}{T r^{3}}\left(-3\,k \cos f \cos(D + g) + \cos F \cos(D + G)\right)$$
$$\mathrm{d}i = -\tfrac{1}{2}\sin 2i \cdot \frac{\mathrm{d}T}{T} - \frac{M}{T r^{3}}\cdot \cos i^{2}(3\,k \sin f - \sin F)$$
$$\frac{\mathrm{d}U}{U} = \cos i^{2}\cdot \frac{\mathrm{d}T}{T} - \frac{M}{2 T r^{3}}\cdot \sin 2i(3\,k \sin f - \sin F)$$

welche Formeln die vollständige Auflösung unsrer Aufgabe enthalten.　Ohne unser Erinnern sieht man, dass $\mathrm{d}D$ und $\mathrm{d}i$ hier in Theilen des Halbmessers ausgedrückt sind, und also den Werthen noch der Factor $206265''$ beigefügt werden muss, um jene Änderungen in Bogentheilen zu erhalten.　Der Werth von $\frac{M}{T}$ wird übrigens durch Versuche nach der in der *Intensitas vis magneticae terrestris* gelehrten Methode bestimmt werden müssen.

4.

In der Ausübung sind solche Fälle die häufigsten, wo unsre allgemeinen Formeln durch specielle Verhältnisse eine bedeutende Vereinfachung erhalten. Es verdienen hier besonders die beiden folgenden bemerkt zu werden.

I.　Wenn der Magnetstab vertical, also $F = \pm 90^{0}$ ist, so nehmen die allgemeinen Formeln folgende Gestalt an:

$$k = \pm \sin f$$

$$dD = \pm \frac{3M}{2Tr^3} \sin 2f \sin(D+g)$$

$$\frac{dT}{T} = \mp \frac{3M}{2Tr^3} \sin 2f \sin(D+g)$$

$$di = -\tfrac{1}{2}\sin 2i . \frac{dT}{T} \mp \frac{M}{Tr^3} \cos i^2 (3\sin f^2 - 1)$$

$$\frac{dU}{U} = \cos i^2 . \frac{dT}{T} \mp \frac{M}{2Tr^3} \sin 2i (3\sin f^2 - 1)$$

Liegt zugleich der Punkt x, y, z mit der Mitte des Magnetstabes in gleicher Höhe, so wird $z = 0$, $f = 0$ und folglich

$$dD = 0$$

$$dT = 0$$

$$di = \pm \frac{M}{Tr^3} \cos i^2$$

$$\frac{dU}{U} = \pm \frac{M}{2Tr^3} \sin 2i$$

Es erhellt daraus, dass die Beobachtungen an einem Unifilar- oder Bifilarmagnetometer durch einen in demselben Locale befindlichen zweiten Magnetstab gar nicht gestört werden, so lange derselbe in verticaler Stellung und seine Mitte in derselben Höhe mit dem Stabe des Magnetometers erhalten wird.

II.   Ist der Magnetstab horizontal, oder $F = 0$, so gehen unsre Formeln in folgende über:

$$k = \cos f \cos(G-g)$$

$$dD = \frac{M}{Tr^3} \big(3\cos f^2 \cos(G-g) \sin(D+g) - \sin(D+G)\big)$$

$$\frac{dT}{T} = \frac{M}{Tr^3} \big(-3\cos f^2 \cos(G-g) \cos(D+g) + \cos(D+G)\big)$$

$$di = -\tfrac{1}{2}\sin 2i . \frac{dT}{T} - \frac{3M}{2Tr^3} \cos i^2 \sin 2f \cos(G-g)$$

$$\frac{dU}{U} = \cos i^2 . \frac{dT}{T} - \frac{3M}{4Tr^3} \sin 2i \sin 2f \cos(G-g)$$

Ist zugleich der Magnetstab im magnetischen Meridian (also $G = 180^0 - D$ für die natürliche Lage), oder senkrecht gegen denselben (also $G = 90^0 - D$ oder $= 270^0 - D$, jenachdem der Nordpol auf der Westseite oder auf der Ostseite sich befindet), so erhalten offenbar die Formeln für dD und dT noch weitere Vereinfachung; diese Fälle treten ein, wenn der Stab, dessen Wirkung in der Ferne gesucht wird, den Bestandtheil eines Unifilar- oder eines Bifilarmagnetometers in transversaler Stellung ausmacht.

5.

Wenn man die Wirkung eines Magnetstabes in verschiedenen horizontalen Lagen unter einander vergleichen will, so kann man jeder der im vorhergehenden Artikel II gegebenen Formeln leicht eine dazu zweckmässige Gestalt geben. Bestimmt man z. B. zwei Grössen p, P durch die Gleichungen

$$p \cos P = (3 \cos f^2 - 1) \sin(D + g)$$
$$p \sin P = \cos(D + g)$$

so verwandelt sich die Formel für dD in folgende

$$dD = \frac{Mp}{Tr^3} \cos(G - g + P)$$

woraus erhellt, dass dD für $G = g - P$ oder für $G = 180^0 + g - P$ seinen grössten Werth $\frac{Mp}{Tr^3}$ mit positivem oder negativem Zeichen erhält, hingegen für $G = 90^0 + g - P$ und für $G = 270^0 + g - P$ verschwindet. Auf gleiche Weise wird, wenn man

$$q \cos Q = (3 \cos f^2 - 1) \cos(D + g)$$
$$q \sin Q = \sin(D + g)$$

setzt,

$$\frac{dT}{T} = - \frac{Mq}{Tr^3} \cos(G - g - Q)$$

woraus für den Maximumwerth und das Verschwinden ähnliche Bestimmungen hervorgehen.

6.

Die hiesigen Einrichtungen bieten zu einer mehrfachen Anwendung der gegebenen Vorschriften Gelegenheit dar, bei Bestimmung der wechselseitigen Einwirkung der Magnetstäbe des Unifilar- und des Bifilarmagnetometers auf einander, und der Wirkungen beider Stäbe an einem dritten Platze, wo auf einem festen Steinpostamente mit andern Apparaten von Zeit zu Zeit magnetische Beobachtungen im Freien gemacht werden. Die in Metern ausgedrückten auf die Mitte der Axe des REICHENBACHschen Meridiankreises, und rücksichtlich der dritten Coordinate auf·den Fussboden der Sternwarte bezogenen absoluten Coordinaten dieser drei Plätze sind folgende:

(I) Mitte des fünfundzwanzigpfündigen Magnetstabes des Bifilarmagnetometers, für welchen, das Meter als Längeneinheit angenommen, $\frac{M}{T} = 2.63318$ ist,

$$x = -3.391, \qquad y = +6.708, \qquad z = +0.661$$

(II) Mitte des vierpfündigen Magnetstabes des Unifilarmagnetometers, für welchen $\frac{M}{T} = 0.48592$

$$x = -23.618, \qquad y = +69.206, \qquad z = -2.235$$

(III) Mitte des Steinpostaments, und rücksichtlich der Höhe, Platz welchen die Mitte der Nadel eines ROBINSONschen Inclinatoriums einnimmt,

$$x = -21.546, \qquad y = +56.979, \qquad z = -1.665$$

Hier mögen nur die Endresultate einer vierfachen Rechnung Platz finden, in welcher für D und i die Werthe $18^0 11' 54''$ und $67^0 36'$ zum Grunde gelegt sind. Die Veränderlichkeit dieser Grössen, so wie der Werthe von $\frac{M}{T}$ für die beiden Magnetstäbe kommt für den gegenwärtigen Zweck nicht in Betracht.

(1) und (4) Wirkungen des Magnetstabes des Unifilarmagnetometers, jene an dem Platze (III), diese an dem Platze (I).

(2) und (3) Wirkungen des Magnetstabes des Bifilarmagnetometers an den Plätzen (III) und (II), indem jener Stab in der transversalen Lage, Nordpol im Westen vorausgesetzt wird.

	dD	dT	di	dU
(1)	$+64''72$	$-0.0000884\,T$	$+6''91$	$-0.0000071\,U$
(2)	$+\ 3.04$	$+0.0000250\,T$	-1.76	$+0.0000043\,U$
(3)	$+\ 1.82$	$+0.0000132\,T$	-0.93	$+0.0000023\,U$
(4)	$+\ 0.50$	$+0.0000001\,T$	-0.00	$+0.0000001\,U$

Die Zahlen für (2) und (3) verändern bloss ihre Zeichen, wenn im Bifilarmagnetometer der Stab die transversale Lage Nordpol Ost hat. Es beträgt also die ganze Störung an dem Platze III durch beide Apparate

| | Nordpol im Bifilarmagnetometer. | |
	West	Ost
$\mathrm{d}D$	$+67''76$	$+61''68$
$\mathrm{d}T$	$-0.0000634\,T$	$-0.0001134\,T$
$\mathrm{d}i$	$+5''15$	$+8''67$
$\mathrm{d}U$	$-0.0000028\,U$	$-0.0000114\,U$

7.

Schliesslich soll hier noch der Zusammenhang der im 2. Art. für die Wirkung eines Magnetstabes in der Ferne gegebenen Formeln mit einer einfachen schon im 2. Bande der *Resultate* [1837. II.] erwähnten Construction gezeigt werden. Eine Figur kann man entweder nach den folgenden Angaben sich leicht selbst entwerfen, oder a. a. O. nachsehen.

Es sei A der Mittelpunkt des Magnetstabes, n ein beliebiger anderer Punkt seiner durch A gelegten magnetischen Axe auf der Seite des magnetischen Nordpols, s ein ähnlicher Punkt auf der Seite des Südpols, C der Punkt, für welchen die magnetische Wirkung des Magnetstabs auf die daselbst concentrirt gedachte Einheit des nördlichen magnetischen Fluidums bestimmt werden soll. Die partiellen Kräfte ξ, η, ζ werden nach Art. 2 durch die Formeln ausgedrückt

$$\xi = \frac{3\,Mkx}{r^4} - \frac{MA}{r^3}$$

$$\eta = \frac{3\,Mky}{r^4} - \frac{MB}{r^3}$$

$$\zeta = \frac{3\,Mkz}{r^4} - \frac{MC}{r^3}$$

wo, wie man leicht sieht, k dem Cosinus des Winkels zwischen An und AC gleich ist. Die ersten Theile von ξ, η, ζ vereinigen sich offenbar in Eine Kraft $\frac{3\,Mk}{r^3}$, die abstossend in der Richtung der geraden Linie AC wirkt, wenn k positiv ist, anziehend oder in der entgegengesetzten Richtung CA, wenn k negativ ist. Eben so werden die zweiten Theile von ξ, η, ζ zu Einer Kraft $\frac{M}{r^3}$ zusammengesetzt, deren Richtung immer mit ns parallel ist. Für den speciellen Fall, wo AC mit der magnetischen Axe einen rechten Winkel macht, also $k = 0$ ist, verschwindet die erste Kraft, und die zweite allein stellt also die ganze Wirkung dar. In jedem andern Falle sei in der Ebene, in welcher n, A, s, C liegen, CB eine Normale gegen CA, B ihr Durchschnittspunkt mit der magnetischen Axe, und [D derjenige Punkt auf der Geraden AB, für welchen] $AD = \frac{1}{4}AB$. Für den Fall der Figur im 2. Bande der *Resultate*, wo AC mit An einen stumpfen Winkel macht, also D und B auf der Seite des Südpols liegen, sind die beiden oben angegebenen Kräfte den geraden Linien CA und AD offenbar proportional, und der Richtung nach die erste mit CA zusammenfallend, die andere mit AD parallel; die Richtung ihrer Resultante wird also CD und die Stärke derselben $= \frac{CD}{AD} \cdot \frac{M}{r^3}$ sein. Für den andern in der Figur a. a. O. nicht gezeichneten Fall, wo AC mit An einen spitzen Winkel macht, also B und D auf der Seite des Nordpols liegen, findet dasselbe Resultat bloss mit dem Unterschiede Statt, dass die Richtung des Winkels des Magnetstabes auf ein Element nördlichen Fluidums nicht durch CD, sondern durch DC ausgedrückt wird, was mithin a. a. O. zur Vervollständigung noch hinzugefügt werden muss.

ÜBER DIE ANWENDUNG DES MAGNETOMETERS

ZUR BESTIMMUNG DER ABSOLUTEN DECLINATION.

Resultate aus den Beobachtungen des magnetischen Vereins. 1841. I.

Es ist nicht meine Absicht, den in der Überschrift bezeichneten Gegenstand, über welchen bereits im 2. Bande der *Resultate* [1837. VII.] ein sehr ausführlicher Aufsatz mitgetheilt ist, hier noch einmal vollständig abzuhandeln. Ich werde vielmehr mich hier auf Eine Hauptaufgabe beschränken, in Beziehung auf welche die a. a. O. S. 121—124 gegebene Entwicklung als ungenügend erscheint: diese Aufgabe betrifft die Bestimmung des Azimuths derjenigen Verticalebene, in welcher sich die optische Achse des Beobachtungsfernrohrs befindet.

Die in Rede stehende Verticalebene ist festgestellt durch die Marke und einen festen Punkt der Scale, welcher durch den über der Mitte des Objectivs des Beobachtungsfernrohrs herabhangenden Lothfaden bestimmt wird. Von dem Standpunkte des Beobachtungsfernrohrs aus muss ein entfernter Gegenstand sichtbar sein, dessen Azimuth anderweitig schon bekannt ist, und es kommt also zunächst darauf an, den auf den Horizont projicirten Winkel zwischen diesem Gegenstande und der Marke zu bestimmen. Ich nehme an, dass zu diesem Geschäft ein Theodolith nach der bekannten von REICHENBACH eingeführten Construction angewandt wird, ohne darum zugleich vorauszusetzen, dass derselbe Theodolith auch zu den magnetischen Beobachtungen gebraucht werde, wozu vielmehr füglich ein besonderes Ablesungsfernrohr verwandt werden kann.

Der gewöhnliche Gebrauch solcher Theodolithen bezieht sich auf Winkelmessungen zwischen Gegenständen in so grossen Entfernungen, dass eine geringe

Abweichung von mehrern der Idee des Instruments zum Grunde liegenden Bedingungen in der Ausführung seines Baues einen merklichen Fehler nicht hervorbringen kann, wie denn in der That absolute Vollkommenheit in keiner mechanischen Arbeit erreichbar ist. Allein wenn die Gegenstände (oder wie im vorliegenden Falle einer derselben) vergleichungsweise sehr nahe sind, so wird es allerdigs nothwendig, es mit solchen Abweichungen schärfer zu nehmen, und namentlich müssen hier folgende Umstände in Erwägung kommen.

I. Die verticale Drehungsachse, die horizontale Drehungsachse und die optische Achse des Fernrohrs sollten einander in Einem Punkte schneiden. In so fern dieser Bedingung vollkommen nicht genügt ist, wird eine dreifache Abweichung vorkommen. Es seien A, B resp. die beiden Punkte in der verticalen und der horizontalen Drehungsachse, wo diese einander am nächsten sind; imgleichen C, D die ähnlichen Punkte der horizontalen Drehungsachse und der optischen Achse. Man bezeichne die Entfernungen AB, BC, CD mit α, $\mathfrak{b}$, γ, unter beliebiger Bestimmung rücksichtlich der Zeichen; man mag z. B. α positiv setzen, wenn A auf derselben Seite der horizontalen Drehungsachse liegt wie das Ocular des Fernrohrs; $\mathfrak{b}$ positiv, wenn für den am Ocular stehenden Beobachter der Punkt C rechts von B fällt; γ positiv, wenn D oberhalb C fällt.

II. Die optische Achse des Fernrohrs sollte normal gegen die horizontale Drehungsachse sein. Dieser Bedingung kann man zwar mit aller nöthigen Schärfe Genüge leisten: allein da man, um nach der Beobachtung eines entfernten Gegenstandes einen nahen deutlich sehen zu können, nothwendig die Ocularröhre weiter *) herausziehen, also dem Fadenkreuze eine veränderte Stellung gegen das Objectiv geben muss, so ist man nicht berechtigt vorauszusetzen, dass beiden Stellungen der Ocularröhre einerlei optische Achse entspreche, sondern muss darauf gefasst sein, dass die für eine Stellung gemachte Berichtigung bei der andern wieder verloren gehe. Grösserer Allgemeinheit wegen mag man voraussetzen, dass für keine von beiden Stellungen die Berichtigung genau gemacht sei, und den Collimationsfehler für die erste Stellung mit c, für die zweite mit c' bezeichnen: als positiv mag man dieselben annehmen, wenn die optische Achse mit dem dem Beobachter rechts liegenden Arme der horizontalen Achse einen spitzen Winkel macht.

---

*) Bei den weiter unten anzuführenden Beobachtungen etwa 20 Millimeter.

Offenbar werden auch, wenn die Grössen $\mathfrak{b}$, γ der erstern Ocularstellung angehören, etwas veränderte Werthe bei der zweiten an ihre Stelle treten, die mit $\mathfrak{b}'$, γ' bezeichnet werden mögen.

Es ist nun zwar leicht, den Einfluss aller dieser Abweichungen auf die Messung sowohl des horizontalen Winkels zwischen den beiden Gegenständen, als ihrer Elevationen (wenn der Theodolith zugleich einen Höhenkreis hat) in strengen Gleichungen darzustellen, aus welchen die Resultate vermittelst einer biquadratischen Gleichung abzuleiten sein würden; allein da die sieben Grössen α, $\mathfrak{b}$, γ, $\mathfrak{b}'$, γ', c, c' alle nur sehr klein sein können, so kann man unbedenklich alle Grössen, welche in Beziehung auf jene von der zweiten oder höherer Ordnung sind, vernachlässigen, und das Resultat ihres Einflusses in sehr einfache Form bringen. Aber selbst dieser Darstellung können wir hier überhoben sein. Man sieht nemlich leicht ein, dass, wenn man das Fernrohr auf gehörige Art umlegt, sämmtliche sieben Abweichungen, ohne ihre Grösse zu ändern, bloss die entgegengesetzten Zeichen annehmen, und dass mithin dasselbe auch von den Fehlern der Messungen gelten wird, die man bei den zwei verschiedenen Arten des Einliegens anstellt. Das Mittel aus diesen beiden Messungen ist folglich von dem Einflusse dieser Fehler, ohne dass man die einzelnen Bestandtheile davon zu kennen braucht, von selbst befreit, und man erhält dadurch den wahren Werth des Winkels zwischen den beiden in der Verticalachse des Instruments sich schneidenden Verticalebenen, in denen die beiden Gegenstände liegen. Dasselbe gilt von den Elevationen, welche sich dann auf den Punkt A beziehen, aber für unsern gegenwärtigen Zweck unnöthig sind.

Das Umlegen muss so geschehen, dass die Zapfen wieder in dieselben Pfannen zu liegen kommen, während die obere Seite des Fernrohrs zur untern wird und das Objectiv an die Stelle des Oculars kommt: es ist also dies Umlegen dasselbe, was eine halbe Umdrehung um die horizontale Achse sein würde, welche auszuführen die Stützen nur nicht hoch genug sind. Wollte man anstatt dieser Art das Umlegen so verrichten, dass die Zapfen in die andern Pfannen gelegt würden, während das Objectivende auf derselben Seite bliebe (was geometrisch betrachtet einerlei ist mit einer halben Umdrehung um die Achse des Fernrohrs), so würden nicht alle sieben Grössen α, $\mathfrak{b}$, γ, $\mathfrak{b}'$, γ', c, c' in dem Fall sein, schlechthin die entgegengesetzten Zeichen anzunehmen, sondern dies würde nur von γ, γ', c, c' gelten. Man hat nemlich keine Sicherheit, dass die Stützen *genau* gleich weit von der Verticalachse abstehen, und es würden daher, nach solchem Umlegen, der Punkt B ein anderer sein können als vorher, mithin auch $\mathfrak{b}$ und $\mathfrak{b}'$ andere Werthe annehmen. Dass zugleich α das entgegengesetzte Zeichen nicht annimmt, sondern ganz den vorigen Werth behält, ist übrigens allerdings hier unwesentlich, weil in dem linearen Ausdruck für den Fehler der horizontalen Winkelmessung α gar nicht vorkommt.

Wie nun eine solche Winkelmessung für den beabsichtigten Zweck zu benutzen sei, wird sich am einfachsten durch ein Beispiel zeigen lassen, wozu ich die letzte am 11. März d. J. ausgeführte Anwendung des Verfahrens wähle.

In dem hiesigen magnetischen Observatorium dient zur Anknüpfung der Beobachtungen an den wahren astronomischen Meridian ein Stadtkirchthurm, dessen Knopfstange an dem Platze des Beobachtungsfernrohrs durch das geöffnete nordliche Fenster frei sichtbar ist*), und zwar von der Mitte der Säule aus, welche seit Julius 1837 an die Stelle des früher gebrauchten hölzernen Stativs getreten ist, in dem Azimuth $173^0\ 35'\ 25''5$. Gefunden war dieses Azimuth, indem man einen Theodolithen an einer andern Stelle des Saales aufstellte, die Verticalachse genau im Allignement der Mitte der Säule und des Kirchthurms, und die Winkel zwischen letzterm und zweien andern daselbst sichtbaren Kirchthürmen maass; die Lage dieser verschiedenen Thürme gegen den Nullpunkt in der Sternwarte war durch frühere an die Gradmessung geknüpfte Messungen genau bekannt, und das in Rede stehende Azimuth liess sich daher aus jenen Winkelmessungen leicht berechnen.

Es wurde nun ein achtzolliger ERTELscher Repetitionstheodolith auf der Säule so aufgestellt, dass seine Verticalachse so genau wie möglich mit der Mitte der Säule zusammenfiel, und der horizontale Winkel zwischen der Marke und der Knopfstange des Thurms bei den beiden verschiedenen oben bezeichneten Arten des Einliegens des Fernrohrs, jedesmal durch 25 Repetitionen, gemessen. In der ersten Lage fand sich der Winkel

$$= 11^0\ 40'\ 54''\ 50$$

---

*) Auf der ersten Tafel des ersten Bandes der *Resultate* [1836. I.] ist dieser Thurm angedeutet, ungefähr so, wie er bei nicht geöffnetem Fenster von dem Theodolithenplatz aus erscheint: an dem Orte des Auges, welcher der perspectivischen Zeichnung eigentlich zum Grunde liegt, wird der Thurm durch die Wand links vom Fenster verdeckt.

in der zweiten

$$= 11^0 \; 41' \; 36'' \; 18$$

Der wahre Werth des Winkels, seinen Scheitel in die Verticalachse des Theodolithen gesetzt, ist folglich

$$= 11^0 \; 41' \; 15'' \; 34$$

mithin das Azimuth der durch diese Verticalachse und die Marke gelegten Verticalebene

$$= 161^0 \; 54' \; 10'' \; 16$$

Mit dieser Operation war eine andere verbunden, deren Zweck war, auszumitteln, in welchem Punkte die Scale von dieser Verticalebene geschnitten wird.

Auf dem Objectivende des Theodolithenfernrohrs ist ein Ring aufgesteckt, der auf seiner Vorderfläche zwei einander diametral gegenüber liegende zarte Einschnitte und diesen correspondirend auf der äussern runden Fläche zwei Häkchen hat, in welche nach der verschiedenen Lage des Fernrohrs ein feiner mit einem Gewichte beschwerter Goldfaden eingehängt wird. Der Ring wird so gedreht, dass der durch die Einschnitte gehende Diameter gegen die horizontale Drehungsachse des Fernrohrs normal ist: man erkennt die Erfüllung dieser Bedingung, wenn der in dem obern Einschnitte einliegende Lothfaden zugleich genau dem untern entspricht, zu welchem Ende man das Fernrohr nahe horizontal stellen muss, nemlich nur so wenig nach unten geneigt, dass der Faden noch eben frei vor dem Ringe spielen kann: die Coincidenz wird mit einer Loupe geprüft. Der Lothfaden spielt in einer sehr geringen Entfernung vor der Scale, und es kommt nun darauf an, die correspondirenden Punkte der Scale in den beiden verschiedenen Lagen des Fernrohrs, indem es jedesmal auf die Marke, oder vielmehr in deren Verticalebene gerichtet ist, zu notiren. Genau genommen, sind damit diejenigen Punkte der Scale gemeint, welche in der durch die Marke und den Lothfaden gehenden Verticalebene liegen, und man kann dies unmittelbar in dem Spiegel des Magnetometers erkennen, wenn der Theodolith selbst die Bestimmung hat, als Ablesungsfernrohr zu dienen, also die Scale sich in einer dieser Bestimmung angemessenen Höhe befindet. Es ist wohl überflüssig zu erinnern, dass es in diesem Falle nothwendig werden kann, den Magnetstab des Magnetometers vermittelst eines aus der Ferne wirkenden Ablenkungsstabes erst in eine solche Stellung zu bringen, dass der betreffende Scalenpunkt nahe am Fadenkreuz des Theodolithenfernrohrs erscheint. Im hiesigen magnetischen Observatorium, wo jetzt die magnetischen Beobachtungen mit einem besondern Ablesungsfernrohre angestellt werden, welches sich in einer geringern Höhe über der Säule befindet als das Theodolithenfernrohr, ist mit diesem das Bild der in einer der Lage des Ablesungsfernrohrs angemessenen Höhe angebrachten Scale im Spiegel des Magnetometers nicht sichtbar. Ich habe daher zur Bestimmung des dem vom Theodolithenfernrohr herabgehenden Lothfaden correspondirenden Scalenpunktes das Ablesungsfernrohr selbst gebraucht, welches zu diesem Zweck nahe an der Marke in der betreffenden Verticalebene aufgestellt wurde: dass man nicht nöthig hat, wegen letzterer Bedingung gar zu ängstlich zu sein, in sofern der Lothfaden, wie schon bemerkt ist, in geringer Entfernung von der Scale spielt, leuchtet von selbst ein. Es fand sich auf diese Weise der Lothfaden correspondirend

dem Scalenpunkte 850.8 bei der ersten Lage des Theodolithenfernrohrs, und

dem Punkte 849.4 bei der zweiten Lage,

woraus man schliessen darf, dass die durch die Marke und die Verticalachse des Theodolithen gehende Verticalebene, deren Azimuth oben bestimmt ist, die Scale in dem Punkte 850.1 schneidet.

Die Bestimmung des Azimuths derjenigen Verticalebene, in welcher sich die optische Achse des Beobachtungsfernrohrs befindet, hat nun weiter keine Schwierigkeit. Correspondirt der vor der Mitte des Objectivs desselben herabhängende Lothfaden dem Scalenpunkte $850.1 + n$, so reicht es hin (weil die Scale als normal gegen jene Ebene gestellt vorausgesetzt wird), das Product $n.206265''$ mit der horizontalen Entfernung der Scale von der Marke, in Scalentheilen ausgedrückt, zu dividiren, und den Quotienten mit seinem Zeichen zu $161^0\,54'\,10''16$ hinzuzufügen. Gegenwärtig ist jene Entfernung $= 9638.7$. Diente also der Theodolith selbst, und zwar bei der ersten Lage des Fernrohrs, zum Beobachten, so wäre dieses Azimuth

$$= 161^0\,54'\,25''1$$

bei der zweiten Lage hingegen

$$= 161^0\,53'\,55''2$$

Da aber, wie schon bemerkt ist, zum Beobachten ein besonderes Ablesungsfernrohr dient, welches nach der Beendigung der obigen Operationen so aufgestellt
wurde, dass, bei der Richtung der optischen Achse auf die Verticale der Marke,
der Lothfaden dem Punkte 850.0 entsprach, so ist das verlangte Azimuth

$$= 161^0\ 54'\ 8''\ 0$$

Es mögen über das hier behandelte Geschäft noch ein Paar Bemerkungen
hier beigefügt werden.

I. Wenn die horizontale Achse in ihren Lagern einigen Spielraum in dem
Sinn ihrer Länge hat, so muss man Sorge tragen, dass sie bei den einzelnen Winkelmessungen immer gleiche Lage gegen die Stützen habe, etwa dadurch, dass
man jedesmal den Spielraum auf Einer Seite durch einen leichten Druck gegen
das Ende eines bestimmten Zapfens zum Verschwinden bringt. Ohne diese Vorsicht würde man nicht darauf rechnen können, dass die oben mit $б$ bezeichnete
Grösse in der ersten Lage des Fernrohrs bei allen Repetitionen immer denselben,
und in der zweiten immer genau den entgegengesetzten Werth behält.

II. Dass die optische Achse des Theodolithenfernrohrs für eine der beiden
Ocularstellungen genau berichtigt, d. i. gegen die horizontale Drehungsachse nor-
mal sei, ist nicht nöthig für die hier beschriebenen Operationen: dient aber der
Theodolith zugleich als Ablesungsfernrohr, so muss allerdings vor solchem Gebrauch diese Berichtigung gemacht sein, und zwar für diejenige Stellung der
Ocularröhre, bei welcher beobachtet wird, oder wo Marke und Spiegelbild der
Scale deutlich erscheinen. Bekanntlich prüft man die Normalität der optischen
Achse zur horizontalen Drehungsachse durch Umlegen, und zwar gerade durch
dasjenige Umlegen, welches bei obigen Winkelmessungen *nicht* angewandt werden durfte [S. 439 d. B.], nemlich indem man die Zapfen in die entgegengesetzten Lager legt, ohne den Sinn der Richtung des Fernrohrs zu verändern. Gewöhnlich bezieht sich eine solche Prüfung auf diejenige Stellung der Ocularröhre,
wobei man sehr entfernte Gegenstände deutlich sieht, und in diesem Falle ist allerdings weiter nichts nöthig, als dass ein solcher Gegenstand vor und nach dem
Umlegen auf dem Fadenkreuze erscheine: in dem gegenwärtigen Falle aber, muss
man, wenn nach dem Umlegen der vor der Mitte des Objectivs herabhangende
Lothfaden eine andere Lage hat als vorher, einen zweiten Zielpunkt neben dem
ersten in eben so viel veränderter Lage anwenden. Offenbar muss auch ein an-

statt des Theodolithen angewandtes besonderes Ablesungsfernrohr derselben Berichtigung unterworfen werden, und also eine dazu taugliche Aufstellung haben; von selbst versteht sich, dass auch die horizontale Drehungsachse gehörig nivellirt sein muss. Die beiden bei den hiesigen Magnetometern gebrauchten Ablesungsfernröhre haben, bei einer bedeutend stärkern optischen Kraft, als man den Theodolithenfernröhren zu geben pflegt, fast ganz dieselbe Aufstellung, wie Theodolithen, nur ohne getheilte Kreise.

Übrigens mag noch bemerkt werden, dass der *Einfluss* eines Fehlers der Collimation auf das Azimuth der optischen Achse von dem Collimationsfehler selbst nur ein sehr kleiner Bruchtheil ist, welcher durch den Unterschied der Secanten der beiden Neigungen bestimmt wird, indem das Fernrohr einmal gegen die Marke, und dann gegen den Spiegel gerichtet ist. Bei dem hiesigen Unifilarmagnetometer sind diese Neigungen $1^0\,55'$ und $5^0\,16'$: der Unterschied der Azimuthe der optischen Achse, bei der Richtung auf Marke und Spiegel, beträgt folglich nur $\frac{1}{242}$ des Collimationsfehlers selbst. Unter ähnlichen Umständen wird man sich daher gewöhnlich damit begnügen können, die Collimation an einem entfernten Gegenstande zu berichtigen: denn wenn nicht in Folge solcher Berichtigung das Fadenkreuz weit aus der Mitte der Ocularröhre gekommen ist, wird das weitere Herausziehen der letztern schwerlich einen Collimationsfehler erzeugen können, der mehr als einen kleinen Bruchtheil einer Bogenminute beträge, so dass der Einfluss davon durchaus unmerklich bleibt.

III. Der Zweck, warum man den Lothfaden am Beobachtungsfernrohre fortwährend hängen lässt, besteht darin, dass eine zufällige Verrückung der Scale sofort erkennbar werden soll. Hat eine solche Statt gefunden, so mag man entweder die Scale wieder in ihre vorige Stellung bringen, oder auch in der Rechnung von dem Punkte der Scale, welcher dem Lothfaden nach der Veränderung entspricht, eben so zählen, wie vorher von dem frühern. Bei der gegenwärtig im magnetischen Observatorium angewandten Befestigungsart der Scale an der Säule kommen übrigens zufällige Verschiebungen gar nicht mehr vor.

BEOBACHTUNGEN

DER MAGNETISCHEN INCLINATION IN GÖTTINGEN.

Resultate aus den Beobachtungen des magnetischen Vereins. 1841. II.

1.

Das Inclinatorium, mit welchem die hier mitzutheilenden Beobachtungen angestellt sind, ist von Robinson; es war das letzte Instrument dieser Art, welches der ausgezeichnete Künstler geliefert hat.

Der verticale Kreis hat im Lichten den Durchmesser 241.169 Millimeter und ist von zehn zu zehn Minuten getheilt; der Abstand zweier Theilstriche an ihren innern Enden beträgt daher 0.351 Millimeter. Die Theilstriche erscheinen auch im Mikroskop unter beträchtlicher Vergrösserung sehr edel; ihre Breite habe ich durch die an mehrern gemachten Messungen = 0.024 Millimeter gefunden, so dass einer nahe 41 Secunden deckt.

Der Durchmesser des horizontalen Kreises, da gemessen, wo die Theilstriche von dem Ende des Indexstriches getroffen werden, ist 148 Millimeter; die Theilung geht durch halbe Grade und der Vernier gibt einzelne Minuten: es findet nur Eine Ablesung Statt.

Die Grade des Verticalkreises sind von beiden Endpunkten eines horizontalen Durchmessers an nach oben und nach unten bis 90 gezählt, eine Einrichtung, welche vielleicht in den gewöhnlichen Beobachtungsfällen bequem scheinen mag, aber leicht Verwirrung hervorbringt, wenn man sich einer absichtlich belasteten Nadel bedient, und diese dadurch in einen andern Quadranten tritt, oder wenn man auch Beobachtungen in einer gegen den magnetischen Meridian rechtwinkligen Verticalebene anstellt: wenigstens macht diese Einrichtung in solchen Fällen eine etwas beschwerlichere und weniger übersichtliche Protocollführung nothwendig. Ich würde daher eine in unverändertem Sinne von 0 bis 360⁰ oder zweimal von 0 bis 180⁰ fortlaufende Graduirung vorziehen, und habe mich gewöhnt, immer im untern Quadranten auf der linken, oder im obern auf der rechten Seite anstatt der gravirten Zählung sofort die Ergänzung zu 180⁰ niederzuschreiben: auf diese Art sind in gegenwärtigem Aufsatze alle Ablesungen angegeben. Am horizontalen Kreise laufen die Zahlen zweimal in einerlei Sinn von 0 bis 180⁰; natürlicher und bequemer wäre eine ununterbrochene Durchzählung bis 360⁰, und in dieser Form habe ich die hier vorkommenden Ablesungen angesetzt.

An der Libelle entspricht ein Ausschlag von einem Millimeter einer Neigung von 9 Secunden.

2.

Zu dem Instrumente gehören vier Nadeln, die ich durch die Zahlen 1, 2, 3, 4 unterscheide: die beiden letzten haben drehbare Achsen, auf welche Einrichtung ich weiter unten zurückkommen werde. An allen acht Zapfen hat die mikroskopische Abmessung keinen Unterschied der Dicke erkennen lassen; ich habe diese Dicke = 0.590 Millimeter gefunden. Die Nadeln 1 und 2 wiegen jede 16.5 Gramme, die beiden andern jede 20.5 Gramme.

In den Längen der einzelnen Nadeln finden sich kleine Unterschiede; die Messung ergibt

für 1 . . . . 240.931 Millimeter
2 . . . . 240.866 —
3 . . . . 240.938 —
4 . . . . 240.954 —

Die kürzeste der Nadeln ist also nur um 0.303, und die längste nur um 0.215 Millimeter kürzer, als der Durchmesser des Kreises im Lichten. Dieser Umstand ist nun zwar dem schärfern Ablesen förderlich, hat aber zugleich die Folge, dass schon eine sehr geringe Excentricität die freie Bewegung der Nadel stören kann, und dass es daher schwer ist, diejenigen Theile des Instruments, von deren Stellungen die Excentricität abhängt, auf eine ganz befriedigende Art zu reguliren zumal da die Stellungen noch vier andern, zusammen also *sechs* Bedingungen Genüge leisten sollen.

3.

Diese sechs Bedingungen sind folgende:

Die beiden Achatplatten, auf deren obern Rändern die Zapfen der Nadel beim Beobachten zu liegen kommen, sollen durch die beiden Schraubenpaare, auf welche sie sich stützen, so regulirt sein, dass

1) ihre obern Ränder in Einer Ebene liegen,

2) dass diese Ebene normal gegen die Ebene des Verticalkreises ist, und

3) unterhalb des Mittelpunkts dieses Kreises liegt, mit einem der halben Zapfendicke gleichkommenden Abstande,

4) dass die Durchschnittslinie jener beiden Ebenen mit der Verticalachse einen rechten Winkel macht.

Es müssen ferner die Pfannen, vermittelst welcher man die Nadel von den Achatplatten abhebt und wieder auflegt, und die auf dem Hebelrahmen mit einiger Verschiebbarkeit aufgeschraubt sind, so regulirt sein, dass nach dem Auflegen der Nadel

5) ihre Achse normal gegen die zuletzt (in 4) genannte Durchschnittslinie wird (mithin in Verbindung mit der Bedingung 2 auch normal gegen die Ebene des Verticalkreises) und zugleich

6) den verticalen Durchmesser des Kreises trifft.

Die Bedingungen 1, 2, 4 zusammengenommen vertreten die Stelle der einen, dass bei genau senkrechter Stellung der aufrechten Drehungsachse eine horizontale Ebene die Ränder der beiden Achatplatten der Länge nach oder in zwei Linien berühren soll, insofern vorausgesetzt wird, dass die Ebene des Verticalkreises mit jener Drehungsachse parallel ist, also mit ihr zugleich senkrecht wird: man kann dies als die siebente Bedingung betrachten, welche man stillschweigend im Vertrauen auf die Geschicklichkeit des Künstlers vorauszusetzen pflegt, und zu deren Prüfung und, eventuell, Berichtigung das Instrument, wie es ist, keine Mittel darbietet.

4.

Bei den in diesem Aufsatze anzuführenden Beobachtungen war ich in Beziehung auf die Prüfung der angegebenen Bedingungen, in Ermangelung anderer Mittel, auf folgende Art zu Werke gegangen.

Zur Prüfung der *ersten* Bedingung gebrauchte ich das Planglas eines sogenannten künstlichen Horizonts, welches (nachdem vorher der Rahmen mit den
Pfannen weggenommen war) so auf die Achatläger gelegt wurde, dass die matt-
geschliffene Rückseite nach oben gekehrt war. Wenn die Bedingung nicht erfüllt ist, wird immer nur *eine* Achatplatte nach der ganzen Länge, die andere am
einen Endpunkte berührt werden, was man, wenn der Fehler nicht sehr gering
ist, schon mit dem Auge erkennt; mehr Genauigkeit und Sicherheit gibt eine auf
die Glasplatte gestellte Libelle, welche zeigt, ob diese zwei verschiedene Berüh-
rungslagen hat oder nur eine. Man sieht leicht, dass mit Hülfe dieser Libelle nach
Erfüllung der ersten Bedingung auch die *zweite* und *vierte* geprüft werden kann.

Zur Prüfung der *fünften* Bedingung muss die Nadel in zwei verschiedene
Gleichgewichtsstellungen gebracht werden, und zwar solche, wo bei gleicher
Lage der Zapfen auf den Lägern (oder indem dieselbe Nadelfläche vorne ist) die
Nadel nur eine mässige Neigung gegen die Horizontallinie hat, aber das Ende,
welches in der einen Lage auf der linken Seite war, bei der andern rechts zu stehen kommt. Man verschafft sich diese beiden Stellungen am bequemsten vermittelst angemessener Belastungen der Nadel, und erkennt das Erfülltsein der in
Rede stehenden Bedingung daran, dass von der Schärfe jedes Nadelendes in der
einen Stellung eben so viel vor den Rand des Kreises vortreten muss, wie in der
andern. In Gegenden, wo nur eine mässige Inclination Statt findet, würden die
betreffenden beiden Lagen schon durch blosse halbe Umdrehung des Instruments,
so dass die Kreisfläche beidemal nahe am magnetischen Meridian ist, zu erhalten sein.

Eine ähnliche Prüfungsart lässt sich übrigens auch für die *zweite* Bedingung
anwenden, nur dass dabei zwei entgegengesetzte nahe verticale Stellungen der
Nadel hergestellt sein müssen, wovon die eine sich von selbst ergibt, wenn man
die Kreisebene nahe rechtwinklig gegen den magnetischen Meridian bringt, die
andere entweder durch eine angemessene Belastung, oder durch Umkehren der
Pole. Man sieht aber leicht, dass dieses Verfahren mit dem oben erwähnten vermittelst der Libelle nur dann gleichgeltend ist, wenn die siebente Bedingung erfüllt ist, und dass man also durch Verbindung beider Methoden eine Art von
Prüfung dieser Bedingung selbst erhält, die freilich nur eine sehr unvollkommene
sein kann, da sich das gleiche Vortreten der Nadelschärfe vor den Kreisrand
nur schätzungsweise beurtheilen lässt.

Dieselben combinirten Stellungen der Nadel dienen zugleich zur Prüfung der beiden übrigen Bedingungen; die *sechste* Bedingung ist erfüllt, wenn jedes Nadelende in der ersten nahe horizontalen Stellung eben so weit von der innern Fläche des Kreises absteht, wie in der zweiten; für die *dritte* Bedingung gilt ähnliches bei den nahe verticalen Stellungen. Offenbar würde zu der Prüfung hinreichen, die Abstände beider Nadelenden von der innern Kreisfläche unter sich bei Einer nahe horizontalen und Einer nahe verticalen Stellung zu vergleichen, wenn die beiden Nadelhälften genau gleich lang wären, aber bei unserm Instrumente, wo die Zwischenräume überhaupt so sehr klein sind, genügt dies nicht, und selbst eine sehr geringe Ungleichheit in den beiden Nadelhälften wird dabei schon bemerkbar.

5.

Wie schwer es ist, auf solche Art allen Bedingungen zugleich Genüge zu thun, erhellt schon aus dem Umstande, dass die zwei Schrauben, auf welchen jede Achatplatte ruht, nur acht Millimeter von einander abstehen, so dass, da die Weite eines Schraubengewindes 0.283 Millimeter beträgt, schon eine halbe Umdrehung einer Schraube die betreffende Achatplatte um einen Grad wendet.

Sehr erleichtert wird aber das Geschäft durch eine eigne Vorrichtung, die ich erst später habe anfertigen lassen, und die dazu dient die Ränder der Achatplatten in Eine Ebene zu bringen und diese horizontal zu machen; ich halte mich aber jetzt nicht bei einer Beschreibung derselben auf, da sie für die gegenwärtigen Beobachtungen[*]) noch nicht hatte benutzt werden können. Eine zweite gleichfalls erst nach dem Schluss der Beobachtungen fertig gewordene Vorrichtung dient zu einer scharfen Bestimmung der Abweichung des Hauptkreises von der verticalen Lage. Sie hat diese Abweichung zu *zehn Minuten* ergeben, aber die Wegschaffung der Abweichung wird erst eine Abänderung am Instrumente erfordern. Übrigens kann der Einfluss dieser Abweichung auf die Inclinationen nicht einmal eine Secunde betragen.

Überhaupt darf ich nicht unbemerkt lassen, dass kleine Fehler in den verschiedenen Berichtigungen nur einen kaum merklichen Einfluss auf die Inclina-

---

[*]) Mit Ausnahme der vom 23. September.

tionsbestimmungen haben können. Der Einfluss, welchen auf die Stellung der Nadel ein Theil der Fehler hat, ist in Beziehung auf diese nur eine Grösse der zweiten Ordnung, und die Wirkung der andern, namentlich einer Excentricität, und einer Neigung der die Achatplatten berührenden Ebene in dem Sinn parallel mit der Ebene des Kreises (Fehler gegen die Bedingungen 3, 6 und 4) werden durch die Combination der einzelnen Beobachtungsstücke völlig eliminirt. Ich kann daher dem Urtheil HORNER's, dass *vor allem* auf die Wegschaffung dieses letzten Fehlers zu sehen sei (Physik. Wörterb. 5. Band, S. 759) nicht beistimmen, sondern betrachte diesen Fehler als denjenigen, an dessen vollkommener Wegschaffung am wenigsten gelegen ist.

6.

Die hier aufzuführenden Inclinationsbeobachtungen sind sämmtlich im Freien an dem in den *Resultaten* 1840. II. [S. 433 d. B.] bezeichneten Platze angestellt; ein Schirmdach hielt die Sonnenstrahlen von dem Instrumente ab. Dieses wurde auf dem Steine so aufgestellt, dass die gerade Linie durch zwei Fussspitzen nahe senkrecht gegen den magnetischen Meridian wurde, für welche Stellung die Plätze der drei Füsse bezeichnet waren. Die genaue magnetische Orientirung des Instruments wurde durch eine demselben beigegebene Hülfsnadel erhalten, die mit einem Achathütchen auf eine Spitze aufgehängt wird; der Träger dieser Spitze hat zwei kurze cylindrische Seitenarme, die in die beiden Pfannen eingelegt werden, wodurch sich die Spitze in Folge des Gewichts des frei herabhängenden Theils des Trägers von selbst vertical stellt. Ich habe öfters mit dieser Orientirungsart auch die sonst übliche durch correspondirende Neigungen in zwei nahe gegen den magnetischen Meridian senkrechten Stellungen des Verticalkreises verbunden und immer nur ganz unerhebliche Unterschiede gefunden, woraus hervorgeht, dass die Hülfsnadel hinlänglich empfindlich ist und keine constante Abweichung hervorbringt. Eine geringe Abweichung der Verticalebene, in welcher man beobachtet, von dem ohnehin während der Beobachtungen nicht ganz unveränderlichen magnetischen Meridian hat übrigens auf die Neigung der Inclinationsnadel nur einen als ganz unmerklich zu betrachtenden Einfluss von der zweiten Ordnung.

7.

Das Zusammenfallen des Schwerpunkts einer Nadel mit der Drehungsachse können die geschicktesten Künstler nur näherungsweise bewirken: es bleibt fast immer eine Abweichung zurück, deren Einfluss auf die Einstellung der Nadel durch die Combination von Beobachtungen unter mehrfach gewechselten Umständen ermittelt oder eliminirt werden soll: zu diesen abgeänderten Umständen gehört wesentlich die Umkehrung der Pole der Nadel. Unter sonst gleichen Umständen ist jener Einfluss desto stärker, je schwächer die Nadel magnetisirt ist; da man aber nicht befugt ist, anzunehmen, dass die Stärke des Nadelmagnetismus nach dem Umkehren der Pole wieder eben so gross wird, wie vorher, so ist eine genaue Reduction der Beobachtungen von der Kenntniss des Verhältnisses dieser Stücke abhängig. Man gelangt dazu durch Beobachtung der Schwingungsdauer der Nadel: ich habe aber aus mehrern Gründen *horizontalen* Schwingungen den Vorzug gegeben, und zu deren Beobachtung einen besondern von Hrn. Inspector MEYERSTEIN verfertigten Apparat angewandt. Die Nadel schwingt in einem hölzernen Kasten mit verglasten Deckeln, und liegt dabei auf einem leicht gearbeiteten Bügel, der an einem 270 Millimeter langen von einer Glasröhre gegen Luftzug geschützten Seidenfaden hängt, und ihre Enden spielen während der Schwingungen an zwei Gradbogen, deren jeder 40 Grad umfasst, in halbe Grade getheilt ist, und 5 Minuten mit Sicherheit zu schätzen verstattet. Die Schwingungsdauer jeder Nadel wurde vor und nach dem Umstreichen jedesmal aus 150 in drei Sätze vertheilten Schwingungen bestimmt, die nach gehöriger Reduction auf unendlich kleine Bögen stets vortrefflich übereinstimmende Resultate geben. Angefangen wurde gewöhnlich mit einem Schwingungsbogen von etwa 36 Grad, und es verdient hier wohl bemerkt zu werden, dass, im Gegensatz gegen die in den *Resultaten* 1837. IV [S. 385 d. B.] erwähnten Erfahrungen an schwereren Stäben, die Abnahme des Schwingungsbogens an allen Tagen und Nadeln mit fast gleicher Geschwindigkeit erfolgte, so dass die Zeit, innerhalb welcher der Bogen auf seinen vierten Theil herabkam, mit geringen Schwankungen 14 Minuten betrug. Übrigens wurden diese Schwingungsbeobachtungen immer in der Sternwarte auf einem Steinpostamente angestellt, indem es dabei nicht sowohl auf die absolute Dauer, als auf das Verhältniss ankommt, welches von den kleinen in diesem Local möglicherweise Statt findenden fremden Einflüssen nicht merklich afficirt werden kann.

8.

Bei den im Sommer 1842 angestellten Inclinationsbeobachtungen bezweckte ich ausser der Feststellung der für diese Zeit geltenden magnetischen Inclination zugleich die Bestimmung des Grades der Genauigkeit, welche mit dem angewandten Instrument erreicht wird. Es schien mir nicht genügend, die Zuverlässigkeit der Endresultate, auf welche so mancherlei Umstände Einfluss haben, nach den Unterschieden abzuschätzen, die sich in den Einstellungen der Nadel bei wiederholtem Abheben *vermittelst des Pfannenhebels* ergeben; eben so wenig aber kann zu diesem Zwecke die blosse Vergleichung der Resultate dienen, die man für die Inclination aus den Beobachtungen verschiedener Tage erhält, da sich dabei die zufälligen dem Instrument beizumessenden Beobachtungsfehler mit den wirklichen Schwankungen der Inclination selbst vermischen. Ich war ferner begierig zu erfahren, ob meine vier Nadeln übereinstimmende, oder wie es einigen Beobachtern begegnet ist*), entschieden und bedeutend ungleiche Resultate geben würden.

Diese Rücksichten haben mich bewogen, eine von der gewöhnlichen etwas abweichende Anordnung der Beobachtungen zu wählen; das Wesentliche des Unterschiedes ergibt sich aus folgendem.

Gewöhnlich beobachtet man den Stand der Nadel, d. i. die Stellung beider Spitzen gegen die Theilung des Kreises, in vier verschiedenen Combinationen der Stellung des Kreises und der Art des Einliegens der Nadel, indem die getheilte Fläche des erstern und die gezeichnete Fläche der letztern nach Osten oder Westen, nach gleicher oder nach entgegengesetzter Weltgegend gekehrt sein können. Dieselben Combinationen werden nach dem Umkehren der Pole wiederholt, so dass zusammen 16 Ablesungszahlen vorliegen, aus welchen man, in so fern sie nicht in Folge einer starken Abweichung des Schwerpunkts der Nadel von ihrer Zapfenachse grosse Verschiedenheiten darbieten, das einfache arithmetische Mittel für die Inclination annimmt, oder im entgegengesetzten Falle eine künstlichere Rechnung anwendet. Es versteht sich, dass jede der 16 Zahlen

---

*) Das auffallendste Beispiel dieser Art wird in dem *Fifth Report of the British association for the advancement of Science* S. 142 angeführt, wo acht Nadeln, mit welchen Capitaine Ross in London die Inclination bestimmte, Unterschiede bis zu 41 Minuten ergaben, obgleich die Beobachtungen mit jeder einzelnen Nadel zahlreich und unter sich gut übereinstimmend waren. Die Ursache dieser sonderbaren Erscheinung, über welche näheres Detail nicht mitgetheilt ist, hat man in England der nicht vollkommen cylindrischen Gestalt der Zapfen beigemessen, und gerade deshalb drehbare Zapfen versucht.

57 *

selbst schon das Mittel aus einer kleinern oder grössern Anzahl von Einstellungen sein kann, die man in jeder Combination durch wiederholtes Aufheben erhält.

Hievon unterscheidet sich das von mir befolgte Verfahren dadurch, dass ich an jedem Tage mit zwei Nadeln beobachtet habe, ohne zwischen den Beobachtungen die Pole umzukehren; das Umkehren der Pole geschah zwischen zwei auf einander folgenden Beobachtungen und zwar wechselsweise immer nur an einer Nadel. Man sieht, dass auf diese Art die Beobachtungen von vier Tagen alle Combinationen der verschiedenen Polarisirungen beider Nadeln umfassen, wie dies mit den Nadeln 1 und 3 vom 6. bis 9. Julius, und mit den Nadeln 2 und 4 vom 17. bis 20. Julius geschehen ist. Eine Fortsetzung ähnlich combinirter Abwechslungen durch acht Beobachtungstage, wie mit den Nadeln 1 und 2 vom 20. Mai bis 5 Junius, und mit den Nadeln 3 und 4 vom 8. bis 25. Junius ausgeführt ist, gab also jede Combination der Polarisirungen zweimal. Die Beobachtungen an jedem Tage wurden so geordnet, dass die Resultate aus beiden Nadeln, so viel thunlich, gleichzeitig wurden. Dies wurde dadurch erreicht, dass zuerst die oben erwähnten vier Combinationen an der einen Nadel durchbeobachtet wurden, und zwar jede mit viermal wiederholter Auflegung; sodann die ähnlichen Combinationen an der zweiten Nadel unter achtmal wiederholter Auflegung; endlich wiederum an der ersten Nadel dieselben Combinationen, aber in verkehrter Ordnung und unter viermal wiederholter Auflegung.

Bei dieser Einrichtung geben die Beobachtungen Eines Tages für sich allein noch keine Inclinationsbestimmung; allein wenn damit die Beobachtungen des folgenden Tages verbunden werden, so lässt offenbar die nicht umgestrichene Nadel erkennen, um wie viel die Inclination an den beiden Tagen ungleich war, und die einseitigen Beobachtungen an der andern können danach auf Einen Zeitpunkt reducirt, und also vollständig gemacht werden. Zu einer strengern die Gesammtheit der Beobachtungen von allen 24 Tagen umfassenden Behandlung wird aber erst das gegenseitige Verhalten der partiellen Beobachtungsresultate näher erörtert werden müssen.

9.

Diese in mehr als einer Beziehung wichtige Entwickelung wird sich am bequemsten an ein Beispiel anknüpfen lassen, entnommen von einer auf die gewöhnliche Art angestellten Beobachtung, dergleichen von mir auch an mehrern Tagen gemacht sind.

Ich wähle dazu die Beobachtung mit der Nadel 1 vom 23. September 1842 Vormittags von 8½ bis 11 Uhr. Die magnetische Orientirung wurde auf die im 6. Art. angezeigte Art mit der Hülfsnadel erhalten, und der Index des Azimuthalkreises (dessen von der Linken nach der Rechten wachsende Grade ich, wie schon oben bemerkt ist, von 0 bis 360° durchzähle) zeigte bei der Stellung des Verticalkreises im Meridian, die getheilte Seite nach Osten gekehrt, 90° 5'.

Ausser den gewöhnlichen acht Combinationen im magnetischen Meridian machte ich an diesem Tage noch eben so viele in der gegen denselben normalen Verticalebene: ich nehme diese Beobachtungen hier mit auf, da sie zu mehrern Erörterungen Gelegenheit geben. Die Nadel ist (eben so wie die drei andern) auf einer Seite mit den Buchstaben *A, B* an den Enden gezeichnet, wodurch die Polarisirung und Einlegungsart bequem unterschieden werden kann. In jeder der 16 Combinationen wurde die Nadel fünfmal mit dem Pfannenhebel auf die Achatplatten gelegt: in der folgenden Übersicht gebe ich aber nur die Mittelwerthe aus den zusammengehörigen Einstellungen.

Nadelende B Nordpol.

Azimuthal Kreis	Bezeichnete Nadelfläche			
	vorne		hinten	
	unten	oben	unten	oben
90° 5'	67° 27' 54"	67° 29' 36"	67° 45' 39"	67° 44' 51"
180 5	89 52 39	89 52 51	90 12 30	90 10 30
270 5	112 18 39	112 16 45	112 38 51	112 33 54
0 5	89 58 33	89 57 48	90 13 27	90 10 54

Nadelende A Nordpol.

Azimuthal Kreis	Bezeichnete Nadelfläche			
	vorne		hinten	
	unten	oben	unten	oben
90° 5'	68° 2' 51"	68° 2' 33"	67° 35' 15"	67° 37' 0"
180 5	90 14 48	90 12 21	89 51 12	89 51 36
270 5	112 27 21	112 22 33	112 7 6	112 5 33
0 5	90 16 15	90 14 0	89 53 54	89 54 18

Die Dauer einer horizontalen Schwingung wurde gefunden

vor den Beobachtungen . . . . 5″83555
nach den Beobachtungen 5.87416

10.

Ich verweile nun zuerst bei den Unterschieden zwischen den Ablesungen der untern und obern Spitze, welche davon abhängen, dass die Zapfenachse weder durch den Mittelpunkt der Theilung, noch durch die die beiden Spitzen der Nadel verbindende gerade Linie geht. Bezeichnen wir mit x, y die Coordinaten des Schnittes der Zapfenachse mit der Kreisebene relativ gegen den Mittelpunkt der Theilung, ausgedrückt in Bogentheilen der innern Kreisperipherie, und zwar x parallel mit dem Diameter durch die beiden Nullpunkte und positiv nach der rechten, y parallel mit dem Diameter durch die beiden 90^0 Punkte und positiv nach oben; ferner mit $180^0 - z$ den Winkel zwischen den beiden durch die Zapfenachse und die Spitzen A und B gelegten Ebenen, so verstanden, dass, indem man sich die Nadel horizontal und die gezeichnete Seite nach oben gekehrt denkt, in dem Sinne von der linken nach der rechten von A nach B gezählt wird; endlich mit l das Mittel zwischen den beiden Ablesungen: so wird der Unterschied derselben (so verstanden, dass die untere Ablesung von der obern abgezogen wird)

$$= 2x \sin l + 2y \cos l \pm z$$

wo das obere Zeichen gilt, wenn zugleich die gezeichnete Fläche vorne und A oben (also hier Südpol), oder jene hinten und B oben ist, das untere Zeichen in den beiden andern Fällen.

Die obigen Beobachtungen geben so 16 Gleichungen, aus welchen nach der Methode der kleinsten Quadrate gefunden wird

$$x = -\ 38″3$$
$$y = +153.2$$
$$z = +\ 75.4$$

Die Vergleichung gibt dann, wenn man nach der Grösse von l ordnet,

l	Beobachtung	Rechnung	Fehler
67° 28′ 45″	$+102″$	$+122″$	$-20″$
67 36 7	$+105$	$+121$	-16
67 45 15	-48	-30	-18
68 2 42	-18	-32	$+14$
89 51 24	$+24$	0	$+24$
89 52 45	$+12$	-1	$+13$
89 54 6	$+24$	-1	$+25$
89 58 10	-45	-1	-44
90 11 30	-120	-153	$+33$
90 12 10	-153	-153	0
90 13 34	-147	-153	$+6$
90 15 7	-135	-153	$+18$
112 6 19	-93	-111	$+18$
112 17 42	-114	-112	-2
112 24 57	-288	-264	-24
112 36 22	-297	-264	-33

Die Summe der Quadrate der übrig bleibenden Fehler ist 7924, woraus man schliesst, dass der mittlere Fehler der Differenz zweier Mittel aus fünf Ablesungen

$$= \sqrt{\tfrac{7924}{13}} = 24″7$$

und der mittlere Fehler der einfachen Ablesung Einer Spitze

$$= \sqrt{\tfrac{5}{2} \cdot \tfrac{7924}{13}} = 39″0$$

angenommen werden kann, eine in der That sehr befriedigende Genauigkeit, welche durch ähnliche Discussion der Beobachtungen von andern Tagen nicht nur bestätigt, sondern zuweilen noch übertroffen wird. Es mag jedoch dabei bemerkt werden, dass die Erreichung einer solchen Übereinstimmung wesentlich von dem Umstande abhängt, dass das Abheben der Nadel immer nur dann geschieht, wenn sie in Ruhe oder ihrer Ruhestellung nahe ist. Ohne diese Vorsicht würde die Nadel, deren Schwingung in einem Rollen der Zapfen auf dem Lager besteht, an einer andern Stelle des Lagers, als wo sie niedergelegt wird, zur Ruhe kommen, und also das Excentricitätselement x ein veränderliches sein.

Man erhält auf die hier angegebene Art allerdings die Werthe der Excentricitätselemente x und y mit vieler Genauigkeit, allein diese Werthe können nicht ohne Weiteres dazu dienen, uns zu belehren, ob und wie viel die Läger und Pfannen noch verrückt werden müssen, um den Bedingungen 3 und 6 im 3. Art. Genüge zu leisten, indem diese sich auf den Mittelpunkt des innern Kreises, jene aber auf den Mittelpunkt der Eintheilung beziehen, welche beide etwas verschieden sein können, und an dem in Rede stehenden Instrumente auch wirklich verschieden sind. In der That waren vor den hier angeführten Beobachtungen die betreffenden Berichtigungen mit aller möglichen Sorgfalt ausgeführt.

Die mit z bezeichnete Grösse ist offenbar für jede Nadel unveränderlich, und eine ähnliche Behandlung der Beobachtungen von andern Tagen hat nahe denselben Werth ergeben Für die drei andern Nadeln habe ich gefunden

$$\text{für Nadel } 2 \ldots \ldots \ldots \ldots +3' \, 18''$$
$$3 \ldots \ldots \ldots \ldots -1 \quad 4$$
$$4 \ldots \ldots \ldots \ldots +1 \quad 2$$

Obwohl die Kenntniss dieser Werthe kein besonderes praktisches Interesse hat, so gibt doch ihre Kleinheit ein rühmliches Zeugniss für die von dem ausgezeichneten Künstler auf die Bearbeitung der Nadeln verwandte Sorgfalt.

11.

Das Mittel der Ablesungen der beiden Spitzen gibt uns die Neigung der diese Spitzen verbindenden geraden Linie oder einer Parallele mit derselben gegen den mit 0 bezeichneten Diameter des Verticalkreises. Ich stelle diese 16 Mittel hier paarweise zusammen.

Nadelende B Nordpol

Azim. Kr.	Bez. Nadelfl. vorne	Azim. Kr.	Bez. Nadelfl. hinten
90° 5′	67° 28′ 45″	270° 5′	112° 36′ 23″
180 5	89 52 45	0 5	90 12 11
270 5	112 17 43	90 5	67 45 15
0 5	89 58 10	180 5	90 11 30

Nadelende A Nordpol

Azim. Kr.	Bez. Nadelfl. vorne	Azim. Kr.	Bez. Nadelfl. hinten
90° 5′	68° 2′ 42″	270° 5′	112° 6′ 20″
180 5	90 13 34	0 5	89 54 6
270 5	112 24 57	90 5	67 36 7
0 5	90 15 8	180 5	89 51 24

Nebeneinander stehen hier diejenigen Einstellungen, bei welchen in ent-gegengesetzter Lage des Verticalkreises die Zapfenachse gleiche Lage (gegen die Weltgegenden) hatte. Der Zusammenhang zweier solcher Zahlen l und l' ist ein sehr einfacher, wenn die Läger so berichtigt sind, dass eine gegen die verti-cale Drehungsachse normale Ebene sie berührt. In dieser Voraussetzung liegt in beiden Einstellungen die Zapfenachse auf einer horizontalen Ebene und der Ruhestand der Nadel ist daher offenbar derselbe, d. i. wenn wir unter L die Neigung der von der obern zur untern Spitze gezogenen geraden Linie gegen den-jenigen horizontalen Radius des Kreises verstehen, der jedesmal auf der rechten Seite der gezeichneten Nadelfläche liegt, so wird L in beiden Einstellungen gleiche Werthe haben. Diese Neigung ergibt sich aber

$$\text{in der ersten Einstellung} = l - \alpha$$
$$\text{und in der zweiten} = 180^0 - (l' - \alpha)$$

wenn α den Fehler des Nullpunkts (d. i. die Ablesung an demjenigen Kreisra-dius, der mit der Verticalachse einen rechten Winkel macht) bedeutet. Wir ha-ben also unter obiger Voraussetzung

$$\alpha = \tfrac{1}{2}(l + l') - 90^0, \qquad L = \tfrac{1}{2}(l + 180^0 - l')$$

Aus den Beobachtungen vom 23. Sept., wo diese Berichtigung mit Hülfe der im 5. Art. erwähnten Vorrichtung auf das sorgfältigste ausgeführt war, erhal-ten wir also acht verschiedene Bestimmungen von α, nemlich

$$+2' \ 34''$$
$$2 \ \ 28$$
$$1 \ \ 29$$
$$4 \ \ 50$$
$$4 \ \ 31$$
$$3 \ \ 50$$
$$0 \ \ 32$$
$$3 \ \ 16$$

Die Summe der Quadrate der in Secunden ausgedrückten Abweichungen von dem Mittelwerthe $2' \ 56''$ findet sich $= 57214$; wenn man also diese Abwei-chungen wie ganz zufällige betrachtet, so ergeben sie den mittlern Fehler des

58

Resultats aus einem Paar coordinirten Einstellungen $= \sqrt{\frac{57214}{7}} = 90''4$. Man sieht, dass bei diesem Instrumente die Anomalien der Einstellung viel beträchtlicher sind, als die reinen Ablesungsfehler.

12.

Anders verhält es sich aber, wenn die vorausgesetzte genaue Berichtigung der Läger nicht Statt findet. Nehmen wir an, dass zwar die Ränder derselt.en in Einer Ebene liegen, aber nicht in einer gegen die Verticalachse normalen, so ist in den beiden Einstellungen diese Ebene auf entgegengesetzte Art gegen die Horizontalebene geneigt. Hier kommt indessen nur die Neigung in dem Sinn der Lagerränder oder parallel mit der Kreisebene in Betracht, indem eine kleine Neigung in der Querrichtung oder in dem Sinn der Nadelachse keinen merklichen Einfluss auf die Ruhestellung der Nadel hat. Es bezeichne nun L diejenige Neigung der Nadel (eben so verstanden wie oben), welche bei dem Aufliegen auf einem vollkommen horizontalen Lager Statt finden würde; δ die entsprechende Richtungskraft, d. i. den Coëfficienten, in welchen der Sinus einer Ablenkung von der Ruhestellung multiplicirt werden muss, um das Drehungsmoment der die Nadel nach dieser Stellung zurücktreibenden Kraft auszudrücken; endlich sei $L+\mathfrak{b}$ die in der ersten Einstellung auf dem geneigten Lager wirklich Statt findende Neigung. Es lässt sich dann leicht zeigen, dass

$$\delta \sin \mathfrak{b} = p \rho \sin \gamma$$

wird, wo p das Gewicht der Nadel, ρ den Halbmesser der Zapfen und γ die Neigung des Lagers gegen die Horizontallinie bedeuten, letztere Grösse positiv genommen, wenn das Lager auf der rechten Seite der gezeichneten Nadelfläche niedriger ist. Offenbar muss nun aber in der zweiten Einstellung $-\gamma$ anstatt γ gesetzt werden, wodurch $\mathfrak{b}$ in $-\mathfrak{b}$ übergeht, daher in dieser zweiten Einstellung die Neigung der Nadel $L-\mathfrak{b}$ wird. Wir haben also

$$l - \alpha = L + \mathfrak{b}, \qquad 180^0 - (l' - \alpha) = L - \mathfrak{b}$$

und folglich, eben so wie im vorhergehenden Art.

$$\tfrac{1}{2}(l + 180^0 - l') = L$$

hingegen anstatt der andern dortigen Gleichung jetzt

$$\tfrac{1}{2}(l + l') - 90^0 = \alpha + \mathfrak{b}$$

Liegen aber die Ränder der Achatplatten gar nicht in Einer Ebene, so werden eben diese beiden Formeln auch noch hinlänglich genau gültig bleiben, wenn man nur für γ das Mittel der Neigungen der beiden Kanten annimmt, vorausgesetzt, dass der Schwerpunkt der Nadel von den beiden aufliegenden Punkten der Zapfen nahe gleich weit absteht. Genau genommen entsteht zwar noch eine kleine Modification aus dem Umstande, dass dann die gerade Linie, welche die beiden Berührungspunkte der Zapfen und Läger verbindet, in den beiden Einstellungen nicht ganz gleiche Azimuthe hat; der Einfluss dieses Umstandes auf die Stellung der Nadel wird aber auch da, wo er am stärksten ist, nemlich bei Beobachtungen in der gegen den magnetischen Meridian normalen Ebene, wie ganz unmerklich betrachtet werden dürfen.

13.

Da es nicht uninteressant ist, übersehen zu können, in welchem Verhältnisse bei nicht berichtigtem Zustande der Läger die Neigung derselben auf die Einstellung der Nadel wirkt, so füge ich hier noch das dazu nöthige für die am 23. Sept. gebrauchte Nadel bei. Zu dem Zweck, ihr Trägheitsmoment zu bestimmen, hatte ich schon früher horizontale Schwingungen derselben beobachtet, theils ohne, theils mit Auflegung eines Ringes, dessen eignes Trägheitsmoment sich aus Gewicht und Dimensionen mit hinlänglicher Schärfe berechnen liess. Es war am 21. September

Schwingungsdauer ohne Ring . . . . 5″88431
— mit Ring 7.32835
Gewicht des Ringes . . . . 19.2385 Gramme
Innerer Durchmesser . . . . 75.525 Millimeter
Äusserer Durchmesser . . . . . . 79.767 —

Hieraus folgt, Gramm und Millimeter als Einheit angenommen,

Trägheitsmoment des Ringes 29019
— der Nadel*) 52662

---

*) Eigentlich ist es die Summe der Trägheitsmomente der Nadel und des Bügels; beide von einander zu scheiden ist theils unthunlich, theils überflüssig, da keine andere Schwingungen als horizontale mit diesem Bügel gebraucht werden.

Hieraus verbunden mit den oben Art. 9 angegebenen Schwingungszeiten vom 23. September, und die Länge des einfachen Secundenpendels in Göttingen zu 994.126 Millimeter angenommen, ergibt sich auf bekannte Weise

horizontale magnetische Richtungskraft

vor dem Umstreichen 1.5556

nach dem Umstreichen 1.5352

Diese Zahlen gelten, genau genommen, zunächst nur für den Platz, wo die Schwingungen beobachtet sind, und schliessen also die daselbst etwa statt findenden localen Einflüsse ein: für den gegenwärtigen Zweck kommt dieser jedenfalls nur geringe Einfluss nicht in Betracht.

Mit Neigung 67° 40′ 54″ folgt hieraus ferner

ganze magnetische Richtungskraft,

vor dem Umstreichen 4.0965

nach dem Umstreichen 4.0429

verticale magnetische Richtungskraft

vor dem Umstreichen 3.7897

nach dem Umstreichen 3.7401

Diese vier Zahlen können, wenn man die kleine Modification, welche die magnetische Richtungskraft der Nadel durch die Excentricität des Schwerpunkts erhält, nicht berücksichtigt, als die Werthe von δ betrachtet werden, je nachdem die Beobachtung im magnetischen Meridian oder in der dagegen normalen Ebene gemacht ist. Da $\mathfrak{b}$ und γ immer klein genug sind, um diese Grössen selbst an die Stelle ihrer Sinus setzen zu können, also

$$\mathfrak{b} = \tfrac{pp}{\delta} \cdot \gamma$$

so ergibt sich hieraus, je nachdem die Stärke der Magnetisirung, wie sie vor oder wie sie nach dem Umstreichen war, zum Grunde gelegt wird

für Beobachtungen im magnetischen Meridian

$$\mathfrak{b} = 1{,}1882\,\gamma \quad \text{oder} \quad \mathfrak{b} = 1{,}2039\,\gamma$$

für Beobachtungen in der gegen den magnetischen Meridian normalen Ebene

$$\mathfrak{b} = 1{,}2844\,\gamma \quad \text{oder} \quad \mathfrak{b} = 1{,}3014\,\gamma$$

Übrigens sind zwar die bisher betrachteten Relationen zwischen den einzelnen Beobachtungsstücken nicht wesentlich, insofern es nur gilt, aus allen die magnetische Inclination abzuleiten: allein sie sind nicht unwichtig für die Prüfung und Befestigung des Resultats, indem das rechte Vertrauen in das Ganze erst aus der klaren Einsicht in die befriedigende Übereinstimmung der Theile erwachsen kann.

14.

Die Ausbeute der Beobachtungen ist nunmehr auf die acht Werthe von L zurückgeführt, welche erklärt werden können als die Neigungen der von der Südpolspitze der Nadel nach der Nordpolspitze gezogenen geraden Linie gegen den auf der rechten Seite der gezeichneten Nadelfläche liegenden horizontalen Kreisradius im Zustande des Gleichgewichts, insofern die Nadelzapfen auf einer horizontalen Fläche aufliegend gedacht werden, oder, was in statischer Rücksicht offenbar ganz dasselbe ist, insofern die Nadel als nur um die Achsenlinie der Zapfen drehbar angenommen wird. Mit andern Worten, die Werthe von L sind die verbesserten d. i. vom Einfluss des Fehlers des Nullpunkts und der Nichthorizontalität der Läger befreiten Werthe der im 11. Art. unter der Überschrift *Bezeichnete Nadelfläche vorne* aufgeführten Zahlen

Werthe von L.

Az. Kr.	B Nordpol	A Nordpol
90° 5′	67° 26′ 11″	67° 58′ 11″
180 5	89 50 17	90 9 44
270 5	112 16 14	112 24 25
0 5	89 53 20	90 11 52

Um nun den Zusammenhang der Werthe von L mit den Elementen, von welchen er abhängt, in einer Gleichung auszudrücken, bediene ich mich folgender Bezeichnungen.

V Stellung des Azimuthalkreises für die Beobachtung.

V^0 Stellung des Azimuthalkreises, bei welcher der Verticalkreis im magnetischen Meridian, und die getheilte Seite nach Osten gerichtet ist.

i magnetische Inclination.

m das Product des magnetischen Moments der Nadel in die ganze Intensität der erdmagnetischen Kraft, wobei die Schwere als Einheit der beschleunigenden Kräfte angenommen wird.

q das Gewicht der Nadel multiplicirt in die Entfernung des Schwerpunkts von der Zapfenachse.

c der spitze Winkel zwischen der die Spitzen der Nadel verbindenden geraden Linie und der magnetischen Achse derselben, positiv, wenn letztere rechts liegt, indem die Nadel mit der gezeichneten Seite nach oben horizontal liegend gedacht wird.

Q der Winkel zwischen der geraden Linie von der Südpolspitze der Nadel nach der Nordpolspitze einerseits und der geraden Linie von der Zapfenachse nach dem Schwerpunkt andererseits, so verstanden, dass man von der ersten anfangend bei derselben Lage der Nadel wie für c von der Linken nach der Rechten zählt.

δ die Richtungskraft.

Zerlegt man die erdmagnetische Kraft in einen verticalen und einen horizontalen Theil, so entsteht aus dem erstern das Drehungsmoment, positiv genommen in dem Sinn wachsender L,

$$m \sin i \cos(L+c)$$

aus dem andern

$$-m \cos i \cos(V-V^0) \sin(L+c)$$

Die Schwere hingegen bewirkt das Drehungsmoment

$$q \cos(L+Q)$$

Da L die Gleichgewichtsstellung ausdrückt, so wird die Summe dieser drei Momente $= 0$; woraus wir die Hauptgleichung erhalten

$$-\sin i \cos(L+c) + \cos i \cos(V-V^0) \sin(L+c) = \frac{q}{m} . \cos(L+Q)$$

Schreiben wir in der Summe der drei Momente $L+z$ anstatt L, so erhalten wir das Drehungsmoment, welches bei einer Ablenkung z von der Gleichgewichtsstellung Statt findet; entwickelt man diesen Ausdruck in zwei Theile mit den Factoren $\cos z$ und $\sin z$, so verschwindet der erste vermöge der Hauptgleichung und der zweite wird in Folge des Begriffs der Richtungskraft $= -\delta \sin z$.

Wir haben also für δ die allgemeine Formel

$$\delta = m \sin i \sin(L+c) + m \cos i \cos(V-V^0) \cos(L+c) + q \sin(L+Q)$$

Für die drei speciellen Hauptfälle finden wir hieraus:

I.   Für $V = V^0$

$$\sin(L+c-i) = \frac{q}{m} \cos(L+Q)$$

$$\delta = m \cos(L+c-i) + q \sin(L+Q)$$

$$= \frac{m \cos(Q+i-c)}{\cos(L+Q)} = \frac{q \cos(Q+i-c)}{\sin(L+c-i)}$$

II. Für $V = V^0 + 180^0$

$$\sin(L+c+i) = -\frac{q}{m} \cos(L+Q)$$

$$\delta = -m \cos(L+c+i) + q \sin(L+Q)$$

$$= -\frac{m \cos(Q-c-i)}{\cos(L+Q)} = \frac{q \cos(Q-c-i)}{\sin(L+c+i)}$$

III. Übereinstimmend für $V = V^0 + 90^0$ und $V = V^0 + 270^0$

$$\sin i \cos(L+c) = -\frac{q}{m} \cos(L+Q)$$

$$\delta = m \sin i \sin(L+c) + q \sin(L+Q)$$

$$= -\frac{m \sin i \sin(Q-c)}{\cos(L+Q)} = \frac{q \sin(Q-c)}{\cos(L+c)}$$

Unser Beispiel gibt für die beiden letzten Fälle anstatt gleicher Werthe von L Ungleichheiten von resp. 3′ 3″ und 2′ 8″, welche theils in den zufälligen Beobachtungsfehlern, theils in der Conspiration mehrerer Umstände ihren Grund haben: in einer kleinen Unsicherheit der anfänglichen magnetischen Orientirung; in der Veränderlichkeit der magnetischen Declination und also des Werthes von V^0 im Laufe der Beobachtungen; in einer kleinen Excentricität des Horizontalkreises, welche in Ermangelung einer doppelten Ablesung nicht controllirt werden kann; endlich darin, dass die Rechtwinkligkeit der Zapfenachse gegen die Kreisebene durch die Auflegung vermittelst der Pfannen nur auf eine unvollkommene Art erhalten werden kann. Alle diese Umstände werden, so viel thunlich, unschädlich gemacht, indem man aus beiden Einstellungen die Mittel nimmt, also

$$\text{für } B \text{ Nordpol} \ . \ . \ . \ . \ . \ L = 89^0\ 51'\ 49''$$
$$\text{für } A \text{ Nordpol} \ . \ . \ . \ . \ . \ L = 90\ \ 10\ \ 48$$

setzt. Indessen wird man dieser Umstände wegen immer dem Resultate für die Einstellung bei einer gegen den magnetischen Meridian normalen Lage eine etwas geringere Zuverlässigkeit beilegen müssen, als bei den Lagen im Meridian selbst, wo der Einfluss jener Ursachen als unmerklich betrachtet werden kann.

15.

Die aus den 32 ursprünglichen Zahlen uns übrig gebliebenen sechs mögen fortan auf folgende Art bezeichnet werden:

Werthe von L	für $V - V^0 =$
f, f'	0
$180^0 - g,\ \ 180^0 - g'$	180^0
h, h'	90^0 und 270^0

wo die nicht accentuirten Zeichen sich auf B Nordpol, die accentuirten auf A Nordpol beziehen sollen. Offenbar sind so f, f', g, g' für die Stellungen im magnetischen Meridian die Neigungen der von der Südpolspitze der Nadel nach der Nordpolspitze gezogenen geraden Linie sämmtlich unter der nordlichen Horizontallinie, und zwar die beiden ersten für die Stellung, wo die gezeichnete Nadelfläche nach Osten gekehrt ist, die beiden andern für die entgegengesetzte; h, h' hingegen sind, für die Stellungen in der gegen den magnetischen Meridian normalen Ebene, die Neigungen derselben geraden Linie gegen die östliche oder westliche Horizontallinie, je nachdem die gezeichnete Nadelfläche nach Süden oder nach Norden gekehrt ist.

Was die Elemente betrifft, von welchen diese sechs Grössen abhängen, so ist q ganz constant, und i muss für alle als gleich angenommen werden, insofern wir die im Laufe der Beobachtungen etwa Statt habenden kleinen Schwankungen doch nicht berücksichtigen können; Q, m, c hingegen ändern nach dem Umstreichen ihre Werthe, und zwar Q genau um 180^0, m und c aber so, dass weiter kein bestimmter Zusammenhang mit den frühern Statt findet, als dass wir wenn zum Umkehren der Pole eine gleichförmige Streichmanipulation und kräftige Streichstäbe angewandt werden, versichert sein dürfen, dass der Unterschied und für c auch die absoluten Werthe nicht sehr beträchtlich sein können. Indem ich nun fortan die nicht accentuirten Zeichen Q, m, c die bestimmten für die Beobachtungen mit B Nordpol geltenden Werthe bedeuten, und für die Beobachtung mit A Nordpol, $Q+180^0$, m', c' an ihre Stelle treten lasse, verwandeln sich die allgemeinen Gleichungen des vorhergehenden Art. in folgende sechs:

$$\sin(f+c-i) = \frac{q}{m}\cos(f+Q) \quad \cdot \quad \cdot \quad \cdot \quad \cdot \quad \cdot \quad \cdot \quad (1)$$

$$\sin(g-c-i) = \frac{q}{m}\cos(g-Q) \quad \cdot \quad \cdot \quad \cdot \quad \cdot \quad \cdot \quad (2)$$

$$\sin i \cos(h+c) = -\frac{q}{m}\cos(h+Q) \quad \cdot \quad \cdot \quad \cdot \quad \cdot \quad (3)$$

$$\sin(f'+c'-i) = -\frac{q}{m'}\cos(f'+Q) \quad \cdot \quad \cdot \quad \cdot \quad \cdot \quad (4)$$

$$\sin(g'-c'-i) = -\frac{q}{m'}\cos(g'-Q) \quad \cdot \quad \cdot \quad \cdot \quad \cdot \quad (5)$$

$$\sin i \cos(h'+c') = \frac{q}{m'}\cos(h'+Q) \quad \cdot \quad \cdot \quad \cdot \quad \cdot \quad (6)$$

16.

Theoretisch betrachtet reichen diese sechs Gleichungen hin, um die sechs unbekannten Grössen c, c', $\frac{q}{m}$, $\frac{q}{m'}$, Q, i zu bestimmen, und es mag der Auflösung dieser Aufgabe ein Platz hier vergönnt sein, obgleich sie gar keinen praktischen Werth hat, da der enorme Einfluss der unvermeidlichen Beobachtungsfehler auf die Endresultate dieses Verfahren ganz unbrauchbar macht.

Multiplicirt man die Gleichungen 1, 2, 3 resp. mit

$$\sin(g+h), \quad \sin(f-h), \quad \sin(f+g)$$

und addirt, so erhält man nach einigen leichten Reductionen

$$\sin(f+c)\cdot\sin(g+h) = \sin(g-c)\cdot\sin(h-f)$$

woraus sich c leicht bestimmen lässt, am bequemsten vermittelst der Formel

$$\tan(c+\tfrac{1}{2}f-\tfrac{1}{2}g) = -\tan\tfrac{1}{2}(f+g)^2\cdot\cot(h-\tfrac{1}{2}f+\tfrac{1}{2}g)$$

Auf ähnliche Art erhält man aus den Gleichungen 4, 5, 6

$$\tan(c'+\tfrac{1}{2}f'-\tfrac{1}{2}g') = -\tan\tfrac{1}{2}(f'+g')^2\cdot\cot(h'-\tfrac{1}{2}f'+\tfrac{1}{2}g')$$

Die Zahlen unsers Beispiels sind

$$f = 67^0\ 26'\ 11'' \qquad f' = 67^0\ 58'\ 11''$$
$$g = 67\ \ 43\ \ 46 \qquad g' = 67\ \ 35\ \ 35$$
$$h = 89\ \ 51\ \ 49 \qquad h' = 90\ \ 10\ \ 48$$

woraus nach obigen Formeln folgt

$$c = +\ 12'\ 21'' \qquad c' = -\ 14'\ 18''$$

Werthe, deren Grösse schon fast die Wahrscheinlichkeit überschreitet, und deren geringe Zuverlässigkeit sichtbar wird, wenn man den Einfluss entwickelt, welchen kleine Fehler in den ihnen zum Grunde liegenden Zahlen auf sie haben. Man kann der dazu dienenden Differentialformel mehrere Formen geben; eine derselben ist folgende:

$$\mathrm{d}c = -\ \frac{\sin(g-c)\cdot\sin(h+c)}{\sin(h-f)\cdot\sin(f+g)}\,\mathrm{d}f + \frac{\sin(f+c)\cdot\sin(h+c)}{\sin(g+h)\cdot\sin(f+g)}\cdot\mathrm{d}g + \frac{\sin(f+c)\cdot\sin(g-c)}{\sin(h-f)\cdot\sin(h+g)}\cdot\mathrm{d}h$$

Für $\mathrm{d}c'$ gilt dieselbe Formel, wenn man nur f, g, h mit f', g', h' vertauscht. Auf unsere Rechnung angewandt, ergeben sie

$$\mathrm{d}c = -\ 3,435\,\mathrm{d}f + 3,441\,\mathrm{d}g + 5,876\,\mathrm{d}h$$
$$\mathrm{d}c' = -\ 3,499\,\mathrm{d}f' + 3,494\,\mathrm{d}g' + 5,993\,\mathrm{d}h'$$

Erwägt man also, dass die Werthe von h und h' selbst nur eine geringere Zuverlässigkeit haben und füglich Fehler von einer oder ein Paar Minuten einschliessen können, so erhellt, dass die gefundenen Werthe von c und c' kein Vertrauen verdienen

Der Vollständigkeit wegen lasse ich hier noch die Art, wie die übrigen unbekannten Grössen gefunden werden können, folgen.

Aus der Verbindung der Gleichungen (1) und (2) folgt

$$\cos i = -\ \frac{q}{m}\cdot\frac{\sin(f+g)\sin(Q-c)}{\sin(2c+f-g)} \quad\cdot\quad\cdot\quad\cdot\quad\cdot\quad\cdot\quad\cdot\quad (7)$$

und also unter Zuziehung von Gleichung (3)

$$\tan i = \frac{\sin(2c+f-g)}{\sin(f+g)\cdot\cos(h+c)}\cdot\frac{\cos(Q+h)}{\sin(Q-c)}$$

Auf ganz ähnliche Weise geben die Gleichungen 4 — 6

$$\tan g\, i = \frac{\sin(2\,c'+f'-g')}{\sin(f'+g')\,.\,\cos(h'+c')}\cdot\frac{\cos(Q+h')}{\sin(Q-c')}$$

Es wird folglich, wenn man zur Abkürzung

$$\frac{\sin(2\,c'+f'-g')\,.\,\sin(f+g)\,.\,\cos(h+c)}{\sin(2\,c+f-g)\,.\,\sin(f'+g')\,.\,\cos(h'+c')} = k$$

schreibt,

$$\cos(Q+h)\,.\,\sin(Q-c') = k\cos(Q+h')\,.\,\sin(Q-c)$$

Diese Gleichung nimmt, wenn man

$$\cos(h-c') - k\cos(h'-c) = A\sin B$$
$$\sin(h-c') - k\sin(h'-c) = A\cos B$$
$$\frac{\sin(h+c') - k\sin(h'+c)}{A} = C$$

setzt, die einfache Form an

$$\cos(2\,Q - B) = C$$

wodurch Q bestimmt wird; sodann findet sich i aus einer der beiden Gleichungen für $\tan g\, i$; endlich $\frac{q}{m}$ und $\frac{q}{m'}$ aus (1) oder (2) und aus (4) oder (5). Über diese Rechnungen ist noch folgendes zu bemerken.

I. Um die numerische Rechnung nach obigen Formeln mit Schärfe führen zu können, müssen c und c' mit viel mehr Genauigkeit berechnet sein, als ihre absolute Unzuverlässigkeit an sich verdient; im entgegengesetzten Falle würde die doppelte Bestimmung für $i, \frac{q}{m}, \frac{q}{m'}$ geringe Übereinstimmung geben*). Es lassen sich übrigens für jene Formeln andere diesem Übelstande nicht unterworfene, aber etwas weniger einfache substituiren, die ich mit Übergehung der nicht schweren Ableitung hieher setze.

$$\tan g\, i = -\frac{2\sin(f+c)\,.\,\sin(g-c)}{\sin(f+g)\,.\,\sin(h+c)}\cdot\frac{\cos(Q+h)}{\sin(Q-c)}$$

$$= -\frac{2\sin(f'+c')\,.\,\sin(g'-c')}{\sin(f'+g')\,.\,\sin(h'+c')}\cdot\frac{\cos(Q+h')}{\sin(Q-c')}$$

$$k = \frac{\sin(f+g)\,.\,\sin(f'+c')\,.\,\sin(g'-c')\,.\,\sin(h+c)}{\sin(f'+g')\,.\,\sin(f+c)\,.\,\sin(g-c)\,.\,\sin(h'+c')}$$

---

*) Alle in diesem Aufsatze vorkommenden Berechnungen sind zwar mit grösster Schärfe geführt, aber beim Abdruck die Bruchtheile der Secunden weggelassen. Wer also mit den abgekürzten Zwischenzahlen weiter rechnet, wird zuweilen etwas abweichende Resultate finden.

50*

II. Die Gleichung $\cos(2Q - B) = C$ hat, den speciellen Fall wo $C = \pm 1$ ist ausgenommen, immer vier verschiedene Auflösungen oder zwischen 0 und 360° liegende Werthe von Q, welche paarweise um 180° verschieden sind. Solche zwei Werthe von Q gehören zu einerlei Werth von i, aber zu entgegengesetzten sonst gleichen Werthen von $\frac{q}{m}$, $\frac{q}{m'}$: da nun letztere Grössen ihrer Natur nach positiv sein müssen, so fällt dadurch in jedem Paare ein Werth von Q von selbst weg. Gibt aber ein Werth von Q die Zeichen von $\frac{q}{m}$, $\frac{q}{m'}$ unter sich entgegengesetzt, so ist offenbar das ganze Paar zu verwerfen, und wenn dasselbe bei beiden Paaren Statt finden sollte, so ist daraus weiter nichts zu schliessen, als dass die Beobachtungsfehler die Combination der Gleichungen 1 — 6 zur Bestimmung der unbekannten Grössen ganz untauglich machen. In unserm Beispiele gibt die Rechnung folgende zwei Systeme von Werthen:

Erstes System

$$Q = \begin{cases} 12^0 \; 44' \; 41'' \\ 192 \;\; 44 \;\; 41 \end{cases}$$

$$i = \quad 67 \;\; 41 \;\; 33$$

$$\frac{q}{m} = \mp 0.0051395$$

$$\frac{q}{m'} = \mp 0.0042073$$

Zweites System

$$Q = \begin{cases} 179^0 \; 57' \; 42'' \\ 359 \;\; 57 \;\; 42 \end{cases}$$

$$i = \quad 60 \quad 2 \;\; 11$$

$$\frac{q}{m} = \mp 0.3443905$$

$$\frac{q}{m'} = \pm 0.3563855$$

Hier ist offenbar das zweite System ganz, und im erstern der obere Werth von Q zu verwerfen, also der Werth $Q = 192^0 \; 44' \; 41''$ allein zulässig. Dass aber damit ein recht guter Werth von i verbunden, und dass die schon sehr starke Abweichung des Verhältnisses der Werthe von $\frac{q}{m}$ und $\frac{q}{m'}$, von dem Verhältnisse der Quadrate der Schwingungszeiten (Art. 9), denen jene proportional sein sollten, nicht noch viel grösser ist, hat man bloss einer zufälligen Compensation der Beobachtungsfehler zuzuschreiben. In der That bringt schon die blosse Vergrösserung des Werthes von h' um Eine Minute (bei unveränderten Werthen der fünf übrigen Grössen f, g, h, f', g') ganz untaugliche Resultate hervor, indem die nach obiger Methode geführte Rechnung zwei Systeme von Auflösungen ergibt, in welchen die Neigung resp. $68^0 \, 17' \, 40''$ und $66^0 \, 23' \, 12''$ wird, während in beiden Systemen die Werthe von $\frac{q}{m}, \frac{q}{m'}$ entgegengesetzte Zeichen erhalten, ein schlagender Beweis, dass die Rechnung nicht auf solche Combinationen gegründet werden darf.

17.

Lassen wir nun aber die Beobachtungen in der gegen den magnetischen Meridian rechtwinkligen Ebene fahren, so müssen diese entweder durch andere Data ersetzt werden, oder man muss gewisse willkürliche Voraussetzungen, die nicht strenge richtig sind, zum Grunde legen, und sich mit dem Grade von Genauigkeit begnügen, welchen man auf diese Weise den Resultaten verschaffen kann. Bei meinen Beobachtungen ist durchgängig ein neues Datum aus den vor und nach dem Umkehren der Pole bestimmten Schwingungszeiten zu entnehmen, deren Quadrate als den Grössen $\frac{q}{m}, \frac{q}{m'}$ proportional betrachtet werden können. Derselbe Apparat, mit welchem diese Schwingungszeiten beobachtet werden, kann zwar auch zu einer unmittelbaren Bestimmung der Grössen c und c' dienen, wenn man bei zwei Einlegungen der Nadel in den Bügel (die gezeichnete Seite einmal oben, das andere mal unten) die Stellung der Spitzen gegen den Gradbogen beobachtet, und von den etwaigen Declinationsänderungen vermittelst gleichzeitiger Beobachtungen am Unifilar-Magnetometer Rechnung trägt. Allein jener Apparat verträgt keine so scharfen Ablesungen, als zu *dieser* Anwendung (für welche er nicht bestimmt ist) erforderlich sein würden. Wäre aber ein solcher Apparat viel genauer getheilt, für eine unverrückbare Aufstellung gesorgt, und geschähe etwa die Ablesung mit Mikroskopen, so würde es allerdings möglich sein, c und c' mit aller nur zu wünschenden Schärfe direct zu bestimmen, und wir hätten dann sogar ein Datum mehr als nöthig, so dass durch eine angemessene Ausgleichung die Genauigkeit des Resultats noch erhöhet werden könnte.

Ich ersetze sonach einstweilen das fehlende Datum durch die Voraussetzung, dass die magnetische Achse der Nadel durch die Umkehrung der Pole nicht verändert ist, oder dass $c' = c$. Diese Voraussetzung haben alle Beobachter gemacht, welche die Inclination durch eine strengere Rechnung, als nach der sonst allgemein gebräuchlichen Formel $i = \frac{1}{4}(f+g+f'+g')$ zu bestimmen versucht haben, und man hat allerdings Grund anzunehmen, dass sie nicht leicht *viel* fehlen wird, wenn man das Streichen immer mit grosser Sorgfalt, mit einerlei Streichstäben, und bei einerlei Lage der Nadel in einem zweckmässig construirten Troge ausführt. Inzwischen zeigen meine eignen Erfahrungen, dass trotz dieser Vorsicht doch nicht unbedeutende Ungleichheiten in der Lage der magnetischen Achse der Nadel vorkommen können, und auch in den Angaben anderer Beobachter erkennt man oft sichere Spuren davon. (So geben z. B. ERMANS Beobachtungen vom 13. Oct. 1829, nach seinen eignen Grundsätzen behandelt, die Abweichung der magnetischen Achse an der einen Nadel 36′ 24″, während sie zu andern Zeiten sehr klein gewesen zu sein scheint). Glücklicherweise kann übrigens selbst eine beträchtliche Unrichtigkeit bei jener Voraussetzung, unter solchen Umständen wie hier Statt finden, nur einen sehr geringen Einfluss auf das Resultat haben.

18.

Nach dieser Grundlage ergibt sich die Auflösung der Aufgabe auf folgende Art. Mit der schon oben gebrauchten Gleichung (7)

$$\frac{\cos i . \sin(2c+f-g)}{\sin(f+g)} = -\frac{q}{m} . \sin(Q-c)$$

verbinde ich die auf ähnliche Art aus (4) und (5) folgende, indem ich darin c anstatt c', und $\frac{\lambda q}{m}$ anstatt $\frac{q}{m}$, schreibe,

$$\frac{\cos i . \sin(2c+f'-g')}{\sin(f'+g')} = -\frac{\lambda q}{m} . \sin(Q-c) \quad \ldots \ldots \quad (8)$$

also

$$\lambda \sin(f'+g) \sin(2c+f-g) = \sin(f+g) . \sin(2c+f'-g')$$

wodurch c bestimmt wird, am besten vermittelst der Formel (9)

$$\operatorname{tang}(2c - \tfrac{1}{2}(g+g'-f-f')) = \frac{\lambda \sin(f+g) - \sin(f'+g')}{\lambda \sin(f+g) + \sin(f'+g')} . \operatorname{tang}(f-g-f'+g')$$

Es folgt ferner aus (1) und (2)

$$2 \cos i . \sin(f+c) \sin(g-c) - \sin i . \sin(f+g) = \frac{q}{m} \cos(Q-c)$$

also, durch Verbindung mit (7)

$$\operatorname{cotang}(Q-c) = \frac{\sin(f+g)}{\sin(2c+f-g)} . \operatorname{tang} i - \frac{2 \sin(f+c) . \sin(g-c)}{\sin(2c+f-g)}$$

Auf ähnliche Weise wird aus (4), (5) und (8) abgeleitet

$$\text{cotang}(Q-c) = \frac{\sin(f''+g')}{\sin(2c+f'-g')} \cdot \text{tang}\, i - \frac{2\sin(f'+c)\cdot\sin(g'-c)}{\sin(2c+f'-g')}$$

Schreibt man zur Abkürzung

$$\text{cotang}(f+c) = F \qquad \text{cotang}(f'+c) = F'$$
$$\text{cotang}(g-c) = G \qquad \text{cotang}(g'-c) = G'$$

so erhalten diese beiden Gleichungen die Form

$$\text{cotang}(Q-c) = \frac{G+F}{G-F} \cdot \text{tang}\, i - \frac{2}{G-F}$$
$$\text{cotang}(Q-c) = \frac{G'+F'}{G'-F'} \cdot \text{tang}\, i - \frac{2}{G'-F'}$$

woraus endlich sich ergibt

$$\text{tang}\, i = \frac{G'-F'-G+F}{G'F-GF'}$$
$$\text{cotang}(Q-c) = \frac{G'+F'-G-F}{G'F-GF'}$$

Nachdem i und Q gefunden sind, kann man $\frac{m}{q}$ aus irgend einer der Gleichungen 1, 2, 4, 5, 7, 8 bestimmen.

In unserm Beispiele haben wir

$$\lambda = \left(\tfrac{5,87416}{5,83555}\right)^2$$

und die weitere Rechnung ergibt

$$c = -\,0^0 \quad 1'\ 13''$$
$$i = \quad 67 \quad 40 \quad 54$$
$$Q-c = 145 \quad 17 \quad 10$$
$$Q = 145 \quad 15 \quad 57$$
$$\tfrac{q}{m} = 0.0055111$$
$$\tfrac{q}{m'} = 0.0055843$$

Die nach diesen Elementen *berechneten* Werthe von h, h' finden sich

$$h = 89^0 \quad 49'\ 30''$$
$$h' = 90 \quad 12 \quad 59$$

von welchen mithin die beobachteten um $+2'\,19''$ und $-2'\,11''$ abweichen.

19.

In Ermangelung einer directen Bestimmung des Verhältnisses von $\frac{q}{m}$, $\frac{q}{m'}$ ist man genöthigt, anstatt Einer willkürlichen Voraussetzung zwei zu machen. Folgende zwei Arten sind bei den Beobachtern zur Anwendung gekommen.

I. Man nimmt an, dass zugleich $c = 0$ und $c' = 0$, wonach wir für i die Formel haben

$$\operatorname{tang} i = \frac{\cot g\, g' - \cot g\, f'' - \cot g\, g + \cot g\, f}{\cot g\, g' \cot g\, f - \cot g\, f' \cot g\, g}$$

Es ist dies das gewöhnliche Verfahren, wenn man nach MAYERS Vorgang die Nadel vorsätzlich mit einem kleinen Seitengewicht belastet hat. Da man auf diese Weise Einstellungen der Nadel an ganz andern Stellen des Limbus erhält, als ohne Belastung, so gewinnt man, wenn keine bedeutend abweichende Resultate sich ergeben, einige Beruhigung darüber, dass der Limbus keine selbstmagnetische Theile enthalte. Es ist übrigens rathsam, sich auf mässige Belastung zu beschränken, weil im entgegengesetzten Falle die Beobachtungsfehler einen ungebührlich vergrösserten Einfluss auf das Resultat erhalten, und auch von den vernachlässigten c, c' eine merklich nachtheilige Wirkung zurückbleiben würde.

II. Man setzt voraus, dass $m = m'$ und $c = c'$. Man sieht, dass dies nur ein specieller Fall von dem im vorhergehenden Art. abgehandelten ist, und kann also die dortigen Formeln ohne weiteres anwenden, indem man $\lambda = 1$ setzt. Die Formel (9) für c nimmt dann eine noch etwas einfachere Gestalt an, nemlich

$$\operatorname{tang}\left(2c - \tfrac{1}{2}(g + g' - f - f')\right) = \frac{\operatorname{tang} \tfrac{1}{2}(f + g - f' - g') \cdot \operatorname{tang} \tfrac{1}{2}(f - g - f' + g')}{\operatorname{tang} \tfrac{1}{2}(f + g + f' + g')}$$

Für den Fall, dass man c nicht mit verlangt, sondern bloss i bestimmen will, findet sich eine elegante Rechnungsvorschrift in ERMANS Reise, 2. Abtheilung 2. Band, S. 22.

20.

Die bisher entwickelten Relationen der Beobachtungen zu der Inclination und den übrigen Elementen sind allgemein gültig, möge die Abweichung des Schwerpunkts von der Zapfenachse gross oder klein sein. Der letztere Fall wird aber immer Statt finden bei Nadeln, die von einem tüchtigen Künstler herrühren, so lange sie nicht durch fremde Ursachen (z. B. Rostflecken, Abschleifen, Herausnehmen der Zapfen oder vorsätzlich angebrachte Zusatzgewichte) verändert werden, und dann verstatten die Formeln eine höchst wesentliche Vereinfachung. So lange $\frac{q}{m}$ oder $\frac{q}{m'}$ den Werth 0.03 nicht überschreitet, kann der Unterschied zwischen den Sinussen von $f+c-i$, $g-c-i$, $f'+c'-i$, $g'-c'-i$ und den Bögen selbst noch nicht den Betrag einer Secunde erreichen, und man wird also in Betracht des mässigen Grades von Genauigkeit, welchen Beobachtungen mit dem Inclinatorium verstatten, die Vertauschung des Bogens und Sinus selbst noch bei bedeutend grössern Werthen von $\frac{q}{m}$, $\frac{q}{m'}$ ohne Bedenken sich erlauben dürfen. Bei den vier Nadeln des Robinsonschen Inclinatoriums liegen die Werthe in noch viel engern Grenzen, und ich werde daher die hier mitzutheilenden Beobachtungen nach einem solchen abgekürzten Verfahren behandeln, vorher aber demselben das bisher betrachtete Beispiel unterwerfen.

21.

Wenn wir zur Abkürzung

$$\frac{206265'' \, q \cos Q}{m} = t$$

$$\frac{206265'' \, q \sin Q}{m} = u$$

setzen, so nehmen unter der Voraussetzung, dass

$$f+c-i, \quad g-c-i, \quad f'+c'-i, \quad g'-c'-i$$

klein genug sind, um mit ihren Sinussen vertauscht werden zu können, die Gleichungen 1, 2, 4, 5 des 15. Art. folgende Gestalt an:

$$i = f+c - t\cos f + u\sin f$$
$$i = g-c - t\cos g - u\sin g$$
$$i = f'+c'+\lambda t\cos f'-\lambda u\sin f'$$
$$i = g'-c'+\lambda t\cos g'+\lambda u\sin g'$$

Die fünf unbekannten Grössen i, c, c', t, u lassen sich nun zwar nicht durch vier Gleichungen bestimmen, aber wohl durch Eine unbestimmt bleibende Grösse ausdrücken, und wählt man dazu $c'-c$, so erkennt man auf diese Weise auf das Klarste, in welchem Maasse man befugt ist, sie zu vernachlässigen. Die Elimination selbst führt man in jedem einzelnen Falle am bequemsten erst nach der Substitution der Zahlwerthe der Beobachtungsdata aus.

60

In unserm Beispiele werden die vier Gleichungen

$$i = 67^0\ 26'\ 11'' + c - 0{,}3837\,t + 0{,}9234\,u$$
$$i = 67\ \ 43\ \ 46\ -c - 0{,}3790\,t - 0{,}9254\,u$$
$$i = 67\ \ 58\ \ 11\ +c' + 0{,}3801\,t - 0{,}9393\,u$$
$$i = 67\ \ 35\ \ 35\ -c' + 0.3862\,t + 0{,}9368\,u$$

woraus man durch Elimination findet

$$i = 67^0\ 41'\ \ 54'' - 0{,}0006\,(c'-c)$$
$$t = -\ \ \ \ \ \ \ \ 934\ +0{,}0002\,(c'-c)$$
$$u = +\ \ \ \ \ \ \ \ 648\ +0{,}5369\,(c'-c)$$
$$\tfrac{1}{2}(c'+c) = -\ \ \ \ \ \ \ 73\ +0{,}0037\,(c'-c)$$

Man erkennt daraus, dass die willkürliche Voraussetzung der Gleichheit von c und c' zwar eine sichere Bestimmung von u unthunlich macht, aber auf die Werthe von i und t keinen merklichen, und selbst auf die Bestimmung des Mittelwerths von c und c' nur einen geringen Einfluss hat.

Das Mittel aus den vier Gleichungen ist

$$i = 67^0\ 40'\ 56'' + 0{,}0009\,t - 0{,}0011\,u$$

wo der absolute Theil das einfache Mittel aus f, g, f', g' ist, ı   üglich ohne weiteres für die Inclination hätte angenommen werden können. Dies ist in der That das gewöhnliche Verfahren, welches auch immer in denjenigen Fällen unbedenklich ist, wo die Werthe von f, g, f', g' keine grossen Ungleichheiten darbieten.

22.

Ehe ich das bisher behandelte Beispiel verlasse, will ich noch bemerken, dass die Gleichungen 3 und 6 eine ganz ähnliche Abkürzung verstatten, wie die andern. Man kann nemlich setzen

$$c = 90^0 - h + \frac{\cos h}{\sin i}\cdot t - \frac{\sin h}{\sin i}\cdot u$$
$$c' = 90^0 - h' - \frac{\lambda\cos h'}{\sin i}\,t + \frac{\lambda\sin h'}{\sin i}\cdot u$$

Bei der numerischen Berechnung kann hier unbedenklich für i der Werth

$\frac{1}{4}(f+g+f'+g')$ substituirt werden, wonach in userm Beispiele diese Gleichungen sich so stellen:

$$c = +491'' + 0{,}0026\,t - 1{,}0810\,u$$
$$c' = -648 + 0{,}0034\,t + 1{,}0953\,u$$

Da die Werthe von h und h' auf doppelt so vielen Einstellungen beruhen, als die Werthe von f, g, f', g', so würde man, wenn es nur auf die Anzahl der Einstellungen ankäme, jeder dieser Gleichungen das Gewicht $2\sin i^2$ beilegen müssen, das Gewicht jeder der vier Gleichungen des vorhergehenden Art. $= 1$ gesetzt: allein aus den oben (Art. 14) angeführten Gründen haben die Bestimmungen von h, h' eine bedeutend geringere Zuverlässigkeit, und es mag daher zur Vereinfachung der Rechnung das Gewicht aller sechs Gleichungen gleich angenommen werden. Wenn man auf diese Weise aus denselben die fünf unbekannten Grössen nach der Methode der kleinsten Quadrate berechnet, so findet sich

$$i = 67^0\ 40'\ 55''$$
$$t = -\quad 934$$
$$u = -\quad 211$$
$$c = +\quad 719$$
$$c' = -\quad 880$$

durch welche Werthe den sämmtlichen Gleichungen bis auf $1''$ und $2''$ Genüge geschieht, ein Grad von Übereinstimmung, der freilich nur als zufällig betrachtet werden muss, da die Data viel grössere Unzuverlässigkeit einschliessen. Die Werthe von u, c, c' verdienen auch kein Vertrauen, da überhaupt bei so grossen Inclinationen wie in unsern Gegenden, die Data zu einer nur einigermaassen zuverlässigen Scheidung jener Grössen gar nicht geeignet sind.

23.

Nach dieser Musterung der verschiedenen Rechnungsmethoden gehe ich zu dem Hauptgegenstande über, und stelle zuerst die auf die im 8. Art. beschriebene Art angestellten Beobachtungen tabellarisch zusammen. Ich führe hier nur die mit f, g, f', g' bezeichneten Grössen auf, mit Weglassung der partiellen Resultate, aus welchen sie auf die in den Artt. 11—13 angegebene Art abgeleitet sind, theils des Raumes wegen, theils weil die Elemente, womit sie zusammenhängen,

60*

wegen oftmaliger Veränderungen an den Lägern und Pfannen an den verschiedenen Tagen nicht gleiche Werthe gehabt haben. Meistens sind die Beobachtungen in den Vormittagsstunden zwischen 8 und 11 Uhr angestellt; am 16. 22. 25. Juni und 17. 20. Juli aber Nachmittags zwischen 4 und 6 Uhr.

Die einzelnen Columnen geben an: das Zeichen des Nordpolendes der Nadel, die Werthe von f und g oder von f' und g, je nachdem B oder A der Nordpol gewesen, und die Dauer der horizontalen Schwingung.

Beobachtungen mit Nadel 1.

Mai 20	B	67^0 11′ 0″	67^0 58′ 46″	5″87152
21	A	57 1	35 14	5.81508
22	A	56 29	36 45	5.82044
24	B	16 45	45 48	5.81557
31	B	18 1	49 41	5.82075
Juni 2	A	53 55	33 9	5.85778
4	A	56 38	32 10	5.86442
5	B	24 13	46 44	5.83615
Juli 6	A	59 41	35 21	5.83716
7	A	58 7	37 51	5.83818
8	B	20 8	44 47	5.89602
9	B	20 43	44 25	5.90035

Beobachtungen mit Nadel 2.

Mai 20	A	67^0 40′ 57″	67^0 20′ 37″	5″72416
21	A	41 8	21 5	5.72453
22	B	43 28	50 45	5.65355
24	B	41 43	54 32	5.66875
31	A	43 34	18 29	5.67439
Juni 2	A	41 46	18 12	5.67665
4	B	42 42	46 57	5.68010
5	B	44 53	50 24	5.68890
Juli 17	B	45 20	50 17	5.70183
18	A	40 26	22 50	5.68692
19	A	40 21	22 10	5.69677
20	B	40 40	54 19	5.66585

Beobachtungen mit Nadel 3.

Juni 8	B	67° 47′ 58″	67° 48′ 52″	6″17149
9	B	40 55	42 28	6.18077
11	A	30 58	32 35	6.18080
16	B	40 0	42 40	6.17046
18	B	43 13	47 40	6.18005
22	A	27 33	39 19	6.16591
23	A	29 46	41 8	6.16948
25	A	29 3	41 7	6.17663
Juli 6	A	32 38	40 37	6.18305
7	B	45 56	42 12	6.17982
8	B	46 59	43 37	6.18339
9	A	30 42	39 42	6.23905

Beobachtungen mit Nadel 4.

Juni 8	A	67° 45′ 9″	67° 27′ 3″	5″96200
9	B	22 56	68 8 28	5.91653
11	B	23 16	7 48	5.94665
16	A	49 54	67 12 8	6.01785
18	B	27 48	68 8 45	5.93204
22	B	26 46	3 56	5.94065
23	A	50 19	67 15 37	5.93939
25	A	50 4	15 22	5.94731
Juli 17	A	50 13	15 43	5.96850
18	A	49 57	14 48	5.96931
19	B	22 43	68 9 18	5.92673
20	B	22 41	10 19	5.92783

24.

Bei der Berechnung dieser Beobachtungen werde ich anstatt der oben (Art. 21. 22) gebrauchten t, u etwas modificirte Hülfsgrössen einführen. Wenn man für eine der Nadeln die Dauer einer horizontalen Schwingung mit n, die Summe der Trägheitsmomente der Nadel und des Bügels in Beziehung auf die bei diesen Schwingungen verticale Drehungsachse mit k, und die Länge des einfachen Secundenpendels mit l bezeichnet, so ist bekanntlich

$$lmnn \cos i = k$$

Man wähle eine Normalschwingungsdauer N und eine Normalinclination, die zwischen den vorgekommenen Werthen von n und i ungefähr das Mittel halten, und bezeichne den entsprechenden Werth von m mit M, so dass

$$lMNN\cos I = k$$

wird. Endlich sei

$$x = \frac{q\cos Q.\cos I.206265''}{M}$$

$$y = \frac{q\sin Q.\sin I.206265''}{M}$$

welche Grössen also für alle Beobachtungen mit dieser Nadel constant sind. Die Gleichungen werden dann

$$i = f + c - \frac{nn\cos f}{NN\cos I}\cdot\frac{\cos i}{\cos I}\cdot x + \frac{nn\sin f}{NN\sin I}\cdot\frac{\cos i}{\cos I}\cdot y$$

$$i = g - c - \frac{nn\cos g}{NN\cos I}\cdot\frac{\cos i}{\cos I}\cdot x - \frac{nn\sin g}{NN\sin I}\cdot\frac{\cos i}{\cos I}\cdot y$$

wenn B der Nordpol ist; für den Fall, wo A der Nordpol ist, hat man nur den x und y enthaltenden Gliedern die entgegengesetzten Zeichen zu geben.

Diese Form hat den Vortheil, dass die Coëfficienten von x und y immer wenig von der Einheit verschieden sind, und in der That kann man bei so geringer Excentricität des Schwerpunkts, wie die vier in Rede stehenden Nadeln haben, und bei so mässigen Schwankungen von n, anstatt jener Coëfficienten füglich die Einheit annehmen, welches ich die abgekürzte Rechnung nenne. Indessen habe ich mir doch die Mühe gegeben, die 192 Coëfficienten genauer zu berechnen und nur den Factor $\frac{\cos i}{\cos I}$ weggelassen, wenn auch der Nutzen davon hauptsächlich nur darin besteht, die Zulässigkeit der abgekürzten Rechnung desto anschaulicher zu machen. Fortan sollen die nichtaccentuirten Buchstaben N, x, y sich auf die Nadel 1 beziehen, und die Werthe für die drei andern Nadeln der Reihe nach durch einen, zwei und drei Accente unterschieden werden. Gewählt sind für gegenwärtige Rechnung die Werthe

$$I = 67^0\ 40'\ 0''$$
$$N = 5''847785$$
$$N' = 5.686867$$
$$N'' = 6.181742$$
$$N''' = 5.949567$$

Die Rechnungen selbst werde ich, um den Raum zu schonen, hier nicht in extenso aufnehmen, sondern nur so viel davon mittheilen, als nöthig ist, um dem Gange im Allgemeinen folgen zu können. Übrigens sind die von der Einheit am meisten abweichenden Werthe der Coëfficienten 0.96895 und 1.04324, welche am 9. und 16. Juni bei Nadel 4 vorkommen.

25.

Aus den beiden Gleichungen, welche die Beobachtungen mit einer Nadel an jedem Tage liefern, bilden sich, indem man sowohl ihre Summe als ihre Differenz halbirt, zwei andere, die mit I und II bezeichnet werden mögen. Es entstehen also 48 Gleichungen I, und eben so viele II, von denen ich die ersten als Probe hersetze. Die ursprünglichen Gleichungen aus den Beobachtungen vom 20. Mai mit Nadel 1 sind

$$i = 67^0\ 11'\ \ 0'' + c - 1{,}02880x + 1{,}00460y$$
$$i = 67\ \ \ 58\ \ 46 - c - 0{,}99473x - 1{,}01038y$$

woraus die abgeleiteten entstehen

$$i = 67^0\ 34'\ 53'' - 1{,}01176x - 0{,}00289y\ \ .\ \ .\ \ .\ \ .\ \ .\ \ .\ \text{(I)}$$
$$c = \ \ \ \ +\ \ 1433'' + 0{,}01703x - 1{,}00749y\ \ .\ \ .\ \ .\ \ .\ \ .\ \text{(II)}$$

Um die im 8. Art. angedeutete Prüfung anstellen zu können, habe ich aber den Gleichungen I noch ein Glied beigefügt, indem ich $i + e$ anstatt i schreibe, so dass e den etwanigen constanten*) Fehler der Nadel 1 ausdrückt; bei den Nadeln 2, 3, 4 soll der präsumtive constante Fehler mit e', e'', e''' bezeichnet werden.

Auf diese Weise schliessen also die 48 Gleichungen I zusammen 36 unbekannte Grössen ein, nemlich die Inclinationen an den 24 Beobachtungstagen, und die 12 Grössen x, y, e, x', y', e', x'' u. s. w. Es muss aber zuvörderst bemerkt werden, dass die Glieder, welche y, y', y'', y''' enthalten, alle nur sehr kleine Coëfficienten haben, und in der abgekürzten Rechnung ganz fehlen: der grösste dieser 48 Coëfficienten ist eben 0.00289 in der obigen Probegleichung. Will

---

*) Es bedarf keiner Erinnerung, dass ein solcher Fehler, der, wenn er überhaupt reell ist, nur einer Abweichung der Zapfen von der cylindrischen Gestalt zugeschrieben werden kann, nur in sofern constant ist, als immer dieselben Stellen der Zapfen zum Aufliegen kommen, also bei einer ganz andern Inclination auch einen ganz verschiedenen Werth haben könnte.

man aber einmal den geringen nur wenige Secunden betragenden Einfluss berücksichtigen, so muss man zuvor die Werthe dieser y, y', y'', y''' anderswoher
abgeleitet haben, wo aber jedenfalls grob genäherte Werthe zu diesem Zweck
schon zureichend sind.

26.

Zu dieser Ableitung stehen uns nun nur die Gleichungen II zu Gebote.
Allein wenn man erwägt, dass in den 12 Gleichungen dieser Abtheilung, welche
sich auf Eine Nadel beziehen, der Buchstab c ungleiche Werthe repräsentirt, indem bei jedem Umstreichen der Werth verändert werden kann, so erkennt man
leicht, dass es unmöglich ist, diese c aus den Gleichungen zu eliminiren, und
dass man also *gezwungen* ist, eine etwas precäre Hypothese zu Hülfe zu nehmen.
Die meinige besteht in Folgendem. Da, bei allen bedeutenden Schwankungen
von c, doch unter Anwendung eines immer gleichen Streichverfahrens ein Mittelwerth von c sich herausstellen wird, so nehme ich an, dass der Mittelwerth
für die eine Lage der Pole derselbe ist wie für die andere. Freilich wird nur eine
sehr unvollkommene Compensation zu erwarten sein, wenn nur eine geringe Anzahl von Umstreichungen Statt gefunden hat, und der auf diese Weise abgeleitete Werth von y wird also wenig Sicherheit haben; allein dieser Unsicherheit
ist gar nicht auszuweichen, wenn man nicht die Werthe von c durch einen besondern Apparat ausmittelt (S. oben Art. 17). Zur Benutzung jenes Princips wird
man also bei jeder Nadel zuerst die Gleichungen II, welche sich auf B Nord beziehen, von denen trennen, wo A Nord war; dann die erstern und die letztern
in so viele Gruppen zerlegen, als veränderte magnetische Zustände Statt gefunden haben; aus den zu derselben Gruppe gehörenden Gleichungen (in sofern mehrere in Eine Gruppe kommen) das Mittel, und aus diesen partiellen Mitteln wieder das Mittel nehmen; indem man dann die so hervorgehenden Mittelwerthe einander gleich setzt, erhält man die Gleichung, durch welche y bestimmt wird.
Zur Erläuterung setze ich die *abgekürzte* Rechnung für Nadel 1 her, bei welcher
ich *zu diesem Zwecke* obigen 12 Beobachtungen auch noch drei andere*) vom
1. August, 7. August, 23. September benutzt habe. Während des ganzen Zeit-

---

*) Die vom 23. September ist die, welche oben Art. 9—22 als Beispiel gedient hat; die beiden an-
dern werden unten Art. 30 angeführt.

raumes war die Nadel neunmal umgestrichen, so dass zehn verschiedene Zustände Statt gefunden haben, wovon fünf auf jede Lage der Pole kommen.

Nadel 1, B Nord

	.	$c + y =$
Mai 20	. . .	$+ 1433''$
24	$+ 871''$	
31	$+ 950$	$\}+ 910$
Juni 5	. . .	$+ 675$
Juli 8	$+739$	
9	$+711$	$\}+ 723$
Aug. 1	$+720$	
7	$+584$	
Sept. 23	$+528$	$\}+ 556$
Mittel	$c + y = + 859''$	

Nadel 1, A Nord

Mai 21	$- 653''$
22	$- 592$ $\}- 623''$
Juni 2	$- 623$
4	$- 734$ $\}- 678$
Juli 6	$- 730$
7	$- 608$ $\}- 669$
Aug. 1	$- 720$
7	$- 785$ $\}- 752$
Sept. 23	. . . $- 680$
Mittel	$c - y = - 680$

woraus also $y = + 769''$ folgt. Die nicht abgekürzte Rechnung ergab

$$\text{für } B \text{ Nord,} \quad c = + 859 + 0.00102\,x - 1.00290\,y$$
$$\text{für } A \text{ Nord,} \quad c = - 680 + 0.00082\,x + 0.99915\,y$$

woraus

$$y = + 769'' + 0.00097\,x$$

folgt. Auf gleiche Weise findet sich für die drei andern Nadeln

$$y' = + \quad 456'' - 0.00192\,x'$$
$$y'' = - \quad 101 + 0.00134\,x''$$
$$y''' = +1107 + 0.00224\,x'''$$

Die Schwankungen in den Werthen von c gehen bei der Nadel 1 auf 14$\frac{1}{2}$ Minuten, bei den Nadeln 2 und 3 auf 4$\frac{1}{2}$ Minuten, bei der Nadel 4 auf 10 Minuten. Damit man übrigens dem Umstande, dass gerade an dem ersten Beobachtungstage der am meisten abweichende Werth bei der Nadel 1 vorkommt, nicht eine besondere Wichtigkeit beilege, will ich noch bemerken, dass sowohl an dieser, wie an den übrigen Nadeln die Pole vor den hier mitgetheilten Beobachtungen schon oft und immer mit derselben Sorgfalt und denselben Streichmitteln umgekehrt gewesen waren.

27.

Nachdem die Werthe von y, y', y'', y''' in den Gleichungen I substituirt sind, bleiben in denselben noch 32 unbekannte Grössen, und wenn man dann immer die beiden Gleichungen, welche für die Beobachtungen eines und desselben Tages gelten, von einander abzieht, so bilden sich 24 neue Gleichungen, welche nur die acht unbekannten Grössen $x, x', x'', x''', e, e', e'', e'''$ enthalten. Die vier letzten kommen aber nur in den Differenzen von je zweien vor, so dass man, wenn man

$$e' - e = d'$$
$$e'' - e = d''$$
$$e''' - e = d'''$$

setzt, nur sieben unbekannte Grössen behält. Die Coëfficienten von d', d'', d''' sind darin alle $+1$ oder -1, und die Coëfficienten von x, x', x'', x''' alle von $+1$ oder -1 sehr wenig verschieden. Zur Bestimmung der Werthe der sieben unbekannten Grössen vermittelst der Methode der kleinsten Quadrate wird man, Behuf der Bildung der auf x, x', x'', x''' sich beziehenden Normalgleichungen, die Multiplication mit den respectiven Coëfficienten ohne Bedenken unterlassen können, so dass zur Bildung sämmtlicher sieben Normalgleichungen nichts als einfache Addition erforderlich ist. Auf diese Art haben sich folgende Normalgleichungen ergeben:

$$0 = +4804'' + 12.00266\,x - 0.00708\,x' + 0.01900\,x''$$
$$0 = -5806 + 0.01559\,x + 12.01005\,x' - 0.00072\,x'''$$
$$0 = -3228 + 0.00145\,x + 12.00544\,x'' + 0.04561\,x'''$$
$$0 = -5267 + 0.01786\,x' - 0.00489\,x'' + 12.00343\,x'''$$
$$0 = -\ 297 + 0.02717\,x + 0.11088\,x' - 0.04723\,x''' - 12\,d' + 4\,d'''$$
$$0 = -\ 241 + 0.06326\,x + 0.05839\,x'' - 0.08085\,x''' - 12\,d'' + 8\,d'''$$
$$0 = +\ 254 - 0.02682\,x' - 0.02676\,x'' + 0.12808\,x''' + 4\,d' + 8\,d'' - 12\,d'''$$

und hieraus die Werthe

$$x = -400''$$
$$x' = +484$$
$$x'' = +267$$
$$x''' = +438$$
$$d' = -\ 22$$
$$d'' = -\ 23$$
$$d''' = +\ 1$$

Anstatt der drei letzten kann man auch, indem man

$$\tfrac{1}{4}(e + e' + e'' + e''') = \varepsilon$$

setzt, schreiben

$$e = +11'' + \varepsilon$$
$$e' = -11 + \varepsilon$$
$$e'' = -12 + \varepsilon$$
$$e''' = +12 + \varepsilon$$

wo der gemeinschaftliche Theil ε offenbar aus den zu Gebote stehenden Daten nicht bestimmbar ist. Die Substitution der gefundenen Werthe von x, e, x', e' u.s.w. in den (von y, y' u.s.w. bereits befreiten) Gleichungen I gibt uns nun, unter Weglassung von ε, folgende 48 Inclinationen:

		Nadel		|| Nadel	
Mai	20	1	67° 41′ 25″	2	67° 39′ 12″
	21		39 21		39 31
	22		39 51		39 22
	24		37 43		40 21
	31		40 17		39 17
Juni	2		36 39		38 16
	4		37 31		37 0
	5		41 56		39 48
	8	3	44 12	4	43 14
	9		37 27		38 15
	11		36 27		38 1
	16		37 6		38 17
	18		41 12		40 48
	22		38 5		37 51
	23		40 6		40 2
	25		39 45		39 49
Juli	6	1	40 42	3	41 17
	7		41 11		39 49
	8		39 5		41 3
	9		39 12		39 57
	17	2	39 55	4	40 7
	18		39 56		39 31
	19		39 35		38 32
	20		39 43		39 1

28.

Die Ungleichheiten zwischen den beiden Bestimmungen der Inclination an jedem Tage werden uns nun den Maassstab für die Unsicherheit der Beobachtungen selbst geben müssen. Die grösste Ungleichheit (am 24. Mai) beträgt 2′ 38″, und die Summe der Quadrate aller 24 Unterschiede, die Secunde als Einheit angenommen, ist 124389. Aus den Principien der Wahrscheinlichkeitsrechnung ist leicht abzuleiten, dass wenn wir den Beobachtungen mit den einzelnen vier Nadeln gleiche Zuverlässigkeit beilegen (von welcher Voraussetzung abzugehen keine Gründe vorhanden sind), die mittlere Unsicherheit eines aus den Beobachtungen gefundenen und unsern Rechnungen untergelegten Werthes von $\frac{1}{2}(f+g)$ oder $\frac{1}{2}(f'+g')$, so weit sich darüber nach unsern Zahlen urtheilen lässt,

$$= \sqrt{\frac{124389}{34}} = 60''5$$

gesetzt werden muss, insofern nemlich nur von den zufälligen oder regellosen Beobachtungsfehlern die Rede ist. Das Mittel aus zwei solchen auf von einander
unabhängige Beobachtungen gegründeten Zahlen wird folglich mit der mittlern
Unzuverlässigkeit

$$= \sqrt{\tfrac{124389}{68}} = 42''8$$

behaftet sein, und dies kann auch wie der mittlere Fehler einer auf die gewöhnliche Art (d. i. mit Einer Nadel aber in *beiden* Lagen der Pole) bestimmten Inclination betrachtet werden, insofern die kleine zu $\tfrac{1}{4}(f+g+f'+g')$ hinzukommende Correction entweder für ganz unmerklich gilt, oder auf sonst schon feststehende Bestimmung von u oder y gegründet werden kann (vergl. Art. 21). Es
versteht sich von selbst, dass diese Fehlerschätzung zunächst nur für dieses Instrument und für solche Beobachtungen gilt, die unter ganz ähnlichen Umständen gemacht sind, wie die zum Grunde liegenden. Bei einer geringern Anzahl
von Einstellungen, als acht in jeder Combination, würde die Zuverlässigkeit geringer sein, obwohl ich nicht behaupten möchte, dass der mittlere Fehler des
Endresultats genau im verkehrten Verhältnisse der Quadratwurzel aus der Zahl
der mit Pfannen vervielfältigten Einstellungen stehe. Von der andern Seite darf
ich nicht unbemerkt lassen, dass während der ganzen Dauer obiger Beobachtungen die Läger nicht so vollkommen berichtigt werden konnten, wie ich wünschte,
und nachher durch Anwendung des oben (Art. 5) erwähnten Apparats wirklich
erreichte: die aus einer unvollkommenen Lagerberichtigung möglicher Weise entspringende Vergrösserung der Beobachtungsfehler (wobei an einen Einfluss von
constanter Grösse um so weniger zu denken ist, weil sehr oft an den Lägern Veränderungen gemacht wurden) ist demnach in obiger Zahl schon mit begriffen, und
ich habe daher Grund zu erwarten, dass künftige Beobachtungen mit demselben
Instrument eher noch kleinere Fehler zeigen werden.

Eine besondere Untersuchung, deren Einzelnes ich hier übergehe, hat
übrigens ergeben, dass die mittlere Unsicherheit der im vorhergehenden Art. angegebenen 48 Inclinationen nicht viel von der mittlern Unsicherheit der $\tfrac{1}{2}(f+g)$
verschieden ist und dass den im 30. Art. zusammenzustellenden Mitteln aus jedem zusammengehörenden Paare nahe das doppelte Gewicht, also der mittlere
Fehler 42''8, beigelegt werden muss.

29.

Als ein besonders merkwürdiges und willkommenes Resultat erscheint die Kleinheit der für e, e', e'', e''', oder vielmehr zunächst für ihre Unterschiede von ihrem Mittel ε gefundenen Werthe. Eine besondere Untersuchung hat das Gewicht dieser Bestimmungen $\frac{9\cdot6}{14}$ mal grösser als das Gewicht von $\frac{1}{2}(f+g)$ ergeben, folglich die mittlere daran haftende Unsicherheit $= 60''5\sqrt{\frac{1}{9\cdot6}} = 20''5$, woraus erhellt, dass sogar die Realität von Ungleichheiten zwischen e, e', e'', e''' ganz zweifelhaft bleibt. Da es nun höchst unwahrscheinlich ist, dass bei vier Nadeln constante Fehler von fast genau gleicher Grösse Statt finden sollten, so ist man berechtigt anzunehmen, dass dieselben gar keine oder doch nur ganz unmerkliche constante Fehler haben, und es möchte daher fast unnöthig scheinen, von der Drehbarkeit der Achsen an zweien derselben zu weitern Proben einen Gebrauch zu machen.

Für eine der Nadeln, nemlich für Nr. 4, geben wirklich schon einige frühere Beobachtungen eine Verstärkung dieses Schlusses. Es waren nemlich an vier Tagen vom 15.—19. Mai mit den Nadeln 3 und 4 ähnlich combinirte Beobachtungen gemacht, wie später vom 8.—25. Junius. nur mit dem Unterschiede, dass jedes partielle Resultat nicht auf acht, sondern nur auf vier Einstellungen beruhte; an der Nadel 3 waren die Zapfen in derselben Lage wie später, aber an der Nadel 4 standen sie anders, indem nach dem 19. Mai eine Drehung von etwa einem Quadranten vorgenommen ist. Die Beobachtungen, eben so geschrieben wie im 23. Art., sind folgende:

Beobachtungen mit Nadel 3.

Mai 15	B	$67^0\ 41'\ 26''$	$67^0\ 44'\ 53''$	$6''16166$
17	B	43 52	45 52	6.20333
18	A	33 56	39 15	6.17781
19	A	36 8	37 8	6.19566

Beobachtungen mit Nadel 4.

Mai 15	A	$67^0\ 14'\ 28''$	$67^0\ 47'\ 49''$	$5''94332$
17	B	68 5 39	36 36	5.92034
18	B	3 30	36 13	5.94235
19	A	67 3 4	59 47	5.94663

Die Beobachtungen sind alle in den Vormittagsstunden gemacht.

Zur Berechnung sind bei Nadel 3 die oben gefundenen Werthe von x'', y'', e'' angewandt; bei Nadel 4 mussten hingegen die Werthe von x''', y''', e''', so gut es angeht, aus diesen Beobachtungen selbst abgeleitet werden, wobei gefunden wurde

$$y''' = -1103''$$
$$x''' = + 556''$$
$$e''' - \varepsilon = + 24''$$

Die Bestimmung von y''', auf so wenige Beobachtungen gegründet, ist allerdings sehr unsicher, allein der Einfluss davon auf die Reduction von $\frac{1}{2}(f+g)$ bleibt ganz unbedeutend, indem der grösste Coëfficient von y''' in den Gleichungen I nur 0.00341 ist.   Die Resultate für i stehen dann so:

	Nadel 3	Nadel 4
Mai 15	$67^0\ 38'\ 57''$	$67^0\ 40'\ 0''$
17	40 36	41 36
18	41 15	40 15
19	41 19	40 16

Das Gewicht der Bestimmung von $e''' - \varepsilon$ wird hier nur doppelt so gross, als das Gewicht von $\frac{1}{2}(f+g)$, und da die Beobachtungen selbst eine bedeutend geringere Genauigkeit haben, als die spätern, so erhellt, dass der jetzt gefundene Werth eben so wenig für die Realität eines constanten Fehlers spricht, als der aus den spätern Beobachtungen abgeleitete.

Die starke Abweichung der Werthe von x''' und y''' von den oben (Art. 26. 27) gefundenen, beweist nur, dass der drehbare Theil der Nadel für sich betrachtet seinen Schwerpunkt nicht in der Zapfenachse hat, woran übrigens auch wenig gelegen ist.

30.

Ich stelle nun noch die Endresultate für die Inclination aus den sämmtlichen behandelten Beobachtungen zusammen, und nehme unter dieselben auch die Resultate der schon oben erwähnten Beobachtungen vom 1. und 7. August mit auf, welche mit der Nadel 1 ganz auf dieselbe Art wie am 23. September gemacht sind.   Diese Beobachtungen selbst waren folgende:

	August 1	August 7
f	67^0 20' 12"	67^0 22' 41"
g	44 11	42 8
f'	59 53	68 1 56
g'	35 53	67 35 46

Inclinationsbestimmungen

1842 Mai 15	67^0 39' 28"	Juni 18	67^0 41' 0"
17	41 6	22	37 58
18	40 45	23	40 4
19	40 47	25	39 47
20	40 18	Juli 6	41 0
21	39 26	7	40 30
22	39 36	8	40 4
24	39 2	9	39 34
31	39 47	17	40 1
Juni 2	37 27	18	39 44
4	37 15	19	39 4
5	40 52	20	39 22
8	43 43	Aug. 1	39 57
9	37 51	7	40 26
11	37 14	Sept. 23	40 54
16	37 42		

Das Mittel aus allen 31 Bestimmungen, ohne einen Gewichtsunterschied zu berücksichtigen, wird

$$67^0\ 39'\ 44''$$

und mag als für den 21. Junius gültig angesehen werden. Das Mittel aus den 24 Bestimmungen vom 20. Mai bis 20. Julius allein, dem als mittlerer Zeitpunkt der 19. Junius entspricht, ist

$$67^0\ 39'\ 31''$$

31.

Die Unterschiede der Inclinationen für die einzelnen 31 Tage von ihrem Mittel sind zusammengesetzt aus der noch nachbleibenden Wirkung der Beobachtungsfehler und den wirklichen Ungleichheiten der Inclination selbst. Für die einzelnen Tage lassen sich zwar diese Bestandtheile nicht von einander scheiden, allein eine Abschätzung eines Mittelwerths der wirklichen Schwankungen mag bei einer so zahlreichen Reihe wohl versucht werden. In dieser Absicht habe ich zuvörderst die Inclinationen unter Voraussetzung einer regelmässigen jährlichen Abnahme von 3 Minuten auf den 21. Junius reducirt, und dann die Quadrate der Differenzen von dem Mittelwerthe addirt; diese Summe 220184 mit 30 dividirt gibt 7339.5 als Quadrat des mittlern Fehlers, dem man sich aussetzt, wenn man aufs Gerathewohl eine jener 31 Inclinationen als die mittlere für die Zeit der Beobachtung gültige ansehen wollte. Soll die ungleiche Zuverlässigkeit der drei Beobachtungsgruppen berücksichtigt werden, so ergeben die Grundsätze der Wahrscheinlichkeitsrechnung, indem man den mittlern Fehler für die vier ersten Beobachtungen mit m', für die drei letzten mit m'', und für die 24 übrigen mit m, das mittlere Schwanken der Inclination selbst aber mit M bezeichnet, folgende Gleichung:

$$7339,5 = \frac{24\,mm + 4\,m'm' + 3\,m''m''}{31} + MM$$

Für mm ist oben der Werth 1829.25 gefunden, oder es kann wenigstens diese Zahl wie eine hinlängliche Annäherung angesehen werden, für die sieben andern Beobachtungen mag in Ermangelung eines sichern Maassstabes die Zahl der Einstellungen, woraus die Resultate abgeleitet sind, zum Grunde gelegt, also

$$m'm' = 2\,mm, \qquad m''m'' = \tfrac{8}{3}\,mm$$

gesetzt werden. Dadurch wird

$$MM = 7339,5 - \tfrac{184}{124}.1829,25 = 5168$$

und $M = 71''9$.

32.

Mit demselben Instrumente und an demselben Platze hatte ich auch schon im vorigen Jahre eine Reihe von Inclinationsbeobachtungen gemacht, von denen ich jedoch nur die Endresultate hieher setze.

1841 Sept. 22 . . .	67^0 40′ 20″	
24	40 53	
27	46 41	
Oct. 2	42 57	
7	42 14	
10	42 40	
12	43 15	
20	44 2	
20	42 5	
22	42 52	
Mittel, Oct. 8	67^0 42′ 48″	

Die ersten acht Beobachtungen sind auf ähnliche Art angestellt, wie die diesjährigen, indem an jedem Tage, ohne die Pole zwischen den Beobachtungen umzukehren, zwei Nadeln (Nr. 1 und 2) angewandt wurden; die beiden letzten hingegen wurden auf die gewöhnliche Art gemacht, die zweite vom 20. Oct. mit Nadel 4, die vom 22. mit Nadel 3. Die Zeit war am 27. Sept. und 10. Oct. Nachmittags zwischen 3 und 5 Uhr, bei allen übrigen Vormittags. Jede dieser 10 Inclinationen beruhete auf 16 Einstellungen, und es wird ihnen aus diesem Grunde auch nur ein verhältnissmässig kleineres Gewicht zuzuerkennen sein, als den Inclinationen von 1842, die resp. auf 32, 64 und 40 Einstellungen beruheten.

33.

Sämmtliche bisher angeführte Inclinationen bedürfen noch einer kleinen gemeinschaftlichen Correction wegen des Einflusses, welchen an dem Beobachtungsplatze die Magnetstäbe der Magnetometer in der Sternwarte und im magnetischen Observatorium ausüben. Um die Resultate davon zu befreien, muss durchgehens 5″15 abgezogen werden (vergl. *Resultate* für 1840. II. Art. 6) [S. 433 d. B.]

Die *absolute* Zuverlässigkeit der Inclinationsbestimmungen bleibt übrigens noch abhängig von der Richtigkeit der Voraussetzung, dass das Instrument selbst keine Theile enthält, die eine magnetische Wirkung auf die Nadel haben können. Ein Grund zu einer solchen Befürchtung ist bei dem von mir gebrauchten Instrumente nicht vorhanden; einige Beobachtungen, die ich nach der im 18. Art. erwähnten Art mit einer belasteten Nadel anstellte, haben immer nur Abweichungen von ein Paar Minuten gezeigt, die sich aus den unvermeidlichen zufälligen Beobachtungsfehlern und den wirklichen Anomalien der Inclination selbst ganz ungezwungen erklären lassen. Auch die hinlänglich befriedigende Übereinstimmung der Werthe, welche im 11. Art. für die daselbst mit α bezeichnete Grösse gefunden sind, spricht gegen das Vorhandensein von solchen Störungen. Zur Erkennung ganz kleiner Einflüsse sind freilich solche Prüfungen nicht geeignet, und ich muss mir daher die weitere Prüfung durch mehr durchgreifende Mittel vorbehalten.

34.

Zum Schluss stelle ich noch meine Resultate mit einigen ältern Bestimmungen zusammen.

1805 Dec.		69° 29′		
1826 Sept.		68 29 26″	}	von Humboldt
1837 Juli	1	67 47 0	}	Forbes
—	—	67 53 30		
1841 Oct.	8	67 42 43		
1842 Juni	21	67 39 39		

Die beiden ersten Beobachtungen habe ich aus den *Additions* zu dem XIII. Bande der *Voyage aux régions equinoxiales* entlehnt (S. 152); die erste ist mit einem Inclinatorium von Lenoir, die zweite mit einem Instrument von Gambey angestellt; letztere beruht auf den Beobachtungen mit zwei Nadeln, deren Resultate a. a. O. zu 68° 30′ 7″ und 68° 28′ 15″ angegeben werden, womit das ebendaselbst angesetzte Mittel nicht übereinstimmt; vermuthlich ist die Zahl für die zweite Nadel durch einen Druckfehler um 30″ zu klein angesetzt. Der Beobachtungsplatz 1805 ist mir nicht bekannt; 1826 war er im freien Felde einige hundert Schritte östlich von der Sternwarte.

Forbes Beobachtungen sind in den *Transactions of the Royal Society of Edinburgh* Vol. XV, Part. 1, S. 31 und 32 abgedruckt; sie wurden an einem Robinsonschen Instrument von kleinern Dimensionen als das hiesige mit zwei Nadeln von 6 engl. Zoll Länge im Garten der Sternwarte angestellt; die zweite Nadel hält der Beobachter selbst für die bessere.

Ich habe unter diese Beobachtungen die von Mayer im März 1814 angestellten und in den *Commentationes recent. Soc. Gotting.* T. III, S. 36 u. 37 angeführten nicht einreihen wollen, da dieselben gar kein Vertrauen verdienen. Wie sehr unvollkommen das von MAYER gebrauchte Instrument war, zeigt die von ihm selbst S. 35 gegebene Probe, wo bei bleibender Stellung des Instruments zehn wiederholte Einstellungen Differenzen von mehr als einem Grade gaben. Seine Resultate für die Inclination selbst, von zwei verschiedenen Tagen, weichen um einen halben Grad von einander ab.

Eben so wenig verdiente meine eigne Beobachtung vom 23. Juni 1832, die in der *Intens. vis magneticae terrestris* art. 27 angeführt ist, hier einen Platz, sowohl wegen der Unvollkommenheit des Instruments, als wegen des Locals in der Sternwarte, wo nicht sehr entferntes Eisenwerk das Resultat bedeutend afficiren, und zwar nachweislich eine Vergrösserung der Inclination hervorbringen musste.

Die angeführten Inclinationen lassen sich nun zwar sehr gut durch die Annahme einer jährlichen gleichförmigen Verminderung von 3 Minuten oder genauer 3′ 2″3 vereinigen, wenn man bei FORBES Beobachtungen sich an das Resultat der zweiten Nadel hält, und es bleiben nur Abweichungen übrig, die füglich dem Conspiriren der Beobachtungsfehler und der Schwankungen der Inclination zugeschrieben werden können. Da jedoch nach HANSTEENS Untersuchungen über die Beobachtungen an andern europäischen Orten die jährliche Abnahme allmählig langsamer geworden ist, so wird man die angegebene Zahl nur wie einen mittlern etwa für 1829 gültigen Werth zu betrachten, und die Bestätigung und genauere Festsetzung der Ungleichförmigkeit erst von künftigen Beobachtungen zu erwarten haben.

AUFSÄTZE

ÜBER VERSCHIEDENE GEGENSTÄNDE

DER MATHEMATISCHEN PHYSIK.

FUNDAMENTALGLEICHUNGEN
FÜR DIE BEWEGUNG SCHWERER KÖRPER
AUF DER ROTIRENDEN ERDE.

BENZENBERG. Versuche über das Gesetz des Falls. 1804.

Brief von Gauss an Benzenberg.

Braunschweig 1803. Februar 2.

— — — In der Theorie unsres Freundes OLBERS ist eine Voraussetzung, die mir nicht zulässig scheint. Nemlich: *dass der Körper während des Falls in einer Ebene bleibe.* Allein dies darf man, meiner Meinung nach, *nicht* voraussetzen, wenn man den Widerstand der Luft in Betracht zieht, den man hier *nothwendig* in Betracht ziehen muss, weil die geschlossene Abweichung nach Süden lediglich darauf beruht. Eine leichte Betrachtung zeigt nemlich folgendes: die Ebene (A), in welcher der Körper sich ursprünglich zu bewegen anfängt, geht durch den Mittelpunkt der Erde (oder allgemeiner, der Attraction), und steht auf derjenigen Ebene (B) senkrecht, in der der Meridian des Beobachtungsorts beim Anfang des Falls war. Allein man sieht leicht, dass die Lufttheile an allen Stellen der Ebene A schief dadurch gehen, bloss die gerade Linie ausgenommen, wo A von B geschnitten wird. Die Luft wirkt daher dem Körper nicht in dieser Ebene A entgegen, sondern treibt ihn daraus weg nach Norden, und es schien mir, dass der Effect davon gerade so gross sein würde, dass er die aus der Verspätung des Falls geschlossene Abweichung nach Süden aufhöbe.

Nachdem ich durch Ihren letzten Brief veranlasst war, aufs Neue an diese Materie zu denken, betrachtete ich in einer müssigen halben Stunde die Sache auf eine ganz verschiedene Art, und entwickelte die analytischen Gleichungen, die die relative Bewegung des Körpers gegen die bewegte Erdoberfläche in sich fassen, aus den ersten Fundamentalsätzen der Dynamik, und hier fand ich zu meiner Verwunderung

1) die Abweichung nach Süden wiederum 0 oder ganz unvermerklich:

2) die Abweichung nach Osten nur $\frac{2}{3}$ von dem, was Dr. OLBERS gefunden hat. Nemlich in Dr. OLBERS Zeichen, wenn man den Widerstand der Luft vernachlässigt,

$$= \frac{\frac{4}{3}\pi\cos\psi\,.\,at}{86164}$$

oder wenn man ihn mit in Betrachtung zieht, nach einer hier zureichenden Näherung

$$= \frac{\frac{4}{3}\pi\cos\psi\,.\,t}{86164}(\tfrac{3}{2}a' - \tfrac{1}{2}a)$$

wo a die Höhe ist, durch die der Körper in der Zeit t im leeren Raume fallen würde, also $= \frac{1}{2}g'tt$ [wo ferner ψ die Polhöhe des Beobachtungsortes und a' die wirkliche Fallhöhe bezeichnet].

Hienach finde ich für Ihre Versuche, indem ich die Pendellänge für Hamburg $= 440.75$ Linien (woraus g' fast eben so kommt, wie Dr. OLBERS es annimmt), *die Abweichung nach Osten* 3.951 *pariser Linien*; welches sehr genau mit Ihren Versuchen übereinstimmte, — da hingegen die Abweichung nach Süden nicht zu meinen Resultaten passt.

Diese Verschiedenheit in Ansehung der Abweichung nach Osten — veranlasste mich, Dr. OLBERS Schlüsse darüber aufmerksamer durchzugehen, und die Ursache davon nachzuspüren. Wie mir scheint, liegt sie darin, dass Dr. OLBERS

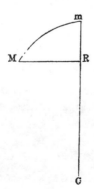

die wirkliche Bewegung des Körpers gegen Osten *bloss* aus seiner tangentiellen ursprünglichen Geschwindigkeit ableitet, und von der daraus entspringenden Bewegung die gleichzeitige Bewegung des Fusses des Thurms abzieht, um die scheinbare Bewegung nach Osten zu haben. — Allein wenn die Fläche des Papiers die obige Ebene A vorstellt, C den Mittelpunkt der Erde, m M die wirkliche Bewegung des Körpers: so darf man, meiner Meinung nach, nicht ausser Acht lassen, dass selbst die Anziehung nach C während die Bewegung nicht mit m C parallel ist, und eben daher die Geschwindigkeit nach Osten wirklich vermindert wird, daher der Körper, wenn er in M anlangt, nicht so weit nach Osten gekommen ist, als er mit der ursprünglichen Geschwindigkeit gekommen sein würde. Nach darüber geführter Rechnung finde ich auch, dass durch diese Betrachtung die scheinbare Bewegung nach Osten wirklich um den dritten Theil vermindert wird.

Brief von Gauss an Benzenberg.

Braunschweig 1803. März 8.

— — — — An unsern Freund OLBERS habe ich vor acht Tagen einen kleinen Aufsatz über die Abweichung fallender Körper eingesandt. Heute erhalte ich darauf die Antwort:

1) die Abweichung nach Osten sei nur $\frac{2}{3}$ von der, die er berechnet hätte:

2) dass er meinen Schlüssen, dass die Abweichung nach Süden $= 0$ sei, nichts entgegenzusetzen habe, aber zu wissen wünsche, *worin* eigentlich *sein* Raisonnement fehlerhaft sei.

Ich bemerke hiebei noch folgendes:

Vorausgesetzt, dass meine Schlüsse in Ansehung der Abweichung nach Süden gewiss sind, so scheint mir der Grund von der von Dr. OLBERS herausgebrachten Abweichung noch immer darin zu liegen, dass er voraussetzt, der Körper *bleibe* auch bei widerstehender Luft in der auf den Meridian senkrechten, und durch den Mittelpunkt der Erde gehenden Ebene. Es scheint mir, dass diese Voraussetzung nothwendig gerechtfertigt werden müsse, aber ich zweifle, ob sie sich rechtfertigen lasse. Die kegelförmige Bewegung der Luft macht, dass die Lufttheile, worin der Körper ist, sobald die Erde aus ihrer ersten Lage gekommen, in einem Winkel durch jene Ebene gehen, den man nicht vernachlässigen darf, und wodurch es geschieht, dass der Körper, dem die Luft nicht in der Richtung dieser Ebene widersteht, aus der Ebene gegen Norden heraustritt: und ich bin noch immer der Meinung, dass sie aus der Verzögerung dadurch vollkommen compensirt wird. Es ist mir auch wahrscheinlich, dass GUGLIELMINI eben dies hat sagen wollen, und dass er nur deswegen OLBERS Beifall nicht erhalten hat, weil er sich nicht bestimmt genug erklärt. Ich hoffe indess zuversichtlich, dass entweder ich mit Dr. OLBERS, oder Dr. OLBERS mit mir vollkommen zu einerlei Überzeugung kommen werden. — — —

Fundamentalgleichungen für die Bewegung schwerer Körper auf der rotirenden Erde.

Die Lage eines Punkts wird auf eine doppelte Art bestimmt.

Erstens durch seine senkrechten Abstände X, Y, Z, von drei auf einander senkrechten *festen* Ebnen. Den gemeinschaftlichen Durchschnittspunkt dieser Ebnen, C, setzen wir in einen beliebigen Punkt der Erdaxe; die Ebene der Z legen wir dem Aequator parallel; die Ebene der Y in denjenigen Meridian, worin sich der anfängliche Ort des Körpers befindet; endlich die Ebene der X in den auf den vorigen senkrechten Meridian. Die Z sind positiv auf der Nordseite; die X auf der Seite des anfänglichen Orts des Körpers, die Y auf derjenigen Seite, wohin dieser anfängliche Ort durch die Rotation geführt wird.

Zweitens durch die senkrechten Abstände x, y, z, von drei auf einander senkrechten *beweglichen* d. i. gegen die Erde ruhenden und mit ihr rotirenden Ebnen. Am schicklichsten setzen wir den gemeinschaftlichen Durchschnittspunkt derselben in den anfänglichen Ort des Körpers. Die Ebne der z setzen wir senkrecht auf die scheinbare Richtung der Schwere; die der y in den Meridian: dadurch ist die auf beide senkrechte der x von selbst bestimmt; Pole dieser drei Ebnen sind also resp. das scheinbare Zenith, der Ostpunkt, der Südpunkt, und *diese* Pole sollen zugleich diejenigen Seiten der Ebnen bezeichnen, wo die Abstände z, y, x positiv genommen werden.

Es sei jetzt für den Punkt C, $x = a$, $(y = 0)$, $z = -c$; ferner die (scheinbare, nördliche) Polhöhe des Beobachtungsorts φ, und der Winkel, um den sich die Erde nach der Zeit t gegen Osten bewegt hat, ϑ. Unter diesen Voraussetzungen ergeben sich leicht folgende Gleichungen:

$$\left.\begin{aligned} x &= X\sin\varphi\cos\vartheta + Y\sin\varphi\sin\vartheta - Z\cos\varphi + a \\ y &= \quad\;\; - X\sin\vartheta + Y\cos\vartheta \\ z &= X\cos\varphi\cos\vartheta + Y\cos\varphi\sin\vartheta + Z\sin\varphi - c \end{aligned}\right\} \quad \ldots \quad [1]$$

$$\left.\begin{aligned} X &= (x-a)\sin\varphi\cos\vartheta - y\sin\vartheta + (z+c)\cos\varphi\cos\vartheta \\ Y &= (x-a)\sin\varphi\sin\vartheta + y\cos\vartheta + (z+c)\cos\varphi\sin\vartheta \\ Z &= -(x-a)\cos\varphi \qquad\qquad\quad + (z+c)\sin\varphi \end{aligned}\right\} \quad \ldots \quad [2]$$

Die Coordinaten X, Y, Z lassen sich einerseits als Functionen von t allein, anderseits aber auch als Functionen der vier veränderlichen Grössen ϑ, x, y, z betrachten, und haben also in letzterer Hinsicht vier partielle Differentiale. Es ist demnach

$$\mathrm{d}X = (\tfrac{\mathrm{d}X}{\mathrm{d}t})\,\mathrm{d}t = (\tfrac{\mathrm{d}X}{\mathrm{d}\vartheta})\,\mathrm{d}\vartheta + (\tfrac{\mathrm{d}X}{\mathrm{d}x})\,\mathrm{d}x + (\tfrac{\mathrm{d}X}{\mathrm{d}y})\,\mathrm{d}y + (\tfrac{\mathrm{d}X}{\mathrm{d}z})\,\mathrm{d}z$$
$$\mathrm{d}Y = \text{etc.}$$

Die Geschwindigkeit des Körpers zerlegt sich, wie seine Bewegung, in drei partielle auf die Ebnen der X, Y, Z senkrechte Geschwindigkeiten, die mithin $(\tfrac{\mathrm{d}X}{\mathrm{d}t})$, $(\tfrac{\mathrm{d}Y}{\mathrm{d}t})$, $(\tfrac{\mathrm{d}Z}{\mathrm{d}t})$ sind. Die Geschwindigkeiten des Luftelements hingegen, in welchem er sich jedesmal befindet, in Beziehung auf dieselben Ebnen sind offenbar $(\tfrac{\mathrm{d}X}{\mathrm{d}\vartheta})\tfrac{\mathrm{d}\vartheta}{\mathrm{d}t}$, $(\tfrac{\mathrm{d}Y}{\mathrm{d}\vartheta})\tfrac{\mathrm{d}\vartheta}{\mathrm{d}t}$, $(\tfrac{\mathrm{d}Z}{\mathrm{d}\vartheta})\tfrac{\mathrm{d}\vartheta}{\mathrm{d}t}$. Folglich die *relativen* Geschwindigkeiten des Körpers nach diesen drei Richtungen

$$(\tfrac{\mathrm{d}X}{\mathrm{d}x})\tfrac{\mathrm{d}x}{\mathrm{d}t} + (\tfrac{\mathrm{d}X}{\mathrm{d}y})\tfrac{\mathrm{d}y}{\mathrm{d}t} + (\tfrac{\mathrm{d}X}{\mathrm{d}z})\tfrac{\mathrm{d}z}{\mathrm{d}t} = \xi = \sin\varphi\cos\vartheta\tfrac{\mathrm{d}x}{\mathrm{d}t} - \sin\vartheta\tfrac{\mathrm{d}y}{\mathrm{d}t} + \cos\varphi\cos\vartheta\tfrac{\mathrm{d}z}{\mathrm{d}t}$$

$$(\tfrac{\mathrm{d}Y}{\mathrm{d}x})\tfrac{\mathrm{d}x}{\mathrm{d}t} + (\tfrac{\mathrm{d}Y}{\mathrm{d}y})\tfrac{\mathrm{d}y}{\mathrm{d}t} + (\tfrac{\mathrm{d}Y}{\mathrm{d}z})\tfrac{\mathrm{d}z}{\mathrm{d}t} = \eta = \sin\varphi\sin\vartheta\tfrac{\mathrm{d}x}{\mathrm{d}t} + \cos\vartheta\tfrac{\mathrm{d}y}{\mathrm{d}t} + \cos\varphi\sin\vartheta\tfrac{\mathrm{d}z}{\mathrm{d}t}$$

$$(\tfrac{\mathrm{d}Z}{\mathrm{d}x})\tfrac{\mathrm{d}x}{\mathrm{d}t} + (\tfrac{\mathrm{d}Z}{\mathrm{d}y})\tfrac{\mathrm{d}y}{\mathrm{d}t} + (\tfrac{\mathrm{d}Z}{\mathrm{d}z})\tfrac{\mathrm{d}z}{\mathrm{d}t} = \zeta = -\cos\varphi\tfrac{\mathrm{d}x}{\mathrm{d}t} \qquad + \qquad \sin\varphi\tfrac{\mathrm{d}z}{\mathrm{d}t}$$

Die totale relative Geschwindigkeit ist folglich $= \sqrt{(\xi\xi + \eta\eta + \zeta\zeta)} = u$, welches, wie die Entwickelung aus obigen Werthen leicht zeigt, $= \sqrt{(\tfrac{\mathrm{d}x^2}{\mathrm{d}t^2} + \tfrac{\mathrm{d}y^2}{\mathrm{d}t^2} + \tfrac{\mathrm{d}z^2}{\mathrm{d}t^2})}$ wird. Der Widerstand der Luft ist dem Quadrate davon proportional, wir setzen ihn daher $= Muu$, und zerlegen ihn nach obigen drei Richtungen in $Mu\xi$, $Mu\eta$, $Mu\zeta$.

Wir sehen hier die Erde als ein Revolutions-Sphäroid an; die Richtung der Schwere geht daher durch die Erdaxe. Der Punkt, wo sie diese schneidet, liege um q über C, oder es sei für denselben $Z = q$.

Setzt man nun ferner die Stärke der Gravitation $= p$ und

$$XX + YY + (Z - q)^2 = rr$$

so ist nach den Grundsätzen der Dynamik

$$0 = \frac{\mathrm{d}\,\mathrm{d}X}{\mathrm{d}t^2} + \frac{pX}{r} + Mu\xi \left.\vphantom{\begin{array}{c}a\\a\\a\end{array}}\right\}$$

$$0 = \frac{\mathrm{d}\,\mathrm{d}Y}{\mathrm{d}t^2} + \frac{pY}{r} + Mu\eta \qquad \cdot \quad \cdot \quad \cdot \quad \cdot \quad \cdot \quad \cdot \quad [3]$$

$$0 = \frac{\mathrm{d}\,\mathrm{d}Z}{\mathrm{d}t^2} + \frac{p(Z-q)}{r} + Mu\zeta$$

Aus obigen Werthen von X, Y, Z in [2] findet man, wenn man für $\frac{\mathrm{d}\theta}{\mathrm{d}t}$, welches beständig ist, n schreibt, folgende Gleichungen:

$$\frac{\mathrm{d}\,\mathrm{d}X}{\mathrm{d}t^2} = \qquad \sin\varphi\cos\theta\,\frac{\mathrm{d}\,\mathrm{d}x}{\mathrm{d}t^2} - \quad \sin\theta\,\frac{\mathrm{d}\,\mathrm{d}y}{\mathrm{d}t^2} + \quad \cos\varphi\cos\theta\,\frac{\mathrm{d}\,\mathrm{d}z}{\mathrm{d}t^2}$$

$$\qquad - 2n\sin\varphi\sin\theta\,\frac{\mathrm{d}x}{\mathrm{d}t} - 2n\cos\theta\,\frac{\mathrm{d}y}{\mathrm{d}t} - 2n\cos\varphi\sin\theta\,\frac{\mathrm{d}z}{\mathrm{d}t} - nnX$$

$$\frac{\mathrm{d}\,\mathrm{d}Y}{\mathrm{d}t^2} = \qquad \sin\varphi\sin\theta\,\frac{\mathrm{d}\,\mathrm{d}x}{\mathrm{d}t^2} + \quad \cos\theta\,\frac{\mathrm{d}\,\mathrm{d}y}{\mathrm{d}t^2} + \quad \cos\varphi\sin\theta\,\frac{\mathrm{d}\,\mathrm{d}z}{\mathrm{d}t^2} \qquad [4]$$

$$\qquad + 2n\sin\varphi\cos\theta\,\frac{\mathrm{d}x}{\mathrm{d}t} - 2n\sin\theta\,\frac{\mathrm{d}y}{\mathrm{d}t} + 2n\cos\varphi\cos\theta\,\frac{\mathrm{d}z}{\mathrm{d}t} - nnY$$

$$\frac{\mathrm{d}\,\mathrm{d}Z}{\mathrm{d}t^2} = - \qquad \cos\varphi\,\frac{\mathrm{d}\,\mathrm{d}x}{\mathrm{d}t^2} \qquad + \qquad \sin\varphi\,\frac{\mathrm{d}\,\mathrm{d}z}{\mathrm{d}t^2}$$

Multiplicirt man die drei Gleichungen [3] resp. mit $\sin\varphi\cos\theta$, $\sin\varphi\sin\theta$, $-\cos\varphi$ und addirt die Producte; multiplicirt man zweitens eben diese Gleichungen mit $-\sin\theta$, $\cos\theta$, 0; und drittens mit $\cos\varphi\cos\theta$, $\cos\varphi\sin\theta$, $\sin\varphi$, und addirt beidemale die Producte: so erhält man, nachdem man statt $\frac{\mathrm{d}\,\mathrm{d}X}{\mathrm{d}t^2}$, $\frac{\mathrm{d}\,\mathrm{d}Y}{\mathrm{d}t^2}$, $\frac{\mathrm{d}\,\mathrm{d}Z}{\mathrm{d}t^2}$ ihre Werthe aus [4], statt X, Y, Z die aus [2], und statt ξ, η, ζ die ihrigen substituirt hat, folgende drei neue:

$$0 = \frac{\mathrm{d}\,\mathrm{d}x}{\mathrm{d}t^2} - 2n\sin\varphi\,\frac{\mathrm{d}y}{\mathrm{d}t} + (x-a)\left(\frac{p}{r} - nn\right) + \cos\varphi\left(\frac{pq}{r} - nnZ\right) + Mu\,\frac{\mathrm{d}x}{\mathrm{d}t}$$

$$0 = \frac{\mathrm{d}\,\mathrm{d}y}{\mathrm{d}t^2} + 2n\sin\varphi\,\frac{\mathrm{d}x}{\mathrm{d}t} + 2n\cos\varphi\,\frac{\mathrm{d}z}{\mathrm{d}t} \qquad + \quad y\left(\frac{p}{r} - nn\right) \quad + Mu\,\frac{\mathrm{d}y}{\mathrm{d}t}$$

$$0 = \frac{\mathrm{d}\,\mathrm{d}z}{\mathrm{d}t^2} - 2n\cos\varphi\,\frac{\mathrm{d}y}{\mathrm{d}t} + (z+c)\left(\frac{p}{r} - nn\right) - \sin\varphi\left(\frac{pq}{r} - nnZ\right) + Mu\,\frac{\mathrm{d}z}{\mathrm{d}t}$$

Ist also der Körper gegen die Erde in Ruhe, oder $\mathrm{d}x = \mathrm{d}y = \mathrm{d}z = 0$, so scheint er senkrecht auf die Ebnen der x, y, z von den Kräften

$$(x-a)\left(\tfrac{p}{r}-nn\right)+\cos\varphi\left(\tfrac{pq}{r}-nnZ\right)$$

$$y\left(\tfrac{p}{r}-nn\right)$$

$$(z+c)\left(\tfrac{p}{r}-nn\right)-\sin\varphi\left(\tfrac{pq}{r}-nnZ\right)$$

sollicitirt zu werden. Ein schon in Bewegung begriffener Körper hingegen wird anders afficirt. Denn ausser dem Widerstande der Luft, der den Körper nach diesen Richtungen wie Kräfte, deren Maass $Mu\frac{\mathrm{d}x}{\mathrm{d}t}$, $Mu\frac{\mathrm{d}y}{\mathrm{d}t}$, $Mu\frac{\mathrm{d}z}{\mathrm{d}t}$ ist, treibt und folglich auf der rotirenden Erde völlig eben so wirkt, als er auf der ruhenden wirken würde, kommen nach jenen Richtungen noch die drei Kräfte

$$-2n\sin\varphi\frac{\mathrm{d}y}{\mathrm{d}t}, \qquad 2n\sin\varphi\frac{\mathrm{d}x}{\mathrm{d}t}+2n\cos\varphi\frac{\mathrm{d}z}{\mathrm{d}t}, \qquad -2n\cos\varphi\frac{\mathrm{d}y}{\mathrm{d}t}$$

hinzu, und diese sind es allein, wodurch die Rotation der Erde an fallenden Körpern sichtbar wird. Die bisherigen Schlüsse und Folgerungen sind streng und allgemein richtig.

Bei *Versuchen*, die in dieser Hinsicht angestellt werden, geschieht allemal die Bewegung des Körpers in einem so kleinen Raume, dass man die Stärke der auf ruhende Körper wirkenden scheinbaren Schwere innerhalb desselben, als unveränderlich $=g$, und ihre Richtung als immer parallel, also senkrecht auf die Ebne der z annehmen kann. Es wird also ohne Bedenken erlaubt sein, statt der obigen drei Grössen

$$(x-a)\left(\tfrac{p}{r}-nn\right)+\cos\varphi\left(\tfrac{pq}{r}-nnZ\right)$$

$$y\left(\tfrac{p}{r}-nn\right)$$

$$(z+c)\left(\tfrac{p}{r}-nn\right)-\sin\varphi\left(\tfrac{pq}{r}-nnZ\right)$$

respective $0, 0, g$ zu substituiren. Dadurch werden die drei Fundamentalgleichungen

$$0 = \frac{\mathrm{d}\mathrm{d}x}{\mathrm{d}t^2} - 2n\sin\varphi\frac{\mathrm{d}y}{\mathrm{d}t} + Mu\frac{\mathrm{d}x}{\mathrm{d}t}$$

$$0 = \frac{\mathrm{d}\mathrm{d}y}{\mathrm{d}t^2} + 2n\sin\varphi\frac{\mathrm{d}x}{\mathrm{d}t} + 2n\cos\varphi\frac{\mathrm{d}z}{\mathrm{d}t} + Mu\frac{\mathrm{d}y}{\mathrm{d}t}$$

$$0 = \frac{\mathrm{d}\mathrm{d}z}{\mathrm{d}t^2} - 2n\cos\varphi\frac{\mathrm{d}y}{\mathrm{d}t} + g + Mu\frac{\mathrm{d}z}{\mathrm{d}t}$$

Die Integration dieser Gleichungen ist leicht, wenn man den Widerstand der Luft vernachlässigt, oder $M = 0$ setzt. Man findet nemlich

$$x = \mathfrak{A} - \mathfrak{D}\cos\varphi . t + \frac{1}{2n}\mathfrak{E}\sin\varphi\cos(2nt+\mathfrak{F}) + \tfrac{1}{2}\sin\varphi\cos\varphi . g\,tt$$

$$y = \mathfrak{B} - \frac{1}{2n}\mathfrak{E}\sin(2nt+\mathfrak{F}) + \frac{1}{2n}\cos\varphi . g\,t$$

$$z = \mathfrak{C} + \mathfrak{D}\sin\varphi . t + \frac{1}{2n}\mathfrak{E}\cos\varphi\cos(2nt+\mathfrak{F}) - \tfrac{1}{2}\sin\varphi^2 . g\,tt$$

Auch ist es leicht, folgende Werthe der arbiträren Grössen zu entwickeln, wenn man voraussetzt, dass der Körper anfänglich gar keine scheinbare Geschwindigkeit hat:

$$\mathfrak{A} = -\frac{g}{4nn}\cos\varphi\sin\varphi, \qquad \mathfrak{B} = 0, \qquad \mathfrak{C} = -\frac{g}{4nn}\cos\varphi^2$$

$$\mathfrak{D} = 0, \qquad\qquad \mathfrak{E} = \frac{g}{2n}\cos\varphi, \qquad \mathfrak{F} = 0$$

Also

$$x = \frac{g}{2n}\cos\varphi\sin\varphi\left(ntt - \frac{1}{2n} + \frac{1}{2n}\cos 2nt\right)$$

$$y = \frac{g}{2n}\cos\varphi\left(t - \frac{1}{2n}\sin 2nt\right)$$

$$z = -\tfrac{1}{2}g\,tt + \frac{g}{2n}\cos\varphi^2\left(ntt - \frac{1}{2n} + \frac{1}{2n}\cos 2nt\right)$$

Diese Integration ist freilich nicht *allgemein* zulässig, da obige Voraussetzung nur in so fern erlaubt ist, als der Körper sich von seinem anfänglichen scheinbaren Orte nicht weit entfernt. Für diesen Fall aber können wir die trigonometrischen Functionen in Reihen auflösen, und so wird

$$x = \tfrac{1}{6}\cos\varphi\sin\varphi . g\,nn\,t^4 \ldots$$

$$y = \tfrac{1}{3}\cos\varphi . g\,n\,t^3 \ldots$$

$$z = -\tfrac{1}{2}g\,tt + \tfrac{1}{6}\cos\varphi^2 . g\,nn\,t^4 \ldots$$

Da die Zeit des Falls nur wenige Secunden, also nt höchstens einige Raumminuten beträgt, und (weil Radius $= 1$) $1' = \frac{1}{3438}$, so wird x und der zweite Theil von z ganz unmerklich, also $y = -\tfrac{2}{3}z\cos\varphi . nt$. Bei Dr. BENZENBERGS Versuche im Michaelisthurme war $z = -235$ Fuss, $\varphi = 53^0\,33'$, $t = 4''$ Sonnenzeit, also $nt = \frac{266}{3438}$ Raumminuten. Hieraus wird $y = 3{,}91$ Linien.

Wenn man bei der Integration obiger Gleichungen den Widerstand der Luft mit in Betrachtung ziehen will, so wird man sich mit Näherungen begnügen müssen; die Entwickelung der Werthe von x, y, z in Reihen nach den Potenzen von n und M ist alsdann sehr leicht. Das höchste Glied von x wird wie vorhin $= \frac{1}{6} \cos \varphi \sin \varphi . g n n t^4$, und ist also von gar keiner Bedeutung; für y und z findet man mit Vernachlässigung der Quadrate und höhern Potenzen von n und M folgende Werthe:

$$y = \tfrac{1}{3} \cos \varphi . g n t^3 - \tfrac{1}{12} \cos \varphi . M g g n t^5$$
$$z = -\tfrac{1}{2} g t t + \tfrac{1}{12} M g g t^4.$$

Setzen wir also $-z$, den wirklichen Fall, $= f$; $\frac{1}{2} g t t$ oder den Fall im luftleeren Raume $= f + \delta$, so ist

$$y = \tfrac{2}{3} \cos \varphi . n t (f + \delta) - \cos \varphi . n t \delta = \tfrac{2}{3} \cos \varphi . n t (f - \tfrac{1}{2} \delta)$$

Für die Versuche in St. Michael, wo $f + \delta = 241{,}47$ Fuss war, erhalten wir daher die Abweichung nach Osten $y = 3{,}86$ Linien.

ÜBER DIE ACHROMATISCHEN DOPPELOBJECTIVE

BESONDERS IN RÜCKSICHT

DER VOLLKOMMENERN AUFHEBUNG DER FARBENZERSTREUUNG.

Zeitschrift für Astronomie und verwandte Wissenschaften
herausgegeben von B. von Lindenau und Bohnenberger. Bd. IV. N. XXX. 1817. December.

Der schöne Aufsatz des Hrn. Prof. Bohnenberger über die achromatischen Objective im ersten Bande dieser Zeitschrift hat das Verdienst, einen für diese Theorie wichtigen Umstand zuerst zur Sprache gebracht zu haben. Ich bin dadurch veranlasst, einige frühere Untersuchungen wieder vorzunehmen und weiter zu entwickeln, deren Resultate ich hier mittheilen werde.

Man begnügte sich bisher bei den Doppelobjectiven, die Farbenzerstreuung für die der Axe unendlich nahen Strahlen, und die Abweichung wegen der Kugelgestalt für die Strahlen von mittlerer Brechbarkeit zu heben, wobei also für die Randstrahlen noch eine kleine Farbenzerstreuung zurückbleiben kann. Bei dieser Einrichtung ist die Berechnung des achromatischen Objectivs eine unbestimmte Aufgabe, d. i., zu jeder Kronglaslinse von positiver Brennweite, wie auch immer das Verhältniss der Halbmesser der Flächen sein mag, lässt sich eine Flintglaslinse berechnen, die mit jener vereinigt ein in obiger Bedeutung achromatisches Objectiv gibt. So viel ich weiss, haben bisher alle Optiker beide Flächen der Kronglaslinse convex angenommen: allein für das Verhältniss der beiden Halbmesser haben die Theoretiker sehr verschiedene Werthe in Vorschlag gebracht, je nachdem sie von diesem oder jenem Princip ausgingen. Will man mit Euler die Abweichung wegen der Gestalt bei der Kronglaslinse zu einem Kleinsten machen, so müssen die Halbmesser ungefähr in dem Verhältniss von

1 zu 7 stehen; sie müssen einander gleich sein, wenn man, wie KLÜGEL in der analytischen Dioptrik, die möglich kleinsten Krümmungen zu haben wünscht; sollen die Brechungen selbst die möglich kleinsten werden, wie derselbe Schriftsteller in einer spätern Abhandlung sich vorsetzt, so müssen diese Brechungen einander gleich sein, und die Halbmesser nahe in dem Verhältniss von 1 zu 3 stehen. Es scheint nicht, dass alle diese verschiedenen Vorschläge hinlänglich motivirt sind. KLÜGELS Augenmerk ist besonders die Abweichung wegen der Kugelgestalt gewesen, welche für *alle* Strahlen in mathematischer Schärfe zu heben bekanntlich unmöglich ist: bei EULERS Behandlung dieser Rechnungen ist diese Abweichung eigentlich nur für die der Axe nächsten Strahlen gehoben, und es bleibt eine sehr nahe dem Biquadrat des Abstandes von der Axe proportionale, also für die Randstrahlen am meisten merkliche Abweichung zurück; oder wenn man mit KLÜGEL die Rechnung so führt, dass die Abweichung für die Randstrahlen verschwindet, so kommt sie wieder bei den Zwischenstrahlen zum Vorschein, am merklichsten bei denen, deren Entfernung nahe $\frac{7}{10}$ von dem Halbmesser der Öffnung ist. Diese unvermeidlich übrigbleibende Abweichung wegen der Gestalt so unschädlich wie möglich zu machen, war KLÜGELS Absicht bei der Wahl des Verhältnisses der beiden ersten Halbmesser: es erhellt jedoch nicht klar genug weder, dass wirklich dieser Zweck bei dem gewählten Verhältniss am allerbesten erreicht werde, noch, dass dieser Zweck wichtig genug sei, um ihn vorzugsweise allein zur Grundlage der Bestimmung dieses Verhältnisses zu machen. Finden nemlich noch *andere* Unvollkommenheiten bei einem solchen Objectiv statt, die beträchtlich grösser sind als die von der nicht ganz zu hebenden Abweichung wegen der Gestalt herrührenden, so ist es offenbar wichtiger, jene als diese zu berücksichtigen.

Aus dieser Ursache wird es vortheilhafter sein, die Freiheit, die man in der Bestimmung des Verhältnisses der beiden ersten Halbmesser hat, zur Verminderung oder Wegschaffung der Farbenzerstreuung bei den Randstrahlen zu benutzen. In der That hat Hr. Prof. BOHNENBERGER durch Rechnung gezeigt, dass in dieser Beziehung das Verhältniss 2 zu 3 dem Verhältnisse 1 zu 3 vorzuziehen ist, indem bei dem ersten eine beträchtlich kleinere Farbenzerstreuung der Randstrahlen bewirkt wird, ohne dass die übriggebliebene Abweichung wegen der Kugelgestalt erheblich geworden wäre. Inzwischen bleibt auch bei Hrn. Prof. BOHNENBERGERS Einrichtung noch eine Farbenzerstreuung der Randstrahlen zurück,

64

die noch mehr zu vermindern oder ganz wegzuschaffen sehr wünschenswerth wäre. Da Hr. Prof. Bohnenbergers zu diesem Zwecke angestellte Versuche, der Äusserung S. 392 zufolge, ohne Erfolg gewesen sind, und die Vermuthung zu begründen scheinen könnten, dass dies unmöglich sei, so hat mich dies zu einer besondern Untersuchung veranlasst, aus der sich, was mir sehr merkwürdig scheint, das Gegentheil ergeben hat.

Die vollkommne Wegschaffung der Farbenzerstreuung bei den Randstrahlen und den der Axe nächsten Strahlen ist nemlich allerdings möglich, oder bestimmter, es lässt sich ein Objectiv berechnen, welches alle Strahlen von zwei bestimmten Farben, sowohl diejenigen, welche in einer bestimmten Entfernung von der Axe, als die, welche unendlich nahe bei derselben (und zwar, wie hier immer vorausgesetzt wird, mit ihr parallel) auffallen, in Einem und demselben Punkt vereinigt. Dies Objectiv erhält eine von den bisher ausschliesslich angewandten ganz abweichende Form, so dass beide Linsen convex-concav werden und die convexen Flächen dem Gegenstande zukehren. Inzwischen obgleich hierdurch grössere Brechungen vorkommen als bei andern Einrichtungen, ist dennoch die übrig bleibende unvermeidliche Abweichung wegen der Gestalt noch sehr unbedeutend, und also die Vereinigung *aller* auf das Objectiv parallel mit der Axe auffallenden Strahlen vollkommener als bei irgend einer andern Einrichtung. Es wäre daher wohl der Mühe werth, dass geschickte Künstler diese neue Form versuchten. Es kann vielleicht sein, dass gegenwärtig dabei noch *practische* Schwierigkeiten statt finden; eine davon wird die sein, dass die Glasstücken, aus denen die Linsen geschliffen werden sollen, eine grössere Dicke haben müssen. Allein bei der immer fortschreitenden Vollkommenheit des technischen Theils der Dioptrik steht zu hoffen, dass Schwierigkeiten der Art zu besiegen sein werden, und dann ist es an der Mathematik, das Ideal der Form zur vollkommensten Vereinigung zu geben.

Die von mir geführte Rechnung soll übrigens bloss als Beispiel dienen, das Gesagte zu bestätigen, nicht aber dazu, dass Künstler diese Maasse genau befolgen sollen. Es ist unumgänglich nothwendig, dass für die Glasarten, aus denen ein vollkommenes Objectiv geschliffen werden soll, die Brechungs- und Zerstreuungsverhältnisse erst besonders mit möglichster Schärfe bestimmt, und die Maasse des Objectivs diesem gemäss von Neuem berechnet werden. In meiner Rechnung habe ich genau dieselben Zahlen zum Grunde gelegt, nach denen Hr.

Prof. Bohnenberger gerechnet hat: auch dieselbe Dicke und Entfernung der Linsen habe ich beibehalten*). Da aber bei der neuen Einrichtung die convexe Fläche der Flintglaslinse eine stärkere Krümmung hat, als die concave der Kronglaslinse, so können beide Linsen einander näher kommen (welches auch in einer andern hier nicht weiter auszuführenden Rücksicht vortheilhafter sein wird); ja, wenn die Künstler sonst keine Bedenklichkeit dagegen haben, kann der Zwischenraum ganz wegfallen, oder die Linsen können einander in der Axe berühren. Es versteht sich, dass dies einige Modification der Krümmungshalbmesser nach sich ziehen wird.

Es gehört nicht zu meiner Absicht, den mathematischen Theil dieser Untersuchung hier zu entwickeln. Ich bemerke nur, dass die Aufgabe, wenn man die Abweichung wegen der Gestalt nach Eulers Art betrachtet, und Dicke und Entfernung der Glaslinse bei Seite setzt, auf eine Gleichung des vierten Grades führt, welche zwei reelle Wurzeln hat. Die hieraus sich ergebende genäherte Auflösung dient zur Grundlage einer indirecten Rechnung, durch welche alles genau in Übereinstimmung gebracht wird. Für Mathematiker wird diese Andeutung hinreichen. Die eine reelle Wurzel jener Gleichung muss übrigens verworfen werden, weil mit ihr zu starke Krümmungen der Glasflächen zusammenhängen, und die unvollkommene Aufhebung wegen der Gestalt zu sehr fühlbar machen würden.

Das Resultat meiner Rechnung ist nun folgendes:

Wenn die Halbmesser der Reihe nach zu

$$+3415{,}287; \quad -10133{,}007; \quad +4207{,}421; \quad -2807{,}320$$

angenommen werden, so vereinigen sich die rothen und violetten Strahlen, sowohl die, welche unendlich nahe bei der Axe, als die, welche in der Entfernung 1083,687 auffallen, alle in Einem Punkt der Axe, dessen Entfernung von der letzten Fläche $= 28293{,}3$ wird. Wird jene Entfernung von der Axe, bei welcher der Einfallswinkel $18^0 30'$ ist, als Halbmesser der Öffnung angenommen, so ist der Durchmesser der Öffnung sehr nahe $\frac{1}{13}$ der Brennweite. Um beurthei-

---

*) [Dicke der ersten Linse $= 200$, der zweiten $= 80$ Abstand zwischen beiden Linsen $= 50$. Exponenten der Brechungsverhältnisse bezüglich für Kronglas und Flintglas]

$$\begin{cases} 1.525976 & 1.62173 \text{ viol. Strahlen} \\ 1.515162 & 1.60177 \text{ mittl. } - \\ 1.504348 & 1.58181 \text{ rothe } - \end{cases}$$

len zu können, wie gross die noch übrig bleibende Abweichung wegen der Gestalt für die Strahlen zwischen dem Rande und der Axe wird, habe ich die Vereinigungsweiten für den Einfallswinkel .13⁰ berechnet und gefunden

28289,3 für die rothen

28290,0 für die violetten Strahlen.

Ich kann nicht umhin, hier noch eine Erinnerung über eine Äusserung des Hrn. Prof. BOHNENBERGER in dem erwähnten Aufsatze beizufügen. Ich halte nemlich dafür, dass es am vortheilhaftesten ist, die Abweichung wegen der Gestalt genau für die Randstrahlen zu heben. Hr. Prof. BOHNENBERGER hat S. 279 dieses Verfahren wie mir deucht mit Unrecht getadelt. Man könnte, sagt er, wenn die Abweichung für die Randstrahlen genau gehoben sei, die Öffnung ohne Schaden der Deutlichkeit bis dahin vergrössern, wo die Abweichung wieder der grössten Abweichung der Zwischenstrahlen gleich werde, und es sei daher am vortheilhaftesten, die Abweichung nicht für die Randstrahlen, sondern für Strahlen zwischen dem Rande und der Axe zu heben. Dies würde allerdings wahr sein, wenn die übrigbleibende Abweichung jenseits und diesseits der Entfernung, für welche sie gehoben ist, *einerlei Zeichen* hätte, was aber nicht der Fall ist. Man könnte zwar hiegegen mit einigem Schein einwenden, dass es bei der Längenabweichung auf das Zeichen gar nicht ankomme, und dass positive und negative Abweichungen eine und dieselbe Undeutlichkeit im Auge hervorbringen. Allein hiebei nähme man offenbar stillschweigend an, dass das Ocular immer genau für das deutliche Sehen desjenigen Bildes gestellt sei, welches durch die der Axe nächsten Strahlen hervorgebracht wird, und dies kann doch nicht eingeräumt werden. Man mag dies Bild immerhin das Hauptbild nennen: es fällt mit dem von den Randstrahlen hervorgebrachten Bilde zusammen, wenn die Abweichung für diese gehoben ist, und alle übrigen Bilder werden dann (wenigstens allgemein zu reden) jenseits oder diesseits des Hauptbildes liegen. Da man nun das Ocular immer so stellt, dass die Undeutlichkeit so klein wie möglich wird, so sieht man gerade das Hauptbild am wenigsten deutlich, und jede Vergrösserung der Öffnung vergrössert auch die Undeutlichkeit. Eine ausführlichere Erörterung dieses Umstandes würde mich hier zu weit abführen.

Gehler's Physikalisches Wörterbuch. 1831. Artikel:

Linsenglas, Berechnungen über achromatische und aplanatische Linsengläser aus zwei Glaslinsen.

Brief von Gauss an Brandes.

Auf Veranlassung Ihres Briefes habe ich eine freie Stunde auf den in jenem Aufsatze*) am Ende kurz erwähnten Umstand gewandt. Der eigentliche Sinn der dortigen Bemerkung scheint nicht von allen ganz richtig aufgefasst zu sein, aber auch meine Angabe bedarf einer kleinen Modification. Ich finde nemlich jetzt durch eine *tiefer eindringende* Untersuchung, dass die Undeutlichkeit, die in dem Ausdrucke für die Längen-Abweichung von der vierten Potenz des Abstandes der auffallenden Strahlen von der Axe abhängt, den möglich kleinsten Total-Einfluss hat, wenn man das Objectiv so construirt, dass diejenigen Strahlen, die unendlich nahe bei der Axe einfallen, und diejenigen, die in einer Entfernung $= R.\sqrt{\frac{6}{5}}$ auffallen würden, (wo $R =$ Radius des Objectivs ist) in *einem* Punkte A sich vereinigen, wobei das Ocular dann so steht, dass man denjenigen Punkt der Axe, wo die Strahlen, die in der Entfernung $= (\frac{3}{5} - \frac{\sqrt{6}}{10})R$ und $= (\frac{3}{5} + \frac{\sqrt{6}}{10})R$ von der Axe aufgefallen sind, sich alle vereinigen, deutlich sieht. Denken Sie Sich nemlich durch diesen Punkt eine auf die Axe senkrechte Ebene, so ist das Bild desto undeutlicher, je grösser der Kreis um A ist, den die von einem Punkte des Objects auf das Objectivglas gefallenen Strahlen füllen, doch so, dass die Intensität der Strahlen an jeder Stelle dieses Kreises mit berücksichtigt werden muss. Hiebei ist nun einige Willkürlichkeit; ich halte für das zweckmässigste, hier nach denselben Principien zu verfahren, die der Methode der kleinsten Quadrate zum Grunde liegen. Ist nemlich ds ein Element dieses Kreises, ρ die Entfernung des Elements von A, und i die Intensität der Strahlen daselbst, so nehme ich an, dass $\int i\rho\rho ds$ als das Maass der Total-Undeutlich-

---

*) [Über die achromatischen Doppelobjective besonders in Rücksicht der vollkommnern Aufhebung der Farbenzerstreuung.]

keit zu betrachten sei, und mache dies zu einem Minimum. Ich finde dabei folgende Resultate: 1. Construirte man das Objectiv so, dass dasjenige Glied der Längen-Abweichung, welches von dem Quadrate der Entfernung von der Axe abhängt, $= 0$ wird, und setzte das Ocular so, dass A dahin fällt, wo die der Axe unendlich nahen Strahlen diese schneiden, so sei der Werth dieses Integrals $= E$. 2. Stellte man aber *bei derselben Einrichtung* das Ocular so, dass das Integral so klein wird, wie es bei dieser Einrichtung werden kann (wobei A der Vereinigungspunkt der in der Entfernung $= R\sqrt[3]{\frac{1}{2}}$ auffallenden Strahlen sein wird), so ist das Integral $= \frac{1}{4}E$. 3. Dagegen ist bei der obigen Einrichtung und der vortheilhaftesten Stellung des Oculars das Integral $= \frac{1}{100}E$, als absolutes Minimum. Obiges Resultat, dass nemlich mit dem Vereinigungspunkte der der Axe unendlich nahen Strahlen ein bloss *fingirtes* Bild (von Strahlen aus grösserer Distanz von der Axe als der Halbmesser des Objectivs) vereinigt werden soll, ist anfangs sehr überraschend und paradox scheinend; aber bei näherer Betrachtung sieht man den eigentlichen Grund leicht ein. Jenes erste *sogenannte* Hauptbild (von Strahlen sehr nahe bei der Axe) ist nemlich dabei gleichsam das Unwichtigste wegen seiner geringen Intensität, viel wichtiger ist, dass die Strahlen von den der Peripherie näheren Ringen des Objectivs *unter sich* besser zusammen gehalten werden, was bei jener Einrichtung am besten erreicht wird. Es thut mir leid, dass die Grenzen eines Briefes jetzt grössere Ausführlichkeit nicht gestatten; der scharfe Calcül lässt sich nichts abstreiten und bei einem vagen Raisonnement übersieht man leicht einen wesentlichen Umstand; allein für den Kenner werden diese Winke schon zureichen.

Allgemein finde ich, dass immer *bei der vortheilhaftesten Stellung des Oculars* jenes Integral $= \frac{1}{4}E(1 - \frac{8}{5}\mu\mu + \frac{4}{3}\mu^4)$ wird, wenn das Objectiv so construirt ist, dass Strahlen aus der Entfernung μR von der Axe sich mit dem (oben sogenannten) Hauptbilde in einem Punkte vereinigen. Dies ist ein Minimum für $\mu = \sqrt{\frac{3}{5}}$ und ist dann $= \frac{1}{100}E$; für $\mu = 1$ wäre es nur $= \frac{1}{30}E$ und für $\mu =$ unendlich klein, $= \frac{1}{4}E$. Nicht allein hat also hienach BOHNENBERGER Unrecht, sondern auch ich habe damals Unrecht gehabt, aber insofern, als ich noch nicht weit genug von BOHNENBERGER abgewichen bin. Ich hatte damals bloss die *ganze Grösse* des undeutlichen Bildes berücksichtigt, ohne auf die ungleiche Intensität der einzelnen Theile Rücksicht zu nehmen.

[BERICHTIGUNG DER SCHNEIDEN EINER WAAGE.]

Göttingische gelehrte Anzeigen. 1837 März 13.

In der Sitzung der Königl. Gesellschaft der Wissenschaften vom 28. Januar nahm der Hofr. GAUSS von der Vorlesung des Hrn. Prof. WEBER, über welche im 22. Stücke dieser Blätter Bericht abgestattet ist, Veranlassung, einen Vortrag über einen nahe verwandten Gegenstand zu halten, von welchem wir den Hauptinhalt hier zur Anzeige bringen.

Er betrifft eine neue Berichtigungsmethode zur Erfüllung einer wesentlichen Bedingung bei den feineren Hebelwaagen, deren Wichtigkeit bisher nicht genug gewürdigt zu sein scheint. Solche Waagen haben drei prismatische Schneiden; die eine nach unten gekehrte, in der Mitte des Waagebalkens, ruht auf einem harten horizontalen Lager von Stein oder Stahl, und dient als Drehungsaxe bei dem Spiel des Waagebalkens; die beiden andern an den Enden des Waagebalkens sind aufwärts gerichtet, und auf jeder derselben schwebt das Tragestück, woran die Waageschale hängt. Die Tragestücke selbst sind von gehärtetem Stahl, und ihre unteren, auf den Schneiden aufliegenden Flächen vollkommen plan und hochpolirt.

Eine wesentliche Bedingung ist nun, dass diese beiden äussern Schneiden mit der mittleren parallel sein sollen. In der That, da vor jedem Umtausch der Gewichte in einer Schale die Waage erst gehemmt und dabei das Tragestück von der Schneide abgehoben wird, so ist nie darauf zu rechnen, dass sich nach Aufhebung der Hemmung das Tragestück *genau* wieder eben so auf die Schneide legt, wie zuvor: dies ist zwar unschädlich, wenn die betreffende Schneide mit der mittleren parallel ist, verursacht aber ein verändertes Moment, wenn eine Divergenz der Schneiden statt findet. Eine unvollkommene Berichtigung in dieser Beziehung ist eine Hauptursache, warum bei oft wiederholten Wägungen zuweilen bedeutend grössere Abweichungen in den Resultaten sich zeigen, als man sonst von der vortrefflichen Arbeit und der Empfindlichkeit einer Waage erwarten sollte.

Die Mittel, deren sich die Künstler zur Berichtigung des Parallelismus der Schneiden bisher gewöhnlich bedient haben, sind nicht geeignet, alle zu wünschende Schärfe zu geben; auch ist es, bei feinen Waagen wie bei astronomischen Instrumenten, nicht der Verfertiger, von dem man die feinste Berichtigung zu fordern hat, sondern diese kommt dem zu, der die Waage gebraucht.

Das Verfahren, dessen sich der Hofr. GAUSS zu dieser Berichtigung mit dem besten Erfolge bedient hat, beruht auf folgenden Gründen.

Bei den Schwingungen des Waagebalkens verändert die zu prüfende äussere Schneide zwar ihre Lage im Raume; diese verschiedenen Lagen sind aber alle unter einander parallel, wenn diese Schneide mit der (ruhenden) mittleren parallel ist. Anders verhält es sich dagegen, wenn die äussere Schneide der mittleren nicht parallel ist. Nehmen wir, um die Vorstellung zu fixiren, an, dass die äussere Schneide zwar mit der mittleren in Einer Ebene liege, dass aber die Richtungen der beiden Schneiden abwärts vom Beobachter divergiren. In diesem Falle wird bei dem Spiele des Waagebalkens die äussere Schneide sich auf einer Kegelfläche bewegen; ihr abwärts gekehrtes Ende wird, relativ gegen das nähere Ende, steigen oder sinken, so wie der Hebelarm, an welchem diese Schneide sich befindet, steigt oder sinkt. Dasselbe wird von dem die Schneide stets berührenden Tragestücke gelten.

Welcher von beiden Fällen nun statt finde, lässt sich erkennen, wenn auf dem Tragestücke ein Planspiegel befestigt ist. Am vortheilhaftesten ist es, diesen Spiegel so anzubringen, dass seine Ebene nahe senkrecht zu der Schneide ist, obwohl man darin nicht zu ängstlich zu sein braucht. In dem ersten der beiden Fälle bleibt der Spiegel, während des Spiels des Waagebalkens, sich selbst parallel, im zweiten nicht; im ersten Falle wird also das Bild eines in schicklicher Entfernung vor dem Spiegel sich befindenden Gegenstandes unverrückt bleiben, im zweiten hingegen (wie man leicht übersieht), mit dem betreffenden Hebelarme steigen oder sinken. Das umgekehrte würde statt finden, wenn die beiden Schneiden anstatt abwärts vom Beobachter zu divergiren, convergiren, es würde dann nemlich mit dem Steigen des Waagebalkenarmes ein Sinken des Bildes, und umgekehrt, verbunden sein.

Nun lässt sich, wenn der Spiegel ein sehr vollkommner ist, selbst eine äusserst kleine Verrückung des Bildes sicher und scharf mit einem Fernrohre erkennen. Der Hofr. Gauss gebrauchte als Gegenstand eine etwa 5 Meter vor dem Spiegel vertical aufgerichtete, in Millimeter eingetheilte Scale; das 35 mal vergrössernde Fernrohr stand in nahe eben so grosser Entfernung. Es erschien so das Bild eines Millimeters etwa 20 Secunden gross, wovon man noch Zehntel schätzen kann. So lange die Schneide noch nicht vollkommen berichtigt war, ging das Bild der Scale an dem Fadenkreuze des Fernrohrs auf das regelmässigste auf und ab, wie der Waagebalken seine Schwingungen machte.

Für mathematisch gebildete Leser bedarf es blos der Andeutung, dass auf diese Weise nicht blos erkannt werden kann, nach welcher Seite eine Divergenz statt findet, sondern auch, hinreichend genau, wie gross dieselbe ist, wodurch, verbunden mit der Kenntniss der Weite der Gewinde der Correctionsschrauben, das Correctionsgeschäft in einen sichern Gang gebracht wird.

Der Vollständigkeit wegen mögen noch ein Paar andere Umstände hier erwähnt werden.

Wenn man einen etwas grossen Spiegel anwendet (der vom Hofr. Gauss gebrauchte, auf das Tragestück vermittelst einer eigenen Vorrichtung befestigte, hat 75 Millimeter Höhe), so ist es nothwendig, die Schalen mit hinlänglich schweren Gewichten zu belasten, weil sonst das Tragestück seitwärts umschlagen würde.

Es ist oben vorausgesetzt, dass die zu prüfende äussere Schneide mit der mittleren in Einer Ebene liege, also, wenn man die mittlere genau horizontal gestellt hat, bei horizontalem Stande des Waagebalkens gleichfalls horizontal sei, und nur etwa seitwärts divergire. Gewöhnlich wird aber diese Voraussetzung auch nicht in äusserster Schärfe statt finden, sondern, die äussere Schneide bei jener Stellung etwas geneigt, oder das eine Ende etwas höher sein können als das andere. Man erkennt dies, bei der beschriebenen Prüfungsmethode, daran, wenn beim Steigen des Waagebalkenarmes das Spiegelbild sich zugleich seitwärts, und beim Sinken nach der entgegengesetzten Seite bewegt. Inzwischen muss bemerkt werden, dass dieser Fehler, wenn er vorhanden ist, an einer Waage von einem geschickten Künstler jedenfalls viel zu klein sein wird, um einen noch merklichen Fehler in den Resultaten der Wägungen hervor zu bringen, und dass man daher auch bei den besten Waagen keine Correctionsmittel zur Wegschaffung dieses Theils des Nicht-Parallelismus angebracht hat.

65

PHYSIKALISCHE

BEOBACHTUNGEN.

65*

Herr Prof. GERLING in Marburg hat der Königl. Societät eine Notiz über seine Wahrnehmung

des am 7. Januar d. J. gesehenen Nordlichts

vorgelegt, welche zwar im Allgemeinen mit dem, was von andern Orten her bereits bekannt geworden ist, übereinstimmt, aber daneben noch einen, besonderer Aufmerksamkeit werthen, und wie es scheint bisher noch nicht hinlänglich gewürdigten Umstand berührt, daher wir hier einen Auszug aus derselben mittheilen.

Das Phänomen war in Marburg schon von 6 Uhr an gesehen. Herr GERLING erhielt aber erst um 8 Uhr eine Benachrichtigung davon, und damals war am ganzen nördlichen Himmel, so tief herab wie die Aussicht aus den Fenstern seiner Wohnung reichte, gar nichts Ungewöhnliches zu erkennen. Allein gegen 9 Uhr zeigten sich wieder auffallende rothe Streifen am nördlichen Himmel, und Herr GERLING begab sich sogleich auf den eine freie Aussicht beherrschenden Schlossberg, um noch so viel thunlich von der Erscheinung wahrzunehmen.

Zuerst wurden in einer Ausdehnung von etwa 50 — 60 Grad zwischen N.O. und N.W. blos rothe Streifen und Flecken am Himmel bemerklich, welche sich ohne vollständige Continuität in dem angegebenen Bogen im Azimuth und im Mittel etwa bis zu 45 Grad Höhe erstreckten. In der Mitte jenes Azimuthalbo-

gens um den Meridian herum und nach einer Schätzung etwa in 30 — 40 Grad
Azimuthalausdehnung zeigten sich schwarze Flecke am sonst heitern Himmel,
dem Ansehn nach mit nichts anderm als schwarzen Wölkchen zu vergleichen.
Diese Flecke vermehrten sich allmählich, und bildeten endlich zusammenlaufend
das dunkle Segment, welches nach allen Beschreibungen bei dem Nordlicht cha-
racteristisch zu sein scheint, indem zu gleicher Zeit die ersterwähnten rothen
Flecke an Intensität zunahmen, und sich strahlenförmig gegen das schwarze
Segment gruppirten, von welchem aus zwischen den rothen Strahlen dann auch
weisse und gelbliche erschienen, die ohne auffallend plötzliches Fortschiessen sich
auf etwa 50 Grad in der Höhe erstrecken mochten.

'So weit, fährt Herr Gerling fort, scheint diese Beobachtung mit dem, was
andere Beobachter zu gleicher Zeit und bei früheren Nordlichtern gesehen haben,
ganz übereinzustimmen und würde also kaum eine Erwähnung verdienen, wenn
nicht ein Umstand dabei mir aufgefallen wäre, welcher meines Wissens weder
bei Gelegenheit dieses jetzigen Nordlichts, noch, so viel ich habe auffinden können, sonst zur Sprache gekommen ist. Nemlich, nicht bloss die Sterne des
Schwans, über welchen die weissen und rothen Strahlen mit ihrer grossen Intensität hinweggingen, sondern auch der Stern α in der Leyer, *welcher tief im
schwarzen Segment stand*, verloren an Sichtbarkeit und scheinbarer Helligkeit augenfällig gar nichts. Diese Thatsache scheint über die räthselhafte Frage, welche Bewandtniss es mit dem dunkeln Segment eigentlich habe, wenigstens das
negative Resultat zu geben, dass es *keine gewöhnliche Wolke* ist, weil solche für
das Sternlicht nicht permeabel sein könnte.'

Schon bei dem Nordlicht vom 22. October 1804 bemerkte Wrede, allein
ohne diesen Grund beizufügen, dass man das dunkle Segment *unrichtig* eine
Wolke nenne, während Gilbert den Ausdruck in Schutz nimmt, und hinzusetzt,
er habe im dunkeln Segment nichts bemerkt, was ihn hätte auf den Gedanken
bringen können, dass er dort etwas anderes als eine dunkele Wolke sähe. Auch
die Meinung Mayers im Handbuch der physischen Astronomie, dass die dichtere
mit Dünsten erfüllte Luft des Horizonts hinlänglich sei, das dunkle Segment zu
erklären, scheint sich mit der von Herrn Gerling bemerkten Thatsache nicht vereinigen zu lassen.

Herr Gerling fügt noch bei, dass in den frühern Stunden, wo das in seiner Ausdehnung veränderliche Segment sich sehr hoch erstreckte, ein glaubwür-

diger Zeuge den Stern α Leyer *in dem Segmente* so hell wie zu irgend einer andern Zeit glänzen gesehen, und ein anderer, zu einer Zeit, wo das dunkle Segment sich noch nicht bis zu jenem Sterne erstreckte, *andere Sterne in dem Segment* erblickt habe.

Herr GERLING hat noch einen Auszug aus seinem meteorologischen Journal vom 5.—9. Januar beigefügt, welcher jedoch ausser einem dreiviertel Zoll betragenden Steigen des Barometers vom 6. Januar Nachmittags bis 7. Januar Abends nichts auffallendes darbietet. Der Wind ging am 7. Januar aus Norden.

Die hier in Göttingen von Herrn Prof. HARDING an diesem Nordlichte gemachten Wahrnehmungen stimmen im Wesentlichen mit den von andern Orten bekannt gewordenen überein, doch verdient der Umstand erwähnt zu werden, dass während der Dauer des Phänomens die Magnetnadel um etwa dreiviertel Grad von ihrer gewöhnlichen Stellung nach Norden ging, und am andern Morgen wieder auf dieselbe zurückgekommen war.

Göttingische gelehrte Anzeigen. 1834. August 9.

Wir verdanken der Huld unserer Regierung ein neues, einem wichtigen Theile der Naturwissenschaften gewidmetes Institut, ein eignes

für die magnetischen Beobachtungen und Messungen
errichtetes Observatorium.

Obgleich der Bau desselben bereits im vorigen Herbst, und die innere Einrichtung seit Anfang dieses Jahrs so weit vollendet ist, dass seit den ersten Monaten tägliche Beobachtungen angestellt werden konnten, so haben wir doch bisher Anstand genommen, in diesen Blättern einen Bericht davon zu geben, weil wir erst einige Resultate der Beobachtungen damit verbinden zu können gewünscht haben. Die nach neuen Principien construirten magnetischen Apparate, welche im Jahre 1832 in der hiesigen Sternwarte aufgestellt sind, haben wir bereits früher in diesen Blättern [Anzeige d. *Intensitas v. m.*] ausführlich beschrieben, und die damit erreichbare Schärfe ist aus dem dort Angeführten hinreichend ersichtlich: allein um diese Schärfe *ganz* zu erreichen, war eine Ausführung in grösserm Maassstabe, und um den Resultaten eine vollkommene Reinheit von fremden Einflüssen zu verschaffen, war ein besonderes eisenfreies Gebäude unumgänglich nöthig.

Das magnetische Observatorium, auf einem freien Platze, etwa hundert Schritt westlich von der Sternwarte errichtet, ist ein genau orientirtes längliches Viereck von 32 Par. Fuss Länge und 15 Fuss Breite, mit zwei Vorsprüngen an den längeren Seiten; der westliche Vorsprung bildet den Eingang, und dient zugleich bei gewissen Beobachtungen als Erweiterung des Hauptsaals; der östliche Vorsprung, vom Hauptsaal ganz geschieden, dient zum Aufenthalt des Nachtwächters der Sternwarte. Im ganzen Gebäude ist ohne Ausnahme alles, wozu sonst Eisen verwandt wird, Schlösser, Thürangeln, Fensterbeschläge, Nägel u.s.w. von Kupfer. Für Abhaltung alles Luftzuges ist nach Möglichkeit gesorgt. Die Höhe des Saals ist etwas über 10 Fuss.

Der magnetische Apparat stimmt im Wesentlichen mit den oben erwähnten überein, daher wir uns darauf einschränken, nur die Verschiedenheiten anzugeben. Der Magnetstab ist aus Uslarschem Gussstahl, welcher sich zu magnetischen Versuchen vortrefflich qualificirt; es wird von Zeit zu Zeit mit verschiedenen Stäben gewechselt, die alle nahe gleiche Grösse haben, nemlich eine Länge von 610, Breite von 37, Dicke von 10 Millimetern; das Gewicht gegen vier Pfund. Der Spiegel ist 75 Millimeter breit und 50 hoch. Aufgehängt ist der Stab von der Mitte der Decke des Saals an einem 200fachen 7 Fuss langen ungedrehten Seidenfaden; der Torsionskreis ist aber nicht wie früher am obern Ende des Fadens, sondern am untern, und mit dem Schiffchen, welches den Stab trägt, drehbar verbunden. Seidene Aufhängungsfäden haben vor metallenen, wie bereits in der Abhandlung des Hofr. Gauss (*Intensitas vis magneticae terrestris* Art. 9.) bemerkt ist, den grossen Vorzug, dass ihre Torsionskraft sehr klein ist; bei dem gegenwärtigen Tragfaden ist diese nur der Neunhundertste Theil der horizontalen Directionskraft des Magnetstabes, während die Torsionskraft eines Metallfadens von gleichem Tragvermögen etwa zehnmal stärker sein würde. Dagegen haben Seidenfäden, besonders wenn ihr Tragvermögen das an ihnen hangende Gewicht nicht weit übersteigt, die Inconvenienz, sich in den ersten Wochen, oder bei bedeutend verstärkter Belastung, beträchtlich zu verlängern; inzwischen wird dieser Inconvenienz hier durch den sinnreichen von Herrn Prof. Weber angegebenen an der Decke befindlichen Aufhängungsapparat abgeholfen, womit der Faden leicht, so viel nöthig, wieder aufgewunden werden kann, ohne seinen Platz zu verändern; zugleich aber kann dieser Apparat eben so leicht an der Decke verschoben werden, wenn im Lauf der Zeit die Veränderung der magnetischen Declination dies nöthig machen wird. Der Theodolith steht bisher auf einem sehr solide gearbeiteten hölzernen Stativ über einem besondern steinernen Fundament, und von dem Platze desselben ist durch das nördliche Fenster einer der Stadtthürme sichtbar, dessen Azimuth auf das genaueste bestimmt ist. Als Berichtigungsmarke für die unverrückte Stellung des Theodolithen dient blos ein zarter verticaler Strich an der gegenüberstehenden nördlichen Wand. Zum gewöhnlichen Gebrauch dient eine in Millimeter getheilte Scale von 4 Fuss Länge; für einige Beobachtungen wird dieselbe mit einer zwei Meter langen vertauscht. Der Werth eines Scalentheils ist $21''3$. Für nächtliche Beobachtungen wurde bisher die Scale mit starken Wachskerzen beleuchtet; in Zukunft werden dazu ARGAND-sche Lampen gebraucht werden.

Eine der Hauptanwendungen des Apparats besteht nun in der scharfen Bestimmung der magnetischen Declination und ihrer Veränderung in verschiedenen Tagesstunden, Monaten und Jahren. Alle Tage wird die Aufzeichnung zweimal zu bestimmten Stunden gemacht: man hat dazu die Vormittagsstunde 8 Uhr, und die Nachmittagsstunde 1 Uhr gewählt, mit welchen Zeiten bei regelmässigem Verlauf der täglichen Variationen die kleinste und die grösste Declination, wenigstens in den ersten Monaten des Jahrs, ungefähr zusammenfallen: dieser Aufzeichnung allemal genau bei derselben Uhrzeit hat man, aus wichtigen hier nicht weiter auszuführenden Gründen, vor dem jedesmaligen Abwarten des Minimum und Maximum unbedingt den Vorzug geben müssen. Diese Aufzeichnungen haben zwar schon seit dem 1. Januar den Anfang genommen: allein da zuerst ein schwächerer Aufhängungsfaden angewandt war, dessen allmähliche Verlängerungen eine öftere Aufwindung nöthig machten, wobei nicht unbeträchtliche, Anfangs nicht genug beachtete Veränderungen des Nullpunkts der Torsion eingetreten sind, so hat man die ersten drittehalb Monate lieber ausgeschlossen. Die seitdem erhaltenen Mittelwerthe für die westliche Declination der Magnetnadel sind folgende gewesen:

	8 Uhr. Vorm.	1 Uhr Nachm.
März, zweite Hälfte	18^0 38′ 16″0	18^0 46′ 40″4
April	36 6.9	47 3.8
Mai	36 28.2	47 15.4
Junius	37 40.7	47 59.5
Julius	37 57.5	48 19.0

Ferner werden an gewissen bestimmten Tagen im Jahre 44 Stunden hindurch ununterbrochen in kurzen Zeitfristen die Veränderungen der Declination beobachtet. Man hat dazu dieselben bereits vor mehreren Jahren durch Herrn von Humboldt festgesetzten Tage gewählt, an welchen nach Verabreduug schon an vielen zum Theil sehr entlegenen Plätzen ähnliche Aufzeichnungen mit Gambeyschen Apparaten gemacht werden. Bis jetzt sind hier diese Beobachtungen dreimal angestellt, nemlich den 20. 21. März; 4. 5. Mai; 21. 22. Junius, und es haben daran Theil genommen ausser dem Hofr. Gauss die Herren Prof. Weber, Prof. Ulrich, Dr. Weber, Dr. Goldschmidt, Dr. Listing, Sartorius, Deahna und Wilh. Gauss. Der Zweck dieser Beobachtungen ist, theils den regelmässigen Verlauf nach und nach immer vollständiger kennen zu lernen, theils die Bewandtniss, welche es mit den so häufig dazwischen kommenden, zuweilen, besonders bei Nordlichtern, ungemein beträchtlichen ausserordentlichen Anomalien hat, durch Vergleichung der gleichzeitigen Beobachtungen an verschiedenen Orten zu erforschen. Die Aufzeichnungen geschahen hier, im März von 20 zu 20 Minuten, und zum Theil in halb so grossen Zwischenzeiten; im Mai von 10 zu 10 Minuten und zum Theil in doppelt engen Grenzen; im Junius durchgehends von 5 zu 5 Minuten. Anomalien wurden hier bemerkt, ein Paar auffallend grosse in der Nacht vom 20. zum 21. März; sehr bedeutende und zahlreiche in den Nächten vom 4. und 5. Mai; und einige zwar nicht grosse aber doch bestimmt hervortretende am 21. Junius, während den ganzen 22. Junius der Verlauf überaus regelmässig war. Von denjenigen correspondirenden Beobachtungen, welche, wie schon erwähnt, Herrn von Humboldt ihre Veranlassung verdanken, sind uns bisher keine bekannt geworden, als die Berliner vom 20. 21. März, welche jedoch nur von Stunde zu Stunde aufgezeichnet waren, und daher keine besondere Resultate geben konnten, obwohl sie doch eine Andeutung der in Göttingen bemerkten und verfolgten Anomalien enthielten. Dagegen wurden von Herrn Sartorius mit einem zwar kleinern aber nach denselben Principien wie der hiesige construirten Apparate die correspondirenden Beobachtungen vom 4. und 5. Mai auf einem Gute in Baiern, einige Meilen südlich von Meiningen sehr vollständig angestellt, woraus eine wahrhaft bewundernswürdige Übereinstimmung mit den hier beobachteten grossen Anomalien, nach Zeit, Grösse und Wechsel derselben hervorgeht, so dass man in den graphischen Darstellungen die eine beinahe als eine Copie der andern mit allen barocken durch jene Anomalien hervortretenden Figuren ansehen möchte. Ein eben so schöner Erfolg hat sich am 21. und 22. Junius gezeigt, wo correspondirende Beobachtungen in Berlin zum ersten Male mit einem dem hiesigen ähnlichen obwohl kleinern Apparate von Herrn Prof. Encke unter Beistand von Herrn Poggendorff, Mädler und Wolfers angestellt wurden. Auch dort waren keine andere Anomalien, als die hier beobachteten, aber diese fast treu copirt, und eben dasselbe zeigten die von Herrn Sartorius dasmal in Frankfurt am Main gemachten Beobachtungen. Diese Resultate können bereits als eine schöne Frucht der verabredeten Beobachtungen angesehen werden, da daraus auf das klarste hervorgeht, dass kleinere und grössere Anomalien der Magnetnadel, die zuweilen in ziemlich kurzen Fristen wechseln, nicht locale, sondern kräftige, weithin wirkende Ursachen haben müssen, was man in Beziehung auf sehr grosse mit Nordlichtern in Verbindung stehenden Unregelmässigkeiten auch schon früher bemerkt hatte. So wie in Zukunft die Theilnahme an diesen verabredeten Beobachtungen mit den eben so scharfen als bequemen Apparaten sich immer weiter ausbreiten wird, wozu schon die schönsten Aussichten vorhanden sind, wird es nicht fehlen, dass wir über diese höchst merkwürdigen und räthselhaften Erscheinungen umfassende Aufklärungen erhalten.

Ubrigens werden hier solche Beobachtungen auch ausser den bestimmten Zeiten häufig gemacht, wobei zuweilen ganz auffallende Anomalien vorgekommen sind. So nahm z. B. am 14. Januar Abends zwischen 8 und 9 Uhr die Declination innerhalb Einer Viertelstunde um 13 Minuten mit grösster Regelmässigkeit ab, und kehrte dann allmählich auf ihren vorigen Stand zurück. Dergleichen Wahrnehmungen können indess keine weitere Resultate geben, da ohne Verabredung correspondirende Beobachtungen höchst selten zu erwarten sind.

Von Zeit zu Zeit wird in dem hiesigen magnetischen Observatorium auch die Bestimmung der absoluten Intensität des Erdmagnetismus wiederholt werden. Da, um diese Operation mit grösster Schärfe auszuführen, erst verschie-

66*

dene Vorkehrungen getroffen werden mussten, so hat sie das erste Mal erst im
Julius gemacht werden können.   Drei Bestimmungen mit verschiedenen Stäben
gaben

$$
\begin{array}{lll}
\text{17. Julius} & \ldots\ldots & 1.7743 \\
\text{20.} \quad \text{,,} & \ldots\ldots & 1.7740 \\
\text{21.} \quad \text{,,} & \ldots\ldots & 1.7761
\end{array}
$$

als Werth der horizontalen Kraft, wobei, wie bei den frühern Bestimmungen
mit kleinern Stäben, deren geringe Verschiedenheit von den gegenwärtigen man
mit Vergnügen bemerken wird, die Zeitsecunde, das Millimeter und das Milligramm als Einheiten zum Grunde liegen.

Eben so, wie mit dem frühern in der Sternwarte aufgestellten Apparate,
hat man nun auch mit dem gegenwärtigen im magnetischen Observatorium Vorrichtungen zu electro-magnetischen Versuchen und Messungen verbunden.   Der
aufgehängte Magnetstab ist von einem aus 200 Umwindungen bestehenden Multiplicator umgeben, dessen Construction die Anwendung von nichtbesponnenem
Draht erlaubte: die Drahtlänge beträgt 1100 Fuss.   Mit Hülfe eines sehr einfach construirten Commutators kann der Beobachter, ohne sein Auge vom Fernrohr zu entfernen, jeden Augenblick die Richtung des galvanischen Stroms umkehren, oder den Strom ganz unterbrechen.

Wir können hiebei eine mit den beschriebenen Einrichtungen in genauer
Verbindung stehende grossartige und bisher in ihrer Art einzige Anlage nicht
unerwähnt lassen, die wir unserm Herrn Prof. WEBER verdanken.   Dieser hatte
bereits im vorigen Jahre von dem physikalischen Cabinet aus über die Häuser
der Stadt hin bis zur Sternwarte eine doppelte Drahtverbindung geführt, welche
gegenwärtig von der Sternwarte bis zum magnetischen Observatorium fortgesetzt
ist.   Dadurch bildet sich eine grosse galvanische Kette, worin der galvanische
Strom, die an beiden Endpunkten befindlichen Multiplicatoren mitgerechnet, eine
Drahtlänge von fast neuntausend Fuss zu durchlaufen hat.   Der Draht der Kette
ist grösstentheils Kupferdraht von der im Handel mit 3 bezeichneten Nummer,
wovon eine Länge von einem Meter acht Gramm wiegt; der Draht des Multiplicators im magnetischen Observatorium ist übersilberter Kupferdraht Nr. 14, wovon auf ein Gramm 2,6 Meter kommen.   Diese Anlage ist ganz dazu geeignet,
zu einer Menge der interessantesten Versuche Gelegenheit zu geben.   Man be-

merkt nicht ohne Bewunderung, wie ein einziges Plattenpaar am andern Ende hineingebracht, augenblicklich dem Magnetstabe eine Bewegung ertheilt, die zu einem Ausschlage von weit über tausend Scalentheilen ansteigt; noch auffallender aber findet man wenigstens anfangs, dass ein Plattenpaar von sehr geringer Grösse, z. B. Einen Zoll im Durchmesser, und unter Anwendung von blossem Brunnen- oder selbst destillirten Wasser eine nicht viel kleinere Wirkung hervorbringt, als ein sehr grosses Plattenpaar mit starker Säure. Und doch ist dieser Umstand bei näherer Überlegung ganz in der Ordnung, und dient nur zu neuer Bestätigung der schönen zuerst von Ohm aufgestellten Theorie. Bei Vermehrung der Anzahl der Plattenpaare wächst hingegen die Wirkung, und zwar dieser beinahe proportional. Die Leichtigkeit und Sicherheit, womit man durch den Commutator die Richtung des Stroms und die davon abhängige Bewegung der Nadel beherrscht, hatte schon im vorigen Jahre Versuche einer Anwendung zu telegraphischen Signalisirungen veranlasst, die auch mit ganzen Wörtern und kleinen Phrasen auf das vollkommenste gelangen. Es leidet keinen Zweifel, dass es möglich sein würde, auf ähnliche Weise eine unmittelbare telegraphische Verbindung zwischen zweien eine beträchtliche Anzahl von Meilen von einander entfernten Örtern einzurichten: allein es kann natürlich hier nicht der Ort sein, Ideen über diesen Gegenstand weiter zu entwickeln.

Beobachtungen der magnetischen Variation in Göttingen und Leipzig am 1. und 2. October 1834.

Poggendorff. Annalen der Physik und Chemie. 1834. Bd. 33.

Die in meinem Aufsatze über das hiesige magnetische Observatorium erwähnten Beobachtungen der magnetischen Variation an den verabredeten Tagen sind seitdem hier noch zwei Mal angestellt, am 6. und 7. August, und am 23 und 24. September. Im ersten Termin kamen recht starke und merkwürdige Anomalien vor, und es ist daher um so mehr zu bedauern, dass zufällige Ursachen die Anstellung correspondirender Beobachtungen an andern Orten gehindert haben. Die September-Beobachtungen sind hingegen ganz vollständig auch in Leipzig und Berlin und beinahe vollständig in Braunschweig angestellt; ausserdem auch zur Hälfte in Copenhagen, wo durch Versehen der 24. und 25. September anstatt des 23. und 24. genommen wurden. Die vollständige Bekanntmachung dieser Beobachtungen würde jedoch geringeres Interesse haben, da der Verlauf an diesen beiden Tagen sehr regelmässig war, obgleich mehrere an sich sehr kleine Anomalien in den ersten 24 Stunden an allen vier Plätzen eine bewundrungswürdige Harmonie gezeigt haben. Merkwürdig bleibt indessen, dass, einer Zeitungsnachricht zufolge, am 23. September Abends in Glasgow ein sehr starkes Nordlicht gesehen worden ist, welches mithin ganz entschieden, wenigstens keinen sich bis Norddeutschland erstreckenden Einfluss auf die Magnetnadel gehabt hat.

Die Anwesenheit des Herrn Prof. WEBER in Leipzig veranlasste inzwischen, noch einige ausserordentliche Stunden zu gleichzeitigen Beobachtungen in Göttingen und Leipzig festzusetzen, wozu die Tage 1. und 2. October Morgens $7\frac{1}{2}$ bis $8\frac{1}{2}$, Mittags $12\frac{1}{2}$ bis $1\frac{1}{2}$, und Abends 8 bis 10 Uhr gewählt wurden. Abgesehen von einigen kleinen Versäumnissen wurden diese Stunden an beiden Orten inne gehalten; im hiesigen magnetischen Observatorium beobachtete mein Sohn, WILHELM GAUSS, in Leipzig Herr Prof. WEBER, Herr Prof. MÖBIUS und Herr Dr. THIEME. — — — Man wird nicht ohne Vergnügen die grosse Übereinstimmung nicht blos in den grossen Bewegungen, welche am Abend des 1. October stattfanden, sondern fast in sämmtlichen kleinen bemerken, so dass deren Quellen sich als auf grosse Ferne hinwirkende, obwohl zur Zeit noch sehr räthselhafte Kräfte, auf das Unverkennbarste ausweisen. In Leipzig waren die Anomalien im Allgemeinen etwas kleiner als in Göttingen; letzterem Orte wird daher der Heerd der wirkenden Kräfte näher gewesen sein. Ich bemerke nur noch, dass während eines Theils jener Stunden ich selbst an einem zweiten in der hiesigen Sternwarte aufgestellten Apparat, wovon ich bald eine ausführlichere Nachricht zu geben gedenke, beobachtet habe, und dass diese Beobachtungen einen fast vollkommenen Parallelismus mit denen des hiesigen magnetischen Observatoriums in den grösseren und kleineren Bewegungen ergeben haben; ein ähnlicher Erfolg hatte auch am 23. und 24. September, so wie bei vielen sonstigen Versuchen, statt, in dem Maasse, dass schon öfters die Uhren an beiden Plätzen blos mittelst der magnetischen Erscheinungen bis auf einen kleinen Bruchtheil einer Zeitminute genau verglichen werden konnten. Dasselbe gelingt mittelst der grösseren Bewegungen am 1. und 2. October zwischen Göttingen und Leipzig, wo an beiden Orten, die Uhren nur wenige Secunden von der mittleren Ortszeit abwichen.

Durch diese Erfahrungen erhalten nun auch die kleinen, in sehr kurzen Zeitfristen wechselnden Schwankungen der Magnetnadel ein überaus grosses Interesse; man muss wünschen, dass auch diese durch die Beobachtungen an vielen von einander entfernten Plätzen sorgfältig verfolgt werden, und es wird daher unumgänglich nöthig alle Beobachtungen in recht kurzen Zeitintervallen zu machen. Bisher beobachteten wir von 5 zu 5 Minuten: aber auch dieses Intervall ist noch fast zu lang, und wir denken künftig immer von 3 zu 3 Minuten den Stand der Magnetnadel an den verabredeten Tagen zu bestimmen. Ich darf dabei nicht unbemerkt lassen, dass das Verfahren, welches der Herr Herausgeber dieser Annalen (Bd. XXXII. S. 569 bis 572) erklärt hat, von uns nur anfänglich gebraucht, aber schon lange mit einem etwas abgeänderten vertauscht ist. Um den Stand der Magnetnadel für einen Augenblick zu erhalten, beobachten wir sie in sechs verschiedenen, immer um Eine Schwingungsdauer getrennten Momenten, und so, dass der gewünschte Moment in die Mitte fällt. Anstatt der genauen Schwingungsdauer wird die nächste runde Zahl von Secunden (oder vielmehr von Uhrschlägen) gewählt, z. B. im magnetischen Observatorium 20″ anstatt 20″4. Die Beobachtungen am 2. October für $8^h 15'$ Abends standen daher so:

$8^h 14' 10''$	672.6
30	672.3
50	671.3
15 10	671.8
30	669.9
50	670.8

Hieraus ergeben sich fünf Mittel, die eigentlich den beigesetzten Zeiten correspondiren:

$8^h 14' 20''$	672.45
40	671.80
15 0	671.55
20	670.85
40	670.35

und daraus das Mittel für $8^h 15'$ 671.40

Ich habe absichtlich dieses Beispiel gewählt, wo die Nadel schnelle Veränderungen zeigte, die selbst von 20 zu 20 Secunden sich so entschieden darstellen. Wir haben Fälle genug, wo ein ähnlicher Erfolg selbst in halb so grossen
Zeitintervallen eintritt. Gewisse Abänderungen in jener Beobachtungsart (die
wir öfters anwenden) zu erklären, so wie die Rechtfertigung jener Art das Mittel zu nehmen, die mit gutem Vorbedacht gewählt ist, muss ich mir für eine andere Gelegenheit vorbehalten. Aber unerwähnt lassen darf ich nicht (da der
Herr Herausgeber dieser Annalen a. a. O. es nicht ausdrücklich bemerkt hat), dass
es eine wesentliche Bedingung für die Zulässigkeit aller dieser Beobachtungsar-
ten ist, die Nadel vorher so viel wie möglich beruhigt zu haben, so dass die
Schwingungen nur eine geringe Anzahl von Scalentheilen betragen. Im hiesigen
magnetischen Observatorium ist eine solche Beruhigung oder wenigstens eine
Wiederholung derselben, im Laufe der Beobachtung selten nöthig. Wer aber
in einem weniger günstigen Local beobachtet, darf durchaus nicht unterlassen,
dies, so oft es nöthig wird, in der Zwischenzeit mit den bekannten Mitteln zu thun.

Da bei der gegenwärtig als nothwendig sich zeigenden Verengerung der
Zwischenzeiten die Beobachtungen sehr viel mühsamer werden als früher, wo die
Forderung sich auf die Aufzeichnung von Stunde zu Stunde beschränkte, so ist
mehrseitig der Wunsch geäussert, künftig sowohl die Anzahl als die Dauer der
Termine etwas zu verkürzen. — — —

Göttingen, den 5. November 1834.

Göttingische gelehrte Anzeigen. 1835 März 7.

In der Sitzung der Königl. Societät am 14. Februar stattete der Hofr. GAUSS
einen Bericht über die in dem magnetischen Observatorium, und in Verbindung
damit anderwärts gemachten Beobachtungen ab, woraus wir hier einen Auszug
mittheilen, der als

eine Fortsetzung der am 9. August 1834 gegebenen Nachricht

betrachtet werden kann.

Die täglich zweimaligen Aufzeichnungen des Standes der Nadel sind ununterbrochen fortgesetzt, und umfassen nun bereits beinahe ein volles Jahr. Die
monatlichen Mittel, seit Julius v. J., waren:

		8 Uhr Vorm.	1 Uhr Nachm.
1834	August	18^0 38′ 48″1	18^0 49′ 11″0
	September	36 58.4	46 32.3
	October	37 18.4	44 47.2
	November	37 38.4	43 4.3
	December	37 54.8	41 32.7
1835	Januar	37 51.5	42 14.4

Die verabredeten Beobachtungen an bestimmten Tagen in kurzen ununterbrochenen Zeitfristen, mit deren Einrichtung in den letzten Monaten einige an
einem andern Orte bekannt gemachte Abänderungen getroffen sind, haben seit
der letzten Nachricht an vier Hauptterminen Statt gefunden, einige ausserordentliche Nebentermine ungerechnet. Die Theilnahme an denselben hat sich bereits
weiter ausgebreitet, und wird bald noch weiter verbreitet werden, auch sind daraus schon sehr merkwürdige Resultate hervorgegangen, denen ähnlich, welche
in dem frühern Bericht erwähnt wurden. Eine graphische Darstellung der Harmonie unter den Beobachtungen vom 1. und 2. October, und vom 29. und 30.
November in Göttingen, Leipzig und Berlin, wird nächstens in POGGENDORFFS
Annalen der Physik erscheinen: noch merkwürdiger aber ist die Übereinstimmung der Beobachtungen vom 5. und 6. November in Copenhagen und Mailand
in allen zahlreichen und auffallend grossen Schwankungen, von welchen gleichfalls eine Zeichnung an einem andern Orte gegeben werden wird. Wir treten
hier in eine Welt von geheimnissvollen Naturkräften, deren wunderbar wech-
selndes Spiel sich über den halben Durchschnitt von Europa, in gleichem Augenblick, und bis in die kleinsten Nuancen auf gleiche Weise, offenbart, und deren Wirkungskreis zu ermessen diese Standlinie noch viel zu klein erscheint.

Die hiesigen Einrichtungen für magnetische Beobachtungen haben inzwischen mehrere wesentliche Erweiterungen erhalten. Für manche Beobachtungen
ist, wenn grosse Schärfe verlangt wird, die Zuziehung eines zweiten Apparats,
in einiger Entfernung vom Hauptapparate, unumgänglich nothwendig, um von
den stündlichen Veränderungen der magnetischen Kraft Rechnung tragen zu können. Zu diesem Zweck ist seit August v. J., nachdem die im Jahre 1832 ge-

brauchten Apparate an das physicalische Cabinet abgegeben sind, in der Sternwarte ein grosser Magnetstab aufgehängt, mit übrigens ganz ähnlichem Zubehör,
wie der Stab im magnetischen Observatorium. Der Magnetstab in der Sternwarte, gleichfalls aus Uslarschem Gussstahl, ist 4 Fuss lang, fast drei Zoll breit
und über einen halben Zoll dick, und wiegt 25 Pfund. Er hängt an einem 16
Fuss langen tausendfachen Seidenfaden*), der oberhalb der Decke des Saals seine
Befestigung hat, und durch eine kleine in dieser Decke gemachte Öffnung frei
durchgeht. Der nächste Grund zur Wahl eines so schweren Stabes war die Absicht, den Luftzug, welcher in diesem Local nicht immer ganz abgehalten werden kann, und der auf die kleinern Apparate, ungeachtet der Beschützung durch
einen umschliessenden Kasten öfters störend einwirkte, unschädlich zu machen.
Der Erfolg hat nicht nur *dieser* Erwartung entsprochen, sondern auch die andern
rücksichtlich der Genauigkeit aller daran zu machenden Beobachtungen noch weit
übertroffen. Nur absolute Beobachtungen der Declination und Intensität bleiben
natürlich wegen des in der Sternwarte vielfach vorhandenen Eisens davon ausgeschlossen.

Die grösste Schwingung, welche der den Stab einschliessende Kasten verstattet, beträgt etwa 27 Grad; die grösste, welche auf der Scale unmittelbar noch
gemessen werden kann, 9 bis 10 Grad, indem bei grössern die Gesichtslinie des
Fernrohrs nicht mehr auf den fast vier Zoll breiten Spiegel trifft. Ist der Stab
einmal in Schwingungen gesetzt, so nehmen diese in geometrischer Progression
so langsam ab, dass sie oft erst nach 10 oder mehreren Stunden auf die Hälfte
herabkommen, obwohl zuweilen auch viel früher, von welchem Umstande unten
noch besonders die Rede sein wird. Die Dauer einer Schwingung des jetzt ein-
gehängten Stabes, des stärksten aus einer grössern Zahl, die für das physicalische Cabinet angefertigt sind, beträgt etwas über 42 Secunden, und diese Grösse,
welche wegen Temperatur und Veränderlichkeit des Erdmagnetismus einigen, obwohl sehr kleinen Veränderungen unterworfen ist (so wie auch vielleicht im Laufe
der Zeit eine bis jetzt noch gar nicht spürbare Veränderung der Kraft des Stabes selbst eintreten kann), wird aus einigen wenigen Schwingungen schon so
scharf bestimmt, dass man dann den Stab auf 8 und mehrere Stunden verlassen
kann, ohne nachher über die Anzahl der inzwischen vollendeten Schwingungen
zweifelhaft zu bleiben.

---

*) Seit kurzem ist dieser mit einem Stahldraht vertauscht.

Eben so interessant, wie die rein magnetischen Beobachtungen sind die mit diesem Apparat anzustellenden electrodynamischen Versuche. Zu diesem Zweck ist der Stab von einem ähnlichen Multiplicator umgeben, wie der Stab des magnetischen Observatoriums, nur dass jener grössere Dimensionen, und eine Drahtlänge von 2700 Fuss in 270 Umwindungen hat. Dieser Multiplicator ist in die grosse schon in dem frühern Bericht erwähnte Drahtkette gebracht, welche die Sternwarte, das magnetische Observatorium und das physicalische Cabinet verbindet, und in welcher der galvanische Strom zusammen eine Drahtlänge von 11000 Fuss, also fast einer halben geographischen Meile zu durchlaufen hat, und dann drei magnetische Apparate zugleich afficirt, nemlich

I. den 25pfündigen Stab in der Sternwarte,

II. den 4pfündigen Stab im magnetischen Observatorium
    (Multiplicator von 200 Umwindungen)

III. den einpfündigen Stab im physikalischen Cabinet
    (Multiplicator von 160 Umwindungen).

Einzelne Theile der Kette können in vielfachen Combinationen nach Gefallen mit Leichtigkeit abgesperrt werden.

Von den zahlreichen Versuchen, welche schon jetzt mit diesen Apparaten gemacht sind, führen wir hier nur einige an.

Wenn ein galvanischer Strom mit der Kette in Verbindung gesetzt wird, so erscheinen die Bewegungen der Magnetstäbe in den drei Apparaten so augenblicklich, dass ihr Anfang sich auf einen kleinen Bruch einer Zeitsecunde genau beobachten lässt. Die Vergleichung der Uhren bei den drei Apparaten liefert so vollkommen übereinstimmende Resultate, der Strom möge an dem einen Ende, oder an dem andern, oder in der Mitte erzeugt sein, dass daraus die Unmessbarkeit der Zeit, in welcher der Strom eine halbe Meile durchläuft, vollkommen bestätigt wird. Nach den interessanten Versuchen von WHEATSTONE, welche neuerlich in den *Philosophical Transactions* für 1834 bekannt gemacht sind, und nach welchen der electrische Strom im Metall eine grössere Geschwindigkeit zu haben scheint, als das Licht im Raume, liess sich freilich ein solcher Erfolg schon vermuthen, obwohl sich daraus doch noch nicht unbedingt auf das Verhalten eines *galvanischen* Stroms, und dessen Einwirkung auf die Magnetnadel schliessen liess.

Die Intensität eines galvanischen Stroms wird durch die Ablenkung der Magnetnadel, also zunächst durch Scalentheile gemessen oder bestimmt, allein offenbar in den drei Apparaten mit verschiedenen Einheiten, welche von den Dimensionen der Multiplicatoren und der Geltung der Scalentheile in Bogensecunden abhangen. Nun zeigen aber zahlreiche angestellte Versuche, dass zwischen den Ablenkungen an den drei Apparaten durch denselben Strom in einerlei Augenblick stets genau ein constantes Verhältniss Statt findet, der Strom möge an dem einen, oder an dem andern Ende, oder in der Mitte erzeugt sein. Es ergibt sich daraus das wichtige Resultat, dass der Strom in seiner ganzen Länge dieselbe Intensität hat, wenigstens nichts merkliches davon verliert. Man wird in Zukunft besonders aufmerksam darauf sein, ob dieses Resultat auch unter eigenthümlichen Umständen, namentlich während starken Regens, seine Gültigkeit behält.

Bei allen drei Apparaten sind Commutatoren (Gyrotrope) mit der Kette verbunden, wodurch man die Richtung des Stroms mit Leichtigkeit umkehren kann. Dem Commutator in der Sternwarte hat der Hofr. Gauss eine eigenthümliche Einrichtung gegeben, wonach diese Umkehrung durch einen einzigen Druck mit dem Finger, also ganz augenblicklich, bewirkt wird. Wenn man diese Umkehrung, immer in so grossen Zeitfristen wie die Schwingungsdauer des Einen Stabes, wiederholt ausführt, so werden die Schwingungen dieses Stabes immer grösser. Man hat dies zu einem Experiment benutzt, wobei eine auffallende mechanische Wirkung hervorgebracht wird. Herr Prof. Weber liess zur Seite des Magnetstabes im physikalischen Cabinet eine leichte Auslösung für einen Wecker oder eine Pendeluhr anbringen. Dieses Auslösen gelingt jedesmal durch den von der Sternwarte aus geleiteten Strom nach ein Paar Schwingungen auf das vollkommenste. Dass man mit dem 25pfündigen Stabe eine noch viel stärkere mechanische Wirkung würde hervorbringen können, leuchtet von selbst ein.

Besonders wichtige Dienste leisten diese Apparate bei der Erforschung der mathematischen Gesetze, nach welchen sich die Erzeugung und die Wirkung der von Faraday entdeckten magneto-electrischen Induction richten, und ihrer Zurückführung auf absolute Maasse, worüber der Hofr. Gauss den Erfolg seiner Untersuchungen zu seiner Zeit an einem andern Orte bekannt machen wird. Von den dabei angewandten Vorrichtungen erwähnen wir hier nur einer, womit diese Induction auf eine eben so einfache als scharf messbare Art dargestellt wird. Um eine hölzerne Rolle ist ein übersponnener Draht mit 1050 Umwindungen geführt, dessen Enden durch den Commutator mit der Kette in Verbindung gebracht werden. Diese Rolle kann über die freistehende Hälfte eines starken Magnetstabes geführt werden, und während dieser Operation geht allemal durch die Kette ein galvanischer Strom, ein starker, aber von kurzer Dauer, oder ein schwächerer von längerer Dauer, je nachdem die Manipulation schneller oder langsamer geschieht, so dass die Gesammtwirkung Eines Aufschiebens von der Schnelligkeit der Operation unabhängig ist. Der Strom an sich dauert immer nur so lange, wie die Bewegung der Rolle. Das Abziehen der Rolle bringt einen entgegengesetzten Strom hervor, eben so das Aufschieben mit dem entgegengesetzten Ende. Geschieht die Bewegung sehr schnell, so ist die Wirkung des Stroms auf die Magnetnadel in einem der mit der Kette verbundenen Multiplicatoren einem augenblicklichen Stosse von bestimmter Stärke gleich zu setzen. Abziehen und verkehrt wieder Aufstecken bewirkt also zwei gleichnamige Impulse der Magnetnadel, und ein neues Abziehen und wieder umgekehrt Aufschieben würde daher zwei unter sich gleiche, aber den vorigen entgegengesetzte Impulse hervorbringen; allein wenn dazwischen der Commutator gewechselt ist, so geschehen auch die letzten beiden Wirkungen in demselben Sinn, wie die beiden ersten. Ein solcher vollständiger Wechsel (Abziehen, Verkehrtaufstecken und Commutatorumstellung) geschieht ganz bequem in zwei Secunden, und man kann daher, wenn man will, während einer Schwingungsdauer des grossen Magnetstabes bequem und tactmässig 21 Wechsel vollenden, und dadurch letztern in so starke Bewegung bringen, dass die ganze Scale aus dem Gesichtsfelde des Fernrohrs geht. Diese Andeutung wird hinreichen zu übersehen wie die Stärke des durch diese Inductionsart entstehenden galvanischen Stroms mit Schärfe gemessen werden kann. Diese Stärke hängt aber zugleich von dem Widerstande ab, welchen die Kette selbst darbietet, und nimmt mehr oder weniger zu, je nachdem mehr oder weniger Stücke der Kette abgesperrt werden. Auf diese Weise ist das Verhältniss des Widerstandes in den einzelnen Bestandtheilen der Kette und den Multiplicatoren mit grosser Schärfe bestimmt, und durch mannigfaltige Combinationen das schöne von Ohm aufgestellte Gesetz, welches die Intensität eines Stroms bei einer Theilung befolgt, auf das vollkommenste bestätigt. Nahe übereinstimmende Resultate sind auch mit hydrogalvanischen Strömen gefunden; indessen eignen sich diese, wegen der Veränderlichkeit ihrer Stärke weniger zu solchen Bestimmungen, und erfordern jedenfalls deshalb noch besondere Vorsichtsmaassregeln bei den Versuchen. Vielleicht ist nicht uninteressant, wenn hier bemerkt

wird, dass der ganze Widerstand in der in der Luft geführten doppelten Drahtverbindung zwischen der Sternwarte und dem physikalischen Cabinet, in einer
Drahtlänge von mehr als 6000 Fuss nur ungefähr halb so gross ist, als der Widerstand, welchen der Strom bloss in dem Multiplicator des magnetischen Observatoriums (Drahtlänge 1100 Fuss) findet, oder nur den sechsten Theil des Widerstandes in der ganzen Kette beträgt: indessen erklärt sich dies leicht aus der
ungleichen Dicke des Drahts, und alle Versuche bestätigen, dass bei Drähten von
einerlei Metall der Widerstand immer im geraden Verhältniss der Länge und im
umgekehrten der *Fläche* des Querschnitts steht.

Wir haben oben erwähnt, dass die Abnahme des Schwingungsbogens bei
der grossen Nadel in verschiedenen Zeiten sehr ungleich gewesen ist. Ähnliche
Verschiedenheiten hatten sich schon im Jahr 1832 bei den kleinen Apparaten gezeigt, auch später bei der Nadel im magnetischen Observatorium: allein diese
Verschiedenheiten bleiben immer innerhalb viel engerer Grenzen, als bei dem
Stabe der Sternwarte, wo die Abnahme des Schwingungsbogens von einer Schwingung zur folgenden in verschiedenen Versuchsreihen zwischen $\frac{1}{8000}$ und $\frac{1}{30}$
schwankte. Diese merkwürdige Erscheinung hat die Aufmerksamkeit des Hofr.
GAUSS besonders auf sich gezogen, und es scheint dabei ein Zusammentreffen *mehrerer* Ursachen Statt zu finden, die zum Theil noch jetzt räthselhaft bleiben: inzwischen ist es dem Hofr. GAUSS gelungen, diejenige Ursache, welche bei weitem
den stärksten Einfluss hat, auszumitteln. Er bemerkte nemlich, dass allemal
der Schwingungsbogen viel schneller abnahm, wenn die Kette geschlossen, als
wenn sie offen war, und so war es leicht, als Ursache jener schnellen Abnahme,
die Reaction eines in der Kette durch die Schwingung der Nadel selbst, vermöge
der Induction, erzeugten galvanischen Stroms zu erkennen, welcher bei der folgenden Rückschwingung die entgegengesetzte Richtung hat, und stets auf Verminderung des Schwingungsbogens wirkt. Diese Erklärung bestätigte sich vollkommen, indem die Abnahme des Schwingungsbogens am langsamsten war bei
offner Kette, schneller bei geschlossener aber vollständiger Kette; noch schneller, wenn einzelne Stücke der Kette abgesperrt waren; und am allerschnellsten
(so dass der Schwingungsbogen in einer halben Stunde auf die Hälfte kam), wenn
die Kette gleich hinter dem Multiplicator des grossen Stabes geschlossen war.
Ja diese Unterschiede richteten sich vollkommen nach der Grösse des wirksam
bleibenden Theils der Kette

Nachdem diese Erklärung gefunden war, war es leicht, den Erfolg einiger Versuche vorauszusehen, welche wohl zu den auffallendsten im Gebiet des Electromagnetismus gerechnet werden dürfen, und selbst die quantitativen Verhältnisse der Erscheinungen im Voraus zu berechnen, welche auch bei den wiederholt angestellten Versuchen stets auf das vollkommenste bestätigt sind. Es sind folgende.

Wenn der Magnetstab in der Sternwarte (I) in Schwingungen gesetzt wird, etwa so grosse wie der Kasten verstattet, so haben diese gar keinen Einfluss auf die Nadeln im magnetischen Observatorium (II) oder im physikalischen Cabinet (III), sondern diese *bleiben* in Ruhe, wenn sie vorher in Ruhe waren, vorausgesetzt, dass die Kette offen, oder wenigstens die die letzten Nadeln einschliessenden Multiplicatoren davon abgesperrt sind. Allein in dem Augenblick, wo die Kette geschlossen oder z. B. der Multiplicator von II in die geschlossene Kette hineingebracht wird, fängt die Nadel II sogleich an mitzuschwingen. Ist die Nadel II schon vorher in Schwingung gewesen, so erhalten die Schwingungen den eigenthümlichen Character *gemischter* Schwingungen, wovon die eine von dem Initialzustande abhängt, und dieselbe Periode hat, wie die Schwingungen dieser Nadel unter dem blossen Einfluss des Erdmagnetismus (20″), während die andere eine Periode von 42″ befolgt (wie die grosse Nadel I), und ihre Grösse dem Schwingungsbogen von I proportional ist (etwa $\frac{1}{200}$, wenn die Kette hinter dem Multiplicator von II abgesperrt ist). Dies ist vollkommen mit den Resultaten der Theorie in Übereinstimmung, eben so wie der stets genau bestätigte Umstand, dass die Schwingungen von I und die inducirten Schwingungen von II, obwohl Perioden von gleicher Dauer, doch nicht gleichen Anfang haben, sondern stets eine halbe Schwingungszeit (21″) in dieser Beziehung differiren, und zwar in dem Sinn, wie es nach den Statt findenden Umständen die Theorie vorausbestimmt. Was hier beispielsweise von der Nadel II gesagt ist, findet auf ganz ähnliche Weise bei der Nadel III Statt, deren natürliche Schwingungsdauer 14″ beträgt, und die unter der Einwirkung der Induction zusammengesetzte Schwingungen von 14″ und 42″ Periode befolgt.

Ein ganz anderer Erfolg muss der Theorie zufolge in dem Fall Statt finden, wenn eine zweite Nadel, deren natürliche Schwingungsdauer genau eben so gross ist, wie die des grossen Magnetstabes, mit einem Multiplicator sich in der Kette befindet, in welcher der grosse Stab schwingt. Jene, so lange vollkommen ruhig, als die Kette offen ist, fängt gleichfalls in dem Augenblick an mitzuschwingen, wo die Kette geschlossen wird, allein diese Schwingungen, von derselben Dauer, wie die natürlichen, nehmen an Grösse beständig zu, bis diese (erst nach sehr langer Zeit) zu einem Maximum kommt, wo der Widerstand der Luft der Vergrösserung durch die Inductionskraft das Gleichgewicht hält. Um diesen merkwürdigen Versuch wirklich anstellen zu können, wurde (da die Aufhängung eines grossen Stabes wegen Mangel eines zweiten dafür passenden Multiplicators jetzt nicht thunlich war) der einpfündige Stab des physicalischen Cabinets durch Verbindung mit einem ähnlichen etwas schwächer magnetisirten auf bekannte Weise astatisch gemacht, oder vielmehr zu einer Doppelnadel, deren natürliche Schwingungsdauer genau auf $42''3$ gebracht wurde. Der Versuch gelang damit auf das vollkommenste. Der in der Sternwarte schwingende Stab theilte dieser Doppelnadel im physicalischen Cabinet, in dem Augenblick wo die Kette geschlossen wurde, wie durch eine wunderbare Sympathie seine Schwingungen mit, und zwar so, dass jede folgende etwa 50 Scalentheile oder einen halben Grad grösser wurde, als die vorhergehende. Bald ging das ganze Scalenbild aus dem Felde, allein fortwährend konnte man an der immer wachsenden Schnelligkeit, mit welcher das Scalenbild durch das Gesichtsfeld ging, die Zunahme des Schwingungsbogens erkennen. Über eine Stunde wurde dies wunderbar sympathetische Spiel beobachtet.

Es braucht kaum bemerkt zu werden, dass auch der vierpfündige Stab im magnetischen Observatorium in die geschlossene Kette einen Strom inducirt, dessen Dasein an der schnellen Abnahme des Schwingungsbogens auf das bestimmteste erkannt wird, und der daher auch auf die beiden andern Stäbe Wirkungen ausüben muss, denen ähnlich, welche der erstere Versuch gezeigt hat; allein die Rechnung ergibt, und die Erfahrung bestätigt, dass diese Wirkungen zu klein ausfallen, um merklich zu sein. Noch weniger könnte also der schwächste Stab unter den dreien merkliche Wirkungen dieser Art erzeugen.

Beobachtungenen der Variationen der Magnetnadel in Copenhagen und Mailand
am 5. und 6. November 1834.

SCHUMACHER.   Astronomische Nachrichten Nr. 276.   1835 März 21.

Seit der Vollendung des hiesigen magnetischen Observatoriums werden hier unter andern regelmässig an gewissen im Voraus bestimmten Tagen die Variationen der magnetischen Declination ununterbrochen in kurzen Zeitintervallen beobachtet, wozu anfangs dieselben Termine gewählt waren, welche Herr VON HUMBOLDT schon vor mehreren Jahren angeordnet hatte. Seit dem vorigen Frühjahr haben sich schon ziemlich viele Astronomen und Physiker in den Besitz von ähnlichen Apparaten gesetzt, wie der hiesige ist, den ich an einem andern Orte hinlänglich beschrieben habe, und nehmen an jenen verabredeten Beobachtungen Theil. Gleich die ersten auf diese Weise gewonnenen gleichzeitigen Beobachtungen am 4. und 5. Mai, in Göttingen und Waltershausen (einem Gute in der Gegend von Schweinfurt, wo Herr SARTORIUS mit einem zwar kleinen, aber sonst dem hiesigen ganz ähnlichen Apparat beobachtete), zeigten eine überaus merkwürdige Harmonie in dem vielfach hin und her springenden Gange der Variationen, nicht blos in den grössern sondern auch in den geringern. Ähnliche Erfolge haben sich seitdem in den spätern Terminen, wo Leipzig, Berlin, Braunschweig und Copenhagen Theil genommen haben, schon vielfach wiederholt; einige Proben sind in graphischen Darstellungen in POGGENDORFFS Annalen mitgetheilt.

So wie sich die Theilnahme an diesen verabredeten Beobachtungen immer weiter verbreiten wird, stehen natürlich immer interessantere und fruchtbarere Resultate zu erwarten. Ich wiederhole daher hier die bereits anderwärts gemachte Anzeige, dass wir, seitdem die Nothwendigkeit, in *sehr* kurzen Zeitintervallen zu beobachten, sich so klar herausgestellt hat, uns veranlasst gefunden haben, mit den Terminen eine Abänderung zu treffen, indem wir die Anzahl der Termine von 8 auf 6 im Jahr, und ihre Dauer von 44 auf 24 Stunden herabgesetzt haben. Die gegenwärtige Bestimmung ist der letzte Sonnabend jedes ungeraden Monats, vom Göttinger Mittag an bis zum Mittag des folgenden Tages. Es kommen zu diesen Hauptterminen noch jedesmal zwei Nebentermine, nemlich am

68

nächstfolgenden Dinstag und Mittwoch Abends von 8 bis 10 Uhr. Umständlichere Nachricht, auch über Beobachtungsweise, findet man in POGGENDORFFS Annalen Bd. 33. [S. 528 d. B.]

Das merkwürdigste bisher erhaltene Resultat bieten die gleichzeitigen Beobachtungen von Copenhagen und Mailand dar, am 5. und 6. November d. J., einem Termine nach dem frühern Arrangement, von dessen Abänderung die Beobachter an jenen Orten die Nachricht noch nicht erhalten hatten. In Copenhagen, wo jetzt unter Leitung des Herrn Etatsrath OERSTED ein dem hiesigen ganz ähnliches magnetisches Observatorium errichtet ist, wurde eine Nadel von derselben Stärke, wie die hiesige, gebraucht (vier Pfund schwer); in Mailand beobachteten auf der dortigen Sternwarte die Herrn SARTORIUS und Doctor LISTING, unter Beistand des Herrn KREIL, Eleven der Sternwarte, mit der schon oben erwähnten kleinern Nadel. Ich gestehe, dass ich, auch nach den vielen schon früher vorgekommenen Erfahrungen ähnlicher Art, doch durch die Grösse der Übereinstimmung an zwei mehr als 150 Meilen von einander entfernten Orten überrascht wurde. Der blosse Anblick der beigefügten graphischen Darstellung spricht hier für sich. Ich begleite dieselbe nur mit einigen Erläuterungen und Bemerkungen.

Da mir anfangs der Werth der Scalentheile in Copenhagen noch unbekannt war, so entwarf ich die Zeichnung nach solchem Maassstabe, dass die Anomalien ungefähr gleich gross erscheinen, was ich erhielt, indem ich der Seite der Netzquadrate neun Scalentheile der Copenhagner, und drei der Mailänder Beobachtungen entsprechen liess. Ein Scalentheil in Copenhagen beträgt übrigens 21″576, einer in Mailand 29″341. In Bogentheilen waren also die Copenhagner Bewegungen etwa 2,2 mal grösser als die Mailänder. Will man hieraus auf das Verhältniss der dabei thätigen Kräfte schliessen, so muss man nicht übersehen, dass diese Erscheinungen nur als Störungen der horizontalen erdmagnetischen Kraft an beiden Orten zu betrachten sind, und dass an einem Orte, wo letztere kleiner ist, eine gleiche störende Kraft grössere Änderungen hervorbringen muss, als an einem andern, wo jene grösser ist. Das Verhältniss der horizontalen Kraft des Erdmagnetismus in Copenhagen und Mailand schätzte ich nach HANSTEENS schöner Karte im 7. Bande der Astronomischen Nachrichten*) wie

---

*) Im 9. Bande der Astronomischen Nachrichten hat dieser hochverdiente Naturforscher uns auch mit

1 zu 1,23; danach würde sich also das Verhältniss der störenden Kräfte, die die beträchtlichsten Anomalien an jenen Tagen in Copenhagen und Mailand hervorgebracht haben, etwa wie 1,8 zu 1 schätzen lassen. Wie viel besser werden wir aber in Zukunft über solche räthselhafte Naturkräfte urtheilen können, wenn erst ähnliche gleichzeitige Beobachtungen an vielen weit von einander entlegenen Orten uns zu Gebote stehen werden.

Neben der überraschend grossen Übereinstimmung in dem Gange der Anomalien bemerken wir allerdings auch Verschiedenheiten. Aber es scheint, dass wir nicht über diese uns zu verwundern haben, sondern vielmehr darüber, dass die Unterschiede vergleichungsweise so klein sind. Wir kennen freilich die Ursachen der Erscheinungen noch gar nicht; aber gerade bei dem bunten Spiel ihres Wechsels scheint es unnatürlich, anzunehmen, dass sie alle von Einem Punkt her wirkten: einige Ursachen mögen hier, andere dort ihren Sitz gehabt haben, und so mögen in den 44 Stunden auch wol manche Kräfte von ganz andern Gegenden her, die ein ganz anderes Verhältniss für die beiden Örter hatten, ihr Spiel eingemischt haben. Dass im Allgemeinen die Curve für Mailand viel krauser erscheint, als die für Copenhagen, erklärt sich übrigens von selbst durch den Umstand, dass an ersterm Orte alle 5 Minuten, an letzterm alle 10 Minuten beobachtet wurde; bei den längern Zwischenzeiten mussten folglich manche kleinere und schneller wechselnde Anomalien unbemerkt bleiben.

Wenngleich das Interesse für diese Forschungen einer Verstärkung nicht bedarf, so glaube ich doch noch einen Umstand hervorheben zu müssen, der die Astronomen noch besonders berührt. Ob die bei diesen Bewegungen thätigen Kräfte eine messbare Zeit gebrauchen, um sich durch grosse Räume fortzupflanzen, wissen wir noch nicht; diese interessante Frage wird aber ohne Zweifel in

einer allgemeinen Karte für die *ganze* Intensität beschenkt. So dankbar man diese schöne Arbeit anerkennen muss, so kann ich doch die Bemerkung nicht unterdrücken, dass eine allgemeine Karte für die *horizontale* Intensität in *vielfacher* Hinsicht noch ungleich nützlicher sein würde, namentlich auch in Verbindung mit einer zuverlässigen allgemeinen Declinations-Karte, zu einer durchgreifenden Begründung einer allgemeinen Theorie. Zu *diesem* Zweck ist die Bestimmung der magnetischen Kraft durch Angabe der ganzen Intensität, Inclination und Declination (die man wol als die einfachste Wahl der Elemente zu betrachten gewohnt ist) gerade die am wenigsten brauchbare. Die weitere Entwickelung dieser Behauptung, die vielleicht manchem paradox scheinen könnte, muss ich mir aber für einen andern Ort vorbehalten. Möchte nur jener Naturforscher uns aus der Fülle seiner gesammelten Schätze bald mit jenen Erfordernissen beschenken.

68*

Zukunft ihre Beantwortung finden. Ist die Zeit unmessbar klein, so werden solche Beobachtungen schneller auf- und abgehender Bewegungen zu Längenbestimmungen dienen können, die unter vortheilhaften Umständen selbst den schärfern zur Seite gestellt werden dürfen. Aus vorgekommenen Bewegungen in Göttingen und Leipzig habe ich schon mehreremale unter jener Voraussetzung den Längenunterschied auf eine halbe Zeitminute richtig ableiten können. Allein zuweilen zeigen sich so schnelle Bewegungen, dass daraus noch viel schärfere Zeitbestimmungen abgeleitet werden können. Die stärksten Bewegungen, die mir bisher vorgekommen sind, fanden statt am 7. Februar d. J., wo den ganzen Tag die Nadel überaus unruhig war. Ich beobachtete Bewegungen von 17 Scalentheilen oder 6 Bogenminuten in Einer Zeitminute, einige Minuten regelmässig andauernd, dann nach und nach langsamer werdend, und nachher in die entgegengesetzte übergehend. Dergleichen Erscheinungen an zwei Orten mit guten Apparaten (die selbst in einzelnen Beobachtungen eine Genauigkeit bis auf wenige Bogensecunden geben) sorgfältig verfolgt, könnten, wenn die Wirkung der Kräfte in unmessbar kleiner Zeit geschieht, den Längenunterschied auf eine Zeitsecunde genau geben. Jedenfalls erhellt, wie wichtig es zur Aufklärung des Gegenstandes sein wird, dass alle Beobachter, denen die Mittel dazu zu Gebote stehen, immer für eine gute Zeitbestimmung Sorge tragen.

Schliesslich bemerke ich noch, dass die Beobachter in Mailand die dortige Inclination mit einem LENOIRschen Inclinatorium am 2. November $= 63^0\,55'\,26''$ gefunden haben.

Brief von Gauss an Schumacher.

SCHUMACHER. Astronomische Nachrichten Nr. 310. 1836. Juni 11.

Göttingen. 1836. April 23.

Es waren heute Morgen ausserordentliche Bewegungen der Magnetnadel, noch grösser als am 7. Februar 1835. Dies veranlasste mich einige Sets in der Sternwarte zu beobachten, während Dr. GOLDSCHMIDT im magnetischen Observatorium aufzeichnete. Der gleichförmige Gang bestätigte sich hier so schön, dass ich es wagte den gegenseitigen Uhrstand daraus abzuleiten.

Es fand sich, aus einem schnellen Aufsteigen Campa vor Shelton 4′ 41″1

Aus einem wenige Minuten nachher erfolgten Niedersteigen   4 42.4

Mittel   4′ 41″7

Eine directe Vergleichung der Uhren gab,

1) durch ein Zeichen am Fenster . . . . 4′ 41″5

2) durch einen Inductionsimpuls 4 41.5

Also eine herrliche Bestätigung dessen, was ich Astronomische Nachrichten Nr. 276 [S. 539 d. B.] gesagt habe.

Das in den Beobachtungsterminen anzuwendende Verfahren.

Resultate aus den Beobachtungen des magnetischen Vereins. 1836. II.

Die sechs jährlich festgesetzten Termine fallen gegen das Ende der Monate Januar, März, Mai, Julius, September, November; sie fangen an am letzten Sonnabend in jedem dieser Monate, Mittags nach Göttinger mittlerer Zeit, und schliessen am Mittag des folgenden Tages; die bisher jedem Haupttermine hinzugefügten Nebentermine (Abends von 8 — 10 Uhr am Dinstag und Mittwoch der folgenden Woche) werden künftig wegfallen.

In jedem Termine wird, der Regel nach, der Stand der Magnetnadel von fünf zu fünf Minuten bestimmt, so dass ein Termin 289 Resultate gibt. In Göttingen wird die Uhr vor Anfang jedes Termins genau auf mittlere Zeit gestellt. Da eine nahe Gleichzeitigkeit der einzelnen Bestimmungen an den verschiedenen Beobachtungsorten sehr wünschenswerth ist, so haben die Beobachter an den meisten andern Orten die Gewohnheit, ihre Uhren gleichfalls auf Göttinger mittlere Zeit zu stellen. Wo dies nicht wohl geschehen kann, ist zu empfehlen, dass man zu den Beobachtungsmomenten diejenigen vollen Minuten der Uhr wähle, die den Göttinger Beobachtungszeiten am nächsten kommen. Hätte man z. B. vor

Anfang des Termins ausgemittelt, dass die bei der Beobachtung zu gebrauchende
Uhr um 13′ 48″ vor Göttinger mittlerer Zeit voraus sei, so würden die Bestimmungen des Standes der Nadel für die Uhrzeiten $0^h 14′ \ldots \ldots 0^h 19′ \ldots \ldots$
$0^h 24′ \ldots \ldots 0^h 29′$ u. s. f. zu machen sein. *Volle* Minuten zu wählen, ist aber
jedenfalls anzurathen, weil man sich so die einzelnen Operationen leichter mecha-
nisch macht.

Unter dem Stand der Magnetnadel, welcher für die einzelnen Zeitmomente
bestimmt werden soll, ist hier nicht diejenige Stellung verstanden, welche der aufgehängte Magnetstab in dem betreffenden Augenblick wirklich eben hat, sondern
diejenige, welche er haben würde, wenn er (oder genauer zu reden, seine magnetische Axe) in diesem Augenblick genau im magnetischen Meridian wäre. Diese
Distinction war unnöthig, so lange man sich nur solcher Nadeln bediente, die
eine sehr grosse Genauigkeit nicht geben konnten: man brauchte nur dafür zu
sorgen, dass die Nadel um die Zeit der Beobachtung in keiner erkennbaren
Schwingung begriffen war, und erhielt damit das Gesuchte unmittelbar. Bei den
viel grössern Forderungen, die man an die Genauigkeit der Bestimmungen durch
die jetzt eingeführten Apparate machen kann und machen muss, kann aber von
einer solchen unmittelbaren Bestimmung nicht mehr die Rede sein. Es steht
nicht in unsrer Macht, die Nadel des Magnetometers *so* vollkommen zu beruhigen, dass gar keine erkennbaren Schwingungsbewegungen zurückbleiben; wenigstens kann es nicht mit Sicherheit ohne Zeitaufwand, und nicht auf die Dauer
geschehen. Es werden daher an die Stelle der unmittelbaren Beobachtung solche mittelbare Bestimmungen treten müssen, zu denen eine vollkommene Beruhigung unnöthig ist.

Die sich zuerst darbietende Methode besteht darin, dass man die Nadel absichtlich im schwingenden Zustande beobachtet, zwei auf einander folgende äusser-
ste Stellungen (ein Minimum und ein Maximum) an der Scale aufzeichnet, und
zwischen beiden das Mittel nimmt. Dieses an sich unverwerfliche Verfahren erfordert jedoch, wenn die Schwingungen eine beträchtliche Grösse haben, eine
Modification, und ist, wenn die Schwingungen klein sind, nur unter einer ein-
schränkenden Bedingung zulässig. Im ersten Fall nemlich wird selbst von einer
Schwingung zur andern die successive Abnahme des Schwingungsbogens nicht unmerklich, daher auch schon die Abweichung vom wirklichen Meridian auf der
Maximum-Seite geringer sein, als sie beim vorhergehenden Minimum auf der ent-

gegengesetzten Seite gewesen war, folglich das Mittel aus diesem Minimum und dem folgenden Maximum zu klein werden. Aus derselben Ursache wird das Mittel aus diesem Maximum und dem folgenden Minimum ein zu grosses Resultat geben. Da nun aber die Abnahme des Schwingungsbogens einige Schwingungen hindurch beinahe gleichförmig bleibt, so kann man das Mittel aus zwei solchen Mitteln als hinlänglich genau, und zwar als geltend für den Augenblick der zweiten Elongation betrachten. Oder, um es durch eine Formel auszudrücken, wenn a, b, c die Ablesungen in drei auf einander folgenden Elongationen sind (gleich viel, ob die erste und dritte Minima sind, und die zweite ein Maximum, oder umgekehrt), so stellt $\frac{1}{4}(a + 2b + c)$ den im Augenblick der Elongation b Statt findenden Stand des magnetischen Meridians dar.

Bei kleinen Schwingungen ist dieses Verfahren nur dann zulässig, wenn die Declination keinen in kurzer Zeit merklichen Veränderungen unterworfen ist, und man kann dann schon das Mittel aus zwei auf einander folgenden Elongationen, als für den in der Mitte liegenden Augenblick gültig ansetzen: im entgegengesetzten Fall aber, d. i. zu einer Zeit, wo in der Declination schnell beträchtliche Änderungen vorgehen, kann dies Verfahren seine Brauchbarkeit gänzlich verlieren.

Immer aber behält die Methode, den Stand des magnetischen Meridians aus beobachteten Elongationen zu bestimmen, die Unbequemlichkeit, dass die Augenblicke, für welche das erhaltene Resultat gilt, nicht dieselben sind (oder es nur zufällig werden), für welche man den Stand verlangt. Und wenn auch dies in der Mehrzahl der Fälle wenig erheblich sein mag, so verdient doch offenbar ein anderes Verfahren den Vorzug, welches, von jener Inconvenienz frei, Bequemlichkeit, Gleichförmigkeit und alle nur zu wünschende Schärfe in sich vereinigt, und deshalb von sämmtlichen Theilnehmern an den Terminsbeobachtungen befolgt wird.

Dieses Verfahren beruht auf dem Satze, dass das Mittel aus zwei Stellungen der Nadel, die zweien genau um eine Schwingungsdauer von einander abstehenden Augenblicken entsprechen, mit derjenigen Lage des magnetischen Meridians übereinstimmt, welche für das Mittel dieser Zeiten Statt fand, in welche Theile der Schwingungsperiode diese Zeiten auch fallen mögen. Dieser Satz würde in mathematischer Schärfe wahr sein, wenn theils keine äussere Ursachen (wie der Widerstand der Luft u. dergl.) zur successiven Verkleinerung des Schwingungsbogens wirkten, theils die etwanige Veränderung in der Lage des magnetischen Meridians während jener kurzen Zwischenzeit nur als *gleichförmig* betrachtet werden dürfte. Der erstere Umstand hat aber gar keinen merklichen Einfluss, wenn man das Verfahren immer nur auf sehr kleine Schwingungsbewegungen anwendet, und was den zweiten betrifft, so sind die Veränderungen der Declination während einer so kurzen Zwischenzeit in der Regel schon an sich kaum merklich, und um so mehr ist man berechtigt, wenigstens die Gleichförmigkeit der Veränderungen während dieser kurzen Zeit gelten zu lassen*).

Hiemit ist nun die Aufgabe von selbst gelöst. Um den der Declination für die Zeit T entsprechenden Stand der Nadel zu erfahren, braucht man nur, nachdem nöthigenfalls vorher ihre Bewegungen durch angemessene Beruhigungsmittel auf sehr kleine gebracht sind, die wirklichen Stellungen für die Zeiten $T - \frac{1}{2}t$ und $T + \frac{1}{2}t$ zu beobachten, und daraus das Mittel zu nehmen, wo t die Schwingungsdauer bedeutet. Inzwischen, grösserer Genauigkeit und Sicherheit wegen, beschränkt man sich hierauf nicht, sondern macht noch einige ähnliche Bestimmungen für ein Paar Zeitmomente kurz vor, und eben so viele nach T, immer in gleichen Intervallen, unter welcher Voraussetzung, insofern während dieser Zeit die Änderung der Declination als gleichförmig betrachtet werden darf, das Mittel aus allen diesen Resultaten das für die Zeit T geltende *Endresultat* sein wird, und zuverlässiger als die einzelne Bestimmung für T selbst.

Die einfachste Art, dies auszuführen, besteht, wenn z. B. das Endresultat auf fünf partiellen Resultaten beruhen soll, darin, dass man den wirklichen Stand der Nadel für die sechs Zeiten

$$T - \tfrac{5}{2}t, \quad T - \tfrac{3}{2}t, \quad T - \tfrac{1}{2}t, \quad T + \tfrac{1}{2}t, \quad T + \tfrac{3}{2}t, \quad T + \tfrac{5}{2}t$$

aufzeichnet. Sind die aufgezeichneten Zahlen a, b, c, d, e, f, so wird $\frac{1}{2}(a+b)$ das für die Zeit $T - 2t$ geltende Resultat sein; eben so

$$\tfrac{1}{2}(b+c), \quad \tfrac{1}{2}(c+d), \quad \tfrac{1}{2}(d+e), \quad \tfrac{1}{2}(e+f)$$

für die Zeiten $T - t$, T, $T + t$, $T + 2t$; und das Mittel aus diesen partiellen

---

*) Zuweilen (obwohl äusserst selten) sind uns allerdings Fälle vorgekommen, die eine Ausnahme davon machten, und wo Spuren von Beschleunigung oder Retardation der Änderung in so kurzen Zwischenzeiten sich doch unverkennbar nachweisen liessen. Mit Ausführlichkeit soll dieser Gegenstand in Zukunft abgehandelt werden.

Resultaten oder der fünfte Theil ihrer Summe wird als berichtigtes Endresultat für die Zeit T anzunehmen sein.

Als Beispiel möge hier das Detail der Beobachtung in Göttingen am 17. August 1836 für $15^\mathrm{h} 30'$ stehen. Der Beobachter war Hr. Dr. WAPPÄUS. Für t war angenommen $20''$.

$15^\mathrm{h} 29' 10''$	865.2		
30	867.5	866.35	
50	866.2	866.85	
30 10	868.0	867.10	867.16
30	867.3	867.65	
50	868.5	867.90	

Die erste Columne enthält hier die Beobachtungszeiten, die zweite die aufgezeichneten Scalentheile, die dritte das Mittel zwischen je zwei auf einander folgenden Aufzeichnungen, mithin die für

$$15^\mathrm{h} 29' 20'', \quad 15^\mathrm{h} 29' 40'', \quad 15^\mathrm{h} 30' 0'', \quad 15^\mathrm{h} 30' 20'', \quad 15^\mathrm{h} 30' 40''$$

geltenden partiellen Resultate, und daneben das für $15^\mathrm{h} 30' 0''$ geltende Endresultat. In diesem Beispiele ist die im Laufe der Beobachtungen fortwährend Statt habende Veränderung der Declination offenbar, und wird auch durch die vorhergehenden und folgenden Resultate bestätigt. Es war nemlich das Resultat

$$\text{für} \quad 15^\mathrm{h} 25' 0'' \ldots \ldots 862.82$$
$$35 \ 0 \ldots \ldots 872.32$$

Gewöhnlicher übrigens, als so beträchtliche Änderungen, ist der während der Zeit, welche ein Beobachtungssatz erfordert, fast stationäre Stand der Declination, und in solchen Fällen dient das kleinere oder grössere Hinundherschwanken der partiellen Resultate als ein Maassstab für die grössere oder geringere Zuverlässigkeit der Beobachtungen selbst, möge sie nun von dem Grad der Geschicklichkeit und Aufmerksamkeit des Beobachters, oder der Güte des Apparats selbst, oder von den mehr oder weniger günstigen äussern Umständen abhängen.

Das beschriebene Verfahren ist dasjenige, welches die meisten Theilnehmer an den Terminsbeobachtungen befolgen. Es setzt die Kenntniss der Schwingungsdauer der Nadel voraus, welche bekanntlich zugleich von der Stärke der

Magnetisirung der Nadel und von der Intensität des horizontalen Theils der erdmagnetischen Kraft abhängig, mithin streng genommen zu verschiedenen Zeiten
nicht ganz dieselbe ist.   Eine Anleitung zur scharfen Bestimmung der Schwingungsdauer wird in der Folge gegeben werden [S. 374 d. B.], für den gegenwärtigen
Zweck ist aber eine sehr genaue Kenntniss nicht nöthig, und man kann daher nicht
allein die kleinen Veränderungen, denen sie unterworfen ist, ignoriren, sondern
man darf sich sogar verstatten, anstatt des genauen Werths die nächste volle Secunde zu substituiren, um dadurch zu bewirken, dass die Augenblicke, wo der Beobachter die unter dem Verticalfaden des Fernrohrs erscheinende Stelle des Scalenbildes scharf zu fixiren hat, immer auf volle Secunden fallen.   Dies geschieht
von selbst, wenn die dem wahren Werth der Schwingungsdauer am nächsten
kommende ganze Zahl eine gerade ist.   Ist sie aber ungerade, so hat man, um
diese Bequemlichkeit nicht zu verlieren, die Wahl unter folgenden drei Mitteln.

I. Man hält sich dennoch an die nächste gerade Zahl, und darf dies um so
mehr, je weniger ihr Unterschied von dem wahren Werth eine halbe Einheit
übersteigt, je grösser überhaupt die Schwingungsdauer ist, und je vollkommner
man immer die Nadel im beinahe beruhigten Zustande zu erhalten vermag.   Die
Nadel im magnetischen Observatorium zu Göttingen z. B. hat gegenwärtig eine
Schwingungsdauer von 20″64; allein obgleich die Zahl 21 hier die nächste ist,
so kann man sich doch bei den hier obwaltenden Umständen, wo der Schwingungsbogen selten ein Paar Scalentheile übersteigt, meistens unbedenklich an
die bequemere Zahl 20 halten, da sich leicht darthun lässt, dass der *daraus* entspringende Fehler in einem partiellen Resultat nicht den zwanzigsten Theil des
Schwingungsbogens, und der Fehler des Endresultats nicht den hundertsten Theil
übersteigen kann.   Dagegen würde einem Beobachter, dessen Nadel die Schwingungsdauer 10″64 hätte, zumal wenn er eine gleich vollkommene Beruhigung
nicht in seiner Gewalt hätte, zu empfehlen sein, die Zahl 11 und eine der folgenden Abänderungen zu wählen.

II. Man wählt zwar die ungerade Zahl, nimmt aber die Beobachtungsau-
genblicke, die nach obiger Formel auf halbe Secunden fallen würden, entweder
alle eine halbe Secunde später, oder alle eine halbe früher, was offenbar weiter
keinen Unterschied macht, als dass nun auch die sämmtlichen Endresultate nicht
für die volle Minute der Uhrzeit, sondern für eine halbe Secunde mehr oder weniger gelten.

III. Wenn man das Endresultat nicht, wie in dem oben entwickelten Verfahren, auf eine ungerade, sondern auf eine gerade Anzahl partieller Resultate gründet, so fallen die Beobachtungszeiten von selbst auf volle Secunden, die anstatt der wahren Schwingungsdauer angenommene nächste ganze Zahl möge gerade oder ungerade sein. Soll z. B. das Endresultat von sechs partiellen abhängen, so sind die Beobachtungszeiten

$$T-3t, \quad T-2t, \quad T-t, \quad T, \quad T+t, \quad T+2t, \quad T+3t$$

Dies Verfahren, wobei der Einfluss des von der Schwingungsdauer weggelassenen Bruchs im Endresultat noch vollkommner eliminirt wird, als in dem vorhin beschriebenen, ist vorzüglich solchen Beobachtern zu empfehlen, die kleinere Apparate oder Nadeln von vergleichungsweise kurzer Schwingungsdauer gebrauchen.

Es mag noch bemerkt werden, dass, da durch Auflegung eines kleinen Gewichts die Schwingungsdauer der Nadel vergrössert wird, man durch eine schickliche Wahl des Gewichts und der Auflegungsstelle im Stande ist, die Schwingungsdauer äusserst nahe auf eine ganze Zahl von Secunden zu bringen. Dieser Ausweg ist wohl von einigen Beobachtern gewählt, die nicht genug in ihrer Gewalt hatten, etwas grössere Schwingungsbewegungen von ihrer Nadel abzuwehren. Immer aber bleibt dies ein sehr ungenügender Nothbehelf; denn wenn auch unter solchen Umständen das obige Theorem als ganz scharf gilt, so werden doch die Resultate immer einen viel geringern Grad von Genauigkeit haben, weil es unmöglich ist, wenn die Nadel in einer stark augenfälligen Bewegung begriffen ist, den einem bestimmten Secundenschlage entsprechenden Scalentheil, und dessen Bruchtheil, mit derselben Schärfe zu fixiren, als wenn die Langsamkeit der Bewegung eine Veränderung in einer Secunde kaum bemerken lässt. Die Nadel immer gehörig beruhigt zu halten ist daher eine Vorschrift, deren Wichtigkeit nicht genug eingeschärft werden kann.

Gerade dieser Ursache wegen ist es wichtig, dass immer zwischen zwei auf einander folgenden Beobachtungssätzen, nöthigenfalls gehörige Zeit zu einer Beruhigung bleibe. Bei der Nadel des Göttinger magnetischen Observatoriums ist diese Zwischenzeit, unter Anwendung der ersten Methode 3′ 20″, bei Anwendung der zweiten würde sie 2′ 54″ sein: in beiden Fällen für Geübte zu obigem Zweck hinreichend. Gewöhnlich benutzen die Beobachter die Zwischenzeit (da

das Bedürfniss, zu beruhigen, äusserst selten eintritt), dazu, eine Reinschrift
der Beobachtung zu machen, und das Endresultat zu berechnen.   Wo hingegen
die Nadel eine viel längere Schwingungsdauer hat, und mithin jene Zwischenzeit
zwischen zwei Beobachtungssätzen viel kürzer ausfällt, wird eine diesen Übelstand beseitigende Abänderung der obigen Methoden vorzuziehen sein.

Die Abänderung besteht darin, dass man die einzelnen Beobachtungszeiten
nicht um eine Schwingungsdauer, sondern um einen aliquoten Theil derselben
(die Hälfte, oder den dritten Theil) von einander abstehen lässt.   Ausser dem
Vortheile, die Aufzeichnungen zu jedem Satz in kürzerer Zeit abzuthun, und
also grössere Zwischenzeit zwischen zwei Sätzen zu gewinnen, entgeht man dabei
auch der Unannehmlichkeit des erstern Verfahrens, den grössern Theil der Zwischenzeit zwischen zwei Aufzeichnungen unbeschäftigt zu sein.   Geübtere Beobachter wenden daher gern das abgeänderte Verfahren selbst da an, wo die Schwingungsdauer nicht eben sehr lang ist.   Bei der hiesigen Anstalt machen mehrere
Beobachter ihre Aufzeichnungen in Zwischenzeiten von $10''$ (als Hälfte von $20''$),
ja selbst von $7''$ (als drittem Theil von $21''$).   Einige Beispiele werden das weiter
dabei zu Bemerkende am besten erläutern.

Beobachtung am 17. *August* 1836, *für* $10^h 20'$ *durch Herrn Prof Ulrich.*

$10^h 19' 30''$	869.9		
40	871.3	870.80	
50	871.7	871.05	
20 0	870.8	871.35	871.35
10	871.0	871.60	
20	872.4	871.95	
30	872.9		

Die zweite Columne enthält die einzelnen Aufzeichnungen, die dritte die
partiellen Resultate, und zwar ist 870.80 das Mittel der ersten und dritten Aufzeichnung und gilt also für $10^h 19' 40''$ u. s. f.   Man sieht in diesem aus einer
Zeit schneller Veränderung der Declination gewählten Beispiele mit Vergnügen,
wie ein geübter Beobachter die Veränderungen in 10 Secunden mit Sicherheit erkennen kann.

Beobacntung am 25. März 1837, *für* 0^h 5' *durch Herrn Dr. Goldschmidt.*

0^h 4' 32"	847.3		
39	847.2		
46	847.8	848.00	
53	848.7	848.05	
5 0	848.9	847.95	847.91
7	848.1	847.85	
14	847.0	847.90	
21	846.9	847.70	
28	847.3		

Das erste partielle Resultat entspringt hier aus der Combination der ersten und vierten Aufzeichnung, das zweite aus der zweiten und fünften u. s. w.

In diesen Beispielen war das Submultiplum der zum Grunde gelegten genäherten Schwingungsdauer eine ganze Zahl; wo dies nicht der Fall ist, muss man die Schwingungsdauer in ungleiche Theile zerlegen, was aber keinen Nachtheil hat, wenn man nur die Einrichtung so macht, dass den zu combinirenden Aufzeichnungen immer *derselbe* genäherte Werth der Schwingungsdauer als Zwischenzeit entspreche, und, falls man es der Mühe werth hält, im Protocollauszuge die Zeit, welcher das Endresultat entspricht, mit ihrem Bruchtheile bemerkt. So werden z. B. die Beobachtungen mit dem 25pfündigen Stabe in der Sternwarte, dessen Schwingungsdauer jetzt 43"14 ist, wenn man den dafür zu setzenden genäherten Werth 43" in vier Theile abtheilen, und das Endresultat auf fünf partielle Resultate gründen will, nach folgendem Schema angestellt:

0^h 4' 17"		
28		
39	0^h 4' 38"5	
49	49.5	
5 0	5 0.5	0^h 5' 0"1
11	10.5	
22	21.5	
32		
43		

Hier enthält die erste Columne die Aufzeichnungszeiten, die zweite die Zeiten, für welche die partiellen Resultate eigentlich gelten, und wo natürlich ganz gleichgültig ist, dass das Endresultat genau genommen auf $0^h\,5'\,0''1$ fällt. Soll das Endresultat auf sechs partielle Resultate gegründet sein, so wird folgendes Schema befolgt:

$$
\begin{array}{rl}
0^h\ 4'\ 12' & \\
22 & \\
33 & \left. \begin{array}{l} 0^h\ 4'\ 33''5 \\ 43.5 \\ 54.5 \\ 5\ \ 5.5 \\ 16.5 \\ 26.5 \end{array} \right\} 0^h\ 5'\ 0'' \\
44 & \\
55 & \\
5\ \ 5 & \\
16 & \\
27 & \\
38 & \\
48 &
\end{array}
$$

Am klarsten tritt der Vortheil der abgeänderten Beobachtungsart hervor, wenn der Gang der magnetischen Declination in engern Zwischenzeiten als von fünf zu fünf Minuten verfolgt werden soll. Diese Zwischenzeiten, ausreichend bei dem gewöhnlichen Hergange der Declinationsveränderungen, sind in der That noch zu gross, um den stärkern und schneller wechselnden Änderungen ganz ihr Recht wiederfahren zu lassen, und gerade diese Rücksicht hatte, weil engere Intervalle nicht wohl zur allgemeinen und durchgängigen Regel für die vierundzwanzigstündigen Termine gemacht werden konnten, die Festsetzung der Nebentermine veranlasst, in welchen jedesmal zwei Stunden von drei zu drei Minuten beobachtet werden sollte. Da indessen die Abhaltung dieser Nebentermine an manchen Orten Schwierigkeiten gefunden, und es sich auch so gefügt hat, dass bisher nur in wenigen beträchtliche Bewegungen vorgekommen sind, so ist beschlossen, sie von jetzt an fallen zu lassen, zumal da derselbe wichtige Zweck auch auf andere Art, und selbst noch besser sich wird erreichen lassen. Die Zwischenzeiten von fünf zu fünf Minuten bleiben nach wie vor die Regel; so oft aber das Vorhandensein schneller Declinationsänderung bemerkt wird, werden die Sätze, so lange es als nöthig erscheint, von $2\frac{1}{2}$ zu $2\frac{1}{2}$ Minuten ausgeführt. Nach dem, was oben entwickelt ist, wird, anstatt aller weitern Erläuterung, genügen, wenn dem obigen Beispiele vom 17. August [S. 548] noch die unmittelbar darauf folgende Beobachtung beigefügt wird:

10^h 22′ 0″	875.0		
10	874.8	875.50	
20	876.0	875.95	
30	877.1	876.40	876.27 für 10^h 22′ 30″
40	876.8	876.60	
50	876.1	876.90	
23　0	877.1		

Die sämmtlichen auswärtigen Theilnehmer werden aufgefordert, es in vorkommenden Fällen auf dieselbe Weise zu halten: es lässt sich nicht zweifeln, dass dann immer für alle grössern Bewegungen eine Menge im engen Detail correspondirender Beobachtungen zusammenkommen, und über die Verhältnisse dieser merkwürdigen Erscheinungen interessante Aufschlüsse geben werden.

Für den Fall, wo man sich beim Beobachten nicht einer Secundenpenduluhr, sondern einer Uhr bedient, die andere Zeittheile schlägt, wird eine besondere Anweisung nicht nöthig sein. Man zählt dann, anstatt der Secunden, die Uhrschläge, und ordnet das Geschäft auf ganz analoge Weise so an, dass alle Beobachtungen auf bestimmte Schläge gemacht werden. Es wird aber eine etwas grössere Aufmerksamkeit erfordert, die Schläge eines Chronometers immer richtig zu zählen, als die Schläge einer Penduluhr, zumal wenn bei jenem der Zeiger einigeExcentricität hat, und deswegen nicht an allen Stellen des Zifferblatts, wo er sollte, genau auf die Secundenstriche springt.

Einige allgemeine Vorsichtsmaassregeln, obwohl zum Theil scheinbare Geringfügigkeiten betreffend, verdienen noch hier erwähnt zu werden, da mancher angehende Beobachter, ohne im voraus aufmerksam darauf gemacht zu sein, sie anfangs leicht übersehen könnte.

Das allererste Erforderniss ist, dass die Nadel völlig frei schwingen könne. Solche Hindernisse der freien Bewegung, die sogleich offenbar ins Auge fallen, wird natürlich jeder Beobachter von selbst wegzuräumen wissen: es gibt aber auch andere, dem Auge sich fast entziehende, die gleichwohl die Beobachtungen ganz verderben können.

In der wärmern Jahrszeit findet sich zuweilen wohl eine Spinne im Kasten ein (am leichtesten, wenn die Seitenöffnung vor dem Spiegel stets offen bleibt), knüpft ein Gewebe oder einen einzelnen Faden zwischen dem Magnetstabe oder dessen Zubehör, und dem Kasten, und hemmt dadurch die freie Bewegung des

Magnetstabes. Man thut daher wohl, sich kurz vor jedem Termin erst zu überzeugen, dass der Kasten innen rein ist. Ist der Deckel des Kastens verglaset,
so erkennt man die Gegenwart grösserer Insecten oder Gewebe schon von aussen;
allein man unterlasse nicht, den Deckel abzuheben und genauer nachzusehen; ja
man beruhige sich nicht dabei, wenn man gar keinen Faden sieht, denn in der
That reicht, wie öftere Erfahrungen bewiesen haben, auch der allerfeinste dem
blossen Auge unsichtbare oder nur unter ganz besonderer Beleuchtung erkennbare
Faden schon hin, die freie Bewegung zu hemmen, und die Beobachtungen zu
verderben. Um sich gegen solchen, weil unsichtbar gefährlichsten, Feind zu
sichern, umfahre man den Magnetstab mit dem Finger, einem Stäbchen oder dergl.
auf allen Seiten, rechts, links, vorne, hinten, oben und unten, wodurch ein solcher Faden, wenn einer da war, zerrissen wird. Fast eben so sicher erreicht man
dieselbe Wirkung dadurch, dass man den Stab in sehr grosse Schwingungen versetzt. Es verdient noch bemerkt zu werden, dass solche und ähnliche Hindernisse der freien Bewegung allemal mit einer Verminderung der Schwingungsdauer
der Nadel verbunden sind, und zwar bewirken selbst äusserst zarte Spinnefäden
schon eine sehr bedeutende Verminderung der Schwingungsdauer, wovon unten
ein merkwürdiges Beispiel vorkommen wird.

Für die nächtlichen Beobachtungen ist es nothwendig, die Scale zu erleuch-
ten, was in Göttingen in den Terminsbeobachtungen durch zwei ARGANDsche Lampen geschieht. Über der Lichtflamme findet immer ein Aufströmen erwärmter
Luft Statt, und wenn dabei eine der Lampen nahe eben unter dem Fernrohr
steht, so hat solche Luftströmung vor dem Objectiv auf die Deutlichkeit des Se-
hens einen nachtheiligen Einfluss; die Theilstriche der Scale erscheinen zitternd
oder wallend. Dieser Übelstand trat in Göttingen bei den ersten Beobachtungen
öfters ein, hat aber vollkommen aufgehört, seitdem jede Lampe mit einem seitwärts gebogenen Schorstein aus Kupferblech versehen ist.

Da in die Arbeit zu den Terminsbeobachtungen sich immer eine grössere
oder kleinere Zahl von Personen theilen muss, so wird gewöhnlich eine beträchtliche Ungleichheit der Sehweite bei denselben Statt finden: das vollkommen deutliche Sehen ist aber ein durchaus wesentliches Erforderniss für gute Beobachtungen. Wird ein Weitsichtiger, für dessen Auge das Fernrohr zum vollkommen
deutlichen Sehen gestellt war, von einem Kurzsichtigen abgelöst, so würde dieser ohne eine Veränderung am Fernrohr gar keine brauchbaren Beobachtungen

anstellen können. Die Zuziehung eines Hohlglases würde unbequem und auch wegen des bedeutenden Lichtverlustes nicht anzurathen sein. Das blosse Einschieben der Ocularröhre reicht nicht hin, weil, wenn gleich dadurch das Scalenbild zur Deutlichkeit gebracht wird, doch das Fadenkreuz undeutlich bleiben und gegen das Bild des Gegenstandes eine Parallaxe erhalten würde. Es müsste daher (bei der Einrichtung, die die zu solchen Beobachtungen angewandten Fernröhre zu haben pflegen) zugleich die das Fadenkreuz tragende innere Hülse in der Ocularröhre verschoben und dem Ocularglase näher gebracht werden, was aber eine geübte Hand erfordert, Zeitaufwand veranlasst, und auch aus andern Gründen für den vorliegenden Fall nicht zu empfehlen ist. Man kann aber dem Bedürfniss auf eine sehr einfache Art abhelfen, wenn man sich folgendes Verfahren zur Regel macht. Die Ocularröhre im Fernrohr und das Fadenkreuz in derselben ist vor Anfang der Beobachtungen so gestellt, dass der Kurzsichtigste unter den Beobachtern Fadenkreuz und Scalenbild zugleich vollkommen deutlich sieht: so oft ein weitsichtiger Beobachter an die Reihe kommt, hat derselbe, ohne die Ocularröhre oder das Fadenkreuz in derselben zu verrücken, nur das dem Auge nächste Glas so weit zurückzuschrauben, dass er das Fadenkreuz vollkommen scharf sieht, womit denn ein völlig deutliches Sehen des Scalenbildes schon von selbst verbunden ist. Ein später eintretender Kurzsichtiger hat dann nur dieses Glas so viel sein Auge erfordert wieder hineinzuschrauben.

Zur Prüfung des unverrückten Standes des Fernrohrs dient eine Marke, die in solcher Entfernung angebracht ist, dass sie bei der zum deutlichen Sehen des Scalenbildes erforderlichen Ocularstellung gleichfalls deutlich erscheint, und im Göttinger magnetischen Observatorium blos in einem feinen verticalen Strich an der nördlichen Wand besteht*).

---

*) In Beziehung auf diese Einrichtung mag hier noch einiges bemerkt werden. Das Vorhandensein einer Marke zu der erwähnten Prüfung muss als ein unerlässliches Erforderniss für die Zuverlässigkeit der Beobachtungen betrachtet, und also bei der Errichtung eines neuen Gebäudes nothwendig gehörig Bedacht darauf genommen werden. Vor Erbauung des hiesigen magnetischen Observatoriums war auch in Erwagung gekommen, ob es nicht besser sei, diese Marke auf einem eignen besonders fundirten Postament im Innern des Saals anzubringen, als an der von aussen der Witterung ausgesetzten Wand. Man entschied sich für das letztere, da man sonst entweder die Entfernung des Beobachters von der Nadel hätte verringern, oder den Vortheil, Marke und Scale bei einerlei Ocularstellung deutlich zu sehen, aufgeben, oder dem Saale eine noch grössere Länge geben müssen, was auf dem bestimmten Platze nicht einmal thunlich gewesen ware. Ein künstliches Surrogat anstatt einer Marke anzubringen wurde aus mehrern Gründen für verwerflich gehalten. Auch hielt man die Besorgniss, dass der absolute Ort der Marke, wegen Einflusses

Vor Anfang der Beobachtungen hat man das Fernrohr nach der Marke zu richten, nachher von Zeit zu Zeit die Prüfung zu wiederholen, und sobald sich eine Abweichung zeigt, die optische Axe des Fernrohrs wieder in die vorige Verticalebene zurückzubringen. Hat man neben der Marke auf beiden Seiten noch eine Eintheilung angebracht, so erkennt man dadurch zugleich die Grösse der nöthig gewordenen Correction, wobei jedoch erinnert werden mag, dass jene Theile, wenn sie auch wie die Scalentheile Millimeter sind, genau genommen nicht ganz denselben Werth in Secunden haben werden, wie die letztern. In Ermangelung jener Hülfseintheilung kann man sich jedoch schon begnügen, die Grösse der gefundenen Abweichung in Scalentheilen, blos wie diese erscheinen, nach dem Augenmaass zu schätzen.

Die Beobachtungen werden am verticalen Faden des Fadenkreuzes gemacht, während der horizontale blos dient, ungefähr die Mitte des erstern zu bezeichnen. Damit es keinen Unterschied mache, ob man die Theile der Scale etwas höher oder tiefer im Gesichtsfelde erscheinen lasse, muss das Fadenkreuz eine solche Stellung haben, dass ein festes auf der Kreuzung der Fäden sich abbildendes Object genau auf dem Verticalfaden bleibe, wenn man das Fernrohr etwas auf und nieder bewegt. Auch zu dieser Berichtigung, die übrigens selten wiederholt zu werden braucht, wenn man die Stellung der Ocularröhre unverändert lässt, dient die Marke.

Der von der Mitte des Objectivs herabhängende Lothfaden ist der Scale so nahe, dass das Bild von beiden im Fernrohr mit gleicher Deutlichkeit erscheint, und man also den Theilstrich, welchen jener Faden deckt, sehr scharf beobachten kann. Man bringt die Scale so an, dass jener Punkt der Scale ihre Mitte, oder ein willkürlich dafür angenommener Theilstrich ist. Die Prüfung des unverrückten Standes der Scale ist im Laufe der Beobachtungen von Zeit zu Zeit zu wiederholen; es ist jedoch nicht nöthig, wenn man eine kleine Änderung findet, die Scale wieder in die vorige Stellung zu bringen, sondern es reicht hin, den dem Lothfaden entsprechenden Theilungspunkt im Protocoll zu bemerken.

----

der Witterung auf die Wand, einer merklichen Änderung unterworfen sein könne, bei einer soliden Ausführung des Baues und bei der sehr geringen Höhe der Marke über der Grundmauer für wenig erheblich, zumal da man in seiner Gewalt hat, so oft man will, die Winkelmessung zwischen der Marke und dem durch das nördliche Fenster sichtbaren Kirchthurme zu wiederholen. Für die Richtigkeit dieser Ansicht spricht jetzt eine dreijährige Erfahrung.

Hiebei ist es jedoch vielleicht nicht überflüssig, auf ein Paar Kleinigkeiten besonders aufmerksam zu machen.

Es wird zwar vorausgesetzt, dass Magnetometer und Fernrohr so aufgestellt sind, dass der mittlere Stand der magnetischen Declination ungefähr der Mitte der Scale entspricht. Allein zur Zeit beträchtlicher Variationen kommt nicht selten diese Mitte ganz aus dem Gesichtsfelde, und man kann so obige Prüfung nicht vornehmen. Hat man zu solcher Zeit Veranlassung zu jener Prüfung, so muss man den Beruhigungsmagnet einen seinem gewöhnlichen Gebrauch gerade entgegengesetzten Dienst leisten lassen, nemlich die Nadel des Magnetometers in solche Schwingungen versetzen, die bis zu der gesuchten Stelle oder ein wenig darüber hinausgehen, wodurch man also Gelegenheit erhält, den Lothfaden in der Mitte des Gesichtsfeldes zu sehen, und zwar in einer solchen Zeit einer Schwingungsperiode, wo die Geschwindigkeit der Bewegung gering, also das scharfe Auffassen des entsprechenden Theilungspunkts nicht gehindert ist. Da man, wenn dergleichen im Laufe der Beobachtungen vorfällt, sogleich wieder zur Beruhigung schreiten muss, um wo möglich den folgenden Beobachtungssatz nicht zu verlieren, so erhellt, wie nützlich es ist, mit dem Gebrauch des Beruhigungsmagnets recht vertraut zu sein.

Im umgekehrten Fall, nemlich so oft die Declination in die Nähe der Mitte der Scale trifft, ist für Ungeübte eine andere Warnung nöthig, nemlich den Lothfaden nicht mit dem Verticalfaden des Fernrohrs zu verwechseln. Am hiesigen Apparat erscheinen in der That beide einander so sehr gleich, dass bei sehr ruhigem Stande der Nadel ohne ein Paar an letzterem Faden haftende Stäbchen eine Verwechslung wohl möglich wäre, und an einem andern Orte ist wirklich früher einmal der Fall vorgekommen, dass ein Beobachter eine halbe Stunde hindurch die Nadel völlig stationär fand, während er immer den unrechten Faden beobachtet hatte. Da bei einer sehr grossen Annäherung beider Fäden das Beobachten immer ein wenig erschwert wird, so thut man wohl, in einem solchen Falle den Lothfaden eine Zeitlang zu beseitigen.

Was die Form der Mittheilung betrifft, so pflegen einige die Beobachtungen ganz *in extenso*, andere die partiellen und die Endresultate, und mehrere blos die letztern einzusenden. In der Voraussetzung, dass vorher die Rechnungen durchgesehen und die mitgetheilten Zahlen collationirt sind, kann dieser Auszug auch genügen: indessen werden die Beobachtungen selbst um erforderlichen

70*

Falls darauf recurriren zu können, aufbewahrt werden müssen. Für die Zeiten, wo ungewöhnlich starke Bewegungen vorkommen bleibt jedoch die sofortige vollständige Mittheilung wünschenswerth. Ausser den Beobachtungszahlen sind die sonstigen damit in Verbindung stehenden Umstände, der Werth der Scalentheile (oder die Messungen, auf denen die Bestimmung beruht), die Schwingungsdauer, Stand und Gang der Uhr, Namen der Beobachter, Erläuterungen zu solchen Beobachtungen, die etwa als zweifelhaft bezeichnet werden, u. dergl. beizufügen. Dass endlich immer eine *baldige* Einsendung gewünscht werden muss, bedarf keiner Erinnerung.

Auszug aus dreijährigen täglichen Beobachtungen der magnetischen Declination zu Göttingen.

Resultate aus den Beobachtungen des magnetischen Vereins. 1836. III.

Bei dem unaufhörlichen Wechsel kleinerer und grösserer Schwankungen in der magnetischen Declination, die wir unregelmässige nennen, insofern ihr Vorkommen an keine Zeitregel gebunden ist, gibt es zum Ausscheiden des Regelmässigen keinen andern Weg, als eine grosse Menge von Beobachtungen nach einem bestimmten Plane anzustellen, mit beharrlicher Consequenz eine lange Zeit fortzusetzen, und in schicklichen Combinationen Mittelwerthe abzuleiten, aus welchen der Einfluss der das Einzelne stets treffenden Anomalien, so viel zu erreichen möglich ist, verschwindet. Während der Vormittagsstunden nimmt in unsern Gegenden die Declination gewöhnlich zu, aber einen Tag viel, einen andern wenig, ja zuweilen (wenn auch selten) beobachtet man in der Stunde, wo gewöhnlich die Declination am grössten ist, eine kleinere, als in den Frühstunden desselben Tages. Die Ursache der vormittägigen Zunahme mag immerhin an jedem Tage wirksam sein: aber die Wirkung wird durch andere regellos dazwischen kommende Kräfte zuweilen vergrössert, zuweilen vermindert, zuweilen ganz verdunkelt. Wie viel also eigentlich die regelmässige Ursache wirkt, wie sie in den verschiedenen Jahreszeiten ungleich wirkt, lässt sich nicht aus einzelnen oder wenigen Tagen, sondern nur durch Mittelwerthe aus sehr vielen Tagen erkennen. Auf ähnliche Weise verhält es sich mit den allmählich aber wenigstens auf sehr lange Zeit in einerlei Sinn fortschreitenden Änderungen, die wir säculare nennen, weil ihre Anhäufung auf viele Grade eine lange Reihe von Jahren erfordert. Einzelne Beobachtungen, die nur einige wenige Jahre von einander entfernt sind, mögen sie immerhin an einerlei Monatstag und zu gleicher Stunde angestellt sein, können uns darüber noch gar keine sichere Belehrung geben: aber consequent gewonnene Mittelzahlen lassen uns das schon nach wenigen Jahren anticipiren, was sonst mit einiger Annäherung erst nach mehrern Jahrzehnden festgestellt werden könnte.

Von diesem Gesichtspunkt ausgehend habe ich unter die im hiesigen magnetischen Observatorium anzustellenden Beobachtungen gleich vom Anfang an die tägliche Bestimmung der absoluten Declination, immer zu denselben Stunden, mit aufgenommen. Um jedoch leichter auf die Thunlichkeit einer langen und ununterbrochenen Fortsetzung rechnen zu können, wodurch Arbeiten dieser Art erst ihren Werth erhalten, habe ich lieber zuerst einen beschränkten Plan wählen, als auf einmal zu viel umfassen wollen. Deshalb werden täglich nur zwei Bestimmungen gemacht, Vormittags um 8 Uhr, und Nachmittags um 1 Uhr nach mittlerer Zeit. Diese mit andern Obliegenheiten am leichtesten vereinbare Stundenwahl empfahl sich auch dadurch, dass bei einem regelmässigen Verlauf der magnetischen Bewegungen der Stand der Nadel um 1 Uhr Nachmittags immer wenig von dem Maximum der Declination, so wie um 8 Uhr Vormittags in dem grössern Theile des Jahres wenig von dem Minimum entfernt ist. Das Beobachten zu bestimmten Stunden *wahrer* Sonnenzeit wäre allerdings an sich noch etwas mehr naturgemäss gewesen, allein die Rücksicht auf die viel grössere Bequemlichkeit einer Anordnung nach mittlerer Zeit musste hier, wo es hauptsächlich nur auf eine consequente Durchführung nach einerlei Princip ankam, überwiegen.

Diese regelmässigen Aufzeichnungen haben mit dem ersten Januar 1834 den Anfang genommen: indessen sind die ersten drittehalb Monate von dem folgenden Auszuge ausgeschlossen, weil während dieser Zeit öfters nöthig gewordene Aufwindungen des Aufhängungsfadens Veränderungen des Nullpunkts der Torsion hervorgebracht hatten, die anfangs nicht genug beachtet wurden. Vom 17. März an ist ein stärkerer (zweihundertfacher) Aufhängungsfaden gebraucht, nachdem dessen Torsions-Nullpunkt vorher genau berichtigt war; so oft später eine Veränderung mit diesem Faden oder in Beziehung auf einen andern mit den Re-

ductionselementen zusammenhängenden Umstand vorgenommen ist, hat man jedesmal die nöthigen Berichtigungen oder die Modificationen der Reductionselemente angebracht.   Während der ersten Monate haben verschiedene hinlanglich
geübte Beobachter sich mit mir in die Beobachtungen getheilt; vom 1. October
1834 an aber sind sie regelmässig durch Hrn. Doctor GOLDSCHMIDT angestellt, der
nur in Behinderungsfällen durch andere geschickte Beobachter vertreten ist.

Die monatlichen Mittel aus diesen Bestimmungen bis Januar 1835 habe ich
bereits in den Göttingischen gelehrten Anzeigen 1834 u. 1835 [S. 519 u. S. 528
d. B.] mitgetheilt: hier folgen nunmehr dieselben für drei vollständige Jahrgänge.

Mittelwerth der westlichen magnetischen Declination zu Göttingen.

	8 Uhr Vorm.	1 Uhr Nachm.
1834 März zweite Hälfte	18° 38′ 16″0	18° 46′ 40″4
April	36 6.9	47 3.8
Mai	36 28.2	47 15.4
Junius	37 40.7	47 59.5
Julius	37 57.5	48 19.0
August	38 48.1	49 11.0
September	36 58.4	46 32.3
October	37 18.4	44 47.2
November	37 38.4	43 4.3
December	37 54.8	41 32.7
1835 Januar	37 51.5	42 14.4
Februar	37 3.5	42 29.4
März	34 47.5	44 55.2
April	32 57.7	46 31.6
Mai	32 13.4	45 17.1
Junius	32 56.4	44 41.3
Julius	34 8.0	44 42.8
August	34 12.4	46 56.8
September	33 21.2	44 27.6
October	33 23.0	43 5.3
November	36 15.3	43 49.5
December	35 25.9	40 19.1
1836 Januar	35 2.4	40 34.6
Februar	33 26.7	41 15.2
März	31 1.4	43 16.4
April	26 32.9	43 42.6
Mai	28 0.8	44 37.2

	8 Uhr Vorm.	1 Uhr Nachm.
1836 Junius	18° 27′ 35″1	18° 42′ 52″4
Julius	26 54. 2	42 26. 0
August	25 42. 4	41 45. 0
September	26 14. 6	40 59. 6
October	27 34. 0	40 32. 8
November	29 21. 0	36 54. 3
December	29 13. 7	35 46. 8
1837 Januar	27 35. 3	37 46. 2
Februar	27 35. 6	36 28. 3
März	25 44. 2	39 4. 2

Es mögen nun einige Combinationen dieser Beobachtungen hier Platz finden. Der Unterschied der Vormittags- und Nachmittags-Declination hat in den Mittelzahlen durchgängig einerlei Zeichen; die Abhängigkeit der Grösse dieses Unterschiedes von der Jahreszeit erkennt man in folgender Übersicht:

	1834. 1835	1835. 1836	1836. 1837	Mittel
April	10′ 56″9	13′ 33″9	17′ 9″7	13′ 53″5
Mai	10 47. 2	13 3. 7	16 36. 4	13 29. 1
Junius	10 18. 8	11 44. 9	15 17. 3	12 27. 0
Julius	10 21. 5	10 34. 8	15 31. 8	12 9. 4
August	10 22. 9	12 44. 4	16 2. 6	13 3. 3
September	9 33. 9	11 6. 4	14 45. 0	11 48. 4
October	7 28. 8	9 42. 3	12 58. 8	10 3. 3
November	5 25. 9	7 34. 2	7 33. 3	6 51. 1
December	3 37. 9	4 53. 2	6 33. 1	5 1. 4
Januar	4 22. 9	5 32. 2	10 10. 9	6 42. 0
Februar	5 25. 9	7 48. 5	8 52. 7	7 22. 4
März	10 7. 7	12 15. 0	13 20. 0	11 54. 2
Mittel	8′ 14″2	10′ 2″8	12′ 54″3	10′ 23″8

Man sieht, dass nicht blos in den Mittelwerthen, sondern auch in jedem einzelnen Jahre der Unterschied im December am kleinsten gewesen ist, und findet dies auch sehr natürlich, da die nach den Tageszeiten wechselnden Änderungen nothwendig einer Einwirkung der Sonne zugeschrieben werden müssen, wenn wir auch für jetzt noch nicht wissen, *wie* diese Einwirkung geschieht. Dass dagegen die in den Sommermonaten ungleich grössern Unterschiede nicht um die

Zeit des Solstitium am grössten, sondern im Junius und Julius kleiner waren, als im April, Mai und August, kann anfangs auffallend scheinen, zumal da die Übereinstimmung aller drei einzelnen Jahre in diesem Umstande eine Präsumtion gibt, dass dies nicht zufällig ist. Indessen darf dabei nicht übersehen werden, dass in den dem Solstitium nächsten Monaten die Zeit des Minimum der Declination schon auf eine frühere Stunde trifft, und daher die ganze Zunahme merklich grösser sein würde, als die Bewegung von 8 Uhr an gerechnet.

Es ist ferner auffallend, dass der Unterschied im zweiten Jahre in allen einzelnen Monaten grösser gewesen ist, als im ersten, und im dritten wieder grösser als im zweiten. Aber die Unterschiede sind viel zu gross, als dass man hierin etwas auf eine Säcularzunahme hinauslaufendes suchen dürfte, und es steht vielmehr zu erwarten, dass bei der Fortsetzung der Beobachtungen durch mehrere Jahre ein Hinundherschwanken nicht ausbleiben werde. Aber jedenfalls lernen wir daraus, dass auch bei dem Einwirken der Sonne auf den Erdmagnetismus ein Jahr vor dem andern ausgezeichnet sein kann, etwa ebenso, wie ein ganzer Sommer oder ein ganzer Winter von andern durch die Witterungsbeschaffenheit bedeutend verschieden ist. Eben deshalb aber wird man zu einer genauen Bestimmung der Mittelwerthe erst durch mehrjährige Beobachtungen gelangen können.

Dass ausnahmsweise an einzelnen Tagen der Unterschied der vormittägigen und nachmittägigen Declination das entgegengesetzte Zeichen haben kann, ist schon oben bemerkt. Die Seltenheit solcher Ausnahmen erhellt daraus, dass während der dreijährigen Beobachtungen nur vierzehn Fälle der Art vorgekommen sind, mithin durchschnittlich unter 79 Tagen einer. Ich setze sie hier her, nebst der Angabe, wie viel jedesmal die Declination 8 Uhr Morgens grösser gewesen ist, als 1 Uhr Nachmittags.

1834	August	15	6′ 8″0	1835	November	8	3′ 42″2
	December	24	3 43.0		December	8	18 35.6
	December	25	0 38.2	1836	Januar	20	0 46.3
	December	26	2 20.3		Julius	20	5 8.8
1835	Januar	30	0 23.8		November	9	11 9.5
	Februar	7	0 32.5	1837	Februar	13	4 1.0
	October	4	0 43.1		März	14	1 22.6

Dass von diesen vierzehn Ausnahmen zwölf auf die Wintermonate und nur zwei auf die Sommermonate fallen, ist ganz in der Ordnung, da die geringe regelmässige Sonnenwirkung in den erstern leichter durch eine anomalische Bewegung überragt werden kann, als die viel grössere in den letztern.

Um zu versuchen, in wie fern sich aus den vorliegenden Beobachtungen die Säcularänderung schon erkennen lasse, sind die monatlichen Mittel des ersten Jahrs mit den entsprechenden des zweiten, und eben so die des zweiten mit denen des dritten verglichen. Unter den 48 auf diese Art hervorgehenden Vergleichungen (denn der unvollständige März 1834 ist von dieser wie von den übrigen Combinationen ausgeschlossen) geben 47 eine Abnahme, und nur eine eine Zunahme, welche deshalb in folgender Übersicht mit dem Minuszeichen bezeichnet ist.

Jährliche Abnahme der Declination.

	Erstes Jahr		Zweites Jahr		Mittel
	8 Uhr Vorm.	1 Uhr Nachm.	8 Uhr Vorm.	1 Uhr Nachm.	
April	3′ 9″2	0′ 32″2	6′ 24″8	2′ 49″0	3′ 13″8
Mai	4 14.8	1 58.3	4 12.6	0 39.9	2 46.4
Junius	4 44.3	3 18.2	5 21.3	1 48.9	3 48.1
Julius	3 49.5	3 36.2	7 13.8	2 16.8	4 14.1
August	4 35.7	2 14.2	8 30.0	5 11.8	5 7.9
September	3 37.2	2 4.7	7 6.6	3 28.0	4 4.1
October	3 55.4	1 41.9	5 49.0	2 32.5	3 29.6
November	1 23.1	—0 45.2	6 54.3	6 55.2	3 36.8
December	2 28.9	1 13.6	6 12.2	4 32.3	3 36.7
Januar	2 49.1	1 39.8	7 27.1	2 48.4	3 41.1
Februar	3 36.8	1 14.2	5 51.1	4 46.9	3 52.2
März	3 46.1	1 38.8	5 17.2	4 12.2	3 43.6
Mittel	3 30.8	1 42.2	6 21.7	3 20.2	3 46.2

Dass die Vergleichung der vormittägigen Mittel hier meistens eine stärkere Abnahme gibt als die Vergleichung der nachmittägigen, ist nichts weiter als eine andere Einkleidung des schon oben bemerkten, dass die täglichen Änderungen im ersten Jahre geringer als im zweiten, und im zweiten geringer als im dritten gefunden waren. Es wird daher jener Unterschied nicht als ein reeller, sondern nur wie ein zufälliger zu betrachten, und bei längerer Fortsetzung der Beobachtungen auch ein Unterschied im entgegengesetzten Sinn zu erwarten sein. In so fern man also keinen hinreichenden Grund hat, dem einen Resultate vor dem andern einen Vorzug zu geben, bleibt nichts übrig, als sich an das Mittel aus beiden zu halten. Dieses Mittel ist beim ersten Jahre 2 36″5, beim zweiten 4′ 55″9, und man könnte versucht sein, dies als einen Beweis anzusehen, dass die Abnahme der Declination sich beschleunigt. Dies würde jedoch nichts weiter sein als ein schlechter Grund für eine an sich richtige Sache. Es ist nemlich bekannt, dass die während des vorigen Jahrhunderts in ganz Europa zunehmende Declination im gegenwärtigen ihr Maximum erreicht hat und seitdem wieder zurückgeht. Der Natur der Sache nach muss dieser Übergang eine anfangs unmerkliche und nach und nach stärker werdende Abnahme erzeugen. Allein obgleich in Ermangelung früherer Beobachtungen das Jahr, wo für Göttingen dieser Übergang Statt gefunden hat, sich nicht bestimmt angeben lässt, so muss man doch nach den von andern Orten bekannt gewordenen Beobachtungen dieses Jahr für beträchtlich weiter zurückliegend ansehen, als aus jenen beiden Zahlen folgen würde, wenn man sie als reine Wirkungen der langsamen Bewegung, die wir Säcularbewegung nennen, betrachten wollte. Und eben so ist nach allen sonstigen Erfahrungen eine so starke Änderung wie 2′ 19″4 als regelmässige Zunahme für ein Jahr schlechterdings nicht zulässig. Wir halten daher auch diesen Unterschied grösstentheils für zufällig, so dass vor der Hand und bis weiter reichende Erfahrungen zu Gebote stehen werden, das Mittel 3′ 46″2 als einjährige Abnahme der Declination für 1834 — 1837 gelten muss.

Da der Unterschied der Declinationen für die Vormittags- und die Nachmittagsstunde einer so offenbar mit der Jahreszeit wechselnden Ungleichheit unterworfen ist, so entsteht die Frage, ob nur die eine allein oder vorzugsweise, oder ob beide zugleich an einem von der Jahrszeit abhängenden Wechsel Theil nehmen, und welche Gesetze dabei zum Grunde liegen. Zur Ausmittelung dieser Gesetze wird zwar eine längere Reihe von Jahren noch nothwendiger sein, als für den blossen Unterschied der Declinationen: inzwischen wird man doch gern sehen, was die bisherigen Beobachtungen, so weit sie reichen, aussagen.

Es sind in dieser Absicht zuvörderst die Mittelwerthe aus je zwölf Monaten für die drei Beobachtungsjahre berechnet. Diese sind:

	8 Uhr Vorm.	1 Uhr Nachm.
1834 — 1835	18^0 37′ 12″5	18^0 45′ 27″0
1835 — 1836	33 42.0	43 44.8
1836 — 1837	27 20.3	40 14.6

Diese Mittelwerthe sind als gültig für den mittleren Tag jedes Rechnungs-
jahrs zu betrachten, also die ersten für den 1. October 1834 u. s. f.

Die Vergleichung der einzelnen Monate jedes Jahres mit dem zugehörigen
Mittelwerthe gibt folgende Unterschiede:

Declination 8 Uhr Vormittags.

	Erstes Jahr	Zweites Jahr	Drittes Jahr	Mittel
April	— 1′ 5″9	— 0′ 44″3	— 0′ 47″4	— 0′ 52″5
Mai	— 0 44.6	— 1 28.6	+ 0 40.5	— 0 30.9
Junius	+ 0 27.9	— 0 45.6	+ 0 14.8	— 0 1.0
Julius	+ 0 44.7	+ 0 26.0	— 0 26.1	+ 0 14.9
August	+ 1 35.3	+ 0 30.4	— 1 37.9	+ 0 9.3
September	— 0 14.4	— 0 20.8	— 1 5 7	— 0 33.6
October	+ 0 5.6	— 0 19.0	+ 0 13.7	— 0 0.1
November	+ 0 25.6	+ 2 33.3	+ 2 0.7	+ 1 39.9
December	+ 0 42.0	+ 1 43.9	+ 1 53.4	+ 1 26.4
Januar	+ 0 38.7	+ 1 20.4	+ 0 15.0	+ 0 44.7
Februar	— 0 9.3	— 0 15.3	+ 0 15.3	— 0 3.1
März	— 2 25.3	— 2 40.6	— 1 36.1	— 2 14.0

Declination 1 Uhr Nachmittags.

	Erstes Jahr	Zweites Jahr	Drittes Jahr	Mittel
April	+ 1′ 36″8	+ 2′ 46″8	+ 3′ 28″0	+ 2′ 37″2
Mai	+ 1 48.4	+ 1 32.3	+ 4 22.6	+ 2 34.4
Junius	+ 2 32.5	+ 0 56.5	+ 2 37.8	+ 2 2.3
Julius	+ 2 52.0	+ 0 58.0	+ 2 11.4	+ 2 0.5
August	+ 3 44.0	+ 3 12.0	+ 1 30.4	+ 2 48.8
September	+ 1 5.3	+ 0 42.8	+ 0 45.0	+ 0 51.0
October	— 0 39.8	— 0 39.5	+ 0 18.2	— 0 20.4
November	— 2 22.7	+ 0 4.7	— 3 20.3	— 1 52.8
December	— 3 54.3	— 3 25.7	— 4 27.8	— 3 55.9
Januar	— 3 12.6	— 3 10.2	— 2 28.4	— 2 57.1
Februar	— 2 57.6	— 2 29.6	— 3 46.3	— 3 4.5
März	— 0 31.8	— 0 28.4	— 1 10.4	— 0 43.5

Die Zahlen der letzten Columne sind als Mittel aus drei Jahren einigermaassen, wenn auch nur erst sehr unvollkommen, von dem Einflusse der unregelmässigen Anomalien befreit, allein offenbar noch mit der Säcularänderung
behaftet. Um diese abzulösen, muss noch der Betrag derselben zwischen der

71*

Mitte jedes Monats und dem 1. October für die ersten sechs Monate mit negativem, für die letzten sechs mit positivem Zeichen angebracht werden. Unter Zugrundlegung des oben bestimmten zwölfmonatlichen Werths 3' 46"2 erhalten wir so folgende Resultate.

	8 Uhr Vorm.	1 Uhr Nachm.	Mittel
April	— 2 35"6	+ 0' 54"2	— 0' 50"7
Mai	— 1 55.3	+ 1 10.0	— 0 22.6
Junius	— 1 6 6	+ 0 56.7	— 0 4.9
Julius	— 0 32.0	+ 1 13.6	+ 0 20.8
August	— 0 18.8	+ 2 20.7	+ 1 0.9
September	— 0 43.0	+ 0 41.6	— 0 0.7
October	+ 0 9.3	— 0 11.0	— 0 0.8
November	+ 2 8.0	— 1 24.7	+ 0 21.6
December	+ 2 13.3	— 3 9.0	— 0 27.8
Januar	+ 1 50.3	— 1 51.5	— 0 0.6
Februar	+ 1 21.3	— 1 40.1	— 0 9.4
März	— 0 30.9	+ 0 59.6	+ 0 14.3

In diesen Resultaten zeigt sich schon so viele Regelmässigkeit, wie man von nur dreijährigen Beobachtungen erwarten konnte. Die erste Columne zeigt, wie viel die vormittägige Declination in den einzelnen Monaten von der mittlern vormittägigen Declination abweicht, und eben so gibt die zweite Columne den Unterschied der nachmittägigen Declination in jedem Monat von der mittlern nachmittägigen Declination, wobei man sich erinnern muss, dass die letztere selbst 10' 23"8 grösser ist, als die mittlere vormittägige.

Merkwürdig scheint nun, dass in allen zwölf Monaten die vormittägige und nachmittägige Declination *auf entgegengesetzten Seiten* über ihre mittleren Werthe hinaus schwanken. In den fünf Wintermonaten vom October bis Februar ist die vormittägige grösser als ihr mittlerer Werth, die nachmittägige kleiner, und beide Umstände tragen also *zugleich* dazu bei, in dieser Jahreszeit die ganze Differenz unter ihren mittlern Werth zu bringen: in den übrigen sieben Monaten findet gerade das Entgegengesetzte Statt. Überdiess sind diese entgegengesetzten Schwankungen durchschnittlich nahe von gleicher Grösse, wovon die Folge ist, dass sie sich in ihrem Mittelwerth, welchen die letzte Columne darstellt, fast aufheben. Mit andern Worten ist dies auch so auszusprechen: das Mittel zwischen der magnetischen Declination Vormittags 8 Uhr und Nachmittags 1 Uhr enthält neben den unregelmässigen Anomalien und der Säcularabnahme keine erheblichen von der Jahreszeit abhängigen Schwankungen, wenigstens tritt gar kein Unterschied der Sommermonate gegen die Wintermonate mit Sicherheit hervor.

Der mittlere Werth selbst, aus sämmtlichen dreijährigen Beobachtungen abgeleitet, würde für den 1. October 1835

$$= 18^0\ 37'\ 56''9$$

anzusetzen sein. Übrigens versteht sich von selbst, dass hier nur der Mittelwerth aus den bei unserm Beobachten gewählten Stunden gemeint ist, von welchem der Mittelwerth aus *allen* Stunden des Tages wohl etwas verschieden sein könnte, wenn gleich wahrscheinlich nur wenig. Allein alle bisherigen Untersuchungen zeigen zur Genüge, dass ohne sehr langwierige Arbeiten darüber mit Sicherheit nichts wird festgesetzt werden können.

Bisher ist nur von den monatlichen Mittelzahlen die Rede gewesen. Der vollständige Abdruck der einzelnen Beobachtungen wurde für jetzt für überflüssig gehalten, da dieselben, so lange sie nur von Einem Orte vorliegen, nur in so fern ein Interesse haben könnten, als das unregelmässige Hinundherspringen sich daran erkennen lässt. Dieser Zweck lässt sich jedoch besser, als durch den blossen Anblick der Zahlen, vermittelst einer methodischen Combination derselben erreichen, wodurch die Grösse des Schwankens auf ein bestimmtes Maass zurückgeführt, und der allgemeine Charakter verschiedener Zeiträume, in Beziehung auf stärkeres oder geringeres Schwanken während derselben, genau vergleichbar wird. Ich verstehe hier Kürze halber unter dem Schwanken der magnetischen Declination die Differenz von der des vorhergehenden Tages zu derselben Stunde, und (nach der Analogie der sogenannten mittlern Beobachtungsfehler) unter mittlerm Schwanken während eines beliebigen Zeitraumes die Quadratwurzel aus dem Mittel der Quadrate der einzelnen Schwankungen. Man hat dabei zu bemerken, dass wenn mehrere gleiche oder als gleich betrachtete Zeiträume nachher zu einem einzigen vereinigt werden sollen, man zur Bestimmung des Generalmittels nicht das arithmetische Mittel aus den partiellen mittlern Schwankungen nehmen darf, sondern erst von letztern auf ihre Quadrate zurückkommen, aus diesen das arithmetische Mittel suchen muss, und sich an dessen Quadratwurzel zu halten hat. Die Resultate der auf diese Art über die dreijährigen

Beobachtungen geführten Rechnung enthält folgende Tafel in Secunden ausgedrückt:

Mittleres Schwanken der magnetischen Declination während der drei Jahre
1834 — 1837

	8 Uhr Vormittag				1 Uhr Nachmittag			
	I	II	III	Mittel	I	II	III	Mittel
April	74	126	205	147	129	101	264	180
Mai	192	124	277	207	158	183	210	185
Junius	172	171	199	181	95	151	217	162
Julius	213	243	287	250	119	184	252	193
August	264	253	269	262	175	165	307	225
September	162	325	207	241	172	143	161	159
October	116	296	216	222	182	202	242	210
November	79	205	308	218	170	173	126	158
December	132	324	71	206	184	206	154	182
Januar	146	274	138	196	174	212	154	181
Februar	116	146	164	143	178	183	129	165
März	100	109	366	228	127	153	246	183
Mittel	157	229	238	211	156	174	213	183

Von den einzelnen Beobachtungen mögen hier noch die *grössten* Schwankungen angeführt werden, die im Laufe der drei Jahre bei den vormittägigen und nachmittägigen Declinationen vorgekommen sind. Jene war am 8. October 1835 um 20′ 1″ grösser als am 7. October, und die nachmittägige Declination am 24. April 1836 um 13′ 0″ grösser als am vorhergehenden Tage. Dagegen ist auch völlige Gleichheit der vormittägigen oder der nachmittägigen Declination an zweien auf einander folgenden Tagen öfters vorgekommen. In den monatlichen Mittelschwankungen rücken natürlich diese Extreme viel näher zusammen; gleichwohl bleibt die grosse Ungleichheit der einzelnen Monate in dieser Beziehung sehr bemerkenswerth, da nach obiger Übersicht das mittlere Schwanken bei der Vormittagsdeclination im März 1837 die Grösse von 6′ 6″ hatte, im December 1836 hingegen nur 1′ 11″ betrug.

Ob im Allgemeinen zu einer Tageszeit grössere Schwankungen vorherrschen als zu einer andern, ist aus den Resultaten für unsere beiden Stunden mit Sicherheit noch nicht zu entscheiden. Im Mittelwerth stehen im ersten Jahre beide nahe gleich, in den beiden andern überwiegen die Vormittagsschwankungen, aber der Unterschied der Endresultate aus allen drei Jahren 3′ 31″ und 3′ 3″ ist zu klein, als dass man ihn durch so wenige Jahre für festgestellt halten dürfte, wiewohl in den Mittelzahlen für die einzelnen Monate in der vierten und achten Columne zehn Monate eine Differenz in demselben Sinn gegeben haben.

Wirft man Vormittags- und Nachmittagsbeobachtungen zusammen, so erhält man folgende mittlere Schwankungen:

	Jahr I	Jahr II	Jahr III	Mittel
April	108	114	237	164
Mai	176	156	245	196
Junius	139	161	208	172
Julius	173	215	270	223
August	224	214	289	244
September	167	251	185	204
October	152	254	229	216
November	133	190	235	191
December	160	271	120	195
Januar	160	245	146	189
Februar	150	166	148	155
März	114	133	312	206

Mittelwerthe.

	Jahr I	Jahr II	Jahr III	Mittel
Julius — December	170	234	228	213
Übrige Monate	143	167	223	181
Ganzes Jahr	158	204	226	198

Nach den Zahlen der vierten Columne herrschen in den Monaten Julius—December etwas grössere Schwankungen vor, als in den sechs übrigen, aber die Mittelwerthe 3′ 33″ und 3′ 1″ sind doch wohl zu wenig verschieden, um daraus mit Sicherheit schliessen zu können, dass jene Jahreszeit grössere Schwankungen mehr begünstigt, zumal da der Unterschied nur hauptsächlich in dem einen Jahre 1835 — 1836 auf diese Art stark hervorgetreten ist.

Sehr kenntlich ist hingegen die Ungleichheit der Veränderlichkeit in den einzelnen drei Jahren gegen einander gehalten; der Mittelwerth für das dritte Jahr ist fast um die Hälfte grösser, als der Mittelwerth für das erste. Das Generalmittel aus sämmtlichen bisherigen Beobachtungen 3′ 18″ könnte daher nach längerer Fortsetzung wohl noch erhebliche Abänderung erhalten.

Dies sind die Resultate, die sich aus den bisherigen täglichen Aufzeichnungen der magnetischen Declination ziehen lassen. Es ist sehr zu wünschen, dass ähnliche Arbeiten an mehrern Orten ausgeführt werden und an einigen ist seit kurzem schon der Anfang damit gemacht. Wenn, wie in Mailand geschieht, die Beobachtungen nicht nach der Ortszeit, sondern genau gleichzeitig mit den hiesigen angestellt werden, so bietet die Vergleichung der einzelnen Tage noch zu andern Combinationen Gelegenheit dar, welche, wenn sie erst eine etwas beträchtliche Zeit umfassen können, von grossem Interesse sein werden. Die Beobachter, welche es auf eine ähnliche Weise halten, d. i. ihre Aufzeichnungen zu solchen Zeiten machen, welche mit den hiesigen übereinstimmen, werden daher ersucht, die Resultate aller Tage einzeln mitzutheilen, wobei es jedoch zureicht, sie nur nach Scalentheilen anzugeben, so dass die Verwandlung in Bogentheile erspart werden kann, wenn nur zugleich die nöthigen Reductionselemente bemerkt werden.

Erläuterungen zu den Terminszeichnungen und den Beobachtungszahlen.

[*Im Auszuge.*]

Resultate aus den Beobachtungen des magnetischen Vereins. 1836. V.

Es werden hier — — — — — die graphischen Darstellungen der Variationsbeobachtungen von sechs Terminen gegeben, zusammen sechsundvierzig Curven aus vierzehn verschiedenen Beobachtungsörtern: Berlin, Breda, Breslau, Catania, Freiberg, Göttingen, Haag, Leipzig, Mailand, Marburg, Messina, München, Palermo und Upsala.

— — — — — — — — —

Am 28. November 1835 und während der folgenden Nacht wurden die Beobachtungen in Palermo durch einen überaus heftigen Siroccowind sehr gestört, so dass sie einmal sogar auf anderthalb Stunden unterbrochen werden mussten:

zu vielen Sätzen konnten nur einzelne unzuverlässige Bestimmungen erhalten werden. Es ist daher zu vermuthen, dass viele der sich ergebenden Schwankungen keine reell magnetische Bewegungen gewesen sind. Wir haben indessen doch diese Curve nicht ausschliessen wollen, da der letzte Theil, vom Vormittage des 29. November, wo der Sturm sich ziemlich gelegt hatte, eine ganz befriedigende Harmonie mit den nordlichen Beobachtungsorten zeigt.

Es mag bei dieser Gelegenheit hier noch bemerkt werden, dass nach allen sonstigen Erfahrungen die heftigsten Sturmwinde ohne alle Wirkung auf die Magnetnadel sind, wenn nur durch Dichtigkeit des Locals und Kastens ihr unmittelbarer mechanischer Einfluss hinlänglich abgewehrt ist. Sehr oft ist im Göttinger magnetischen Observatorium während des heftigsten Sturmes von aussen ein äusserst ruhiges Verhalten der Nadel oder ein sehr gleichförmiges Fortschreiten der Variation beobachtet. Wer jedoch nach solchen Erfahrungen gerade umgekehrt vermuthen wollte, dass Stürme in der Atmosphäre den magnetischen Potenzen lähmend entgegenwirkten, würde durch den Hergang des Januartermins 1836 widerlegt werden. Während dieses Termins herrschte in Göttingen und an mehrern andern Beobachtungsorten ein sehr heftiger Sturm, und mehrere auswärtige Beobachter äusserten bei der Einsendung der Resultate die Besorgniss, dass diesmal jenes Umstandes wegen wohl eine geringe Übereinstimmung in den ungemein starken Bewegungen Statt finden werde: gleichwohl war in diesem Termine, wie die Darstellung — — — — zeigt, die Harmonie der Curven von den verschiedenen Beobachtungsorten so vollkommen, dass man sie bewundernswürdig nennen müsste, wenn sie nicht nach so vielen Erfahrungen etwas Gewohntes geworden wäre. Eben so wenig wie Stürme haben Gewitter, selbst wenn sie nahe waren, nach mehrern hier und an andern Orten vorgekommenen Erfahrungen, einen erkennbaren Einfluss auf die Magnetnadel gezeigt *).

Ein im August 1836 eingelaufenes Schreiben des Hrn. VON HUMBOLDT enthielt die Nachricht, dass vom 10 — 18. August zu Reikiavik auf Island die magnetische Variation durch einen geübten französischen Astronomen Hrn. LOTTIN mit einem GAMBÉYschen Apparat ununterbrochen von Viertelstunde zu Viertelstunde beobachtet werden würde, und den Wunsch, dass an einem oder einigen jener Tage correspondirende Beobachtungen mit Magnetometern gemacht werden

---

*) Natürlich ist hier nicht die Rede von dem Falle, wo die atmosphärische Electricität vermittelst eines Zuleitungsdrahts durch einen die Nadel umgebenden Multiplicator zur Erde geführt wird.

möchten. Es wurde dem zu Folge ein ausserordentlicher Termin auf den 17—18. August veranstaltet, und so viel die Kürze der Zeit verstattete, auswärtige Mitglieder unsers Vereins zur Theilnahme eingeladen. Dieser ausserordentliche Termin ist in Upsala, Haag, Göttingen, Berlin, Leipzig und München ganz auf die in den ordentlichen Terminen eingeführte Art abgehalten, und wenn die — — — — — graphisch dargestellten Beobachtungen recht interessante Bewegungen zeigen, so müssen wir nur bedauern, dass der — — — — für die französischen Isländer Beobachtungen offen gehaltene Platz hat leer bleiben müssen, da wir über den Erfolg dieser französischen Beobachtungen Nichts haben in Erfahrung bringen können.

Der Septembertermin bietet eine Erfahrung dar, die hier etwas ausführlich erwähnt werden mag, da sie das oben [S. 552 d. B.] bemerkte auf eine lehrreiche Weise bestätigt. Im Protocoll der Marburger Beobachtungen, die dasmal in Abwesenheit des Hrn. Prof. Gerling ohne dessen persönliche Theilnahme ausgeführt waren, fanden sich für $12^h 5'$ nur ganz unordentlich laufende Zahlen aufgeführt, die gar kein Resultat geben; für $12^h 10'$ erscheint auf einmal eine um $30{,}54$ Scalentheile grössere Zahl, als für $12^h 0'$. — — — — — — — — — — — — Diese Erscheinung erregte die Vermuthung, dass um die Zeit $12^h 5'$ eine Spinne die freie Bewegung der Nadel durch Anknüpfung eines Fadens gehemmt habe, und diese Vermuthung erhielt noch eine verstärkte Wahrscheinlichkeit durch den Umstand, dass von $12^h 10'$ bis zu Ende die Bewegungen der Nadel zwar denen, welche die Beobachtungen von andern Orten ergaben, ganz ähnlich, aber verhältnissmässig viel kleiner hervortraten, als man nach den Erfahrungen aus andern Terminen hätte erwarten müssen. Hr. Prof. Gerling wurde deshalb gebeten, nach seiner Zurückkunft nach Marburg eine genaue Besichtigung des Apparats vorzunehmen, wovon das Resultat aus einem Schreiben des Hrn. Prof. Gerling vom 12. November hier noch beigefügt werden mag.

Die Untersuchung wurde am 5. November vorgenommen, bis wohin seit dem Septembertermine Niemand wieder in das Beobachtungszimmer gekommen war. Zuerst wurde der Stand der Nadel bestimmt und gefunden

$$3^h\ 33\ \ .\ \ .\ \ .\ \ .\ \ .\ \ .\ \ 445{,}63\ \text{Scalentheile}$$
$$35\ \ .\ \ .\ \ .\ \ .\ \ .\ \ .\ \ 445{,}73$$
$$37\ \ .\ \ .\ \ .\ \ .\ \ .\ \ .\ \ 445{,}71$$

Hierauf wurde die Nadel mit Hülfe des sogen. Beruhigungsstabes in mässige Schwingungen versetzt, und daraus eine Schwingungsdauer von 17 Secunden gefunden, neun Secunden geringer als die sonst bekannte Schwingungsdauer. Als darauf der Deckel des Kastens vorsichtig abgehoben wurde, bemerkte man an dessen unterer Fläche eine sehr kleine lebendige Spinne; auch glaubte man einen daran hängenden, wiewohl kaum bemerkbaren Faden zu gewahren: man fand ferner im Kasten eine Anzahl kleiner schwarzer punktartiger Körper, die sich unter dem Mikroskop als Mückencadaver erwiesen, imgleichen zuletzt in einer Ecke des Kastens ein förmliches unversehrtes Gewebe, von solcher Feinheit, dass es ohne den Wiederschein der Lichter schwerlich erkennbar gewesen wäre. Nach allen Umständen konnte man nur annehmen, dass die Spinne schon seit längerer Zeit ihren Aufenthalt im Kasten gehabt habe.

Nachdem dann noch der Magnetstab auf allen Seiten mit dem Finger umfahren war, ergaben neue Beobachtungen der Schwingungsdauer genau wieder den alten Werth von 26 Secunden. Auch fand sich der Stand wieder bedeutend kleiner als vorher, nemlich

$$4^\mathrm{h}\ 43' \quad . \quad . \quad . \quad . \quad . \quad 431,15\ \text{Scalentheile}$$
$$45 \quad . \quad . \quad . \quad . \quad . \quad 431,46$$
$$47 \quad . \quad . \quad . \quad . \quad . \quad 431,12$$

Indessen können natürlich diese Standbeobachtungen zu einer genauen Bestimmung, um wieviel die Stellung durch das jetzt weggeschaffte Hinderniss verfälscht gewesen war, nicht dienen, da die etwaige Veränderung der Declination während der mehr als eine Stunde betragenden Zwischenzeit unbekannt blieb.

Bei dieser Gelegenheit mag hier noch ein zweiter Vorfall ähnlicher Art erwähnt werden. Die Schwingungsdauer des Magnetstabes in Breslau, welche im März 1836 beinahe 32 Secunden betrug, hatte von da bis zum November ganz allmählich sich vergrössert, und während dieser Zeit zusammen um etwa $0''4$ zugenommen. Dies ist ganz in der Ordnung, da alle Magnetstäbe (wenn gleich, nach Maassgabe der ungleichen Härtung des Stahls und anderer Umstände, in sehr ungleichen Verhältnissen) im Laufe der Zeit etwas von ihrer Kraft verlieren. Allein vom November 1836 bis Januar 1837[*]) hatte im Gegentheil wieder eine

---

[*]) Vermuthlich waren in der *Zwischenzeit* keine Bestimmungen der Schwingungsdauer gemacht.

Abnahme der Schwingungsdauer von 1″27 Statt gefunden, und Hr. Prof. von Boguslawski, welcher mir diesen auffallenden Umstand in einem Schreiben vom 5. März anzeigte, schien geneigt, dies zum Theil auf eine vergrösserte Intensität des Erdmagnetismus zu schieben. Mir jedoch schien nicht zweifelhaft, dass der Grund dieses Phänomens in der nächsten Umgebung des Magnetstabs gesucht werden müsse, wahrscheinlich in nicht ganz freier Beweglichkeit desselben, obwohl von einem Spinnefaden in Gemässheit der Marburger Erfahrungen eher eine bedeutend stärkere Wirkung zu erwarten gewesen sei. Diese Vermuthung fand auch Hr. von Boguslawski bestätigt. Unter dem 21. März erwiederte er: 'Die Ursache der Änderung der Schwingungsdauer haben Sie richtig errathen. Der Kasten war durch Zufall etwas seitwärts geschoben, so dass der Rand des kleinen Loches, durch welches der Faden von oben eintritt, dem letztern nahe gekommen war, jedoch keineswegs bis zur Berührung. Dennoch müssen einige feine Fasern bis zum Rande gereicht haben, denn seitdem der Faden wieder durch die Mitte des Loches geht, ist auch die Schwingungsdauer wieder nahe dieselbe wie früher.'

Über die Bewegungen selbst, die hier aus sechs Terminen dargestellt werden, mögen einige Bemerkungen hier noch Platz finden.

In den drei Sommerterminen — — — — — — — sieht man durch alle grossen Anomalien doch auch die tägliche regelmässige Bewegung durchscheinen, in so fern die Curven in den Nachmittagsstunden aufsteigen, und in den folgenden Vormittagsstunden niedersteigen; in den drei Winterterminen hingegen — — — — — — — ist davon kaum noch etwas zu erkennen. Dass das Regelmässige von dem Unregelmässigen überragt wird, oder ganz darin untergeht, ist in der That nach allen unsern Erfahrungen ein sehr gewöhnlicher Hergang: es sind jedoch in den Jahren 1834 und 1835 auch einige Termine vorgekommen, wo der regelmässige Gang durch gar keine grössere Anomalieen verdunkelt wurde, während kleine nie fehlten.

Was aber die anomalen Bewegungen so merkwürdig macht, ist die ausserordentlich grosse, gewöhnlich bis auf die kleinsten Nuancen sich erstreckende Übereinstimmung an verschiedenen Orten, ja meistens an sämmtlichen Orten, nur in ungleichen Grössenverhältnissen. Es würde ganz unnöthig sein, diese Harmonie im Einzelnen nachzuweisen: der Anblick unserer sechs Termindarstellungen spricht hier schon hinlänglich für sich selbst.

Für jetzt kann es noch gar nicht unser Beruf sein, diese räthselhafte Hieroglyphenschrift der Natur zu entziffern: wir müssen vorerst unser Bestreben nur sein lassen, Abschriften von dem, was sich darbietet, zu sammeln, und denselben immer mehr Zuverlässigkeit, Treue und Mannigfaltigkeit zu verschaffen: reichem Stoff wird, wie wir zuversichtlich hoffen dürfen, dereinst auch die Entzifferung nicht fehlen. Inzwischen wird es verstattet sein, einige Bemerkungen beizufügen, die zu einer richtigern Beurtheilung beitragen können.

Zuvörderst darf nicht vergessen werden, dass alle solche Anomalieen vergleichungsweise nur geringe Abänderungen oder Zusätze zu der grossen erdmagnetischen Kraft sind (oder genau zu reden, zu dem horizontalen Theile derselben); dass wir zwischen jenen und dieser wohl unterscheiden müssen, und dass, wie die Sache bis jetzt steht, Nichts uns nöthigt, beide gleichen oder gleichartigen Ursachen zuzuschreiben. Immerhin mag man es für wahrscheinlich halten — was wir ganz auf sich beruhen lassen — dass jene Anomalieen Wirkungen von electrischen Strömungen oder Ausgleichungen, vielleicht weit ausserhalb der Atmosphäre, sein können: man braucht deshalb doch die ältere Vorstellung noch nicht fahren zu lassen, dass die Hauptkraft in dem festen Theile des Erdkörpers selbst ihren Sitz habe, oder vielmehr die Gesammtwirkung aller magnetisirten Theile des Erdkörpers sei. Wäre, nach der Meinung einiger Naturforscher, das Innere der Erde noch in flüssigem Zustande, so böte die immer fortschreitende Erhärtung und die daraus folgende Verdickung der festen Erdrinde die natürlichste Erklärung der Säcularänderungen der magnetischen Kraft dar.

Wir verlassen jedoch lieber den lockern Boden der Hypothesen, und kehren zu den Thatsachen zurück. Bei weiten die meisten Anomalieen finden wir kleiner an den südlichern Beobachtungsorten, grösser an den nordlichern. So beträgt z. B. das merkwürdige Aufsteigen am 30. Januar 1836 zwischen $9^h 25'$ und $9^h 40'$, auf Bogentheile reducirt, in Catania 6, in Mailand 12, in München $13\frac{1}{4}$, in Leipzig 16, in Marburg 20, in Göttingen 26, im Haag 29 Minuten. Von dieser Ungleichheit ist nun zwar etwas abzurechnen wegen des Umstandes, dass an den nordlichern Punkten, wo der horizontale Theil der erdmagnetischen Kraft selbst eine geringere Intensität hat, als an den südlichern, gleiche störende Kräfte eine stärkere Wirkung hervorbringen müssen als an den letztern: allein der Unterschied der Intensitäten vom Haag bis Catania ist im Vergleich mit den beobachteten Ungleichheiten nur gering, und es steht also fest, dass die Energie der damaligen störenden Kraft desto schwächer war, je weiter nach Süden wir ihre Wirkung verfolgen. Bei aller Unwissenheit, in der wir uns in Beziehung auf das Wesen solcher störenden Kräfte befinden, können wir doch nicht zweifelhaft sein, dass die Quelle einer jeden irgendwo im Raume ihren bestimmten Sitz haben müsse, und so wie wir den Sitz von derjenigen, welche die erwähnten Erscheinungen hervorbrachte, nothwendig nordlich oder nordwestlich von den Beobachtungsorten annehmen müssen (ohne nach so wenigen Datis eine nähere Bestimmung zu wagen), so scheinen überhaupt die nordlichsten Gegenden der Hauptheerd zu sein, von wo die meisten und grössten Wirkungen ausgehen, so weit man nemlich auf Erfahrungen aus einem gegen die ganze Erdfläche doch nur kleinen Umkreise schon derartige Folgerungen stützen darf.

Betrachtet man den bis jetzt vorliegenden Stoff genauer, so finden sich doch bei den verschiedenen Bewegungen, die nach einander vorkommen, rücksichtlich ihrer Grössenverhältnisse an verschiedenen Orten, auch wenn sonst die Ähnlichkeit ganz unverkennbar ist, bedeutende Verschiedenheiten: so ist z. B. oft von zwei kurz nach einander folgenden Hervorragungen an einem Orte die erste die grössere, an einem andern Orte umgekehrt. Wir werden daher genöthigt, anzunehmen, dass an demselben Tage und in derselben Stunde viele Kräfte zugleich thätig sind, die vielleicht ganz von einander unabhängig sein, sehr verschiedene Sitze haben, und deren Wirkungen an verschiedenen Beobachtungsörtern nach Maassgabe der Lage und Entfernung in sehr ungleichen Verhältnissen sich vermengen, oder, indem die eine zu wirken anfängt, bevor die andere aufgehört hat, in einander eingreifen können. Die Lösung der Verwicklungen, welche dadurch in die Erscheinungen an jedem einzelnen Orte kommen, wird unstreitig sehr schwer sein: gleichwohl dürfen wir zuversichtlich hoffen, dass diese Schwierigkeiten nicht immer unüberwindlich bleiben werden, wenn die Theilnahme an den gleichzeitigen Beobachtungen eine noch viel ausgedehntere Verbreitung erhalten haben wird. Es wird der Triumph der Wissenschaft sein, wenn es dereinst gelingt, das bunte Gewirre der Erscheinungen zu ordnen, die *einzelnen* Kräfte, von denen sie das zusammengesetzte Resultat sind, auseinander zu legen, und einer jeden Sitz und Maass nachzuweisen.

Nicht ganz selten findet man auch bei einzelnen Orten eine kleine Aufwallung, wozu an den übrigen Orten sich kein Gegenstück erkennen lässt. Es würde aber zu gewagt sein, dergleichen sofort für eine blos locale magnetische Einwir-

kung zu erklären. Bei einer so grossen Menge von Zahlen kann in der That zuweilen einmal ein Irrthum vorgefallen sein. Öfters sind uns solche Fälle vorgekommen, wo das Nachsehen der Originalbeobachtungen, wenn dieselben in unsern Händen waren, einen Rechnungsfehler in der Reduction oder einen offenbaren Schreibfehler erkennen liess. Zuweilen hat in ähnlichen Fällen, wo wir aber
nur den Auszug aus den Beobachtungen zu Händen hatten, die Anzeige eines
solchen Verdachts bei dem Einsender einen gleichen Erfolg gehabt. Da jedoch
unthunlich ist, alle dergleichen Fälle immer erst durch Briefwechsel zu discuti-
ren, so werden diejenigen Theilnehmer, welche nicht die Originalbeobachtungen
selbst einsenden, in Beziehung auf solche Stellen in den ihre Beobachtungen dar-
stellenden Curven, wie z. B. bei Leipzig am 26. November 1836 für $6^h 15'$ Göttinger Zeit, die Originalbeobachtungen selbst nachzusehen Anlass nehmen können: Berichtigungen, die auf solche Art hervorgehen, sollen dann nachträglich
angezeigt werden. Völlige Gewissheit hat man jedoch in Beziehung auf solche
Stellen, die nur auf Einem Beobachtungssatze beruhen, auch dann noch nicht,
wenn die Originalpapiere keinen Fehler bestimmt nachweisen, da es auch einem
nicht ganz ungeübten Beobachter wohl einmal begegnen kann, in demselben Satze
wiederholt unrichtige Zehner der Scalentheile niederzuschreiben. Durch eine
solche, freilich etwas gewagte Conjectur würde sich z. B. die oben bemerkte Zahl
von 11.69 auf 6.69 bringen, also in die übrigen hereintretend machen lassen.

Für local im *engsten* Sinn würde man übrigens eine solche isolirte Aufwallung, auch wo die Thatsache keinem Zweifel mehr unterliegt, immer noch nicht
halten dürfen. Wie die Quelle jeder Anomalie irgendwo ihren Sitz haben muss,
so kann von dieser oder jener der Sitz auch einmal in der Nähe eines der Beobachtungsörter selbst sein: ist eine solche Kraft an sich nur schwach, so kann ihre
Wirkung an dem nächsten Orte, eben wegen der Nähe, augenfällig sein, und
verschwindend (d. i. uns nicht mehr erkennbar) an allen übrigen Orten, *wo beobachtet wird* eben weil diese schon *zu* entfernt sind. Es scheint daher, bis jetzt
wenigstens, gar kein Grund vorhanden zu sein, unter den Anomalieen andere
als quantitative Verschiedenheiten anzunehmen. Zugleich aber knüpft sich hieran
die Folgerung, dass es in manchen Fällen sehr nützlich sein kann, wenn zwei
oder mehrere Beobachtungsörter in nur mässiger Entfernung von einander liegen.
Es wäre z. B. recht erwünscht gewesen, wenn in Augsburg (wo jetzt regelmässig
Theil an den Terminsbeobachtungen genommen wird) schon der Septembertermin

1836 beobachtet wäre; sehr wahrscheinlich hätte sich dann über die zwar an den meisten Orten durchscheinende, aber in München auffallend grössere Bewegung um $2^h 10$ schon mit mehr Sicherheit urtheilen lassen, als jetzt möglich ist.

— — — — — — — — — — — — — — — —

Erläuterungen zu den Terminszeichnungen und den Beobachtungszahlen.

[Im Auszuge.]

Resultate aus den Beobachtungen des magnetischen Vereins. 1837. VIII.

Es sind im Jahre 1837 sieben vierundzwanzigstündige Termine abgehalten, da zu den sechs gewöhnlichen noch ein ausserordentlicher am 31. August hinzugekommen ist. Die in den — — — Tafeln mitgetheilten Zahlen enthalten 80 Beobachtungsreihen für die Variationen der Declination aus 16 verschiedenen Beobachtungsorten, nemlich Altona, Augsburg, Berlin, Breda, Breslau, Copenhagen, Dublin, Freiberg, Göttingen, Leipzig, Mailand, Marburg, München, Petersburg, Stockholm und Upsala. Es sind uns ausserdem noch einige andere Beobachtungsreihen zugekommen, die wegen zu späten Empfangs nicht mit abgedruckt werden konnten.

— — — — — — — — — — — — — — — —

Zur Ansetzung eines ausserordentlichen Termins am 31. August gab Veranlassung die Nachricht, dass Hr. Prof. PARROT an diesem Tage (so wie an einigen vorhergehenden) die Variation der magnetischen Declination auf dem Nordcap beobachten würde. Die Einladung zur Theilnahme wurde daher, so weit es die Kürze der Zeit verstattete, verbreitet. Es sind dadurch recht interessante Beobachtungsreihen eingebracht, aber die Beobachtungen vom Nordcap selbst sind bisher nicht zu unsrer Kenntniss gekommen. — — — — — — —

Für den Novembertermin war die sonst befolgte Bestimmung dahin abgeändert, dass er auf den 13. verlegt wurde. Es geschah dies in Folge eines Gesprächs mit Hrn von HUMBOLDT über die Möglichkeit, dass an den Monatstagen, die in mehrern frühern Jahren durch eine ausserordentliche Menge von Stern-

schnuppen ausgezeichnet gewesen waren, vielleicht auch ungewöhnliche magnetische Bewegungen eintreten könnten. Diese Erwartung hat sich jedoch in sofern
nicht bestätigt, als die magnetischen Bewegungen während dieser vierundzwan-
zig Stunden, wenn gleich sehr beträchtlich, doch nicht grösser als in vielen frühern Terminen zu jeder andern Jahreszeit gewesen sind. Dagegen waren am
vorhergehenden und am folgenden Abend an mehrern Orten sehr starke und
schnell wechselnde Anomalien in der magnetischen Declination beobachtet, zwischen denen und den Sternschnuppenerscheinungen man aber nicht berechtigt
ist, einen Zusammenhang anzunehmen, da jene nur die gewöhnlichen Begleiter
von Nordlichtern sind, und sehr glänzende Nordlichter in diesen beiden Nächten
wirklich Statt gefunden haben*).

In den Terminen vom Julius, August und November sind in Göttingen nun
auch die Variationen der Intensität mit dem Bifilar-Magnetometer vollständig beobachtet. In die Tafeln sind aber nicht die unmittelbar beobachteten Scalentheile selbst aufgenommen, sondern ihre Differenzen von dem grössten in jedem
Termine vorgekommenen Werthe. Da in den beiden ersten Terminen diejenige
transversale Lage Statt hatte, für welche wachsenden Scalentheilen abnehmende
Intensitäten entsprechen, so zeigen hier die Zahlen an, um wie viel die jedesmalige Intensität grösser war, als die kleinste des Termins, und zwar in solchen
Einheiten gemessen, wovon für den Juliustermin 22000 auf die kleinste selbst
kommen. Da es für jetzt, so lange dergleichen Beobachtungen nur an Einem
Orte gemacht werden, auf die schärfste Angabe des *absoluten* Werthes der Scalentheile eben nicht ankommt, so waren zu dem Ende für den Augusttermin keine
neuen Bestimmungen gemacht. Vor dem Novembertermine war dies aber geschehen: die geänderte absolute Zahl steht im Zusammenhange mit dem Verluste,
welchen der Magnetismus des Stabes in den vier Monaten erlitten hatte. Nur
muss bemerkt werden, dass im Novembertermin die Zahlen die Bedeutung haben,

---

*) Es sind uns die magnetischen Beobachtungen vom 12. November aus Upsala, Leipzig, Breslau
und Mailand, und vom 14. November aus Upsala, Dublin, Berlin, Breslau und Mailand mitgetheilt. Ähnlichkeit der Bewegungen ist hier an einigen Stellen unverkennbar, an andern nur schwach durchschei-
nend. Aber es wiederholt sich hier die auch schon bei anderer Gelegenheit gemachte Bemerkung, dass
unter solchen Umstanden die Bewegungen viel zu schnell wechseln, als dass Beobachtungen von fünf zu
fünf Minuten, oder gar in noch weitern Zwischenzeiten, ein treues Bild davon geben könnten.

um wie viel die jedesmalige Intensität kleiner ist, als die grösste, diese selbst
= 18290 angenommen.   Da nemlich in diesem Termine der Stab die entgegengesetzte transversale Lage hatte, für welche Intensität und Scalentheile zugleich
wachsen, so hätten, behuf gleichförmiger Bedeutung der Zahlen, die einzelnen
unmittelbar beobachteten Scalentheile nicht mit dem Maximum, sondern mit dem
Minimum verglichen werden müssen, was durch Versehen nicht beachtet ist.

Auf den Tafeln — — — — sind die beobachteten Intensitätsänderungen
graphisch dargestellt.   Einmal in Einer Curve, unter welcher die Curve für die
gleichzeitigen Declinationsänderungen in Göttingen wiederholt ist, wodurch die
oben [S. 365 d. B.] gemachte Bemerkung augenfällig wird, dass nemlich um die
Zeit starker Störungen der Declination meistens auch starke Anomalien der Intensität eintreten.   Zweitens ist auch der Gang der Veränderungen beider Elemente in Eine Curve zusammengefasst, wodurch man ein anschauliches Bild der
Veränderungen des horizontalen Theils der erdmagnetischen Kraft während jedes
Termins erhält.   Nur haben, um Verwirrung wegen der vielfachen Durchkreu-
zungen zu vermeiden, die Bewegungen im Julius- und Augusttermin in zwei
Stücken, die im Novembertermin in drei Stücken gezeichnet werden müssen, wobei ausserdem zu grösserer Erleichterung der Übersicht jedes Stück zur einen
Hälfte in ausgezogenen Linien, zur andern Hälfte punktirt dargestellt ist.   Nach
dem, was bereits oben [S. 366 d. B.] bemerkt ist, werden diese Darstellungen einer weitern Erläuterung nicht bedürfen.

Über die Ausbeute selbst können hier nur noch einige Bemerkungen Platz
finden.   Die ausserordentlich grosse Ähnlichkeit der gleichzeitigen Declinationsbewegungen, an verschiedenen Orten, meistens bis zu den kleinsten Schattirun-
gen herab, bestätigt sich hier wieder eben so schön, wie bei den Beobachtungen
des vorhergehenden Jahres.   Allein, es werden doch auch hin und wieder schon
erhebliche Unterschiede kenntlich, besonders in denjenigen Terminen, wo die
Beobachtungen sich über einen noch weitern Umfang erstrecken, obwohl diese
Ausdehnung noch immer zu klein, und die Anzahl weit von einander entlegener
Örter zu gering erscheint, als dass man schon Schlüsse über die Sitze der Ursachen der einzelnen Bewegungen darauf gründen dürfte.   Immerhin würde zwar
die nähere Betrachtung mancher einzelnen Bewegungen, zumal von denjenigen
Terminen, wo in Göttingen zugleich die Intensitätsänderungen beobachtet sind
zu allerlei Bemerkungen und selbst allgemeinen Betrachtungen Anlass geben kön-

nen, worin wir jedoch unsern Lesern nicht vorgreifen, dagegen aber die Erinnerung beifügen wollen, dass man bei allen erscheinenden Unähnlichkeiten vor allen Dingen die äussern Umstände sorgfältig erwägen muss, ehe man sie zur Grundlage von gewagten Vermuthungen macht. Als ein Beispiel kann die kleine Erhöhung dienen, die man in den graphischen Darstellungen des Augusttermins —
— — — für $18^u\,5'$ bei den meisten Beobachtungsorten, am stärksten bei dem
nordlichsten, Upsala, bemerkt. Dass dieselbe bei Dublin fehlt, oder nur eine
schwache Spur davon sichtbar ist, ist allerdings merkwürdig, da kein Grund vorhanden ist, die Richtigkeit der Beobachtung selbst in Zweifel zu ziehen, und
würde uns, zumal in Verbindung mit der vollständigen Erscheinung in Göttingen
— — zu interessanten Betrachtungen Anlass geben, wenn es überhaupt angemessen wäre, hier schon in solche uns einzulassen: allein dass diese Erhöhung
auch bei Copenhagen fehlt, ist schlechterdings ohne alle Bedeutung, weil in diesem Termin in Copenhagen nur von 10 zu 10 Minuten, also um $18^u\,5'$ gar nicht
beobachtet ist.

Über die labyrinthischen Formen, welche die magnetischen Beobachtungen,
bei Vereinigung der Declinations- und Intensitätsbewegungen in Einer Curve —
— — — — uns vorführen, enthalten wir uns jeder Bemerkung hier nur deswegen, weil gegründete Hoffnung vorhanden ist, dass bald ein viel reicherer Stoff
zu Gebote stehen wird. Wer inzwischen sich schon selbst in Betrachtungen über
jene versuchen möchte, braucht sich wenigstens durch keine Zweifel an der Realität der durch das Bifilar-Magnetometer angezeigten Intensitätsbewegungen davon
abhalten zu lassen. In der That sind solche Zweifel ganz unstatthaft geworden,
nachdem bereits im Märztermin des gegenwärtigen Jahres 1838 ausser Göttingen
noch an *drei andern Orten* die gleichzeitigen Intensitätsbewegungen mit ähnlichen
Bifilarapparaten beobachtet sind, und eine eben so bewundernswürdige Übereinstimmung gezeigt haben, wie wir seit vier Jahren an den Declinationsbewegungen
zu finden gewohnt sind. Das Nähere darüber wird aber an die Bekanntmachung
der Resultate der Beobachtungen von 1838 geknüpft bleiben müssen.

Schumacher. Astronomische Nachrichten Nr. 417. 1841. Februar 9.

In einem öffentlichen Blatte fand ich unlängst die Nachricht, dass der Amerikanische Marine-Capitain Wilkes

dem magnetischen Südpole

ziemlich nahe gekommen sei, und dass er in $67^0\,4'$ südl. Breite und $147^0\,30'$ Länge (ohne Zweifel östlich von Greenwich) die magnetische Abweichung $12^0\,35'$ östlich, und die Neigung $87^0\,30'$ gefunden habe. Nach einer flüchtig angestellten Rechnung würde ich nun hienach einstweilen den wirklichen Pol

in $70^0\,21'$ südlicher Breite, $146^0\,17'$ Länge

setzen. Dieser Platz liegt demjenigen, welchen meine Theorie [S. 163 d. B.] angegeben hat, viel näher, als ich selbst erwartet hatte. Der wirkliche Pol, wie ich dort vermuthet hatte, nordlicher, als der nach der Theorie berechnete; aber der Unterschied in der Breite erreicht nur den dritten Theil von dem, auf welchen ich nach Ansicht der Beobachtungen von Hobarttown gefasst war. Eben so liegt der wirkliche Pol westlicher, als der nach der Theorie berechnete, und hier ist der Unterschied fast genau so gross wie der a. a. O. von mir präsumirte. Übrigens ist unnöthig zu bemerken, dass in diesen hohen Breiten der Unterschied von sechs Längengraden nur eben so viel bedeutet, wie zwei Breitengrade.

ANZEIGEN

NICHT EIGNER

SCHRIFTEN.

Ueber die DALTON*sche Theorie, von* J. F. BENZENBERG. *Düsseldorf*, 1830. *Bei* J. E. Schaub. (192 Seiten in 8., nebst drei Steindrucktafeln).

Die von DALTON aufgestellte Hypothese, dass die verschiedenen Gasarten, aus welchen die atmosphärische Luft besteht, gar nicht gegenseitig auf einander drücken, sondern eben so viele von einander gleichsam unabhängige Atmosphären ausmachen, hat bei wenigen Physikern bisher Beifall gefunden. Unter diesen zeichnet sich aber Herr BENZENBERG durch den unermüdeten warmen Eifer, mit welchem er jene Hypothese seit beinahe zwanzig Jahren in Schutz nimmt, ganz besonders aus. Namentlich hat er in der DAUBUISSONschen trigonometrisch-barometrischen Messung der Höhe des Monte Gregorio einen wichtigen Grund *für* die DALTONsche Hypothese gefunden. Es ist klar, dass die barometrischen Höhenmessungen, wenn die DALTONsche Hypothese wahr ist, anders berechnet werden müssen, als nach der gewöhnlichen Theorie. Bei dem 5260 Fuss hohen Monte Gregorio fand Herr BENZENBERG das Resultat der ersten Rechnung um 16 Fuss kleiner, als nach der andern, und sehr nahe eben so viel übertraf letztere das Resultat der trigonometrischen Messung, welche Differenz mithin nach Herrn BENZENBERGS Rechnung durch die Annahme der DALTONschen Hypothese fast vollkommen gehoben werden würde. Herr BENZENBERG hat diese Rechnungen zuerst in GILBERT's Annalen der Physik 1812 bekannt gemacht, und ist auch nachher an andern Orten zu wiederholten Malen damit aufgetreten. Auch über andere Abschnitte der Physik, welche mit der DALTONschen Vorstellungsart in Berührung kommen, wie die Akustik und Eudiometrie, hat Herr BENZENBERG sich ausgelassen, nicht sowohl, um Gründe *für* jene Hypothese darin zu suchen, als vielmehr, um diejenigen Gründe, welche man daraus gegen dieselbe hernehmen kann und hergenommen hat, zu bekämpfen. In gegenwärtiger Schrift ist alles abermals vereinigt aufgestellt.

Die Anerkennung, welche diese Bemühungen bei den Physikern und Mathematikern gefunden haben, scheint, wenigstens was die ausländischen betrifft, nicht genügend gewesen zu sein. Herr BENZENBERG erzählt in der Vorrede seines Buchs, dass er bei seinem Aufenthalt in Paris im Jahre 1815 GILBERTS Annalen in der Bibliothek des Instituts gar nicht, und das Exemplar in der grossen Königlichen Bibliothek nicht aufgeschnitten gefunden habe. Mit LAPLACE habe er von seiner Theorie der Berechnung der Barometerhöhen in DALTONS Hypothese gesprochen; allein dieser grosse Geometer sei damals schon alt gewesen.

Den deutschen Physikern kann doch der Vorwurf der Nichtbeachtung nicht mit Recht gemacht werden. Wir lesen in der neuen Ausgabe des physikalischen Wörterbuchs im Artikel Atmosphäre, dass 'Herr BENZENBERG der bedeutendste, gründlichste und eifrigste Vertheidiger der DALTONschen Theorie ist, dass mit Anwendung derselben die Höhen genauer, als ohne sie, berechnet werden, und dass darin ein bedeutender Beweis für die Richtigkeit derselben liege.'

Allein *geprüft* scheint der Verfasser dieses Artikels die BENZENBERGschen Rechnungen nicht zu haben: alle Zahlen sind nur ohne weiteres aus den GILBERTschen Annalen copirt. Dasselbe gilt von demjenigen, was über jene Rechnungen in dem Artikel Höhenmessung in dem erwähnten Wörterbuche gesagt ist. Vielleicht haben die Verfasser beider Artikel eine Prüfung deswegen für minder wesentlich gehalten, weil sie, den barometrischen Höhenmessungen überhaupt eine geringere Zuverlässigkeit beilegend, als Herr BENZENBERG, die Beweiskraft von dessen Rechnungen doch nicht anerkannten, obwohl freilich der Verfasser des ersten Artikels dadurch das vorher angeführte zum Theil wieder aufhebt.

Es kann nicht die Absicht der gegenwärtigen Anzeige sein, unsere eigene Ansicht von der Zulässigkeit oder Unzulässigkeit der DALTONschen Hypothese selbst zu entwickeln, sondern wir beschränken uns auf dasjenige, was Herr BEN-

ZENBERG zur Unterstützung derselben in vorliegender Schrift von neuem vorgetragen hat, und namentlich auf seine Berechnung der barometrischen Höhenmessungen.

Es schien vor allen Dingen nöthig, erst die Richtigkeit dieser BENZENBERG-schen Berechnung selbst zu prüfen. Zu unserer Verwunderung ist daraus hervorgegangen, dass diese Berechnung unrichtig ist, und dass eine richtig geführte Rechnung ein ganz entgegengesetztes Resultat gibt.

Es wird nöthig sein, dies hier mit einiger Ausführlichkeit und so weit nachzuweisen, dass jeder in den Stand gesetzt wird, selbst zu urtheilen, um so mehr, da es sich hier nicht sowohl um einen Rechnungsfehler im eigentlichen Sinn, als um einen Irrthum im Räsonnement handelt.

Auf der zweiten und dritten Seite des Buchs finden wir zwei tabellarische Übersichten, jede von drei Columnen, welche wir einzeln durchgehen müssen (dieselben stehen in GILBERTS Annalen der Physik, B. 42. S. 163 und 164).

In der ersten Columne wird, nach DALTON, die in 100 Theilen trockner atmosphärischer Luft enthaltene

Stickluft . . . zu 78.93 Theilen
Sauerstoffluft . - 21.00 -
Kohlensaure Luft - 0.07 -

alles dem Raume nach, angegeben (Statt der zweiten Zahl steht im Buche selbst 21.90, welches ein offenbarer Druckfehler ist).

Die zweite Columne setzt die specifischen Gewichte

der Stickluft . . . 0.9691
der Sauerstoffluft . . 1.1148
der kohlensauren Luft 1.5000

das der gemeinen atmosphärischen Luft zur Einheit angenommen. Die erste und dritte Zahl sind von BIOT entlehnt; die zweite hat Herr BENZENBERG, wie er selbst sagt, so berechnet, 'dass die Mischung genau das von BIOT gegebene Gewicht trockner atmosphärischer Luft habe, nemlich $\frac{1}{10495}$ des Quecksilbers bei 0^0 Reaumur und 28 Zoll Druck.' Man sieht, dass Herr BENZENBERG sich selbst nicht klar gemacht hat, was er hier eigentlich hat rechnen wollen, denn das eben angezeigte ist *dieser* Rechnung fremd, und offenbar kam es blos darauf an, der Mi-

74

schung das specifische Gewicht 1 zu verschaffen. Übrigens hat diese Unklarheit hier weiter keinen Einfluss. Die Rechnung ist aber nicht sehr genau geführt, da aus den angegebenen Datis das specifische Gewicht des Sauerstoffgases nicht 1.1148, sondern 1.11447 folgt. Dieser Fehler ist jedoch ganz unerheblich.

Die dritte Columne gibt die in 100 Theilen trockner Luft *dem Gewichte nach* enthaltenen Theile der einzelnen Gasarten, nemlich

$$
\begin{array}{lll}
\text{Stickluft} & . & . \quad 76.49 \text{ Theile} \\
\text{Sauerstoffluft} & . & \quad 23.41 \quad - \\
\text{Kohlensaure Luft} & & 0.10 \quad - \\
\end{array}
$$

Diese Zahlen sind offenbar nur die Producte der Zahlen der ersten Columne in die dazu gehörigen der zweiten.

Die vierte Columne gibt die Höhe an, auf welcher (unter Voraussetzung der Richtigkeit der Daltonschen Hypothese) jede einzelne Atmosphäre das Barometer halten würde, oder den Antheil an dem Totaldruck, letztern für trockne Luft zu 27.76 Zoll Quecksilberhöhe angenommen. Herrn Benzenbergs Zahlen sind

$$
\begin{array}{lll}
\text{für die Stickluft-Atmosphäre} & . \quad . \quad . \quad 21.2326 \text{ Zoll} \\
- \quad - \quad \text{Sauerstoffluft-Atmosphäre} & . \quad 6.4986 \quad - \\
- \quad - \quad \text{kohlensaure Luft-Atmosphäre} & 0.0278 \quad - \\
\end{array}
$$

Wir werden auf die Berechnung dieser Columne sogleich zurückkommen.

Die fünfte Columne enthält die specifischen Gewichte der Luftarten mit Quecksilber verglichen, beim Gefrierpunkte und 28 Zoll Quecksilberdruck. Diese Zahlen, nemlich resp. $\frac{1}{10830}$, $\frac{1}{9414}$, $\frac{1}{6997}$ sind nichts anderes, als die Producte der Zahlen der zweiten Columne in $\frac{1}{10495}$.

Die sechste Columne hat nur die Überschrift: *Beständige Zahl*. Man sieht aber, dass die sogenannte Subtangente gemeint ist, oder die Höhe, welche eine fingirte Atmosphäre von gleichförmiger und zwar so grosser Dichtigkeit, wie die wirkliche unten hat, haben müsste, um eben so stark zu drücken, wie diese. Für gemeine trockne Luft ist also diese Zahl das Product aus 10495 in 28 Zoll, oder 24488$\frac{1}{3}$ Fuss; für die drei einzelnen Atmosphären, in Daltons Vorstellungsweise, werden die Zahlen eben so die Producte aus 28 Zoll in die Nenner der Brüche der fünften Columne sein, oder einfacher, man findet sie, wenn man 24488.33 Fuss mit den Zahlen der zweiten Columne dividirt. Wir schreiben diese Zahlen sowohl wie sie Herr Benzenberg angibt, als wie sie aus einer schärfern Rechnung folgen hier her

	nach Hr. Benz.	nach schärf. R.
Stickstoffluft	. 25270 Fuss	25269.15 Fuss
Sauerstoffluft	. 21966 -	21973.01 -
Kohlensaure Luft	16326 -	16325.56 -

Alles bisher gegen Herrn Benzenberg erinnerte ist durchaus unerheblich: wir kommen aber jetzt zu dem wesentlichen Punkte, der Berechnungsart der vierten Columne. Herr Benzenberg erklärt sich gar nicht darüber, *wie* er diese Berechnung gemacht habe: er sagt blos, dass es Beispiele aus der Gesellschaftsrechnung seien. Man erkennt aber leicht, dass er die Zahlen der vierten Columne denen der dritten schlechthin proportional gesetzt, oder jene aus der Multiplication von 27.76 Zoll mit

0.7649 für Stickstoffluft

0.2341 für Sauerstoffluft

0.0010 für kohlensaure Luft

abgeleitet hat.

Und dies ist unrichtig.

Denn der ganze Druck der Stickstoffluft-Atmosphäre wird sich, in Daltons Hypothese, zu dem ganzen Druck der Sauerstoffluft-Atmosphäre, nicht wie die Gewichtsantheile, welche diese Gasarten an dem untersten Cubikfuss gemischter Luft haben, verhalten, sondern im *zusammengesetzten* Verhältniss dieser Gewichtsantheile einerseits, und der den beiden Gasarten zukommenden Subtangenten andererseits, stehen, also den *Producten* aus den Zahlen der dritten und sechsten Columne proportional sein müssen, oder was dasselbe ist, den Quotienten, wenn die Zahlen der dritten Columne mit denen der zweiten dividirt werden, also schlechthin den Zahlen der ersten Columne.

Bei einiger Überlegung ist dies auch von selbst klar, denn die Bedeutung der Zahlen der ersten Columne kann auch so ausgesprochen werden: die in einem Volumen von 100 Theilen gemeiner trockner Luft am Boden der Atmosphäre enthaltene Stickluft würde, für sich allein genommen, unter demselben Druck, unter welchem jene steht, nur den Raum von 76.93 Theilen einnehmen, und eben

74*

so die andern Gasarten: indem also jede dieser drei Gasarten jetzt in den Raum von 100 Theilen verbreitet ist und von den übrigen unabhängig gedacht wird, verhalten sich die Quecksilberdrucke, denen sie einzeln das Gleichgewicht halten, wie

$$78.93 \quad \text{für Stickstoffluft}$$
$$21.00 \quad \text{für Sauerstoffluft}$$
$$0.07 \quad \text{für kohlensaure Luft.}$$

Man sieht also. dass Herr BENZENBERG in seiner vierten Columne den Totaldruck von 27.76 Zoll unrichtig vertheilt hat. Die richtigen Zahlen sind

$$21.9110 \text{ Zoll für Stickstoffluft}$$
$$5.8296 \quad - \quad - \text{ Sauerstoffluft}$$
$$0.0194 \quad - \quad - \text{ kohlensaure Luft.}$$

Die Zahlen der vierten und sechsten Columne sind aber die Elemente, nach denen der Druck der Atmosphäre in jeder Höhe, in der DALTONschen Hypothese berechnet werden muss. Natürlich ergeben sich daher mit den verbesserten Werthen andere Resultate.

Wir haben uns die Mühe gegeben, diese Rechnung für einige Höhen zu führen. Folgende Tafel enthält die Resultate:

Höhe Fuss	Barometer-Höhe in Zollen		
	n. gewöhnl. Theorie	in DALTONS Hypothese unsre R.	H. BENZ. R.
5000	22.6332	22.6350	22.6179
10000	18.4532	18.4589	18.4314
15000	15.0452	15.0555	15.0221
20000	12.2666	12.2814	12.2458

Die Zahlen für die Barometerhöhe nach der gewöhnlichen Theorie haben wir hier nach unserer eigenen Berechnung angesetzt; die von Hn. BENZENBERG für dieselben Höhen auch nach der gewöhnlichen Theorie berechneten (S. 12) weichen davon zum Theil etwas ab. Die Richtigkeit unserer Rechnung können wir verbürgen.

Die Barometerhöhe in der DALTONschen Hypothese weicht also von der Barometerhöhe nach der gewöhnlichen Theorie um folgende Unterschiede ab:

Höhe	Unterschied der Barometerhöhe	
	nach unserer R.	nach H. Benz.
5000 Fuss	+ 0.0018 Zoll	— 0.0153 Zoll
10000 -	+ 0.0057 -	— 0.0218 -
15000 -	+ 0.0103 -	— 0.0231 -
20000 -	+ 0.0148 -	— 0.0208 -

Einer bestimmten Höhe entspricht daher, in Daltons Hypothese, nicht, wie Herr Benzenberg meint, ein kleinerer, sondern ein grösserer Barometerstand, als in der gewöhnlichen Theorie, und eben so wird folglich aus einem bestimmten Barometerstande in jener Hypothese nicht eine kleinere, sondern eine grössere Höhe berechnet werden.   Für den Monte Gregorio ist dieser Unterschied nicht — 16 Fuss, sondern + 2 Fuss.   Bei kleineren Höhen wird der Unterschied sehr nahe dem Quadrat der Höhe proportional; dies liess sich auch leicht durch eine nahe liegende Betrachtung *a priori* voraussehen, welche wir jedoch Kürze halber hier nicht weiter entwickeln.   Herrn Benzenbergs Unterschiede hingegen sind für kleine Höhen diesen nahe proportional, was allein schon zureichte, die Unrichtigkeit derselben zu erkennen.   Übrigens ist obige numerische Rechnung nur für trockene Luft geführt: die Berücksichtigung der Wasserdämpfe würde die relativen Unterschiede nur sehr wenig ändern.

Wir fügen dieser Darstellung noch einige Bemerkungen bei.

I.   Unser Resultat, dass der Unterschied der Barometerhöhe in Daltons Hypothese von der auf gewöhnliche Weise berechneten *positiv*, und für mässige Höhen deren Quadraten nahe proportional wird, ist allgemein, und von den angenommenen Werthen der specifischen Gewichte der einzelnen Gasarten, aus denen die gemischte Luft besteht, unabhängig.   Es würde also vergeblich sein, von andern Werthen dieser specifischen Gewichte ein günstigeres Resultat zu erwarten.

II.   Schon im Jahre 1807 hat Tralles eine richtige Darstellung der Berechnung der Barometerhöhen in Daltons Hypothese geliefert, welche man nur oberflächlich anzusehen braucht, um zu erkennen, dass sein Resultat mit dem unsrigen im Wesentlichen ganz übereinstimmt.   Man muss sich daher wundern dass der Verfasser des einen oben erwähnten Artikels des physikalischen Wörterbuchs behauptet, Tralles finde sehr nahe dieselbe Differenz, wie Herr Benzenberg.   In der That ist sie im Zeichen und im Gesetz verschieden (für mässige

Höhen dem Quadrate der Höhe, und nicht dieser selbst proportional). Vielleicht hat ein, doch leicht als solcher zu erkennender, Druckfehler an diesem Versehen Schuld, da in dem Aufsatz von TRALLES (GILBERTS Annalen B. 27. S. 445) einmal $\frac{B}{b+\delta}$ anstatt $\frac{b+\delta}{B}$ gesetzt ist: bei der Anwendung auf ein bestimmtes Beispiel (ebendas. unterste Zeile) steht aber doch dieser Bruch wieder richtig, so wie auf der folgenden Seite der Unterschied mit seinem richtigen Zeichen angesetzt ist. Noch mehr aber muss man sich wundern, dass Herr BENZENBERG es unterliess, das Resultat seines als gründlicher Mathematiker bekannten Vorgängers mit dem seinigen, dem es ganz entgegengesetzt ist, zu vergleichen. Man würde in der That vermuthen, dass Herr BENZENBERG diesen Aufsatz gar nicht gekannt habe, wenn er nicht desselben ausdrücklich erwähnte, obwohl nur mit der Abfertigung S. 15, 'Herr TRALLES hat Buchstabenrechnung angewendet. Dieses ist unnöthig. Wenn man die Vorstellung von vier Barometern hat, so kann man es mit der Regel von dreien ausführen, und man gebraucht gar keine Gelehrsamkeit'. Dieser Grundsatz, zu welchem Herr BENZENBERG sich bei vielen Gelegenheiten — wir wollen hier nicht untersuchen, ob allemal bei den rechten — laut bekannt hat, mag übrigens für den vorliegenden Fall eingeräumt werden, und unsere Darstellung, wenn es uns gelungen ist. ihr die erforderliche Klarheit zu geben, dann selbst als Bestätigung dienen.

III. Wenn es nun eine vergebliche Mühe ist, den Unterschied der barometrischen und der trigonometrischen Messung des Monte Gregorio durch DALTONS Hypothese heben zu wollen (in welcher er sogar noch um zwei Fuss vergrössert wird), so steht es als eine entschiedene Thatsache fest, dass eine von beiden, oder beide, nicht diejenige Genauigkeit haben, welche Herr BENZENBERG ihnen beilegen zu können glaubte. Nach unserer Meinung mögen alle drei hier in Frage kommenden Fehlerquellen ihren Antheil daran haben. Erstlich das Schwanken der gemessenen Barometerhöhen selbst. Zweitens die in der Berechnung gebrauchte Constante, welche Herr BENZENBERG auf BIOTS Abwägung der atmosphärischen Luft gegründet hatte, und die wohl viel sicherer aus einer zweckmässigen Benutzung zahlreicher zugleich barometrisch und trigonometrisch gemessener Berghöhen bestimmt werden kann. Aber drittens mag auch die trigonometrische Messung des Monte Gregorio selbst ihren Theil zu dem Unterschiede beigetragen haben, da wir dem Urtheil des Herrn BENZENBERG über ihre unübertreffliche Genauigkeit nicht ganz beipflichten können. Die Bestimmung der Ent-

fernung der Spitze des Berges von dem Standpunkte am Fusse desselben grün-
dete sich nur auf eine kleine Basis. Ihre Länge (670 Meter) scheint zwar mit
vieler Sorgfalt gemessen zu sein (man brachte vier Tage damit zu); allein der ihr
gegenüber stehende Winkel (nur $6^0 14'$) wurde nicht gemessen, sondern nur aus
den beiden andern geschlossen. Ein solches Verfahren erfordert immer selbst
bei dem Gebrauch vortrefflicher Werkzeuge grosse Behutsamkeit: allein DAUBUIS-
SONS Winkelmessungs-Instrument, ein LENOIRscher Repetitionskreis von acht Zoll
Durchmesser, scheint nur ein sehr mittelmässiges gewesen zu sein, da wir sehen,
dass von den zehn Repetitionen, aus welchen die Winkelmessungen an jedem der
beiden Standpunkte bestehen, die einzelnen Paare einmal Unterschiede für den
einfachen Winkel geben, die über eine Minute gehen. Auch sagt DAUBUISSON
nichts über die Beschaffenheit der von ihm zu Zielpunkten gebrauchten Signale,
und es lässt sich daher nicht beurtheilen, mit welcher Schärfe sich dieselben ein-
schneiden liessen, und ob nicht dabei eine nachtheilige Beleuchtungsphase Statt
finden konnte. Ein Fehler von einer halben Minute in dem geschlossenen dritten Winkel würde die gemessene Höhe schon um sieben Fuss ändern. — Übrigens können wir dies auf sich beruhen lassen, da es für die gegenwärtige Frage
ganz gleichgültig ist, wie man den Unterschied erklären will: genug, dass DAL-
TONS Hypothese gar nichts dazu beitragen kann.

Göttingische gelehrte Anzeigen. 1832. September 10.

---

*Practische Anweisung zur vortheilhaften Verfertigung und Zusammenfügung
künstlicher Magnete, besonders der Hufeisen, geraden Stäbe, Compass- und anderer
Nadeln, so wie die neueste Entdeckung, denselben die höchste Anziehungskraft zu ertheilen, für Naturforscher, Ärzte, Seefahrer, Techniker und alle andere Arten von
Metallarbeitern, von* FRIEDRICH FISCHER, *Lehrer und practischem Techniker. Heil-
bronn. 1833. In der Classschen Buchhandlung.* (58 S. in 8. Mit zwei lithogra-
phirten Tafeln.)

Unter den mannigfaltigen Phänomenen, welche die magnetische Kraft darbietet, zieht das Tragen bedeutender Lasten durch künstliche Magnete, deren
Gewicht nur einen sehr kleinen Theil derselben beträgt, vorzüglich die Bewun-

derung der Liebhaber auf sich, während es in wissenschaftlicher Rücksicht nur ein untergeordnetes Interesse hat, und in dem reichhaltigsten Werke der neuesten Zeit über die Physik kaum mit einigen Worten erwähnt wird. Die Anordnung der für jenen Zweck am meisten geeigneten künstlichen Magnete in Hufeisenform, wird daher weniger als Sache des Physikers betrachtet, sondern ist mehr in den Händen von Personen, die einen Erwerb daraus machen, und zuweilen angeblich neue und eigenthümliche Methoden unter dem Siegel des Geheimnisses zum Verkauf ausbieten. Durch einen neuern Fall dieser Art ist der Verfasser der vorliegenden kleinen Schrift zu eigenen Versuchen veranlasst, und es gereicht ihm zur Ehre, dass er die Resultate derselben ohne Rückhalt und Geheimnisskrämerei veröffentlicht. Bei weitem der grösste Theil der Schrift ist den künstlichen Magneten in Hufeisenform gewidmet, ihre vortheilhaftesten Verhältnisse, die Auswahl und Behandlung des Stahls und die anzuwendenden Streichmethoden werden auf eine fassliche Art beschrieben, und die Liebhaber können versichert sein, dass sie durch Befolgung der gegebenen Vorschriften sich allezeit solche Magnete von sehr grossem Tragvermögen verschaffen.

Referent würde sich auf diese Empfehlung der vorliegenden Schrift beschränken, wenn nicht eben die von dem Verfasser gebrauchten Streichmethoden (die vermuthlich unter der auf dem Titel erwähnten neuesten Entdeckung verstanden sein sollen, obwohl er selbst einräumt, dass solche auch sonst bekannt sein mögen) dem Referenten zu einigen eigenen Bemerkungen Anlass gäben, die als eine nicht unwichtige Ergänzung von COULOMBS Erfahrungen über die allen Physikern wohlbekannten Methoden von KNIGHT, DUHAMEL, MICHELL, CANTON und AEPINUS betrachtet werden können.

Der Verfasser bedient sich zur Erregung des Magnetismus in einem anzufertigenden Hufeisenmagnet eines schon vorhandenen Magnets von derselben Form, und sein Verfahren besteht aus zwei nach einander anzuwendenden Operationen, wo immer beide Pole zugleich streichen, aber in der ersten der eine Pol des Streichmagnets dem andern auf seinem Wege folgt, in der zweiten hingegen der eine Pol auf dem einen Arm, der andere auf dem andern von der Krümmung nach dem Ende zu geführt wird. Es ist unnöthig, die dabei erforderliche Ordnung der Pole hier besonders zu bemerken. Vor der zweiten Operation räth der Verfasser noch an, den zu bestreichenden Magnet zu erwärmen, und die Arbeit bis zu erfolgter Abkühlung fortzusetzen.

Man sieht nun leicht, dass die erste Operation mit dem vom MICHELL er-
fundenen Doppelstrich ganz einerlei ist. Die zweite Operation kommt hingegen
im Wesentlichen mit DUHAMELS Verfahren überein, nur dass die von DUHAMEL zum
Streichen angewandten getrennten geraden Stäbe (oder Büschel von Stäben) einige
Vortheile für kräftigere Erregung gewähren, deren man bei Anwendung Eines
Hufeisen-Magnets entbehrt (besonders insofern man nicht von der Mitte der Krümmung ausgehen kann). Da nun bekanntlich CANTONS Methode lediglich in einer
Verbindung der Methoden von MICHELL und DUHAMEL besteht, so ist das Verfahren des Verfassers im Wesentlichen nur das CANTONsche mit den Modificationen,
die die Anwendung eines hufeisenförmigen Streichmagnets von selbst mit sich
bringt, und enthält daher nichts eigentlich Neues, als die vorgängige Erwärmung,
deren Wirksamkeit jedoch wohl erst noch weiterer Bewährung bedürfen wird:
Referent hat in einigen von ihm angestellten Versuchen gar keine besondere Wirkung davon gefunden.

Was nun aber hier besonders bemerkt werden muss, ist der Umstand, dass
die Physiker, nach COULOMBS Vorgange, die Methode von CANTON gar nicht als
eine Verbesserung gelten lassen, weil, nach dem Urtheil jenes berühmten Physikers, immer nur die zuletzt angewandte Methode die Intensität des erregten
Magnetismus bestimme, und daher das Vorangehen von MICHELLS Streichart etwas
ganz Überflüssiges sei. Von der andern Seite sieht man aus den Äusserungen
unsers Verfassers, dass er die Vereinigung seiner beiden Operationen als wesentlich betrachtet, und Referent erkennt gern an, dass er selbst durch diese Äusserungen, die das Gepräge anspruchsloser Wahrheitsliebe tragen, zuerst veranlasst
wurde, die Allgemeingültigkeit des Princips, welches COULOMBS Urtheil zum
Grunde liegt, in Zweifel zu ziehen: eine zahlreiche Menge von Versuchen, bei
denen eigenthümliche, die grösste Schärfe gewährende, an einem andern Orte
zu beschreibende Prüfungsmittel angewendet wurden, haben diesen Zweifel vollkommen gerechtfertigt.

Bekanntlich hat diejenige Verbesserung von MICHELLS Streichmethode, welche wir AEPINUS verdanken, die ausgezeichnetste Wirksamkeit, so dass bei etwas
stärkern Stählen jede andere, und auch die DUHAMELsche, bedeutend gegen sie
zurücksteht. COULOMBS Versuche haben dies ausser allen Zweifel gesetzt, und
die Physiker gebrauchen daher zur kräftigsten Magnetisirung solcher Stähle ausschliesslich die Methode von AEPINUS. Merkwürdig, und nach den bisher ange-

75

nommenen Voraussetzungen unerwartet ist daher das Resultat, welches aus den erwähnten Versuchen des Referenten übereinstimmend hervorgegangen ist, dass die nach AEPINUS Methode so stark wie möglich magnetisirten Stähle allemal noch einen bedeutenden Zuwachs von Kraft erhalten, wenn sie *nachher* noch wiederholt nach DUHAMELS Verfahren gestrichen werden, wenn gleich letzteres für sich allein nur eine bedeutend schwächere Kraft entwickeln kann, als AEPINUS Methode. Referent begnügt sich hier, diese Thatsache anzuzeigen, ohne in den Versuch einer übrigens ziemlich nahe liegenden Erklärung einzugehen. Obgleich diese Erfahrungen unmittelbar nur an der Magnetisirung gerader Stäbe gemacht sind, so ist doch nicht zu zweifeln, dass die Verbindung von AEPINUS und DUHAMELS Methode eben so auch in hufeisenförmigen Lamellen die möglich stärkste Entwickelung des Magnetismus hervorbringen muss, nur erfordert dann die Anwendung derselben in ihrer Reinheit, wenn sie mit Bequemlichkeit ausgeführt werden soll, einige besondere Vorkehrungen. Wer diese nicht treffen mag, oder passende gerade Stäbe nicht zur Hand hat, wird, wenn auch bei etwas dickern Lamellen, nicht die höchste erreichbare, doch immer eine sehr grosse Stärke erhalten, wenn er nach des Verfassers Vorschrift einen hufeisenförmigen Streichmagnet anwendet, dessen Handhabung zugleich mit aller Bequemlichkeit geschieht.

Was der Verfasser von der Magnetisirung gerader Stäbe sagt, beschränkt sich auf die Manipulationen, die man anzuwenden hat, wenn man die Bestreichung mit einem Hufeisenmagnet ausführen will. Man erhält dadurch zwar eine grosse, aber nicht eine eben so grosse Stärke, wie durch die oben erwähnte Folge von AEPINUS und DUHAMELS Methoden, die auch in Rücksicht auf Bequemlichkeit nichts zu wünschen übrig lassen.

Die Art, wie der Verfasser magnetisirte gerade Stäbe aufzubewahren empfiehlt, nemlich sie mit den gleichnamigen Polen auf einander zu legen, ist ganz verwerflich, wenn man wünscht, dass sie so viel wie möglich ihre Kraft behalten sollen. Am besten ist es, sie paarweise in geringer Entfernung so neben einander zu legen, dass ungleichnamige Pole zusammenkommen, und Anker aus ganz weichem Eisen von schicklicher Länge daran zu legen.

Göttingische gelehrte Anzeigen. 1837. Junius 29.

Resultate aus den Beobachtungen des magnetischen Vereins im Jahre 1836.
Herausgegeben von CARL FRIEDRICH GAUSS *und* WILHELM WEBER. *Göttingen* 1838.
Im Verlage der Dieterichschen Buchhandlung. (124 Seiten in 8., nebst 10 Stein-
drucktafeln.)

Durch den Titel dieses Werks wird nur ein Theil des Inhalts bezeichnet,
derjenige nemlich, welcher die nächste Veranlassung dazu gegeben hat. Von
dem Vereine, welcher sich seit mehreren Jahren gebildet hat, um diejenigen Erscheinungen des tellurischen Magnetismus, die zu den interessantesten gehören,
in bestimmten verabredeten Terminen gleichzeitig zu beobachten, ist schon mehrere Male in diesen Blättern die Rede gewesen (1834. Aug. 9.; 1835. März 7.
[S. 518. 529 d. B.]), und es ist daher unnöthig, Bekanntes hier zu wiederholen.
Die Theilnahme an diesem Vereine befasst schon eine grosse Anzahl von Örtern
innerhalb und ausserhalb Deutschlands, und ist fortwährend im Zunehmen begriffen. Die Mittheilung der immer reichhaltiger werdenden Resultate konnte
nicht länger auf einen Privatverkehr durch Briefwechsel beschränkt bleiben, sondern eine Veröffentlichung durch den Druck wurde ein Bedürfniss nicht blos für
die unmittelbaren Theilnehmer, sondern auch deshalb, damit die Resultate ein
Gemeingut Aller werden können, die ein Interesse an den Naturwissenschaften
nehmen. Zugleich aber bietet die Herausgabe die angemessenste Gelegenheit
dar, um in besonderen damit zu verbindenden kleinern und grössern Aufsätzen
nach und nach zur Sprache zu bringen, nicht allein was in unmittelbarem Zusammenhange mit dem nächsten Gegenstande steht, oder in mittelbarem, wie die
Instrumente, ihre Berichtigung und Behandlung, sondern auch Anderes, was
nur immer zu strengerer wissenschaftlicher Begründung der Lehre vom Magnetismus und Galvanismus beitragen kann.

Die vorliegende erste Lieferung enthält die graphischen Darstellungen der
magnetischen Variationsbeobachtungen von sechs Terminen auf eben so vielen
Steindrucktafeln, zusammen 46 Curven aus vierzehn verschiedenen Beobachtungsörtern, auch von den drei letzten Terminen die Beobachtungen selbst in Zahlen.
Den grösseren Theil des Werks machen aber ausser einer historischen Einleitung

75*

folgende Aufsätze aus. I. Bemerkungen über die Einrichtung magnetischer Observatorien und Beschreibung der darin aufzustellenden Instrumente. Vielen Lesern wird es angenehm sein, dass dabei auch die Kosten und Preise angegeben sind. II. Das in den Beobachtungsterminen anzuwendende Verfahren. III. Auszug aus dreijährigen Beobachtungen der magnetischen Declination zu Göttingen. IV. Beschreibung eines kleinen Apparats für Reisende zur Messung der Intensität des Erdmagnetismus nach absolutem Maasse. V. Erläuterungen zu den (hier gelieferten) Terminszeichnungen und den Beobachtungszahlen.

Die übrigen vier Steindrucktafeln geben einen Situationsplan des Göttingischen magnetischen Observatoriums: eine perspectivische Darstellung des Beobachtungssaales und der darin aufgestellten Instrumente, den Grundriss desselben, und genaue Abbildungen aller einzelnen Theile des Magnetometers.

Göttingische gelehrte Anzeigen. 1842. April 4.

Herr Prof. GERLING in Marburg, Correspondent der königl. Societät, hat in einem Schreiben an Herrn Hofr. GAUSS einen Bericht über

die neue Einrichtung des dortigen mathematisch-physikalischen Instituts

mitgetheilt, woraus wir hier einen Auszug um so lieber geben, da bei jener nicht blos auf die gewöhnlichen Bedürfnisse des Unterrichts, sondern auch auf die Wissenschaft selbst Bedacht genommen ist, und die Localität mehrere Eigenthümlichkeiten darbietet.

Das Institut hat seit vorigem Herbst sein Local in einem auf Befehl seiner Hoheit des Kurprinzen und Mitregenten umgebaueten und der Universität überwiesenen Staatsgebäude, dem so genannten Dörnberger Hofe. Das zweite Stockwerk enthält ausser dem Auditorium vier helle Säle, ein kleineres Zimmer, welches zu optischen Versuchen verdunkelt werden kann, und noch zwei besondere Arbeitszimmer. Durch die so geräumige Aufstellung der Instrumente ist bezweckt, dass jedes einzelne Instrument an seinem Platze unmittelbar benutzt werden kann, ohne dass dadurch der gleichzeitige Gebrauch anderer verhindert oder gestört wird, und dass eigene Übungen solcher Studirenden, die dazu Neigung und hinlängliche Vorbereitung haben, mit Bequemlichkeit geschehen können. Das Institut besitzt übrigens schon einen reichen physikalischen Apparat, der jährlich noch vervollständigt und vermehrt wird. Bei geöffneten Zwischenthüren bietet diese Reihe von Zimmern eine freie gerade Linie von 150 Fuss Länge dar, ein für mancherlei Zwecke in der That sehr schätzbarer Vortheil.

Die Officialwohnung des Directors befindet sich im dritten Stockwerk; auch hat das Institut eine eigene Werkstatt und Schmiede, die in das Erdgeschoss verlegt sind.

Zu Versuchen, die im Freien angestellt werden müssen, findet sich hinlängliche Gelegenheit sowohl in der Umgebung des Gebäudes, als auf der Plattform eines mit diesem in unmittelbarer Verbindung stehenden auf dem Felsen gegründeten Thurms. Dieser bietet zugleich ein bei manchen physikalischen Arbeiten überaus schätzbares Hilfsmittel dar, nemlich eine freie Fallhöhe von etwa 80 Fuss. Um diese zu erlangen, sind die Fussböden in den drei Stockwerken des Thurms so wie über dem Keller (ehemaligem Verlies) mit quadratischen Öffnungen durchbrochen; zugleich befindet sich auf der obern Plattform, zu welcher vom Hausdache aus eine Wendeltreppe führt, ein achteckiger Pavillon von 15 Fuss Durchmesser, in dessen Fussboden eine ähnliche Öffnung ist, die je nach Umständen mit einer Fallthür zugelegt, oder mit einer Gallerie umgeben werden kann. In dem Thurme findet sich auch eine nahe 20 Fuss hohe, sehr feste Mauer, die bei manchen Gelegenheiten wichtige Vortheile gewähren kann.

In Verbindung mit dieser Einrichtung wurde nun auch Abhülfe für ein Bedürfniss gewonnen, welches an einer Universität, die keine Sternwarte besitzt, und wo also z. B. die zu so vielen physikalischen Geschäften jetzt unentbehrlichen Zeitbestimmungen bisher immer blos durch Zeit raubende correspondirende Sonnenhöhen erhalten werden konnten, besonders fühlbar wird. Es war dazu nur nöthig, den Thüren und Fenstern jenes Pavillons eine angemessene Einrichtung zu geben, um denselben zu allen erforderlichen Beobachtungen mit den beweglichen astronomischen Instrumenten brauchbar zu machen, welche das Institut zum Theil schon lange besass. Ein ERTELsches tragbares Passageninstrument z. B. hat von seinem regelmässigen Standpunkte aus einen ganz freien Spielraum, im Meridian von Horizont zu Horizont, und im ersten Vertical vom westlichen Horizont bis zu etwa 11 Grad östlicher Zenithdistanz. Die Lage dieses Platzes

ist durch die von Herrn Prof. GERLING ausgeführte, an die hannoversche Gradmessung angeknüpfte trigonometrische Vermessung des Kurfürstenthums, deren
ausführlicher Bekanntmachung wir mit Verlangen entgegensehen, gefunden:
Breite $50^0 48' 46''9$, Länge von Ferro $26^0 26' 2''3$.

Endlich muss noch einer Einrichtung Erwähnung geschehen, welche als wesentlich zur Vollendung des ganzen Planes betrachtet wurde. So ganz vorzüglich
sich auch das Hauptgebäude für alle übrigen Zwecke eignete, so hatte es doch
den Mangel, dass es verhältnissmässig am wenigsten zu meteorologischen Beobachtungen sich benutzen liess, da es von dem bedeutend höhern Schlossberge
überragt wird. Ausserdem bleibt es für mancherlei Zwecke sehr wünschenswerth,
zwei ziemlich weit von einander getrennte und doch gegenseitig erreichbare Locale bereit zu haben. Diesem zweifachen Bedürfnisse wurde dadurch abgeholfen, dass ein vorhandenes altes Thürmchen auf dem höchsten Punkte des Schloss-
berges, in gerader Linie 1900 Fuss entfernt und etwa 100 Fuss höher liegend,
zu einem meteorologischen Thurm ausgebaut wurde. Hiedurch ist mithin unter
andern vermittelt, dass entfernt von der Stadt, und also mit Beseitigung jeder
denkbaren Gefahr, ein Blitzableiter zu Beobachtungen vorgerichtet werden kann,
und auch die Möglichkeit gegeben ist, demnächst z. B. Versuche, die sich auf
magnetische Telegraphie beziehen, hier anzustellen.

HANDSCHRIFTLICHER

NACHLASS.

ZUR MATHEMATISCHEN THEORIE
DER ELECTRODYNAMISCHEN WIRKUNGEN.

———

[1.]

Das allgemeine Grundgesetz für die *Intensität in den einzelnen Theilen eines galvanischen Stromsystems* wird sich auf folgende Ansicht zurückführen lassen:

Man hat nur nöthig, Drähte von gleicher Dicke in Betracht zu ziehen, da man für ungleichförmige durch die Zahl der Drähte aushelfen kann; wäre z. B. ein Draht in einem Theile $= 2$, in einem andern $= 3$ stark, so könnte man dafür das System

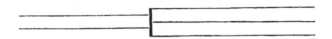

substituiren.

So handelt es sich um die Intensität an jeder Stelle eines zu einem Netz verknüpften Systems von Linien

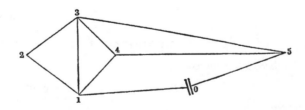

Man braucht statt derselben nur die Punkte, wo mehr als 2 Linien zusammentreffen, und die Kraftsitze zu betrachten. Für jeden Punkt des Systems hat die Intensität *einen* Werth, für die Kraftsitze *zwei*.

Das allgemeine Grundgesetz ist nun, dass wenn A ein beliebiger Punkt ist, A', A'', A'''. . Punkte, die jeder mit A einfach verbunden sind, und es keinen Punkt B gibt, so dass nicht AB entweder ein Stück von AA', AA'', AA'''.. wäre oder umgekehrt, man für jeden Punkt etwas einer Höhe analoges anzunehmen hat, also a im Punkt A; a' im Punkt A' u. s. w., dass dann immer

$$0 = \frac{a'-a}{AA'} + \frac{a''-a}{AA''} + \frac{a'''-a}{AA'''} + \cdot \cdot$$

und dass dann immer die einzelnen Theile dieses Aggregats die Stromintensität in den einzelnen Theilen ausdrücken.

Die allgemeine Auflösung obiger Aufgabe besteht in Folgendem: Es seien A^0, A^{n+1} die beiden Pole, A', A'', A''' etc. A^n die einzelnen Knotenpunkte des Systems, $\frac{1}{f^{a,b}}$ der ganze Widerstand auf dem einfachen Wege von A^a nach A^b, wo also der Nenner $= 0$ zu setzen ist, wenn zwischen den Punkten eine directe Verbindung fehlt; man bestimme aus den Gleichungen

$$(f^{1,0}+f^{1,2}+f^{1,3}+ \cdot \cdot)p' -f^{1,0}p^0-f^{1,2}p''-f^{1,3}p'''- \text{ etc.} = 0$$
$$(f^{2,0}+f^{2,1}+f^{2,3}+ \cdot \cdot)p'' -f^{2,0}p^0-f^{2,1}p' -f^{2,3}p'''- \text{ etc.} = 0$$
$$(f^{3,0}+f^{3,1}+f^{3,2}+ \cdot \cdot)p''' -f^{3,0}p^0-f^{3,1}p' -f^{3,2}p''- \text{ etc.} = 0$$

u. s. w. in Verbindung mit folgenden

p^0 willkürlich, $p^{n+1} = p^0+k$, k die erzeugende Kraft bedeutend,

die Grössen p', p'', p'''. . dann ist Stromkraft zwischen A^a und A^b

$$= f^{a,b}(p^b-p^a)$$

Noch einfacher lässt sich das Grundprincip folgendermaassen darstellen.

In jedem Punkt findet ein *bestimmter* Druck statt, sobald an *Einem* Punkt dessen Werth willkürlich angenommen ist. Zwei Sätze reichen dann zu, alles in Gleichungen zu bringen.

I. Sind A, B zwei Punkte, zwischen welchen kein Knotenpunkt ist, ist P die Summe der Kräfte zwischen diesen Punkten von A nach B zu geschätzt, ρ der Gesammtwiderstand zwischen diesen Punkten; a, b die Werthe des Drucks für jene Punkte, so ist $\frac{a-b+P}{\rho} =$ Intensität des Stromes von A nach B zu.

II. Die Summe der Intensitäten aller Ströme von Einem Punkte aus gerechnet (mehr als zwei wenn ein Knotenpunkt) ist $= 0$.

[2.]

In dem Schema, seien a, b, c, d, e, f die Widerstände in den bezeichneten Stücken, in a die Stromquelle, ferner

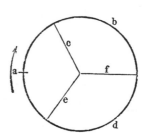

$$(b+c)(d+e)+f(b+d+c+e) = p$$
$$bcde\left(\tfrac{1}{b}+\tfrac{1}{c}+\tfrac{1}{d}+\tfrac{1}{e}\right)+f(b+d)(c+e) = q$$

dann ist der Gesammtwiderstand des Systems ohne das Stück a

$$= \frac{q}{p}$$

die Intensität

$$A = \frac{(b+c)(d+e)+f(b+c+d+e)}{ap+q} = \frac{p}{ap+q}$$

$$B = \frac{cd+ce+cf+ef}{ap+q}$$

$$C = \frac{bd+be+bf+df}{ap+q}$$

$$D = \frac{be+ce+cf+ef}{ap+q}$$

$$E = \frac{bd+cd+bf+df}{ap+q}$$

$$F = \frac{be-cd}{ap+q}$$

Das Grundprincip führt zugleich dahin, dass

$$\Sigma rii$$

ein Minimum sein muss, wo r den einem Elemente entsprechenden Widerstand, i die Intensität des Stromes bedeuten. Noch einfacher muss

$$\Sigma \varepsilon vv$$

ein Minimum werden, wo ε ein Element des bewegten Fluidum, v die Geschwindigkeit bedeutet.

Sind in einem Leitungsnetz 0, 1, 2 etc. die Knotenpunkte

r^{01} der Widerstand

i^{01} die Stromstärke von 0 nach 1

p^{01} die bewegende Kraft von 0 nach 1 im Verbindungsstück 01

q^0 der Druck in 0 u. s. w. so ist

$$\text{I.} \quad q'-q^0 = p^{01} - i^{01} r^{01}$$
$$\text{II.} \quad 0 = i^{01} + i^{02} + i^{03} + \text{ etc.}$$

daraus lassen sich, wenn alle p und r gegeben sind, alle q und i bestimmen.

Es sei $\Omega = \Sigma p i$ durch alle Combinationen, so ist, da aus II.

$$\Sigma(q'-q^0)i^{01} = 0$$

folgt,

$$\Omega = \Sigma i i r$$

betrachtet man ein zweites System von Werthen, wo die p ungeändert bleiben, die r unendlich wenig geändert sind, so ist

$$d\Omega = \Sigma i i \, dr + 2\Sigma i r \, di = -\Sigma i i \, dr + 2\Sigma i . d i r$$
$$= -\Sigma i i \, dr - 2\Sigma i^{01}(dq' - dq^0) = -\Sigma i i \, dr$$

Jede Verminderung eines r, während die andern bleiben, vergrössert also das Ω.

[3.]

Die Wirkung *zweier galvanischer Stromelemente* 0, 1 *auf einander* ist nach meiner übrigens erst noch weiter zu prüfenden Vorstellung folgende.

Es seien die Coordinaten der beiden Stromelemente x, y, z und x', y', z' Distanz $= r$. Die Stromelemente selbst $dx = \xi$, $dy = \eta$, $dz = \zeta$, $dx' = \xi'$ etc. Die Wirkung, welche das zweite erleidet $\delta\xi' = X'$, $\delta\eta' = Y'$ etc. Dann ist

$$r^3 X' = \xi\{(y'-y)\eta' + (z'-z)\zeta'\} - (x'-x)(\eta\eta' + \zeta\zeta')$$
$$r^3 Y' = \eta\{(z'-z)\zeta' + (x'-x)\xi'\} - (y'-y)(\zeta\zeta' + \xi\xi')$$
$$r^3 Z' = \zeta\{(x'-x)\xi' + (y'-y)\eta'\} - (z'-z)(\xi\xi' + \eta\eta')$$

[4.]

Von der *Geometria Situs*, die LEIBNITZ ahnte und in die nur einem Paar Geometern (EULER und VANDERMONDE) einen schwachen Blick zu thun vergönnt war, wissen und haben wir nach anderthalbhundert Jahren noch nicht viel mehr wie nichts.

Eine Hauptaufgabe aus dem *Grenzgebiet* der *Geometria Situs* und der *Geometria Magnitudinis* wird die sein, die Umschlingungen zweier geschlossener oder unendlicher Linien zu zählen.

Es seien die Coordinaten eines unbestimmten Punkts der ersten Linie x, y, z; der zweiten x', y', z' und

$$\iint \frac{(x'-x)(dy\,dz'-dz\,dy')+(y'-y)(dz\,dx'-dx\,dz')+(z-z')(dx\,dy'-dy\,dx')}{[(x'-x)^2+(y'-y)^2+(z'-z)^2]^{\frac{3}{2}}} = V$$

dann ist dies Integral durch beide Linien ausgedehnt

$$= 4\,m\,\pi$$

und m die Anzahl der Umschlingungen.

Der Werth ist gegenseitig, d. i. er bleibt derselbe, wenn beide Linien gegen einander umgetauscht werden. 1833. Jan. 22.

[5.]

Gesetz des Galvanischen Stroms:

1. Positiver Strom ist der, welcher an der Wasserberührung in dem Sinn Zink, Wasser, Kupfer fliesst.

2. Es sei RR' ein Strom-Element, wo die Richtung des positiven Stroms von R nach R' geht, P ein Punkt, worin sich ein Element positiven nordlichen magnetischen Fluidums befindet.

Das Strom-Element $RR' = \mu$ übt dann auf P eine Kraft aus, deren Stärke

$$= \frac{\mu . \sin R'RP}{(RR')^2}$$

ist und deren Richtung PQ senkrecht gegen die Ebene durch P, R, R' ist und nach unten geht, in sofern P rechts von RR' oder R' rechts von PR liegt.

3. Der Wirkung eines geschlossenen Stroms $RR'R''R$ kann man magnetische Wirkung auf folgende Art gleich setzen. Es begrenze $RR'R''R$ eine beliebige Fläche, auf welcher man nordlichen Magnetismus nach beliebigem Verhältnisse ausgebreitet denke, mit Dichtigkeit $= \delta$. An jeder Stelle der Fläche errichte man eine unendlich kleine Normale im zusammengesetzten geraden Verhältniss der Intensität des Stromes, des verkehrten von δ und zwar nach oben oder nach unten gerichtet, je nachdem der Strom beim Umlauf um die Fläche diese rechts oder links hat. Die Endpunkte jener Normalen liegen in einer zweiten Fläche, auf welcher und in deren Theilen man genau ebenso viel südlichen Magnetismus ausbreite, als sich auf der andern und deren correspondirenden Theilen befindet. Diese zwei magnetischen Flächen aequivaliren für jeden ausser ihnen liegenden Punkt jenem galvanischen Strom.

[6.]
Zur mathematischen Theorie der electrodynamischen Wirkungen.

1. Die gegenseitige Wirkung zweier Stromelemente ds, ds' auf einander, die Intensität der Ströme durch i, i' bezeichnet, drückt AMPÈRE durch die Formel

$$i\,i'(\sin\theta\,\sin\theta'\,\cos\omega + k\cos\theta\,\cos\theta')\,r^n ds.ds'$$

aus, indem er voraussetzt, sie habe in der verbindenden geraden Linie Statt, und positive oder negative Zeichen beziehen sich auf Anziehung oder Abstossung. Es bedeuten hier r den Abstand der Elemente von einander, θ und θ' die Winkel der Elemente ds, ds' mit r, letztere Linie bei beiden in gleicher Richtung genommen, endlich ω den Winkel der beiden Ebenen durch r und ds einerseits, und r und ds' andererseits. Aus seinen Versuchen hat AMPÈRE geschlossen, dass $n = -2$, $k = -\frac{1}{2}$ gesetzt werden müsse. Die gegenseitige Anziehung wird also durch

$$\frac{i\,i'(\sin\theta\,\sin\theta'\,\cos\omega - \frac{1}{2}\cos\theta\,\cos\theta')\,ds.ds'}{r\,r}$$

gemessen, und ein negativer Werth dieses Ausdrucks bedeutet eine Abstossung.

2. Wir bezeichnen noch durch a, a' die ganzen Stromlängen, durch ρ die Quadratwurzel aus r, durch x, y, z die Coordinaten eines beliebigen Punkts in s, durch x', y', z' die Coordinaten eines beliebigen Punkts in s', durch ε den

Winkel, welchen zwei Stromelemente ds, ds' mit einander machen. Partielle Differentiationen in Beziehung auf s und s' sollen durch die Charakteristiken d, d' unterschieden werden; eben so partielle Integrationen durch die Zeichen $\int$, $\int'$. Wir haben

$$d r = 2 \rho d\rho = \cos\theta . ds, \quad d'r = 2\rho d'\rho = -\cos\theta' . ds'$$
$$\rho^4 = (x'-x)^2 + (y'-y)^2 + (z'-z)^2$$
$$2\rho^3 d\rho = -(x'-x)dx - (y'-y)dy - (z'-z)dz$$
$$6\rho\rho d\rho . d'\rho + 2\rho^3 dd'\rho = -dx.d'x' - dy.d'y' - dz.d'z' = -\cos\varepsilon . ds.ds'$$
$$2\rho^3 dd'\rho = (-\cos\varepsilon + \tfrac{3}{2}\cos\theta . \cos\theta')ds.ds'$$
$$= -(\sin\theta \sin\theta'. \cos\omega - \tfrac{1}{2}\cos\theta . \cos\theta')ds.ds'$$

Der obige AMPÈREsche Ausdruck verwandelt sich also in

$$-\frac{2ii'dd'\rho}{\rho}$$

3. Durch die Charakteristik δ bezeichnen wir die unendlich kleinen Variationen der Grösse, welcher sie vorgesetzt ist, in so fern solche von unendlich kleinen virtuellen Ortsänderungen der Punkte der Reophoren s, s' abhängen. Virtuelle Ortsänderungen sind alle willkürlich gedachte, die mit den Bedingungen verträglich sind, die die Natur der Reophoren und ihre äussern Verhältnisse mit sich bringen.

4. Man hat die ganze Wirkung der Ströme auf einander als bekannt anzusehen, wenn man andere Kräfte, die auf einzelne Punkte derselben in endlicher oder unendlicher Anzahl wirken, angeben kann, die ihnen aequivaliren, d. i. deren entgegengesetzte jenen das Gleichgewicht halten. Es sei W das Aggregat der letztern Kräfte in ihre virtuellen Bewegungen multiplicirt. Es wird dann nach dem Princip der virtuellen Bewegungen

$$W + \int\int' \delta r . \frac{2ii'dd'\rho}{\rho} = W + 4ii'\int\int' dd'\rho . \delta\rho$$

$= 0$ sein müssen, oder wenigstens nicht positiv werden können, für jedes System von virtuellen Bewegungen der Reophoren, welches mit den Statt findenden Bedingungen verträglich ist. Für sich allein hingegen halten die Stromkräfte die Reophoren im Gleichgewicht, wenn $\int\int' \delta\rho \frac{dd'\rho}{\rho}$ für alle virtuelle Bewegungen $= 0$ oder negativ ist. Die Integrationen sind hier von $s = 0$ bis $s = a$, und von $s' = 0$ bis $s' = a'$ auszuführen.

5. Um die Natur dieses Integrals kennen zu lernen, entwickeln wir die Variation von $\int\int' d\rho \cdot d'\rho$. Wir haben

$$\delta \int\int' d\rho \cdot d'\rho = \int\int' \delta (d\rho \cdot d'\rho) = \int\int' \delta d\rho \cdot d'\rho + \int\int' \delta d'\rho \cdot d\rho$$

Nun aber ist

$$d\int' d'\rho \delta\rho = \int' d\delta\rho \cdot d'\rho + \int' \delta\rho \cdot d d'\rho$$

oder wenn man von $s = 0$ bis $s = a$ integrirt und dieWerthe von $\int' d'\rho \cdot \delta\rho$ für $s = 0$ und $s = a$ durch F', G',

$$- F' + G' = \int\int' d\delta\rho \cdot d'\rho + \int\int' \delta\rho \cdot d d'\rho$$

und eben so wenn man die Werthe von $\int d\rho \cdot \delta\rho$ für $s' = 0$, und $s' = a'$ durch F, G bezeichnet

$$- F + G = \int\int' d'\delta\rho \cdot d\rho + \int\int' \delta\rho \cdot d d'\rho$$

Folglich

$$- F - F' + G + G' = \int\int' d\delta\rho \cdot d'\rho + \int\int' d'\delta\rho \cdot d\rho + 2\int\int' \delta\rho \cdot d d'\rho$$
$$= \delta \int\int' d\rho \cdot d'\rho + 2\int\int' \delta\rho \cdot d d'\rho$$

Es ist also das virtuelle Moment der gegenseitigen Einwirkung der Stromstücke s, s' auf einander

$$V = 4 i i' \int\int' d d'\rho \cdot \delta\rho = - 2 i i' \delta \int\int' d\rho \cdot d'\rho$$
$$+ 2 i i' (G + G' - F - F')$$

6. Eine stromerzeugende oder electromotorische Kraft übt ein Strom nur aus, indem er entsteht oder indem er sich bewegt. Die electromotorische Kraft eines Stromelements $i\,ds$ wirkt in jedem Punkt mit einer Stärke, welche der Entfernung r verkehrt, hingegen dem auf diese Linie projicirten Stromelement direct proportional ist, und in der Richtung der Linie r selbst, aber stets im entgegengesetzten Sinn. Man schliesst hieraus leicht, dass das virtuelle Moment der electromotorischen Kraft des Elements $i\,ds$ durch

$$+ \frac{i\,ds}{r} \cdot \frac{dr}{ds} \cdot \delta r$$

ausgedrückt werden kann oder durch

$$4\,i\,\mathrm{d}\rho\,.\,\delta\rho$$

In dem Rheophorelement $\mathrm{d}s'$ ist also die electromotorische Kraft des Stromelements $i\,\mathrm{d}s$

$$= 4\,i\,\mathrm{d}\rho\,.\,\frac{\mathrm{d}\rho}{\mathrm{d}s'}\,.\,\mathrm{d}s' = 4\,i\,\mathrm{d}\rho\,.\,\mathrm{d}'\rho$$

Das doppelte Integral $4\,i\!\int\!\int'\mathrm{d}\rho\,.\,\mathrm{d}'\rho$ ist also die ganze electromotorische Kraft in dem Rheophorstück $s' = 0$ bis $s' = a'$, welche durch das Stromstück is, von $s = 0$ bis $s = a$ ausgeübt wird. Wir bezeichnen diese mit A. Ferner ist das virtuelle Moment der electromotorischen Kraft, welche dasselbe Stromstück in einem gegebenen Punkte ausübt

$$= 4\,i\!\int\!\mathrm{d}\rho\,.\,\delta\rho \qquad \text{von } s = 0 \text{ bis } s = a$$

ist diese, in dem Anfang des Rheophorstücks s', $= B$, an dessen Ende $= C$, so ist

$$B = 4\,i\,F, \qquad C = 4\,i\,G$$

Bedeuten ebenso B', C' die virtuellen Momente der electromotorischen Kraft, welche ein Stromstück $i's'$ von $s' = 0$ bis $s' = a'$ in den Punkten Anfang und Ende von s ausübt, so ist $B' = 4\,i'F'$, $C' = 4\,i'G'$.

Wir haben folglich

$$V = -\tfrac{1}{2}i'\delta A - \tfrac{1}{2}i'B + \tfrac{1}{2}i'C - \tfrac{1}{2}iB' + \tfrac{1}{2}iC'$$

[7.]
Das Inductionsgesetz.
(Gefunden 1835. Januar 23. Morgens 7$^\text{u}$ v. d. Aufst.)

I. Die Stromerzeugende Kraft, welche in einem Punkte P hervorgebracht wird durch ein Rheophorelement γ, dessen Entfernung von P, $= r$, ist während des Zeitelements $\mathrm{d}t$ die Differenz der beiden Werthe von $\frac{\gamma}{r}$, welche den Augenblicken t und $t + \mathrm{d}t$ entsprechen, durch $\mathrm{d}t$ dividirt, wo γ nach Grösse und Richtung zu berücksichtigen ist, was kurz und verständlich durch

$$-\frac{\mathrm{d}\frac{\gamma}{r}}{\mathrm{d}t}$$

ausgedrückt werden kann.

II. Die Stärke eines erzeugten Stroms ist

$$= \frac{\int p \, ds}{\theta}$$

wo p die Strome̦rzeugende Kraft in jedem Element ds des Rheophors, θ der ganze Widerstand.

[8.]

Es seien s, s' zwei geschlossene Rheophoren, r die gegenseitige Distanz zweier Punkte in s und s', $r = \rho\rho$, θ der ganze Widerstand in s'.

Folgendes sind die beiden Grundgesetze:

I. Sind in s und s' galvanische Ströme mit den Intensitäten ε, ε', die als positiv betrachtet werden, wenn sie die Rheophoren in dem Sinn durchlaufen, in welchem deren Elemente ds, ds' gewählt werden, so ist die abstossende Kraft der Elemente

$$= + \frac{\varepsilon \varepsilon'}{\rho} \cdot \frac{dd\rho}{ds \cdot ds'} \cdot ds \cdot ds'$$

oder wenn man durch d, d' die partiellen auf beide Ströme sich beziehenden Differentiationen bezeichnet

$$= + \frac{\varepsilon \varepsilon'}{\rho} \cdot dd'\rho$$

Diese Kraft wirkt in der Richtung der geraden Linie r.

II. Entsteht während der sehr kleinen Zeit δt der Strom in s, so ist damit eine oben bemerkte Stromerzeugende Kraft in jedem Punkte begleitet; vom Element ds' ist das Maass derselben

$$= - \frac{\varepsilon \, ds \cdot ds'}{\delta t \cdot r} \cos u$$

wenn u die Neigung der Richtungen ds, ds' gegen einander bezeichnet.

Bezeichnet man durch z die Projection von r auf die Richtung von ds', so ist $ds \cdot \cos u = dz$, also jene Formel

$$= - \frac{\varepsilon \, dz}{\delta t \cdot r} \cdot ds'$$

oder die ganze aus is in ds' erregte Stromerzeugende Kraft

$$= - \frac{\varepsilon \cdot \mathrm{d}s'}{\delta t} \int \frac{\mathrm{d}z}{r}$$

Da $\frac{\mathrm{d}z}{r} - \frac{z\,\mathrm{d}r}{rr}$ ein vollständiges Differential, mithin dessen Integral durch den geschlossenen Rheophor s ausgedehnt $= 0$ ist, so ist obiges Integral auch

$$= - \frac{\varepsilon\,\mathrm{d}s'}{\delta t} \int \frac{z\,\mathrm{d}r}{rr}$$

oder da $-\frac{z}{r} \cdot \mathrm{d}s' = \mathrm{d}'r$

$$= + \frac{\varepsilon}{\delta t} \int \frac{\mathrm{d}r \cdot \mathrm{d}'r}{r} = + \frac{4\varepsilon}{\delta t} \int \mathrm{d}\rho \cdot \mathrm{d}'\rho$$

oder die ganze Stromerzeugende Kraft $= \frac{4\varepsilon}{\delta t} \iint' \mathrm{d}\rho \cdot \mathrm{d}'\rho$ folglich hat der, in s' während der Zeit δt Statt findende Strom die Intensität

$$\frac{4\varepsilon}{0\delta t} \cdot \iint' \mathrm{d}\rho \cdot \mathrm{d}'\rho$$

wofür man auch offenbar

$$- \frac{4\varepsilon}{0\delta t} \cdot \iint' \rho \, \mathrm{d}\,\mathrm{d}'\rho$$

schreiben kann. Es ist nemlich $\int \cdot \int' \mathrm{d}\rho \cdot \mathrm{d}'\rho = \int \rho \, \mathrm{d}\rho - \iint' \rho \, \mathrm{d}\,\mathrm{d}'\rho$ und $\int \rho \, \mathrm{d}\rho = 0$ indem es durch die ganze Stromlinie s ausgedehnt wird.

[9.]
Induction durch Bewegung.

I. In jedem Punkte des Raumes, dessen Coordinaten x, y, z, bezeichne V den körperlichen Winkel, welchen ein Strom S' in jenem Punkte umspannt.

$V =$ Const. bestimmt daher eine Fläche, deren tangirende Ebene und Normale dasselbe sind, was AMPÈRE Plan directeur, und Directrice nennt.

II. In jedem bewegten körperlichen Molecule μ, dessen partielle Geschwindigkeiten $\frac{\mathrm{d}x}{\mathrm{d}t}$, $\frac{\mathrm{d}y}{\mathrm{d}t}$, $\frac{\mathrm{d}z}{\mathrm{d}t}$ sind, findet eine electrodynamische *Kraft* Statt, deren partielle Zerlegungen ξ, η, ζ sein mögen. Man hat dann

$$\xi = \left(\frac{\mathrm{d}V}{\mathrm{d}y} \cdot \frac{\mathrm{d}z}{\mathrm{d}t} - \frac{\mathrm{d}V}{\mathrm{d}z} \cdot \frac{\mathrm{d}y}{\mathrm{d}t}\right)\mu$$

$$\eta = \left(\frac{\mathrm{d}V}{\mathrm{d}z} \cdot \frac{\mathrm{d}x}{\mathrm{d}t} - \frac{\mathrm{d}V}{\mathrm{d}x} \cdot \frac{\mathrm{d}z}{\mathrm{d}t}\right)\mu$$

$$\zeta = \left(\frac{\mathrm{d}V}{\mathrm{d}x} \cdot \frac{\mathrm{d}y}{\mathrm{d}t} - \frac{\mathrm{d}V}{\mathrm{d}y} \cdot \frac{\mathrm{d}x}{\mathrm{d}t}\right)\mu$$

III. Geht hingegen durch jenen Punkt ein Element eines Stromkörpers ds, so wird solcher von S sollicitirt, und sind die partiellen Kräfte ξ, η, ζ, so ist, i Intensität des Stroms,

$$\xi = \left(\frac{dV}{dy}\cdot\frac{dz}{ds} - \frac{dV}{dz}\cdot\frac{dy}{ds}\right)i\,ds$$
etc.

Es ist übrigens

$$V = \int\frac{z'(x'dy'-y'dx')}{r'(x'x'+y'y')} = \int\frac{x'(y'dz'-z'dy')}{r'(y'y'+z'z')} = \int\frac{y'(z'dx'-x'dz')}{r'(z'z'+x'x')}$$

wenn x', y', z' sich auf den *wirkenden* Strom S' beziehen, woraus

$$\frac{dV}{dz} = \int\frac{x'dy'-y'dx'}{r'^3}$$

welches Ampères Ausdruck ist. Es ist indefinit

$$\int\left\{\frac{z(x\,dy-y\,dx)}{r(xx+yy)} - \frac{y(z\,dx-x\,dz)}{r(xx+zz)}\right\} = \text{Arc. tg}\,\frac{yz}{xr}$$

am einfachsten bewiesen indem man es in die Form setzt

$$\frac{-yzrr\,dx-xyzx\,dx+xzrr\,dy-xyzy\,dy+xyrr\,dz-xyzz\,dz}{r(xx+yy)(xx+zz)}$$

Die ganze, von der *Entstehung eines Stroms* herrührende Stromerzeugende Kraft in jedem Punkte des Raums, z. B. in dem Punkte, dessen Coordinaten alle $= 0$, wird in drei partielle Kräfte zerlegt, nemlich

$$X = \int\frac{dx'}{r} \qquad \text{also} \quad \frac{dV}{dx} = \frac{dZ}{dy} - \frac{dY}{dz}$$
$$Y = \int\frac{dy'}{r} \qquad\qquad\quad \frac{dV}{dy} = \frac{dX}{dz} - \frac{dZ}{dx}$$
$$Z = \int\frac{dz'}{r} \qquad\qquad\quad \frac{dV}{dz} = \frac{dY}{dx} - \frac{dX}{dy}$$

(Februar 4.) [Späterer Zusatz:] (1836 April 7.)

(Für plane Curve ist z' constant also $Z = 0$. Es sei

$$\int r\frac{(x'-x)\,dy'-(y'-y)\,dx'}{(x'-x)^2+(y'-y)^2} = U$$
$$U = \int r\,d'\lambda = (z'-z)\int\frac{d'\lambda}{\sin 6} \quad \text{wenn} \quad z'-z = r\sin 6,\ \frac{y'-y}{x'-x} = \text{tg}\,\lambda$$

dann erhält man

$$X = \frac{dU}{dy}$$

$$Y = -\frac{dU}{dx}$$

Die Richtung der Kraft, deren Componenten X, Y, Z, fällt also immer in die Fläche, wofür $U = $ const. und zugleich in das Planum, wofür z constant. Diese Linie kehrt also in sich selbst zurück.)

Man hat

$$\xi = \frac{dV}{dy} \cdot dz - \frac{dV}{dz} \cdot dy$$

$$= \int' \frac{((z'-z)\,dx' - (x'-x)\,dz')\,dz - ((x'-x)\,dy' - (y'-y)\,dx')\,dy}{r^3}$$

$$= \int' \left\{ \frac{dx'[(x'-x)\,dx + (y'-y)\,dy + (z'-z)\,dz]}{r^3} - \frac{(x'-x)(dx\,dx' + dy\,dy' + dz\,dz')}{r^3} \right\}$$

also

$$\xi\,\delta x + \eta\,\delta y + \zeta\,\delta z = -\int' \frac{dr}{rr} (dx'.\delta x + dy'.\delta y + dz'.\delta z)$$

$$+ \int' \frac{\delta r}{rr} (dx'.dx + dy'.dy + dz'.dz)$$

$$= -\int' \delta . \frac{dx.dx' + dy.dy' + dz.dz'}{r}$$

$$+ \int' (dx'.\frac{\delta\,dx}{r} + dy'.\frac{\delta\,dy}{r} + dz'.\frac{\delta\,dz}{r})$$

$$- \int' (dx'.\frac{\delta x.dr}{rr} + dy'.\frac{\delta y.dr}{rr} + dz'.\frac{\delta z.dr}{rr})$$

die beiden letzten Theile werden

$$\int' dx'.d\frac{\delta x}{r} + dy'.d\frac{\delta y}{r} + dz'.d\frac{\delta z}{r}$$

welches durch ganz S integrirt verschwindet. Man hat also

$$\int \xi\,\delta x + \eta\,\delta y + \zeta\,dz = -\delta \iint' \frac{dx.dx' + dy.dy' + dz.dz'}{r}$$

Kürzer wird der Beweis so geführt. Man hat

1) $$\delta \iiint \rho\,dd'\rho = \iint \delta\rho . dd'\rho + \iint \rho\,\delta\,dd'\rho$$

2) $$\iint \rho\,d'd\delta\rho + \iint d'\rho . d\delta\rho = \iint d'(\rho\,d\delta\rho) = 0$$

3) $$0 = \iint d(\delta\rho . d'\rho) = \iint d'\rho . d\delta\rho + \iint dd'\rho . \delta\rho$$

also durch Addition

$$\delta \iint \rho \, d \, d'\rho = 2 \iint \delta \rho \cdot d \, d'\rho = \iint \delta r \cdot \frac{d \, d'\rho}{\rho}$$

Das unter dem Variationszeichen stehende Doppel-Integral kann auf verschiedene Arten ausgedrückt werden

$$
\begin{aligned}
\iint \rho \, d \, d'\rho &= -\iint d\rho \cdot d'\rho \\
&= \iint \frac{1}{4r} \cos\theta \cdot \cos\theta' \cdot ds \cdot ds' \\
&= \iint \frac{1}{4r}(\cos\theta \cdot \cos\theta' + \sin\theta \, \sin\theta' \cos\omega) \, ds \cdot ds' \\
&= \frac{1}{m} \cdot \frac{1}{2-m} \iint \rho^{2-m} \, d \, d'\rho^m \\
&= -\frac{1}{m \, m} \iint \rho^{2-2m} \, d\rho^m \cdot d'\rho^m
\end{aligned}
$$

[10.]

Einfachste Ausdrücke für die Wirkungen galvanischer Ströme.

Die Fundamentalebene geht durch das wirkende Stromelement AB und den Punkt auf welchen gewirkt wird C.

Die complexen Grössen, welche die Plätze B, C relativ gegen A bezeichnen, seien $\mathfrak{b}$, γ; ferner sei r der Modul von $\mathfrak{b}$. Endlich, falls auch in C ein Strom in dessen Element CD bereits vorhanden, sei $\gamma + \delta + i'\zeta$ die complexe Grösse, die den Platz von D gegen A bezeichnet. Man hat dann

I. Wenn in C ein Strom ist, für die Kraft, welche dessen materieller Träger durch AB erleidet

$$\frac{\delta}{r} \text{ Im. } \frac{\mathfrak{b}}{\gamma}$$

II. Wenn in C kein Strom ist, aber eine Bewegung in C Statt findet die durch ε in dem durch BC gehenden Planum bezeichnet wird, die electromotorische Kraft

$$\frac{\mathfrak{b}}{r} \text{ R } \frac{\varepsilon}{\gamma}$$

oder in übersichtlichern Zeichen

G wirkendes Stromelement

g ⎱ vorhandenes Stromelement ⎱ in dem Punkte auf welchen gewirkt wird
m ⎰ vorhandene Bewegung ⎰

γ ⎱ Kraft zur Erregung ⎱ eines Stroms
μ ⎰   ⎰ einer Bewegung

r Entfernung als Modul der complexen Grösse l

1) $$r\mu = g . \text{J.} \frac{G}{l}$$

2) $$r\gamma = G . \text{R.} \frac{m}{l}$$

[11.]
Geradlinige Polygone.

Der Punkt auf welchen gewirkt wird sei der Nullpunkt, dann ist

I. für $$X = \int \frac{dx}{r}$$

der Betrag aus der ersten Seite PP'

$$\frac{x'-x}{r} \log \frac{\cotg \frac{1}{2}\theta'}{\cotg \frac{1}{2}\theta}$$

wenn θ, θ' die Winkel zwischen PP' und $0P$, $0P'$ sind, PP' in gleicher Richtung verstanden. Die Grösse unter der Characteristik log. ist

$$= \frac{r' + \dfrac{(x'-x)x' + (y'-y)y' + (z'-'z)z'}{PP'}}{r + \dfrac{(x'-x)x + (y'-y)y + (z'-z)z}{PP'}}$$

$$= \frac{PP'.r' + rr' - (r', PP')}{PP'.r - rr + (r, PP')}$$

II. Für V der Betrag aus dem Winkel an P', der Unterschied des Winkels zwischen den Ebenen $0PP'$, $0P'P''$ von 180^0. Der Flächeninhalt eines sphärischen Dreiecks, dessen Seiten a, b, c, $= \omega$ gesetzt ist

$$\sin \tfrac{1}{2}\omega = \frac{6 \text{ Pyramide } 0PP'P''}{4rr'r' \cos \frac{1}{2}a . \cos \frac{1}{2}b . \cos \frac{1}{2}c}$$

[12.]

g Intensität eines galvanischen Stroms

μ Dichtigkeit des Magnetismus auf einer durch den Rheophor begrenzten Fläche

ρ Abstand dieser Fläche von einer zweiten negativ magnetisirten

1. $$g = \mu\rho$$

2. Wirkung eines electrischen Elements auf ein anderes, relativ gegen welches der Platz des erstern durch die complexe Grösse u für die Zeit t bestimmt wird, Entfernung $= r$

$$-\frac{u}{r^3} - \frac{\alpha}{ur}\left(\frac{du}{dt}\right)^2 - \frac{6}{r}\frac{ddu}{dt^2}$$

3. Gegenseitige Wirkung zwischen einem electrischen und magnetischen Elemente unter relativer Geschwindigkeit v

$$\frac{\gamma v}{rr}$$

4. In einer galvanischen Strömung von der Intensität g, schiebt sich in der Zeit t durch jeden Querschnitt die positive Electricität $\varepsilon g t$ nach der einen, die negative $-\varepsilon g t$ nach der andern Richtung.

5. Es handelt sich darum die Relationen zwischen $\alpha, 6, \gamma, \varepsilon$ zu bestimmen, $\gamma = 26\varepsilon$ aus der Induction bei Entstehung eines Stromes während der Zeit θ wobei die Kraft, so lange die Entstehung dauert —

$$= \frac{\gamma\pi hhg}{\theta RR} = \frac{26\pi hh\varepsilon g}{\theta RR} \quad \text{wird}$$

$$\gamma = 4\alpha\varepsilon, \qquad \frac{\gamma\pi hhgv}{R^3} = \frac{4\alpha\pi hh\varepsilon gv}{R^3}$$

$$2\gamma\varepsilon = 1, \qquad \alpha = \frac{1}{8\varepsilon\varepsilon} = \tfrac{1}{2}\gamma\gamma, \qquad 6 = \frac{1}{4\varepsilon\varepsilon} = \gamma\gamma$$

[13.]

Grundgesetz für alle Wechselwirkungen galvanischer Ströme.

(Gefunden im Juli 1835.)

Zwei Elemente von Electricität in gegenseitiger Bewegung ziehen einander an, oder stossen einander ab, nicht eben so als wenn sie in gegenseitiger Ruhe sind.

e, x, y, z Element und Coordinaten
e', x', y', z'

$$(x'-x)^2 + (y'-y)^2 + (z'-z)^2 = rr$$

Gegenseitige Wirkung (Abstossung)

$$= \frac{ee'}{rr}\left\{1 + k\left(\left(\frac{d(x'-x)}{dt}\right)^2 + \left(\frac{d(y'-y)}{dt}\right)^2 + \left(\frac{d(z'-z)}{dt}\right)^2 - \tfrac{3}{2}\left(\frac{dr}{dt}\right)^2\right)\right\}$$

wo $\sqrt{\frac{1}{k}}$ eine bestimmte Geschwindigkeit vorstellt.

[14.]

Auf *andere* Weise stellt sich das *Grundgesetz* folgendermaassen dar.

Es seien P und P' Punkte in zwei Strömen; x, y, z und x', y', z' die Coordinaten dieser Punkte, r ihre Distanz; ds, ds' zwei bei jenen Punkten anfangende Stromelemente.

u Winkel zwischen ds und ds'
q -   - ds und PP'
q' -   - ds' und $P'P$

Mit Weglassung der von der Intensität der Ströme abhangenden Factoren, üben die Elemente ds, ds' eine gegenseitige Anziehung auf einander aus, die durch

$$\frac{ds \cdot ds' \cdot (\cos u + \tfrac{3}{2}\cos q \cdot \cos q')}{rr}$$

gemessen werden kann.

Setzen wir $dx = dy = 0$, so ist diese Kraft

$$= \frac{ds \cdot dz'}{rr} - \tfrac{3}{2} \cdot \frac{z'-z}{r^3} ds \cdot ds' \cdot \left(\frac{dr}{ds'}\right)$$

oder die partiellen Kräfte, welche ds parallel mit den Coordinatenaxen sollicitiren

$$ds \cdot \left\{\frac{(x'-x)dz'}{r^3} - \frac{3(x'-x)(z'-z)d'r}{2r^4}\right\}$$

$$ds \cdot \left\{\frac{(y'-y)dz'}{r^3} - \frac{3(y'-y)(z'-z)d'r}{2r^4}\right\}$$

$$ds \cdot \left\{\frac{(z'-z)dz'}{r^3} - \frac{3(z'-z)(z'-z)d'r}{2r^4}\right\}$$

78

oder, wenn man die Kräfte

$$-\mathrm{d}s.\mathrm{d}'\frac{(x'-x)(z'-z)}{2\,r^3}$$
$$-\mathrm{d}s.\mathrm{d}'\frac{(y'-y)(z'-z)}{2\,r^3}$$
$$-\mathrm{d}s.\mathrm{d}'\frac{(z'-z)(z'-z)}{2\,r^3}$$

hinzusetzt, was, in sofern $\mathrm{d}s'$ Element eines geschlossenen Stroms ist, erlaubt ist

$$\frac{\mathrm{d}s}{2\,r^3}\left((x'-x)\,\mathrm{d}z'-(z'-z)\,\mathrm{d}x'\right)$$
$$\frac{\mathrm{d}s}{2\,r^3}\left((y'-y)\,\mathrm{d}z'-(z'-z)\,\mathrm{d}y'\right)$$
$$\frac{\mathrm{d}s}{2\,r^3}\left((z'-z)\,\mathrm{d}z'-(z'-z)\,\mathrm{d}z'\right)$$

Die letzte offenbar $= 0$. Diesen Kräften aequivaliren aber offenbar folgende, insofern auf $\mathrm{d}s$ gewirkt wird

1. In der Richtung PP' . . . . . $\dfrac{\mathrm{d}s.\mathrm{d}z'}{2\,rr} = \dfrac{\mathrm{d}s.\mathrm{d}s'}{2\,rr}\cos u$

2. in der Richtung parallel mit $\mathrm{d}s'$ . . . . . $-\dfrac{\mathrm{d}s.\mathrm{d}s'}{2\,rr}.\cos q$

welchen man noch beifügen darf

3. in der Richtung $\mathrm{d}s$ . . . . . . $+\dfrac{\mathrm{d}s.\mathrm{d}s'}{2\,rr}.\cos q'$

wogegen dann auf $\mathrm{d}s'$ drei diesen genau entgegengesetzte Kräfte wirken werden.

Sind die Coordinaten des wirkenden Stromelements x, y, z, die des Elements, auf welches gewirkt wird $0, 0, 0$; die Richtung und Stärke des ersten und zweiten Elements nach den Coordinaten geschätzt ξ', η', ζ'; ξ, η, ζ, so ist nach AMPÈRE die ganze Kraft anziehend

$$\frac{\xi\xi'+\eta\eta'+\zeta\zeta'}{rr} - \tfrac{3}{2}\frac{(x\xi+y\eta+z\zeta)(x\xi'+y\eta'+z\zeta')}{r^4}$$

also die eine partielle Kraft

$$\frac{x}{r^3}(\xi'\mathrm{d}x+\eta'\mathrm{d}y+\zeta'\mathrm{d}z)-\frac{3\,x}{2\,r^4}(x\xi'+y\eta'+z\zeta')\,\mathrm{d}r$$
$$= \tfrac{1}{2}\xi'\mathrm{d}\frac{xx}{r^3}+\tfrac{1}{2}\eta'\mathrm{d}\frac{xy}{r^3}+\tfrac{1}{2}\zeta'\mathrm{d}\frac{xz}{r^3}+\frac{\eta'}{2\,r^3}(x\,\mathrm{d}y-y\,\mathrm{d}x)+\frac{\zeta'}{2\,r^3}(x\,\mathrm{d}z-z\,\mathrm{d}x)$$

oder da man vollständige Differentiale weglassen kann

$$\frac{\eta'(x\eta - y\xi) + \zeta'(x\zeta - z\xi)}{2r^3} = \frac{x(\eta\eta' + \zeta\zeta') - y\xi\eta' - z\xi\zeta'}{2r^3}$$

Hier ist es nun erlaubt noch zuzusetzen oder wegzulassen

$$\frac{x\xi\xi' + y\eta\xi' + z\zeta\xi'}{2r^3}$$

wodurch die Formel symmetrisch in Beziehung auf beide Elemente wird.   Wählen wir das letztere, so haben wir die Kraft

$$\frac{x(-\xi\xi' + \eta\eta' + \zeta\zeta') - y(\xi\eta' + \eta\xi') - z(\xi\zeta' + \zeta\xi')}{2r^3}$$

Dies erklärt sich durch eine Kraft, die von den *relativen* Bewegungen α, ϐ, γ abhangt

$$= -\frac{x(\alpha\alpha + \mathfrak{b}\mathfrak{b} + \gamma\gamma) - 2\alpha(x\alpha + y\mathfrak{b} + z\gamma)}{2r^3}$$

Hier reichen wir nun mit Einer Zusatzkraft aus, die nach e b mit der Stärke $\frac{vv}{kk}ee$ wirkt, wenn e a die Richtung der relativen Bewegung v ist

$$aeb = 180^0 - aeE, \qquad eE \text{ positiv}$$

Noch einfacher und ganz allgemein wird das Gesetz folgendermaassen ausgedrückt

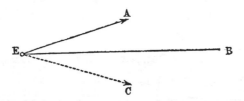

Wenn ein electrisches Element E durch die Wirkung eines andern nach der Richtung EA mit der Kraft p sollicitirt wird, insofern beide in gegenseitiger Ruhe sind, so kommt, im Fall einer gegenseitigen Bewegung, deren Richtung in Beziehung auf E, die Gerade EB und Geschwindigkeit $= v$ ist, zu jener Kraft noch eine zweite hinzu, deren

$$\text{Stärke} \quad = \tfrac{pvv}{kk}, \qquad \text{Richtung} = EC$$

wobei EA, EB, EC in Einem Planum liegen und EB mitten zwischen EA und EC.

[15.]

Kugelfläche.

Es seien x, y, z die Coordinaten eines Punktes in einer auf der Kugelfläche liegenden in sich selbst zurückkehrenden Linie. $\quad xx + yy + zz = rr$

Das Integral

$$\int \frac{z(x\,\mathrm{d}y - y\,\mathrm{d}x)}{r(xx + yy)} = V$$

wird durch die Länge der ganzen Linie genommen verstanden.

Jene Linie scheidet die Kugelfläche in zwei oder mehrere Theile A, B, C u. s. w. Es wird dann

$$V = \alpha A + \mathfrak{b} B + \gamma C + \cdot \cdot$$

sein, wo die Coefficienten $\alpha, \mathfrak{b}, \gamma, ..$ folgenden zwei Bedingungen Genüge leisten:

1. Die Coefficienten zweier an einander grenzenden Stücke sind immer um eine Einheit verschieden, und zwar gehört demjenigen Stück der kleinere Coefficient an, welches gegen die Scheidungslinie ebenso liegt, wie der positive Pol der z gegen den grössten Kreis, der vom Pole der x nach dem Pole der y gezogen ist.

2. Die Summe der Coefficienten, welche denjenigen Stücken angehören, in denen die beiden Pole der z liegen, ist $= 0$.

Der Beweis ist leicht geführt, indem man vom negativen zum positiven Pole der z eine unendlich grosse Menge von Halbkreisen zieht.

Der Fall, wo einer der beiden Pole in die Linie selbst fiele, ist durch die Natur des Integrals von selbst ausgeschlossen.

[16.]

Electromotorische Kraft, durch Entstehung eines Stromes.

Electromotorische Kraft in P, vermöge Entstehung des Stromes in $A \ldots B$

$$= \log \frac{x' + \sqrt{(x'x' + yy)}}{x^0 + \sqrt{(x^0 x^0 + yy)}}, \quad \text{wenn} \quad 0A = x^0, \quad 0B = x', \quad 0P = y$$

Electromotorische Kraft in P vermöge Entstehung eines Stromes durch den Kreis

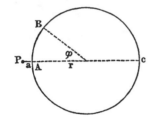

1) durch das Stück $AB..$ proxime $\log \frac{2r\sin\varphi}{a}$

2) durch das Stück BC proxime $-2- \log \operatorname{tg}\frac{1}{4}\varphi$

Zusammen $\log \frac{8r\varphi}{a} - 2 = \log \frac{8r\varphi}{aee}$

Durch den ganzen Kreis $2\log\frac{8r}{aee}$

[17.]

Es entstehe durch Umdrehung eines Kreises, dessen Halbmesser $= \rho$ um eine

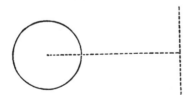

in jener Ebene liegende Axe, von welcher der Mittelpunkt des Kreises die Entfernung $= R$ hat, ein ringförmiger körperlicher Raum der gleichförmig mit einer Rheophorkette ausgefüllt ist. Die Anzahl der Umwindungen sei M. Es wird angenommen, dass ρ gegen R sehr klein sei. Man verlangt die electromotorische Wirkung des Ringes auf einen Punkt, der entweder innerhalb oder sehr nahe am Ringe liegt.

Es sei a die Distanz des Punktes von der Centrallinie des Ringes, so wird die verlangte Wirkung sein

$$2M\log\frac{8R}{aee} = 2M\left\{\log\frac{8R}{a} - 2\right\} \quad \text{wenn} \quad a > \rho$$
$$2M\left(\log\frac{8R}{\rho} - \tfrac{3}{2} - \frac{aa}{2\rho\rho}\right) \quad \text{wenn} \quad a < \rho$$

Der mittlere Werth für alle *im* Ringe gleichförmig vertheilten Punkte ist

$$2 M \{\log \tfrac{8R}{\rho} - \tfrac{7}{4}\}$$

oder die ganze electromotorische Kraft, welche eindem inducirenden Ringe gleichförmig eingewirkter von m Umwindungen erleidet

$$= 4 \pi m M R \{\log \tfrac{8R}{\rho} - \tfrac{7}{4}\} = E$$

Bei gegebenem Drahtvorrath für jede Kette ist mR, MR und $\tfrac{m}{\rho\rho}$ gegeben,
da nun

$$E = 16\pi.\ MR.\ (mR)^{\tfrac{2}{3}}.\ (\tfrac{m}{\rho\rho})^{\tfrac{1}{3}}.\ (\tfrac{8R}{\rho})^{-\tfrac{2}{3}}\ (\log \tfrac{8R}{\rho} - \tfrac{7}{4})$$

so muss, damit E *ein Maximum* werde

$$(\tfrac{8R}{\rho})^{-\tfrac{2}{3}}\ (\log \tfrac{8R}{\rho} - \tfrac{7}{4})$$

ein Maximum werden, oder $(\tfrac{8R}{\rho})^{\tfrac{2}{3}} = x$ gesetzt, muss

$$\frac{\log x^{\tfrac{3}{2}} - \tfrac{7}{4}}{x} = \tfrac{3}{2} \{ \tfrac{\log x - \tfrac{7}{6}}{x} \}$$

ein Maximum werden.

Dies geschieht, wenn $\log x = \tfrac{13}{6}$

$$\text{oder}\ \log \tfrac{8R}{\rho} = \tfrac{13}{4}\ \text{wird}$$

$$\text{oder}\ \log \text{Brigg}\ \tfrac{8R}{\rho} = 1{,}4114580$$

$$\text{oder}\ \tfrac{8R}{\rho} = 25{,}79$$

$$R = 3{,}22\,\rho$$

[18.]

Wenn man zu *den Massen im Innern eines körperlichen Raumes* noch die ihnen für den äussern Raum aequivalirenden auf der Oberfläche mit entgegengesetzten Zeichen beifügt, so erhält man einen Körper als Träger von positiven und
negativen Massen, deren Complex auf alle Punkte des äussern Raumes gar keine
Anziehungskraft ausübt.

Man beweiset leicht

1. dass in Folge der Reaction äusserer Massen jener Körper auch im Gleichgewicht bleibt

2. dass der Körper, wenn die betreffenden Massen magnetische Fluida sind, auch auf einen Rheophor gar keine Kraft ausübt.

Schwerer aber

3. dass auch trotz der Reaction des Rheophors jener Körper im Gleichgewicht bleibt.

Das letzte beruht auf folgenden Momenten:

Es sei $\mathrm{d}m$ ein Element des Körpers; x, y, z dessen Coordinaten; die Characteristik $\int$ beziehe sich auf alle $\mathrm{d}m$. Es sei ferner $\mathrm{d}s$ ein Element eines galvanischen Stroms, a, b, c; $a+\mathrm{d}a$, $b+\mathrm{d}b$, $c+\mathrm{d}c$ die Coordinaten seiner Endpunkte, wo also a, b, c Functionen von s. Die Intensität des Stromes $= 1$. Charakteristik S Summation in Beziehung auf $\mathrm{d}s$.

Sind X, Y, Z die Componenten der ganzen auf $\mathrm{d}m$ wirkenden beschleunigenden Kraft, so sind die Bedingungen des Gleichgewichts bekanntlich

$$\int X\mathrm{d}m, \int Y\mathrm{d}m, \int Z\mathrm{d}m, \int(zY-yZ)\mathrm{d}m, \int(xZ-zX)\mathrm{d}m, \int(yX-xY)\mathrm{d}m \text{ alle } = 0$$

Es ist $(x-a)^2+(y-b)^2+(z-c)^2 = rr$ gesetzt (die positiven x, y, z bez. nach vorn, rechts oben gerichtet)

$$X = S\frac{(y-b)\mathrm{d}c-(z-c)\mathrm{d}b}{r^3}, \quad Y = S\frac{(z-c)\mathrm{d}a-(x-a)\mathrm{d}c}{r^3}, \quad Z = S\frac{(x-a)\mathrm{d}b-(y-b)\mathrm{d}a}{r^3}$$

also
$$\int X\mathrm{d}m = S(\eta\,\mathrm{d}c-\zeta\,\mathrm{d}b)$$

$$\int(yX-xY)\mathrm{d}m$$
$$= SV\mathrm{d}c+S\{(\xi c-\zeta a)\mathrm{d}a+(\eta c-\zeta b)\mathrm{d}b+(a\xi+b\eta+c\zeta)\mathrm{d}c\}-\int z\mathrm{d}m\,S\frac{\mathrm{d}\frac{1}{r}}{\mathrm{d}s}\mathrm{d}s$$

[wo $\int\frac{\mathrm{d}m}{r} = V$, $\int\frac{x-a}{r^3}\mathrm{d}m = \xi$ u.s.f. gesetzt sind, welche alle zu Null werden.]

1836 Februar 18.

Viel einfacher wird die Ableitung auf folgende Art gemacht.

Wenn x, y, z; $x+\mathrm{d}x$, $y+\mathrm{d}y$, $z+\mathrm{d}z$ die Coordinaten zweier beliebiger einander unendlich naher Punkte sind, so muss die Variation von
$$\mathrm{d}x^2+\mathrm{d}y^2+\mathrm{d}z^2$$

unabhängig von den Werthen von dx, dy, dz, $=0$ werden. Zur Abkürzung bezeichnen wir δx, δy, δz mit $\alpha\xi$, $\alpha\eta$, $\alpha\zeta$, wo α einen constanten unendlich kleinen Coëfficienten bedeutet. Man hat also

$$\delta(dx^2+dy^2+dz^2) = 2\alpha(dx.d\xi+dy.d\eta+dz.d\zeta)$$
$$= 2\alpha\{\tfrac{d\xi}{dx}.dx^2+\tfrac{d\eta}{dy}.dy^2+\tfrac{d\zeta}{dz}.dz^2$$
$$+(\tfrac{d\xi}{dy}+\tfrac{d\eta}{dx})dx\,dy+(\tfrac{d\xi}{dz}+\tfrac{d\zeta}{dx})dx\,dz+(\tfrac{d\eta}{dz}+\tfrac{dz}{dy})dy\,dz\}$$

Offenbar muss also sein

1. $0=\dfrac{d\xi}{dx}$

2. $0=\dfrac{d\eta}{dy}$

3. $0=\dfrac{d\zeta}{dz}$

4. $\dfrac{d\xi}{dy}=-\dfrac{d\eta}{dx}=r$

5. $\dfrac{d\zeta}{dx}=-\dfrac{d\xi}{dz}=q$

6. $\dfrac{d\eta}{dz}=-\dfrac{d\zeta}{dy}=p$

Man hat aus (6) (4) (5) (6), aus (6) (2), aus (6) (3):

$$\frac{dp}{dx}=\frac{dd\eta}{dx\,dz}==-\frac{dd\xi}{dz\,dy}=\frac{dd\zeta}{dy\,dx}=-\frac{dp}{dx}=0$$

$$\frac{dp}{dy}=\frac{d'd\eta}{dy\,dz}=0$$

$$\frac{dp}{dz}=-\frac{dd\zeta}{dz\,dy}=0$$

also p constant,

ebenso folgt q, r constant

und daher

$$\xi=a+ry-qz$$
$$\eta=b+pz-rx$$
$$\zeta=c+qx-py$$

[19.]
Beweis von AMPÈRES *Fundamentalsatze.*

Über eine begrenzte Fläche (I), in der jedem unbestimmten Punkte die Coordinaten x, y, z angehören, sei positives magnetisches Fluidum gleichförmig so verbreitet, dass auf die Flächeneinheit das Quantum magnetischen Fluidums $=k$ komme.

Ein Element eines galvanischen Stroms von der Intensität i erstrecke sich von 0, 0, 0, bis 0, 0, ζ.

Zur Abkürzung schreibe man

$$r = \sqrt{(xx + yy + zz)}$$

Einem Elemente ω der Coordinatenebene der x, y entspricht das Element der Fläche (I) ... $\omega\sqrt{\left(1+\left(\frac{dz}{dx}\right)^2+\left(\frac{dz}{dy}\right)^2\right)}$ und das Quantum magnetischen Fluidums $k\omega\sqrt{\left(1+\left(\frac{dz}{dx}\right)^2+\left(\frac{dz}{dy}\right)^2\right)}$. Dessen Wirkung auf das Stromelement $i\zeta$ zerlegt sich also in die drei partiellen Kräfte

$$ik\zeta\omega \cdot \frac{y}{r^3}\sqrt{\left(1+\left(\frac{dz}{dx}\right)^2+\left(\frac{dz}{dy}\right)^2\right)}$$

$$-ik\zeta\omega \cdot \frac{x}{r^3}\sqrt{\left(1+\left(\frac{dz}{dx}\right)^2+\left(\frac{dz}{dy}\right)^2\right)}$$

$$0$$

Nehmen wir jetzt eine zweite Fläche (II) mit (I) parallel in der unendlich kleinen Entfernung ε unter dieser, d. i. jedem Punkte x, y, z, in (I) entspreche in II der Punkt

$$x + \frac{\varepsilon}{\sqrt{\left(1+\left(\frac{dz}{dx}\right)^2+\left(\frac{dz}{dy}\right)^2\right)}} \cdot \left(\frac{dz}{dx}\right)$$

$$y + \frac{\varepsilon}{\sqrt{\left(1+\left(\frac{dz}{dx}\right)^2+\left(\frac{dz}{dy}\right)^2\right)}} \cdot \left(\frac{dz}{dy}\right)$$

$$z - \frac{\varepsilon}{\sqrt{\left(1+\left(\frac{dz}{dx}\right)^2+\left(\frac{dz}{dy}\right)^2\right)}}$$

Über diese zweite Fläche sei negatives magnetisches Fluidum dergestalt verbreitet, dass jeder Flächentheil von II eben so viel negatives Fluidum enthalte, als der entsprechende Flächentheil von I positives. Die Gesammtwirkung derjenigen Fluida, die auf den einander entsprechenden Elementen von I. II enthalten sind, werden demnach

$$\frac{\varepsilon ik\zeta \cdot \omega}{r^5}\left\{3xy \cdot \left(\frac{dz}{dx}\right) + (3yy - rr)\left(\frac{dz}{dy}\right) - 3yz\right\} = X\omega$$

$$-\frac{\varepsilon ik\zeta \cdot \omega}{r^5}\left\{(3xx - rr)\left(\frac{dz}{dx}\right) + 3xy\left(\frac{dz}{dy}\right) - 3xz\right\} = Y\omega$$

$$0 \qquad\qquad\qquad\qquad\qquad = Z\omega$$

Fangen wir mit der Umformung von ωX an, welches wir zuerst in die Form setzen

$$\omega X = \tfrac{\varepsilon\, ik\zeta\omega}{r^5}\left\{3\,xy\left(\tfrac{dz}{dx}\right)+(2\,rr-3\,xx-3\,zz)\left(\tfrac{dz}{dy}\right)-3\,yz\right\}$$

$$= \tfrac{\varepsilon\, ik\zeta\omega}{r^5}\left\{\left(x\tfrac{d\,dz}{dx\,dy}+\tfrac{dz}{dy}\right)rr-3\left(x+z\tfrac{dz}{dx}\right)x\tfrac{dz}{dy}\right.$$

$$\left.-\left(x\tfrac{d\,dz}{dx\,dy}-\tfrac{dz}{dy}\right)rr+3\left(y+z\tfrac{dz}{dy}\right)\left(x\tfrac{dz}{dx}-z\right)\right\}$$

$$= \varepsilon\, ik\zeta\omega\left\{\frac{d\,\dfrac{x\left(\tfrac{dz}{dy}\right)}{r^3}}{dx}-\frac{d\,\dfrac{x\left(\tfrac{dz}{dx}\right)-z}{r^3}}{dy}\right\}$$

Soll nun die Totalwirkung parallel mit der Axe der x ermittelt werden, so nennen wir III die Projection von I auf die Ebene der x, y oder den Inbegriff aller ω und haben mithin das Integral $\int\omega X$ über alle ω ausgedehnt aufzusuchen, oder wenn wir $dx\,dy$ anstatt ω schreiben, haben wir die doppelte Integration von $X\,dx\,dy$ auszuführen.

Man hat hiebei

und

$$\varepsilon\, ik\zeta\,dy.\left\{\frac{d\,\dfrac{x\left(\tfrac{dz}{dy}\right)}{r^3}}{dx}.\,dx\right\}$$

$$\varepsilon\, ik\zeta\,dx.\left\{\frac{d\,\dfrac{x\left(\tfrac{dz}{dx}\right)-z}{r^3}}{dy}.\,dy\right\}$$

besonders zu betrachten. Für ersteres theilt man III in unendlich viele unendlich schmale Streifen parallel mit der Axe der x, für zweites in ähnliche Streifen, aber parallel mit der Axe der y. Daraus folgt dann sehr leicht, dass das Ganze wird

$$\varepsilon\, ik\zeta\int\frac{x\,dz-z\,dx}{r^3}=\varepsilon\, ik\zeta\int\frac{x\tfrac{dz}{ds}-z\tfrac{dx}{ds}}{r^3}.\,ds$$

durch den ganzen Umfang von III ausgedehnt, indem man diesen in einer solchen Richtung durchläuft, dass III rechts liegt.

Auf ähnliche Weise erhält man für die Summe aller $Y\omega$

$$\varepsilon\, ik\zeta\int\frac{y\,dz-z\,dy}{r^3}=\varepsilon\, ik\zeta\int\frac{y\tfrac{dz}{ds}-z\tfrac{dy}{ds}}{r^3}.\,ds$$

Hiedurch in Verbindung mit [Nr. 14] ist das AMPÈREsche Gesetz bewiesen.

[20]

[C. F. Gauss an W. Weber.]

Hoch geschätzter Freund.

Seit Anfang dieses Jahrs ist unaufhörlich auf so vielfache Weise meine Zeit in Anspruch genommen und zersplittert, und von der andern Seite mein Gesundheitszustand anhaltenden Arbeiten so wenig günstig gewesen, dass ich bisher gar nicht habe dazu kommen können, den mir von Ihnen gütigst vor zwei Monaten zugesandten kleinen Aufsatz durchzugehen, und dass ich erst jetzt eine flüchtige Durchsicht habe vornehmen können. Diese hat mir aber gezeigt, dass der Gegenstand zu denselben Untersuchungen gehört, mit denen ich mich vor etwa 10 Jahren (ich meine besonders 1834—1836) sehr ausgedehnt beschäftigt habe, und dass um ein gründliches und erschöpfendes Urtheil über Ihren Aufsatz aussprechen zu können, es nicht zureicht *diesen* durchzulesen, sondern dass ich mich erst ganz wieder in meine eignen Arbeiten aus jener Zeit würde hineinstudiren müssen, was einen um so längern Zeitraum erfordern würde, da ich jetzt, bei einer versuchsweise vorgenommenen Papier-Durchmusterung erst einige nur fragmentarische Bruchstücke aufgefunden habe, obwohl wahrscheinlich viel mehr noch vorhanden sein wird, wenn auch nicht in vollständig geordneter Form.

Darf ich aber, jenen Gegenständen seit mehreren Jahren entfremdet, auf den Grund des Gedächtnisses eine Urtheilsäusserung mir verstatten, so würde ich glauben, dass von vorne herein AMPÈRE, lebte er noch, entschieden dagegen protestiren würde, wenn Sie das AMPÈResche Fundamentalgesetz durch die Formel

$$- \frac{a a'}{r r} i i' \sin \theta \sin \theta' \cos \varepsilon \qquad \text{(I)}$$

ausdrücken, da jenes ein ganz davon verschiedenes nemlich in der Formel

$$- \frac{a a'}{r r} i i' (\tfrac{1}{2} \cos \theta \cos \theta' + \sin \theta \sin \theta' \cos \varepsilon) \qquad \text{(II)}$$

enthaltenes ist. Ich glaube auch nicht, dass AMPÈRE durch die Zusatznote, deren Sie in einem spätern Briefe erwähnen, befriedigt sein würde, wo Sie nemlich den Unterschied so einkleiden, dass AMPÈRES Formel eine *allgemeinere* sei, eben wie $- \frac{a a'}{r r} (F \cos \theta \cos \theta' + G \sin \theta \sin \theta' \cos \varepsilon)$. wo AMPÈRE aus Versuchen $F = \tfrac{1}{2} G$ abgeleitet habe, während Sie, weil AMPÈRES Versuche nicht sehr scharf seien, mit demselben Rechte den Werth $F = 0$ in Anspruch nehmen zu können glauben. In jedem andern Falle, als dem vorliegenden, würde ich zugeben, dass ein dritter bei dieser Discordanz zwischen Ihnen und AMPÈRE sich etwa so erklärte:

79*

ob man (mit Ihnen) dies nur als eine Modification des Ampèreschen Gesetzes ansehen, oder

ob (wie meines Erachtens Ampère die Sache würde ansehen müssen) dies
ebenso viel heisse als ein completer Umsturz der Ampèreschen Fundamentalfor-
mel und das Einsetzen einer wesentlich andern

sei doch im Grunde wenig mehr als ein müssiger Wortstreit. Wie gesagt,
in jedem andern Fall würde ich dies gern einräumen, da niemand *in verbis faci-
lior* als ich sein kann. Aber in gegenwärtigem ist der Unterschied eine Lebens-
frage, denn die ganze Ampèresche Theorie der Umtauschbarkeit des Magnetismus
mit galvanischen Strömen hängt durchaus von der Richtigkeit der Formel II ab
und geht gänzlich verloren, wenn eine andere dafür gewählt würde.

Ich kann Ihnen nicht widersprechen, wenn Sie die Versuche von Ampère
für nicht sehr concludent erklären, zumal, da ich Ampères classische Abhandlung
nicht zur Hand und die Art seiner Versuche gar nicht im Gedächtniss habe, indessen glaube ich doch nicht, dass Ampère, auch wenn er die Unvollkommenheit
seiner Versuche selbst einräumte, die Befugniss, eine ganz andere Formel (I), wodurch seine ganze Theorie zerfiele, zu adoptiren zugeben würde, so lange nicht
diese andere Formel durch *ganz entscheidende* Versuche befestigt wäre. Die Bedenken, die ich selbst Ihrem zweiten Briefe zufolge, geäussert habe, müssen von
Ihnen misverstanden sein. Ich habe früh die Überzeugung gewonnen und fest-
gehalten, dass die oben erwähnte Vertauschbarkeit *nothwendig* die Ampèresche
Formel II erfordert und keine andere zulässt, die nicht mit jener, für einen geschlossenen Strom identisch wird, *wenn die Wirkung in der Richtung der die beiden Stromelemente verbindenden geraden Linie* geschehen soll, dass man aber allerdings unzählige andere Formen wählen kann, wenn man die eben ausgesprochene
Bedingung verlässt, die aber für einen geschlossenen Strom immer dasselbe Endresultat geben müssen wie Ampères Formel. Man könnte übrigens auch noch
hinzufügen, dass da es bei jenen Zwecken immer nur um Wirkungen in messbaren Entfernungen sich handelt, nichts uns hindern würde, vorauszusetzen, dass
auch noch möglicherweise andere Theile zu der Formel hinzukommen mögen,
die nur in unmessbar kleinen Entfernungen wirksam sind (wie die Molecularat-
traction zu der Gravitation hinzutritt), und dass dadurch die Schwierigkeit des
Abstossens zweier auf einander folgenden Elemente desselben Stromes beseitigt
werden könnte.

Um Missverständniss zu verhüten, will ich noch bemerken, dass die obige Formel II auch so geschrieben werden kann

$$- \frac{a\,a'}{r\,r}\, i\, i' \left(- \tfrac{1}{2} \cos \theta \cos \theta' + \sin \theta \sin \theta' \cos \varepsilon \right)$$

und dass ich nicht weiss, ob Ampère (dessen Memoire ich wie gesagt nicht zur Hand habe) die erste oder zweite Schreibart gebraucht hat. Beide bedeuten nemlich dasselbe, und man schreibt die erste Form, wenn man die Winkel θ, θ' mit derselben (begrenzten) geraden Linie misst, also diese Linie bei dem zweiten Winkel im entgegengesetzten Sinn zum Schenkel wählt, die andere Form hingegen, wenn man eine gerade Linie von unbestimmter Länge betrachtet und zur Messung der Winkel θ, θ', jene Linie beidemal in einerlei Sinn zuzieht. Und ebenso kann man der ganzen Formel anstatt des — Zeichens ein $+$ Zeichen vorsetzen, wenn man nicht Abstossung sondern Anziehung wie eine positive Wirkung betrachtet.

Vielleicht bin ich im Stande, mich etwas mehr wieder in diese mir jetzt so fremd gewordenen Sachen hineinzustudiren, bis Sie, wie Sie mir Hoffnung gemacht haben Ende April oder Anfang Mai mich mit einem Besuche erfreuen. Ich würde ohne Zweifel meine Untersuchungen längst bekannt gemacht haben, hätte nicht zu der Zeit, wo ich sie abbrach, das gefehlt, was ich wie den eigentlichen Schlussstein betrachtet hatte

Nil actum reputans si quid superesset agendum

nemlich *die Ableitung* der Zusatzkräfte (die zu der gegenseitigen Wirkung ruhender Electricitätstheile noch hinzukommen, wenn sie in gegenseitiger Bewegung sind) *aus der nicht instantaneen*, sondern (auf ähnliche Weise wie beim Licht) in der Zeit sich fortpflanzenden Wirkung. Mir hatte dies damals nicht gelingen wollen; ich verliess aber so viel ich mich erinnere die Untersuchung damals doch nicht ganz ohne Hoffnung, dass dies später vielleicht gelingen könnte, obwohl — erinnere ich mich recht — mit der subjectiven Überzeugung, dass es vorher nöthig sei, sich von der Art, *wie* die Fortpflanzung geschieht, eine construirbare Vorstellung zu machen.

— — — — — — — — — — — — — — — — — —

Unter herzlichen Grüssen an Ihre Geschwister und an Herrn Prof. Möbius Göttingen, 19. März 1845.   stets der Ihrige

C. F. Gauss.

[21.]

Lineargrösse $=$ Widerstand eines gegebenen Drahts $= r$

Zeitgrösse $= t$

Geschwindigkeit $= \frac{r}{t}$

Dichtigkeit $= \frac{1}{tt} = \frac{p}{r^3}$, Dichtigkeit des Wassers ist etwa $\frac{1}{15\,000\,000(1'')^2}$

Expansibilität der Flüssigkeit $= \frac{rr}{t^4} = \frac{p}{rtt}$

Specifische Elasticität bei bestimmter Temperatur $= \frac{rr}{tt}$

Beschleunigungskraft $= \frac{r}{tt}$

Masse $= \frac{r^3}{tt} = p$

Druck $= \frac{r^4}{t^4} = \frac{pr}{tt}$

Wirkung $=$ Lebend. Kraft $=$ Drehungsmoment $= \frac{r^5}{t^4} = \frac{prr}{tt}$

Wirksamkeit $= \frac{r^5}{t^5} = \frac{prr}{t^3}$

Erdmagnetismus $= \sqrt{\frac{p}{rtt}}$

Freier Magnetismus $=$ Stärke eines ganzen Stroms $= \sqrt{\frac{pr^3}{tt}}$

Specifische Intensität eines galvanischen Stroms $= \sqrt{\frac{pr}{tt}}$

Erregungskraft von Kupfer: Zink $= \sqrt{\frac{pr^3}{t^4}}$

Leitungsvermögen bestimmten Metalls $= \frac{t}{rr}$

KUGELFUNCTIONEN.

[1.]

Um P, *eine homogene Function* von x, y, z von der Ordnung $.i$, in *reine Kugelfunctionen* zu zerlegen dient folgendes:

Man setze

$$\frac{ddP}{dx^2} + \frac{ddP}{dy^2} + \frac{ddP}{dz^2} = P' = fP, \quad fP' = P'', \quad fP'' = fP''', \text{ etc.}$$

und schreibe Kürze halber $xx + yy + zz = \rho$. Man wird dann P in die Form

$$P = A + \rho B + \rho\rho C + \rho^3 D + \text{ u.s.w.}$$

bringen, so dass A, B, C, D etc. reine Kugelfunctionen werden, vermittelst folgender Gleichungen

$$P = A + \rho B + \rho\rho C + \rho^3 D + \rho^4 E + \text{ u. s. w.}$$

$$P' = 2(2i-1)B + 4(2i-3)\rho C + 6(2i-5)\rho\rho D + 8(2i-7)\rho^3 E + \text{ u. s. w.}$$

$$P'' = \quad 2.4(2i-3)(2i-5)C + 4.6(2i-5)(2i-7)\rho D$$
$$+ 6.8(2i-7)(2i-9)\rho\rho E + \text{ u. s. w.}$$

$$P''' = \quad 2.4.6(2i-5)(2i-7)(2i-9)D + 4.6.8(2i-7)(2i-9)(2i-11)\rho E$$
$$+ \text{ u. s. w.}$$

$$P'''' = \quad 2.4.6.8(2i-7)(2i-9)(2i-11)(2i-13)E + \text{ u. s. w.}$$

Man kann diese Gleichungen auch so vorstellen, indem man statt $\rho \ldots RR$ schreibt und bei den Differentiationen blos R als veränderlich betrachtet:

$$\frac{\mathrm{dd}.R^{-i}P}{\mathrm{d}R^2} + R^{-i}.P' = i(i+1).R^{-i-2}P$$

[2.]

Geometrische Bedeutung der Kugelfunctionen.

P der unbestimmte Punkt.

A, B, C, D etc. bestimmte Punkte

Kugelfunct. der ersten Ordnung $\alpha \cos PA$

Zweite Ordnung $\quad \alpha \cos PA . \cos PC$
$$+ \mathfrak{b} \cos PB . \cos PD$$

wo A, B, C, D sich auf vier Flächen eines regelmässigen Octaeders beziehen.

Dritte Ordnung $\quad \alpha \cos PA . \cos PB . \cos PC$
$$+ \mathfrak{b} \cos PA' . \cos PB' . \cos PC'$$

wo A, B, C in einem, A', B', C' in einem andern grössten Kreise liegen und zwar so, dass $AB = BC = CA = A'B' = B'C' = C'A' = 120^0$ und beide Kreise einander rechtwinklig schneiden.

Vierte Ordnung: Aggregat dreier Producte aus je vier Cosinus; die drei grössten Kreise schneiden einander unter rechten Winkeln.

Fünfte Ordnung: Aggregat dreier Producte aus je fünf Cosinus. Die drei grössten Kreise schneiden einander in Einem Punkte.

ZUM GEBRAUCH DES COMPARATORS.

[1.]

Drei in nahe gleichen Entfernungen gesetzte Mikroskope werden successive auf die Theile eines Maassstabes gebracht, die jenen Entfernungen nahe gleich sind.

Die Theilstriche des Maassstabes überschiessen die Sehlinien der Mikroskope in diesen successiven Versuchen um

$$
\begin{array}{ccc}
a^0 & b^0 & c^0 \\
a' & b' & c' \\
a'' & b'' & c'' \\
a''' & b''' & c''' \\
\end{array}
$$
$$\text{etc.}$$

Durch $x^0, y^0, z^0;\ x', y', z';\ x''$ etc. bezeichnen wir die Fehler dieser Grössen. Die Fehlergleichungen sind, wenn

$$a'-a''-b^0+b''+c^0-c' = e^0$$
$$a''-a'''-b'+b'''+c'-c'' = e'$$

u. s. w. gesetzt wird,

$$x'-x''-y^0+y''+z^0-z' = e^0$$
$$x''-x'''-y'+y'''+z'-z'' = e'\ \text{u. s. w.}$$

Hienach haben die plausibelsten Werthe der Fehler die Form

$$
\begin{array}{lll}
x^0 = 0 & y^0 = -h^0 & z^0 = h^0 \\
x' = h^0 & y' = -h' & z' = h'-h^0 \\
x'' = h'-h^0 & y'' = -h''+h^0 & z'' = h''-h' \\
x''' = h''-h' & y''' = -h'''+h' & z''' = h'''-h'' \\
\end{array}
$$
$$\text{u. s. w.}$$

und die Hülfsgrössen h^0, h' etc. hangen von den Gleichungen ab

$$6\,h^0 - 2\,h' - h'' = e^0$$
$$-2\,h^0 + 6\,h' - 2\,h'' - h''' = e'$$
$$-h^0 - 2\,h' + 6\,h'' - 2\,h''' - h'''' = e''$$
$$-h' - 2\,h'' + 6\,h''' - 2\,h'''' - h^V = e'''$$
$$-h'' - 2\,h''' + 6\,h'''' - 2\,h^V - h^{VI} = e''''$$

etc.

[2.]

Anordnung der Längen-Comparirungen, um eine Abtheilung eines getheilten Maassstabs in Theilen des ganzen Maassstabs zu bestimmen.

Beispiel. Die Theilstriche des Maassstabs waren mit Ziffern von 0 bis 840 bezeichnet. Es sollte die Abtheilung von 0 bis 87 in Theilen des ganzen Maassstabs von 0 bis 840 bestimmt werden. — Zur Abkürzung möge

$$0 \,.\, 87 \,.\, 174 = \alpha$$

bedeuten, dass durch Comparirung der Länge 0 bis 87 mit der Länge 87 bis 174 die erstere um α Mikrometertheile grösser als die letztere gefunden worden sei, u.s.f.

Anordnung:

$$0 \,.\,\ 87 \,.\, 174 = \alpha$$
$$0 \,.\, 174 \,.\, 348 = \mathfrak{b}$$
$$0 \,.\, 348 \,.\, 696 = \gamma$$
$$840 \,.\, 696 \,.\, 552 = \delta$$
$$840 \,.\, 552 \,.\, 264 = \varepsilon$$
$$0 \,.\, 264 \,.\, 528 = \zeta$$
$$840 \,.\, 528 \,.\, 216 = \eta$$
$$0 \,.\, 216 \,.\, 432 = \theta$$
$$840 \,.\, 432 \,.\,\ 24 = \iota$$
$$0 \,.\,\ 24 \,.\,\ 48 = \varkappa$$
$$0 \,.\,\ 48 \,.\,\ 96 = \lambda$$
$$0 \,.\,\ 96 \,.\, 192 = \mu$$
$$0 \,.\, 192 \,.\, 384 = \nu$$
$$0 \,.\, 384 \,.\, 768 = \pi$$
$$840 \,.\, 768 \,.\, 696 = \rho$$

Berechnung. Bezeichnet man die ganze Länge des Maassstabs mit 840′, die gesuchte Länge (von 0 bis 87) mit 87′, die Länge von 87 bis 174 mit 174′ — 87′, u. s. w. so hat man folgende Gleichungen:

$$2 \cdot 87′ \qquad\quad -\alpha = 174′$$
$$2 \cdot 174′ \qquad\quad -\beta = 348′$$
$$2 \cdot 348′ \qquad\quad -\gamma = 696′$$
$$2 \cdot 696′ - 840′ + \delta = 552′$$
$$2 \cdot 552′ - 840′ + \varepsilon = 264′$$
$$2 \cdot 264′ \qquad\quad -\zeta = 528′$$
$$2 \cdot 528′ - 840′ + \eta = 216′$$
$$2 \cdot 216′ \qquad\quad -\theta = 432′$$
$$2 \cdot 432′ - 840′ + \iota = 24′$$
$$2 \cdot 24′ \qquad\quad -\varkappa = 48′$$
$$2 \cdot 48′ \qquad\quad -\lambda = 96′$$
$$2 \cdot 96′ \qquad\quad -\mu = 192′$$
$$2 \cdot 192′ \qquad\quad -\nu = 384′$$
$$2 \cdot 384′ \qquad\quad -\pi = 768′$$
$$2 \cdot 768′ - 840′ + \rho = 696′$$

Hieraus ergibt sich

$$
\begin{aligned}
696′ = {}& -840′ + \quad \rho - 64 \cdot 840′ + \quad 64\iota - 256 \cdot 840′ + 256\eta - 1024 \cdot 840′ \\
& - \ 2\pi \qquad\qquad -128\theta \qquad\qquad -512\zeta + 1024\varepsilon \\
& - \ 4\nu \qquad\qquad\qquad\qquad\qquad\qquad\quad -2048 \cdot 840′ \\
& - \ 8\mu \qquad\qquad\qquad\qquad\qquad\qquad\quad +2048\delta \\
& -16\lambda \qquad\qquad\qquad\qquad\qquad\qquad\ \ +4096 \cdot 696′ \\
& -32\varkappa
\end{aligned}
$$

Also ist, wenn $840′ = L$, $696′ = y$, $87′ = z$,

$$3393\,L = 4095\,y +$$

	ρ
$-$	$2\,\pi$
$-$	$4\,\nu$
$-$	$8\,\mu$
$-$	$16\,\lambda$
$-$	$32\,\varkappa$
$+$	$64\,\iota$
$-$	$128\,\theta$
$+$	$256\,\eta$
$-$	$512\,\zeta$
$+$	$1024\,\varepsilon$
$+$	$2048\,\delta$

$$z = \tfrac{1}{8}y + \tfrac{1}{2}\alpha + \tfrac{1}{4}\delta + \tfrac{1}{8}\gamma$$

Hienach wird also der gesuchte Werth von $z = 87'$ in Theilen des ganzen Maassstabs $L = 840'$ erhalten, wenn das Mikrometer geprüft und dadurch der Werth seiner Theile gleich und in Theilen des Abstands zweier nach obiger Anordnung eingestellter Theilstriche des Maassstabs (z. B. in Theilen der Länge von 87 bis 96) gegeben ist.

ALLGEMEINE FORMELN FÜR DIE WIRKUNG EINES LEUCHTENDEN PUNKTS P AUF EINEN PUNKT p.

I. Es sei P von p durch eine entweder geschlossene oder unendliche Fläche geschieden, deren offener Theil s heisse, ds sei ein Element von s, R, r seine Entfernung von P, p; ρ eine unbestimmte Normale auf ds nach der Seite gerichtet wo p liegt, λ eine Wellenlänge, $\frac{2\pi i}{\lambda} = \alpha$, w der Winkel zwischen R und r: dann wird der Vibrationszustand in p durch

$$\int \frac{ds}{Rr}\left(\frac{\delta R}{\delta\rho} + \frac{\delta r}{\delta\rho}\right)\frac{e^{\alpha(R+r)}}{\sin w}$$

ausgedrückt, dies Integral durch alle Theile von s erstreckt. Offenbar sind hier $\frac{\delta R}{\delta\rho}$, $-\frac{\delta r}{\delta\rho}$ die Sinus der Neigungen von R und r gegen ds.

II. Der Flächenraum s sei von der Linie u begrenzt, $\mathrm{d}u$ ein Element von u; R, r seine Entfernung von P und p; w der Winkel zwischen R und r, und v der Winkel zwischen u und dem Planum durch R, r.

Dann ist der Vibrationszustand in p

$$= \int \frac{\mathrm{d}u \cdot \sin v}{Rr \cdot \sin w}\, e^{\alpha(R+r)}$$

Kürzer so:

es seien x, y, z Coordinaten jedes Punktes im Raume und für

$$P \ \ldots\ 0, 0, 0$$
$$p \ \ldots\ 0, 0, h$$

dann ist der Vibrationszustand in p

$$= \int \frac{x\,\mathrm{d}y - y\,\mathrm{d}x}{xx + yy} \cdot e^{\alpha(R+r)} : h$$

durch die Randlinie ausgedehnt: oder kürzer, wenn $\frac{y}{x} = \mathrm{tg}\,\theta$,

$$= \int e^{\alpha(R+r)}\, \mathrm{d}\theta : h$$

BEMERKUNGEN.

Die hier unter 21 Nummern zusammengestellten bruchstücksweise aufgezeichneten Untersuchungen gehören ziemlich weit auseinanderliegenden Zeiten an. Nr. 1 und 2. befinden sich in einem Tagebuche zwischen den Protocollen von Beobachtungen, die im März, Juni und Juli 1833 über die durch Magnete inducirten Galvanischen Ströme angestellt sind. Nr. 6. 12. 18. 21. stehen auf besondern Blättern und lassen ausser 18., welches ein Datum trägt, keine besondere Zeitbestimmung zu. Die übrigen Nummern mit Ausschluss des Briefes [20.] sind hier in gleicher Reihenfolge wieder gegeben, wie sie sich in einem Handbuche befinden, wo sie aber zahlreiche ganz heterogene Entwickelungen zwischen sich enthalten. Die letzte jener Nummern mit dem Beweise von AMPÈRES Fundamentalsatz ist erst nach 1843 eingetragen, die andern scheinen der Zeit von 1833 bis 1836 anzugehören.

Die verschiedenen Formen, welche hier für das Gesetz der Wechselwirkungen zwischen Galvanischen Stromelementen angenommen werden, ergeben sich alle aus dem besonders in Nr. 20. hervorgehobenen Princip der Umtauschbarkeit des Magnetismus mit galvanischen Strömen. Die in diesem Briefe angedeuteten Untersuchungen von WILHELM WEBER bilden die Vorarbeiten zu der (im Jahre 1846, in der ersten Abhandlung über Electrodynamische Maassbestimmungen, vollendeten) Aufstellung einer Theorie, nach welcher die ganze Wechselwirkung zwischen zwei (mit dem entsprechenden Vorzeichen versehenen e, e') electrischen Theilchen, in der gegenseitigen Entfernung r, durch

$$ e\,e'\left(\frac{1}{rr} - \frac{1}{cc\,rr}\frac{dr^2}{dt^2} + \frac{2}{cc}\frac{1}{r}\frac{ddr}{dt^2}\right) $$

gemessen wird und ein positiver Werth dieser Grösse eine Abstossung, ein negativer eine Anziehung bedeutet. In dem Ausdrucke bezeichnet t die Zeit, c eine Geschwindigkeit, welche KOHLRAUSCH und WEBER durch Untersuchungen (1855) zur Zurückführung der Stromintensitäts-Messungen auf mechanisches Maass gleich $439450.10^6 \frac{\text{Millimeter}}{\text{Secunde}}$ gefunden haben.

Dem Lehrsatze in Nr. 4 ist eine rein geometrische Einkleidung gegeben; wegen seiner Wichtigkeit für die Theorie der galvanischen Ströme glaubte ich ihm diese Stelle zuweisen zu müssen. Das Integral, durch welches die Anzahl der Umschlingungen der geschlossenen Curve s mit dem System geschlossener Curven s' bestimmt wird, gibt nemlich, wenn statt ds' die Elemente aller im Raume vorhandenen geschlossenen galvanischen Ströme gesetzt werden, die algebraische Summe der Intensitäten derjenigen unter diesen Strömen, welche eine von s begrenzte aber im übrigen beliebig bestimmt angenommene Fläche durchdringen. Das Integral selbst ist aber nach dieser Deutung der ds' gleich $\frac{1}{4\pi}\int\frac{dV}{ds}ds$, wenn V die Potential-function für die magnetischen Wirkungen der Ströme s' wie in Nr. 9 bezeichnet. Der Satz bildet also das Analogon zu dem von GAUSS in der Abhandlung über die Attraction der Ellipsoide aufgestellten, welcher die innerhalb einer geschlossenen Fläche (ω) befindliche Masse aus der zur Fläche nach innen gerichteten Normalkräften ihrer Attraction $\left(\frac{dV}{dN}\right)$ durch $\frac{1}{4\pi}\int\frac{dV}{dN}d\omega$ bestimmt.

Die Ermittelung des angedeuteten Werthes des obigen Integrals $\frac{1}{4\pi}\int\frac{dV}{ds}ds$ ergibt sich z. B. wenn man die Integral-Ausdrücke für die Derivirten von V nach den Coordinaten verwandelt in Integrale, welche sich über irgend beliebig bestimmt angenommene von den einzelnen Stromleitern s' begrenzte Flächen ω erstrecken. Die dadurch erhaltene Form für die Derivirte von V nach s lässt nach einem im Art. 38 der allgemeinen Theorie des Erdmagnetismus angedeuteten Satze, welcher den Unterschied der Werthe der Potentialfunction für eine auf beiden Seiten mit entgegengesetztem magnetischem Fluidum in geeigneter Weise belegte Fläche und zwar der Werthe an entsprechenden Stellen der beiden Seiten der Fläche angibt, unmittelbar erkennen, dass das gesuchte Integral gleich ist der algebraischen Summe der Intensitäten der Ströme, welche in den Begrenzungslinien der von der Curve s durchsetzten Flächen ω' sich bewegen.

Die Verwandlung der über eine geschlossene Curve s ausgedehnten Integrale in solche, die sich auf eine von s begrenzte Fläche ω beziehen, kann mit Hülfe des Satzes ausgeführt werden, dass für irgend welche rechtwinklige gerad- oder krummlinige Coordinaten ξ, η, ζ, die also das Quadrat des Längenelements allgemein durch einen Ausdruck von der Form

$$\xi'\xi'd\xi^2 + \eta'\eta'd\eta^2 + \zeta'\zeta'd\zeta^2$$

darstellen, und für beliebige mit ihren ersten Derivirten in den Punkten der Fläche ω stetig veränderliche Functionen λ, μ, ν der Coordinaten ξ, η, ζ immer

$$\int\left(\lambda\frac{d\xi}{ds} + \mu\frac{d\eta}{ds} + \nu\frac{d\zeta}{ds}\right)ds$$
$$=\int\left\{\left(\frac{d\mu}{d\zeta} - \frac{d\nu}{d\eta}\right)\frac{\xi'}{\eta'\zeta'}\frac{d\xi}{dn} + \left(\frac{d\nu}{d\xi} - \frac{d\lambda}{d\zeta}\right)\frac{\eta'}{\zeta'\xi'}\frac{d\eta}{dn} + \left(\frac{d\lambda}{d\eta} - \frac{d\mu}{d\xi}\right)\frac{\zeta'}{\xi'\eta'}\frac{d\zeta}{dn}\right\}d\omega$$

ist, wenn ξ, η, ζ im ersten Integral die Coordinaten eines Punktes des Längenelements ds, im zweiten ξ, η, ζ die Coordinaten eines Punktes des Flächenelements $d\omega$ und n die Normale zu diesem Flächenelement bedeuten. Die positive Richtung der Normale ist so zu wählen, dass, wenn dt das erste Element einer von einem Punkte des ds zu diesem selbst normal aber in der Fläche ω liegenden Curve bezeichnet, die positiven Richtungen der $\xi'd\xi, \eta'd\eta, \zeta'd\zeta$ durch stetige Verschiebung der Lage des Coordinatensystems im Raume der Reihe nach mit den positiven Richtungen der dn, ds, dt zur Deckung gebracht werden können.

Dieser Satz gibt durch wiederholte Anwendung auch den Beweis von AMPÈRES Fundamentalsatz in der allgemeinen Form, dass unmittelbar die Potentialfunction für die Wechselwirkung zwischen den auf bestimmte Weise mit magnetischem Fluidum belegten Flächen zurückgeführt wird auf die Potentialfunction für die Wechselwirkung zwischen galvanischen Strömen, die nach Lage und Intensität durch jene Flächen und·die Magnetisirung bestimmt sind.

Dem in Nr. 9. aufgestellten Beweise für die Gleichheit der Werthe der verschiedenen Ausdrücke für die Potentialfunction V kann man eine symmetrische Form geben, wenn man die Function R

$$= xx \operatorname{arc\,tang} \frac{yz}{xr} + yy \operatorname{arc\,tang} \frac{zx}{yr} + zz \operatorname{arc\,tang} \frac{xy}{zx} + 2yzi \operatorname{arc\,tang} \frac{xi}{r} + 2zx \operatorname{arc\,tang} \frac{yi}{r} + 2xy \operatorname{arc\,tang} \frac{zi}{r}$$

worin i statt $\sqrt{-1}$ gesetzt ist, einführt und berücksichtigt, dass die Gleichungen

$$\frac{ddR}{dx^2} = 2 \operatorname{arc\,tang} \frac{yz}{xr}, \qquad \frac{ddR}{dydz} = 2i \operatorname{arc\,tang} \frac{xi}{r}$$

$$\frac{ddR}{dy^2} = 2 \operatorname{arc\,tang} \frac{zx}{yr}, \qquad \frac{ddR}{dzdx} = 2i \operatorname{arc\,tang} \frac{yi}{r}$$

$$\frac{ddR}{dz^2} = 2 \operatorname{arc\,tang} \frac{xy}{zr}. \qquad \frac{ddR}{dxdy} = 2i \operatorname{arc\,tang} \frac{zi}{r}$$

$$\frac{ddR}{dx^2} + \frac{ddR}{dy^2} + \frac{ddR}{dz^2} = (2m+1)\pi, \qquad \frac{d^3R}{dxdydz} = -2\frac{1}{r}$$

Statt haben. Durch die Derivirten der Function $R(x,y,z)$ können in endlicher Form auch die Potentialfunctionen für die magnetische Wirkung solcher galvanischer Ströme dargestellt werden, deren Leiter aus geradlinigen den Axen eines rechtwinkligen Coordinatensystems parallelen linearen Theilen bestehen.

Die von GAUSS bei der Bestimmung einer Abtheilung eines getheilten Maassstabes in Theilen des ganzen Maassstabes angewandte Anordnung der Längen-Comparirungen danken wir der Aufzeichnung, die sich der Herr Geh. Hofrath WEBER im Jahre 1839 oder 1840 gemacht hat.

Die über die Beugungserscheinungen angestellten theoretischen Untersuchungen sind wahrscheinlich durch das von F. M. SCHWERD im Jahre 1835 herausgegebene diesen Gegenstand betreffende Werk veranlasst. Die beiden für die Wirkung eines leuchtenden Punkts P auf einen Punkt p aufgestellten allgemeinen Formeln sind nicht identisch; die allgemeine Verwandlung solcher Flächen-Integrale, deren Elemente von der Lage der durch einen Punkt des zugehörigen Flächentheilchens ds und durch die Punkte P und p gehenden Ebene nicht abhangen, in solche Curven-Integrale, deren Elemente ebenfalls von der Lage der durch einen Punkt des zugehörigen Theilchens der Begrenzungslinie u und durch die Punkte P und p gehenden Ebene nicht abhangen, deren Differentiale aber eine Änderung allein des Winkels θ bedeuten, welchen jene Ebene mit einer durch P und p gelegten festen Ebene einschliesst, ergibt sich aus der Gleichung

$$\int Q \, d\theta = \int \frac{h \cdot Q \cdot \sin v \cdot du}{r \, R \sin w} \quad = \quad \int \frac{h}{r R} \cdot \frac{1}{2 \sin \frac{1}{2} w^2} \cdot \frac{d \, Q}{d(R-r)} \cdot \frac{d(R+r)}{d \rho} \cdot d s$$

$$- \int \frac{h}{r R} \cdot \frac{1}{2 \cos \frac{1}{2} w^2} \cdot \frac{d \, Q}{d(R+r)} \cdot \frac{d(R-r)}{d \rho} \cdot d s$$

die einen speciellen Fall des in der vorhergehenden Bemerkung erwähnten Satzes bildet, wenn nemlich Q eine von R und r allein abhängige mit ihren nach $R+r$ und $R-r$ genommenen partiellen Derivirten für die Punkte der Fläche s stetig veränderliche Grösse bedeutet, ferner w genauer als im Text dahin bestimmt ist, dass es den Winkel zwischen R und r bezeichnet, den die mit den Richtungen des fortschreitenden Lichtstrahls übereinstimmend angenommenen positiven Richtungen jener Linien einschliessen.

SCHERING.

INHALT.

GAUSS WERKE BAND V. MATHEMATISCHE PHYSIK.

81

GÖTTINGEN,

GEDRUCKT IN DER DIETERICHSCHEN UNIVERSITÄTS-DRUCKEREI

W. FR. KAESTNER.

Printed in the United States
By Bookmasters